böhlau

Landschaften in Deutschland
Band 81

im Auftrag des Leibniz-Instituts für Länderkunde
und der Sächsischen Akademie der Wissenschaften zu Leipzig

Herbert Popp | Klaus Bitzer | Haik Thomas Porada (Hg.)

Die Fränkische Schweiz

Traditionsreiche touristische Region in einer Karstlandschaft

Böhlau Verlag Wien Köln Weimar

Für die institutionellen Herausgeber
Prof. Dr. Sebastian Lentz, Direktor des Leibniz-Instituts für Länderkunde e. V. Leipzig
Prof. Dr. Dr. h.c. Bernhard Müller, Vorsitzender der Kommission für Landeskunde
der Sächsischen Akademie der Wissenschaften zu Leipzig

Wissenschaftlicher Beirat der Reihe
Dr. Stefan Klotz, Halle an der Saale, Vorsitzender
Prof. Dr. Karl Martin Born, Vechta | Prof. Dr. Dietrich Denecke, Göttingen |
Prof. Dr. Vera Denzer, Leipzig | Prof. Dr. Andreas Dix, Bamberg |
Dr. Luise Grundmann, Leipzig | Prof. Dr. Ulrich Harteisen, Göttingen |
Prof. Dr. Carsten Lorz, Weihenstephan-Triesdorf | Prof. Dr. Karl Mannsfeld, Dresden |
Prof. Dr. Winfried Schenk, Bonn | Prof. Dr. Dr. h.c. Peter A. Schmidt, Tharandt |
Dr. André Thieme, Dresden

Redaktion
Leibniz-Institut für Länderkunde
Dr. Haik Thomas Porada
Schongauerstraße 9, 04328 Leipzig
lid@ifl-leipzig.de
www.ifl-leipzig.de

Bibliografische Information der Deutschen Nationalbibliothek:
Die Deutsche Nationalbibliothek verzeichnet diese Publikation in der
Deutschen Nationalbibliografie; detaillierte bibliografische Daten sind
im Internet über https://dnb.de abrufbar.

Die Drucklegung erfolgte mit freundlicher Unterstützung der Oberfrankenstiftung
und der Zukunftsstiftung der Sparkasse Forchheim.

© 2019 by Böhlau Verlag GmbH & Cie, Lindenstraße 14, D-50674 Köln
Alle Rechte vorbehalten. Das Werk und seine Teile sind urheberrechtlich
geschützt. Jede Verwertung in anderen als den gesetzlich zugelassenen Fällen
bedarf der vorherigen schriftlichen Einwilligung des Verlages.

Umschlagabbildung: Schrägluftbild vom Walberlafest am 7. Mai 2016 (Foto: Hajo Dietz,
Verlag Nürnberg Luftbild)

Layout und Herstellung: Liane Reichl, Göttingen
Satz: SchwabScantechnik, Göttingen
Druck und Bindung: Westermann Druck, Zwickau
Printed in the EU

Vandenhoeck & Ruprecht Verlage | www.vandenhoeck-ruprecht-verlage.com

ISBN 978-3-412-51535-5

INHALT

- 7 Verzeichnis der Einzeldarstellungen
- 9 Verzeichnis der Themen, Online-Vertiefungen und -Exkursionen
- 10 Vorwort
- 11 Buch, E-Book und Online-Auftritt

12 LANDESKUNDLICHER ÜBERBLICK

- 12 **Begriff, räumliche Entwicklung und inhaltliche Assoziationen**
  - 12 Erste Wahrnehmungen des Gebietes durch Gebietsfremde – die Höhlenforscher
  - 14 Die Romantiker „entdecken" das Gebiet
  - 14 Anfänge der Verwendung des Begriffes „Fränkische Schweiz"
  - 18 Offizielle Abgrenzungsversuche der Fränkischen Schweiz
  - 19 Erstreckung der Fränkischen Schweiz in der Sicht ihrer Bewohner
  - 22 Abgrenzung der Fränkischen Schweiz für diesen Band
- 25 **Naturräumliche Charakteristika**
  - 25 Geologische Verhältnisse
  - 34 Oberflächenformen und Karsterscheinungen
  - 45 Hydrogeologie
  - 53 Vegetation
- 62 **Historisch und kulturräumlich angelegte Charakteristika**
  - 62 Naturräumlich begünstigte kulturlandschaftliche Prägungen
  - 65 Territioriale und konfessionelle Zersplitterung bis zum Ende des Alten Reiches
  - 69 Kulturräumliche Besonderheiten
  - 73 Egertenwirtschaft und Beweidung
- 78 **Das Aufkommen eines frühen Tourismus**
  - 78 Früher Wissenschafts- und Bildungstourismus
  - 81 Der touristische Aufschwung in der Romantik
  - 85 Ansätze zu einem Kurtourismus
- 86 **Aktuelle Gebietsstruktur**
  - 86 Veränderungen von Landwirtschaft, Fischzucht und Handwerksgewerbe
  - 89 Verkehrsinfrastruktur und ihre Erreichbarkeitsdefizite
  - 92 Bevölkerung
  - 96 Wirtschaftliche Situation
  - 105 Fragen des Kulturlandschaftserhalts und der Kulturlandschaftspflege

110 Freizeit und Tourismus – Strukturen und Entwicklungen
    110 Kontinuität und Brüche
    115 Eine Krise des Übernachtungstourismus?
    123 Die Attraktion der Karstschauhöhlen
    127 Ein Idyll für Wanderer
    132 Traditionelles Brauchtum als Zugpferd des Tourismus?
    137 Motorradtourismus – ein wichtiger Trend
    140 Sportorientierte Freizeit
    145 Touristische Events und Attraktionen
    147 Künstliche Erlebniswelten
    149 Kultureinrichtungen und -veranstaltungen
    153 Kulinarisches Paradies zu moderaten Preisen

159 Freizeitregion in der Krise oder Modell für nachhaltigen Tourismus?

162 EINZELDARSTELLUNG

162 A Landkreis Lichtenfels

190 B Landkreis Bamberg

228 C Landkreise Kulmbach und Bayreuth (Nord)

265 D Landkreis Forchheim

322 E Landkreis Bayreuth (Süd)

354 Anhang
    354 Abkürzungsverzeichnis
    355 Autorenverzeichnis
    357 Abbildungsverzeichnis und Bildquellennachweis
    368 Quellen und Literatur

379 Register
    379 Personenregister
    384 Ortsregister
    396 Sachregister

VERZEICHNIS DER EINZELDARSTELLUNGEN

162	A	Landkreis Lichtenfels		208	B22	Burggrub
162	A1	Staffelberg		209	B23	Heiligenstadt
164	A2	Kordigast		211	B24	Buttenheim
165	A3	Ansberg/Veitsberg		213	B25	Gunzendorf
166	A4	Görauer Anger		214	B26	Steinerne Rinne bei Roschlaub
167	A5	Mistelfeld		216	B27	Paradiestal
168	A6	Klosterlangheim		217	B28	Sintertreppen bei Tiefenellern
170	A7	Isling		218	B29	Trockental an der Heroldsmühle
171	A8	Uetzing		218	B30	Leinleitertal
172	A9	Frauendorf		219	B31	Siegritzer Brunnen
172	A10	Schwabthal		219	B32	Hydraulischer Widder von Leidingshof
174	A11	Rothmannsthal				
174	A12	Weismain		220	B33	Giechburg
177	A13	Neudorf		222	B34	Wallfahrtskirche Gügel
178	A14	Arnstein		226	B35	Burg Greifenstein
178	A15	Wallersberg		228	C	Landkreise Kulmbach und Bayreuth (Nord)
179	A16	Modschiedel				
182	A17	Kleinziegenfeld		228	C1	Azendorfer Trockental
183	A18	Weismaintal/Kleinziegenfelder Tal		228	C2	Park von Sanspareil
185	A19	Bärental		231	C3	Azendorf
185	A20	Wallfahrtskirche Vierzehnheiligen		232	C4	Thurnau
188	A21	Burgruine Niesten		234	C5	Berndorf
190	B	Landkreis Bamberg		235	C6	Limmersdorf
190	B1	Jungfernhöhle bei Tiefenellern		235	C7	Wonsees
194	B2	Würgauer Berg		236	C8	Ort Sanspareil mit Burg Zwernitz
195	B3	Dörrnwasserlos – Schönstatt-Zentrum		237	C9	Kleinhül
				237	C10	Alladorf
196	B4	Wattendorf		238	C11	Trumsdorf
197	B5	Stübig		239	C12	Friesenquelle
197	B6	Gräfenhäusling		239	C13	Schwalbachquellen bei Schirradorf/Prophetenbrunnen
198	B7	Stadelhofen				
198	B8	Steinfeld		240	C14	Wacholdertal bei Wonsees
199	B9	Peulendorf		240	C15	Hummelgau
199	B10	Ludwag		245	C16	Neubürg
200	B11	Königsfeld		246	C17	Schobertsberg
201	B12	Litzendorf		247	C18	Sophienberg
202	B13	Lohndorf		248	C19	Krögelstein
203	B14	Tiefenellern		249	C20	Freienfels
204	B15	Herzogenreuth		250	C21	Hollfeld
205	B16	Hohenpölz		252	C22	Schönfeld
206	B17	Tiefenpölz		253	C23	Obernsees
206	B18	Oberleinleiter		254	C24	Tröbersdorf
207	B19	Brunn		254	C25	Mistelgau
207	B20	Mistendorf		256	C26	Aufseß
208	B21	Teuchatz		258	C27	Heckenhof

259	C28	Hochstahl
260	C29	Plankenfels
260	C30	Wohnsgehaig
261	C31	Glashütten
262	C32	Pittersdorf (Hummeltal)
263	C33	Pettendorf
263	C34	Kainachtal
263	C35	Truppachtal
264	C36	Schloss Oberaufseß
265	D	Landkreis Forchheim
265	D1	Lange Meile nordöstlich von Forchheim
268	D2	Binghöhle
269	D3	Schönsteinhöhle
270	D4	Rosenmüllershöhle
271	D5	Oswaldhöhle
272	D6	Riesenburg
272	D7	Druidenhain
273	D8	Moggaster Höhle
274	D9	Zoolithenhöhle bei Burggaillenreuth
276	D10	Esperhöhle/Klingloch bei Leutzdorf
278	D11	Fellnerdoline
278	D12	Ehrenbürg (Walberla)
280	D13	Unterleinleiter
281	D14	Wüstenstein
282	D15	Ebermannstadt
283	D16	Gasseldorf
284	D17	Streitberg
285	D18	Muggendorf
288	D19	Behringersmühle
289	D20	Gößweinstein
290	D21	Weilersbach
291	D22	Pretzfeld
293	D23	Kirchehrenbach
294	D24	Hetzelsdorf
294	D25	Wichsenstein
295	D26	Bieberbach
296	D27	Wiesenthau
297	D28	Leutenbach
298	D29	Hundshaupten
298	D30	Egloffstein
300	D31	Affalterthal
300	D32	Obertrubach
302	D33	Kunreuth
303	D34	Weingarts
304	D35	Thuisbrunn
304	D36	Hiltpoltstein
306	D37	Ermreuth
307	D38	Walkersbrunn
307	D39	Gräfenberg
309	D40	Weißenohe
310	D41	Igensdorf
311	D42	Kirchrüsselbach
311	D43	Tal der Wiesent
313	D44	Stempfermühle
316	D45	Trainmeuseler Brunnen
316	D46	Trubachtal
316	D47	Lillachtal
317	D48	Burg Feuerstein
318	D49	Ruine Neideck
320	D50	Burgruine Wolfsberg
322	E	Landkreis Bayreuth (Süd)
322	E1	Sophienhöhle und Klaussteinkapelle im Ailsbachtal
324	E2	Hohenmirsberger Platte
325	E3	Großes Hasenloch bei Pottenstein
325	E4	Teufelshöhle bei Pottenstein
326	E5	Klauskirche bei Betzenstein
327	E6	Breitenlesau
328	E7	Nankendorf
328	E8	Volsbach
329	E9	Seelig
329	E10	Waischenfeld
331	E11	Kirchahorn (Gemeinde Ahorntal)
332	E12	Oberailsfeld
332	E13	Hohenmirsberg
333	E14	Trockau
334	E15	Doos
335	E16	Tüchersfeld
337	E17	Pottenstein
339	E18	Kirchenbirkig
339	E19	Elbersberg
340	E20	Bronn
340	E21	Hüll
341	E22	Betzenstein
342	E23	Pulvermühle
344	E24	Ailsbachtal
344	E25	Tiefer Grund (bei Tüchersfeld)
345	E26	Ursprung
345	E27	Püttlachtal
346	E28	Weihersbachtal – Erlebnismeile
348	E29	Burg Rabeneck
349	E30	Burg Rabenstein
350	E31	Burgruine Leienfels
351	E32	Burgruine Stierberg
353	E33	Burgstall Riegelstein

VERZEICHNIS DER THEMEN, ONLINE-VERTIEFUNGEN UND -EXKURSIONEN

Themen

- 16 Was gehört zur Fränkischen Schweiz?
- 46 Zur klimatischen Situation
- 60 Die Fränkische Schweiz im Satellitenbild
- 76 Die Auswirkung der Egertenwirtschaft auf das Landschaftsbild
- 82 Das verklärte Bild der Romantiker
- 128 Wanderwegenetz
- 142 Konflikte mit naturnahen Formen des Tourismus
- 180 Mühlen – vom Mythos der Romantik
- 192 Das Süddeutsche Schichtstufenland
- 224 Die Burgen – Zeugen einer bewegten Geschichte
- 242 Schafhaltung, Wacholderheiden und Naturschutzgebiete
- 277 Johann Friedrich Esper – Pionier der Höhlenforschung im Muggendorfer Gebirg
- 286 Verbreitung und Entstehung der Dolomitfelsen
- 314 Fliegenfischen oder die Geschichte von der „Sprungfischerey"

Online-Vertiefung

- 33 Genese und Verbreitung der Trockentäler
- 36 Karsthöhlen – Faszinierende Welten unter Tage
- 43 Hangrutsche als Massenbewegungen
- 52 Hungerbrunnen
- 69 Das bauliche Erscheinungsbild der Städte
- 87 „Das größte Süßkirschenanbaugebiet Mitteleuropas"
- 89 Zwei Verkehrsprojekte, die nie verwirklicht wurden
- 91 Die Stichbahnen und ihre touristische Nachfolgenutzung
- 93 Bevölkerungsentwicklung 1840–2011
- 97 Windräder, Fotovoltaikparks und Biogasanlagen
- 115 Gebietsausschuss und Tourismuszentrale
- 121 Zur Geschichte der Tourismuswerbung der Stadt Pottenstein
- 132 Brauchtum in älteren und jüngeren Fotos und Filmen
- 141 Klettern im Frankenjura
- 145 Die Anfänge des Fahrradtourismus
- 154 Die Fränkische Schweiz – Land der Brauereien
- 157 Der Westen der Fränkischen Schweiz – ein Bierkellerland
- 170 Kloster Langheim – Kolonisationskern und Kulturerbe
- 220 Historische Wasserversorgung auf der Hochfläche
- 253 Therme und Feriensiedlung Obernsees
- 257 Aufseß und der Biertourismus
- 271 Das Bild der Landschaft in Drucken und Zeichnungen
- 275 Rezeption der Moggaster und Zoolithenhöhle im 18. Jh.
- 279 Zeugenberge und ihre Vegetation
- 289 Wallfahrtsorte
- 306 Baumriesen mit historischer und symbolischer Bedeutung
- 317 Die Zeit des Nationalsozialismus
- 319 Die Burgen und Schlösser
- 344 Aktuelle Nutzung von Mühlen

Exkursionen

- 107 Kulturlandschaftliche Relikte jüdischen Lebens
- 147 Brauereiwanderungen und Biertourismus
- 167 Von Weismain durchs Bärental zum Görauer Anger
- 175 Die Stadt Weismain und der Kordigast zum Ausflugsziel der Gegenwart
- 187 Barockkirchen
- 210 Fahrradexkursion im Wiesent- und Leinleitertal
- 215 Karstformen und Ökotourismus
- 221 Rund um die Giechburg
- 245 Natur- und Kulturlandschaft um die Neubürg
- 282 Mit den Romantikern durch die Fränkische Schweiz
- 335 Die „schönsten Geotope" und Naturdenkmale
- 338 Auf den Spuren der Heiligen Elisabeth

VORWORT

Mit dem Erscheinen dieses Bandes jährt sich zum 50. Mal der legendäre Geographentag von Kiel 1969. Eine engagierte Studentenschaft preschte damals mit der weitreichenden Einschätzung vor, Landeskunde sei unwissenschaftlich und nicht problemorientiert, sie sei deshalb im Hochschulbetrieb abzuschaffen. Diese Forderungen führten in der Tat dazu, dass seither Landeskunde in der Geographie nur noch als randliches Phänomen wirkte.

Der vorliegende Band versteht sich als Vertreter einer neuen Konzeption von Landeskunde, wie sie die Bände in der Reihe „Landschaften in Deutschland" verkörpern. Er ist auch ein Beweis dafür, dass sich Landeskunde seit 1969 stark gewandelt hat und dass sie in einer zeitgemäß verstandenen Ausrichtung heute nicht nur für die Wissenschaft, sondern auch für die Gesellschaft und die Öffentlichkeit allgemein sehr wichtig ist. Diese neuartige Darstellung soll zugleich unter Einbeziehung neuer Medien – auch für jüngere Leser – attraktiv gestaltet werden. Dabei gilt es, historische wie aktuelle Aspekte im Sinne eines Vertrautmachens mit dem Gebiet in seiner vielfältigen Differenzierung herauszuarbeiten und dabei auch Konfliktfelder aufzuzeigen.

Dementsprechend ist die vorliegende Landeskunde, die in Zusammenarbeit von 37 Wissenschaftlern und Praktikern entstanden ist, nicht mehr dem zurecht attackierten Prinzip der Vollständigkeit der Information verpflichtet, sondern sie wendet sich ausgewählten Problemfeldern zu, ohne den landeskundlichen Überblick ganz aus den Augen zu verlieren. Leitendes Prinzip für die Darlegung der Informationen ist stets die Möglichkeit für den Leser, die behandelte Region selbst zu erleben.

Das Bearbeitungsgebiet der Fränkischen Schweiz eignet sich hervorragend für das neue Verständnis von Landeskunde, ist es doch begrifflich ein Konstrukt, das erst vor gut 200 Jahren entstanden ist und seitdem stets neu und mit wechselnden Dominanten vor allem für die touristische Nutzung verwendet wird. Über die traditionsreiche Tourismusregion „Fränkische Schweiz" findet man bereits so umfangreiche Literatur, dass die Frage berechtigt ist, ob denn eine weitere Publikation überhaupt sinnvoll sei. Wir bejahen diese Frage ausdrücklich. Unser Anspruch ist es, erstmals eine umfangreiche, synthetische Darstellung der Fränkischen Schweiz zu leisten – und dies auf der Basis solider Informationen von Wissenschaftlern und Experten. Teil dieses Anspruches ist es auch, weit über die gängigen Klischees hinauszugehen, unbekannte, aber wichtige und attraktive Dimensionen der Fränkischen Schweiz aufzuzeigen und dies in verständlicher Sprache und aussagekräftiger Bebilderung zu tun.

Das Leitthema „Tourismus" wurde angereichert und ergänzt durch komplementäre Informationen aus dem naturräumlichen Bereich sowie der Geschichte, Wirtschaft und Kultur. Besonders bedeutende Aspekte für die Region werden in Themenkästen herausgestellt und die wichtigsten Standorte im Gebiet in knapper Ausführung charakterisiert. Selbstredend bleiben die Ausführungen nicht nur auf geographische Aspekte beschränkt. Vielmehr werden darüber hinaus auch natur- und geisteswissenschaftliche Nachbarfächer bemüht, sodass daraus eine interdisziplinäre Gesamtschau resultiert. Einzigartig ist die reiche Ausstattung des Bandes mit Karten, Grafiken, Schrägluftbildern sowie zahlreichen weiteren Abbildungen von der Geologie bis zum Tourismus.

Dieses Buch wäre ohne die besondere Hilfe seitens der Tourismuszentrale Fränkische Schweiz, des Fränkische-Schweiz-Vereins und des Tourismusbüros Pottenstein nicht entstanden, für die stellvertretend Dipl.-Geogr. Sandra Schneider, Dr. Hans Weisel, Georg Knörlein und Dipl.-Geogr. Thomas Bernard gedankt sei. Großzügige finanzielle Unterstützung erhielt der Band durch die Oberfrankenstiftung und die Zukunftsstiftung der Sparkasse Forchheim. Wir bedanken uns sehr bei allen Förderern und wünschen uns, dass das Buch unter den Bewohnern und Besuchern der Fränkischen Schweiz eine interessierte Leserschaft finden möge.

Stefan Klotz, Sebastian Lentz, Bernhard Müller

Buch, E-Book und Online-Auftritt

Wie auch schon bei den Bänden „Leipzig" und „Das Eichsfeld" weist der Band „Die Fränkische Schweiz" der Reihe „Landschaften in Deutschland" im Vergleich mit den älteren Vorgängern einige Veränderungen auf. Neben einem größeren Format und einem abwechslungsreicher gestalteten Layout der gedruckten Ausgabe gibt es ein damit inhaltlich identisches E-Book-PDF, das schnell elektronisch durchsucht werden kann. Verzeichnisse, Querverweise und Register sind aktiv und führen per Klick zu den entsprechenden Textstellen.

Für Interessierte bietet sich darüber hinaus die Chance, Themen aus dem Buch im Internet zu vertiefen. Die Webseite ist frei zugänglich und mit zahlreichen interaktiven Elementen angereichert. Auch wird über dieses Medium die Neubelebung eines wichtigen Bausteins der Buchreihe – der Exkursionen – angestrebt. Für den hier vorliegenden Band werden deshalb zahlreiche Exkursionsvorschläge unter dem Stichwort „Unterwegs" bereitgestellt.

Buch, E-Book und Webseite sind miteinander verlinkt. Je nach verfügbaren technischen Mitteln kann die Webseite auf verschiedenen Wegen erreicht werden. Unter der Adresse „landschaften-in-deutschland.de" gibt es einen Überblick über alle Themen, Exkursionsangebote sowie Informationen zur Reihe. Daneben besteht die Möglichkeit, gezielt einzelne Themen anzusteuern. An bestimmten Stellen wurden QR-Codes eingefügt. Beim Scannen der Codes mit einer QR-Code-Scanner-App auf Smartphone oder Tablet-PC wird sofort das gewählte Thema aufgerufen. Außerdem können über einen so genannten Weblink (in grüner oder oranger Schrift) alle Nutzer, die keinen QR-Code-Scanner besitzen, dasselbe Thema über eine direkte Eingabe im Webbrowser erreichen. Der angegebene Link führt auf genau dieselbe Webseite wie der zuvor genannte QR-Code.

Bei Nutzung des E-Books sind die Links interaktiv und können bei vorhandenem Internetzugang direkt angewählt werden.

LANDESKUNDLICHER ÜBERBLICK

Begriff, räumliche Entwicklung und inhaltliche Assoziationen

Landschaften und Länder, kurz Räume sind seit je der Forschungsgegenstand der Geographie. Der ontologische Status ihres Forschungsgegenstandes freilich wurde lange Zeit falsch gesehen. Landschaften gibt es nämlich nicht per se, Räume sind Geographen nicht von der Wirklichkeit vorgegeben, sondern sind stets Erfindungen, d. h. als gedankliche Zusammenfassungen zu verstehen, die sich unterschiedlichsten – z. B. politischen, ökonomischen oder naturwissenschaftlichen – Interessen verdanken können.

Räume werden also gemacht. Das gilt auch für die Fränkische Schweiz, die es in der Tat als Raum vor 250 Jahren noch gar nicht gegeben hat. Wenn der Prozess, der zu ihrer Existenz als Fränkische Schweiz geführt hat, näher verfolgt werden soll, ist eine Rückblende in die zweite Hälfte des 18. Jh. notwendig.

Erste Wahrnehmungen des Gebietes durch Gebietsfremde – die Höhlenforscher

Für die Zeitgenossen war die gesamte nördliche Frankenalb damals ein abseits gelegener, verkehrsmäßig wenig erschlossener und wirtschaftlich schwach strukturierter Gebirgsraum, der zusammen mit dem östlich anschließenden Obermaingebiet und dem Fichtelgebirge das Grenzgebirge gegen Böhmen gebildet hat. Ein guter Beleg dafür, dass der Raum von Erlangen bis zum Ochsenkopf undifferenziert als Einheit gesehen wurde, mag die Erwähnung Muggendorfs in einer Beschreibung des Fichtelgebirges sein, die PACHELBL im Jahr 1716 publiziert hat.

Von Eigenständigkeit oder gar großer Bedeutung des Gebietes der heutigen Fränkischen Schweiz konnte also keine Rede sein. Für die Zeitgenossen war dieser Raum einfach das Gebirge oder das *Land ob dem Gebürg*, der keine Besonderheiten bot und dem deshalb wenig Aufmerksamkeit geschenkt wurde. Das aber änderte sich gegen Ende des 18. Jh. durch Ereignisse, die nun Beachtung bewirkten und zur Konstruktion der Fränkischen Schweiz geführt haben.

1770 wurde der Linné-Schüler Johann Christian Daniel Schreber als Professor für Arzneikunde, Botanik und Naturgeschichte an die noch junge Friedrich-Alexander-Universität nach Erlangen berufen, der seine Studenten mit Exkursionen zu naturwissenschaftlichen Untersuchungen motivierte. Zwei seiner ehemaligen Studenten waren es, die bei ihrem Freund Johann Friedrich Esper, Pfarrer in Uttenreuth, Interesse an der Naturgeschichte und insbesondere an der von ihnen betriebenen Höhlenforschung geweckt haben.

Zwar waren die Höhlen bei Muggendorf der örtlichen Bevölkerung natürlich bekannt, aber als Gegenstand wissenschaftlicher Beschäftigung wurden sie bzw. die dort auffindbaren fossilen Knochen erst jetzt entdeckt. So veröffentlichte nach Jahren ernsthafter wissenschaftlicher Arbeit Esper 1774 in Nürnberg die Ergebnisse seiner Beobachtungen unter dem Titel: „Ausführliche Nachricht von neuentdeckten Zoolithen unbekannter vierfüsiger Thiere, und denen sie enthaltenden, so wie verschiedenen andern denkwürdigen Grüften der Obergebürgischen Lande des Marggrafthums Bayreuth." ▶ Abb. 1

Das mit 14 Kupfertafeln gut ausgestattete Werk erschien zum richtigen Zeitpunkt, denn in Zeiten der Aufklärung richtete sich das Interesse nun auf die naturwissenschaftliche Erforschung des Erdinneren, das bis dahin als von Geistern belebte geheimnisvolle Unterwelt und Ort der Hölle gesehen worden war. So fand das Buch weit über die damalige Fachwelt hinaus große Resonanz; es wurde noch im Erscheinungsjahr ins Französische übersetzt und erschien schon ein Jahr später in zweiter Auflage.

Das Interesse an den Muggendorfer Höhlen war damit geweckt und hatte zur Folge, dass der Ort und seine Umgebung nun zum Ziel von Besuchern aus dem In- und Ausland wurden, die sich selbst einen Eindruck verschaffen wollten. Nicht von ungefähr sieht sich etwa Markgraf Alexander 1784 veranlasst, einen Muggendorfer Handwerker namens Wunder als Aufseher über die dortigen Höhlen anzustellen, der auf Ordnung sehen und ggf. Besuchern als Führer dienen sollte.

Einer dieser Besucher war Johann Christian Rosenmüller, ein 21-jähriger Erlanger Medizinstudent, der 1792 begann, sich mit den Höhlen und den in ihnen gefundenen fossilen Knochen zu befassen. Die Publikationen der Ergebnisse seiner Forschungen wenden sich zwar ausdrücklich an naturwissenschaftlich interessierte Leser, doch

Abb. 1   Titelblatt des Werkes von Johann Friedrich Esper (1774)

sprechen die spannenden Schilderungen seiner Höhlenbegehungen auch eine breite Leserschaft an und verstärken das Interesse an dem „Muggendorfer Gebirge".

Anders als der naturwissenschaftlich beobachtende Pfarrer Esper, den allein die Höhlen und die dort zu findenden fossilen Knochen interessierten, die ihm dazu verhelfen sollten, die Schöpfungsgeschichte recht zu verstehen, und der die Landschaft dabei nur beiläufig wahrnahm, hatte Rosenmüller aber auch ein Auge für die malerischen Schönheiten der Natur. Ihm ist das Wiesenttal allein schon ein beeindruckendes Erlebnis.

Rosenmüller sieht zudem auch die Aufgabe, die bis dahin verborgenen Naturschönheiten für die Öffentlichkeit zugänglich zu machen. Er selbst leistet dazu einen wichtigen Beitrag mit seinem 1804 erschienenen Buch „Die Merkwürdigkeiten der Gegend um Muggendorf", das explizit „auch dem ununterrichteten Leser, falls er nur unter die gebildetere Klasse des lesenden Publikums gehörte, eine angenehme und nützliche Unterhaltung gewähren könnte" (1804, S. 4). Auffallend ist, dass sich die Höhlenforscher v. a. mit dem von Erlangen und seiner Universität leichter erreichbaren westlichen Teil der Fränkischen Schweiz befassen und in allen Beschreibungen stets Muggendorf Ausgangspunkt der Wanderungen zu den Höhlen ist. Die weiter östlich gelegenen Höhlen wie z. B. die Teufelshöhle oder die Maximiliansgrotte waren dagegen noch nicht bekannt.

Die Romantiker „entdecken" das Gebiet

So beginnt also der Prozess der Regionsbildung, die zur Fränkischen Schweiz führt, zwar mit den an prähistorischer und paläontologischer Forschung interessierten Bildungsbürgern der Aufklärungszeit. Doch für den weiteren Prozess entscheidend ist, dass die Höhlenforscher einen Besucherstrom auslösen, in dem sich sowohl Studenten und Professoren aller Fakultäten der nahen Erlanger Universität als auch viele Künstler der Romantik, Maler wie Literaten, finden, geschichts- und kunstsinnige Menschen also, die sich für die Umgebung von Muggendorf und Streitberg mit ihren Tälern, Felsen, Burgen und Mühlen begeistern und ihre Begeisterung auch publikumswirksam kommunizieren.

Besonders bekannte Zeugen dieser Begeisterung sind etwa die Erlanger Studenten Ludwig TIECK und Wilhelm Heinrich WACKENRODER, die im Juni 1793 von Erlangen aus durch das Tal der Wiesent reisen und ihrer Begeisterung in Briefen an ihre Eltern in leuchtenden Farben Ausdruck geben.

Das Lob der Muggendorfer Umgebung verbreiten auch die Ende des 18./Anfang des 19. Jh. beim Publikum sehr beliebten Reisebeschreibungen, deren Autoren die Eindrücke, die sie auf ihren für die Aufklärung typischen Kavaliers- und Bildungsreisen gewonnen hatten, in Form von Briefen oder Tagebucheinträgen publizieren. Entsprechende Briefe veröffentlichen z. B. Joh. Michael FÜSSEL (1788) und Joh. Gottfried KÖPPEL (1794) und tragen so zur Bekanntheit von Muggendorf und seinen Umgebungen bei.

Schließlich eröffnet der einsetzende Fremdenverkehr auch einen Markt für Reiseführer. Um für ihre Leser attraktiv zu sein, fassen solche Führer den Umfang der Muggendorfer Umgebungen möglichst weit. So beschreibt etwa Joseph HELLER in seinem 1829 erschienenen Handbuch „alle Orte und alle nur einigermaßen merkwürdige Gegenstände, welche um Muggendorf herum angetroffen werden, und deren weiteste Punkte ungefähr 6 Stunden vom Hauptorte aus entfernt sind." (HELLER 1829, S. XII f.).

Anfänge der Verwendung des Begriffes „Fränkische Schweiz"

Schon bei ESPER findet sich, bezogen auf den Finstergraben südöstlich von Burggaillenreuth, die eher beiläufige Bemerkung, „der Taxus wächst neben anderen nicht gemeinen Holzarten wild aus den Felsen und die ganze Landschaft sieht schweizerisch aus." Diesen Vergleich mit der Schweiz bemühen in der Folge nun aber für die gesamten Muggendorfer Umgebungen auch weitere Autoren, sodass er um 1810 üblich gewesen sein dürfte (siehe auch WEINACHT 1994, S. 94).

Dieser Vergleich bot sich umso mehr an, als die Schweiz seit der Entdeckung der Schönheit der Alpen als Inbegriff eines mit idealen Landschaftselementen ausgestatteten Landes galt, in dessen romantisch verklärter Gebirgswelt glückliche Menschen im Einklang mit der Natur frei und einfach leben. So war die Schweiz seit Mitte des 18. Jh. für ein sozial hochgestelltes Publikum ein Reiseziel, von dessen Prestige zu profitieren man sich durchaus erhoffen konnte.

Die Frage, wer den Namen Fränkische Schweiz als erster verwendet, hat in der Literatur verschiedene Antworten gefunden. So erwähnt Werner EMMERICH (1966), dass der von ESPER gewählte Vergleich mit der Schweiz auch von ROSENMÜLLER mit einem Hinweis auf Hallers Alpen aufgenommen wird. WEINACHT (1994, S. 94), der in seiner raumnamenkundlichen Betrachtung die Durchsetzung des Namens Fränkische Schweiz beschreibt, ordnet diese Zitate dem „pränatalen" Stadium der Namensbildung zu. Er nennt als frühesten Beleg einen Text von Johann Christian FICK aus dem Jahr 1812, in dem die Formulierung Fränkische Schweiz gedruckt erscheint. Tatsächlich aber findet W. KRINGS (2019) den Namen Fränkische Schweiz in gedruckter Form schon in einer früheren Veröffentlichung von J. C. FICK (1807), sodass wohl davon auszugehen ist, dass das Jahr 1807 das Geburtsjahr des neuen Namens darstellt. Es dauert weitere drei bis vier Jahrzehnte, bis dieser Name sich endgültig durchgesetzt hat und schließlich auch auf die Titelblätter von Reiseführern gelangt, zunächst als Untertitel des schon zitierten Buches von Joseph HELLER; und acht Jahre später betiteln Lorenz KRAUSSOLD und Georg BROCK ihr Buch mit „Geschichte der fränkischen Schweiz". ▶ Abb. 2 Ihren Abschluss findet die Etablierung des Eigennamens mit der Großschreibung des Attributs „fränkisch", die erstmals 1841 im Titel des Buches von Johann von PLÄNCKNER (1841) belegt ist und seither so im Schrifttum beibehalten wird.

Parallel mit seiner nunmehr immer häufigeren Verwendung blieb auch die Flächenerstreckung des Gebietes, das man mit „Fränkische Schweiz" assoziierte, nicht konstant, sondern wuchs stetig. Anders ausgedrückt: War es am Anfang nur das Gebiet um Muggendorf und Streitberg, das so tituliert wurde, wurden noch im Verlauf des

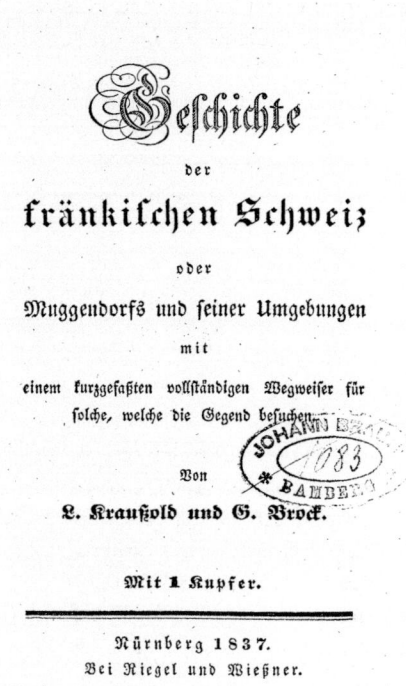

Abb. 2 Titelblatt eines der ersten Bände mit dem Titel „Fränkische Schweiz" (KRAUSSOLD u. BROCK 1837)

19. Jh. weitere Gebiete als dazu gehörig bezeichnet. Die räumliche Expansion von Regionsnamen wurde in der Literatur mehrfach beschrieben. Sind mit den betreffenden Namen positive Assoziationen verbunden, weckt dies den Versuch, von dem guten Ruf möglichst zu profitieren, was für die unmittelbar anschließenden Areale am überzeugendsten praktikabel ist (KLIMA 1989).

Den Erfolg der neuen Regionsbezeichnung verhindert auch nicht die Kritik, auf die der neue Name von zeitgenössischen Autoren wie Gottlieb ZIMMERMANN (1843) („lächerlicher Vergleich") und später auch von Fachwissenschaftlern wie Robert GRADMANN („banaler Name") oder Franz TICHY („Unsinnige übertriebene Benennung") erfährt. Auch von den Kartographen wird er nicht sogleich übernommen. So weisen Kar-

Was gehört zur Fränkischen Schweiz?

Wie sich in der ersten Hälfte des 19. Jh. die Vorstellungen vom räumlichen Umgriff und den inhaltlichen Charakteristika der Fränkischen Schweiz entwickelt und erweitert haben, lässt sich anschaulich durch einen Vergleich dreier in diesem Zeitraum publizierten Reiseführer aufzeigen.

Joseph Heller (1829): Muggendorf und seine Umgebungen oder die fränkische Schweiz. – Bamberg.

Das Buch wendet sich an Reisende und stellt Routen vor, die von Muggendorf ausgehen und auch hier wieder enden. Heller empfiehlt den Besuch der Höhlen um Muggendorf, das Wiesenttal von Streitberg bis nach Behringersmühle, der Hochfläche nach Gößweinstein und in das Püttlachtal bis Pottenstein. Er beschreibt die Überquerung der Hochfläche ins Ahorntal und Rabenecker Tal, nach Waischenfeld und Nankendorf, ins Aufseßtal, bis zur Burg Greifenstein und ins Tal der Leinleiter. Zusammengefasst handelt es sich um ein Gebiet, das im N Aufseß und Nankendorf nicht überschreitet, im O bis Kirchahorn und Pottenstein reicht, im S in Kühlenfels, Gößweinstein und bei den Höhlen um Moggast endet und im W über das Wiesenttal bis nach Gasseldorf führt.
▶ Abb. 3

Lorenz Kraussold & Georg Brock (1837): Geschichte der fränkischen Schweiz oder Muggendorfs und seiner Umgebungen mit einem kurzgefaßten vollständigen Wegweiser für solche, die die Gegend besuchen. – Nürnberg.

Der Band umfasst einen Abschnitt, der als ein „kurzgefaßter vollständiger Wegweiser" (S. 163–193) für Besucher angelegt ist. In einem mehrtägigen Reiseprogramm behandelt das Buch die Höhlen um Muggendorf, das Wiesenttal von Gasseldorf bis nach Behringersmühle, Doos und Rabeneck, nach Rabenstein, ins Ailsbachtal, nach Waischenfeld und zur Försterhöhle. Es folgen Touren nach Gößweinstein, Tüchersfeld, Pottenstein, Wüstenstein, Aufseß, Greifenstein, Heiligenstadt, Veilbronn und Unterleinleiter. Die hier vorgestellte Fränkischen Schweiz ist räumlich ähnlich eng gefasst wie bei Heller, aber stärker auf Höhlen fokussiert (und das bedingt den hohen Anteil von Orten auf der Hochfläche). Nur Greifenstein im N und Wichsenstein im S reichen über das von Heller thematisierte Gebiet hinaus.

Adalbert Küttlinger (1856): Die Fränkische Schweiz und die Molkenkur-Anstalt zu Streitberg. Ein treuer Führer für Reisende und ärztlicher Ratgeber für Kurgäste nebst einem naturgeschichtlichen Anhange. – Erlangen.

Der Ratgeber empfiehlt Spaziergänge und Ausflüge mit der Kutsche. Die Spaziergänge erfolgen um Streitberg und Muggendorf. Sie führen zur Neideck, zur Streitburg und zu den zahlreichen Höhlen. Die mehrtägigen Ausflüge umfassen landschaftlich besonders schöne Teile und Aussichtspunkte. Die Strecke reicht bis ins Weihersbachtal, zur Schüttersmühle, nach Kühlenfels, nach Püttlach, zur Hohenmirsberger Platte, nach Rabeneck und Rabenstein, ins Ahorntal und zur Neubürg. „Neue" Ausflugsziele sind Wichsenstein und Egloffstein im S; ebenso von Egloffstein flussabwärts das Trubachtal mit Pretzfeld. Bei Küttlinger sind die Höhlenbesuche auf Streitberg und Muggendorf beschränkt. Der Schwerpunkt der Besuche liegt auf den schwärmerisch beschriebenen landschaftlich schönen Tälern, daneben aber auf Aussichtsbergen (Hohenmirsberg, Neubürg).

Für diese drei Beispiel-Führer zwischen 1829 und 1856 gilt, dass sie alle von einem „Zentrum der Fränkischen Schweiz" ausgehen (Muggendorf und Streitberg). Die Routen für Ausflüge berücksichtigten anfänglich viele Höhlen, deren Stellenwert aber allmählich sank. Zunehmend konzentrierten sie sich auf die Täler von Wiesent, unterem Ailsbach, Püttlach, Aufseß und Leinleiter, indem sie die landschaftliche Schönheit dieser Gebiete priesen. Aus heutiger Sicht ungewöhnlich ist das völlige Ausblenden des Gebiets nördlich von Aufseß und südlich von Wichsenstein. Erst mit KÜTTLINGER (1856) begann auch der Besuch von Aussichtsplätzen; textlich wurde gegenüber den Vorgängerprodukten noch stärker auf den Reiz der Tallandschaften eingegangen.

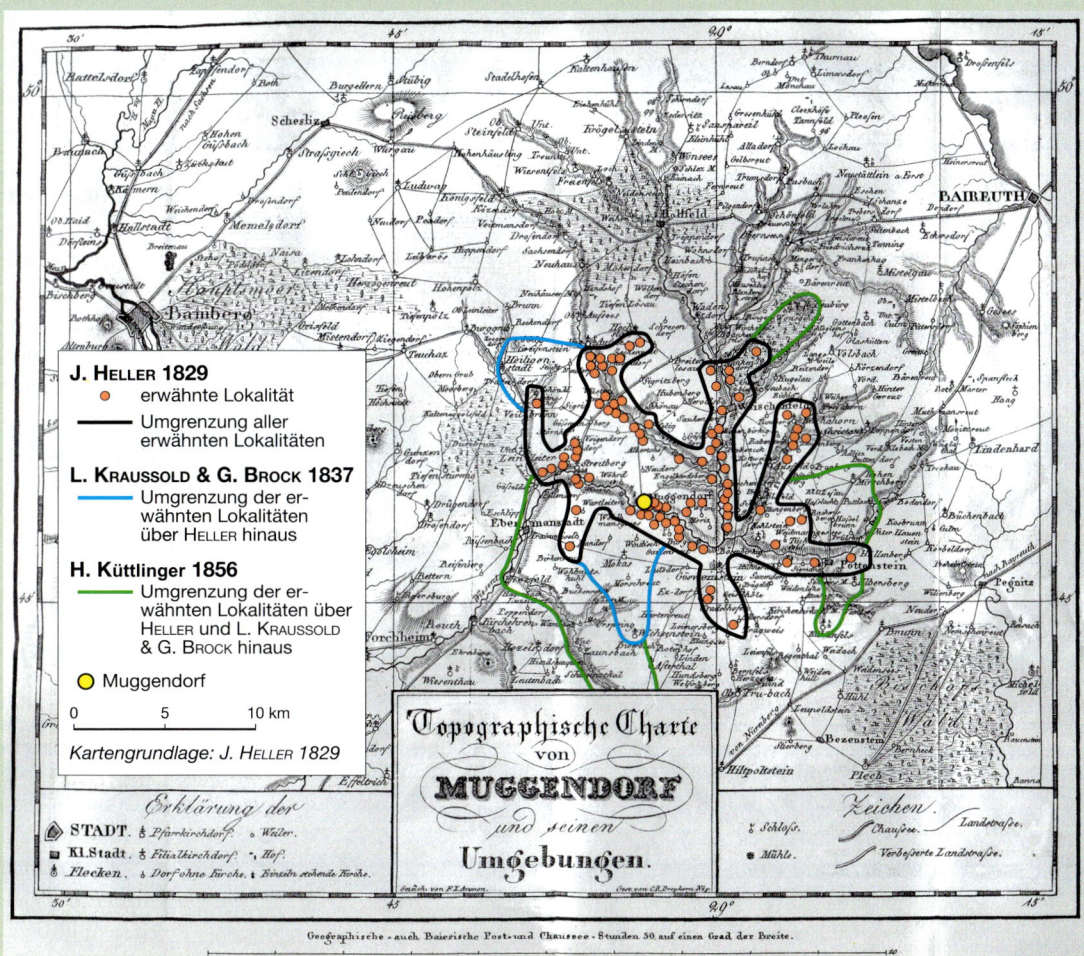

Abb. 3   Das Gebiet der Fränkischen Schweiz in Reiseführern des 19. Jh.

ten, die als Verlagsprodukte erscheinen, bis in die 1860er Jahre immer noch an Stelle von Fränkischer Schweiz das Muggendorfer Gebirge aus. Der erste Nachweis auf einer Karte findet sich im Titel einer im Verlag Reimer herausgegebenen Karte, die von Heinrich Kiepert 1857 bearbeitet wurde. Auf den regulären Kartenblättern der amtlichen Vermessungsverwaltung erscheint der Name Fränkische Schweiz aber erst im Jahr 1955 im Kartenbild des Blattes 6133 Muggendorf der TK 25 (Topographische Karte 1:25.000).

Der Name Fränkische Schweiz setzt sich v. a. deshalb durch, weil er für den Fremdenverkehr sehr werbewirksam zu sein schien und der Fremdenverkehr dem von der Industrialisierung kaum berührten Raum wichtige ökonomische Entwicklungschancen zu bieten versprach.

In der Tat hat sich der Name Fränkische Schweiz zu einem Markenbegriff entwickelt, was sich auch darin zeigt, dass zahlreiche Betriebe, Organisationen und Institutionen, die nicht dem Fremdenverkehr zuzurechnen sind, Fränkische Schweiz in ihren eigenen Namen inkorporiert haben.

Im mündlichen Sprachgebrauch der Bevölkerung dagegen wird der Name sehr oft lediglich in verkürzter Form benutzt und nur mehr von der „Fränkischen" gesprochen. Ob dies allein der Sprechfaulheit geschuldet ist oder sich darin auch eine Abschwächung des Images der Schweiz ausdrückt, muss hier dahingestellt bleiben.

Offizielle Abgrenzungsversuche der Fränkischen Schweiz

Selbst wenn Landschaften bekannte und einprägsame Namen tragen, so darf man dennoch nicht erwarten, dass es auf die Frage nach dem räumlichen Geltungsbereich eines Landschaftsnamens stets eine eindeutige Antwort geben wird. Landschaften sind weder amtlich vermessen noch sind ihre Grenzen rechtlich festgelegt. Da die im Zuge der kommunalen Gebietsreform mögliche Chance, die Fränkische Schweiz zu einer administrativen Einheit, d. h. zu einem Landkreis zu machen, nicht genutzt worden ist, ist es auch dabei geblieben, dass die Vorstellungen vom Geltungsbereich des Landschaftsnamen erheblich variieren.

Das lässt sich gerade am Beispiel der Fränkischen Schweiz eindrucksvoll durch einen Vergleich zweier Karten belegen, die Namen und Abgrenzungen deutscher Landschaften darstellen wollen. Dabei zeigt die 2004 erschienene Übersichtskarte („Bayern 1:500.000 Landschaften"), herausgegeben vom Bayerischen Landesvermessungsamt, als Fränkische Schweiz ein Gebiet, das mehrfach größer ist als jenes, das die von Herbert Liedtke (1994) publizierte Karte („Bundesrepublik Deutschland 1:1.000.000, Landschaften – Namen und Abgrenzungen", vgl. zuletzt BKG 2014) als Fränkische Schweiz ausweist. ▶ Abb. 4

Nun wäre es freilich sinnlos, der Frage nachzugehen, welches denn nun die „richtige Vorstellung" oder das „wahre" dem Namen zuzuordnende Gebiet sei. Solche Wahrheit kann es nicht geben, weil Landschaften eben – wie eingangs erwähnt – „Erfindungen" sind, die sich ganz unterschiedlichen Interessen verdanken.

So lässt der Begleittext der Karte von Liedtke erkennen, dass der Autor seine Entscheidung für eine Darstellung der Fränkischen Schweiz, die sich auf das Tal der Wiesent und ihre Nebenflüsse beschränkt, auf naturräumliche Kriterien stützt, Fremdenverkehrsinteressen für ihn aber offensichtlich keine Rolle spielen.

Den räumlichen Geltungsbereich sehr viel weiter zu fassen, liegt dagegen im Interesse der Fremdenverkehrswirtschaft. Während in Prospekten und Anzeigen die Fränkische Schweiz vage als Raum zwischen Nürnberg–Bayreuth und Bamberg gezeigt wird, in dem zahlreiche Kommunen sich als „Tor zur Fränkischen Schweiz" bezeichnen (z. B.

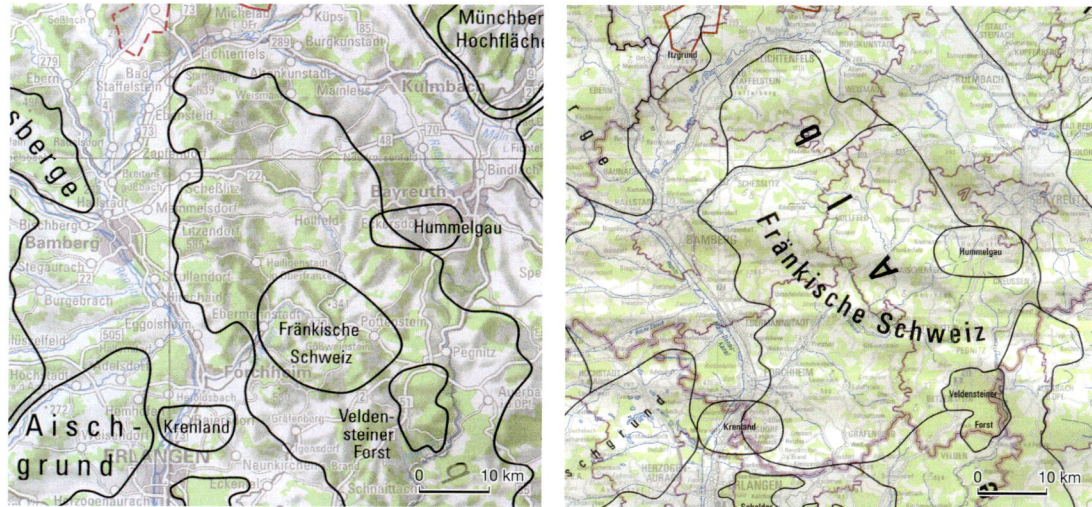

Abb. 4 Amtliche Karten mit unterschiedlichen Erstreckungsbereichen für die Fränkische Schweiz (links LIEDTKE 1994, zuletzt BKG 2014, Bundesrepublik Deutschland 1:1.000.000; rechts BLV 2004, Bayern 1:500.000)

Pegnitz, Forchheim, Weismain), sodass unbestimmt bleibt, wo die Außengrenze verläuft, ist für die Tourismuszentrale Fränkische Schweiz mit Sitz in Ebermannstadt die Fränkische Schweiz definiert als Tourismusregion, wie sie sich auf Grund der Festlegungen des Nordbayerischen Fremdenverkehrsverbandes (heute: Tourismusverband Franken) ergeben hat. Veränderungen des Verbandsgebietes durch Ausscheiden oder Einbeziehung von Gemeinden, die am Rand liegen, sind zwar möglich, aber selten. In den letzten Jahren ist lediglich die Gemeinde Stadelhofen zur Tourismusregion Obermain/Jura gewechselt und aus der Fränkischen Schweiz ausgeschieden, der sich im Jahr 2012 Neudrossenfeld und drei Jahre später die Gemeinde Gundelsheim angeschlossen haben.

Erstreckung der Fränkischen Schweiz in der Sicht ihrer Bewohner

Da der räumliche Geltungsbereich des Landschaftsnamens Fränkische Schweiz amtlich nicht definiert ist, ist es umso mehr von Interesse zu erfahren, wie die Menschen in der Region selbst auf die Frage antworten, was für sie zur Fränkischen Schweiz gehört.

Wie einheitlich oder unterschiedlich sind die Vorstellungen vom Geltungsbereich des Landschaftsnamens Fränkische Schweiz in der Bevölkerung? Diese Frage ist noch ohne Antwort. Sie zu geben würde eine streng repräsentative Erhebung erfordern, die aber angesichts des damit verbundenen Aufwands hier nicht in Betracht kommen konnte. Doch war es möglich, im Herbst 2016 Interviewer in acht ausgewählte Gemeinden, die teils randlich, teils inmitten der Fränkischen Schweiz gelegen sind ▶ Abb. 5, zu senden. Sie hatten den Auftrag, in jeder dieser Gemeinden jeweils eine männliche und eine weibliche Person im Alter von 16 bis 25, von 26 bis 65 und über 65 Jahren je mit Geburtsort in und außerhalb der Fränkischen Schweiz, also insgesamt zwölf Probanden je Gemeinde aufzusuchen und sie zu bitten, auf einer vorgelegten Karte die Außengrenze der Fränkischen Schweiz so einzuzeichnen, dass alle Gemeinden, die für sie persönlich zur Fränkischen Schweiz gehören, durch ihre Linie umgrenzt werden. Die durch diese Linie eingeschlossenen Gemeinden gelten als von den Probanden „genannt".

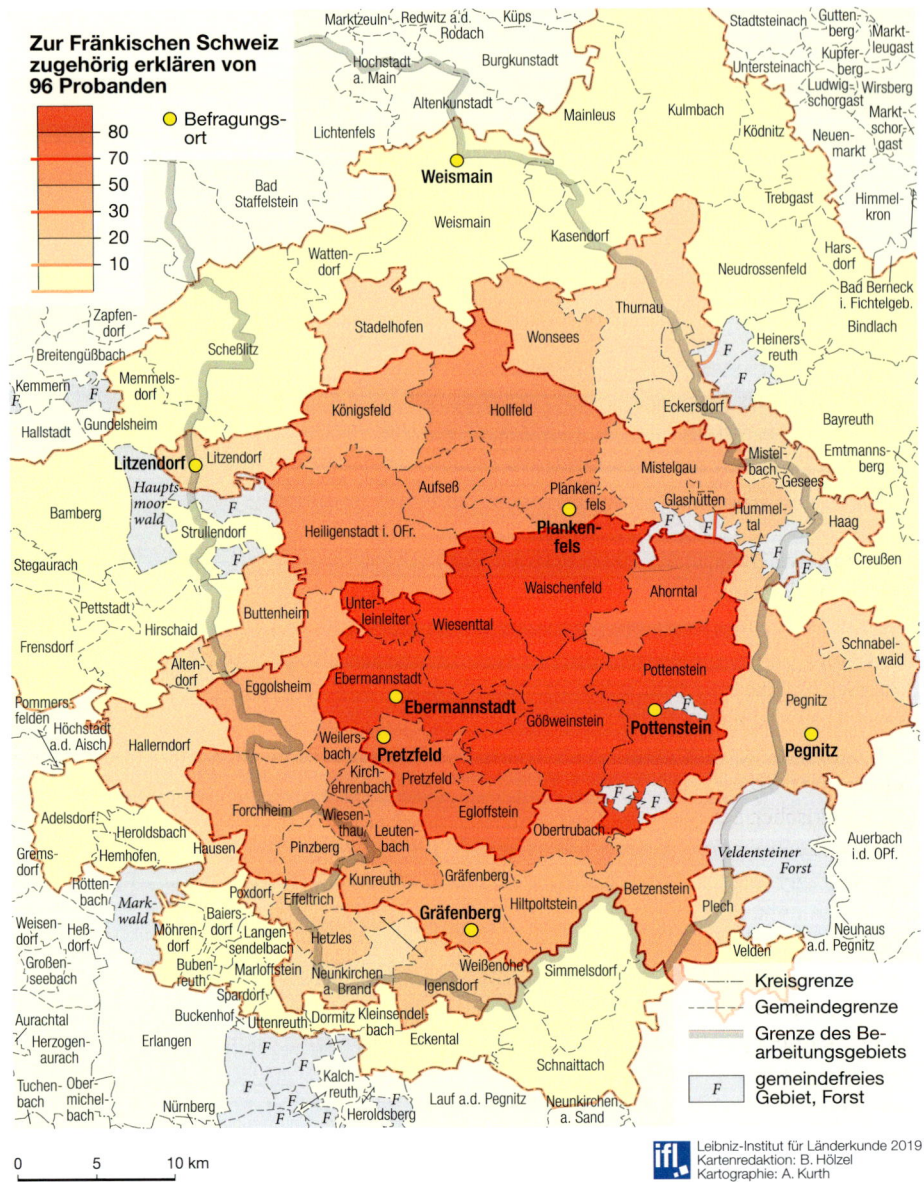

Abb. 5 Die zur Fränkischen Schweiz gehörigen Orte, wie sie von Probanden in einer Befragung geäußert worden sind (2016).

Hätten nun alle Befragten die gleiche Vorstellung davon, was zur Fränkischen Schweiz gehört, stünden in den Protokollen aller Probanden die gleichen Gemeinden. Zwar war eine solche völlige Übereinstimmung sicher nicht zu erwarten, aber dass die von den Probanden gezeichneten Außengrenzen sich sämtlich als Unikate erweisen würden, dass also jeder Befragte eine andere Abgrenzung vorgenommen hat, war doch überraschend und spricht eindrücklich für die Variabilität der räumlichen Abgrenzung, die mit dem Namen Fränkische Schweiz verbunden wird. Die Spannweite der räumlichen Ausdehnung, für die die Anzahl der genannten Gemeinden als Maß gelten kann, reicht von einer Abgrenzung, die nur fünf Gemeinden einschließt, bis zu einer, die nicht weniger als 62 Gemeinden umfasst.

Insgesamt wurden von allen Probanden 91 Gemeinden als zur Fränkischen Schweiz gehörig genannt, freilich mit sehr unterschiedlicher Häufigkeit ihrer Nennungen, deren Summe sich auf 2.569 beläuft. Für die Uneinheitlichkeit der Abgrenzung spricht, dass nicht weniger als 41 Gemeinden seltener als zehnmal genannt werden. Nur 18 Gemeinden werden von mehr als der Hälfte der Befragten als zur Fränkischen Schweiz gehörig eingezeichnet und gerade einmal sechs dieser Gemeinden, nämlich Gößweinstein, Wiesenttal, Pottenstein, Ebermannstadt, Waischenfeld und Unterleinleiter erreichen jeweils mehr als 80 Nennungen; aber keine Gemeinde wird von allen 96 Probanden als Fränkische-Schweiz-Gemeinde angezeigt. ▸ Abb. 5 stellt diese Häufigkeitsunterschiede dar und zeigt dabei ein klares Kern-Rand-Gefälle.

Um der Frage nachzugehen, wie nah oder eng die Vorstellungen vom Kernraum der Fränkischen Schweiz beieinanderliegen, wurden die Probanden gebeten, die Gemarkungen jener Gemeinden auf der vorgelegten Karte zu schraffieren, von denen sie glauben, dass sie unbestritten den Kern der Fränkischen Schweiz bilden würden. Auf diese Frage wurden insgesamt nur noch 35 Gemeinden genannt, wobei die 18 Gemeinden, die bei der ersten Frage von mehr als der Hälfte der Probanden angegeben worden waren, auch hier die meisten Nennungen auf sich vereinen. Die von den Befragten zum Kern der Fränkischen Schweiz gerechneten Gemeinden liegen überdurchschnittlich oft in der Nachbarschaft des jeweiligen Befragungsortes. So wird Aufseß z. B. als Kernort nur in Plankenfels, Leutenbach nur in Gräfenberg oder Egloffstein und Weilersbach nur in Ebermannstadt genannt. Im übrigen variiert auch die räumliche Ausdehnung des als Kern gezeichneten Gebietes ganz erheblich. Nicht weniger als 25 Probanden beschränken sich auf eine einzige Gemeinde, von der sie annehmen, dass sie unbestritten als Kern der Fränkischen Schweiz gelten würde. Das gilt elfmal für Pottenstein, viermal für Gößweinstein und je zweimal für Ebermannstadt und Waischenfeld. 17 Probanden geben als Kern zwei Gemeinden an, und nur zehn Probanden rechnen mehr als zehn Gemeinden zum Kern.

Angesichts der geringen Größe der Stichprobe verbietet es sich, bei der Suche nach Erklärungen für die zu Tage tretende Uneinheitlichkeit bei der Gebietsabgrenzung auf umfangreiche statistische Analysen zu setzen. Dennoch lohnt es sich, die in den Befragungsorten ermittelten Werte etwas näher in den Blick zu nehmen.

Der ▸ Abb. 6 sind die Summen der Nennungen der zwölf Probanden jedes der acht Befragungsorte und die Zahl der von ihnen genannten Gemeinden zu entnehmen. Die hier erkennbaren Unterschiede deuten darauf hin, dass offensichtlich in Gemeinden, die eher im Randgebiet der Fränkischen Schweiz gelegen und wenig vom Tourismus geprägt sind, die Vorstellungen vom Gültigkeitsbereich des Landschaftsnamens kleinflächiger sind als in den zentraler gelegenen und stärker am (Tages-)Tourismus beteiligten Gemeinden.

Die Vorstellungen von der Erstreckung der Fränkischen Schweiz sind in diesen Gemeinden aber nicht nur großflächiger, sondern auch weniger fokussiert. Das wird deutlich, wenn man die Zahl der Orte vergleicht, die von allen zwölf Probanden eines Befragungsortes übereinstimmend zur Fränkischen Schweiz gerechnet worden sind. Hier sind sich die Befragten in Weismain und Litzendorf, im nördlichen bzw. nordwestlichen Randbereich der Fränkischen Schweiz gelegen, nur bezüglich eines bzw. zweier Orte einig, während dies in den Befragungsorten Gräfenberg und Ebermannstadt doppelt so oft der Fall ist.

Zugleich macht die unterschiedliche Lage der Orte, die von allen Probanden eines Befragungsortes übereinstimmend als zur Fränkischen Schweiz gehörig ge-

Befragungsgemeinde	Zahl der von den Probanden		Übereinstimmend von allen Probanden als Zentren genannte Gemeinden	
	der Fränkischen Schweiz zugeordneten Gemeinden	als Zentren der Fränkischen Schweiz genannten Gemeinden	Anzahl	Name dieser Gemeinden
Pegnitz	185	40	2	Gößweinstein, Pottenstein
Weismain	219	51	1	Waischenfeld
Litzendorf	256	57	2	Waischenfeld, Wiesenttal
Pretzfeld	272	59	3	Ebermannstadt, Wiesenttal, Gößweinstein
Ebermannstadt	302	61	5	Pretzfeld, Unterleinleiter, Weilersbach, Wiesenttal, Ebermannstadt
Plankenfels	288	63	3	Waischenfeld, Wiesenttal, Aufseß
Pottenstein	360	69	3	Pottenstein, Gößweinstein, Wiesenttal
Gräfenberg	338	78	4	Egloffstein, Kirchehrenbach, Leutenbach, Pretzfeld

Abb. 6 Antworten zur Gebietsabgrenzung in acht Befragungsorten

nannt wurden, auch deutlich, dass die Vorstellungen in der Bevölkerung von der Erstreckung der Fränkischen Schweiz nicht nur Räume unterschiedlicher Größe, sondern eben auch unterschiedlicher Lage umfassen.

Abgrenzung der Fränkischen Schweiz für diesen Band

Auch die Autoren des vorliegenden Bandes müssen die Frage beantworten, welchen räumlichen Geltungsbereich sie dem Raumkonstrukt Fränkische Schweiz zumessen. Nach dem zuvor Gesagten ist einleuchtend, dass ihre Antwort, d. h. die von ihnen gewählte Abgrenzung, nicht in den Kategorien richtig oder falsch, sondern nur in Kategorien von mehr oder weniger zweckmäßig bzw. sinnvoll und akzeptabel zu bewerten ist.

Da der Anspruch der vorliegenden Landeskunde darin besteht, die touristischen und freizeitbezogenen Nutzungen besonders zu betonen, liegt es nahe, sich an den Grenzziehungen einschlägiger Akteure zu orientieren, also etwa an der Verbreitung der Ortsgruppen des Fränkischen-Schweiz-Vereins, den Mitgliedsgemeinden des Gebietsausschusses Fränkische Schweiz des Tourismusverbandes Franken oder an der Abgrenzung des Naturparks Fränkische Schweiz-Veldensteiner Forst. ▶ Abb. 7

Der Fränkische-Schweiz-Verein bemüht sich nicht nur um die Stärkung der Heimatverbundenheit seiner Mitglieder, sondern versteht sich auch als Dienstleister für eine Tourismusregion Fränkische Schweiz, aber seine Ortsgruppen finden sich auch in Städten wie Erlangen, Nürnberg oder Bayreuth, sodass das Verbreitungsgebiet der Ortsgruppen nicht mit der Fränkischen Schweiz gleichgesetzt werden kann. Auch gibt es solche Gruppen überhaupt nicht im nördlichen Teil der Frankenalb, der sowohl naturräumlich als auch wirtschaftlich und kulturell gleiche Strukturen aufweist.

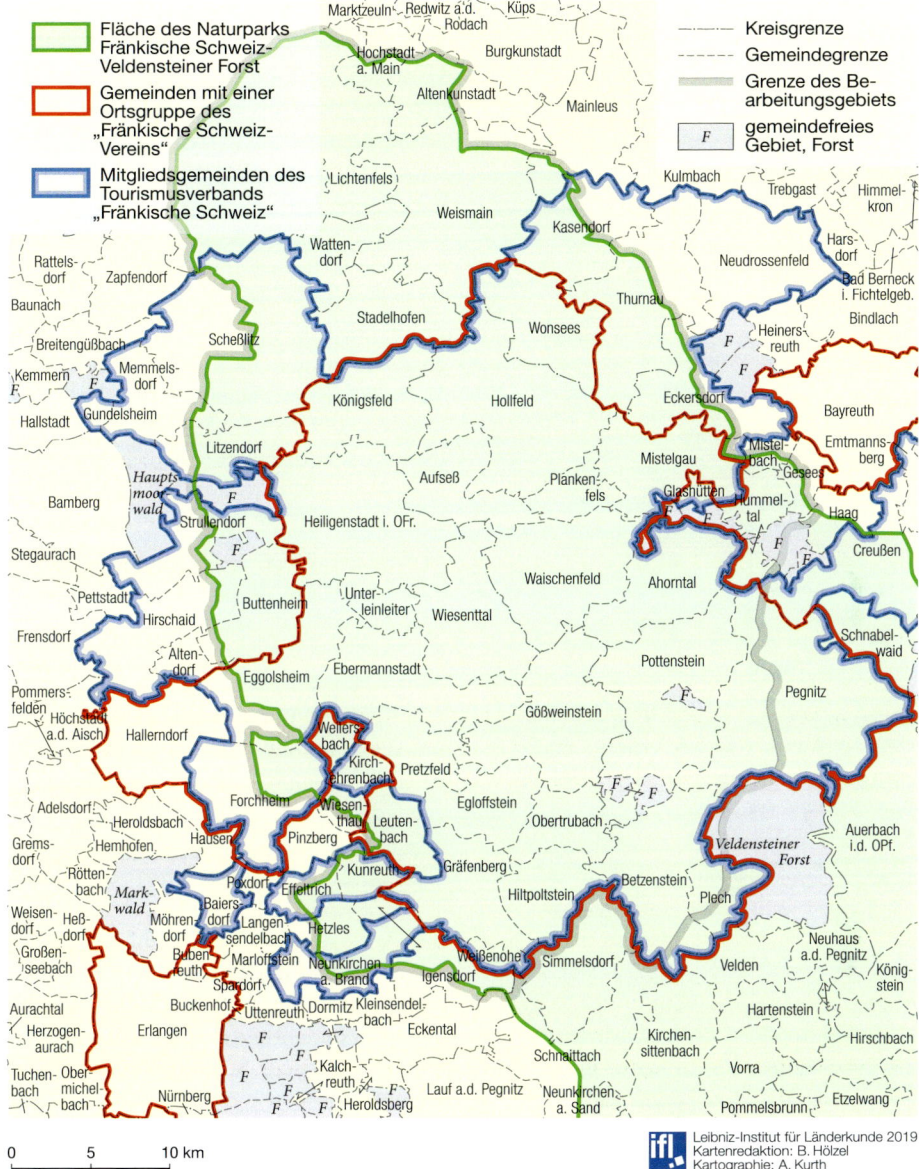

Abb. 7 Das zur Fränkischen Schweiz gehörige Gebiet gemäß (a) dem Naturpark Fränkische Schweiz-Veldensteiner Forst, (b) den Gemeinden mit einer Ortsgruppe des Fränkische-Schweiz-Vereins und (c) den Mitgliedsgemeinden des Tourismusverbandes Fränkische Schweiz.

Die Mitgliedsgemeinden des Gebietsausschusses Fränkische Schweiz sorgen, ganz ähnlich, für das Problem, dass mehrere Orte, deren Zugehörigkeit man eigentlich erwarten würde (sind sie doch eine Insel inmitten von Mitgliedern), keine Mitgliedsgemeinden sind (Weilersbach, Wiesenthau, Leutenbach, Pinzberg). Umgekehrt gehören Gemeinden wie z. B. Neudrossenfeld und Creußen im O oder Hallerndorf und Baiersdorf im W zum Tourismusverband, obwohl sie zumindest naturräumlich keinerlei Bezug zum „Naturraum Jura" aufweisen.

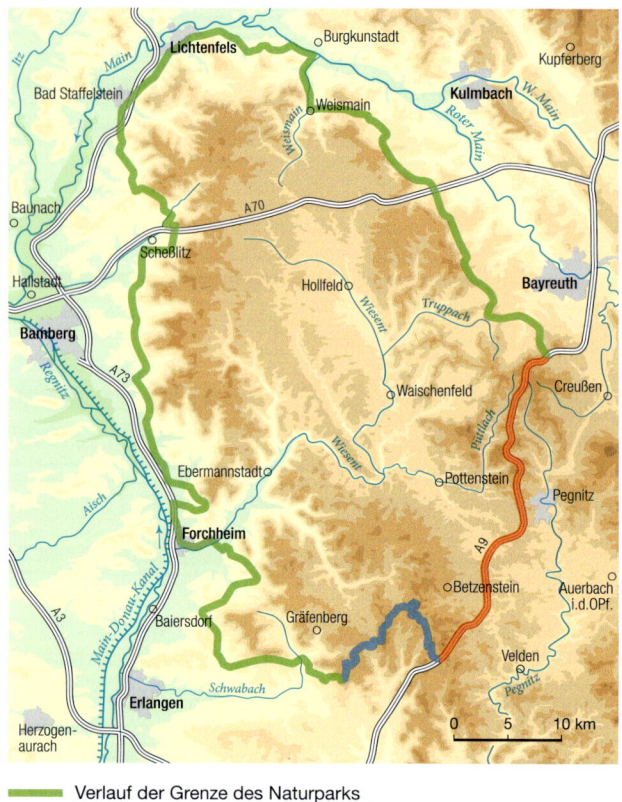

- ━━ Verlauf der Grenze des Naturparks Fränkische Schweiz-Veldensteiner Forst
- ━━ Verlauf der Bundesautobahn A 9
- ━━ Verlauf der Regierungsbezirksgrenze zwischen Oberfranken und Mittelfranken

IfL 2019

Abb. 8 Die Abgrenzung und die Prinzipien der Abgrenzung der Fränkischen Schweiz für die Darstellung in diesem Band

Auch der Naturpark Fränkische Schweiz-Veldensteiner Forst, der sich um den Schutz der gewachsenen Kulturlandschaft bemüht, verfolgt das Ziel, diese wertvolle Landschaft touristisch zu vermarkten. Er hat im Gegensatz zum Verbreitungsgebiet der Ortsgruppen des Fränkischen-Schweiz-Vereins oder der Mitgliedsgemeinden des Gebietsausschusses Fränkische Schweiz klar definierte Grenzen, die im Übrigen nicht immer dem Verlauf der Gemeindegrenzen folgen. Seit 2018 erfolgte eine Umbenennung seines Namens in Naturpark Fränkische Schweiz-Frankenjura. Die Fläche des Naturparks orientiert sich sehr stark an der Verbreitung der geologischen Ablagerungen des Jura: Schwarzer, Brauner und Weißer Jura. Sie schließt allerdings, wie der bisherige Name schon anzeigt, auch den Veldensteiner Forst mit ein, der naturräumlich zwar ebenfalls eine verkarstete Mittelgebirgslandschaft darstellt, die aber nie Anteil an der Entdeckung und romantischen Verklärung hatte, wie dies für die Fränkische Schweiz zutrifft, sodass dieses Gebiet an dieser Stelle nicht mehr zu behandeln ist.

„Die" Fränkische Schweiz ist in dieser Publikation deshalb pragmatisch so abgegrenzt worden, dass im N, W und S der Abgrenzung des Naturparks gefolgt, im O aber die BAB 9 als Grenzlinie gewählt und im S die administrative Grenze zum Regierungsbezirk Mittelfranken herangezogen wird. ▶ Abb. 8 Eine Ausnahme stellt die Berücksichtigung des Sophienberges als Suchpunkt ▶ C 18 dar. Er liegt zwar knapp außerhalb des Naturparks, wurde aber einbezogen, weil er als Zeugenberg naturräumlich zum Jura gehört.

Folgen die Grenzen des Naturparks naturräumlichen Kriterien und schließen diejenigen Gebiete ein, die geologisch dem Jura zugehören, so ist der Autobahnverlauf das Ergebnis verkehrspolitischer und straßenbautechnischer Entscheidungen, doch bildet er die Trennung von Fränkischer Schweiz und Veldensteiner Forst recht gut ab. Zusätzlich bleibt derjenige Teil westlich der Autobahn unberücksichtigt, der administrativ nicht mehr zum Regierungsbezirk Oberfranken, sondern zum mittelfränkischen Landkreis Nürnberg um Simmelsdorf gehört.

Es sei nochmals betont, dass die Autorinnen und Autoren des vorliegenden Bandes diese Abgrenzung des mit dem Landschaftsnamen Fränkische Schweiz belegten Gebietes keineswegs für die einzig wahre bzw. bestmögliche Lösung halten. Wohl aber erscheint sie für das hier verfolgte Ziel sinnvoll und brauchbar zu sein. Insbesondere die Einbeziehung der Nördlichen Frankenalb bis zum Obermaintal im N (im Vergleich zu anderen Abgrenzungen) wird für zweckmäßig gehalten.

Naturräumliche Charakteristika

Geologische Verhältnisse

Die Oberflächengestalt der Fränkischen Schweiz (die Geowissenschaftler sprechen meist von der Nördlichen Frankenalb) ist von der geologischen Schichtenfolge und der erdgeschichtlichen Entwicklung geprägt. Ein hinsichtlich der Beschaffenheit wichtiges Element sind die Karbonatgesteine des Malm (des Weißen Jura), die sowohl im Hinblick auf ihre Gesteinseigenschaften als auch durch ihre Verkarstung (spezifische Formung und Entwässerung) die besondere landschaftliche Ausprägung der Fränkischen Schweiz verursachen. Es sind hierbei zwei unterschiedliche Typen von Oberflächenformen zu unterscheiden. An ihrem Westrand tritt die Fränkische Schweiz v. a. durch die Schichtstufe und den auffälligen Albtrauf der Malmkalke in Erscheinung ▸ B 2, welche darunter von weniger stark ausgeprägten Schichtstufen gebildet werden, v. a. der Sandsteine des Dogger (des Braunen Jura) und in geringerem Maß von einzelnen verwitterungsresistenteren Partien in den überwiegend tonigen Einheiten des Lias (des Schwarzen Jura). Während die Fränkische Schweiz vor allem am West- und Nordrand der Albhochfläche und in den darin tiefer eingeschnittenen Tälern der Wiesent und der Leinleiter den Eindruck einer Schichtstufenlandschaft hinterlässt, steht die weitgehend ausgeglichene Landschaft der Hochfläche dazu in einem auffälligen Gegensatz. Sie ist geprägt von einem überwiegend flachen Relief, das zahlreiche Karsterscheinungen aufweist. Die Festigkeit und Verwitterungsbeständigkeit der Malmkalke bewirken, dass die Schichten des Malm wie ein schützender Deckel auf den weniger widerständigen Einheiten des Dogger und Lias liegen und dadurch die Hochfläche mit einer scharfen Kante v. a. am westlichen und nördlichen Rand begrenzen. Die Verkarstung hat auf der Hochfläche ein reiches Inventar des Formenschatzes von Karstlandschaften mit Dolinen, Höhlen und Trockentälern geschaffen.

Die Schichtenfolge und die erdgeschichtliche Entwicklung wurden durch die Entwicklung des Germanischen Beckens gesteuert, welches während Trias und Jura ein flaches Randmeer darstellte, dessen östliche Begrenzung die Böhmische Masse und weiter nach S und W die an die Böhmische Masse anschließende Vindelizische Schwelle und das Alemannische Land waren. ▸ Abb. 9 Der Bereich der heutigen Fränkischen Schweiz ist dem östlichen Rand des ehemaligen Germanischen Beckens zuzuordnen, wobei die östliche Begrenzung nicht sicher rekonstruiert werden kann. Die an das Böhmische Massiv angrenzende Küstenlinie des Jura-Meeres im Germanischen Becken dürfte sich etliche Kilometer weiter östlich der heutigen Begrenzung des Ausstrichs der Schichten des Jura befunden haben. Einen ausführlichen Überblick über die geologische Entwicklung der Fränkischen Schweiz geben MEYER u. SCHMIDT-KALER (1992).

Die Entwicklung des Germanischen Beckens begann in der Trias mit einer Abfolge von terrestrischen Ablagerungen im Buntsandstein, gefolgt von flachmarinen Karbonaten des Muschelkalks, die erneut von terrestrischer und fluviatiler Sedimentation mit gelegentlicher Sedimentation von Gips während des Keupers gefolgt wurde. Schichten dieser geologischen Einheiten treten zwar in der Fränkischen Schweiz nicht auf, sind in deren weiterer Umrandung jedoch weitflächig verbreitet. Im Lias kam es erneut zu ma-

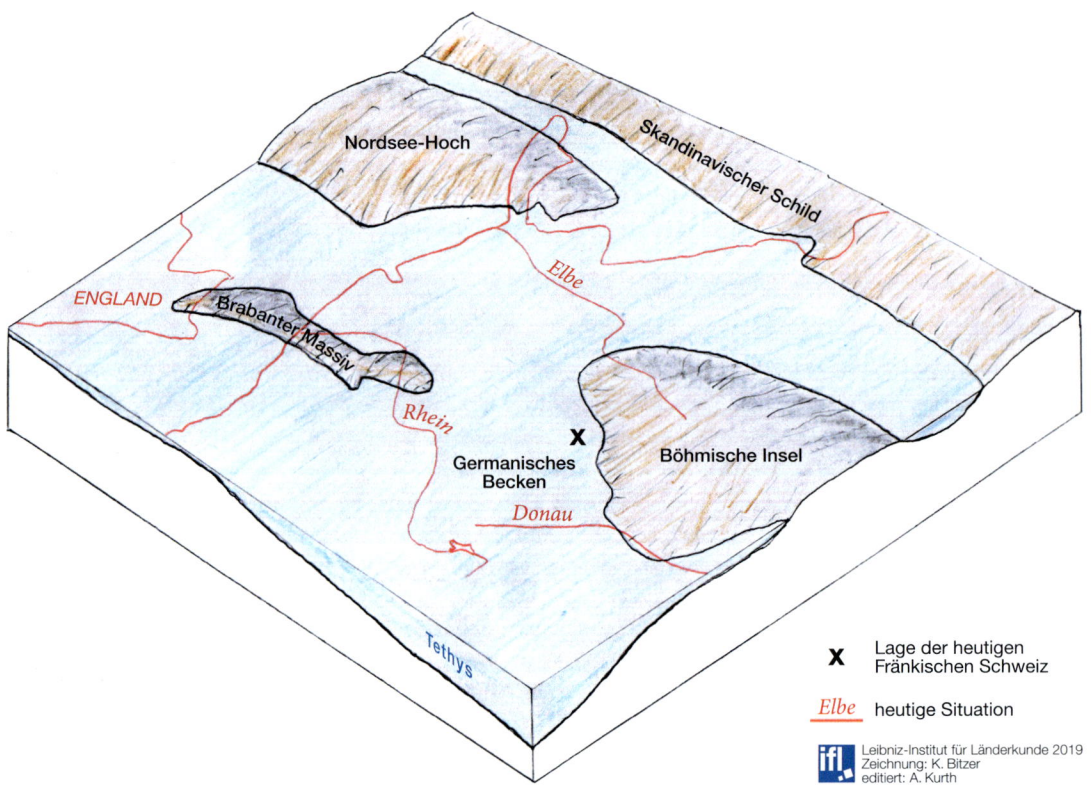

Abb. 9 Schematisches Blockbild zur Paläogeographie im Erdzeitalter des Dogger

rinen Verhältnissen mit einem ausgesprochenen Randmeer-Charakter, der anhand der tonreichen Sedimentgesteine zu erkennen ist. Nach der Phase tonreicher Sedimentation mit teilweise auch sauerstoffarmen Verhältnissen im Meer trat im Dogger eine für das Germanische Becken wichtige Veränderung ein – im S wurden Vindelizische Schwelle und Alemannisches Land überflutet, wodurch das Germanische Becken seine isolierte Position verlor und nun ein Teil des sich im S entwickelnden Tethys-Ozeans wurde. Diese Veränderung kam vermutlich durch einen globalen Meeresspiegelanstieg zustande, was wiederum als Folge verstärkter Bildung ozeanischer Kruste ("seafloor spreading") des sich rasant entwickelnden zentralen Atlantiks zu sehen ist. Die Überflutung der Barriere des Alemannischen Landes zwischen Tethys und Germanischem Becken führte zu einer Änderung des Ablagerungsgeschehens im Germanischen Becken – stärkere Meeresströmungen führten zu einer verbesserten Durchlüftung des Meeresbeckens. Nach den tonreichen Lias-Sedimenten wurden im Dogger sandige Sedimente abgelagert, in westlichen Teilen des Beckens sogar schon Karbonate. ▶ Abb. 10

Die Abfolge der Doggergesteine ist gegliedert in Opalinuston (Dogger-alpha), Eisensandstein (Dogger-beta) und Eisenoolithkalk bis Ornatenton (Dogger-gamma bis -zeta), wobei die Eisenoolithkalke im Bereich der Fränkischen Schweiz wenig ausgeprägt sind. Die Gesteinsfolge im Dogger beginnt mit dunkelgrauen Tonsteinen des Dogger-alpha, die aufgrund des Auftretens des Ammoniten *Leioceras Opalinum* im Bereich des Germanischen Beckens als Opalinuston bezeichnet werden. Die Tonsteine erreichen Mächtigkeiten zwischen 60 und 70 m. Einer der besonders guten Aufschlüsse in diesem stratigraphischen Bereich befindet sich in der stillgelegten Tongrube bei Mistelgau. Darüber folgen die gelblich-braunen Doggersandsteine des Dogger-beta, die mit 50–70 m Mächtigkeit eine deutliche Schichtstufe in der Umrandung der Fränkischen Schweiz bewirken. Es handelt sich um marine Sedimentgesteine, die gelegentlich Fossilien enthalten, überwiegend Muscheln. Die Dogger-beta-Sandsteine sind durch tonige Zwischenlagen in mehrere unterscheidbare Sandsteinpakete getrennt. Das unterste Sandsteinpaket mit 2–4 m Mächtigkeit wird als Basissandstein bezeichnet und durch 2–3 m mächtige Tonlagen von dem darüber folgenden Kellersandstein getrennt. Der Kellersandstein zeigt eine stärker variierende Mächtigkeit von 12 m (Weismainer Raum) und von 30 m weiter östlich. Er hat seinen Namen von den in vielen Bereichen darin angelegten Kellern, die u. a. für die frühere Brauereiwirtschaft notwendig waren. Der darüber folgende Hauptwerksandstein unterscheidet sich farblich kaum vom Kellersandstein und variiert in seiner Ausprägung etwas stärker. Darüber folgt der Hauptflöz-Horizont mit Mächtigkeiten bis 5 m, in dem neben angereicherten Limonit-Ooiden tonige Einschaltungen auftreten. Die stärkste Limonitanreicherung wird meist in dem darüberliegenden Oberflöz-Horizont erreicht, der bis 4 m mächtig wird. Der oberhalb folgende Schwartenhorizont hat lokal unterschiedliche Mächtigkeiten bis 8 m. Hier ist der limonitische Sandstein häufig nachträglich durch Druck und Temperatur verfestigt und mit Konkretionen durchzogen und erreicht dadurch eine größere Festigkeit. In diesen Horizonten finden sich im Gelände gelegentlich Reste von Schlacken aus einer früheren primitiven Verhüttung dieser Erze in kleinen Brennöfen zur lokalen Eisengewinnung.

Über dem Schwartenhorizont folgt der Obere Werksandstein mit bis zu 10 m Mächtigkeit. Tonige Einschaltungen sind hier selten. Nach oben folgt eine Austernbank und der Discites-Ton-Horizont, der 10 m Mächtigkeit erreichen kann und mit dem die Doggerablagerungen enden. Die tonige Abfolge im Übergang zum Malm wird in Süddeutschland auch als Ornatenton bezeichnet. Dieser Bereich spielt für Hangrutschungen in der Fränkischen Schweiz eine wichtige Rolle. Insgesamt erreichen die Doggergesteine eine Mächtigkeit zwischen 140 und 150 m (Hegenberger 1968).

Im Bereich der Fränkischen Schweiz beginnt mit dem Malm die Karbonatsedimentation. In Richtung O zur Böhmischen Masse und in nördlicher Richtung im Bereich der Mitteldeutschen Schwelle befand sich die Küstenlinie, die jedoch aufgrund späterer Erosion nicht genau lokalisiert werden kann. Der Meeresspiegel im Malm stellt einen weltweiten Meeresspiegelhochstand dar, der auf den überfluteten, zuvor flachmarinen oder terrestrischen Bereichen die Ablagerung von Karbonaten begünstigte. Im Bereich des Germanischen Beckens, das zu diesem Zeitpunkt als Randmeer des Tethys-Ozeans betrachtet werden kann, kam es zur Ablagerung von Kalksteinen, bei denen sich zwei Typen unterscheiden lassen. Der Typus der so genannten Bankkalke bzw. Schichtfazies (Peterek u. Schröder 2010) stellt ein Kalkgestein dar, bei dem die Schichtung und gelegentliche Sedimentstrukturen gut zu erkennen sind und in denen Fossilien, v. a. Ammoniten, Belemniten, Muscheln und Brachiopoden, auftreten. Es handelt sich bei diesen Kalksteinen um einen verfestigten feinkörnigen Kalkschlamm, der in Wassertiefen von mehreren zehner Metern abgelagert wurde. Der Kalkschlamm war großenteils das Ergebnis der Kalkabscheidung von Coccolithophoriden (Kalkflagellaten), die sich im Jura entwickelten und einen neuen Typ von feinkörnigem Kalksediment entstehen ließen. Diese Organismen stellen eine systematische Gruppe komplexer einzelliger Algen aus der übergeordneten Gruppe der Haptophyta dar, die sich bereits seit der Trias entwickelten und im Malm als wichtige Karbonatproduzenten gesteinsbildend wurden. Der andere

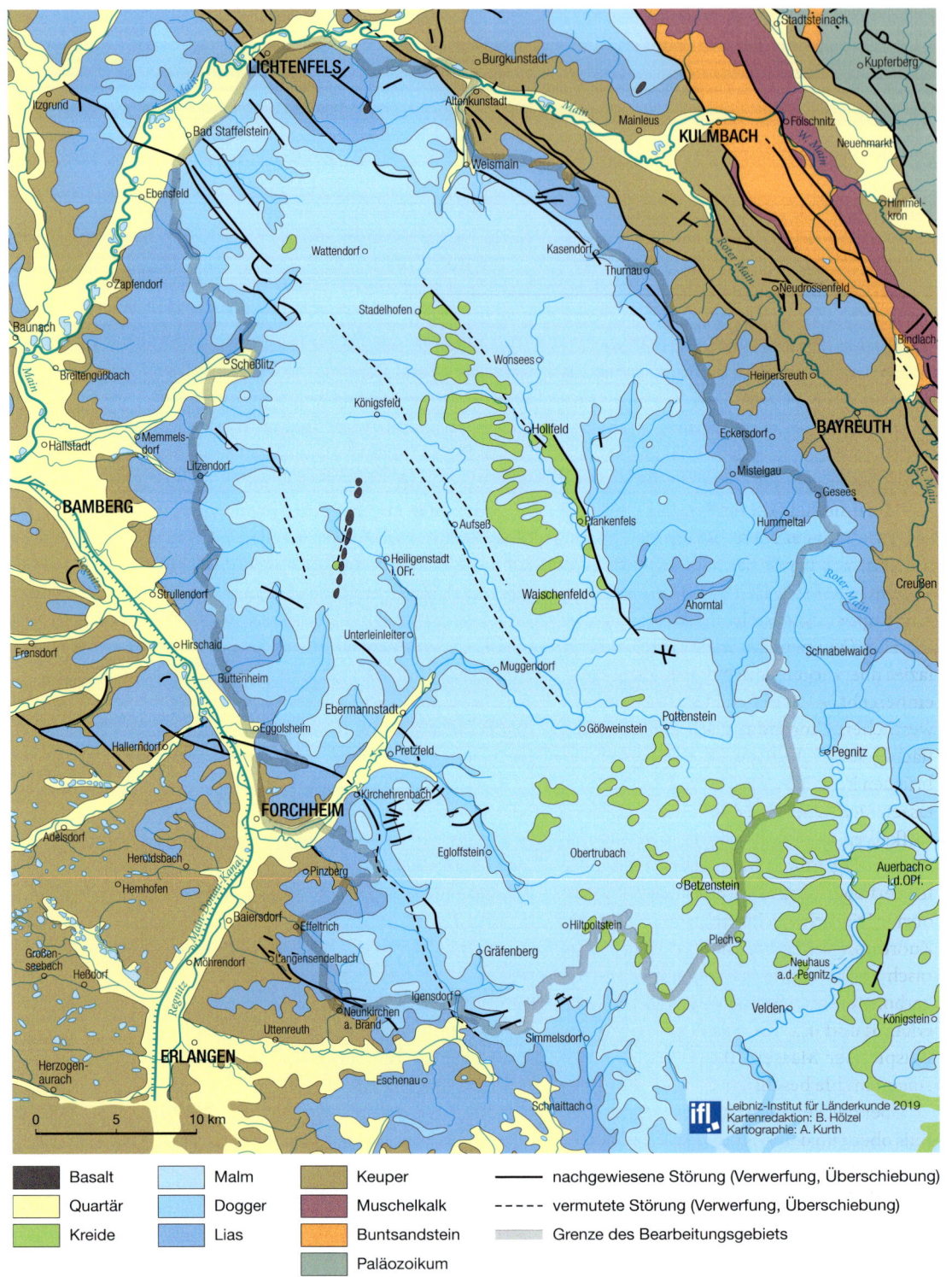

Abb. 10   Geologische Karte der Fränkischen Schweiz und Umgebung

Sedimenttyp sind schlecht gebankte dolomitisierte Kalksteine, die in Riffen abgelagert wurden (Rifffazies). Diese kann man sich analog zum Great Barrier Reef vor der australischen Küste als Riffbarrieren vorstellen, die sich in einiger Entfernung zur Küste entwickelten. Die Riffbildner der Malmriffe waren überwiegend Schwämme; es kamen daneben auch Korallen, Brachiopoden und andere Riffbewohner vor. Viele Riffbewohner benötigen klares und gut durchlüftetes Wasser. Da das Meerwasser in Strandnähe durch den Eintrag klastischer Sedimente meist etwas getrübt ist, entwickeln sich Riffe oft erst in Entfernung zum Festland. Die Verbreitung der Riffkalke des Malm in der Fränkischen Schweiz folgt, wie auch in vielen anderen Bereichen der Erde, diesem Muster. Innerhalb dieser Region lassen sich einzelne langgezogene Riffkörper identifizieren, wie bspw. das Wiesent-Riff. Die Riffe machen sich heute teilweise in Form von Kuppen und steilen Aufragungen bemerkbar (Kuppenalb), während die Schichtfazies überwiegend mit einem flachen Relief einhergeht. ▶ Abb. 11 Schichtfazies ist an der westlichen Umrandung am Albtrauf weitflächig aufgeschlossen. In einzelnen Steinbrüchen innerhalb der Fränkischen Schweiz lassen sich Übergänge von dolomitischen Riffkalken zu den Bankkalken der Schichtfazies gelegentlich über mehrere zehn Meter verfolgen (bspw. im Steinbruch Pilgerndorf). Die Schwierigkeit stratigraphischer Zuordnungen bei der lateral und vertikal rasch wechselnden Ausprägung der Malmkarbonate wurde bereits von AMMON (1899) erkannt und u. a. von FREYBERG (1956) am Beispiel der Massenkalkschwelle bei Behringersmühle beschrieben.

Über der Verebnungsfläche des Ornatentons oberhalb der Dogger-beta-Schichtstufe sind nur selten Aufschlüsse im Malm-alpha zu finden. Abgerutschter Malmschutt und Bodenbildung bedecken die Verebnungsfläche, die auch den Beginn der mergelig-karbonatischen Sedimentation im Malm-alpha und -beta weitgehend verdeckt. In diesen Schichten tritt bereits gelegentlich Riffschutt auf. Die Mächtigkeiten erreichen 10–20 m. Darüber folgen im Zeitabschnitt des Oxfordium (vor 163,5–157,3 Mio. Jahren) Abfolgen mit Schwammriffen, wobei die Rifffazies lateral in eine gebankte Ausprägung übergeht, was die stratigraphische Einordnung und Parallelisierung der Schichten außerordentlich erschwert. Als Oberflächenformen bilden die Riffe Kuppen und teils schroffe Felsabhänge. Durch die seit einigen Jahren verfügbaren amtlichen Laserscan-Karten in Bayern ist die Erkennung der Riffbereiche sehr erleichtert worden. Malm-gamma und -delta sind im nördlichen Bereich überwiegend als mergelreiche Beckensedimente ausgebildet und bilden zunächst eine leichte Verebnungsfläche. Hierüber folgt eine weitere Schichtstufe aus dickbankigen Kalken und Schwammkalken, die v. a. im südöstlichen Bereich als Dolomit entwickelt sind. Der gelegentlich für diese Gesteine verwendete Begriff „Frankendolomit" ist kein stratigraphischer Begriff, da diese Fazies innerhalb des Malm an unterschiedlichen Positionen auftritt (AMMON 1899). Die Mächtigkeiten des Malm-gamma liegen zwischen 30 und 50 m mit tendenziell nach O leicht abnehmenden Mächtigkeiten. Die darüber folgenden Schwammkalke des Malm-delta sind kaum unterscheidbar von den älteren Schwammriffen, sodass bei fehlenden Fossilien anstelle einer stratigraphischen Gliederung die Grenzen nur anhand fazieller Untersuchungen gezogen werden können. Den Abschluss bilden die Schichten des Malm-epsilon, die als Bankkalke oder Riffdolomite entwickelt sind. Gelegentlich treten Kieselrelikte auf. Aufgrund der kretazischen und jüngeren Erosion der Malmoberfläche hat die Obergrenze des Malm ein unregelmäßiges Relief. Die Mächtigkeit des Malm liegt bei 150–160 m.

Nach dem Meeresspiegelhochstand im Malm folgte ein rasches globales Absinken des Meeresspiegels in der Unterkreide. Dies führte im Bereich der Fränkischen Schweiz zu einem Ende der marinen Sedimentation

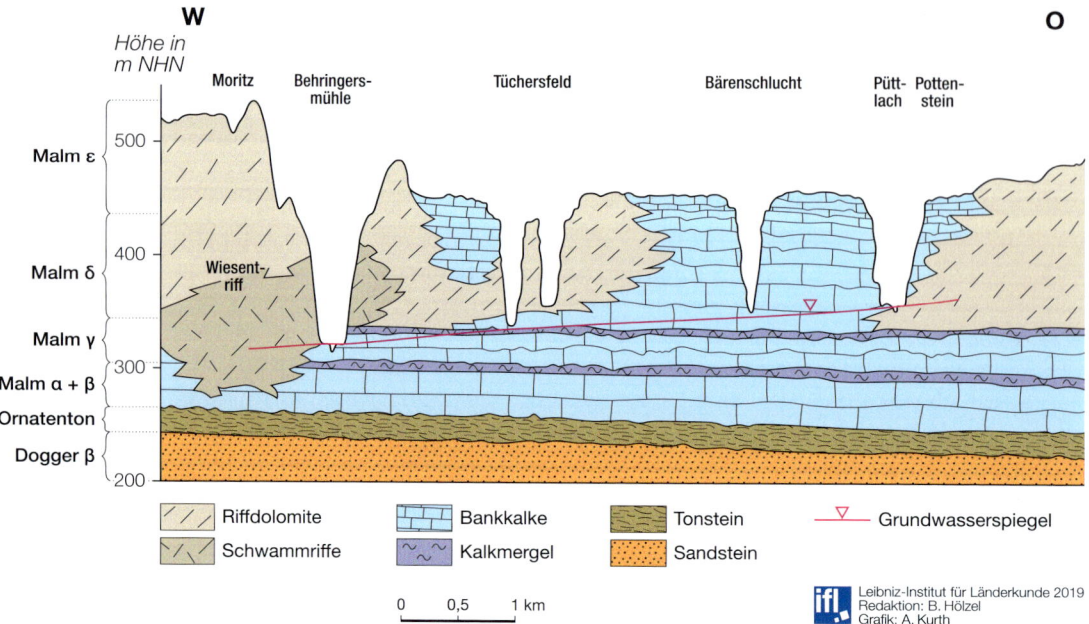

Abb. 11 Geologischer West-Ost-Schnitt durch die zentrale Fränkische Schweiz

und zu einer nach dem Trockenfallen des Meeresbodens einsetzenden Verkarstung der erst kurz zuvor abgelagerten Kalksedimente. Der Verlauf des Verkarstungsprozesses ist im Einzelnen nicht klar und hing von der ehemaligen Konfiguration der Landoberfläche und der Vorfluter ab, die jedoch unbekannt sind. Spöcker (1952) geht davon aus, dass bereits ab Ende Malm ein Karstrelief, ein Entwässerungsnetz und Dolinen vorhanden waren. Zur Reliefentwicklung mit Schichtstufen ist es bis zum Ende der Kreide jedoch vermutlich nicht gekommen (Peterek u. Schröder 2010).

Kreidezeitliche Verkarstungsprozesse müssen teilweise beträchtliche Ausmaße angenommen haben, wie der oberkreidezeitliche Kegelkarst und das Paläorelief in den Bereichen der Fränkischen Schweiz östlich Betzenstein zeigen. Ein starker Anstieg des Meeresspiegels zu Beginn der Oberkreide führte ab dem Oberturon, von der Regensburger Bucht kommend, erneut zu einer Überflutung und Eindeckung der bereits verkarsteten Malmkalk-Oberfäche mit überwiegend sandig-tonigen Sedimenten, die aufgrund der jungen plio-pleistozönen Erosion heute jedoch nur noch reliktisch in der Fränkischen Schweiz aufzufinden sind, ursprünglich jedoch bis 400 m Mächtigkeit erreicht haben dürften (Meyer 1996). Vor allem im Bereich der Hollfelder Mulde und der südöstlichen Verlängerung zur Veldensteiner Mulde liegt Oberkreide in größerer Verbreitung auf Malmkalk. Die nördlichsten Vorkommen liegen bei Kümmersreuth nordwestlich von Wattendorf. Eine Besonderheit der kreidezeitlichen Sedimentation sind als Kallmünzer bezeichnete Quarzitblöcke, die teilweise wie über der Landoberfläche verstreut erscheinen und dadurch heute nicht den Eindruck einer lateral kontinuierlichen Sedimentationseinheit hinterlassen. Sie sind jedoch möglicherweise Reste einer ehemals flächenhaft verbreiteten zusammenhängenden Sandsteinschicht (Dorn 1958). Durch lokale Veränderung der Gesteinsbeschaffenheit, möglicherweise durch klimatische Verhältnisse begünstigt, kam es lokal zur Bildung von Zementen aus kieseligem Bindemittel in den Sandsteinen, wodurch sich die harten und verwitterungsbeständigen Kallmünzer bildeten, während die nicht veränderten Bereiche späterer Erosion unterlagen.

Die Phase mariner kreidezeitlicher Sedimentation endete im Bereich der Fränkischen Schweiz vermutlich im Santon. Die erdgeschichtlichen Abläufe in der darauffolgenden Zeit sind unklar, da keine jüngeren Sedimente existieren. Während des Paläogens (66–23 Mio. Jahre) dürften tropische Temperaturen geherrscht haben, unter denen sich die Verwitterung und Abtragung der mesozoischen Schichtenfolge fortsetzte und die morphologische Entwicklung zum Schichtstufenland begann.

Als einzige Überlieferung paläogener Gesteine sind Basalte im Umfeld des Leinleitertals bekannt, die sich, linienhaft ungefähr in N-S-Richtung an einigen wenigen Stellen vorkommend, von dem zuletzt aufgefundenen Vorkommen Kalteneggolsfeld nördlich Ebermannstadt (HERTLE 1959) über Burggrub nach Hohenpölz fortsetzen, und deren vermutlich nördlichstes Vorkommen sich etwa 1 km NNO der Ortschaft Roth am Bohnberg südöstlich von Lichtenfels befindet (SCHIRMER 1967). Die Leinleiter-Basalte haben ein Alter von etwa 31 Mio. Jahren (HOFBAUER 2008) und werden bereits in GÜMBELS „Geognostische Beschreibung des Fichtelgebirges und des Frankenwaldes" im Jahr 1879 erwähnt. Die Vorkommen sind meist nur anhand von Lesesteinen zu belegen, einzig die Vorkommen am Häsigknock bei Oberleinleiter und 300 m südlich davon zeigen anstehenden Basalt und Reste eines kurzen, erfolglosen Abbauversuchs. In der Oberflächenformung überrascht die komplette Einebnung der Basaltstöcke, während gleichalte Basaltkegel unweit der Fränkischen Schweiz, bspw. am Rauhen Kulm, weithin sichtbare Spitzen bilden. Diese Einebnung der Basalte auf der Hochfläche der Fränkischen Schweiz ist vermutlich der neogenen tiefgründigen Verwitterung und Einebnung geschuldet. Möglicherweise haben sich im Zusammenhang mit dem Leinleiter-Vulkanismus gar keine Vulkankegel entwickelt. Der maarartige Charakter der vulkanischen Gebilde am Vorkommen bei Oberleinleiter wurde von HOFBAUER (2008) untersucht und zeigt sich sehr deutlich in tomographischen Geoelektrik-Profilen, die von der Abteilung Geologie der Universität Bayreuth durchgeführt wurden und bei denen der nach unten zunehmend schmaler werdende Förderkanal erkennbar ist. ▶ Abb. 12

Die Basalte sind hinsichtlich ihrer Gesteinseigenschaften als Olivinnephelinite und Olivinmelilithnephelinit zu bezeichnen und gehören genetisch vermutlich zu den weiter im NW ausstreichenden, etwa gleichalten Basaltgängen der Heldburger Gangschar (HOFBAUER 2008). Da zum Zeitpunkt der vulkanischen Aktivität vermutlich bereits ein voll entwickelter Karstgrundwasserleiter in den Malmkalken entwickelt war, mag es z. T. auch zu Eruptionen im Kontakt der Schmelze mit Wasser gekommen sein. In diesem Zusammenhang ist der Eindruck einer linienförmigen Aneinanderreihung von Dolinen in der nördlichen Verlängerung der Basaltvorkommen auffällig.

Die heutige Bedeckung der mesozoischen Gesteine der Fränkischen Schweiz ist durch eine lehmige Überdeckung wechselnder Mächtigkeit gekennzeichnet, in der gelegentlich grober Gesteinsschutt der Malmkalke enthalten ist und die wegen ihrer eingeschränkten landwirtschaftlichen Nutzbarkeit als Scherbenäcker bezeichnet werden. Die lehmige Überdeckung dürfte teils neogenen Alters, teils quartären Alters sein. Lößartige Bedeckung auf der Albhochfläche liegt meist in Senken zusammengespült auf der lehmigen Albüberdeckung und zeigt eiszeitliche Sedimentation an, ohne dass diese zeitlich genauer eingeordnet werden kann. Sie ist als hochglaziale Lößeinwehung auf einer frühglazialen Solifluktionsschuttdecke zu betrachten und wurde gelegentlich selbst in jüngere Solifluktionsvorgänge einbezogen (SCHIRMER 1967).

Die tektonische Struktur der Frankenalb wird geprägt von einer weitgespannten Mul-

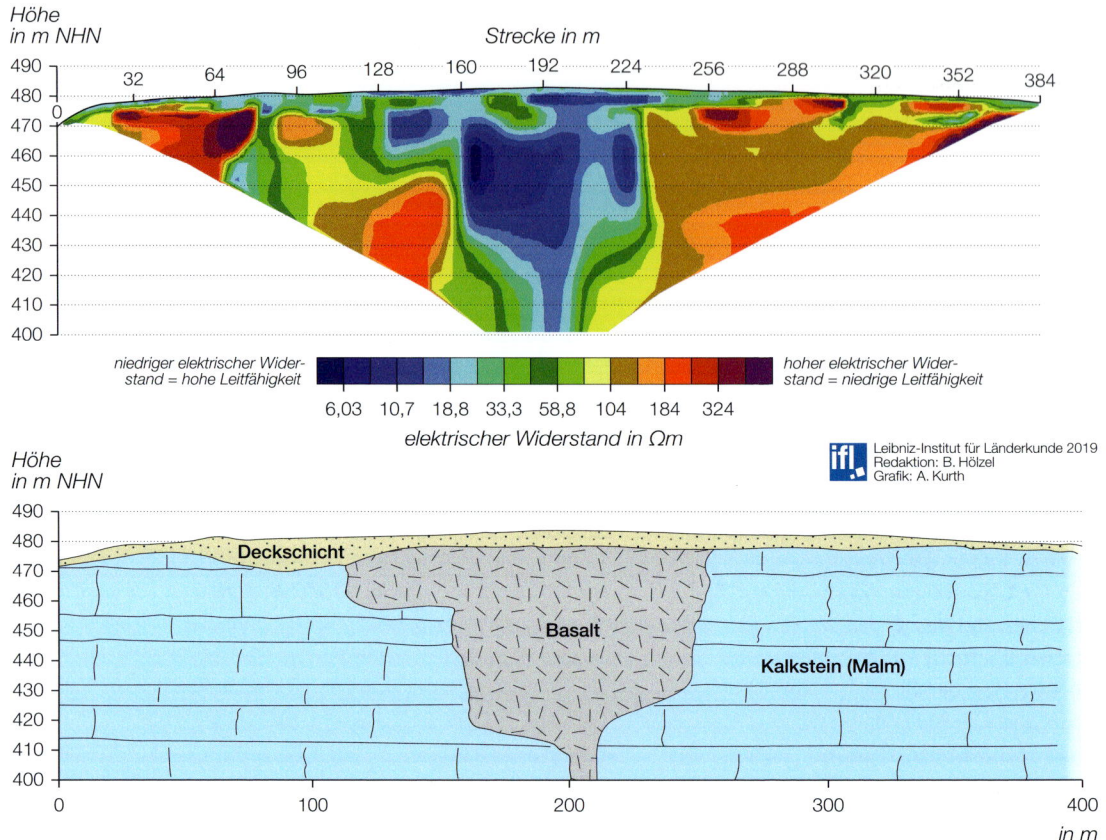

Abb. 12   Skizzen zur geoelektrischen Tomographie (ERT) am Basaltvorkommen nördlich Leinleiter. (a) Im oberen Vertikalschnitt zeigen die blauen Bereiche mit geringem elektrischen Widerstand die Verbreitung der Basalte an. Deutlich zu erkennen ist der nach unten schmaler werdende Förderkanal des Basalts und die randliche Begrenzung des Basaltkörpers durch Malmkalke mit hohem elektrischen Widerstand (rot). (b) Der untere Vertikalschnitt gibt diesen Befund in vereinfachter Form wieder.

de, deren Achse leicht nach SSO abtaucht und die im Zentrum durch zwei Störungszonen, die Staffelsteiner und die Lichtenfelser Störungslinie, gekennzeichnet ist. Beide Störungen begrenzen eine Furche (FREYBERG 1969), die als Staffelsteiner Graben im NW beginnt, weiter südlich als Hollfelder Mulde und zwischen Pegnitz und Betzenstein als Veldensteiner Mulde bezeichnet wird. In dieser Furche ist die Grenze Dogger/Malm südlich Hollfeld bis auf 230 m ü. NHN herabgesenkt. Zu den Rändern der heutigen Fränkischen Schweiz steigt die Dogger/Malm-Grenze auf Höhen zwischen 500 und 600 m ü. NHN an. Im N überwiegt der Charakter einer Furche, während nach SO hin der Eindruck einer Muldenstruktur überwiegt. Diese kombinierte Mulden- und Furchenform wird von mehreren SSO streichenden Störungszonen durchzogen (FREYBERG 1969):

■ die Weismain-Linie, die sich von Weismain bis südlich von Thurnau zieht,
■ die Lichtenfelser Linie, die mit Unterbrechung in die Hollfelder Störung und in die Auerbacher Linie übergeht,
■ die Staffelsteiner Linie, die von NW kommend bis Muggendorf reicht und dort in eine Flexur Richtung Betzenstein übergeht,
■ die Bamberg-Ehrenbacher Linie, die die Fränkische Schweiz zwischen Buttenheim und Gräfenberg in einem unregelmäßigen

Muster kurzer Störungssegmente mit geringen Versatzbeträgen durchzieht, sowie
- mehrere kleine Störungen im Bereich zwischen Scheßlitz und Ebermannstadt.
▶ Abb. 9

Kleinräumige tektonische Strukturen werden östlich von Woffendorf (HEGENBERGER 1966, 1968) und bei Weismain beschrieben (VIOHL 1963), die z. T. auf kurze Distanz Schichtverstellungen und Verbiegungen bewirken, die mit Sprunghöhen von mehr als 100 m ungewöhnlich für die Fränkische Schweiz sind. Das Alter der Tektonik ist hier mangels tertiärer und kretazischer Ablagerungen nicht zu bestimmen, doch scheint die Bruchtektonik jünger zu sein als die Verbiegungen. Im Bereich südlich von Lichtenfels haben die Deformationen den Charakter von Mulden und Sätteln, bei denen Horste zu Sätteln und Mulden in Gräben übergehen (SCHIRMER 1967). Der Nordwestteil der Frankenalbmulde wurde von CARLÉ (1951) als Beule beschrieben und beruht auf der in diesem Bereich zu beobachtenden Zerlegung in Kleinhorste und Kleingräben (SCHIRMER 1967).

Der breite Ausstrich der Schichten des Dogger zwischen Creußen und Waischenfeld wird verursacht durch eine sattelartige Aufwölbung senkrecht zur Achse der Hollfelder Mulde. Diese Struktur wird als Ailsbacher Sattel (weiter östlich in den Geseeser Sattel übergehend) bezeichnet und stellte eine Fortsetzung des Creußener Gewölbes (bereits außerhalb der Fränkischen Schweiz) dar. Als Folge davon zeigen Ahorntal und Hummelgau einen besonders breiten Ausstrich von Lias- und Doggergesteinen, während die Verbreitung der Schichten des Malm zwischen Oberailsbach und Ebermannstadt eingeengt erscheint.

Angesichts des Vorkommens von oberkretazischen marinen Sedimentgesteinen auf der Albhochfläche bei 540 m (Halmerstein bei Kümmersreuth) dürften postkretazische Hebungsbewegungen teilweise mehr als 400 m erreichen. Die Entwicklung der Süddeutschen Schichtstufenlandschaft im großmaßstäblichen Rahmen über die Fränkische Schweiz hinaus dürfte vor etwa 30 Mio. Jahren begonnen haben (PETEREK u. SCHRÖDER 2010). Zuvor war die Landschaft auch im weiteren Umfeld der Fränkischen Schweiz vermutlich eine weitgehend reliefarme Rumpffläche (TRUSHEIM 1936). Für den Bereich der nördlichen Frankenalb geht BAIER (2008) davon aus, dass der größte Teil der tektonischen Bruchtektonik bereits in der oberen Kreide abgeschlossen war. Großräumige Hebungsbewegungen, dürften jedoch angesichts der Entwick-

Genese und Verbreitung der Trockentäler

In der Fränkischen Schweiz findet man in größerer Zahl ganz ungewöhnliche Täler, die sich von einem „normalen" Tal dadurch unterscheiden, dass in ihnen kein Fließgewässer vorhanden ist. Diese „Täler ohne Flüsse" nennt man Trockentäler. Die Mechanismen, die zur Entstehung dieser Täler führten, haben keineswegs ausschließlich etwas mit dem Karst, in dem sie sich befinden, zu tun. Vielmehr müssen unterschiedliche und vielfältige Ansätze zu ihrer Erklärung bemüht werden. Es werden neun besonders spektakuläre Beispiele von Trockentälern vorgestellt. Zu diesem Zweck wird der Kartenausschnitt der Topographischen Karte mit einem Laser-Scan-Bild parallelisiert, wodurch die Oberflächengestalt besonders plastisch erkennbar wird. ■ lid-online.de/81123

Trockentäler

lung der Schichtstufen v. a. in den nördlich an die Fränkische Schweiz angrenzenden Bereichen auch im Neogen eine deutliche Rolle gespielt haben.

Das Flusssystem innerhalb der Fränkischen Schweiz lässt sich nur bedingt innerhalb der für Schichtstufenlandschaften beobachtbaren Kategorien von konsequenten, resequenten, obsequenten und subsequenten Gewässer klassifizieren. Ursache hierfür ist, dass durch die Muldenform an den beiden Flanken gegeneinander einfallende Schichtstufen entstanden sind. Im nordwestlichen Teil der Hochfläche machen manche Talbildungen den Eindruck kon- oder resequenter Trockentäler zu einer im Oberlauf als subsequenter Fluss erscheinenden Wiesent, die sich weiter im Unterlauf einer Kategorisierung in diesem Sinne jedoch vollständig entzieht. Dies hängt vermutlich damit zusammen, dass sich bereits früh ein Talnetz auf der Albhochfläche entwickelte und reliktisch erhalten hat, welches sich nur teilweise im Kontext der heutigen geomorphologischen Konfiguration erklären lässt.

Oberflächenformen und Karsterscheinungen

Oberflächenformen und Landschaftscharakter der Fränkischen Schweiz sind neben den Erosionsprozessen der Schichtstufen auch durch die Verkarstung der Kalksteine und Dolomite des Oberen Jura geprägt. Bedingt durch die erdgeschichtliche Entwicklung verlief der Verkarstungsprozess mehrphasig. Er begann in der Unterkreide, wurde unterbrochen durch eine Sedimentationsphase in der Oberkreide, kam mit der Abtragung der Oberkreide-Bedeckung im Paläogen/Neogen und Quartär wieder in Gang und ist bis heute aktiv, wie an gelegentlicher fortdauernder Dolinenbildung zu erkennen ist. Während der Kaltzeiten kam der Prozess zum Stillstand bzw. er verlangsamte sich stark (Permafrost). Der zeitliche Ablauf der Verkarstung und die Entwicklung der Oberflächenformen sind im Einzelnen noch nicht endgültig geklärt; insbesondere die Situation, wie sie während der Unterkreide bestand, ist weitgehend unklar. Offene Fragen betreffen v. a. die Talentwicklung und die Entwässerung. Um die Karstphänomene und den Formenschatz von Karstlandschaften zu verstehen, ist es notwendig, zunächst die Prozesse und Wechselwirkungen im Zusammenhang mit der Verkarstung zu betrachten.

Voraussetzung für Verkarstung ist das Vorhandensein eines löslichen Gesteins. Im Falle von Kalkstein ist die Löslichkeit zwar geringer als bspw. bei Steinsalz, doch reicht sie aus, um bei entsprechenden klimatischen und hydrogeologischen Bedingungen über lange Zeiträume hinweg erhebliche Mengen an Kalkstein (chemisch: $CaCO_3$ Kalziumkarbonat) zu lösen und abzuführen. Die Lösung von Kalziumkarbonat erfolgt über den Umweg der Bildung von Kohlensäure durch Lösung von CO_2 im Wasser. Der als Korrosion bezeichnete Lösungsvorgang ist daher an das Vorhandensein von CO_2 gebunden und findet in solchen Bereichen eines Karbonatgesteins statt, in denen Wasser vorhanden und eine Aufnahme von CO_2 in das Wasser möglich ist, wie bspw. im Bereich von an der Luft exponierten Gesteinsoberflächen und im Bereich des freien Grundwasserspiegels (BÖGLI 1978). Durch den Lösungsprozess wird das im Wasser gelöste CO_2 für die Kalklösung verbraucht, sodass zur Aufrechterhaltung des Prozesses die Zufuhr von CO_2 gewährleistet sein muss. Aufgrund des niedrigen CO_2-Gehalts in der Atmosphäre ist die Geschwindigkeit des Verkarstungsprozesses über die geringe Verfügbarkeit von CO_2 begrenzt. Da die Löslichkeit von CO_2 im Wasser mit zunehmender Temperatur abnimmt, ist die Lösung von Kalk in kühlen Klimaten begünstigt. Mit zunehmender Tiefe unter dem Grundwasserspiegel nimmt

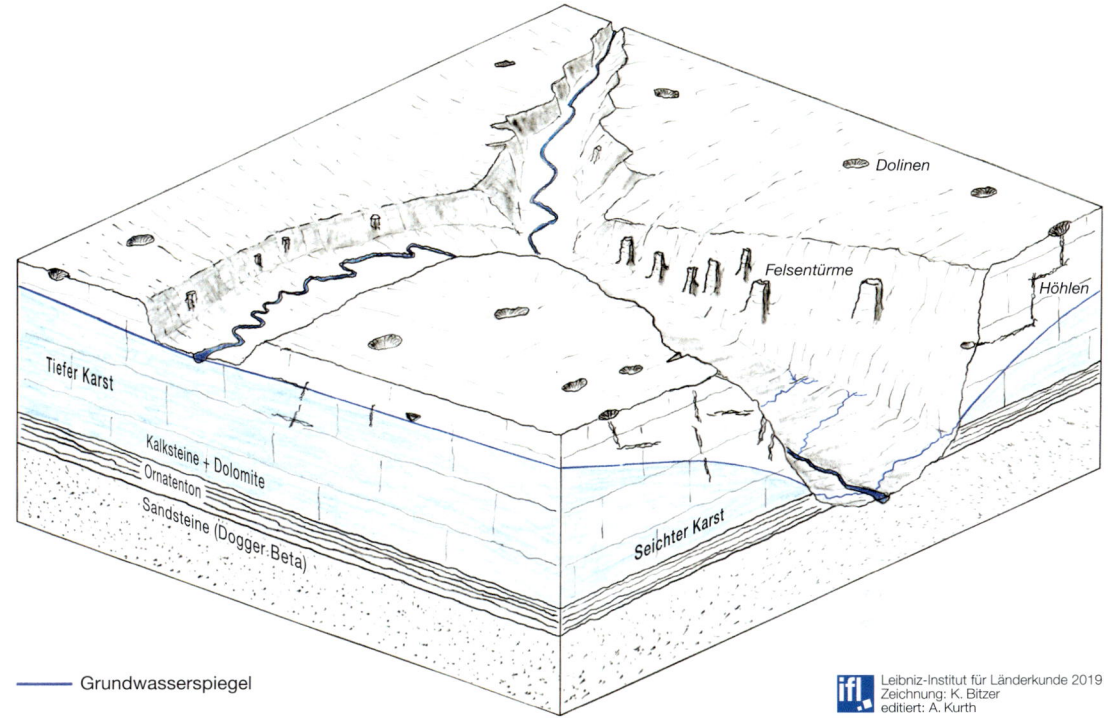

Abb. 13 Blockbild zur Verbreitung von seichtem und tiefem Karst im Bereich des mittleren und unteren Wiesenttals

der CO_2-Gehalt im Wasser ab (sofern keine nicht-atmosphärischen CO_2-Quellen vorhanden sind), sodass die Lösung von Kalkstein in größerer Wassertiefe meist zum Erliegen kommt. Da die Kalklösung auf den Trennflächen bzw. der inneren Oberfläche des Gesteins stattfindet, spielt die Ausprägung des Gesteinskörpers für den Fortgang des Lösungsprozesses eine wichtige Rolle: Engständige Klüftung mit hohen Wasserwegsamkeiten begünstigt den Lösungsprozess. Verkarstung setzt oft an Klüften an und erweitert diese beständig in einem selbstverstärkenden Prozess bis hin zur Bildung großer Karsthohlräume.

Bei der Lösung von Kalziumkarbonat spielt zusätzlich die Mischungskorrosion eine erhebliche Rolle, die darauf beruht, dass bei der Mischung chemisch unterschiedlich gesättigter Wässer die Fähigkeit zur Lösung von Kalziumkarbonat weiter ansteigt (BÖGLI 1964). Die Intensität und Richtung der Grundwasserströmung spielt daher für den Lösungsverlauf eine zusätzliche Rolle. Dort, wo unterschiedliche Wässer sich vermischen, kann es zu verstärkter Kalklösung kommen.

Um ein kalkuntersättigtes Wasser mit dem Kalkstein in Verbindung zu bringen, ist Grundwasserströmung erforderlich, die auf der einen Seite das kalkgesättigte Wasser zum Vorfluter transportiert und auf der anderen Seite im Bereich seiner Neubildung durch Aufnahme von CO_2 dafür sorgt, dass weiterhin die Lösung von Kalziumkarbonat im Wasser möglich ist. Die Entstehung von Grundwasserströmung setzt voraus, dass es einen hydraulischen Gradienten im Aquifer gibt, der die Strömung von neugebildetem Grundwasser in die in den Tälern gelegene Vorflut ermöglicht. Der hydraulische Gradient kommt in erster Linie durch das Reliefgefälle zustande, welches wiederum letztlich das Ergebnis von großräumigen tektonischen Hebungs- und/oder Erosionsprozessen ist. Liegt der Vorfluter tiefer als die Basis der verkarstungsfähigen Gesteine, so wird dieser Bereich eines Karstgesteinskörpers als seichter Karst bezeichnet. Im Fall der Fränkischen Schweiz bedeutet dies, dass Bereiche, in denen der Vorfluter tiefer als die Untergrenze des Oberen Jura liegt, zum seichten Karst gehören und dort die Karstquellen mit kalkgesättigtem Wasser in den Tälern etwa auf der Höhe der Grenze Kalkstein/Ornatenton austreten. Dies ist bspw. am westlichen Rand der Albhochfläche, im Wiesenttal ab Muggendorf und im Leinleitertal ab Heiligenstadt der Fall, wo der Talgrund der Wiesent bzw. Leinleiter im Niveau des Unteren bzw. Mittleren Jura liegt. In diesen Bereichen des seichten Karsts ist nur noch der unterste Teil der verkarsteten Kalksteine des Malm wassererfüllt. ▶ Abb. 13

Oberhalb des Grundwasserspiegels folgt ein mächtiger Bereich, der mit atmosphärischem CO_2 und Sickerwässern durch die Niederschlagsbildung in Kontakt kommt. In solchen Bereichen kann die Verkarstung schneller voranschreiten als in jenen, in denen die grundwassererfüllte Mächtigkeit des Grundwasserleiters groß ist und der Talgrund des Vorfluters im Bereich des verkarstungsfähigen Gesteins verläuft (tiefer Karst). Es handelt sich bei der Verkarstung um ein komplexes System, bei dem zahlreiche Prozesse auf und unterhalb der Reliefoberfläche zusammenwirken und wo es zu zahlreichen Wechselwirkungen zwischen unterschiedlichen Prozessen und zur Bildung komplizierter Karsthohlräume kommt.

Zusammenfassend müssen für die Entstehung eines verkarsteten Gesteinskörpers folgende Bedingungen erfüllt sein:
1 das Vorhandensein eines löslichen Gesteins,
2 die Zufuhr der für die Lösung erforderlichen chemischen Stoffe,
3 der Abfluss des Karstwassers und der gelösten Stoffe,
4 die Aufrechterhaltung der Prozesse über einen längeren Zeitraum.

Unter diesen Bedingungen kommt es im Lauf der Zeit zu einer charakteristischen Formung der Landoberfläche, die von einer Vielzahl von Karsterscheinungen begleitet wird. Hierbei spielt eine Rolle, ob die Verkarstung unmittelbar auf der freiliegenden Gesteinsoberfläche ansetzen kann (nackter Karst) oder ob eine Bedeckung der Landoberfläche mit Pflanzen und Boden vorhanden ist (bedeckter Karst). Von den erstmals von Cvijic (1893) am Beispiel des Dinarischen Karsts beschriebenen Merkmalen zeigt auch die Fränkische Schweiz ein Reihe typischer Karstphänomene.

Die bei der frühen touristischen Erschließung der Fränkischen Schweiz als besonders interessant wahrgenommenen Karsterscheinungen waren offensichtlich Karsthöhlen, die v. a. im Bereich von Talrändern auftreten. Die im Zusammenhang mit dem seichten

Karsthöhlen – Faszinierende Welten unter Tage

Die zahlreichen Karsthöhlen sind ein Markenzeichen der Fränkischen Schweiz. Sie waren es, die seit Ende des 18. Jh. Interessierte anzogen und vielfach auch geplündert wurden. Mittlerweile wurden viele neue Höhlen entdeckt, die aber in den meisten Fällen nicht mehr für die Öffentlichkeit zugänglich sind. Die Entstehung der Dolomithöhlen wird diskutiert, die Vielfalt ihres Groß- und Kleinformenschatzes aufgezeigt und verdeutlicht, dass Höhlen wissenschaftliche Archive zur Erklärung der Formengenese und paläontologische Zeugen fossiler Knochen und Lebensformen von Tieren sind. Die Fotos entstammen zu einem Großteil aus für die Öffentlichkeit nicht zugänglichen Höhlen und haben damit einen besonders hohen Informationswert.

■ lid-online.de / 81101

Karsthöhlen

Karst beschriebenen Verhältnisse erklären, warum Höhlen insbesondere im Bereich der Talränder und anschließenden Hochflächen des unteren Wiesenttals ab Muggendorf ein häufig auftretendes Merkmal des Karsts der Fränkischen Schweiz sind. Allein auf der amtlichen Topographischen Karte TK 25 Blatt 6233 Ebermannstadt sind 56 Höhlen (SCHNITZER 1974) vermerkt. Höhlen treten jedoch auch auf der Hochfläche ohne Bezug zu Vorflutern oder seichtem Karst auf, bspw. bei der Ortschaft Rothmannsthal in der nördlichen Fränkischen Schweiz oder im Trockental zwischen Azendorf und Schirradorf. Solche Höhlen haben ihren Ursprung häufig im Bereich einer Doline, die gelegentlich wohl auch den Einsturzbereich einer Höhle darstellt. Eine detaillierte Untersuchung der Höhlen der nördlichen Fränkischen Schweiz von NEISCHL (1904) enthält mehrere genau vermessene Höhlen und eine Beschreibung des Inventars der Höhlen. Aufgrund der zuvor beschriebenen Zusammenhänge (CO_2-Verfügbarkeit und Lage des Grundwasserspiegels) werden Höhlen als Anzeiger des ehemaligen Standes des Grundwassers angesehen. Bohrungen wie bspw. in der Hollfelder Mulde zeigen, dass in den Kalksteinen des Oberen Jura auch in großer Tiefe etliche Meter unter dem heutigen Grundwasserspiegel Höhlensysteme vorhanden sind. Dies ist erstaunlich, weil daraus hervorgeht, dass der Grundwasserspiegel zu früheren Zeitpunkten deutlich niedriger gelegen haben müsste als heute, womit sich die Frage nach der Lage der ehemaligen Vorfluter stellt, die dann auch niedriger gelegen haben müssten, was aber kaum zu erklären ist – eine der vielen Fragen, die sich im Zusammenhang mit der Karstentwicklung stellen.

In der Fränkischen Schweiz wurden von SPÖCKER (1952) drei Höhlenniveaus erkannt. Diese Niveaus könnten die Position voreiszeitlicher Grundwasserspiegel anzeigen, die, wie zu erwarten wäre, über der heutigen Lage der Vorfluter liegen müssten, da die Vorfluter sich zwischenzeitlich etwas eingetieft haben sollten. Da viele Höhlen der Fränkischen Schweiz jedoch v. a. eine vertikale Orientierung zeigen (HABBE 1989), ist eine Interpretation der Horizontalabschnitte trockener Höhlen als ehemalige Grundwasserspiegelhöhen nur bedingt brauchbar, zumal SPÖCKER (1952) wohl v. a. die Position der Höhleneinstiege betrachtet hat, welche unvermeidlich erosionsabhängig sind. Manche Höhlen verengen sich bergwärts und verzweigen sich labyrinthartig in größere Tiefen. Bei starken Niederschlägen können auch die über dem Grundwasserspiegel liegenden Höhlenabschnitte geflutet und die Verkarstung dadurch in solchen Phasen fortgesetzt werden. Die Interpretation der Höhlenniveaus als ehemalige Grundwasserspiegelhöhen ist daher mit einer gewissen Vorsicht zu betrachten.

Besondere Bedeutung haben die in Höhlen eingespülten Sedimente, die eine Datierung der Höhlenbildung und Verfüllung erlauben. Das Auffinden von Fossilien ist auch unter paläontologischen und paläoklimatischen Gesichtspunkten von Interesse. So zeigen die in Höhlen bei Pottenstein gefundenen Elefantenknochen, dass das Klima in der Fränkischen Schweiz in manchen Phasen des Quartärs deutlich wärmer war als heute. Vor allem aber ermöglicht die isotopenhydrologische Untersuchung in Höhlen ausgeschiedenen Kalziumkarbonats in Tropfsteinen (Stalagmiten und Stalaktiten) eine Rekonstruktion klimatischer Bedingungen.

Ein gelegentlich zu findendes Formelement des Karsts in der Fränkischen Schweiz sind Dolinen. Diese als morphologische Einsenkungen der Oberfläche leicht erkennbaren Formen können durch kontinuierliche Lösungsprozesse von einsickernden Niederschlagswässern (Lösungsdoline) oder durch den plötzlichen Kollaps von Gestein über einem unterirdisch gelegenen Hohlraum (Einsturzdoline) entstehen. Die meisten Dolinen in der Fränkischen Schweiz sind kreisförmige Einsenkungen mit einem Durchmesser bis zu 30 m mit einer Eintiefung, die selten mehr als 5 m beträgt und bei denen der Dolinengrund in der Regel erreich- und betretbar ist. Es handelt sich im Vergleich zu anderen Karstgebieten um relativ kleine Dolinen, bei denen die Form eher eine Charakterisierung als Lösungsdolinen (eher typisch für den nackten Karst) und Nachsackungsdolinen nahelegt. Eine besonders schön geformte große und gut zugängliche Doline befindet sich am Rand der Gemeinde Birkenreuth. Ungewöhnlich große steilwandige Dolinen mit 100 m Durchmesser und Tiefen von 10 m sind aus dem Bereich der Gemeinde Seidmar westlich von Egloffstein bekannt. Eine touristische Nutzung dieser Sehenswürdigkeiten im Rahmen eines Dolinen-Lehrpfads ist geplant (Baier 2016).

Es sind auch kleinräumige, plötzlich stattfindende Geländeeinsenkungen bekannt, bei denen es sich meist um Folgeerscheinungen kurzfristiger Eingriffe in den oberirdischen Abfluss handelt, etwa bei der Entwässerung der Autobahn im Raum Pegnitz, wo es vereinzelt im angrenzenden Bereich der angelegten Versickerungsbecken zu plötzlichen Einsenkungen kam. Die Verteilung der Dolinen auf der Fränkischen Alb ist auffällig ungleichmäßig. ▶ Abb. 14 Eine Häufung von Dolinen ist im Bereich südlich der Wiesent zwischen Ebermannstadt und Pottenstein zu beobachten. Weiter nördlich existieren einzelne voneinander getrennte Dolinenfelder und weiträumige Bereiche, die frei von Dolinen erscheinen. In der nördlichen Verlängerung der Leinleiter-Basalte zeichnet sich schwach eine linienhafte Aneinanderreihung von Dolinen ab. Denkbar wäre, dass es hier ein Zusammenwirken mit dem paläogenen Vulkanismus durch CO_2-Entgasung oder Eruptionen, bei denen Magma in Kontakt zu Grundwasser geriet, gegeben hat; es fehlen jedoch eindeutige Hinweise. Bei der Dolinenbildung kommt es durch die Einsenkung der Landoberfläche zu einer Trichterform, die dafür sorgt, dass Niederschläge zum tiefsten Punkt der Doline geleitet werden und dort versickern (Ponore). Hierdurch wird bei der Dolinenbildung ein selbstverstärkender Prozess in Gang gesetzt. Mit zunehmender flächenhafter Ausdehnung des Dolinenbereichs nimmt auch die zum Dolinentiefsten abfließende Wassermenge, die Versickerung und damit die Verkarstung des Dolinenbereichs immer weiter zu.

Der unterirdische Weg des in Dolinen und Ponoren versickernden Wässer wurde zum Schutz der lokalen Wasserversorgung mit zahlreichen Markierungsversuchen untersucht. So wurde bei Markierungen im Bereich der Doline bei Leutzdorf durch Schussversuche und Einbringen von Salz versucht, die Verbindung zur nahegelegenen Sachsenmühlquelle zu klären (Schnitzer 1974). Hierbei zeigte sich, dass der Schall etwa 2,5 Sekunden für die Strecke benötigte (d. h. etwa 750 m unterirdische Verbindung zwischen der Doline Leutzdorf und der Sachsenmühlquelle) und vermutlich aufgrund zahlreicher großer Karsthohlräume im Untergrund stark gedämpft wurde. Bereits nach vier Stunden konnte in der etwa 1 km nördlich gelegenen Sachsenmühlquelle eine Erhöhung der Salzkonzentration gemessen werden. Bei Markierungsversuchen an der Höhle des Klinglochs bei Etzdorf wurde eine Durchlaufzeit des Markierungsstoffs von 6–7 Tagen für eine Strecke von etwa 2 km zur Stempfermühlquelle und 3 km zur Signalquelle (ca. 1 km östlich von Burggaillenreuth) gemessen (Schnitzer 1974). Die Kompliziertheit der Wege des Karstwassers zeigt sich daran, dass der Markierungsstoff an der Sachsenmühlquelle nicht auftauchte, obwohl diese Quelle zwischen Signalquelle und Stempfermühlquelle liegt. Markierungsversuche in Karstgrundwasserleitern sind somit problembehaftet. Da die Wasserbewegung in einem verzweigten Höhlensystem mit zahlreichen Siphonen, Knicks und Wannen verläuft, sind die Ergebnisse solcher Versuche von der augenblicklichen hydrogeologischen Situation abhängig. So könnte bei längeren Trockenphasen der Markierungsstoff in einem zeitweilig stillgelegten Höhlenabschnitt liegenbleiben

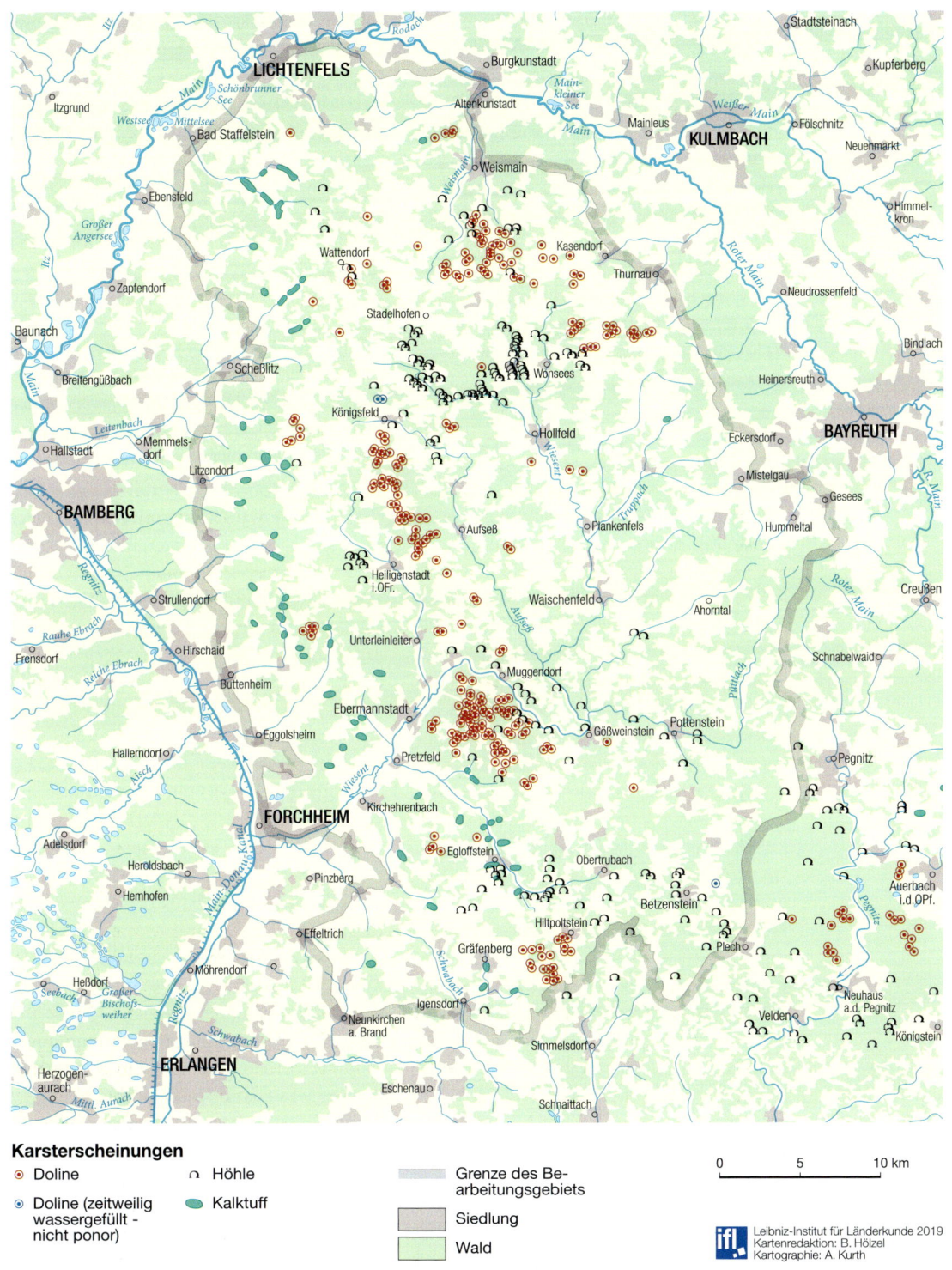

Abb. 14   Verbreitung der Dolinen und Höhlen in der Fränkischen Schweiz

und erst bei einer erneuten Durchflutung zur Quelle weiterbewegt werden. Die tatsächlichen Verweilzeiten können daher, abhängig von der hydrogeologischen Situation, geringer sein als im Markierungsversuch gemessen.

Auch bei Markierungsversuchen an der Fellnerdoline in Gößweinstein wurde bereits nach 23 Stunden das Eintreffen des Markierungsstoffs an der Stempfermühlquelle in 1,5 km Entfernung beobachtet (SCHNITZER, PLACHTER u. KEUP 1972). Hohe Fließgeschwindigkeiten sind typisch für Karstgrundwasserleiter und stellen bei der Ausweisung von Grundwasserschutzgebieten ein Problem dar, da eine für die Schutzgebietszone II vorgesehene Mindestverweilzeit des Niederschlagswassers im Aquifer von 50 Tagen bei hohen Fließgeschwindigkeiten in solchen als präferentiellen Fließwegen bezeichneten Höhlen- und Röhrensystemen zwangsläufig zu sehr groß dimensionierten Schutzgebieten führt. Die Genehmigungsbehörden versuchen zwar, einen Ausgleich zwischen der Notwendigkeit zum Schutz des Grundwassers auf der einen Seite und den Eigentums- und Nutzungsrechten der Anwohner auf der anderen Seite zu finden, doch führen die dennoch erforderlichen Nutzungseinschränkungen in der Landwirtschaft in einigen Gemeinden zu heftigen Auseinandersetzungen zwischen Anwohnern und Genehmigungsbehörden. Die Einschränkungen für die landwirtschaftliche Nutzung und die damit einhergehende Wertminderung von Häusern und Grundstücken wird aus Sicht der Betroffenen als ungerechte Belastung betrachtet, die überdies nicht für den lokalen Verbrauch, sondern für externe Nutzer des Grundwassers aufgebracht werden muss. Die Anwohner verlangen daher eine Kompensation der vermuteten Wertverluste und der durch Nutzungsbeschränkungen verursachten finanziellen Einbußen. Insbesondere im Zusammenhang mit der geplanten Ausweisung des Grundwasserschutzgebietes der Hollfelder Mulde wurde der Unmut der Bevölkerung zeitweilig mit großen Transparenten an den Ortseingängen zum Ausdruck gebracht. Auch heute noch (2019) ist das Verfahren über die Schutzgebietsausweisung für das Grundwasser in der Hollfelder Mulde nicht abgeschlossen.

Das südlich an die Hollfelder Mulde anschließende Gebiet der Veldensteiner Mulde ist als großes Grundwasserschutzgebiet für die Wasserversorgung von Nürnberg ausgewiesen. Die Förderanlagen bei der Ortschaft Ranna liefern ein hochwertiges Trinkwasser aus dem Karst der Fränkischen Alb, bei dem jedoch eine ständige hydrochemische Überwachung der Grundwasserqualität erforderlich ist. Von Vorteil ist im Bereich der Veldensteiner Mulde, dass der Karst in diesem Gebiet großteils von kreidezeitlichen Schichten bedeckt ist (unterirdischer Karst) und damit ein Schutz vor in den Karstaquifer einsickernden Schadstoffen gegeben ist. Karstgrundwasserleiter sind wesentlich stärker vulnerabel als andere Grundwasserleiter und haben im Falle einer Verschmutzung ungünstigere Eigenschaften als Porengrundwasserleiter, da das Grundwasser entlang großer Röhren- bzw. Höhlensysteme fließt. Die für eine Bindung (Adsorption) potentieller Schadstoffe zur Verfügung stehende Oberfläche ist damit unmittelbar auf die Oberfläche dieser Röhren und Höhlen begrenzt. Diese „innere Oberfläche" ist um Größenordnungen geringer als bei Porengrundwasserleitern, bei denen das Wasser durch eine Vielzahl von kleinen Porenräumen fließt und dabei ständig mit Mineraloberflächen in Berührung kommt, an denen Stoffe angelagert werden können. Ein weiterer Grund für die Gefährdung des Karstgrundwassers besteht darin, dass manche Dolinen in früheren Jahren mit Schutt und Abfällen aufgefüllt wurden, da die Dolinen die landwirtschaftliche Nutzung beeinträchtigten. Bei der Versickerung von Niederschlägen im Bereich verfüllter Dolinen können darin befindliche Schadstoffe gelöst werden und mit dem Grundwasserstrom innerhalb kurzer Zeit in Trinkwas-

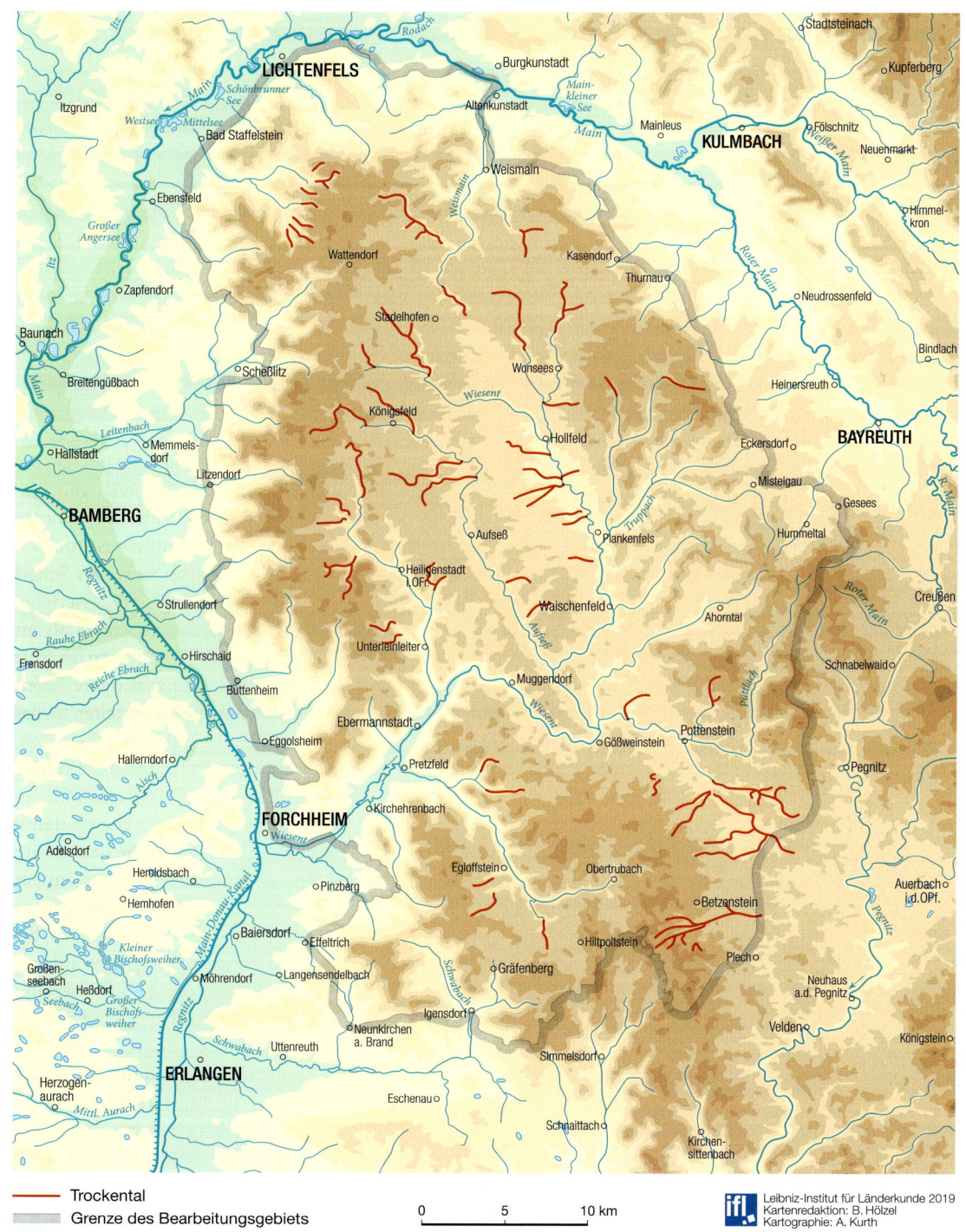

Abb. 15　Das Netz der Trockentäler in der Fränkischen Schweiz

serbrunnen gelangen. Die Lage von verfüllten Dolinen ist häufig unbekannt und muss in manchen Fällen durch geophysikalische Messungen nachträglich geklärt werden.

Wasserführung in den Dolinen ist in der Fränkischen Schweiz selten. Die als Hülen bezeichneten Teiche sind zwar in manchen Fällen natürliche Einsenkungen der Oberfläche durch Dolinenbildung, doch wurde die Wasserhaltung für Brauchwasserzwecke erst durch eine anthropogene Abdichtung des Hülenuntergrunds möglich. Natürliche, zeitweilig mit Wasser gefüllte Dolinen (Lovka) gibt es in der nördlichen Fränkischen Schweiz nur vereinzelt zwischen Steinfeld und Königsfeld, knapp nördlich der Wasserscheide zwischen Wiesent und Aufseß in der Verlängerung des Teichgrund-Trockentals. Die Wasserführung ist dort auf feuchte Jahreszeiten begrenzt. Es handelt sich vermutlich um Dolinen eines lokal sehr begrenzten „schwebenden" Grundwasserleiters in den Kalksteinen des Oberen Jura. Zu diesem Typus gehören vermutlich auch die von SCHIRMER (2017) als Druckwassersee-Hülen bezeichneten Seen, die er am Beispiel des im Winter entstehenden Dolinensees am Erdloch 800 m südlich von Moggast und der Etza-Hüll westlich von Hiltpoltstein beschreibt. Ob es sich bei der Etza-Hüll tatsächlich um ein mit dem Karstgrundwasserleiter hydraulisch verbundenes Oberflächengewässer handelt, ist angesichts der Lage auf etwas über 515 m ü. NHN fraglich, da die nächstgelegene Karstquelle 2 km nordwestlich im Krummen Tal bei Großenohe auf 420 m Höhe entspringt und dort die Höhe des Karstgrundwasserspiegels anzeigt. Ein Druckgefälle von fast 100 m auf 2 km Entfernung ist für einen Karstgrundwasserleiter schwer vorstellbar. Die hydrogeologische Karte verzeichnet im Bereich von Betzenstein den Karstgrundwasserspiegel bei etwa 450 m (WAGNER et al. 2009). Die Position der Etza-Hüll ist gleichwohl unter hydrogeologischen Aspekten kurios, da sich die Frage nach dem Einzugsgebiet stellt.

Eine weitere wassergefüllte Doline ist östlich von Mergners bei Betzenstein zu beobachten. Sie befindet sich auf 470 m Höhe. Das nach O streichende Tal weist mit dem Schafsee östlich der BAB 9 zwar eine weitere Wasserstelle auf, doch ist auch hier ein schwebender Grundwasserleiter mit begrenztem Einzugsgebiet wahrscheinlich. Die hydrogeologische Karte verzeichnet die Lage des Karstgrundwasserleiters erst bei 440 m ü. NHN (WAGNER et al. 2009), also etwa 40 m tiefer als die Geländehöhe der Lovka.

Eng verbunden mit der Bildung von Dolinen ist die Entstehung des so genannten Cockpit-Karsts bzw. Kegelkarst, der ein Merkmal der Verkarstung in tropischen Gebieten ist. Rezenter tropischer Karst ist u. a. auf Jamaika und in China zu beobachten, wo steil aufragende Kalksteinfelskegel von Senken, den Cockpits, umgeben sind. Die Cockpits sind sternförmige Dolinen, bei denen oft ein Übergang zu Poljen zu sehen ist. Durch die Verkarstung bei tropischen Temperaturen während der Unterkreide ist es auch in Bereichen der Fränkischen Schweiz zur Bildung eines solchen Cockpit-Karsts gekommen, der in der Oberkreide wieder verschüttet und im Paläogen/Neogen/Quartär durch Erosion teilweise wieder freigelegt wurde. Vor allem im Bereich der Veldensteiner Mulde zwischen den Ortschaften Betzenstein und Plech sind solche unvollständig freigelegten Formen zu beobachten. Die Cockpits in diesem Bereich sind jedoch weitgehend noch mit mächtigen Sedimenten der Oberkreide bedeckt, sodass das ehemalige Cockpit-Relief wesentlich eindrucksvoller ausgesehen haben dürfte, als es die heutige Landoberfläche erscheinen lässt.

Ein weiteres Merkmal von Karstlandschaften sind tief eingeschnittene Karsttäler. Diese sind v. a. ein Hinweis auf die Nähe des seichten Karsts und der Tatsache geschuldet, dass Quellaustritte und Erosionswirkung nur in den tiefen Bereichen der Taleinschnitte auftreten. Hierbei spielt auch eine Rolle, dass die Versickerung des Niederschlagswassers und die Wasserbewegung im Karstgrundwasserleiter aufgrund hoher hydraulischer Leitfähigkeit rasch verläuft und dadurch eine, zum Kummer der Bevölkerung, ohnehin meist tief unter der Geländeoberfläche liegende zum Vorfluter geneigte Grundwasseroberfläche entsteht. Der Flurabstand (Abstand zwischen Grundwasserspiegelhöhe und Geländeoberfläche) wird dadurch in Richtung der Vorfluter bei gleichbleibender Geländehöhe immer größer, bis das Grundwasser im tief eingeschnittenen Tal knapp oberhalb des Kontakts zur Stauschicht (im Fall der Fränkischen Schweiz dem Ornatenton) an einer Quelle in den Vorfluter übertritt. In der Fränkischen Schweiz sind im Bereich des Übergangs zum seichten Karst zwischen Behringersmühle und Muggendorf solche canyonartige Talabschnitte zu beobachten. Die Stempfermühlquelle, wo das Grundwasser teilweise sogar direkt im Talboden in die Wiesent übertritt, ist ein anschauliches Beispiel für diese Situation.

Im Bereich der Karstoberfläche bildeten sich auf der Hochfläche Trockentäler (Täler ohne Fließgewässer), die sich gelegentlich zwischen Dolinen und Vorflutern entwickeln und die eine Verkarstung und Eintiefung entlang der Richtung der Wasserbewegung im Untergrund anzeigen. ▶ Abb. 15 Im Fall der Trockentäler der Fränkischen Schweiz kommt jedoch hinzu, dass es über dem alten Talsystem zu einer jüngeren Talbildung gekommen ist. Einige der Trockentäler der Fränkischen Schweiz erinnern in ihrer Form eher an den Einfluss fluvialer Prozesse und weniger an die Wirkung von Karstprozessen. Die als Kerbtal ausgebildeten Trockentäler sind als junge karstgebundene Bildungen anzusehen; die breiten, kastenförmigen Trockentäler wie etwa der Teichgrund bei Kotzendorf dürften dagegen eher ältere Bildungen mit fluvialer Überprägung sein.

Poljen wie z. B. im Dinarischen Karst sind in der Fränkischen Schweiz unbekannt. Lediglich im Bereich von Königstein bereits außerhalb des hier behandelten Bereichs der Fränkischen Alb geht man von einer fossilen poljeartigen Struktur aus (TILLMANN u. TREIBS 1967). Im Gegensatz zu Dolinen sind Poljen großflächig ausgedehnte, allseits geschlossene Hohlformen mit überwiegend flachem Boden und steiler Umrahmung durch die verkarsteten Kalksteinschichten.

Ein spezielles Merkmal des Karsts der Fränkischen Schweiz stellen die oft isoliert stehenden Felstürme aus Dolomitgestein dar, die als Kletterfelsen eine zusätzliche touristische Attraktion bieten. Diese Formen sind v. a. aus dem Fehlen des Schichtcharakters in den Dolomitgesteinen und der gegenüber Kalziumkarbonat geringeren Löslichkeit von Dolomit (chemisch:

Hangrutsche als Massenbewegungen

Durch das Auftreten schräg gestellter, wechsellagernder (wasserdurchlässiger und wasserstauender) Schichten entstehen Gleitflächen, entlang derer Hangrutsche und Massenbewegungen auftreten können. Die so entstehenden Rutschungen richten vielfach Schaden an und werden als Naturrisiken wahrgenommen. Anhand mehrerer Beispiele werden über Laser-Scan-Karten deren Formen im Kartenbild aufgezeigt. Rutschungen wurden früher als Strafe Gottes, heute als Bedrohung von Siedlungsflächen gefürchtet.

■ lid-online.de/81109

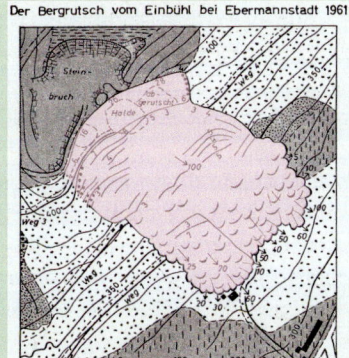

Hangrutsche

$CaMg(CO_3)_2$) zu erklären, wodurch es bei der Karbonatlösung zu einem Herauspräparieren von Dolomit-Felstürmen kommt. Manche dieser Formen, speziell die als Teufelstische bezeichneten Pilzformen, sind möglicherweise bereits während der Verkarstungsphase in der Unterkreide entstanden. Die Dolomitisierung der Kalksteine im Oberen Jura scheint im Bereich der Fränkischen Schweiz auf die Bereiche der ehemaligen Riffkörper begrenzt zu sein.

An manchen Quellen und Tälern innerhalb der Fränkischen Schweiz und der nördlichen und westlichen Umrandung kommt es zur Kalktuffbildung. Dabei wird das im Zuge der Verkarstung gelöste Kalziumkarbonat wieder ausgeschieden. Während die Verkarstung der Kalksteine auf deren räumliche Verbreitung begrenzt ist, kann die Kalktuffbildung auch außerhalb des verkarsteten Bereichs stattfinden. Dies ist v. a. an der Umrandung der Hochfläche der Fränkischen Schweiz zu beobachten, wo kalkgesättigtes Wasser aus Quellaustritten aus dem Oberen Jura in den anschließenden Talböden (bereits außerhalb der Verbreitung der Kalksteine) das gelöste Kalziumkarbonat wieder ausscheidet. Ursache für die Kalktuffbildung ist die Änderung des Kohlensäuregleichgewichts aufgrund von Druck- und/oder Temperaturänderung, oft auch unter Mitwirkung von Pflanzen, die den CO_2-Partialdruck verändern. In besonders beeindruckender Form ist dies an den so genannten Steinernen Rinnen zu beobachten, wie bspw. bei der Ortschaft Roschlaub (nördlich von Scheßlitz) in der nördlichen Fränkischen Schweiz. ▸ B 26 Es handelt sich dort um eine auf natürliche Weise entstandene, etwa 100 m lange Kalktuffrinne, die unter Mitwirkung von Moosen und Algen durch phytogene Ausscheidung von Kalktuff aus den kalkgesättigten Wässern des Quellbereichs entstanden ist. Hierbei muss das Mooswachstum höher liegen als das Wachstum der Kalktuffe um ein Ersticken im Kalktuff zu vermeiden. Die kalkumkrusteten Teile des Mooses sterben ab und werden von nachwachsendem Moos überwachsen.

Neben solchen Rinnen tritt gelegentlich eine flächenhafte Ausscheidung von Kalktuffen am Hang unterhalb von Quellaustritten auf, wie bspw. zwischen Frankendorf und Tiefenhöchstadt. Pflanzenreste und Fauna zeigen, dass die Kalktuffe v. a. in den postglazialen Wärmezeiten gebildet wurden (HABBE 1989). In der südlichen Fränkischen Schweiz werden Kalktuffe auch in den zentralen Bereichen in den tief eingeschnittenen Tälern der Leinleiter und der Trubach (PETZOLDT 1955) sowie im Lillachtal (BAIER 2007) beschrieben. Die Vorkommen im Lillachtal gelten als die schönsten Kalktuffe in Deutschland und wurden als Landschaftsschutzgebiet im Naturpark Fränkische Schweiz-Veldensteiner Forst aufgenommen (BAIER 2007). Die touristische Nutzung hat hier eine zeitweise Schließung des Zugangs und besondere Schutzmaßnahmen zur Erhaltung der weichen und empfindlichen Kalktuffe erforderlich gemacht.

Nur einen indirekten Bezug zur Karstlandschaft besitzen die morphologischen Prozesse, die sich entlang der schräg lagernden Sedimente an der Nahtstelle unterschiedlicher Ablagerungen, insbesondere auf tonig-lehmigen Flächen unterhalb des Braunen und Weißen Jura abspielen, die Hangrutsche. Sie treten stets nahe an der Kante der Schichtstufen, und zwar überwiegend im Ornatenton auf und führen dazu, dass Massenbewegungen meist geringeren Flächenausmaßes am Hang auftreten. Es gibt in der Fränkischen Schweiz historische Beispiele, die von der Bevölkerung stark beachtet wurden, wie z. B. der legendäre Hangrutsch von Gasseldorf 1625, aber auch in den letzten Jahrzehnten erst erfolgende Rutschungen, insbesondere um Ebermannstadt. Da sie im allgemeinen nur kleinere Flächen betreffen und in den vergangenen Jahrhunderten überwiegend in unbesiedeltem Bereich aufgetreten sind, sind sie meist der Bevölkerung nicht mehr bekannt und zudem unter Wald gelegen.

Hydrogeologie

In der Folge der Ablagerungen der Fränkischen Schweiz befinden sich mehrere als Grundwasserleiter (Aquifer) nutzbare Gesteinsschichten. Von diesen Grundwasserleitern werden in dem hier behandelten Bereich nur die dort an der Oberfläche ausstreichenden Schichten des Mittleren Jura (Kluftgrundwasserleiter im Dogger-beta-Sandstein) und des Oberen Jura (Malm-Karstgrundwasserleiter) genutzt.

Trotz durchaus reichlicher Niederschlagsmengen im Bereich von 700 mm/Jahr und Grundwasserneubildungsraten in der Größenordnung von 250–300 mm/Jahr im Bereich der Albhochfläche (Wagner et al. 2009) war in früheren Zeiten die Grundwasserverfügbarkeit bei der Besiedlung und wirtschaftlichen Entwicklung der Region ein limitierender Faktor. Die natürlichen Grundwasseraustritte liegen überwiegend in den Tälern, wo das Wasser des Karstgrundwasserleiters des Oberen Jura in den jeweiligen Vorfluter übertritt. Auf der Albhochfläche sind natürliche Grundwasseraustritte dagegen selten und auf kleine „schwebende" Grundwasserleiter begrenzt, die mit dem Karstgrundwasserleiter hydraulisch nicht in Verbindung stehen und die meist oberhalb von mergeligen, gering durchlässigen Einheiten des Malm-gamma auftreten. Aufgrund der durch Verkarstung begünstigten Versickerung der Niederschlagswässer kommt es zu hoher Grundwasserneubildung und einem hohen Grundwasserabfluss, während der Oberflächenabfluss gering ist. Ähnlich wie in vielen anderen Karstgebieten wird die Fränkische Schweiz nur von wenigen Oberflächengewässern durchflossen, die sich zumindest in den stromabwärts gelegenen Bereichen bereits tief in den Karstaquifer und darunter eingetieft haben und dort Bedingungen des seichten Karsts geschaffen haben. Ein großer Teil des Grundwasserabstroms tritt daher im Bereich des seichten Karsts in die Vorfluter über.

Kluftgrundwasserleiter im Dogger-beta-Sandstein

In den Talbereichen, wo die Erosion bereits den Mittleren Jura freigelegt hat, treten Quellen im Bereich der Dogger-beta-Sandsteine auf, oft an der Grenze zum Opalinuston des Dogger-alpha. Dies ist v. a. im Bereich des Wiesenttals ab Muggendorf sowie im unteren Bereich des Leinleitertals und in den östlichen Bereichen im Umfeld des Ailsbacher Sattels, wo weitflächig Gesteine des Mittleren Jura auftreten, der Fall.

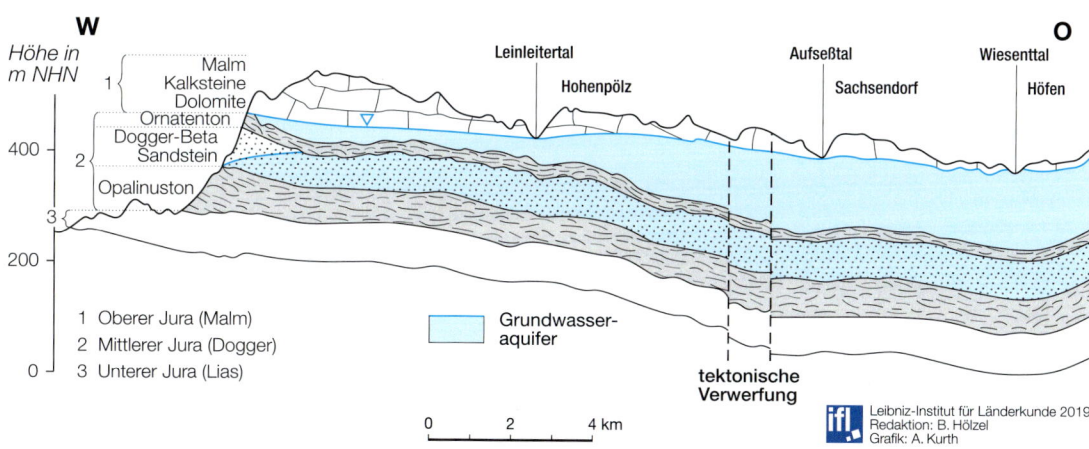

Abb. 16   Hydrogeologischer Schnitt vom westlichen Albrand zur Hollfelder Mulde

Zur klimatischen Situation

Das Klima in der Fränkischen Schweiz ist wenig spektakulär. Sie weist ein mildes Mittelgebirgsklima auf mit kurzem blühprächtigen Frühling (v. a. der Obstbäume), warmem Sommer, langem, mildem Herbst und nicht zu strengem Winter – und besitzt damit viel günstigere Verhältnisse als z. B. das benachbarte Fichtelgebirge.

Einesteils unterscheidet sich das Klima der Fränkischen Schweiz nur geringfügig von den umrahmenden Beckenlandschaften des Mittelfränkischen Beckens, des Regnitzbeckens, des Obermaintals und des Obermainischen Hügellandes. Als Mittelgebirge, das im Schnitt 150 m über diese Beckenlandschaften aufragt, ist es im Jahresmittel allerdings etwas kühler mit einer mittleren Jahrestemperatur um 8 °C. Für das Vegetationsgeschehen bedeutet dies, dass die Naturphänomene wie z. B. Frühlingsblühen oder der Erntezeitraum für Getreide (die so genannten phänologischen Ereignisse) um zwei Wochen später als in den benachbarten Beckenräumen auftreten. Die Fränkische Schweiz weist auch minimal höhere Niederschläge als die umgebenden Beckenräume auf mit mittleren Jahresniederschlägen von etwa 670 mm (633 mm für Ebermannstadt und Weismain, 672 mm für Hollfeld, 677 mm für Pottenstein und 690 mm für Gößweinstein). Lediglich der südliche Teil der Fränkischen Schweiz zwischen Gräfenberg und Betzenstein verzeichnet höhere Niederschläge (Gräfenberg-Kasberg 978 mm). Wie in Mitteleuropa generell anzutreffen, sind die niederschlagsreichsten Monate Juni und Juli mit je ca. 75 mm.

Andererseits besitzt die Fränkische Schweiz nur eine geringe klimatische Binnendifferenzierung. Den größten Flächenanteil umfasst die Hochfläche (z. B. Gößweinstein 441 m ü. NHN), die klimatisch recht uniform ist. Lediglich in den nach W (Wiesent) und N (Weismain) orientierten Tälern (die vielfach 100–150 m tiefer liegen: Ebermannstadt 292 m ü. NHN, Weismain 317 m ü. NHN) ist eine etwas höhere klimatische Gunst anzutreffen, was sich in den Jahresmitteltemperaturen (Ebermannstadt 8,7 °C, Weismain 8,2 °C gegenüber 7,9 °C für Gößweinstein, 8,1 °C für Pottenstein sowie 8,0 °C für Hollfeld) und in der natürlichen Vegetation wie auch den Anbaunutzpflanzen ausdrückt. ▶ Abb. 17 Während in den Talräumen, besonders am Fuße des Walberla bei Ebermannstadt, zahlreiche Obstbäume das Anbaubild prägen, sind diese auf der Hochfläche nur ausnahmsweise vorzufinden; wenn sie existieren, kann ihre frühlingshafte Blütezeit erst deutlich später beobachtet werden. So beginnt der Frühlingseinzug, ausgedrückt am Blühbeginn des Apfelbaums (gemessen für die Phase 1936–1945), im Regnitzbecken wie auch im Wiesenttal bis Ebermannstadt um den 8. Mai, auf der Hochfläche der Fränkischen Schweiz dagegen erst um den 17. Mai

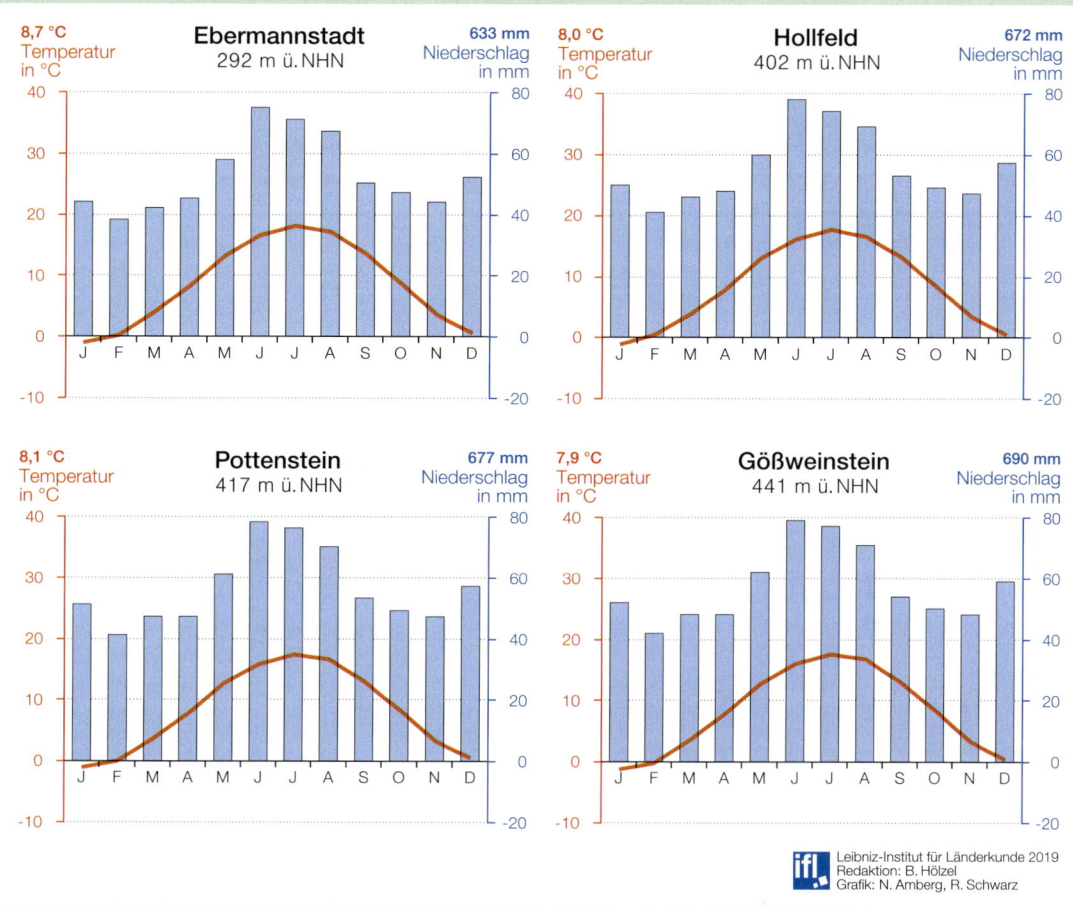

Abb. 17 Klimadiagramme (mit den Monatsmitteln der Temperatur und des Niederschlags) der Stationen Ebermannstadt, Hollfeld, Pottenstein und Gößweinstein

(KNOCH 1952, Bl. 69). Auch wenn durch den seitherigen Klimawandel diese Blühereignisse jeweils ca. eine Woche eher auftreten (um den 4. Mai bzw. 12. Mai) ist doch der zeitliche Abstand unverändert (BayFORKLIM 1996, Bl. 47). Besonders eindrucksvoll ist im westlichen Bereich der Fränkischen Schweiz um Pretzfeld die Kirschblütenzeit um Ostern.

Der kälteste Monat ist in allen Orten der Fränkischen Schweiz der Januar mit zwischen −0,7 °C in Ebermannstadt und −1,2 °C in Hollfeld und Gößweinstein. Der wärmste Monat ist der Juli zwischen 18 °C für Ebermannstadt, 17,4 °C für Pottenstein und 17,2 °C für Hollfeld und Gößweinstein.

Diese Werte verdeutlichen, dass in der Fränkischen Schweiz im Winter mit keiner hohen Schneesicherheit zu rechnen ist. Alpiner Wintersport ist schon wegen des fehlenden Reliefs, aber auch Langlauf wegen der nur kurzen und unsicheren Schneebedeckung kaum möglich.

Der lange und milde, nicht zu niederschlagsreiche Sommer ist indes eine günstige Voraussetzung für Outdoor-Aktivitäten aller Art, besonders natürlich für das Wandern.

Darüber hinaus streichen an der nördlichen und westlichen Umrandung der Albhochfläche Sandsteine des Dogger-beta aus und hinterlassen eine Vielzahl kleiner, oft diffuser Grundwasseraustritte, die sich z. T. mit darüber austretenden Karstquellen des Oberen Jura vermischen. Die Sandsteine des Dogger-beta sind z. T. engständig geklüftet, sodass der Grundwasserleiter insgesamt den Charakter eines Kluftgrundwasserleiters hat. Dies ist bspw. im Bereich der Rumpelsquelle bei Wohnsgehaig zu beobachten, wo die Quelle an einer mehrere Zentimeter geöffneten Kluft austritt. Die Einzugsgebiete des Dogger-beta-Aquifers sind vergleichsweise schmal und liegen v. a. in der Umrandung des Ailsbacher Sattels, wo diese Schichten flächenhaft ausstreichen. Aber auch in diesen Bereichen treten Quellhorizonte im Dogger-beta auf Höhen zwischen 400 und 450 m ü. NHN auf, was darauf hinweist, dass die Neubildung gering ist und die Quellaustritte und Neubildungsgebiete wohl recht nahe beieinander liegen. Eine vertikale Zusickerung von dem darüberliegenden Karstgrundwasserleiter des Oberen Jura ist dort denkbar, wo die wasserstauenden Schichten des Ornatentons fehlen oder ausgedünnt sind. Die Grundwassergleichen-Karte des Karstgrundwassers des Oberen Jura (Wagner et al. 2009) gibt hierzu jedoch keine Hinweise, auch nicht auf eventuelle Wasserübertritte zwischen den beiden Grundwasserleitern entlang der tektonischen Störungen der Frankenalbfurche. Der Grundwasserleiter des Dogger-beta wurde nur dort lokal genutzt, wo eine Nutzung des Karstgrundwassers aus lokalen Gründen nicht bzw. nur eingeschränkt möglich war, bspw. bei der Gemeinde Wohnsgehaig. Dies hängt zusammen mit der lokalen räumlichen Begrenztheit des Karstgrundwasserleiters und der Tatsache, dass der hohe Gehalt an gelöstem Eisen im Grundwasser des Dogger-beta gelegentlich oberhalb der Grenzwerte liegt und eine Tendenz zur Verockerung von Brunnen besteht. Auch die Nitratbelastung durch landwirtschaftliche Nutzung der Böden oberhalb und auf den Schichten des Dogger-beta schränkt die Nutzungsmöglichkeiten dieses Grundwasserleiters für die Trinkwassergewinnung ein. Der geringe Anteil gelöster Stoffe macht das Wasser des Dogger-beta-Aquifers zu einem Wasser mit geringem Härtegrad. Der Dogger-beta-Aquifer ist im zentralen Bereich der Frankenalbfurche auf 200 m ü. NHN abgesenkt und hat dort den Charakter eines gespannten Grundwasserleiters. An den Rändern der Schichtstufen kommt es zu ungespannten Verhältnissen, wie an der Lage der Quellen im Bereich der Grenze zum Grundwasserstauer des Opalinustons (Dogger-alpha) zu sehen ist. Der Ort Streitberg bezieht noch heute sein Trinkwasser aus den Sandsteinen des Dogger-beta (Baier 2013). Auch bei der Ortschaft Laibarös auf der Albhochfläche wurde Grundwasser aus dem Dogger-beta in einem Tiefbrunnen erschlossen (Kus et al. 2007). Eine Grundwassergleichen-Karte für den Grundwasserleiter des Dogger-beta liegt nicht vor.

Malm-Karstgrundwasserleiter
Der weitaus wichtigere Grundwasserleiter ist das verkarstete Kalk- und Dolomitgestein des Oberen Jura, das in Schicht- oder Riffkalkfazies vorliegt. Die unterschiedliche Gesteinsausprägung geht einher mit unterschiedlichen hydrogeologischen Eigenschaften. Die Schichtfazies hat, soweit durch Verkarstung nicht zusätzliche Wasserwegsamkeiten entstanden sind, meist eine geringere hydraulische Leitfähigkeit als die oft mit cm-großen Makroporen, geöffneten Klüften und erweiterten Karsthohlräumen ausgestatteten Riffkalke und Dolomitgesteine. Die hydrogeologischen Eigenschaften sind daher faziesabhängig und lokal unterschiedlich. Die Mergelhorizonte des Malm-gamma sorgen zudem dafür, dass lokal abgegrenzte schwebende Grundwasserleiter auftreten, die von dem darunter oder randlich vorhandenen Karstgrundwasserleiter hydraulisch getrennt sind. Dies verursacht die wenigen

schen Schweiz. Das im SO der Fränkischen Schweiz gelegene Gebiet der Veldensteiner Mulde (teilweise bereits außerhalb des hier beschriebenen Gebietes) hat ein Einzugsgebiet von etwa 210 km² und einen geschätzten Wasserinhalt von 1,5 Mrd. m³. Die Grundwasserneubildung liegt bei 56 Mio. m³/Jahr und wird derzeit für die Wasserversorgung der Stadt Nürnberg mit 18 Mio. m³/Jahr genutzt. Vorteil dieses Reservoirs ist, dass im Einzugsgebiet Deckschichten zum Schutz des Karstgrundwassers in größerem Maße vorhanden sind. Etwas kleiner ist das Reservoir der Hollfelder Mulde mit 200 km² Fläche. Der Wasserinhalt wird auf 1 Mrd. m³ geschätzt. Von der Grundwasserneubildung in Höhe von 53 Mio. m³/Jahr werden nur 1 Mio. m³/Jahr genutzt. Aufgrund der extrem hohen Ergiebigkeit des Karstgrundwasserleiters ist für diese Entnahmerate nur ein Brunnen (Brunnen Scherleithen) erforderlich. Deckschichten sind hier nur lokal und geringmächtig vorhanden. Weiter nördlich befindet sich im Bereich zwischen Wattendorf und Rothmannsthal ein weiteres, drittes Grundwasserreservoir, dessen Wasserinhalt jedoch geringer ist und das bislang kaum genutzt wird. ▶ Abb. 19

Aufgrund der gestiegenen Anforderungen an Wasserqualität und Qualitätskontrolle wurde in manchen Gemeinden diskutiert, ob man die historisch gewachsene lokale und dezentrale Wasserversorgung beibehalten oder sich einem größeren Wasserversorger anschließen soll. Neben dem Kostenaspekt wird von Behörden gelegentlich darauf verwiesen, dass viele lokale Wasserversorger auch viele kleine bzw. große Wasserschutzgebiete erforderlich machen, was wegen der damit verbundenen Nutzungseinschränkungen von der Bevölkerung ungern gesehen wird. Bei zentraler Wasserversorgung wird die Ausweisung von Schutzgebieten zwar auf einige wenige große Flächen begrenzt, doch macht das Beispiel der Verunreinigung am Brunnen in Birkenreuth deutlich, dass bei der Aufgabe der lokalen Wasserversorgung letztlich auch der Schutz der lokalen Aquifere etwas sorglos aufgegeben wird, wenn man sauberes Trinkwasser preisgünstig von anderen Versorgern erhalten kann. Auf lange Sicht ist diese Vorgehensweise bei Versorgungsengpässen wenig sinnvoll.

Eine für die Besucher der Fränkischen Schweiz beobachtbare Auffälligkeit sind die unter den Bedingungen der Verkarstung im Malm auftretenden Wasseraustritte an die Oberfläche, die Quellen: Sie weisen ein Spektrum von extrem stark schüttenden, fast schon als Flüsse austretenden Karstquellen mit bis zu 800 Liter Schüttung/Sekunde auf (wie etwa die Stempfermühlquelle) bis zu solchen Quellen, die für weite Teile des Jahres völlig versiegen und lediglich

Hungerbrunnen

In der Fränkischen Schweiz findet man einen ganz ungewöhnlichen Typ von Quellen. Während eine „normale" Quelle zwar hinsichtlich ihrer Schüttungsmenge eine gewisse Schwankung aufweist, aber doch ganzjährig fließt, handelt es sich hier um Wasseraustrittsstellen, die meist trocken sind und nur für jeweils kurze Phasen Wasser speien, dann aber in exzessiver Menge, sodass geysirartige Wasserfontänen austreten können und das darunter sich erstreckende Tal komplett überschwemmt wird. Man spricht hier von Hungerbrunnen. Wie kommt es zu diesem Phänomen und wo kann es beobachtet werden? Wenn ein Hungerbrunnen speit, so ist das eine außergewöhnliche Attraktion, für deren Besichtigung allerdings Gummistiefel erforderlich sind.

■ lid-online.de / 81112

Hungerbrunnen

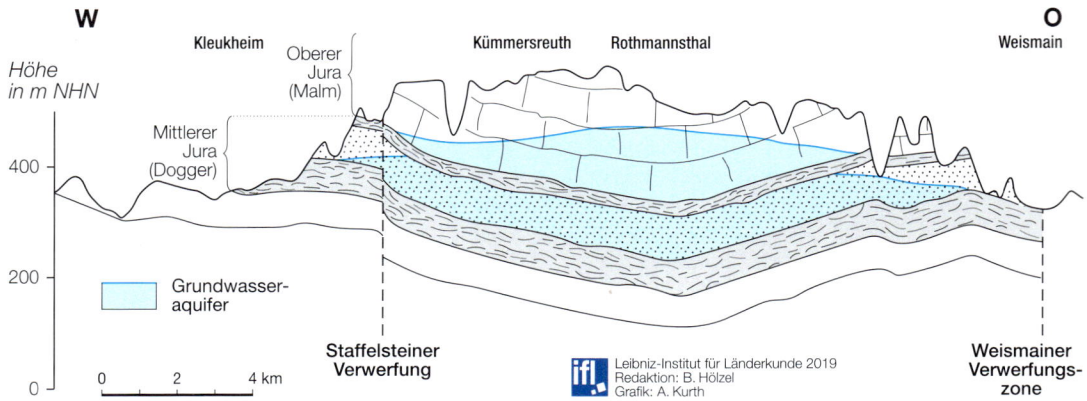

Abb. 19   Hydrogeologischer West-Ost-Schnitt durch den nördlichen Teil der Nördlichen Frankenalb

le Wasserversorgung genutzt. Der in den vergangenen Jahren stark ausgedehnte Anbau von Mais und anderen Pflanzen zur Gewinnung von Bioenergie stellt auf der Albhochfläche eine Belastung der Grundwasserqualität dar. Er ist unter hydrogeologischen, ökologischen, landschaftlichen und (v. a.) energetischen Gesichtspunkten wenig sinnvoll, wird aber durch staatliche Subventionierung intensiv gefördert. Die Grundwasserqualität wird zusätzlich durch den natürlichen hohen Anteil an gelöstem Kalziumkarbonat beeinträchtigt, der eine hohe Wasserhärte bewirkt, zur Abscheidung von gelöstem Kalziumkarbonat als Kesselstein führt und Schäden an Wasch- und Spülmaschinen verursacht. Die schnellen Fließpfade im Karstgrundwasser führen dazu, dass Schadstoffe schnell in Brunnenbereiche gelangen können. Zugleich ist die Fähigkeit zu natürlichem Stoffabbau in Karstgrundwasserleitern verringert. Auch folgt die Bewegung des Karstgrundwassers nicht den aus Porengrundwasserleitern bekannten Mustern, wie Markierungsversuche gezeigt haben (Schnitzer 1974, Schnitzer, Plachter, u. Keup 1972), was durch die hohe Heterogenität der Fließwege im Karst durch Schichtfugen, Klüfte, Störungen und Höhlen verursacht wird.

Störungen und Klüftung können wichtige Wasserwegsamkeiten in Grundwasserleitern bewirken, bei denen es zu bevorzugter Grundwasserströmung in der Richtung dieser Flächengefüge kommt (Anisotropie). Kluftmessungen durch Baier u. Hochsieder (1990) im Oberen Jura bei Wohlmannsgesees zeigen bevorzugte Richtungen von Kluftflächen, die vermutlich auch als bevorzugte (präferentielle) Fließwege im Karstgesteinskörper wirken. Auch die Talbildung wird möglicherweise durch bevorzugt auftretende Kluftrichtungen vorgezeichnet (Baier 2013). Betrachtet man die flächenhafte Verbreitung des Grundwasserspiegels, so zeigt sich v. a. die deutliche Orientierung der Grundwassergleichen an der Lage der Vorfluter. Eine durch Klüftung vorgegebene Anisotropie der hydraulischen Durchlässigkeit des Karstgrundwasserleiters ist im Strömungsbild nicht zu erkennen. Der Talverlauf wird vermutlich von geologischen Bedingungen gesteuert, die nur im Einzelfall allein auf tektonische Vorzeichnungen zurückgeführt werden können, sondern vielmehr z. T. auch aus der Anlage älterer Talsysteme resultieren dürften. Dies wird besonders am Verlauf der Wiesent deutlich, die bei Behringersmühle eine spektakuläre Richtungsänderung von nahezu 180° zeigt. Am ehesten dürfte bei der Genese der Höhlen der Fränkischen Schweiz die Einwirkung von Vorzugsrichtungen des tektonischen Trennflächengefüges zu erkennen sein.

Auch mehrere wichtige Grundwasserreservoirs liegen im Bereich der Fränki-

wird durch eine unterirdische Grundwasserscheide in einen nach N und einen nach S entwässernden Teil getrennt. Diese Wasserscheide verläuft ungefähr entlang der Linie Tannfeld–Azendorf–Stadelhofen–Roßdorf. Dort wird die Grundwasserscheide undeutlich und verläuft in einem Knick nach S in Richtung Ludwag. Der Grundwasserspiegel erreicht dort eine Höhe von 490 m ü. NHN. Mit zunehmender Annäherung an die nördlichen Taleinschnitte der Weismain, des Leitenbachs, Döberten, Tiefentalbachs und Friesenbachs zeigt sich im nördlichen Teil eine Versteilung der Grundwasseroberfläche, die in den Tälern in das Niveau der Vorfluter übergeht. Der südlich der Wasserscheide gelegene Bereich entwässert nahezu vollständig in die Wiesent und ihre Zuflüsse. Zwischen Aufseß und Wiesent macht sich ebenfalls eine lokale Grundwasserscheide bemerkbar. Wiesent und Aufseß zeigen auch in den stromaufwärts gelegenen Bereichen einen Zustrom vom Aquifer in die Oberflächengewässer an (effluente Verhältnisse). Bei der Aufseß ist die hydraulische Anbindung des Flusses an den Grundwasserleiter ab Drosendorf unklar und erst oberhalb der Ortschaft Aufseß sind wieder effluente Verhältnisse erkennbar. Das Leinleitertal macht sich in den Grundwassergleichen des Grundwasserleiters durch einen Grundwasserzustrom von beiden Talseiten und ein steiles Grundwassergefälle bemerkbar. Am westlichen Albrand treten an der Grenze zum Ornatenton Quellen auf, wobei das Einzugsgebiet für diese Quellen vergleichsweise klein ist. Die Wasserscheide zwischen Wiesent-System und dem nach W am Albrand austretenden Grundwasser verläuft überwiegend in der Nähe zum heutigen Albtrauf. Dies ist überraschend im Hinblick auf die verbreitet auftretenden Quelltuffe in den Taleinschnitten am westlichen Albrand, die einen ausreichend hohen Abstrom von kalkgesättigten Karstgrundwasser voraussetzen, was wiederum ein ausreichend großes Einzugsgebiet voraussetzt.

Der südlich von Wiesent und Püttlach liegende Teil des Karstgrundwasserleiters zeigt zunächst einen steilen Anstieg des Grundwasserspiegels nach S. ▶ Abb. 18 Eine SW–NO verlaufende Wasserscheide etwa entlang der Linie Pegnitz–Betzenstein–Spies trennt einen zu Wiesent und Trubach und einen nach O zur Pegnitz entwässernden Bereich des Karstgrundwasserleiters. Ähnlich wie im nördlich der Wiesent–Püttlach-Linie gelegenen Teil des Karstgrundwasserleiters liegen die maximalen Wasserspiegelhöhen bei 450–480 m ü. NHN. Die am westlichen Albrand austretenden Quellen haben wiederum ein schmales Einzugsgebiet, welches östlich kurz hinter dem Albtrauf endet. In südöstlicher Richtung werden das Karstrelief (hier v. a. als überdeckter tropischer Kegelkarst entwickelt) und der Karstgrundwasserleiter zunehmend von in Relikten vorhandener Oberkreide und lehmiger Albüberdeckung bedeckt. Die Bedeckung durch Oberkreide spielt als Grundwasserreservoir zwar keine Rolle, hat jedoch als Deckschicht eine wichtige Funktion zum Schutz des darunter liegenden Karstgrundwasserleiters. Diese Schutzfunktion kommt in der Veldensteiner Mulde für das Wasserwerk Ranna zur Geltung, wo Karstgrundwasser als Trinkwasser für die Stadt Nürnberg gewonnen wird.

Die Qualität des Karstgrundwassers ist lokal unterschiedlich. In manchen Bereichen sind Rückstände aus der landwirtschaftlichen Nutzung nachgewiesen. Insbesondere das Ausbringen von Gülle auf den Feldern der Hochfläche wirkt sich negativ auf die Wasserqualität aus. Im Brunnen Birkenreuth wurde die durch Düngung beim großflächigen Anbau von Energiepflanzen und der Entsorgung von dabei entstehenden Gärresten hervorgerufene Verunreinigung des lokalen schwebenden Grundwasserleiters nachgewiesen (BAIER et al. 2014). Der dortige Grundwasserleiter wurde im Jahr 1796 mit großem Aufwand in einem Tiefbrunnen erschlossen, wird heute jedoch nicht mehr für die loka-

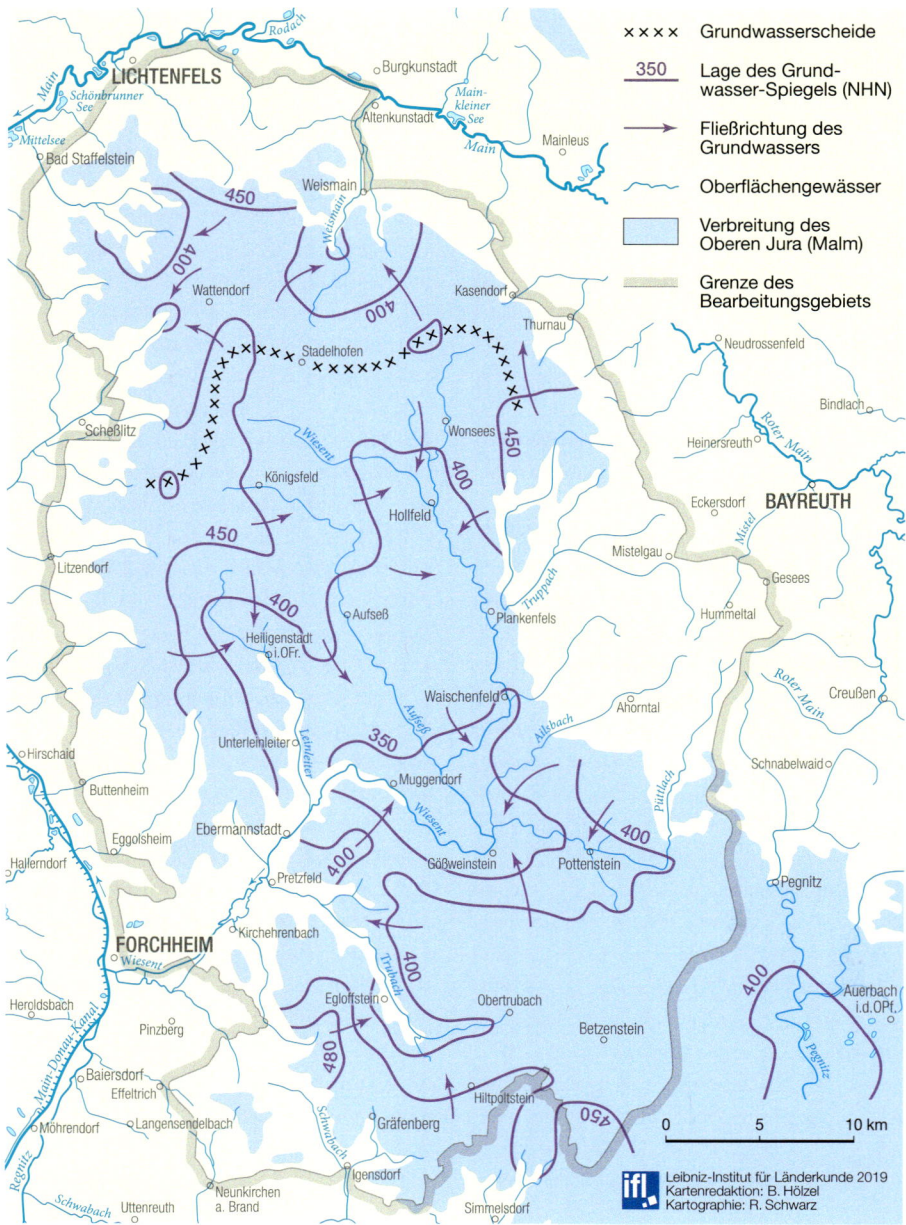

Abb. 18   Grundwassergleichen des Karstgrundwasserleiters

auf der Albhochfläche auftretenden Quellen wie etwa den Brunnen von Trainmeusel oder das im Brunnen von Birkenreuth erschlossene Wasser – eine hydrogeologische Besonderheit, die sich aus der faziellen Heterogenität der Karbonatgesteine des Oberen Jura ergibt. ▶ Abb. 16

Der ungespannte Karstgrundwasserleiter des Oberen Jura wird in der Fränkischen Schweiz durch das Wiesent- und Püttlachtal in zwei hydraulisch getrennte Bereiche geteilt. Der nördlich beider Täler gelegene Teil des Aquifers reicht im N bis auf die Höhe der Stadt Weismain. Er

temporär Wasser schütten, dann aber oft in großen Mengen, die so genannten Hungerbrunnen. Bei den stark schüttenden Karstquellen beobachtet man, dass sie bereits eine kurze Strecke nach ihrem Austritt in der Lage sind, eine Mühle anzutreiben. Außer der Stempfermühle ▶ D 44 sind das z. B. die Friesenmühle bei Kasendorf ▶ C 12 oder die Stoffelsmühle in Kleinziegenfeld ▶ A 17. Umgekehrt steht man bei den Hungerbrunnen fast ganzjährig vor einem Quellaustritt ohne Wasserschüttung. Wenn dann episodisch Wasser austritt, kann dies spektakuläre Formen annehmen und sogar zu geysirartigen Fontänen führen. Das ungewöhnliche Phänomen der Hungerbrunnen war auch stets der Lokalbevölkerung bewusst, die hierfür ganz unterschiedliche Begriffe verwendet und auch verschiedene Mythen um dieses für sie geheimnisvolle Phänomen rankt.

Vegetation

Die Fränkische Schweiz ist geprägt von romantischen, felsgesäumten Tälern und weiten Hochflächen mit einem abwechslungsreichen Mosaik von vielfach noch sehr kleinteiligen landwirtschaftlichen Flächen im Wechsel mit Wäldern, vorherrschend lichten Kiefernbeständen. Die Fränkische Schweiz ist keine Naturlandschaft, sondern schon seit Jahrtausenden eine vom Menschen besiedelte und geprägte Kulturlandschaft, die in allen Besiedlungsepochen indessen nur recht extensiv genutzt wurde, sodass sich bis in die Gegenwart ein großer Reichtum an Lebensräumen für Tiere und Pflanzen erhalten konnte. ▶ Abb. 20

Befände sich die Fränkische Schweiz noch in einem unberührten Urzustand ihrer Vegetation, wäre es wegen der schroffen Felshänge und der engen Täler mit dichten Au- und Bruchwäldern schwierig, sie zu durchqueren. Ohne die Nutzungsgeschichte des Menschen wäre dieses Gebiet also fast vollständig von Wald bedeckt. Nur kleinflächig, so auf Sand- und Schotterbänken der Auen oder an und auf hohen Felsen, wären waldfreie Lebensräume zu finden. Erste Brandrodungen der Wälder erfolgten schon während der Bronzezeit, in der die Fränkische Alb bereits erstaunlich dicht besiedelt war (KOTHIERINGER et al. 2014). Große Flächen wurden dann v. a. im Mittelalter gerodet, um sie für Ackerbau, Wiesen und v. a. als Schafweiden zu nutzen. Die Waldarmut der Fränkischen Schweiz, wie sie im 18. und 19. Jh. ausführlich durch die Romantiker dokumentiert wird, ist somit erst ein junges Phänomen. Die vielen für die Fränkische Schweiz so typischen, locker mit Wacholder bestandenen Hänge und die weiten, waldfreien Hochflächen sind Zeugen dieser Kulturtätigkeit. ■ lid-online.de / 81131

Abb. 20 Blick ins Wiesenttal zwischen Waischenfeld und Doos von einem der unzähligen Felsköpfe am Talrand.

Die Frankenalb – von Natur aus dicht bewaldet

Welche Waldtypen ohne den menschlichen Einfluss einstmals in der Nördlichen Fran-

Konkordanz der Pflanzen- und Tiernamen

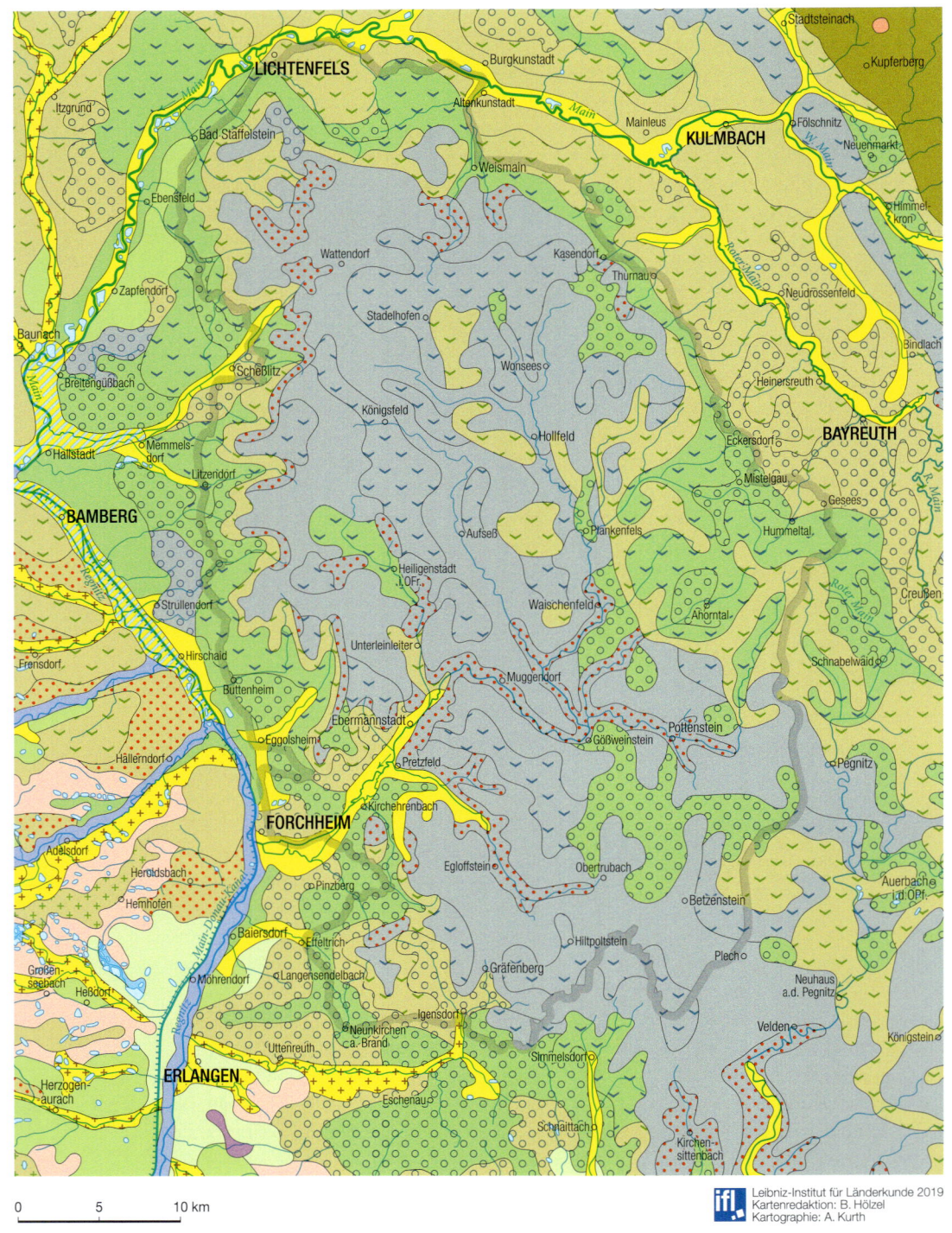

Abb. 21   Haupteinheiten der Potentiellen Natürlichen Vegetation der Frankenalb

Offene Wasserflächen

 Tauch- und Schwimmblatt-Vegetation

Karpatenbirken- und Schwarzerlen-Bruchwälder

 Walzenseggen-Schwarzerlen-Bruchwald im Komplex mit Schwarzerlen-Eschen-Sumpfwald

Edellaubholzreiche Feucht- und Sumpfwälder sowie Auenwälder

 Flatterulmen-Stieleichen-Auenwald im Komplex mit Silberweiden-Auenwald; örtlich mit Flatterulmen-Hainbuchenwald

Stieleichen- und Eschen-Hainbuchenwälder

 Zittergrasseggen-Stieleichen-Hainbuchenwald

 Waldziest-Eschen-Hainbuchenwald

 Flatterulmen-Hainbuchenwald

Stieleichenwälder basenarmer Standorte

 Pfeifengras-(Buchen-)Stieleichenwald im Komplex mit Hainsimsen-Buchenwald; örtlich mit Torfmoos- oder Walzenseggen-Schwarzerlen-Bruchwald

Buchenwälder basenarmer Standorte

 Drahtschmielen-Buchenwald im Komplex mit Flattergras-Buchenwald

 Typischer Hainsimsen-Buchenwald

 Flattergras-Hainsimsen-Buchenwald

 (Flattergras-)Hainsimsen-Buchenwald im Komplex mit Waldmeister-Buchenwald

 (Bergseggen-)Hainsimsen-Buchenwald mit Übergängen zum Waldmeister-Buchenwald; örtlich mit Labkraut-Traubeneichen-Hainbuchenwald

 Zittergrasseggen-Hainsimsen-Buchenwald; örtlich im Komplex mit Zittergrasseggen-Stieleichen-Hainbuchenwald und Zittergrasseggen-Waldmeister-Buchenwald

Tannen-Buchenwälder basenarmer Standorte

 Hainsimsen-Tannen-Buchenwald

Buchenwälder basenreicher Standorte

 Flattergras-Buchenwald

 Flattergras-Buchenwald im Komplex mit Waldmeister-Buchenwald

 Waldmeister-Buchenwald im Wechsel mit Waldgersten-Buchenwald

 Hexenkraut- oder Zittergrasseggen-Waldmeister-Buchenwald im Komplex mit Zittergrasseggen-Hainsimsen-Buchenwald; örtlich mit Waldziest-Eschen-Hainbuchenwald oder vereinzelt Zittergrasseggen-Stieleichen-Hainbuchenwald

Buchenwälder stark basenreicher bis kalkhaltiger Standorte

 Typischer Waldgersten-Buchenwald

 Waldgersten-Buchenwald im Komplex mit Waldmeister-Buchenwald

 Christophskraut-Waldgersten-Buchenwald; sowie Vegetation waldfreier Trockenstandorte

 Waldgersten-Buchenwald im Komplex mit Waldmeister-Buchenwald; örtlich Waldziest-Eschen-Hainbuchenwald

Subkontinentale Kiefern-Eichen- und Kiefernwälder

 Serpentinstreifenfarn-Kiefernwald mit Übergängen zum Hainsimsen- und Waldmeister-Buchenwald

Grenze des Bearbeitungsgebiets

kenalb vorkommen, wird heute in der Vegetationskunde mit dem Konzept der Potentiellen Natürlichen Vegetation rekonstruiert. Dabei macht man sich das Wissen über die Standortansprüche der Baumarten an das Ausgangsgestein, die Bodenart und das Klima zunutze und schließt daraus auf den Endzustand der Vegetation, den man ohne menschliche Eingriffe im jeweiligen Gebiet erwarten würde (TÜXEN 1956). Dabei spielt auch die Einwanderungsgeschichte der Baumarten, d. h. die natürliche Wiederbewaldung nach der letzten Eiszeit, eine wichtige Rolle. Während und kurz nach der Eiszeit war die Fränkische Schweiz eine tundraartige Kältesteppe zwischen den Gletscherschilden Nordeuropas und der Alpen. Nach Ende der Eiszeit, vor etwa 12.000 Jahren, wanderten zuerst Birke und Hasel sowie bereits die heute noch in weiten Teilen der Fränkischen Schweiz so charakteristische Kiefer ein. Mit der weiteren Erwärmung vor ca. 7.000 Jahren kamen weitere Baumarten wie Eiche, Ulme, Linde, Esche und Ahorn zurück. Erst in einer späten Phase der Wiedereinwanderung vor ungefähr 5.000 Jahren erreichten schließlich Tanne und Rotbuche dieses Gebiet (FIRBAS 1952); letztere wäre auch heute noch von Natur aus die häufigste Baumart der Fränkischen Schweiz.

Wie fast überall in Deutschland wäre der größte Teil der Fränkischen Schweiz nach dem Konzept der Potentiellen Natürlichen Vegetation ein Waldgebiet, das von Buchenwäldern bedeckt ist. Als konkurrenzstärkste heimische Baumart ist die Rotbuche auf allen nicht zu nassen, nicht zu trockenen und nicht zu kalten Standorten anderen Baumarten an Wuchsleistung überlegen. Je nach Nährstoffversorgung und Wasserverfügbarkeit des Standortes bilden Buchen unterschiedliche Waldgesellschaften. So wäre der so genannte Waldgersten-Buchenwald eher auf den Hochflächen, der Waldmeister-Buchenwald dagegen v. a. in Hanglagen zu finden. Der lichte und niedrigwüchsige Orchideen-Buchenwald stockt dagegen kleinflächig auf den flachgründigen Kalkkuppen. Wo allerdings der Boden auf grusigem Dolomitgestein so flachgründig und trocken ist, dass die Buche auf Dauer nicht konkurrenzfähig ist, würde auch von Natur aus ein Reliktsteppenkiefernwald wachsen, wie gleich noch näher ausgeführt wird.

Auch in Hanglagen mit reichlich Kalk-Blockschutt sind Bergahorn, Spitzahorn, Esche, Sommer- und Winterlinde konkurrenzstärker als die Buche und gelangen zur Vorherrschaft, sodass eingestreut in die Buchenwälder kleinflächig edellaubholzreiche Schluchtwälder zu finden sind, die sich durch einen besonderen Artenreichtum an krautigen Pflanzen auszeichnen. In nordseitigen, feuchteren Hanglagen kommt der Bergulmen-Sommerlinden-Blockwald vor, auf südexponierten, steinigen und sehr trockenen Hängen dagegen der wärmeliebende Schwalbenwurz-Sommerlindenwald oder der Orchideen-Buchenwald, der an Felsstandorten übergeht in waldfreie Felsheiden. Auch die heute landwirtschaftlich meist als Grünland und in jüngerer Zeit vermehrt für den Maisanbau genutzten Talräume der Fränkischen Schweiz, bspw. die Auen des Ailsbachs und der Wiesent, wären von Natur aus bewaldet. Die Potentielle Natürliche Vegetation wäre in den Auen insbesondere ein Waldziest-Eschen-Hainbuchenwald mit gewässerbegleitendem Sternmieren-Schwarzerlen-Auenwald. ▶ Abb. 21

Vom Wald- zum Kulturland

Aktuelle Vegetation: In der ersten Hälfte des 20. Jh. waren ca. 38 % der Fläche der Fränkischen Schweiz bewaldet (GAUCKLER 1938). Bereits bronzezeitlich, also schon 2100 v. Chr., war das Gebiet besiedelt, was durch beeindruckende Funde aus der Keltenzeit archäologisch belegt ist (KOTHIERINGER et al. 2014).

Bereits zur Bronzezeit wurde in geringem Ausmaß, eher inselartig und oft nur temporär der Wald gerodet oder durch Beweidung aufgelichtet. Im Mittelalter entwickelte sich die Fränkische Schweiz dann großflächig von einem dichten, schwer zu durchdringenden Waldland zu einer Kulturlandschaft. Eine große Rolle spielte dabei die Gründung des Bistums Bamberg im Jahr 1007 (LfU 2004, S. 11) und die damit einhergehende Gründung von Klöstern v. a. am westlichen Albrand. Ausgehend davon kam es zu einer Intensivierung der Landwirtschaft und zur Verbreitung von Fischzucht, Wein- und Obstanbau. Das ehemalige Benediktinerkloster Weißenohe etwa war ein Ausgangspunkt für den Kirschanbau im Forchheimer Land (LfU 2004, S. 12).

Weite Waldanteile sind besonders aufgrund der mittelalterlichen Besiedlung, die durch die Klöster forciert wurde, für die landwirtschaftliche Nutzung gerodet worden und schafbeweideten Wacholderheiden gewichen. Mitte des 19. Jh. erreichte die Schafbeweidung ihren Höhepunkt, die Fränkische Schweiz war nur noch zu 20 % von Wald bedeckt und zählte zu den waldärmsten Gebieten Deutschlands (WEISEL 1971, WEID 1995). Wacholderheiden sind seitdem zu einem Charakteristikum der Fränkischen Schweiz geworden.

Wohl nur an den steilsten Hängen ist kontinuierlich Wald erhalten geblieben wie z. B. im Naturschutzgebiet Eibenwald im Wiesenttal, wo uralte Eiben, eine seltene Nadelbaumart, zu bewundern sind. Sie waren wegen ihrer Giftigkeit für Pferde im Mittelalter sehr gefürchtet.

Die bachbegleitenden Auwälder in den Tälern sind sogar oft ganz gerodet worden, da dort sehr ertragreiche Böden der ackerbaulichen Landwirtschaft sehr entgegenkommen. In den engen Bachtälern mussten die Auenwälder fruchtbaren Wiesen weichen.

Auf der Jurahochfläche ist die Situation völlig anders. Hier war die Nutzung durch Ackerbau so intensiv, dass sich nur um die allenthalben vorhandenen großflächigen Dolomitfelsriffe inselartige Waldstücke erhalten haben, auf denen außer Waldweide keine landwirtschaftliche Nutzung möglich war. Ein solcher Hain ist der so genannte Druidenhain, eine stark zerklüftete Felsformation. ▶ D 7

Für die Fränkische Alb noch heute typisch sind die vielen Kiefernwälder. Eine Besonderheit sind v. a. die so genannten Reliktkiefernwälder, die hauptsächlich in der Pegnitzalb (HEMP 1996) und im nördlichen Teil der Fränkischen Schweiz zu finden sind. Sie sind nach neueren Erkenntnissen durch einen sehr frühen Einfluss des Menschen mitgeprägt worden. Schon bald nach Ende der Eiszeit, lange bevor die Buche einwandern konnte, bildete die Kiefer auf den trockenen Kalksteinböden der Frankenalb ausgedehnte Wälder. Bereits in der Bronzezeit trieben die Menschen ihre Schafe, Ziegen und Rinder zur Weide in diese Kiefernwälder. Weidetiere fressen Kiefernnadeln eher ungern, bevorzugt aber die Blätter junger Laubbäume, was zur Folge hatte, dass sich Eichen und Buchen in den Kiefernwäldern nicht etablieren konnten. Der Einfluss des Menschen und seiner Haustiere neben den Standorteigenschaften wie Flachgründigkeit und Sommertrockenheit der Dolomitböden verhinderte somit die Sukzession hin zum Buchenwald, sodass über Jahrtausende und stellenweise bis in die heutige Zeit Relikte dieser ursprünglichen Kiefernwälder erhalten geblieben sind (HEMP 1996). Der Steppenheide-Reliktkiefernwald, wie er auch genannt wird, kommt v. a. auf felsigen Hängen und Kuppen der Fränkischen Schweiz vor (WALENTOWSKI et al. 2007). Er ist Lebensraum vieler seltener Pflanzenarten, darunter Zwergbuchs, Ochsenauge, Blaugras und Arten der Trockenrasen, wie Thymian oder Küchenschelle, Orchideen, wie die Purpurrote Stendelwurz oder das Rote Waldvögelein, auf sandig verwitternden Dolomitböden auch das seltene Katzenpfötchen und die Sandstrohblume. Hinzu kommen als weitere Besonderheit in dieser Region seltene, sonst eher nordisch-boreal verbreitete Nadelwaldarten wie das Mittlere Wintergrün oder das Netzblatt, eine sehr kleine, leicht zu übersehende Orchideenart. Diese Arten kommen hier nur vor, weil die Reliktkiefernwälder durchgehend seit Jahrtausenden erhalten geblieben sind (WALENTOWSKI et al. 2007). Dieser Lebensraum ist letztlich auch ein Beispiel dafür, dass sich eine nachhaltige, naturverträgliche menschliche Nutzung positiv auf die Biodiversität auswirken kann.

Neben den alten Kiefernbeständen gibt es auch solche, die infolge der Wiederbewaldung oder Aufforstung aus ehemaligen Weideflächen oder Wacholderheiden entstanden sind. Diese sind ebenfalls sehr artenreich, und da es sich um lichte offene Wälder handelt, sind auch solche sekundä-

Abb. 22 Lichter Kiefernbestand östlich des Staffelbergs

ren Wälder äußerst schützenswert. ▶ Abb. 22 Die Kiefernwälder sollten deshalb wo immer möglich durch gezielte Naturschutzmaßnahmen erhalten werden.

Noch seltener ist der Steppenheide-Eichenwald. Diesen findet man verzahnt mit dem Steppenheide-Kiefernwald. Er weist ebenfalls reiche Unterwüchse auf und ist nicht minder schutzwürdig. Dem Eichenwald fehlen allerdings die oben erwähnten reinen Nadelwaldarten (GAUCKLER 1938).

Seit dem Mittelalter und bis weit in das 20. Jh. wurden in der Fränkischen Schweiz besonders die Wälder in steilen Hanglagen als **Niederwälder** bewirtschaftet. Bäume werden bei dieser Nutzungsform, bei der es in erster Linie um die Brennholzgewinnung geht, etwa alle zehn bis 40 Jahre auf meist kleineren Flächen „auf den Stock" gesetzt. Ihre Regeneration erfolgt dann durch Neuaustriebe aus dem Stubben. Da pro Stock meist mehrere Stockausschläge gebildet werden, sind in Niederwäldern die meisten Bäume mehrstämmig. Für die Artenzusammensetzung von Niederwäldern ist entscheidend, dass Baumarten unterschiedlich gut aus dem Stock austreiben können. Ein hohes Ausschlagvermögen haben v. a. Eichen, Linden und Ahorne, aber auch die Hainbuche oder die Hasel. Nicht aus dem Stock ausschlagen können hingegen die Fichte und die Waldkiefer. Die Rotbuche, von Natur aus die dominierende Baumart der Laubwälder in der Fränkischen Schweiz, hat ein nur mäßig gutes Regenerationsvermögen aus dem Stock. Die Folge jahrhundertelanger Niederwaldwirtschaft war deshalb ein Zurückdrängen der Nadelbäume, aber auch der Buche, und die starke Förderung von Laubwäldern, in denen Eichen, Linden, Ahornen und Hainbuchen vorherrschen. Erst der nachlassende Brennholzbedarf durch vermehrten Einsatz fossiler Brennstoffe im Laufe des 20. Jh. führte zur weitgehenden Aufgabe der Niederwaldwirtschaft. An vielen Stellen kann man aber noch heute Spuren dieser früheren Waldbewirtschaftung sehen, da viele Wälder zwar schon lange nicht mehr auf den Stock gesetzt wurden, aber noch immer überwiegend aus mehrstämmigen Bäumen bestehen.

Niederwälder findet man in der Fränkischen Schweiz mittlerweile sehr selten und oft nur an sehr steilen blockschuttreichen Hängen. Für seltene Gehölzarten und Wildobst wie Wildapfel und Wildbirne oder endemische Mehlbeeren stellen sie einen wichtigen Waldnutzungstyp dar. Hier können diese lichtliebenden und meist nicht sehr hochwüchsigen Arten gedeihen, während sie in den von der Buche dominierten Hallenwäldern natürlicherweise überschattet und deshalb verdrängt werden. Nicht minder arten- und blütenreich ist der Unterwuchs in Niederwäldern. Man findet hier Seltenheiten wie den Blauen Steinsamen oder die Wachsblume. ▶ Abb. 23 Aber auch eine Fülle an Geophyten wie Märzenbecher, Gelbes Buschwindröschen und Lerchensporn verwandeln im Frühjahr den Boden dieser Wälder in ein Blütenmeer. Doch auch das alte Holz, die alten halb vermoderten Stöcke selbst sind Lebensraum für die spektakulärsten Insekten der hiesigen **Fauna:** Hirschkäfer und Eremit. Die Larven beider Arten bewohnen uralte hohle Bäume, und die alten Strunken der Niederwälder sind ein idealer Lebensraum.

Abb. 23   Blauer Steinsame am westlichen Albtrauf im Landkreis Lichtenfels

Niederwälder sind somit ein wertvoller, schützenswerter Bestandteil einer vielfältigen Kulturlandschaft. Daher ist es erfreulich, dass in den letzten Jahren eine gewisse Umkehr in der Holznutzung zu erkennen ist. Da Holz als Brennstoff angesichts steigender Preise für Öl und Gas wieder attraktiv geworden ist und vermehrt zu Hause im Kaminofen oder als Hackschnitzel in modernen Feuerungsanlagen verfeuert wird, nutzen viele Waldeigentümer ihren Wald wieder häufiger als Niederwald.

Felslebensräume: Bizarre Kalk-Felsformationen sind ein Charakteristikum und das touristische Wahrzeichen der Fränkischen Schweiz. Sie waren und sind auch Orte für den Klettersport, der sich hier in jüngerer Zeit immer größerer Beliebtheit erfreut. Dies führt immer mehr zu Konflikten, da Felsen auch ganz besondere Lebensräume für viele seltene Tier- und Pflanzenarten bilden, deren Bestände vielerorts durch die intensive Ausübung des Klettersportes gefährdet sind.

Aus botanischer Sicht handelt es sich um Standorte, die einen Großteil der seltensten und schutzwürdigsten Arten der Fränkischen Schweiz beherbergen. Offene, von Natur aus waldfreie Felsen sind so genannte Primärstandorte, d. h. ihre Vegetation wurde vom Menschen nicht oder nur gering beeinflusst ▶ Abb. 24, zumal wenn es sich um sehr unzugängliche freistehende Felstürme handelt. Sie befinden sich in ihrer markantesten Ausformung an den Talrändern der Flussauen von Aufseß, Wiesent und Püttlach oder an den Albtraufkanten hin zum Regnitz- und Maintal. Hier sind die Felswände teils so hoch, dass kein Wald sie jemals völlig beschatten konnte. Diese Felsen bieten Lebensräume für eine hochspezialisierte Gemeinschaft von Pflanzen, die in der Lage sind, Felsspalten zu besiedeln oder auf den exponierten, extrem trockenen, flachgründigen Felsköpfen zu wachsen. Viele dieser Arten stammen aus Steppengebieten Ost- und Südosteuropas oder aus den Alpen, und sie bilden hier in der Fränkischen Schweiz Populationen fernab von ihren Artgenossen. Typische Beispiele der Felsköpfe sind der Bleichschwingel, das Felsen-Steinkraut oder die Pfingstnelke. Floristische Besonderheiten unter diesen Spezialisten in der Felsvegetation sind dealpine Arten. Sie wanderten zu Beginn der letzten Eiszeit aus den Kalkalpen ein, als die Gletscher aus den Alpen nach N vorrückten (ELLENBERG 1996). Beispiele dafür sind das Blaugras oder die Alpendistel, an kühlschattigen Felsfüßen die Alpengänsekresse oder der Lanzen-Schildfarn.

Moosvegetation an Felsen: Eine besondere Rolle spielen auch Moose innerhalb der Biodiversität an Kalk- und Dolomit-

Abb. 24   Eindrucksvolle Felswand mit Überhang (Balme) im Azendorfer Trockental

felsen der Fränkischen Schweiz. Sie bilden hier zahlreiche unterschiedliche Pflanzengemeinschaften. Die bestimmenden Umweltfaktoren dafür sind neben dem Ausgangsgestein v. a. die Exposition und Mikroklima. Man unterscheidet zwei grundlegend verschiedene Ausbildungen – solche an offenen, besonnten und solche an geschützten, schattigen Felsflächen. Offene Felsstandorte werden von austrocknungsfähigen Arten besiedelt, die in Nischen und Ritzen des Gesteins verankert sind. Als Lebensform dominieren hier v. a. Polstermoose: *Grimmia pulvinata*, *Tortella tortuosa*, *Tortula muralis* und zahlreiche andere. Schattigere Felsstandorte zeigen eine völlig andere Artengarnitur.

Die Fränkische Schweiz im Satellitenbild

Die auf der gegenüberliegenden Seite dargestellten Satellitendaten wurden durch den Landsat 8 aus einer sonnensynchronen Umlaufbahn in einer Höhe von ca. 700 km aufgezeichnet. Dabei handelt es sich um einen amerikanischen Satelliten, der einer seit 1972 kontinuierlich verfügbaren Serie nahezu baugleicher Satelliten entstammt.

Die Daten haben eine geometrische Auflösung von ca. 30 m × 30 m. Die Überdeckung einer Szene beträgt ca. 180 km × 180 km. Der vorliegende Szenenausschnitt deckt das gesamte Bearbeitungsgebiet ab, das als Echtfarbdarstellung abgebildet wird. ▶ Abb. 25 Zur Orientierung eignen sich besonders die Gebiete, die die Fränkische Schweiz umgeben. Auf der N-S-Achse am linken Bildrand sind die Städte Erlangen (links unten) und Bamberg (links Mitte) an ihrer hellblauen Farbe zu erkennen. Am rechten Bildrand, etwas weiter nördlich als Bamberg gelegen, ist Bayreuth auszumachen. Die Städte im W sowie weitere größere Orte, wie Bad Staffelstein oder Lichtenfels, sind durch eine Vielzahl von Autobahnen und größere Bundesstraßen gekennzeichnet. Zudem können der Main-Donau-Kanal, die Regnitz und der bogenartig im Norden verlaufende Obermain als dünne schwarze Bänder in der Echtfarbdarstellung wahrgenommen werden. Das Grün der Vegetationslandschaft im Uferbereich der Wasserstraßen lässt sich in dieser Darstellung nur im Obermaingebiet gut ausmachen. Um Satellitendaten auf Karten korrekt lesen zu können, werden sogenannte Interpretationsschlüssel erarbeitet. ▶ Abb. B

Hier interessiert die im Zentrum des Bildes erkennbare kleingeklüftete Karstregion der Fränkischen Schweiz mit ihren kurvenreichen Flüssen und Bächen, die das Gebiet in die größeren Gewässer entwässern, vor allem das bei Forchheim in die Regnitz einmündende Wiesenttal. Diese Region reicht vom Zentrum aus bis in die untere rechte Bildecke. Die Wälder der Fränkischen Schweiz sind, im Gegensatz zu den großen, dunklen und vergleichsweise kompakten Waldgebieten am linken (Hauptmoorwald, Steigerwald) und rechten Bildrand (Limmersdorfer, Lindenhardter und Veldensteiner Forst), kleiner, zersplittert angeordnet und am geklüfteten Gelände orientiert. Am West- und Nordrand der Fränkischen Schweiz fallen im Bereich der Schichtstufen und ihres Vorlandes die grünen Flächen auf, die z. T. Wald, z. T. Wiesen und Obstbaumkulturen wiedergeben. Die großen Straßen bilden in der Fränkischen Schweiz kein dichtes Netz wie in ihren umgebenden Bereichen. Die landwirtschaftlichen Flächen sind zumeist noch unbedeckt und können daher in der Falschfarbdarstellung als türkisfarbene Areale ausgemacht werden. Dieser Umstand kann auf den frühen Zustand der Landschaft zum Aufnahmezeitpunkt vom 18. April 2018 zurückgeführt werden. Der spärliche Aufwuchs auf diesen Flächen dominiert noch nicht das Empfangssignal und kann daher nicht als Vegetationssignal wahrgenommen werden.

Abb. 25 Landsat-Satellitenszene der Fränkischen Schweiz vom 18. April 2018 in RGB-Darstellung (R: Rot, G: Grün, B: Blau) der Kanäle 3, 2, 1 (Echtfarbdarstellung)

Hier dominieren v. a. Hängemoose, welche ganze Gesteinsflächen einnehmen können: *Anomodon viticulosus, Neckera complanata* und *Neckera crispa, Thamnobryum alopecurum* und andere. Daneben finden sich hier zahlreiche Lebermoose, wie *Plagiochila asplenioides, Porella platyphylla* oder *Scapania aspera*. Als reliktisch gelten *Clevea hyalina, Moerkia flotoviana, Mannia triandra* oder auch das auffallende Laubmoos *Orthothecium rufescens*.

Aus zoologischer Sicht sind Felsen wichtige und oft auch die einzigen Bruthabitate von Wanderfalke und Uhu. Felsen, auf denen diese Arten brüten, werden deshalb zur Brutzeit gesperrt. Aber auch für viele andere Tiergruppen stellen die Felsen wichtige Lebensräume dar, wie etwa für viele Schmetterlingsarten und andere Insekten. So ist etwa der in der Fränkischen Schweiz noch vorkommende seltene Apollofalter auf die typische Felspflanze Weiße Fetthenne als Nahrungspflanze angewiesen. Überraschend ist durchaus – man hätte es nicht vermutet –, dass an Felsen auch viele sehr seltene und spezialisierte Schneckenarten leben.

Endemiten: Die offenen Felsstandorte der Fränkischen Schweiz beherbergen auch Arten, die nur hier und sonst nirgends verbreitet sind, Endemiten. Dabei handelt es sich um Arten, die ehemals weiter verbreitet waren und jetzt in der Frankenalb ein reliktisches Rückzugsareal besiedeln (so genannte Reliktendemiten), oder um solche, die hier entstanden sind und nie weiter verbreitet waren. Dazu gehören einige Arten von Habichtskräutern, so das Fränkische, das Schneidsche und das Harzsche Habichtskraut.

Weitere Endemiten der Fränkischen Schweiz leiten sich aus Mehl-, Els- und Vogelbeere ab. Aus diesen Arten haben sich nach der letzten Eiszeit in vielen Gebieten Europas, und in besonderer Vielfalt in der Fränkischen Schweiz, durch Bastardierung und genetische Veränderungen neue Formen entwickelt, die offenbar an die Standorte auf der Alb besonders gut angepasst sind. Da sie sich oft nur durch ungeschlechtlich gebildete Samen vermehren (so genannte Apomixis) bilden sie genetisch einheitliche Populationen (Klone), die von den Botanikern als Kleinarten aufgefasst werden. Manche dieser speziellen Mehlbeeren kommen in weiten Teilen der Fränkischen Schweiz vor, bspw. die Fränkische Mehlbeere. Andere dagegen besiedeln nur kleine Gebiete, wie die Kordigast-Mehlbeere, die nur am Großen und Kleinen Kordigast ganz im N der Fränkischen Schweiz zu Hause ist. Wieder andere kommen überhaupt nur noch mit wenigen Individuen an einem einzigen Wuchsort vor, wie die Hohenesters Mehlbeere, die als seltenste Baumart Frankens gilt. Viele dieser endemischen Arten stehen auf der Roten Liste, manche sind akut vom Aussterben bedroht. Die Landkreise und die Regierung von Oberfranken versuchen diese Mehlbeeren durch die Förderung der Niederwaldnutzung oder durch Freistellen der letzten Bäume zu erhalten. Bei Muggendorf gibt es einen so genannten Mehlbeersteig, entlang dessen man die seltene Fränkische Mehlbeere erspähen kann.

Historisch und kulturräumlich angelegte Charakteristika

Naturräumlich begünstigte kulturlandschaftliche Prägungen

Die heutige, als sehr attraktiv eingeschätzte Kulturlandschaft der Fränkischen Schweiz ist nicht nur das Ergebnis historisch gewachsener Strukturen bei der Schaffung der Siedlungen, landwirtschaftlichen Nutzflächen und Verkehrswege. Sie ist zu einem erheblichen Anteil mitbedingt durch naturräumliche Bedingungen, mit denen sich die Menschen bei ihrem politischen und wirtschaftlichen Tun auseinandersetzen mussten. Dass naturräumliche Faktoren prägend wirkten, darf nicht so missverstanden werden, dass die Menschen ausweglos und quasi automatisch zu Entwicklungen gezwungen wurden, die von der Natur vorgegebenen waren, das die natürliche Umwelt also ihr Handeln determiniert habe. Vielmehr soll betont werden, dass gewisse naturräumliche Bedingungen so prägend sind, dass die Menschen bei ihren Entscheidungen in der Vergangenheit mit der Gunst bestimmter natürlicher Eigenschaften rechnen konnten bzw. mit den natürlichen Beschränkungen, die ihnen andere Bedingungen bereiteten, leben mussten.

An einigen wichtigen landschaftlichen Bestandteilen, die die Fränkische Schweiz heute prägen, seien diese Behauptungen veranschaulicht: Mühlen und Flüsse, Burgen und Felsen, Hülen und Wasserversorgung, Felder und Wiesen.

Die Fränkische Schweiz ist in der Vergangenheit in starkem Maße geprägt worden durch die große Zahl der Mühlen in ihren Tälern. Während auf der Hochfläche kein oberflächliches Wasser zur Verfügung stand, konzentrierten sich in den Tälern unterhalb der Austritte der vielfach reich schüttenden Karstquellen bei merklichem Gefälle stattliche Flüsse. ▶ A 17 Dank der potentiellen Energie des Wassers konnte mit Sägemühlen Holz, mit Mahlmühlen Getreide verarbeitet werden. Zudem gab es die weniger bekannten und nicht mehr betriebenen Hammermühlen zur Metallverarbeitung, Pulvermühlen zum Zermahlen von Schießpulver und Papiermühlen zur Herstellung von Papier (HAVERSATH 1987, S. 74–89). Es war gesichert, dass die Wasserführung ganzjährig so hoch war, dass die Bäche und Flüsse nicht versiegten und die Mühlen somit permanent einsetzbar waren. Die Wassermengen waren sogar in den meisten Fällen so hoch, dass eher zu viel Wasser zur Verfügung stand. Dies führte dazu, dass die Täler häufig überschwemmt wurden und Vernässungszonen bildeten. Dementsprechend eigneten sich die Täler nicht für Getreideanbau, sondern sie waren als Wiesen (oft auch mit zusätzlicher Bewässerung über ein System von offenen Kanälen und Schleusen zur Wiesenbewässerung) sehr viel sachgerechter nutzbar. Die heute als landschaftstypisch empfunden breiten Wiesen in den Tälern von Flüssen wie z. B. Wiesent, Truppach, Leinleiter oder Trubach, sind somit auch das Ergebnis der hohen Wasserführung der Flüsse.

Wenn heute immer wieder festgestellt wird, dass die Fränkische Schweiz das Land der Burgen sei, dass sie somit über eine ungewöhnlich hohe Zahl von Burgen verfüge, dann trifft dies zu. Aber wozu brauchte man überhaupt so viele Burgen? Die auf engstem Raum zwischen den Territorien unterschiedlicher und rivalisierender kleinerer Herrschaften ausgetragenen Konflikte legten es nahe, zur militärischen Sicherung des eigenen Gebietes an den Grenzen zum rivalisierenden Nachbarn Burgen anzulegen. Es wäre deshalb völlig verfehlt, die hohe Burgendichte kausal mit der großen Konzentration an schroff aufragenden Dolomitfelsen an den Rändern der Täler, auf denen diese Burgen meistens emporragen, zu erklären. Hinsichtlich ihrer Eignung zur Verteidigung gegen mögliche Angreifer waren diese Felsen in der Tat ideale Standorte (vielleicht mit Ausnahme ihrer Probleme zur Wasserversorgung). Aber erst nachdem ein Territorialherr entschieden hatte, eine Burg zur Verteidigung zu errichten, war es sinnvoll, als Mikrostandort für eine derartige Festungsanlage auf einen schroff in alle Richtungen abbrechenden Dolomitfelsen bevorzugt zurückzugreifen.

In einer späteren Phase, nämlich im 18./19. Jh., als die Burgen gar keine Verteidigungsfunktion mehr für ihre Territorien hatten, spielte ihre Lage auf majestätisch aufragenden Dolomitfelsen wieder eine große Rolle, nun allerdings in ganz anderer Perspektive. Für die Romantiker war es nicht zuletzt diese Adlerhorstlage, die sie besonders beeindruckte, und das wird auch aus den Kupferstichen der Künstler recht deutlich. Die ohnehin bereits erhöhte Lage der Burgen und Burgruinen wurde durch die Künstler zusätzlich „versteilt". ▶ Abb. 26 Der Burgenmythos wäre vermutlich auf der Basis weniger spektakulär gelegener Befestigungen auch weniger begeisternd ausgefallen. Und die Dolomitfelsen gelten bis heute, unabhängig davon, ob sie von einer Burg überragt werden, als ein landschaftlich prägendes Element der Fränkischen Schweiz. Man denke nur an Tüchersfeld, das von zwei Dolomitfelsen überragt wird, an die sich eine Siedlung anschmiegt und in dieser Kombination den Inbegriff einer romantischen Landschaft spiegelt. Gerade durch den Kontrast von Dolomitfelsen am Talrand und die davor sich erstreckenden breiten Sohlentäler wird ein Landschaftsbild vermittelt, das geradezu zum Markenzeichen der Fränkischen Schweiz geworden ist.

Für eine ganz junge Aktivität in der Gegenwart, für das Klettern, sind ein weiteres Mal die Dolomitfelsen eine notwendige Voraussetzung. Die Kletterfelsen der Fränkischen Schweiz gelten aufgrund ihres harten, aber sehr unregelmäßigen Gesteins als alpinistisch sehr schwierige Objekte. Gleichzeitig haben sie den Vorteil, dass nie eine Kletterpartie über eine Höhendistanz von mehr als 100 m geht und damit die Touren recht kurz sind. Die Klettersteige sind zwar vielfach schwierig, aber sie machen keine langwierigen Bergtouren erforderlich.

Durch die Brille der Touristen, die sich ganz überwiegend in den Tälern konzentrieren, weniger wahrgenommen, für den Lebensalltag der Menschen indes von entscheidender Wichtigkeit, sind die zahlreichen Weiher in den Dörfern auf der Albhochfläche. Fast jedes Dorf besitzt (bzw. besaß) mindestens einen dieser Weiher, die als Hülen bezeichnet werden. ▶ Abb. 27 Sie gehören immer noch zum Ortsbild vieler Dörfer auf der Hochfläche, obwohl ihre Zahl in den letzten Jahrzehnten deutlich zurückgegangen ist. ▶ B 15 Zuvor waren sie ganz einfach notwendige Elemente, um den Wasserbedarf der Menschen mit zu decken. In dem Karstgestein auf der Hochfläche bildeten sich in der jüngeren Erdgeschichte keine Flüsse aus; Quellen waren die absolute Ausnahme; das Wasser versickerte unmittelbar nach den Niederschlägen in dem (häufig sehr mächtigen) Karstwasserkörper. Um nicht ausschließlich Wasser über oft stundenlange Transportwege auf dem Rücken von Frauen heranschaffen zu müssen, erfolgte eine Strategie des Wassersammelns. Regenwasser wurde in kleinen, lehmausgekleideten Dorfweihern, den Hülen, akkumuliert; vielfach wurde es auch über Dachrinnen in ausgemauerte Zisternen geleitet. Natürlich war die Qualität dieses Wassers ganz unterschiedlich. Sie reichte auf jeden

Abb. 26 Burg Egloffstein wurde auf einem markant aufragenden Dolomitfelsen errichtet.

Fall für das Tränken der Tiere und für das Löschen im Falle von Feuer – aber nicht als Trinkwasser für Menschen. Im Falle besonders hoher (technischer) Investitionen der Dorfgemeinschaft wurden zur Verbesserung der quantitativen und qualitativen Wasserversorgung Brunnen gegraben, mechanische Stoßheber (Hydraulische Widder) oder Saug-Druck-Pumpen installiert. ▶ B 32 Der früher ärmliche, karge Charakter der Dörfer auf der Hochfläche und der Bestand ihrer Hülen basieren zuallererst auf dem eklatanten Wassermangel infolge der natürlichen Restriktionen im Karst. Die heute überall vorhandenen Anschlüsse an zentrale Wasserversorgungssysteme haben in Vergessenheit geraten lassen, wie sehr die Dörfer der Hochflächen von den natürlichen Beschränkungen abhängig und geprägt waren.

Abb. 27 Hülweiher von Kleinhül (Landkreis Kulmbach)

Auf den Feldern der Albhochfläche findet man mehrfach eine Bodenkrume, aus der eine hohe Anreicherung von Kalkscherben herausragt. Es handelt sich um flachgründige, karbonatreiche Rendzinen. Die Kalkscherben können sogar an der Oberfläche einen Flächenanteil bis zu 80 % am Boden ausmachen. In Bereichen, wo dieses Phänomen zu beobachten ist, begegnet man an den Felsrändern oft Lesesteinhaufen, die der Beleg dafür sind, dass die Kalkscherben mühsam aus den Feldern gelesen werden. Man weiß heute, dass dieses Entfernen der Kalkscherben ohne Erfolg bleibt, weil beim nächsten Pflügvorgang erneut kalkhaltige Bereiche des Bodens im C-Horizont angeritzt werden und „für Nachschub" sorgen; mit den heutigen Maschinen wird das Pflügen von scherbenhaltigen Äckern auch nicht mehr stark beeinträchtigt. Die gesteinsreichen Felder sind somit eine nicht zu beseitigende, natürlich bedingte Eigenschaft, die sich nicht (oder nur mit unangemessen hohem Aufwand) reduzieren lässt. Die gängige Vorstellung, dass es sich hier um besonders ärmliche und ertragsschwache Felder handele, ist unzutreffend. Sicherlich haben die kalkscherbenhaltigen Böden keine sehr hohe Ertragsleistung; die Bodenzahlen liegen nur bei 30 Punkten (von 100 möglichen) – doch gilt dies ebenso für alle anderen landwirtschaftlichen Flächen auf der Hochfläche. Ein positiver Aspekt ist sogar, dass die Böden kalk- und nährstoffreich sind, eine günstige Krümelstruktur haben und gut bearbeitet werden können; doch trocknen sie leicht aus.

Territoriale und konfessionelle Zersplitterung bis zum Ende des Alten Reiches

Bis Ende des 18. Jh. hatte der seit dem 17. Jh. aufkommende Absolutismus zu einer Zentralisierung und Intensivierung der sehr vielgestaltigen und durch zahlreiche unterschiedliche Territorien geprägte Landesherrschaft im Bereich der heutigen Fränkischen Schweiz geführt. Allerdings ist die Frage nicht einfach zu beantworten, welche Rechte damals die Landesherrschaft konstituierten, da sich besonders in den kleineren Territorien vielfach die Rechte unterschiedlicher Territorialherren in Form von Kondominatsherrschaften überlagerten und in Konkurrenz zueinander standen. Wich-

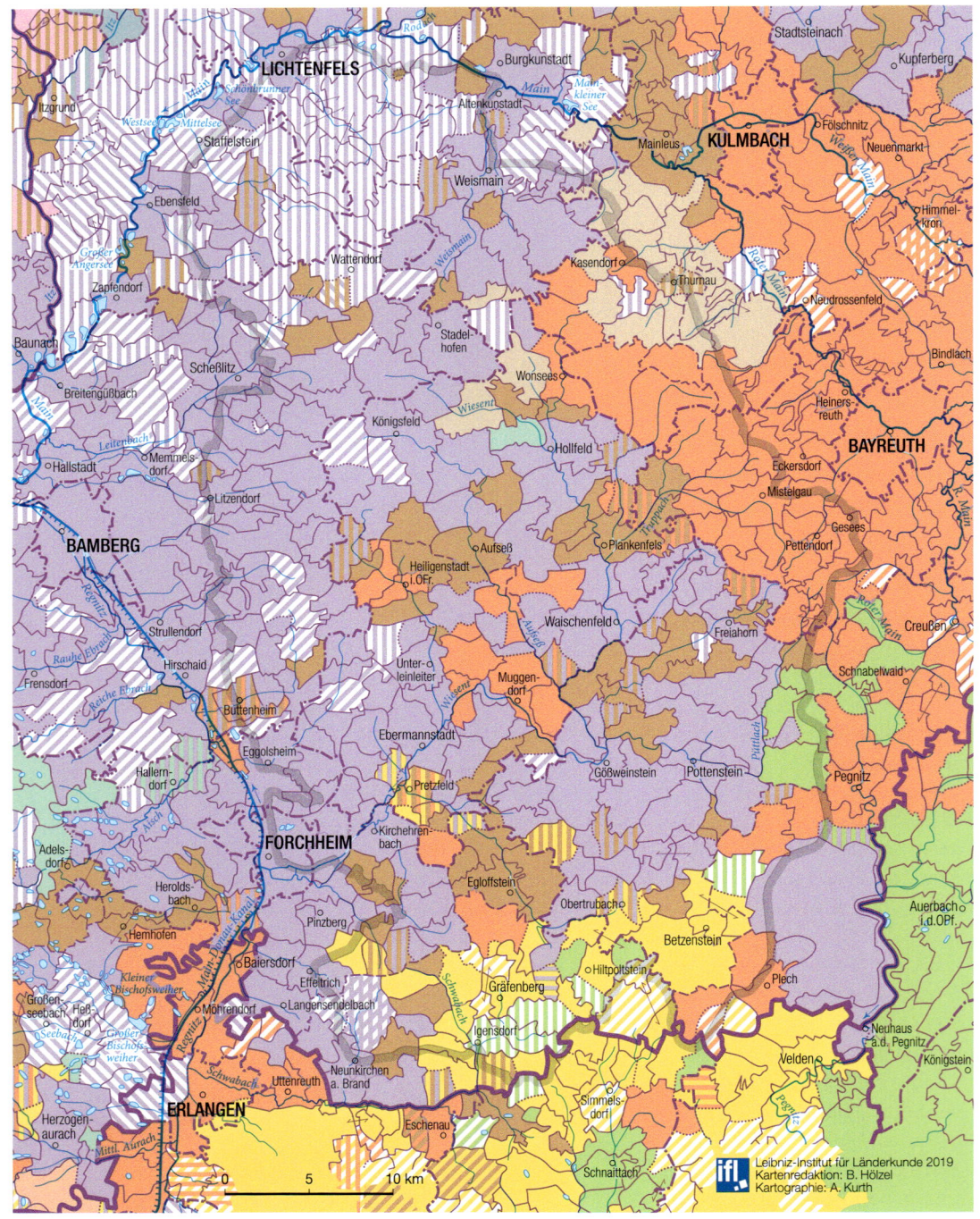

Abb. 28　Die territoriale Differenzierung der Fränkischen Schweiz am Ende des Alten Reiches (1792)

Grenzen 1954

- ——— Regierungsbezirk
- —·—·— Landkreis
- - - - - Amtsgerichtsbezirk
- ——— Gemeinde
- ·········· Gemarkung (Auswahl)

Fränkischer Kreis

- Hochstift Bamberg
  - Dompropst
  - Domkapitel
  - Klöster, Stifter und Stiftungen
- Hochstift Würzburg
  - Klöster, Stifter und Stiftungen
- Markgraftum Brandenburg-Ansbach
- Markgraftum Brandenburg-Bayreuth
  - Voigtländische Ritterschaft
- Graf von Schönborn
- Reichsstadt Nürnberg
  - Nürnberger Eigenherren

Bayerischer Kreis

- Kurfürstentum Pfalzbayern
  - Klöster

Obersächsischer Kreis

- Herzogtum Sachsen-Coburg-Saalfeld

Reichsfrei unmittelbare Ritterschaft

- Land zu Franken (Fränkischer Ritterkreis)
  - Besitz der Grafen von Giech

- Kondominat
- strittiges Gebiet
- Besitzungen anderer Stände im Territorium

- Grenze des Bearbeitungsgebiets

tige Merkmale der Landesherrschaft sind die Ausübung der Hochgerichtsbarkeit sowie der Besitz bestimmter Regalien, also der Rechte, die ausschließlich dem Landesherren zustanden. Hierzu gehörten z. B. das Münz-, das Forst-, das wirtschaftlich wichtige Berg- und nicht zuletzt das Judenschutzregal.

Bis zur Säkularisation der geistlichen Herrschaften und der Mediatisierung der Reichsstädte und Reichsritter 1803 prägten die größeren Territorialkomplexe des Fürstbistums Bamberg im W, dem Markgraftum Brandenburg-Bayreuth im O und der Reichsstadt Nürnberg im S das Bearbeitungsgebiet. Hinzu traten die räumlich weit verstreuten Besitzungen der Reichsritterschaft.

Das Fürstbistum Bamberg war eines der für das Alte Reich typischen geistlichen Territorien. Neben seinen geistlichen Funktionen übte hier der Bischof parallel die weltliche Macht aus. Entscheidend in der Landesherrschaft eingeschränkt war er durch die Besitzungen des Bamberger Domkapitels, des Dompropstes und der Klöster Michelsberg, Banz und Langheim. Mit ihnen lag der Erzbischof oft im Konflikt. So strebten die Klöster zeitweilig die Reichsunmittelbarkeit an, konnten diese aber nicht erlangen. ▶ A 6 Man kann also für große Gebietskomplexe des Bistums nur von einer mittelbaren, einer Mediatherrschaft des Bamberger Bischofs sprechen. Weiterhin handelte es sich um ein so genanntes Territorium *non clausum,* also ein Territorium, das nie einen kompakten und zusammenhängenden Landkomplex bildete, von Enklaven anderer Territorialherren durchsetzt war und außerdem Exklaven umfasste (wie die Besitzungen in Kärnten, die 1759 an die Habsburger verkauft wurden). Die Reformation stieß ab 1517 einen Konfessionalisierungsprozess an, in dessen Verlauf sich eine Verteilung der Konfessionen herausbildete, die schließlich mit dem Westfälischen Frieden im Wesentlichen festgeschrieben wurde. Im Verlauf des 16. Jh. erfasste die Reformation zunächst auch weite Teile des Erzbistums, die dann aber Ende des 16. und zu Beginn des 17. Jh. wieder rückgängig gemacht wurde. Der protestantisch gewordene niedere Adel schied spätestens mit dem Augsburger Religionsfrieden 1555 aus dem fürstbischöflichen Territorium aus und entwickelte sich zur Reichsritterschaft, also zu reichsunmittelbaren Territorien.

Den zweiten wichtigen Territorialkomplex bildete das Markgraftum Brandenburg-Bayreuth, dessen Gebiet ebenfalls ein Territorium *non clausum* darstellte. Es teilte sich in zwei getrennte Gebiete auf, in das Land oberhalb des Gebirgs oder Oberland östlich der Fränkischen Alb und das Land unterhalb des Gebirgs oder Unterland mit Schwerpunkt im heutigen Mittelfranken. Dazwischen lag ein ca. 40 km breiter Korridor, der im Wesentlichen aus bambergischen und reichsritterschaftlichen Territorien bestand. Hier existierten einzelne Ämter des Markgraftums nur als Exklaven. Als Residenzstadt der Markgrafen wurde Bayreuth 1603 bestimmt. Im Gegensatz zu Bamberg setzte sich die Reformation in diesem weltlichen Territorium durch. Ein landesherrliches Kirchenregiment mit einer eigenen Kirchenverwaltung wurde ab 1528 eingeführt.

Im S schloss sich das Landgebiet der protestantisch gewordenen Reichsstadt Nürnberg an. Mit rund 1.200 km^2 war dies das größte Landterritorium einer Reichsstadt überhaupt. Die Orte Betzenstein, Hiltpoltstein und Gräfenberg waren Sitze von nürnbergischen Pflegämtern.

Die Reichsritterschaften umfassten zumeist nur ein sehr kleines und wenige Ortschaften umfassendes Territorium. Gleichwohl versuchten die Adelsherrschaften nach dem Dreißigjährigen Krieg wirtschaftlich und politisch mit den größeren Territorien mitzuhalten, indem sie aufwändige Residenzschlösser bauten (von denen die meisten bis heute baulich erhalten sind) und Bevölkerung im Zuge von so genannten Peuplierungen („planmäßige Bevölkerungsansiedlung') anwarben, um im merkantilistischen Sinne die Wirtschaft zu fördern. Auf diese Weise wurden in größerem Stil Juden in vielen reichsritterschaftlichen Dörfern angesiedelt. Die Reichsritter im Bearbeitungsgebiet waren wie die anderen Reichsritter im Reich in Ritterkantonen organisiert; sie bildeten zusammen einen eigenen Kreis, hier den fränkischen Ritterkreis. Sie gehörten alle dem Kanton Gebürg an, dem ein Ritterhauptmann mit einer eigenen Kanzlei in Bamberg vorstand.

Trotz dieser Vielfalt an Landesherrschaften und der konfessionellen Diversität, gab es mit dem auf dem Augsburger Reichstag 1500 eingerichteten fränkischen Reichskreis einen administrativen Verbund, in dem alle Territorien (außer den Reichsrittern) vertreten waren und bestimmte Angelegenheiten zusammen regelten. Hierzu gehörte die Organisation von Kreistruppen für das Reich, die Ordnung des Münzwesens oder die Organisation der Getreideversorgung bei Hungersnöten. Die Verwaltung der Kreiskanzlei oblag dem Bistum Bamberg, der Kreistag als Versammlung der Kreisstände tagte regelmäßig im Rathaus der Reichsstadt Nürnberg.

Die territoriale Vielfalt in der Fränkischen Schweiz wird auf der Karte für das Jahr 1792, also am Ende des Alten Reiches, sehr deutlich. ▶ Abb. 28 Parallel zu der territorialen Zersplitterung ist auch eine kleinräumliche konfessionelle Zersplitterung (nach dem Prinzip *cuius regio eius religio* – das Volk hat dieselbe Religion wie der Landesherr) zu konstatieren.

Ein auch heute noch sichtbares Relikt der zahlreichen konkurrierenden Kleinterritorien sind ihre Verteidigungsstandorte, die Burgen, und seit der Frühneuzeit an ihrer Stelle – nun weniger militärisch als herrschaftlich-repräsentativ motiviert – die Schlösser. Deren große Zahl auf einer sehr begrenzten Fläche (seien sie noch erhalten, seien sie nur noch Ruinen und Burgställe) ist ein Spezifikum der Fränkischen Schweiz, das bis in die Gegenwart landschaftsprägend ist ▶ B 35, C 4

Mit der Eingliederung Frankens (und damit auch der Fränkischen Schweiz) in das Königreich Bayern erfolgte auch eine neue Ämter- und Bezirksgliederung, die die kleinparzellierte Territorialstruktur radikal verschwinden ließ. Mit der neuen Verwaltungsgebietsgliederung fielen auch zahlreiche ehemalige Amtssitze aus. Was mit dieser Neuorganisation des Gebietes nicht verschwand, sondern persistent bis in die Gegenwart erhalten blieb, ist – auch und besonders in der Fränkischen Schweiz – die für Franken typische konfessionelle Diversität und enge Verschränkung von Gebieten mit einer vorherrschenden katholischen oder evangelischen Tradition. So ist Bamberg Sitz eines Erzbischofs und Bayreuth Sitz eines der sechs Kirchenkreise der Evangelisch-lutherischen Kirche in Bayern. Entsprechend befinden sich auch beide Kirchen seit den verschiedenen kircheninternen Neugliederungsprozessen im 19. und 20. Jh. jeweils wechselseitig in einer Diasporasituation.

Kulturräumliche Besonderheiten

War bereits die naturräumliche Situation nicht förderlich für die Ausbildung wirtschaftlich potenter Räume, so hatte v. a. die territoriale Vielgestaltigkeit, ja Zerrissenheit des Landes auf dem Gebirg grundlegende, hemmende Auswirkungen auf die historische Entwicklung der wirtschaftlichen und kulturellen Strukturen.

Insbesondere konnte sich nie ein wirtschaftlich und politisch herausragendes Zentrum entwickeln. Die Hauptorte der drei größeren Territorien (die im Reichsvergleich ohnedies noch als klein eingestuft werden müssen), d. h. das bistümliche Bamberg, das burggräflich-markgräfliche Bayreuth und das reichsstädtische Nürnberg, lagen sowieso außerhalb der Fränkischen Schweiz. Die von ihnen in der Fränkischen Schweiz geschaffenen militärischen und wirtschaftlichen Zentren (als Siedlungen mit Stadtrechten) blieben stets nur im regionalen Kontext wichtig. Die weiteren Kleinterritorien waren so winzig und unbedeutend – und das betrifft v. a. die reichsunmittelbaren ritterschaftlichen Gebiete –, dass auch deren Residenzorte, von denen Thurnau noch der größte war ▶ C 4, nur kleinste Zentren darstellten und nicht einmal die Stadtrechte erwerben konnten.

So ist die Region durchaus städtereich, umfasst sie doch sieben Orte mit Stadtrechten: Weismain, Hollfeld, Waischenfeld, Pottenstein, Ebermannstadt, Betzenstein und Gräfenberg. Doch sind diese Städte alle-

Das bauliche Erscheinungsbild der Städte

Die Fränkische Schweiz ist zwar reich an Städten – es sind in unserem Bearbeitungsgebiet nicht weniger als sieben –, jedoch sind diese allesamt nur winzig. Man spricht von „Zwergstädten". Sie haben baulich ein Stadtbild bewahrt, das mit Stadtmauern und Stadttoren fast schon mittelalterlich erscheint. Die hohe Städtedichte hängt mit der territorialen Kleinteiligkeit in der Vergangenheit zusammen. Das bauliche Kulturerbe ist in der Gegenwart ein hohes Kapital, das auch Touristen anspricht, handelt es sich doch um „kleine Rothenburgs". Allerdings sind die Städte als zentrale Orte nur von sehr geringer Bedeutung.

■ lid-online.de/81102

Stadtbild

Abb. 29   Separiert vom Gebiet der Altstadt (rechts) liegt in Ebermannstadt aus Brandschutzgründen eines der Scheunenviertel, die Peunt (links).

samt bis heute sehr klein geblieben, und sie sind auch ausnahmslos erst sehr spät, nämlich im 14. Jh. mit Stadtrechten ausgestattet worden. Das war zu einem Zeitpunkt erfolgt, als die wirtschaftlich bedeutendsten Städte in Deutschland bereits existierten. Für diese späte Phase an Stadtgründungen (Zeit von Ludwig dem Bayern und der Luxemburger Kaiser, ca. 1315–1420), die Stoob (1956, 1959) die Phase der Kümmer- und Minderstädte nennt, gilt, dass sie v. a. durch die Landesherren von unbedeutenden Kleinterritorien erfolgten. Diese waren sehr großzügig in der Verleihung von Stadtrechten, auch wenn die Voraussetzungen für eine Stadtentwicklung nicht sehr günstig waren. Ihr Ziel war es, mit der Rechtsverleihung die Wirtschaftskraft ihrer Gebiete und damit die Staatseinnahmen zu stärken.

Unter den gegebenen wirtschaftlichen Rahmenbedingungen ist es nicht überraschend, dass die Städte im Laufe ihrer Geschichte nur sehr gering wuchsen bzw. deutlich stagnierten. Sie sind über mehrere Jahrhunderte hinweg nur in bescheidenem Maße über ihre Stadtmauern hinausgewachsen und werden auch in ihrer Selbsteinstufung häufig als Städtchen apostrophiert. Selbst unter den heutigen Großgemeinden nach der Gemeindegebietsreform der 1970er Jahre, die ja viele neue Ortsteile einbezieht und die Kernorte damit größer erscheinen lässt als sie sind, überschreiten die größten dieser Städte, Ebermannstadt, Pottenstein und Hollfeld, mit 6.913 bzw. 5.224 bzw. 5.027 Einwohnern (Ende 2017) nur unmerklich die 5.000-Einwohnergrenze. Solche extrem kleinen Städte werden in der Literatur auch vielfach als Zwergstädte bezeichnet. Sie umfassen zwar baulich die Elemente, die man von einer spätmittelalterlichen Stadtgründung erwartet, wie z. B. Stadtmauer, Stadttore, zentralen Marktplatz, doch sie sind in ihrer wirtschaftlichen Prägung so ausgerichtet, dass Funktionselemente, die man mit einer Stadt assoziiert, fehlen oder nur rudimentär ausgeprägt sind. Über die Marktfunktion hinaus, die als Wochenmarkt meist auch heute noch erhalten ist, finden sich ein sehr limitiertes Einzelhandelsangebot und nur wenige Verwaltungsfunktionen. Die Städte sind recht unbedeutende zentrale Orte mit geringen Umlandfunktionen. Zwei der Städte der Fränkischen Schweiz, Ebermannstadt und Hollfeld, sind heute im Bayerischen Landesentwicklungsprogramm immerhin als Unterzentren mit Teilfunktionen eines Mittelzentrums eingestuft. Die übrigen sind nicht einmal Unterzentren, sondern haben nur den Status von Kleinzentren, und darin unterscheiden sie sich nicht von Orten ohne Stadttitel wie z. B. Glashütten oder Mistelgau. Etwas zugespitzt formuliert kann man behaupten, dass die Städte der Fränkischen Schweiz ein attraktives, historisch vererbtes Stadtbild aufweisen, ihnen aber in der Gegenwart fast alle Stadtfunktionen fehlen.

Die Bezeichnung Kümmer- und Minderstädte weist auch darauf hin, dass durch die Landesherren vielfach gar nicht mehr das breite Spektrum der ansonsten üblichen Stadtprivilegien verteilt wurde, sondern nur ein Teil davon. Dementsprechend ist der für Städte prägende Dienstleistungsbereich (z. B. Ämter) bei diesen Orten nicht sehr breit entwickelt. Dafür findet man sehr viel stärker, als es der Begriff Stadt erwarten lässt, landwirtschaftliche Betriebe und landwirtschaftliches Wirtschaften innerhalb der Stadtmauern. Dieser Typ von Städten, den man Ackerbürgerstädte nennt, dominiert in der Fränkischen Schweiz. Damit im Zusammenhang stehen auch zahlreiche aus Brandschutzgründen vor die Stadttore ausgelagerte Scheunenviertel, die ebenfalls die ehemalige landwirtschaftliche Funktion belegen ▸ Abb. 29

Die reichsritterschaftlichen Gebiete waren so klein und unbedeutend, dass in ihnen nicht einmal Zwergstädte entstanden. Keine einzige der Reichsritterschaften besitzt einen Ort mit Stadtrecht. Doch sind die Spuren ihrer Territorialherrschaft mit ihren Burgen und Residenzorten sehr gut nachweisbar. Befanden sich die Residenzen anfänglich noch in den Burgen (z. B. Egloffstein, Freienfels, Greifenstein), so waren seit der Frühneuzeit die Herrschaftssitze bei veränderten militärischen Bedingungen zunehmend in die Täler verlagert worden. Im Absolutismus versuchten die Landesherren trotz ihrer geringen Mittel den großen Vorbildern hinsichtlich ihres Lebensstiles nachzueifern. So entstanden vielfach recht stattliche Schlösser als Orte ihrer Herrschaft in Dörfern, für deren bauliche Dimension sie meist ein Fremdkörper waren. Es ist in heutiger Sicht überraschend, ansehnliche Schlösser in Dörfern vorzufinden – so z. B. Adlitz, Burglesau, Buttenheim, Kunreuth, Pretzfeld, Trockau, Strössendorf. Das großartigste Beispiel für einen schlossartigen Herrschaftssitz mit großen Ausmaßen inmitten einer bescheidenen Umgebung ist Thurnau. Das Schloss der Herren von Giech und Künsberg ist ein Prachtbau ritterschaftlicher Vergangenheit. Übrigens sind auch viele herrschaftliche Gärten um die Schlösser herum, selbst wenn sie heute vielfach verwildert sind, beredte Hinweise für die ehemals herrschaftliche Präsenz in den Dörfern, so z. B. in Betzenstein, Egloffstein, Greifenstein, Kühlenfels, Oberaufseß, Plankenfels, Trockau, Unterleinleiter, Weiher (KELLERMANN 2008). Diese Schlösser

Abb. 30 (a) Bildstock bei Köttel (Landkreis Lichtenfels), links, mit der Aufschrift „IOHANNES WIL IN KÖDEL HAD DIESES DENK MACHEN LASEN ZV GRÖSERE EHR GODDES" (1761) und (b) Kruzifix auf der Burg Niesten (Landkreis Lichtenfels), rechts

und Parks treten ganz unvermittelt ohne eine städtische Umgebung auf.

Die starke territoriale Zersplitterung der Fränkischen Schweiz war zugleich verbunden mit einer Zugehörigkeit zu Herrschaften, die – nach dem Prinzip des *cuius regio eius religio* – konfessionell katholisch oder protestantisch waren. Waren die Gebiete des Bistums Bamberg katholisch geprägt, so waren die Herrschaftsgebiete der Markgrafen, der Freien Reichsstadt Nürnberg und der Reichsritterschaft protestantisch. Die ohnehin schon wie ein Patchwork angeordneten unterschiedlichen Territorien führten so zu einem ganz engen Nebeneinander von katholischen und protestantischen Orten. Auf der kurzen Stecke von Steinfeld bis Behringersmühle entlang der Wiesent z. B. durchquert die Straße auf 27 km mehrfach konfessionell unterschiedlich geprägte Orte: Steinfeld (kath.) – Wiesentfels (evang.) – Freienfels, Hollfeld, Treppendorf und Stechendorf (kath.) – Plankenfels (evang.) – Nankendorf und Waischenfeld (kath.) – Rabeneck und Doos (evang.) – Behringsmühle (kath.).

Über die bloße Religionsausrichtung hinaus sind es auch landschaftsprägende Elemente, die bis heute in unterschiedlicher Weise fassbar sind. So lässt sich im Baustil der Dorfkirchen die unterschiedliche Konfession auch in kunsthistorischen Bauelementen erkennen. Dies gilt v. a. für das Kircheninnere. Der Stil der katholischen Kirchen ist verschnörkelter, barocker, verspielter. Und auch ansonsten findet man im öffentlichen Raum Figuren, die eindeutig die katholische Zugehörigkeit aufzeigen, während entsprechende Elemente auf protestantischem Gebiet fehlen: Heiligenfiguren an Brücken, Mariennischen an Häusern, Kalvarienstationen, religiöse Bildstöcke, Feldkapellen. ▶ Abb. 30 In jüngerer Vergangenheit wird an protestantischem Kulturerbe v. a. der sehr spezifische Baustil der so genannten Markgrafenkirchen – Kirchen im Rokokostil bei einem zugleich spartanischen Verständnis der protestantischen Religion – als besonders gelungener Bautyp herausgestellt mit ihren Kanzelaltären und umlaufenden Doppelemporen. ▶ C 10

Insbesondere die Territorialherren in den Reichsritterschaften waren permanent kapitalklamm, sodass sie in starkem Maß nach geeigneten Einnahmequellen für ihr bescheidenes Staatsbudget suchten. Eine besonders häufig praktizierte Strategie war die Anwerbung von externer Bevölkerung, der man Rechte einräumte, die sie anderswo nicht hatte, die dafür aber eine zusätzliche Einnahmequelle für den Staatsetat darstellte (eine bevölkerungspolitische Maßnahme, die unter dem Begriff der Peuplierung bekannt ist). Dies betrifft in der Fränkischen Schweiz nicht zuletzt die Anwerbung von Juden, die anderswo um Leib und Leben bangen mussten. Gegen die Zahlung von Schutzgeldern durften Juden ohne Verfolgung ihren Glauben praktizieren. Da sie über keinen landwirtschaftlichen Grundbesitz verfügten, waren sie beruflich insbesondere Tagelöhner, Handwerker und v. a. Händler (meist von Vieh) und Hausierer. Sie konzentrierten sich in den Dörfern zumeist in eigenen Vierteln mit bescheidenen Häuschen, den so genannten Trüpfhäusern, die ihren Namen daher tragen, dass das Grundstück nur bis zu den vom Dach herabfal-

Abb. 31   Judenfriedhof in Zeckendorf, der größte israelitische Friedhof in der Fränkischen Schweiz

lenden Wassertropfen reicht. Solche Trüpfhäuser waren die Behausungen der armen Leute und natürlich nicht nur auf Juden beschränkt. Weil die Juden in der Fränkischen Schweiz nicht in Städten, sondern kleinen Dörfern lebten, werden sie auch als Landjuden bezeichnet. Die Zahl der Juden in den Dörfern der Fränkischen Schweiz hat seit dem 16. Jh. zugenommen, um dann ab der zweiten Hälfte des 19. Jh. dramatisch zurückzugehen. Damals gab es für Juden durch das Juden-Edikt von 1813 endlich auch das Recht, sich in Städten anzusiedeln. Aber auch die Emigration in die Vereinigten Staaten von Amerika war eine attraktive Abwanderungsperspektive für sie. Bereits um 1900 lebten nur noch sehr wenige Juden in der Fränkischen Schweiz. Dementsprechend spielte die Verfolgung von Juden in der Zeit des Nationalsozialismus kaum mehr eine Rolle, waren doch nur noch sehr wenige, meist alte Juden zurückgeblieben.

Zuvor dagegen war ihre Zahl durchaus beträchtlich, zumindest in einigen reichsritterschaftlichen Dörfern. Die größten jüdischen Gemeinden gab es in Zeckendorf, Demmelsdorf, Buttenheim, Heiligenstadt, Aufseß, Mittelweilersbach, Pretzfeld, Hagenbach, Ermreuth und Tüchersfeld. Die Juden waren keineswegs nur immer eine Minderheit; in einigen Orten waren sie in bestimmten Phasen sogar majoritär, so z. B. 1837 in Zeckendorf (166 von 285 Bewohnern (= 58 %) sind Juden) oder 1811 in Hagenbach (205 von 373 Bewohnern (= 55 %) sind Juden).

Heute gibt es keine Juden und keine jüdischen Gemeinden mehr in der Fränkischen Schweiz. Zwar sind die materiellen Spuren jüdischer Präsenz noch vorhanden, aber meist nur recht versteckt aufzufinden. Das betrifft in allererster Linie außerhalb der Dörfer, meist im Wald gelegene, umzäunt und abgeschlossen anzutreffende ansehnliche Judenfriedhöfe. ▶ Abb. 31 In manchen Fällen kann man noch Trüpfhäuser erkennen, die von Juden bewohnt waren (z. B. Mittelweilersbach). In Tüchersfeld und in Ermreuth findet man gut restaurierte Synagogen.

Egertenwirtschaft und Beweidung

Bis auf den heutigen Tag assoziiert man mit der Fränkischen Schweiz eine landwirtschaftliche Prägung, bei der die Schafweiden unter Wacholderheiden eine wichtige Rolle spielen. Ein solches Image hinkt zeitlich den realen Gegebenheiten hinterher. Denn gegenwärtig spielen die Schaf- und Ziegenherden nur noch eine unbedeutende, randliche Rolle. Doch war dies in früheren Jahrhunderten ganz anders.

Wegen der ungünstigen Bedingungen für den Ackerbau – kalkige, karge Böden auf der Hochfläche mit geringer Ertragsfähigkeit – war es unter den früheren Bedingungen, bei denen es noch keinen Kunstdünger zur Ertragssteigerung gab, nur mühsam möglich, im Rahmen der Anbaurotation der klassischen Drei-Felder-Wirtschaft (Wintergetreide – Sommergetreide – Brache) oder gar der verbesserten Drei-Felder-Wirtschaft (Wintergetreide – Sommergetreide – Futterbrachfrucht) einen ergiebigen Ackerbau auf fest fixierten Dauerflächen zu praktizieren. Nach der Montgelas-Statistik im frühen 19. Jh. erzielten die Landwirte dieser Region beim Anbau von Hafer und Gerste lediglich das Dreifache, bei Roggen das Zweieinhalbfache und bei Weizen das Zweifache der Aussaatmenge (WEISEL 1971, S. 41f.), was klägliche Resultate waren. Auf Dauerackerland erschöpfte sich in der Regel schon nach kurzer Zeit (d. h. nach wenigen Jahren) die natürliche Ertragsfähigkeit. Um die Erträge wenigstens etwas zu erhöhen, wurde zur Ausdehnung der landwirtschaftlichen Nutzfläche in Grenzertragsflächen der Anbau auf Bifängen forciert. Es handelt sich hier um Hochbeete, ähnlich den beim

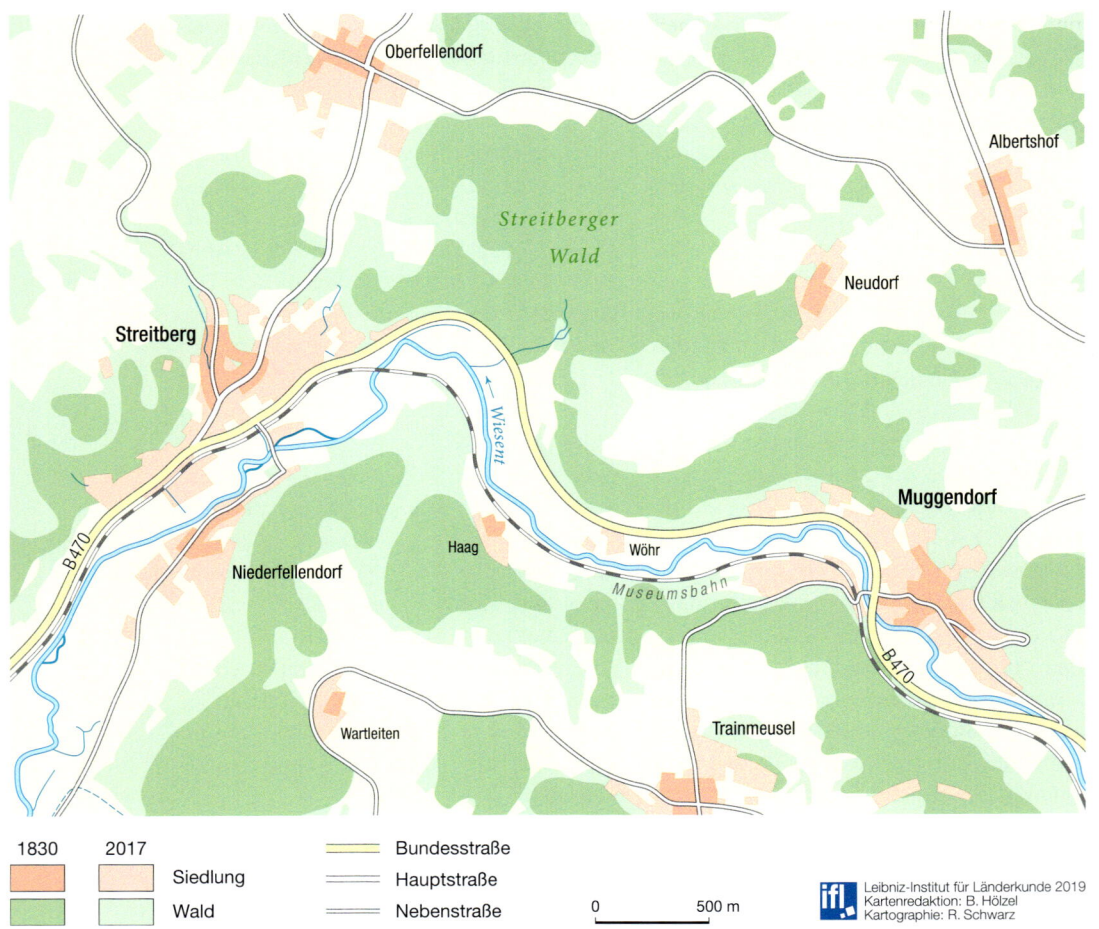

Abb. 32 Gebietsausschnitt entlang des Wiesenttales zwischen Muggendorf und Streitberg mit der jeweiligen Waldbedeckung im Vergleich ca. 1830 (Positionsblätter 1:25.000) mit 2017 (Topographische Karte 1:25.000)

Spargelanbau verwendeten, die dazu führten, dass durch Anpflügen die Bodendecke etwas erhöht wurde. Derart gelang es, auch Flurteile in extremen Lagen zu beackern. Doch unter dem Zwang, einesteils den Körnerbau für die Ernährung der bäuerlichen Haushalte zu benötigen, andererseits die Ertragsfähigkeit der Flächen auch langfristig zu erhalten, entstand v. a. eine sehr extensive Form der Ackernutzung in Form einer Feld-Weide-Wechselwirtschaft. Ihr Prinzip ist der Flächenwechsel zwischen Ackerland und Weideland, das auch mit der Bezeichnung Egertenwirtschaft belegt wird. Man versteht unter einer „Egerte ein in Einzelteilen für unbestimmte, meist kurze Dauer zu Acker umgebrochenes Land von durchweg schlechter Bodenqualität, das nach Verlassen der Feldbauerträge für einen unbestimmten, meist sehr langen Zeitraum liegen gelassen und als Weide genutzt wird" (Weisel 1971, S. 43).

Neben diesen natürlichen Beschränkungen waren weitere, in den Besitzverhältnissen und der Politik der Territorialherren liegende Faktoren dafür ausschlaggebend, dass der Anteil des Ackerlandes gering blieb. Die Landesherren vergaben Weidegerechtigkeiten bzw. verkauften sie an Bauern. Diese wiederum hatten das Recht, auf Hutungen an Talflanken und Berghängen, also Gebieten, die ohnehin für Ackerbau aus orographischen Gründen kaum in Frage kamen, ihr Kleinvieh zu weiden. Waren es zunächst noch Großschäfereien, die von den Gemeinden als herrschaftliche Herden geduldet werden mussten, so wurden die Schafweiden zunehmend zu Gemeindehutungen. Die Weidewirtschaft war im Konflikt mit dem Dauerfeldbau im Vorteil, weil die Landesherren eine Ausweitung des Ackerbaus ungern sahen und entsprechend Rügen an die Gemeinden bei Behinderungen der Herden erteilten, so z. B. seitens des Hochstifts Bamberg (WEISEL 1971, S. 41).

In der „Blütezeit der großen Schäfereien" (GEISSNER 2003, S. 12), in der Mitte des 19. Jh., wurden 15–20 % des Landes von Schafen beweidet. Die Schäferei war ein florierender Wirtschaftszweig. Entsprechend war die Waldbedeckung sehr gering. Die Fränkische Schweiz zählte damals zu den waldärmsten Regionen Bayerns mit einem Waldbeckungsgrad von nur etwa einem Fünftel der Fläche. Die in der zweiten Hälfte des 19. Jh. aufkommenden Molkekuren für Touristen in Streitberg, Muggendorf und Gößweinstein waren eine zusätzliche Einnahmequelle für die Ziegenhaltung. Doch seit etwa 1870 änderten sich die wirtschaftlichen und produktionstechnischen Rahmenbedingungen grundlegend. Die Weidehaltung geriet in Konkurrenz zur weltmarktorientierten Schafzucht in den Graslandschaften der Südhalbkugel, verbunden mit einem Preisverfall für die Produkte der Schäfereien. Die Importbaumwolle verdrängte die Schafwolle; eine Importsperre ab 1885 in Frankreich und Großbritannien für Mastschafe behinderte den Export aus der Fränkischen Schweiz in diese Länder. Die Fränkische Schweiz war bis dorthin nämlich ein wichtiges Produktionsgebiet an Schaffleisch für den Pariser Markt (WEISEL 1971, S. 55/56).

Mit dem zunehmenden Vordringen des Waldlandes auf bisherigem Weideland und auf wenig ergiebigen Ackerflächen, die keine Intensivierung möglich machten, ging die Schäferei, insbesondere die Fremdschäferei, drastisch zurück. Zudem wurden Aufforstungen v. a. in den 1920er und 1930er Jahren staatlich gefördert. Bei einer seit Ende des 19. Jh. stagnierenden bzw. sogar rückläufigen Bevölkerungszahl in der Fränkischen Schweiz ist das sukzessive Verdrängen von Ackerland durch das extensiver genutzte Waldland durchaus folgerichtig. Die frühere Aufgabe ertragsschwacher Felder in der Landschaft kann man noch heute anhand von Wölbäckern unter Wald erkennen. Der Vergleich des Waldbedeckungsgrades auf den zwischen 1817 und 1841 entstandenen Positionsblättern mit dem Zustand 2017 verdeutlicht, dass in den zurückliegenden zwei Jahrhunderten in diesem Abschnitt des Wiesenttales die Waldfläche um etwa 70 %, die Siedlungsfläche sogar um mehr als 300 % zugenommen hat. ▶ Abb. 32

Die historisch ehemals vorhandene Kulturlandschaft mit einer Dominanz der Beweidung (wie sie auch die Romantiker in ihren Berichten und Stichen vermittelt haben) ist somit verschwunden: „Wacholderheiden wurden zu Wald, Kalkmagerrasen samt ihrer Flora und Fauna verdrängt, die Felsen verschwanden unter dem Blätterdach der Bäume." (GEISSNER 2003, S. 12). Schafweiden spielen heute wirtschaftlich überhaupt keine große Rolle mehr. Aber sie beginnen in der Gegenwart ökologisch wieder interessant zu werden; die Artenvielfalt auf den Hutungen wird seitens der Naturschützer immer stärker betont. Die auch ästhetisch reizvollen Wacholderheiden werden als für die Fränkische Schweiz landschaftstypische Elemente und als Lebensräume seltener Pflanze und Tiere erkannt und unter Schutz gestellt. Basierend auf diesen Einsichten und der Bereitschaft, seitens der öffentlichen Hand eine Offenhaltung weiter Flächen der Kulturlandschaft zu betreiben – was am effizientesten durch Beweidung erfolgen kann –, entsteht in der Gegenwart wieder eine neue Beweidungstendenz, die mit den historischen Wurzeln der Ziegen- und Schafweidewirtschaft aber

Die Auswirkung der Egertenwirtschaft auf das Landschaftsbild

Als die Romantiker in der ersten Hälfte des 19. Jh. die Fränkische Schweiz besuchten, waren sie beindruckt vom landschaftlichen Erscheinungsbild der Region, insbesondere von der Kombination aus breiten Wiesen in den Tälern, nackten Dolomitfelsen am Talrand und unbewaldeten Höhenrücken. Heute ist es eine ganz andere Landschaft, und zwar mit einer recht ausgedehnten Waldbedeckung – sowohl an den Talhängen (was die Dolomitfelsen häufig so versteckt, dass man sie gar nicht sieht) als auch auf der Albhochfläche.

Der Grund hierfür ist der, dass die Romantiker keineswegs eine nahezu unberührte Naturlandschaft angetroffen haben, sondern eine durch eine ganz konkrete landwirtschaftliche Bewirtschaftungsweise, nämlich die durch Egertenwirtschaft geprägte Kulturlandschaft, vorfanden. Die Landwirtschaft war stets sehr kärglich mit nur geringer Bodenfruchtbarkeit. Bei den damals unterbleibenden Düngegaben angesichts des geringen Stallviehbestandes und des noch unüblichen Kunstdüngers brauchten die Felder nach einer Ernte jeweils mehrere Jahre Zeit zur Bodenregenerierung. In dieser Zeit wurde Viehwirtschaft, und zwar eine Schaf- und Ziegenhaltung betrieben als eine Feld-Weide-Wechselwirtschaft (WEISEL 1971). Durch den Weidegang kam kein natürlicher Wald auf, sondern die Bodenoberfläche blieb kahl.

Da heute Düngergaben auf den Feldern die Regel sind – Felder somit auch mehrjährig ohne zwischengeschalteter Brache genutzt werden können – und da sich die weltweiten Produktions- und Absatzbedingungen für die Schafzucht in Deutschland schon seit etwa 1900 verschlechtert haben – Schafhutungen somit nicht mehr ertragreich wirtschaften –, ergibt die Egertenwirtschaft in der Gegenwart keinen wirtschaftlichen Sinn mehr. Sie ist verschwunden, und mit ihr auch das frühere Landschaftsbild. Nackte, isoliert stehende Felsen und die baumlosen Wacholderheiden sind inzwischen von Waldflächen überwuchert und beim Durchfahren oft nur mühsam zu erkennen. Sie sind geradezu „versteckt". ▶ Abb. 33

Wenn heute wieder versucht wird, eine neue „Offenhaltung der Kulturlandschaft", v. a. durch Felsfreilegungen und Wanderschäferei, zu erreichen, ist dies zweifellos ein wichtiger Beitrag zur Erhöhung der Ästhetik der Landschaft, aber auch zu einer Wiederherstellung der Artenvielfalt an Pflanzen und Tieren (HIMMEL 2003). Allerdings resultiert dieses neue Bild nicht automatisch aus der landwirtschaftlichen Bewirtschaftung – wie einst –, sondern erfordert im Unterschied zur Phase des 19. Jh. eigene Maßnahmen und Investitionen seitens der öffentlichen Hand zur Landschaftspflege.

Abb. 33 Bilderserie der Burg Rabeneck im Wiesenttal. Die drei abgebildeten Motive sind weitgehend identisch, aber sie resultieren aus unterschiedlichen Zeitpunkten. (a) Der Stahlstich um 1840 gibt die waldarme bis waldleere Landschaft wieder, wie sie als Folge der Egertenwirtschaft bestand. (b) Im Foto unten links von 2017 sieht man den gerahmten Ausschnitt aus dem Stich auf der linken Seite. Das Foto wurde noch vom Talboden aufgenommen. Bereits dieser Ausschnitt macht deutlich, dass der gegenüberliegende Talhang der Wiesent heute viel stärker bewaldet ist. (c) Geht man im gegenüberliegenden Seitental aufwärts, um etwa bis an die Stelle zu gelangen, von der aus der Stahlstich aufgenommen wurde (Foto unten rechts), kann man das gegenüberliegende Motiv der Burg kaum mehr erkennen, weil der dichte Waldbestand die Sicht versperrt.

wenig gemein hat. So hat z. B. der Naturpark bereits 2001 einen Pflege- und Entwicklungsplan erstellt, der auch die Maßnahmen beinhaltet, die aus naturschützerischer Sicht sinnvoll erscheinen. Dazu gehört v. a. die Pflege von Magerrasen, was nur erfolgreich sein kann, wenn eine konsequente Beweidung stattfindet. Projekte mit einer Beweidung durch Zwergziegen, Heidschnucken, Skudden (eine altertümliche kleinwüchsige Schafrasse), Auerochsen, Dam- und Rotwild, Mutterkuhhaltung mit Angus, Galloways und Schottischen Hochlandrindern bestehen bereits (GEISSNER 2003, S. 13). Neben ihrer Funktion als (von der öffentlichen Hand finanzierter) „Offenhalter der Kulturlandschaft" bietet extensive Beweidung somit durchaus auch eine Nische für eine erfolgreiche Einkommensalternative mit ökologisch erzeugten und regionsspezifischen Produkten aus der Fränkischen Schweiz.

Das Aufkommen eines frühen Tourismus

Früher Wissenschafts- und Bildungstourismus

In dem Prozess, der schließlich zum Raumkonstrukt Fränkische Schweiz führt, spielt von Anfang an der Fremdenverkehr eine wichtige Rolle, die im Folgenden näher betrachtet werden soll. Die Knochenfunde in den Karsthöhlen um Muggendorf waren für jene Forscher von hohem Interesse, die sich nicht mehr mit religiösen Erklärungen der Genese der vorfindbaren Tierwelt zufrieden geben wollten, sondern Thesen diskutierten, die in Richtung der späteren Evolutionstheorie gingen. Dementsprechend wollten die an dieser Diskussion Beteiligten nach Möglichkeit die im Buch von ESPER vorgestellten Zoolithen selbst in Augenschein nehmen.

Da lag es nahe, sich solche Funde selbst zu besorgen bzw. sich liefern zu lassen. So etablierte sich bald ein „Knochenmarkt" für Nachfrager, die sich entweder als Sammler oder als Wissenschaftler Material von vor Ort gegen teilweise hohe Summen liefern ließen. ▶ D 9

Dies trug zu einer erheblichen Knochenplünderei vieler Höhlen der Fränkischen Schweiz bei. Schon 1795 berichtet MARTIUS über die zweifelhafte Funktion des Höhleninspektors Wunder (MARTIUS 1795, S. 147–148): „[…] welcher sich […] ein eigenes Geschäft daraus macht, die Höhlen Reisenden zu zeigen, und sich deshalb den Charakter eines Höleninspektors zugeeignet hat, und mit Knochen-Konkreten aus den Hölen, Pflanzen und mancherley Versteinerungen, welche er auf den Gebirgen sammelt, zu handeln pflegt." Auch Florian HELLER (1972, S. 27) erwähnt diesen Missstand: „Gegen entsprechende Bezahlung konnte man außer gewöhnlichen Knochenresten alles haben, vom einzelnen Zahn angefangen über ‚Kinnladen' bis zum mehr oder weniger vollständigen Bärenschädel".

In Streitberg und Muggendorf gab es Personen, die sich auf diesen Naturalienhandel spezialisierten und nicht schlecht davon lebten. Darüber hinaus gab es selbstverständlich auch „seriöse, obrigkeitlich abgesegnete Transporte" mit Knochen in Kisten für wissenschaftliche Kapazitäten ihrer Zeit, so etwa an Peter Camper, Professor der Medizin und Staatsrat in Den Haag, oder an Georges Cuvier, Professor der Naturgeschichte und Mineralogie in Paris. 1790 z. B. gingen zwei umfangreiche Transporte an das Musée National d'Histoire Naturelle in Paris und an die Royal Society in London (HELLER 1972, S. 29f.).

Daneben gab es auch Leser des Esperschen Buches, die sich nicht mit einer Lektüre zufrieden gaben, sondern die beschriebene Lokalität, die Zoolithenhöhle, selbst besuchten. Sie waren die ersten Vertreter eines Wissenschaftstourismus, der nun – zugegebenermaßen auf der Basis sehr geringer Besucherzahlen – eingesetzt hat. Naturwissenschaftler, Reisende und Sammler, die von den neuen spektakulären Funden Kenntnis gewonnen hatten, kamen ins Wiesenttal, wo neben der Zoolithenhöhle auch weitere Karsthöhlen mit dort erwarteten Knochenfunden besucht wurden.

Es kamen v. a. Wissenschaftler aus Erlangen, wie Jacob Friedrich Isenflamm, Professor der Medizin und Anatomie, Erlangen; Ernst Wilhelm Martius, Hofapotheker, Erlangen; Rudolf Wagner, Professor für Physiologie, Erlangen (Weggang nach Göttingen 1840); Johann Christian Rosenmüller, Arzt und Professor der Anatomie in Leipzig, 1792 nach Erlangen; Georg August Goldfuß, Professor der Zoologie und Paläontologie in Erlangen, Weggang nach Bonn 1818; Friedrich von Brandenstein, Hauptmann a. D. und Kunstliebhaber, Wüstenstein. Aber auch die Namen von Wissenschaftlern, die sich die große Mühe machten, den Raum Streitberg/Muggendorf von weither kommend persönlich zu besuchen, sind in den Quellen überliefert, so z. B. William Buckland, Professor der Mineralogie und Geologie, Oxford; Lord William Cole, Geologe und Paläontologe, Irland; Sir Philip de Malpas Grey-Egerton, Paläontologe in London (nach Heller 1972).

Summarisch lässt sich behaupten, dass es v. a. die sich dem wissenschaftlichen Diskurs der Höhlenforscher verdankende internationale Bekanntheit dieses Gebietes war, die den Beginn des Fremdenverkehrs eingeläutet hat. Mit dazu beigetragen hat sicherlich auch die Berichterstattung des auflagenstarken „Journal von und für Deutschland“, in dem Carl Lang (1787) die deutsche Öffentlichkeit über Oswaldhöhle, Wundershöhle und Zoolithenhöhle informierte und sie als einmalige Naturdenkmäler darstellte, für die er nachdrücklich wirbt. Die Kenntnis der „Gegend im Marggrafthum Bayreut, bei dem Dorf Muggendorf“ (Lang 1787, S. 261) wird somit vehement verbreitet.

Wer die Lokalitäten der Höhlen tatsächlich besucht hat, wie etwa die Professoren und Studenten der neu gegründeten Uni-

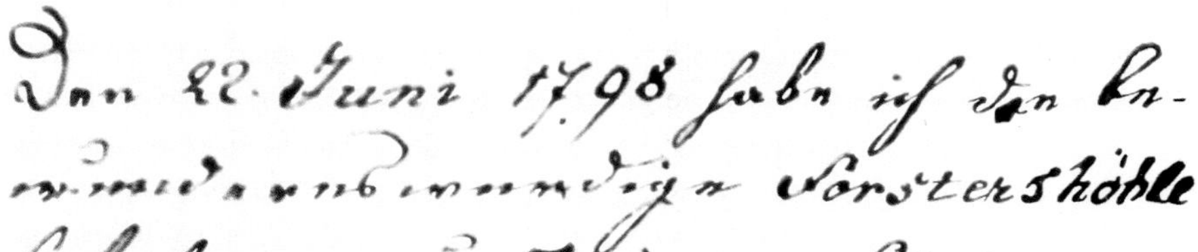
Den 22. Juni 1798 habe ich die be-
wunderungswürdige Förstershöhle
befahren, und einen kleinen
Absprung gemacht.
Ernst Moritz Arndt aus der
Insel Rügen in der Ostsee

Abb. 34 Eintrag ins Gästebuch des Gasthauses Rotes Ross in Waischenfeld vom 22. Juni 1798 durch Ernst Moritz Arndt: „Den 22. Juni 1798 habe ich die be- / wunderungswürdige Förstershöhle / befahren, und einen kleinen / Absprung gemacht. / Ernst Moritz Arndt aus der / Insel Rügen in der Ostsee.“ Die Anspielung betrifft einen kleinen Unfall, den Arndt beim Besuch der Höhle erleiden musste. Er war von der Leiter gefallen und hatte sich leicht verletzt.

Abb. 35 Blick über die Wiesent auf das Städtchen Waischenfeld mit seiner Burg. Das vielgelobte Gasthaus Rotes Ross ist auf dem Kupferstich jenseits des Flusses nicht direkt zu sehen, es befindet sich aber direkt hinter dem zweiten Haus rechts jenseits der Brücke.

versität Erlangen, blieb vermutlich jeweils nur für kurze Zeit, sodass nur wenige Übernachtungen angefallen sind. Aber insgesamt muss die Zahl der Besucher, die längere Zeit verweilten, doch groß genug gewesen sein, um Verlagen die Publikation von Reiseführern lohnend erscheinen zu lassen.

Es ist sehr wenig darüber bekannt, wo und unter welchen Bedingungen die frühen Touristen nächtigten. Immerhin lässt sich bereits aus den ersten Reiseführern einiges folgern. Köppel (1795, S. 18) empfiehlt nachdrücklich Streitberg als Übernachtungsort. Er schlägt Folgendes vor: „Man logirt in der neuen Post bei Kaisern ganz gut und eben so gut wird man bewirthet; doch ruhiger lebt man bei Hrn. Mader in der alten Post, etwas weiter den Berg hinauf. Er hält seine Gäste nicht nur sehr billig und bedient sie gut, sondern er weiß sie auch zu unterhalten." Für Muggendorf erwähnt er, dass es zwar zwölf Wirtshäuser gebe; dass aber deren Service – außer „bei dem Wirth Leigh [gemeint ist Leicht], wo man auch logiren kann" (Köppel 1795, S. 18) – vielfach sehr zu wünschen übrig lasse, ja dass man nicht einmal Bier erhalte. Auch Goldfuss (1810) macht für seine empfohlenen Touren Angaben zu den Übernachtungsorten: Er empfiehlt (anders als Köppel) für eine neuntägige Besichtigungstour als Übernachtungsorte „fünfmahl in Muggendorf, einmal in Weischenfeld, einmahl in Wüstenstein oder Aufseß, einmahl in Greifenstein der Heiligenstadt, und einmahl in Streitberg oder wieder in Muggendorf" (S. 140). Und Goldfuss (1810, S. 8) konkretisiert für Muggendorf: „Zwölf Wirthshäuser laden die Fremden ein; doch am besten wohnt man bei Herrn Leicht, dem würdigen Vorsteher des Orts, und bey dessen Nachbarn, wo es an reinlichen Zimmern und Betten, an Speis und Trank nicht mangelt." Letzterer war wohl eine Art Pensionsbetrieb. Schließlich wird noch für Waischenfeld eine Empfehlung gegeben: „[…] im Gasthofe zum roten Rosse findet man eine reinliche Herberge, und an dem Gastwirth Förster einen gefälligen Führer bei dem Besuche der merkwürdigen Försterhöle." (Goldfuss 1810, S. 123). Auch Ernst Moritz Arndt nächtigte 1798 im Roten Ross, was sein Gästebucheintrag belegt. ▶ Abb. 34 ▶ Abb. 35

Auch für den Besuch der Höhlen erhält man in den Führern praktische Ratschläge: „Frauenzimmer und dickbeleibte Personen können bloß die Rosenmüllers-, die Oswalds-, die Witzen-, die Esper-, die Försters- und die ersten Gewölbe der Gailenreutherhöle besuchen." (Goldfuss 1810, S. 142 f.). Überhaupt sind die zitierten frühen Reiseführer gewissermaßen Höhlenführer, die aber immerhin erste landeskundliche Komponenten erwähnen. So gibt Rosenmüller (1804) einige Vorsichtsregeln zum Höhlenbesuch (S. 9–10). Als Zielgruppe seiner Publikation hat er Naturforscher (S. 3) vor Augen. Interessant an seiner Veröffentlichung ist die ausführliche und unkommentiert übernommene, bereits romantisch angehauchte Beschreibung der Ruine Neideck durch Ernst Moritz Arndt, den er als ein „neuerer Reisender" bezeichnet (Rosenmüller 1804, S. 7). ▶ D 49

Der touristische Aufschwung in der Romantik

Stehen für die ersten Besucher bis zum Ende des 18. Jh. die Höhlen und Knochenfunde im Zentrum ihres Interesses, so finden sich in späteren Berichten mehr und mehr Beobachtungen und Hinweise auf landschaftliche Eigenschaften, die als besonders charakteristisch und attraktiv bewertet werden. Ob dies als ein Beginn landeskundlicher Beschreibung gelten kann, mag hier dahingestellt bleiben, aber nicht zu bezweifeln ist die von der schwärmerischen Präsentation ausgehende Werbewirkung für diese Region. Dabei spielen besonders drei Reisen und die über sie erschienenen Berichte eine wichtige Rolle: Das ist zum einen die inzwischen schon legendär gewordene Pfingstreise der Erlanger Studenten Ludwig TIECK und Heinrich WACKENRODER (1793), zum zweiten die durch deren Berichte angeregte Reise von Ernst Moritz ARNDT (1798, gedruckt 1801) und schließlich die werbende Präsentation des Muggendorfer Gebirgs durch LANG (1787) im „Journal von und für Deutschland".

Wackenroder und Tieck bereisen das Muggendorfer Gebirg insofern unter einem völlig neuen Blickwinkel, als für sie die Höhlen so gut wie keine Rolle mehr spielen. Bei ihnen tritt vielmehr die Landschaft in den Mittelpunkt, die sie nicht nur beschreiben, sondern mit positiven und schwärmerischen Bewertungen darstellen. Eine Schlüsselposition nimmt hierbei die Ruine Neideck ein, die – von allen betrachtenden Personen – sehr ähnlich begeistert geschildert wird: „Ich habe nicht größere und schönere Ruinen gesehen." (WACKENRODER 1793); „[...] die größte und romantischste Ruine, die schönsten Trümmer einer Burg" (ARNDT 1801); „Schöner hab' ich noch kein Schloß liegen sehen." (KNEBEL 1835, S. 194). Auch LANG (1798) wirbt in deutschlandweiter, hoher Verbreitung in der Monatsschrift „Journal von und für Deutschland", die sich an Gelehrte wandte, für dasselbe Objekt in überschwänglicher Sprache: „Wer sich die Mühe nicht reuen läßt, den Schloßberg [der Streitburg] zu ersteigen, kann oben seine Augen an der schönsten Gegend der Welt weiden. Links die großen Burgruinen, und rechts ein gerad emporstehender kühner Fels, der Markfels genannt, mit schwarzen Tannen nah und fern machen einen mahlerischen Vordergrund zu einer Landschaft, durch die der kleine Fluß Wiesent strömt [...]".

Es treten nunmehr nicht nur die Höhlen, sondern auch die Mühlen, die Felsen und die Burgen der Region, seien sie baulich noch intakt, seien sie Ruinen, in das Interessenfeld der Reisenden. Und um sie ranken sich phantasievolle, auf vergangene Jahrhunderte bezogene Interpretationen. So stellt KÖPPEL (1795, S. 17) beim Blick auf die Neideck fest: „Turniere und Zweikämpfe, und mehr dergleichen Bilder schwebt vor meinen Augen." Derselbe Autor äußert sich über eine Talmühle, die Schaudermühle [= Schottersmühle im Wiesenttal]; sie sei „[...] so einsam, daß mich selbst, bei dem Anblick der sie allenthalben umgebenden Gebirge und Felsengerippen, Schauder und Entsetzen ergriff." (S. 17). Alle diese Schilderungen sind keine neutralen Beschreibungen mehr, sondern sprachlich schwärmerische Aussagen, was sich sogar bei einem ansonsten naturwissenschaftlich geprägten Autor wie ROSENMÜLLER (1804, S. 17) beobachten lässt, wenn er den Talabschnitt zwischen Ebermannstadt und Streitberg beschreibt: „Von Hügeln beschirmt bog sich die Wiesent still und bescheiden, kaum durch ein sanftes Gemurmel verrathen, zwischen Blumen hin." Dann wechselt aber offenbar ihr Flusscharakter, denn nun heißt es: „Die Wiesent braust wild über Felsenstücke, der lieblich elegische Stil der Gegend geht ins Odaische und Heroische über." Derselbe Autor behauptet von der Naturschönheit der Gegend um Muggendorf, das, was sie verkörpere, sei der „durchaus unverfälschte, einfache, arkadische Stil". (S. 62).

Das verklärte Bild der Romantiker

Die beiden Erlanger Studenten Wackenroder und Tieck haben mit ihren Reiseberichten einen ersten Eindruck von der Begeisterung gegeben, die dazu führte, dass das Muggendorfer Gebirg zur Fränkischen Schweiz wurde. Mit dem Hinweis auf die Schweiz wurde das Idealbild einer heroischen, aber auch idyllischen Landschaft entworfen. An diesem Prozess hat sich der bekannte Publizist Ernst Moritz Arndt beteiligt, der sich 1798, inspiriert von den Texten der beiden Vorreiter, in die Region begab und über sie berichtete.

Den Romantikern fielen v. a. die baulichen Relikte des Mittelalters auf – kein Wunder, denn schon seit einigen Jahren gab es in der Literatur und auf dem Theater (etwa in GOETHES „Götz von Berlichingen", etwas später in KLEISTS „Käthchen von Heilbronn") mit der so genannten Ritterromantik eine Spielart der Frühen Romantik. Neben den schwärmerischen Superlativen von TIECK und WACKENRODER (1793) über die Ruine Neideck findet man weitere sehr emotional gefasste Charakteristika dieser Ruine: „Tausend Schlösser mögen höher und lieblicher und weit aussehender gelegen haben, wenige aber so stattlich und sicher, als diese, bis das Pulver die Schlösser und Ritter niederwarfen. […] So liegen diese grauen Ruinen noch herrlich in der Verwesung und Zertrümmerung da. […] Schöner und schrecklicher gespalten, als die der Nordseite, habe ich keine gesehen, so grauend und klaffend springen sie talab" (ARNDT 1801). Und die gegenüberliegende Burgruine Streitberg wird ebenso heroisch charakterisiert. „[…] so wie diese Burg den Reichthum, die Macht und die Kühnheit ihrer ersten Besitzer verkündet, so unverkennbar zeigt sie auch auf den ehrgeizigen, kriegerischen Geist der alten Streitberge hin. Noch lange werden diese verwitternden Mauern dem zermalmenden Zahne der Zeit trotz bieten, noch lange werden sie uns an die Kraft und Mannheit unserer Vorfahren erinnern" (ROSENMÜLLER 1804, S. 18). ▶ Abb. 36

Ganz neu ist die Intensität, mit der die Wanderer – die weniger aus Vernunft- als aus Vergnügungsgründen in die Gegend fahren – das Phänomen der Landschaft beschreiben. FICK (1812, S. 113) beschreibt das Wiesenttal recht emphatisch: „Vom Quackenschloß, eine Felsenmasse, wie die stattlichen Ruinen eines Tempels oder Schlosses, mit zerrissenen Thürmen und Portalen, nehmen wir unsern Weg beim Dorfe Engelhardsberg in das von ihm benennte wild romantische

Abb. 36 Die Burg Streitberg als Sinnbild der romantischen Fränkischen Schweiz

Thal zur Schaudermühle und zur Riesenburg, kommen zu einem kleinen Wasserfall, Toos genannt, wo in der Nähe die Aufsees sich in die Wiesent ergießt, verfolgen unsern Weg das fürchterlich schöne Rabenecker Thal hinauf, bis zur Burg Rabeneck, die wir besteigen". August von PLATEN-HALLERMÜNDE rühmte am 1. August 1822 die Höhe von Burg Rabenstein als „einen der kühnsten Punkte in diesen Felsentälern". Die Erfahrung der Landschaft und der Burgen der „alten Deutschen" aus einer vermeintlich idealen, goldenen Zeit der Ehre und des wahren Rittertums führt gelegentlich zu angenehmen Schauderanfällen, die typisch romantisch sind, weil sie mit der von der englischen Literatur inspirierten Gruselromantik zusammenhängen: KÖPPEL schrieb 1794 angesichts der Schottersmühle im Wiesenttal, dass sie so einsam läge, „dass mich selbst, bei dem Anblick der sie allenthalben umgebenden Gebirge und Felsengerippen, Schauder und Entsetzen ergriff". ▶ Abb. 37

Im Positiven verursachte die Natur Gefühle, die als lustvoll und erhaben empfunden wurden. Galt es im 18. Jh. noch, die Natur zu zähmen und in Form von organisierten Gärten zu genießen, so gewinnen nun die Landschaften im Sinne einer Religiösen Romantik einen Eigenwert, der die Seele tief beeindruckt und mit dem Wissen anfüllt, dass sich der (kleine) Mensch in einer großen heroischen und göttlich inspirierten Umgebung befindet:

„[…] welche Gestalten traten da aus der Nacht hervor! O dieß läßt sich nicht beschreiben, wie der Mensch dann da steht in seiner Kleinheit und Größe, beydes in gleichem Maße nach einander empfindend! Ich war wie in eine neue Welt hinabgestiegen, meine Sinne verwirrten sich, und das Lebendige in mir war in einem fremden und schmerzlichen Gefühle aufgelöst. So tappte ich umher und leuchtete an den Wänden und Gewölben und sah die große Bildnerin Natur auch in den Tiefen der Erde wirken und weben" (ARNDT 1801, S. 50, über die Schönsteinhöhle).

„Das Innere dieser wundernswürdigen Höhle gleicht vollkommen dem Schiffe einer geräumigen Kirche" (Karl Ludwig KNEBEL über die Rosenmüllershöhle). ▶ D 4

Aber auch die Idyllische Romantik (für viele Menschen heute die Romantik an sich) gerät in den Blick. Es war nicht zuletzt sie, die die Fränkische Schweiz schließlich zu einem beliebten Ziel vieler Touristen machte:

„Die Laubholz-Waldungen waren wie Kränze bei einem Jubelfest der Natur umhergeworfen, und die einsinkende Sonne glimmte oft hinter der durchbrochnen Arbeit eines Laubgeländers auf einem verlängerten Hügel wie ein Purpurapfel in einer durchbrochnen Fruchtschale. – In der einen Vertiefung wünschte man den Mittagschlaf zu genießen, in einer andern das Frühstück, an jenem Bache den Mond, wenn er im Zenith stand, hinter diesen Bäumen ihn, wenn er erst aufging, unten an jener Anhöhe vor Streitberg die Sonne, wenn sie in ein grünes Gitterbette von Bäumen steigt" (Jean PAUL über Streitberg und seine Umgebung 1796/97 im Roman „Siebenkäs").

„Die Berge wurden nach und nach immer größer, die Gegend immer romantischer. Bei Gosberg liegt an einem gegenüberliegenden Berge [Reifenberg] eine Kapelle äußerst schön und einsam" (TIECK 1793).

„Die Steine ragen kühn und wild verzerrt aus der Erde hervor. […] Für die Nacht und den Mondschein gibt es vielleicht nichts Schöneres als diesen Garten; illuminiert müsste er völlig zum Bezaubern sein" (TIECK 1793 über den Felsengarten Sanspareil). ▶ C 2

Abb. 37 Romantische Szene mit Felsen, Siedlung und Flusslandschaft bei Tüchersfeld

Nach den Literaten kamen auch mehr und mehr Maler in die Fränkische Schweiz, die die Attraktivität der Fränkischen Schweiz in ihren Bildern in romantischer Sicht wiedergaben, so z. B. Friedrich von Brandenstein (1812); Domenico Quaglio (um 1830); Ludwig Richter (1837); Johannes Poppel (1840); Karl Käppel, Theodor Rothbarth u. Friedrich Schultheis (1840; ▸ Abb. 36 u. 37). Auch Dichter priesen in Reimen oder Prosa die Region, wie z. B. Karl IMMERMANN, August von PLATEN-HALLERMÜNDE, Jean PAUL und v. a. Victor von SCHEFFEL. Aus seiner Feder stammt auch das bekannte Frankenlied „Wohlauf, die Luft geht frisch und rein ..." (1859, veröffentlicht 1917).

Welche Folgen die neue Wahrnehmung des Muggendorfer Gebirgs als Fränkische Schweiz für den Besuch von Gästen hat, lässt sich nur schwer einschätzen oder gar quantifizieren. Es deutet aber vieles darauf hin, dass jedenfalls die Zahl der Besucher insgesamt deutlich zugenommen hat. So schreiben KÄPPEL, ROTHBARTH u. SCHULTHEIS (1840, S. 11): „Das Muggendorfer Gebirgsland, vor noch nicht gar vielen Jahren nur von einigen Professoren und Studenten zu belehrenden Excursionen besucht, ist jetzt das Erholungsziel der Städtebewohner aus der Umgegend." Sie konstatieren somit das, was heute als Naherholung bezeichnet wird (häufig sicherlich mit Übernachtung), und sie betonen, dass die Besuche Wiederholungscharakter hätten. Die Kurzzeitbesucher der umliegenden Städte sind bis heute eine Kernklientel geblieben.

Für eine deutliche Zunahme der Besucherzahl spricht auch die rasch ansteigende Zahl von Reiseführern sowie die Tatsache, dass für einige kundige Bewohner von Muggendorf und Streitberg die Tätigkeit als (Höhlen-)Führer für die Gäste zu einer wichtigen Einnahmequelle werden konnte.

Auch hinsichtlich der touristischen Infrastruktur muss auf der Basis recht löchriger Quellen argumentiert werden; immerhin liefert das Handbuch von HELLER (1829) einige aussagekräftige Angaben zu den Wirtshäusern, Gaststätten und Schankhäusern der Region. Man erkennt schnell, dass diese Angaben nicht für jeden Ort vollständig sind und dass sie auch nicht alle auf den Tourismus bezogen sind. Aber jene Erwähnungen, die etwas ausführlicher und klassifizierend ausfallen, deuten darauf hin, dass hier von Touristen besuchte Lokalitäten vorliegen. Es werden namentliche Empfehlungen gegeben für Helldörfer in Gößweinstein; die Herberge auf dem Markt und den Goldenen Löwen in Heiligenstadt; das Wirtshaus Teufel in Nankendorf; Gasthaus Stern bei Mühlhäuser, Gastwirt Lieutenant Sponsel und Gasthaus Zur Sonne bei Witwe Mühlhäuser in Muggendorf; die Gasthäuser Zum Lamm, Zur Krone und Zum Ochsen in Pottenstein; das Wunderische Gasthaus, das Maderische Gasthaus Zum Goldenen Kreutzer und das Gasthaus zum Goldenen Löwen in Streitberg; das Gasthaus Post in Thurnau; das Gasthaus Rothes Roß (das ehemalige Försterische Haus) und das Wirtshaus Löbisch in Waischenfeld. Dieselbe Quelle nennt weitere Gaststätten und Übernachtungsquartiere ohne Namensangabe, die positiv bewertet werden: Breitenlesau, Burggrub (2), Ebermannstadt (mehrere), Egloffstein, Hiltpoltstein, Königsfeld (4, das beste Zum Goldenen Roß), Leupoldstein, Neuhaus, Oberailsfeld (2), Oberleinleiter, Plankenfels, Sanspareil, Steinfeld, Unteraufseß, Wiesentfels (2), Wüstenstein.

Die Zahl der Bewirtungsbetriebe war somit groß und zumindest teilweise von Touristen besucht. Ihre Nennung sagt aber wenig über die Qualität der Serviceleistungen aus. Doch deuten alle in den Veröffentlichungen geäußerten Angaben darauf hin, dass das Preis-Leistungs-Verhältnis, wie man heute sagen würde, sehr günstig war. Vor allem Fürst PÜCKLER, offenbar ein Genießer, erwähnt mehrfach derartige Details während seiner Reise im Jahr 1834: Er spricht von der „Billigkeit der Preise" (S. 160) und gibt als konkretes Zahlenbeispiel in Muggendorf für die Halbpension „noch nicht ganz drei Gulden" (S. 160) an.

Doch wird der Komfort als spartanisch beschrieben; derselbe Fürst PÜCKLER wundert sich, dass in Muggendorf trotz höchster Nachfrage „so wenig für Comfort und Eleganz hier gethan ist" (S. 180). Auch das Fehlen zu mietender Esel für den Besuch von Höhlen bemängelt er und reklamiert ironisierenderweise, er habe, sich mit seinem Vorschlag „um die fränkische Schweiz verdient" gemacht (S. 180 f.), weshalb in der Rosenmüllershöhle folgende Inschrift anzubringen sei: „Dem Menschenfreund, welcher im Jahr 1834 die Esel und Matratzen in Muggendorf einführte. Heil ihm und seinem segensreichen Wirken!" (S. 181).

Die Gastronomie in der Fränkischen Schweiz wird von allen Reiseführern positiv beschrieben, und zwar sowohl wegen ihrer niedrigen Preise als auch ihrer hohen Qualität. Am meisten werden als Speise die Forellen gepriesen (z. B. ROSENMÜLLER 1804, S. 19; PÜCKLER 1834, S. 181). Letzterer weitet das Spektrum der Köstlichkeiten: „Forellen, Krebse und Kirschen sind nirgends besser." (S. 181). FÜSSEL (1788, S. 170/171) gibt sogar das gesamte Spektrum an Fischspeisen aus der Wiesent wieder – es sind deren 15 –, darunter „dreyerlei Arten Aale", Hechte, Barben, Ruppen, Forellen in drei Arten: die gelbe, die gelblichte und die Steinforelle, Aesche, Weis- oder Schuppfisch, Häseling, Flußkarpf, „der ungemein schmackhaft ist und sehr gesucht wird." Überraschenderweise ist nie von dem heutigen Klassiker, dem Schäuferle, die Rede. Bei den Getränken wird allenthalben das Loblied auf die Biere der Region gesungen. Schon GOLDFUSS (1810, S. 346/347) behauptet, „Das hier gebraute braune Bier ist von vorzüglicher Güte". Auch ARNDT kommt zu demselben Ergebnis. In Muggendorf „erfreute das Bamberger Bier unsere Herzen" (ARNDT 1801, S. 27). Und wieder einmal findet Fürst PÜCKLER die genussorientierteste Formulierung: „Nie aber kann man genug den Nektar Baierns, das vortreffliche Bier, rühmen, was man überall, frisch vom Fasse im Felsenkeller abgezapft, kalt wie Eis erhält, und dessen kräftige aromatische Bitterkeit dem Magen eben so sehr zusagt, als sein geringer Alkoholgehalt verhindert, daß es zu Kopfe steige." (1834, S. 181). Erneut in beißender Ironie, aber keineswegs als Kritik gewendet, beschreibt Fürst PÜCKLER den zweifelhaften hygienischen Zustand in einer Gaststätte in Tüchersfeld: „In einer dieser Hütten nahm ich in einer stark eingeheizten Stube, in Gesellschaft einer Million Fliegen, mein Frühstück ein" (S. 171).

Ansätze zu einem Kurtourismus

Seit den 1830er Jahren hielt ein neuer Trend, einer Schweizer Mode folgend, in den bereits am stärksten touristisch geprägten Orten seinen Einzug. Der Glaube an den gesundheitsförderlichen Aufenthalt in natürlicher Umgebung, ergänzt durch Anwendungen in Form von Kurmitteln ließ europaweit die Zahl der Badeorte anschwellen. Die Fränkische Schweiz besaß zwar keine Heilquellen, aber zahlreiche Schafe und Ziegen. Diese wiederum lieferten das Ausgangsmaterial für die so genannten Molkenkuren. Sie galten als geeignetes Mittel gegen Lungenleiden, Gicht, Atemwegserkrankun-

Abb. 38 Das Kurhaus Faust in Gößweinstein auf einer Postkarte um 1905

gen, Hautkrankheiten sowie Magen-/Darmbeschwerden. Dieser Philosophie folgend wurde Streitberg 1839 Molkenkurort mit seiner Molkenkur-Anstalt, die ein Kur- und Gasthaus bildete – und baulich mit ihrem Fachwerk schweizerisch erscheinen sollte. Es kamen jährlich ca. 400 Gäste zusätzlich ins Dorf, die jeweils mehrere Wochen blieben. Bauern, die die Ziegenmolke lieferten, und ein Kurarzt standen zur Verfügung. DIETERICH (1835, S. 213) berichtet über diese Gäste: „Die Gegend […] wird […] nicht nur den ganzen Sommer hindurch, sondern vom frühesten Frühjahr an bis zu den spätesten Herbsttagen von einer sehr großen Menge Fremder aller Gegenden besucht; von Gesunden zur Zerstreuung und Erheiterung, von Kranken aber zur Genesung." Und von einem neu geschaffenen Angebot für die Zielgruppe der Kurgäste ist ebenfalls die Rede. Es gebe nun auch „freundliche Wohnzimmer, neue Matrazzenbetten mit abgenähten Decken und Plumeaux, Lektüre, einen geregelten Tisch, fixe Preise" (BRIEGLEB 1839, S. 89). Muggendorf ahmte dieses Vorbild nach und bot seinen Kurservice ab 1857 in einem Rekonvaleszenz- und Sommerfrischlerhotel der gehobenen Art an. Gößweinstein folgte mit Bäder- und Molkeanwendungen ab 1863, ab 1897 in einem Kurhaus und ab 1903 im Kurhotel Faust mit vier Stockwerken, über 45 Fremdenzimmern und 65 Betten, einem Park und Kneippanwendungen sowie Bädern. ▶ Abb. 38

Um den spazierengehenden Kurgästen reizvolle Aussichtspunkte zu offerieren, wurde um 1840 oberhalb von Muggendorf ein Holzpavillon, Babylon bezeichnet, errichtet; 1904 ließ Ignaz Bing den Prinz Ruprecht-Pavillon oberhalb von Streitberg errichten. In Gößweinstein wurden Rundwege mit Aussichtspunkten am Gernerfels, am Kreuzberg, an der Martinswand (Bellevue) und dem Wagnerfelsen (mit Pavillon) angelegt. Das Tourismusangebot für Kurgäste konnte sich indes nicht voll durchsetzen. Die Fränkische Schweiz ist bis heute ganz dominant ein Gebiet zum Wandern und genussvollen Essen und Trinken geblieben. Ihre Bezeichnung ist nach wie vor eine zugkräftige Werbebotschaft.

Aktuelle Gebietsstruktur

Veränderungen von Landwirtschaft, Fischzucht und Handwerksgewerbe

Die Fränkische Schweiz war insgesamt nie ein florierender Agrarraum, sieht man von ihrem nördlichen, südwestlichen und südlichen Rand einmal ab, wo Sonderkulturen zu finden sind, und der eine rühmliche Ausnahme darstellt. Im Raum Weismain gab es nämlich etwa noch 1836 „Hopfen und Obst" (CAMMERER 1832, S. 146). Für den seit 1820 stark angewachsenen Hopfenanbau erhielt Weismain 1868 sogar das Recht zur Führung eines Hopfensiegels. Bis in die 1870er Jahre gab es auch im Raum Pegnitz, Pottenstein und Ebermannstadt Hopfengärten, heute dagegen nur noch um Gräfenberg und Lilling. Weitere, wesentlich bedeutendere Sonderkulturen gibt es rund um das Walberla im Landkreis Forchheim. Besonders der Anbau von Süßkirschen auf Streuwiesen, daneben aber auch von Zwetschgen, Birnen, Äpfeln, Renéclauden, Mirabellen, Pfirsichen und Aprikosen ist hier verbreitet und macht aus dem Forchheimer Land eine reiche, florierende landwirtschaftliche Region (DIMPFL 1971). Sie wirbt damit, heute das „größte zusammenhängende Süßkirschenanbaugebiet Mitteleuropas" zu sein. 94 % der bayerischen Süßkirschenernte stammen von hier, die von mehr als

200.000 Kirschbäumen geerntet werden. Es existieren Großmärkte in Pretzfeld und Hagenbach sowie Erzeugergenossenschaften in Pretzfeld, Mittelehrenbach und Igensdorf für die Aufbereitung und Vermarktung der Kirschen. Ein Obstbauinformationszentrum mit Versuchsanlage des Landkreises Forchheim in Hiltpoltstein leistet Hilfestellung bei einer Optimierung des Obstanbaus (z. B. mit Überdachungssystemen, neueren Sorten, Empfehlungen zum Pflanzenschutz).

Die Täler der Fränkischen Schweiz werden immer noch durch Grünlandwirtschaft geprägt, bei allerdings teilweiser Verbuschung und Verwaldung. Die Wiesenbewässerung der Vergangenheit gerät ins Abseits; ihre Einrichtungen (Dämme, Kanäle) verfallen mehr und mehr.

Eine bedeutende Tradition besitzt die Fränkische Schweiz mit der Fischzucht in ihren Tälern. Die Hauptflüsse von Wiesent und Püttlach weisen ideale Bedingungen für Salmoniden (besonders Forellen und Äschen) auf, die schon von den Romantikern als besonders schmackhaft gelobt werden. Eine spezielle Technik des Angelns, das Fliegenfischen (oder Flugangeln), ist entlang der Wiesent bereits seit 1773 schriftlich belegt. Es war stets nicht nur eine fischereiwirtschaftliche Tätigkeit, sondern auch eine Freizeitbeschäftigung, heute in noch viel stärkerem Ausmaß als in früheren Jahrzehnten und Jahrhunderten. ▶ D 44 Teichwirtschaft mit Forellen- und Saiblingszucht findet man u. a. im Aufseß-, Wiesent-, Weihersbach-, Weismain- (Waßmannsmühle) und Lautertal (Hopfenmühle), am Thoosmühlbach bei Wolkenstein (Thoosmühle) und als Quellwasserbetrieb in Büchenbach bei Pegnitz. Die Fischereiwirtschaft erfährt eine Förderung durch die Lehranstalt für Fischerei des Bezirks Oberfranken in Aufseß. Deren Zuchtmaßnahmen zur verstärkten Verwendung des Saiblings sind bereits von großem Erfolg gekrönt.

Der bedeutendste Wandel in der Anbauorientierung erfolgte auf der Hochfläche. Die Weidelandschaften, ehemals bedingt durch die Egertenwirtschaft, sind nur noch auf kleine Areale geschrumpft und werden durch wenige Wanderschäferherden offen gehalten (GEISSNER 2003). Weideflächen werden zunehmend nicht mehr konventionell, sondern in eingezäunten Arealen mit Dam- und Rotwild, Mutterkuhherden mit Angus, Galloways oder Schottischen Hochlandrindern genutzt. Diese extensive Nutzung verspricht höhere Erträge als die Schaf- und Ziegenhaltung. Mehrere Betriebe haben sich auf Milchviehstallhaltung spezialisiert; man erkennt sie an den großen, neuen, offenen Ställen am Rand der Dörfer. Die markanteste sichtbare Veränderung betrifft die großen Flächen von Feldern, die mit Mais bepflanzt sind. Dieser Mais ist zum einen Silagefutter für das Vieh, zum

„Das größte Süßkirschenanbaugebiet Mitteleuropas"

Im westlichen Teil der Fränkischen Schweiz, etwa im Gebiet zwischen Pretzfeld, Ermreuth und Gräfenberg (dem so genannten Forchheimer Land), erstreckt sich das „größte Süßkirschenanbaugebiet Mitteleuropas". Die natürlichen und historischen Voraussetzungen für diese Konzentration an Obstbäumen sowie die Vermarktung und Weiterverarbeitung der Kirschen werden an dieser Stelle erklärt. Besonders beliebt ist bei Naherholungssuchenden ein Besuch des Gebiets um das Walberla während der österlichen Kirschblüte und in der Zeit der Kirschernte im Juli, wenn entlang der Straßen die schmackhaften Kirschen verkauft werden. Einen Höhepunkt stellt das alljährliche Kirschenfest in Pretzfeld dar. Als qualitativ besonders hochwertig gilt der aus den Früchten gewonnene Kirschbrand. ■ lid-online.de/81116

Süßkirschenanbau

anderen aber Grundstoff für die Vergarung in den Biogasablagen. Zahlreiche Betriebe haben sich auf die Direktvermarktung ökologischer Anbauprodukte spezialisiert, die in Hofläden oder auf Wochenmärkten in der Region verkauft werden. Die verarbeiteten Produkte von Wildfleisch, wie z. B. Schinken oder Rohwurst, erfreuen sich lebhafter Nachfrage.

Ein völlig neuer und umstrittener Großbetrieb zur Gemüseproduktion ist seit 2017 östlich von Feulersdorf (Gemeinde Wonsees), direkt an der BAB 70 und direkt neben den Fotovoltaikflächen gelegen, entstanden. ▶ Abb. 39 Die Nürnberger Gemüsebauern Scherzer und Boß aus dem Knoblauchsland betreiben auf einem 15-Hektar-Areal den Anbau von Tomaten, Gurken und Paprika in Gewächshäusern; die beiden ers-

Abb. 39   Fertiggestellter erster Abschnitt der großflächigen Gewächshauslage zur Gemüseproduktion in Feulersdorf (Gemeinde Wonsees), Blick nach Nordosten. Im Vordergrund rechts verlaufen die BAB 70 und parallel dazu Fotovoltaikflächen

ten haben ein Ausmaß von 130 × 300 bzw. 168 × 224 m, also 7,7 ha. Zum Betrieb gehört ein Blockheizkraftwerk. Es gab Widerstände und Vorbehalte gegen den Betrieb; so etwa wurde eine erste Anfrage für Fesselsdorf (Stadt Weismain), unmittelbar neben der jetzigen Fläche gelegen, abgelehnt. Feulersdorf ist somit bereits der Ersatzstandort. Es bleibt abzuwarten, ob die verheißenen Effekte (neue Arbeitsplätze, konfliktfreie Wasserversorgung) realistisch sind und ob das als Bio- und regionales Gemüse vermarktete Treibhausprodukt, das über die Edeka-Kette und ALDI-Süd vertrieben wird, beim Verbraucher Akzeptanz findet.

Im sekundären Wirtschaftsbereich, d. h. in Handwerk und Industrie, hat diese Region nie eine nennenswerte Bedeutung erfahren, außer im Bereich der Getreidemühlen und Bierbrauereien. Erstere sind nur noch auf wenige Betriebe geschrumpft. Auch wenn die Zahl für letztere, die vorwiegend als Kleinbetriebe ausgeprägt sind, seit Jahrzehnten deutlich zurückgeht, ist die Zahl der Brauereien immer noch hoch. Handwerkliche Spezialisierungen waren eher die Ausnahme, so z. B. noch um 1900 die Schuhmachereien in Krögelstein und Freienfels (Götz 1898, S. 119).

Eine lokale und regionale Bedeutung haben im Baugewerbe mehrere Steinbrüche als Ausbeutungsstandorte für Straßensplitt und Kalkstein erfahren. Unter diesen ist die Franken-Maxit-Gruppe mit Sitz in Azendorf weit über die Fränkische Schweiz hinaus bedeutend geworden. In Weismain hat sich das überregional agierende Hoch- und Tiefbauunternehmen Dechant, das seit 135 Jahren besteht, entwickelt. Es ist auf Sichtbeton spezialisiert und beschäftigt über 450 Mitarbeiter.

Im Bereich des Delikatessengewerbes vermochten sich einige Betriebe zu überregionaler Bekanntheit zu entwickeln. Die Confiserie Storath in Stübig (Stadt Scheßlitz) produziert höchstwertige Pralinen, die u. a. in Spezialgeschäften (Concept Stores) in Bamberg und Bayreuth verkauft werden. Basierend auf den Obstertägen der Region haben sich im Raum um Ebermannstadt mehrere Likörfabrikationsbetriebe (u. a. Herbst in Gasseldorf, Hertlein in Streitberg) und Brennereien herausgebildet (u. a. Haas in Pretzfeld, Sponsel in Kirchehrenbach, Reich in Weingarts, Schilling in Streitberg, Brück in Bieberbach), die auf höchstwertige Brände spezialisiert sind.

Verkehrsinfrastruktur und ihre Erreichbarkeitsdefizite

Zwar führten einige mittelalterliche Fernstraßen durch die Fränkische Schweiz, so z. B. die Nord-Süd-Verbindung von Nürnberg nach Bayreuth über Gräfenberg und Betzenstein oder die West-Ost-Verbindung von Bamberg nach Bayreuth über Scheßlitz und Hollfeld. Aber diese gehörten nicht zu den überregional bedeutendsten Verkehrsachsen. Im 19. und 20. Jh. verstärkte sich der Zustand einer verkehrsmäßigen Abseitslage, folgten doch nun die Verkehrstrassen ganz vorrangig breiten Talräumen und Becken – und die lagen eben außerhalb dieser Region.

Bei der Erschließung und Erreichbarkeit mit der Eisenbahn wurde – nachdem das vom Bayreuther Stadtrat 1836 beantragte Projekt einer Bahnstrecke von Nürnberg nach Hof durch die Fränkische Schweiz und über Bayreuth nicht realisiert wurde – keine Hauptlinie durch die Fränkische Schweiz angelegt. Der Mittelgebirgscharakter mit engen Tälern war in der Tat nicht förderlich für den Eisenbahnbau. Zwar wurden schließlich doch noch zahlreiche Neben- und Stichstrecken errichtet, doch führte dies zu einer wenig leistungsfähigen Situation. Die Stichstrecken nach Scheßlitz, Hollfeld, Simmelsdorf, Gräfenberg und Forchheim–Heiligenstadt sowie Gasseldorf–Behringersmühle wurden nicht nur sehr spät errichtet, sondern auch vorzeitig wieder stillgelegt. Heute bestehen nur noch die Strecke Gräfenberg–Nürnberg Nordostbahnhof, die für Pendler und Naherholer eine zunehmende Bedeutung erlangt hat, und Simmelsdorf–Neunkirchen am Sand–Lauf links der Pegnitz–Nürnberg Hauptbahnhof, die v. a. von Ausflüglern zahlreich benutzt wird. Die anderen Stichstrecken existieren heute nicht mehr – ausgenommen die touristische Dampfbahnstrecke Ebermannstadt–Behringersmühle.

Für das Netz der Autostraßen stellt sich die Situation der Fränkischen Schweiz etwas günstiger dar. Die Autobahn BAB 9 Berlin–München führt an ihrem östlichen Rand entlang, sodass man über mehrere Ausfahrten die Fränkische Schweiz gut erreichen kann. Bei Pegnitz gibt es eine Autobahnraststätte, die mit dem Namen „Fränkische Schweiz/Pegnitz" für die Region wirbt. Eine zweite Autobahn, die die Fränkische Schweiz west-östlich quert, von Bayreuth/Kulmbach nach Bamberg, ist jüngeren Datums. Sie wurde in den 1960er Jahren zunächst als B 505 geschaffen, die als Zubringer von der BAB 9 Berlin–München zur BAB 7 Frankfurt–Nürnberg bei Höchstadt a.d. Aisch dienen sollte. Sie wurde zwi-

Zwei Verkehrsprojekte, die nie verwirklicht wurden

Die Fränkische Schweiz ist ein eher peripher gelegenes Gebiet mit einer unzureichenden Anbindung an den Fernverkehr. Dass sich die Verkehrslage auch ganz anders hätte entwickeln können, zeigen zwei Verkehrsprojekte aus der Vergangenheit, die über das Planungsstadium nicht hinausgekommen sind, die aber in ihrer Zeit durchaus gewisse Chancen besaßen, verwirklicht zu werden, zum einen der Plan der Ludwigsbahn Nürnberg–Leipzig über Bayreuth aus dem Jahr 1836 und zum anderen der Plan des Baus der Reichsautobahn Bayreuth–Forchheim aus dem Jahr 1934. Welche Streckenführung war für diese beiden Projekte geplant und wäre es aus heutiger Sicht von Vorteil gewesen, wenn sie Wirklichkeit geworden wären? ■ lid-online.de/81124

Nicht realisierte Verkehrsprojekte

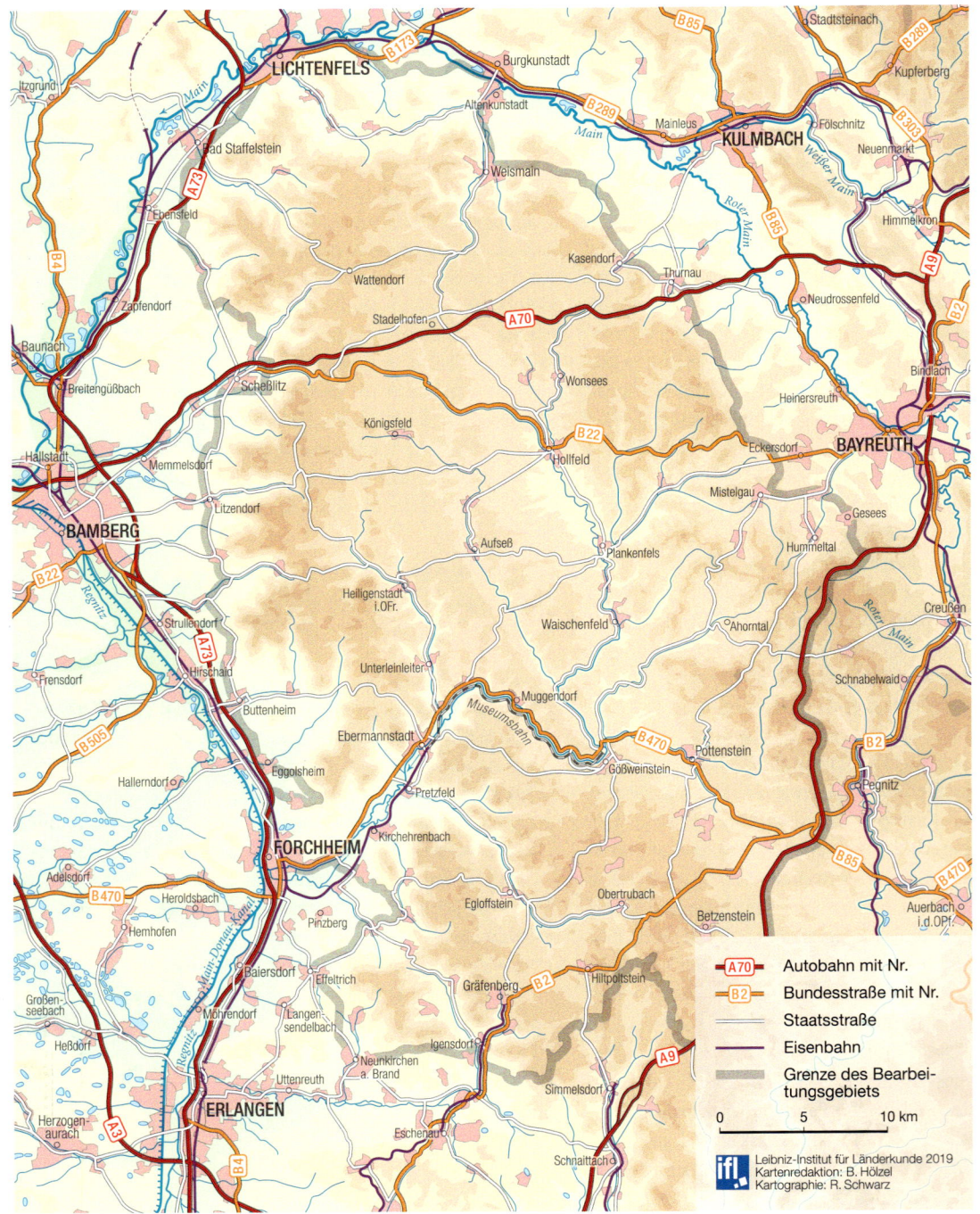

Abb. 40 Die Autobahnen und Bundesstraßen im Gebiet der Fränkischen Schweiz

schen Bayreuth/Kulmbach und Bamberg in den 1990er Jahren zur zweispurigen Autobahn BAB 70 aufgewertet und ausgebaut; sie kreuzt heute die seit den 1970er Jahren errichtete Regnitzautobahn BAB 73 Nürnberg–Bamberg (die inzwischen im N weiter bis nach Suhl führt). Deren Vorgängerstraße, als Frankenschnellweg bezeichnet, verläuft über weite Strecken auf der Trasse des ehemaligen Ludwig-Donau-Main-Kanals.

Für die Fränkische Schweiz ist die BAB 70 natürlich die wichtigste dieser Autobahnen, durchzieht sie diese Region doch von W nach O. Daneben queren auch mehrere Bundesstraßen die Fränkische Schweiz – die B 22 zwischen Bayreuth und Bamberg (die weitgehend parallel zur BAB 70 verläuft), die B 470 von Forchheim nach Pegnitz (die dem Herzbereich der Region, dem Tal der Wiesent, über eine längere Strecke folgt) und die B 2 (die von Gräfenberg nach Pegnitz, und d. h. weitgehend parallel zur BAB 9, verläuft; ▶ Abb. 40). Entlang dieser Hauptverkehrsachsen wurden verkehrliche Engpässe durch Umgehungsstraßen beseitigt, und zwar im Falle Gräfenbergs (B 2; bereits 1929) und Muggendorfs (B 470; 1999). Doch gibt es immer noch einschneidende Konfliktzonen, v. a. für die B 470. Sie durchquert das Weihersbachtal, das eine der größten Agglomerationen touristischer Attraktionen innerhalb der Fränkischen Schweiz darstellt mit der Teufelshöhle, dem Schöngrundsee, der Sommerrodelbahn und dem Felsenfreibad. ▶ E 28 Parkender und Durchgangsverkehr kommen sich v. a. an den Wochenenden ins Gehege und führen zu stehendem Verkehr.

Zwischen Gasseldorf und Forchheim, der wichtigsten Pendlereinfalltrasse in den Raum Forchheim, Erlangen und Nürnberg/Fürth, gibt es morgens und abends an Werktagen und am Sonntagnachmittag, wenn die Touristen heimkehren, lange Staus, führt die B 470 doch immer noch durch die Ortszentren von Ebermannstadt und Forchheim-Reuth. Pläne zu einer Umgehungsstraße um Ebermannstadt (und südlich von Reuth parallel zur jetzigen Straße) sind schon längere Zeit in der politischen Diskussion. Ein besonders weitgehender Entwurf strebt sogar eine Tunnellösung um Ebermannstadt am nördlichen Talrand der Wiesent an.

Die B 2 und B 22 sind, verglichen mit der B 470, weniger konfliktträchtig, sind sie doch durch die parallel zu ihnen verlaufenden Autobahnen BAB 9 und BAB 70 nicht so stark befahren, wie es ohne sie der Fall wäre. Ein gravierender Konfliktpunkt bleibt die B 22 im Bereich des Anstiegs der Schichtstufe des Jura bei Würgau. Die hier notwendigerweise in zahlreichen engen Kurven und Spitzkehren verlaufende Straße wird von manchen Verkehrsteilnehmern, insbesondere Motorradfahrern, missverstanden als Rennstrecke, an der sich jährlich

Die Stichbahnen und ihre touristische Nachfolgenutzung

Die Bahnhauptlinien verlaufen rings um die Fränkische Schweiz herum, aber nicht durch sie hindurch. Erst relativ spät, nämlich 1886 wurde die Erschließung mit der Bahn wenigstens für eine erste Stichstrecke (Erlangen–Eschenau) vorgenommen, der dann noch weitere bis 1930 (Gasseldorf–Behringersmühle) folgten. Infolge der späten Erschließung über Stichbahnen hatte der Bahnverkehr nie eine echte Chance als Verkehrsträger. Er wurde deshalb auch zum größten Teil wieder eingestellt. Eine Dampf-Nostalgiebahn zwischen Ebermannstadt und Behringersmühle ist ein Relikt aus der Eisenbahnzeit.

Stichbahnen

■ lid-online.de / 81111

in den Sommermonaten in der Tat zahlreiche Unfälle ereignen. ▶ B 2

Einen Sonderfall bildet die Staatsstraße von Stadelhofen nach Weismain, die durch das reizvolle Kleinziegenfelder Tal verläuft. Da am Nordrand dieser Strecke in Weismain ein enges Stadttor verhindert, dass Lastkraftwagen und Busse passieren können, galt die Straße bis in jüngste Vergangenheit als Geheimtipp für Besucher, die durch ein schönes Tal geruhsam fahren wollen. Der Lastverkehr sieht dies naturgemäß anders, wurde doch die Straße durch das Kleinziegenfelder Tal für sie nicht benutzbar. Eine Umgehung von Weismain wurde 2019 freigegeben.

Die übrigen Straßen in der Fränkischen Schweiz sind meist schmale Straßen, die wegen der geringen Verkehrsbelastung aber für Pkws voll ausreichend sind. Vor allem die Touristen, und hierbei auch die Motorradfahrer, schätzen die kurvigen, landschaftlich reizvoll verlaufenden Straßen sehr, die man ohne Hektik befahren kann. Zahlreiche Parkplätze am Straßenrand ermöglichen auch einen Stopp und einen Aufenthalt zu Fuß für Wanderungen. Für den Schwerlastverkehr sind diese Straßen allerdings nicht sehr geeignet, verhindert ihre geringe Breite, ihr Kurvigkeit und dazu noch das mitunter starke Relief doch einen reibungslosen Verkehrsablauf.

Bevölkerung

Genauere Aussagen über die Bevölkerungsverteilung und -entwicklung in der Fränkischen Schweiz über einen längeren Zeitraum sind schwierig, da die Gemeinden verschiedenen Landkreisen (Lichtenfels, Kulmbach, Bayreuth, Forchheim und Bamberg) angehören und es zudem mehrere Gebietsreformen gab. Ein relativ verlässliches Bild geben die Volkszählungen, da die Gebietsänderungen durch Rückrechnung berücksichtigt werden. Seit 1840, dem Zeitpunkt des ersten Zensus, bis zum vorläufig letzten 2011 wuchs die Bevölkerungszahl im Kerngebiet der Fränkischen Schweiz (das sind die 30 Gemeinden, die vollständig im definierten Untersuchungsraum liegen), von 62.826 auf 82.021, also um 30,5 % oder fast ein Drittel. Im Randgebiet aber, in dem nur Teile der Gemeinde im Untersuchungsraum liegen und zu dem auch größere Orte und sogar die Städte Forchheim und Lichtenfels gehören (was für die Interpretation ungünstig ist), stieg die Bevölkerungszahl von 66.405 auf 166.653, wuchs also um 150,9 %.

Es kann zunächst festgestellt werden, dass die Fränkische Schweiz in ihrer Gesamtheit seit Mitte des 19. Jh. kein Abwanderungsgebiet ist. Obwohl sie unzweifelhaft zum ländlichen Raum gehört, ist somit keine Bevölkerungsabnahme bis zum Auflassen ganzer Siedlungen zu beklagen. Vielmehr kann pauschal sogar ein leichtes Bevölkerungswachstum, und zwar insbesondere an den Rändern der Region, festgestellt werden. Allerdings verlief dieses generelle Wachstum mit deutlichen zeitlichen Schwankungen ▶ Abb. 41 und auch räumlichen Unterschieden.

	1840–1871	1871–1900	1900–1925	1925–1939	1939–1950	1950–1961	1961–1970	1970–1987	1987–2011
Kerngebiet	1,2	–7,2	(–6,5)	(6,5)	35,2	–11,6	6,1	0,5	9,8
Randgebiet	6,5	8,1	10,1	7,5	42,4	2,2	7,5	6,3	10,8
Gesamtgebiet	3,9	0,8	(2,9)	(7,1)	39,6	–3,1	7,0	4,3	10,5

Abb. 41 Bevölkerungsentwicklung in der Fränkischen Schweiz (in Prozent; Zahlen in Klammern: unvollständig aufgrund von fehlenden bzw. fehlerhaften Daten für Egloffstein und Gößweinstein)

In der Zeit von der ersten bis zur letzten Bevölkerungszählung mussten einige Gemeinden im Kerngebiet der Fränkischen Schweiz Bevölkerungsverluste hinnehmen: Wonsees schrumpfte um ein Viertel, Aufseß, Wattendorf, Stadelhofen und Plankenfels verloren zwischen 10 und 20 % ihrer ursprünglichen Bevölkerung, eine ganze Reihe anderer Gemeinden stagnierte. Allerdings entwickelten sich einige, v. a. größere und/oder randlich gelegene, Kerngemeinden durchaus positiv (insbesondere Ebermannstadt 135 %, Weilersbach 148 %, Kirchehrenbach 164 %, Weißenohe 165 % und Glashütten 211 %). Noch größere Bevölkerungsgewinne konnten nur Kommunen des Randgebiets verzeichnen, wobei Forchheim mit einem Wachstum von 533 % den Spitzenwert erreichte ▶ Abb. 42

Das Hauptmerkmal der heutigen demographischen Situation ist die Alterung der Gesellschaft, die im Wesentlichen ein Ergebnis der niedrigen, seit den 1970er Jahren deutlich unter das Reproduktionsniveau gesunkenen Fertilitätsraten und der steigenden Lebenserwartung ist. Diese Alterung wird von verschiedenen Entwicklungen unterlegt, die kleinräumig zu völlig unterschiedlichen Ergebnissen führen können.

Die Basis bildet die Alterung der lokalen Bevölkerung, die in situ altert, aber durch die Alterung derjenigen ergänzt wird, die in verschieden Lebensaltern zugezogen sind (z. B. aufgrund von Standortattraktivität). So beeinflussen insbesondere die Erschließung bzw. der Bau von Wohnhäusern in Neubaugebieten das demographische Alterungsmuster in Dörfern oder kleineren Städten deutlich: Verjüngen sie zunächst (da meist jüngere Ehepaare i. d. R. in der familialen Phase, also mit Kindern, zuziehen) den Altersdurchschnitt, so belasten sie ihn später durch ein gemeinsames Altern, da das Eigenheim im Alter meist nicht verkauft wird. Daneben spielen auch die Abwanderung der Jüngeren zu (Aus-) Bildungszwecken sowie der Bau von Alten-, Pflege- oder Seniorenheimen eine wichtige Rolle für die Alterszusammensetzung einer Gemeinde.

Das zeigen die drei wichtigsten Indizes zur demographischen Alterung. Im Kerngebiet der Fränkischen Schweiz betrug das (nicht gewichtete) Durchschnittalter 2014 43,8 Jahre, wobei die Gemeinden Wiesenttal (47,0), Unterleinleiter (45,9), Glashütten (45,5), Hiltpoltstein (45,3) und Gräfenberg (45,2) (Zahlen für 2014, berechnet nach BLSt 2015) die Gemeinden mit der ältesten Bevölkerung sind. In den randlichen Gemeinden lag das Durchschnittsalter bei 44,1 Jahren, in Bad Staffelstein (46,4), Eckersdorf (45,7), Pegnitz (45,6), Lichten-

Bevölkerungsentwicklung 1840–2011

Die Bevölkerungsentwicklung im Zeitraum von 1840 bis 2011 ist in ihrer Summe das Ergebnis eines vielfältigen Auf und Ab in verschiedenen Zeitphasen. In neun Zeitabschnitten wird die jeweilige räumlich differenzierte Bevölkerungsentwicklung vorgestellt und versucht, dies zu erklären. ■ lid-online.de/81125

Bevölkerungsentwicklung

Bevölkerungsentwicklung seit 1840
Wattendorf

Mistelgau

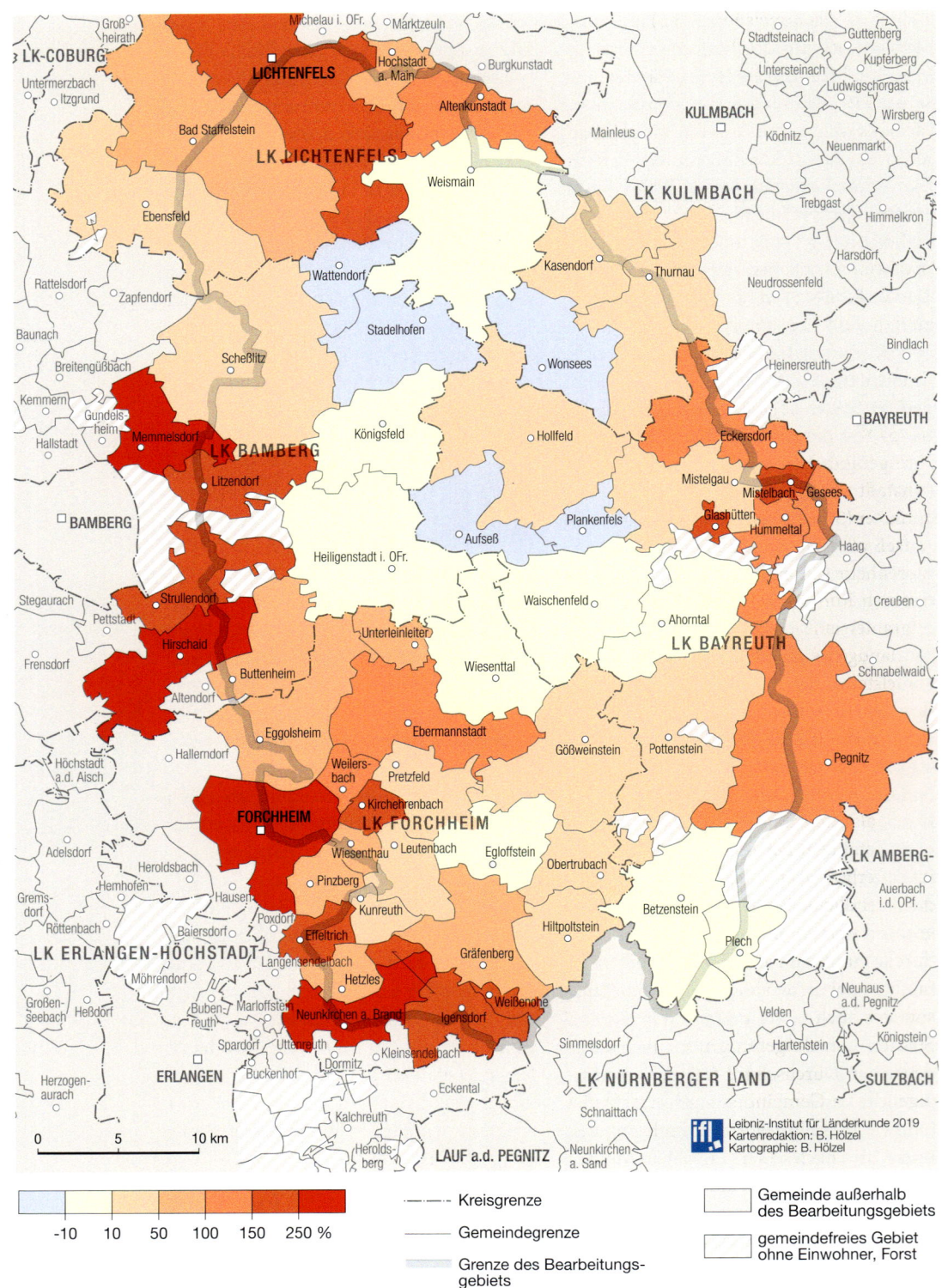

Abb. 42 Bevölkerungsentwicklung (in Prozent) 1840–2011 auf Gemeindebasis

fels (45,4), Memmelsdorf (45,3), Thurnau (45,3), Wiesenthau (45,2), Altenkunstadt (45,1) und Hummeltal (45,1). Räumlich gesehen sind also – abgesehen von zwei Gemeinden im Zentrum – v. a. einige schon seit längerem suburbanisierte Gemeinden am nördlichen, östlichen und südlichen Rand deutlich gealtert.

Leichte Abweichungen gibt es, wenn man den Altenquotient, also das Verhältnis der Personen mit 65 und mehr Jahren zu den Personen im erwerbsfähigen Alter von 20 bis 64 Jahren, als Index heranzieht. Der Mittelwert lag hier in den Kerngemeinden bei 30,9 und den Randgemeinden sogar bei 31,8. Höchste Werte erzielen bei den Kerngemeinden Wiesenttal (39,7), Heiligenstadt (37,1), Glashütten (36,3), Unterleinleiter (35,6), Aufseß (35,0) – also bis auf Aufseß alles Gemeinden, in denen ein Seniorenheim o. ä. eingerichtet wurde und die dadurch Ruhestandswanderer bzw. Altersmigranten auf sich ziehen. Das gilt auch für die Randgemeinden Mistelbach (39,7), Bad Staffelstein (39,1), Pegnitz (38,2), Memmelsdorf (38,0), Neunkirchen am Brand (37,7), Eckersdorf (37,5), Lichtenfels (37,5), Altenkunstadt (35,2) und Forchheim (35,1).

Der (Kinder- und) Jugendquotient, definiert als Anzahl der jüngeren, noch nicht erwerbsfähigen Personen je 100 Personen im erwerbsfähigen Alter, kann als Index für die Jugendlichkeit einer Bevölkerung herangezogen werden. Er liegt im Kerngebiet bei durchschnittlich 31,5 und ist damit nicht nur höher als in den Randgemeinden (30,9), sondern auch höher als in den kreisfreien Städten der Umgebung und im bundesdeutschen Durchschnitt (29,9). Besonders jugendliche Gemeinden sind Buttenheim (36,1) und Königsfeld (35,7) im Kerngebiet und Mistelbach (35,9) und Neunkirchen am Brand (35,1) am Rand. Dabei scheinen die Standorte von Grund- und Mittelschulen keinen direkten Einfluss auf die Jugendlichkeit einer Gemeinde zu haben: Viele Kommunen im Zentrum der Fränkischen Schweiz verfügen nur noch über Grundschulen, einige über geteilte oder überhaupt keine mehr (Glashütten und Mistelgau, Plankenfels und Wonsees mit Hollfeld; Aufseß, Kunreuth, Wattendorf, Weißenohe). Aber die Schulschließungen sind meist älteren Datums und haben so die Standortattraktivität in Hinblick auf Migration schon vor längerer Zeit verändert. Auch das Vorhandensein von Kindertageseinrichtungen ist kein wesentlicher Erklärungsfaktor für die Jugendlichkeit, da alle Gemeinden – bis auf Wattendorf – über mindestens eine derartige Einrichtung verfügen. Größeren Einfluss auf den Jugendquotient scheint – wie bereits erwähnt – das Alter der Erschließung von Neubaugebieten/Neubauflächen zu haben, wenn diese erst vor wenigen Jahren erfolgte und die Kinder der zugezogenen Familien noch unter 20 Jahren sind. Dieser Verjüngungseffekt (und der Steuereffekt) veranlasst Gemeinden, trotz der eigentlich durch den bayerischen Staat propagierten Politik der „Innenentwicklung vor Außenentwicklung", weiterhin Neubauflächen auszuweisen. Nicht nur mit relativ günstigen Quadratmeterpreisen, sondern sogar mit finanziellen Anreizen sollen junge Familien angelockt werden. So gewährt bspw. die Gemeinde Glashütten bei Unterzeichnung eines Kaufvertrags eines Grundstücks im Neubaugebiet ein Baukindergeld von 2.000 Euro je Kind (maximal 6.000 Euro).

Auch wenn die Altersstruktur in der Fränkischen Schweiz insgesamt noch relativ günstig ist und bei den privaten Haushalten die Paare mit Kindern noch deutlich die Mehrheit stellen, wächst die Anzahl von Haushalten, in denen nur Senioren oder Alleinerziehende mit Kindern leben. Dies stellt die Gemeinden angesichts der weiter fortschreitenden demographischen Alterung vor große Herausforderungen. Dabei wird auch in Zukunft Migration (Zuzüge als Folge von neuem Wohnungsbau, Errichtung von Senioreneinrichtungen, evtl. Ankunft von Schutzsuchenden, Fortzüge aufgrund fehlender Arbeitsplätze oder Infrastruktur) ein stark differenzierender Faktor sein.

Wirtschaftliche Situation

Die administrative Zerstückelung des Gebiets der Fränkischen Schweiz in sehr unterschiedlich große Gemeinden mit Zugehörigkeit zu fünf verschiedenen Landkreisen macht datenbasierte Aussagen zur wirtschaftlichen Entwicklung sehr schwierig. Hinzu kommt, dass die Datenlage allgemein recht unbefriedigend, ja sogar verwirrend ist. So führen die IHK für Oberfranken und die HWK für Oberfranken getrennte, sich aber dennoch überschneidende Datenbanken, wobei Doppelungen bei den Anmeldungen nicht selten sind, aber nicht nachgeprüft werden; Detailinformationen auf Gemeindebasis sind ohnehin nicht zugänglich. Dem IHK-Register (Stand Ende 2017) zufolge, das alle im Handelsregister eingetragenen Firmen mit Ausnahme der Freiberufler, Handwerker und landwirtschaftlichen Betriebe zählt, die einer Veröffentlichung ihrer Daten nicht ausdrücklich widersprochen haben, gibt es in den 30 Kerngemeinden der Fränkischen Schweiz insgesamt 4.172 Firmen (in den 26 Randgemeinden – einschließlich der größeren Städte Lichtenfels und Forchheim – 8.162). Bei der Handwerkskammer, bei der alle Betriebe der Handwerksrolle eingetragen sind, also besonders Unternehmen aus den Wirtschaftsbereichen Baugewerbe und verarbeitendes Gewerbe, aber auch Handel und andere Dienstleistungsbereiche, waren in den Kerngemeinden 1.516 registriert (in den Randgemeinden 2.493, Stand Ende 2017).

Beschäftigtenzahlen

Am häufigsten für Analysen herangezogen werden die Angaben des IAB bei der Regionaldirektion Bayern, die sich ausschließlich auf Betriebe beziehen, die sozialversicherungspflichtige Arbeitskräfte anstellen. Zu Selbständigen, Beamten, Soldaten und geringfügig Beschäftigten (Minijobs) und einigen anderen liegen keine Daten vor, was die reale Situation verfälschen kann. Zudem sind Angaben auf Gemeindebasis oft lückenhaft, da sie nur veröffentlicht werden, wenn eine Mindestzahl an Fällen (meist drei) die Identifizierbarkeit von Personen, Betrieben o. ä. verhindert (primäre Geheimhaltung). Die Zahl der SV-Betriebe betrug Ende Juni 2016 im Kerngebiet der Fränkischen Schweiz 2.074, im Randgebiet 4.318. Das IAB bietet auch Daten zu den SV-Beschäftigten nach dem Wohnort- und Arbeitsortprinzip, also wie viele SV-pflichtige Arbeitnehmer in einer bestimmten Gemeinde wohnen bzw. arbeiten.

Auch wenn die Daten nicht völlig vergleichbar sind (die Revision aufgrund einer kleineren Änderung der Definition im Jahre 2014 steht noch aus), wird beim Vergleich der Jahre 2005, 2010 und 2016 doch deutlich, dass die Zahl der SV-pflichtigen Arbeitnehmer nach dem Wohnortprinzip in der Fränkischen Schweiz gestiegen ist. Lebten 2005 noch 29.829 SV-Beschäftigte in den Kerngemeinden, so waren es 2010 bereits 32.079 und 2016 sogar 35.292. Noch schneller als die Zahl der SV-Beschäftigten nach dem Wohnortprinzip stieg aber das Angebot für SV-pflichtige Arbeitnehmer nach dem Arbeitsortprinzip von 12.933 (2005) über 14.822 (2010) auf 17.315 (2016, jetzt ohne Wattendorf). Das SV-Arbeitsplatzangebot verbesserte sich also rein quantitativ gesehen. Dennoch erhöhte sich die rein rechnerische Lücke zwischen Nachfrage und Angebot in den Kerngemeinden von 16.896 (2005) über 17.257 (2010) auf 17.977 (2016, ohne Berücksichtigung von Wattendorf). Auch in den Randgemeinden wuchs die Zahl der SV-Beschäftigten nach dem Wohnortprinzip deutlich an, von 59.713 (2005) über 63.455 (2010) auf 71.361 (2016), nach dem Arbeitsortprinzip – weniger deutlich als im Kerngebiet – von 44.010 über 47.032 auf 54.461. Die SV-Arbeitsplatzlücke stieg damit von 15.703 über 16.423 auf 16.900, ihr Wachstum hat sich hier aber in den letzten Jahren verlangsamt. Mögliche Erklärungen für diese Entwicklungen sind ein Anstieg der Wohnbevölkerung im erwerbsfähigen Alter, eine höhere Erwerbstätigkeit und v. a. der Anstieg der Teilzeitbeschäftigung (Daten auf Gemeindebasis sind allerdings nicht erhältlich) in Kombination mit der Entwicklung von Unternehmen. Klare Unterschiede gibt es immer noch bei der Erwerbstätigkeit von Frauen, die in den Kerngemeinden der Fränkischen Schweiz geringer ist als in den Randgemeinden. Erstaunlich ist dagegen, dass der prozentuale Anteil der SV-pflichtigen Arbeitnehmer in den Altersgruppen unter 20 Jahren und 20 bis 26 Jahren in den Kerngemeinden höher ist als in den Randgemeinden, in der Altersgruppe der über 55-Jährigen aber geringer. Dies spricht für eine frühe Teilnahme am und ein frühes Ausscheiden aus dem Arbeitsmarkt.

Die größten räumlichen Konzentrationen an Betrieben mit über 100 Unternehmen, die SV-Arbeitskräfte beschäftigen, finden sich im Kernbereich der Fränkischen Schweiz in Ebermannstadt (232 Betriebe) mit deutlichem Abstand vor Eggolsheim (160), Hollfeld (153), Gräfenberg (124), Pottenstein (123), Weismain und Buttenheim (jeweils 113). Eine ganze Reihe von Gemeinden haben dagegen weniger als 30 Betriebe mit SV-pflichtigen Arbeitnehmern, nämlich Wonsees, Weißenohe, Kunreuth, Unterleinleiter, Glashütten, Weilersbach, Stadelhofen und Plankenfels. Die Angaben zu Wattendorf fallen sogar unter die primäre Geheimhaltung. In den Randgemeinden ist die Anzahl der SV-Betriebe meist deutlich höher; v. a. in den großen Hauptorten der Landkreise konzentrieren sich mehr als 100 SV-Betriebe (Forchheim 996 und Lichtenfels 609), es folgen Pegnitz (365), Gemeinden vom westlichen Rand (Hirschaid 337, Scheßlitz 173, Strullendorf 152, Memmelsdorf 136, Litzendorf 112), dem Obermaingebiet (Bad Staffelstein 317, Altenkunstadt 118, Ebensfeld 109) und vom südlichen Rand der Fränkischen Schweiz (Neunkirchen am Brand 191, Igensdorf 106). Dies deutet auf die im Vergleich zum Kerngebiet größere wirtschaftliche Dynamik der genannten Randgebiete hin.

Über die Größe der Betriebe, die SV-pflichtige Arbeitnehmer beschäftigen, gibt es keine offiziellen Informationen. Dennoch ist klar, dass der Großteil der Betriebe der Fränkischen Schweiz als Mikro- und Kleinunternehmen (unter zehn bzw. bis 50 Mitarbeiter) bezeichnet werden kann. Mittelgroße (50 bis 250 Mitarbeiter) oder gar große Unternehmen (ab 250 Mitarbeiter) sind in den Kerngemeinden relativ selten. Dabei stehen sich traditionelle Familienunternehmen, von denen sich einige zu Global Playern entwickelt haben, und inzwischen durch größere Konkurrenten oder Private-Equity-

Windräder, Fotovoltaikparks und Biogasanlagen

Die Fränkische Schweiz hat inzwischen geradezu eine Vorbildfunktion für die Gewinnung erneuerbarer Energie erlangt. An vielen Standorten sind Wasserkraft-, Wind-, Fotovoltaik- und Biogasanlagen zu sehen. So erfreulich das zunächst ist, stellt sich doch die Frage, ob diese Einrichtungen im Einklang mit den touristischen Zielsetzungen stehen. Denn es existiert die weit verbreitete Vermutung, dass sie die touristische Attraktivität beeinträchtigen können. Eine Inventur der Verbreitung der Anlagen zur erneuerbaren Energie sowie die hier vorgestellten Beispiele können helfen, diese Frage zu beantworten. ▪ lid-online.de/81121

Erneuerbare Energien

Gesellschaften übernommene Unternehmen gegenüber. Einige größere Betriebe mussten im Laufe der letzten Jahrzehnte allerdings schließen (z. B. AEG-Zweigwerk in Gräfenberg 1993, Hofmann-Brotfabrik in Mostviel/Egloffstein 2000), was die Entwicklung der betroffenen Gemeinden entscheidend beeinflusst hat.

Wirtschaftsstruktur

Einen gewissen Überblick über die Wirtschaftsstruktur ermöglichen die IHK- und IAB-Statistiken auf Basis der europaweit geltenden Klassifikation der Wirtschaftszweige (WZ 2008), die auf der obersten Ebene in 21 Wirtschaftsabschnitte (A–U) gegliedert werden:

(a) Die mittlerweile sehr geringe Bedeutung der **Land- und Forstwirtschaft/Fischerei** (Wirtschaftsabschnitt A) zeigt sich daran, dass die Daten in vielen Gemeinden der Geheimhaltung wegen geringer Zahl unterliegen oder es überhaupt keine landwirtschaftlichen Betriebe mit SV-pflichtigen Arbeitnehmern mehr gibt. Ein großer Teil der agrarischen Flächen wird in Neben- und Zuerwerbslandwirtschaft bewirtschaftet.

(b) Mit fast 40 % aller SV-Arbeitsplätze hat das **produzierende Gewerbe** (Wirtschaftsabschnitte B bis F) eine erstaunlich große Bedeutung; in manchen Gemeinden (Pretzfeld, Wonsees, Königsfeld, Aufseß) arbeiten dort sogar mehr als zwei Drittel aller SV-pflichtigen Arbeitnehmer. Das produzierende Gewerbe umfasst generell Bergbau und die Gewinnung von Steinen und Erden, das verarbeitende Gewerbe, die Energieversorgung, Wasserversorgung; Abwasser- und Abfallentsorgung und Beseitigung von Umweltverschmutzungen sowie das Baugewerbe.

In der Fränkischen Schweiz hatte aufgrund ihrer Geologie die Gewinnung von Steinen, ihre Weiterver- oder -bearbeitung in der Vergangenheit eine große Bedeutung. Infolge technischer Verbesserungen und der Aufgabe von Standorten ist die Zahl der Beschäftigten in diesem Wirtschaftszweig aber gesunken. Heute noch betrieben wird Abbau insbesondere in Gräfenberg (Wolfgang Endress Kalk- und Schotterwerk, Bärnreuther+Deuerlein Schotterwerke), in Eggolsheim (Drügendorfer Schotterwerke), in Hohenmirsberg/Pottenstein (Schotterwerk Hans Lodes, Schotterwerk Ollet, Natursteine Strobel) und v. a. in Azendorf/Kasendorf (Kalkwerk Johann Bergmann sowie Franken Maxit). ▶ C 3

Traditionell wichtig im verarbeitenden Gewerbe ist die Herstellung von Nahrungsmitteln und Getränken. Allerdings sind Mühlenbetriebe schon lange aufgegeben; und immer mehr Bäckereien schließen oder haben bereits geschlossen. Als etwas widerstandsfähiger haben sich bisher die Metzgereien erwiesen, aber auch sie sind von der Konkurrenz der Supermärkte bedroht. Die relativ kleine Lebensmittel verarbeitende und handelnde Firma ROWO-Food (mit Schwerpunkt auf Trocken-, Tiefkühlerzeugnissen und Heilkräutern) in Stadelhofen konnte gerade noch vor der Insolvenz gerettet werden. Milch wird nur in wenigen in bzw. am Rande der Fränkischen Schweiz gelegenen Molkereien verarbeitet; dazu zählen die Bayerische Milchindustrie eG mit einem Werk in Ebermannstadt, der Milchhof Albert in Scheßlitz mit Frischmilch, H-Milch und anderen Produkten und die kleine Biomolkerei Stähr in Eggolsheim. Eine wichtige wirtschaftliche und kulturelle Rolle spielen dagegen die 69 familiengeführten Bierbrauereien, die oft mit einem Gastronomie-, z. T. auch mit einem Übernachtungsbetrieb kombiniert werden. Auch die 300 Brennereien, die meist auf der Basis der Streuobstwiesen v. a. in der Gegend um die Ehrenbürg (das Walberla) und im südlicheren Teil der Fränkischen Schweiz entstanden sind, sind häufig mit gastronomischen oder anderen Aktivitäten gekoppelt. Eine eher ungewöhnliche Spezialisierung für ihren Standort in Aufseß hat die Erich Ziegler GmbH, die Geschmacks-, Aroma- und Zusatzstoffe aus Zitrusfruchtölen herstellt und nationale sowie internationale Firmen der

Lebensmittel-/Getränke- und Kosmetikbranche beliefert.

Abgesehen von der Nahrungsherstellung gibt es in den Kerngemeinden der Fränkischen Schweiz eine erstaunlich große Vielfalt an verarbeitenden Betrieben mit teilweise ungewöhnlichen Spezialisierungen, wie die folgenden Beispiele zeigen:

- Kennametal Inc. ist ein weltweit führender Lieferant für Werkzeug, Konstruktionsteile und moderne Hochleistungsmaterialien für Fertigungsprozesse. Der Konzern produziert in Deutschland u. a. in Ebermannstadt (seit 1960) und in Mistelgau Präzisionswerkzeuge und -systeme zur Metallbearbeitung. Die Steuerung aus den USA führte allerdings dazu, dass aufgrund von Schwierigkeiten des Konzerns die Zahl der Mitarbeiter 2017 auf ca. 480 bzw. 290 reduziert wurde.
- Geiger Fertigungstechnologie in Pretzfeld wurde 1960 gegründet und gehört mittlerweile einer Beteiligungsgesellschaft. Das Unternehmen mit ca. 320 Mitarbeitern führt komplexe Dreh-, Bohr- und Fräsbearbeitungen metallischer Werkstoffe mit engen Toleranzen durch.
- Die Gruppe Vierling mit Sitz in Ebermannstadt geht auf eine Gründung im Jahr 1941 zurück. ▸ D 48 Heute entwickeln und fertigen ca. 250 Mitarbeitern am dortigen Standort Kommunikations- und Messtechnik für Unternehmen (Gateways, Telefone, Alarmierungssysteme, Fernwirktechnik, Mess- und Testlösungen für Telekommunikations- und Datennetze). Der Bereich Production übernimmt die Konstruktion und Fertigung elektronischer Baugruppen, Geräte und Systeme.
- HERMOS ist eine international tätige Firmengruppe in den Bereichen Automatisierung und Informationsverarbeitung im Bereich Industrie, Energie, Umwelt und Gebäude sowie Schaltanlagenbau. 1980 gegründet, gehören zur HERMOS AG mit Hauptsitz in Mistelgau heute zwölf deutsche und vier internationale Standorte und 500 Mitarbeiter weltweit, davon ca. 250 am Standort Mistelgau.
- Klubert & Schmidt GmbH ist ein seit 1945 in Pottenstein ansässiges, familiengeführtes Unternehmen. Dort entwickeln, produzieren und vertreiben ca. 200 Mitarbeiter Motorbremsen, Abgasrückführventile und Hydraulikkomponenten. Kunden sind v. a. internationale Großkonzerne der Automobilbranche sowie Hersteller von Hydrauliksystemen.
- Das 1979 gegründete Familienunternehmen SBA-TrafoTech GmbH in Heiligenstadt produziert mit ca. 110 Mitarbeitern am Standort Transformatoren, Drosseln und Filter, die in den Bereichen erneuerbare Energien, Maschinenbau, Fahrzeugbau, Antriebstechnik oder Medizintechnik Anwendung finden.
- Das unabhängige Familienunternehmen Gerber Kunststofftechnik GmbH in Weismain mit ca. 100 Mitarbeitern fertigt Produkte aus Duro- und Thermoplasten u. a. für die Gebäudetechnik, Elektro- und Automobilindustrie.
- Ebenfalls in Heiligenstadt stellt die bereits 1945 gegründete Inka System GmbH mit 65 Mitarbeitern verschiedenste Sondermaschinen und -bauteile für die Automobil- und Maschinenbauindustrie her.
- Geroh in Waischenfeld hat sich auf mobile Präzisionsmastsysteme und militärische Transportsysteme spezialisiert. Das 1946 gegründete Unternehmen ist heute Teil der US-amerikanischen Will-Burt Company.
- Geiger Präzisions GmbH in Eggolsheim wurde als Start-up von einem Ehepaar gegründet, hat sich aber zum mittelständischen Unternehmen entwickelt und stellt Mess-, Kontroll- und Navigationsinstrumente vorwiegend für die Automobilbranche her.

Einige Firmen sind auch im Energiebereich tätig. So arbeiten seit 2012 im Verwaltungs- und Produktionsgebäude für Energie- und Stromversorgungsanlagen der Frankenluk (mit Hauptsitz in Bamberg) in Buttenheim ca. 100 Mitarbeiter. Da in Teilen der Region durchaus ein Potenzial für erneuerbare Energie besteht, verläuft der

Ausbau der Fränkischen Schweiz zu einer Energieregion langsam, aber stetig und wird von Landwirten oder aber auch von Firmen gesteuert (so eröffnete die Naturstrom AG aus Düsseldorf, die Projekte in Fränkischen Schweiz betreut, eine Filiale in Forchheim). Bisher gibt es eine ganze Reihe von Solar-, Biogas- und Biomasseanlagen und Windenergieanlagen, die meisten davon in den Randgebieten.

Im Bauwesen, genauer im Bauhauptgewerbe, gab es 2014 (noch) 120 Betriebe in den Kerngemeinden der Fränkischen Schweiz. Dabei handelte es sich v. a. um kleinere Betriebe mit wenigen Beschäftigten. Eine Ausnahme bildet das seit Generationen familiengeführte Bauunternehmen Dechant (heute: Dechant Hoch- und Ingenieurbau GmbH) in Weismain, das sich in seiner über 135-jährigen Geschichte von einem regionalen handwerklichen Betrieb zu einem bundesweit agierenden industriellen Unternehmen mit fast 470 Mitarbeitern (Ende 2016) entwickelt hat. Es erbringt Hoch-, Tief-, Ingenieur- und Straßenbauleistungen bis hin zur schlüsselfertigen Übergabe von Wohn- und Gewerbeobjekten und ist v. a. auf Sichtbeton spezialisiert.

(c) Eine große Rolle in den Kerngemeinden der Fränkischen Schweiz spielt auch der tertiäre Sektor. IHK-Daten zufolge sind 779 Einzel- und 336 Großhandelsbetriebe, 564 Verkehrs- und Logistikbetriebe, 808 Betriebe mit Unternehmens- und 762 für private Dienstleistungen registriert, aber nur 109 Firmen im Gastgewerbe.

Zu **Handel, Verkehr und Gastgewerbe** (Abschnitte G bis I) gehören der Handel mit Kraftfahrzeugen einschließlich Instandhaltung und Reparatur von Kraftfahrzeugen, der Groß- und Einzelhandel, der Verkehr (v. a. Landverkehr und Transport in Rohrfernleitungen, Lagerei sowie Erbringung von sonstigen Dienstleistungen für den Verkehr, Post-, Kurier- und Expressdienste) sowie das Gastgewerbe. In der Fränkischen Schweiz ist der Handel durch kleinere Betriebe wie Autohändler und Kfz-Werkstätten, Landmaschinenhandel, aber auch durch Obstgroßhandel und ein Rewe-Logistikzentrum in Buttenheim vertreten. Lebensmitteleinzelhandelsgeschäfte sind in vielen Dörfern verschwunden, während in größeren Orten mit gewisser Zentralität Supermärkte oder Discounter eröffnet wurden. Im Bereich des Verkehrs gibt es einige Speditionen und Busunternehmen. Für eine erklärte Fremdenverkehrsregion ist die Zahl der Betriebe und der SV-Beschäftigten im Gastgewerbe erstaunlich niedrig. Beim Übernachtungsgewerbe zeigt sich eine relativ deutliche Konzentration auf wenige Kommunen. Laut Gemeindestatistik waren in den Kerngemeinden der Fränkischen Schweiz im Juni 2015 170 Beherbergungsbetriebe mit jeweils mehr als neun Betten geöffnet, 137 davon in den elf so genannten Prädikatsgemeinden. Nur in den so klassifizierten Gemeinden werden in Bayern auf freiwilliger Basis auch Kleinbeherbergungsbetriebe mit weniger als zehn Betten erhoben. Pottenstein, Ebermannstadt, Gößweinstein, Waischenfeld, Heiligenstadt, Obertrubach und Wiesenttal verzeichneten die meisten Gesamteinkünfte, deutlich vor Egloffstein, Betzenstein, Weismain und Hollfeld, wo die Bedeutung des Fremdenverkehrs eher rückläufig zu sein scheint. Aufseß, Buttenheim und Ahorntal sind zwar nicht als Prädikatsgemeinden klassifiziert, verzeichnen aber auch ohne Berücksichtigung der kleineren Betriebe beachtliche Ankünfte. Zur Gastronomie gibt es keine spezifischen Erhebungen; sie spielt aber in einigen Dörfern – oft in Verbindung mit Brauereien – durchaus noch eine nennenswerte Rolle. Räumliche Schwerpunkte von Handel/Verkehr/Gastgewerbe – mit einem SV-Beschäftigtenanteil von über 40 % nach dem Arbeitsprinzip – sind die Kommunen Betzenstein, Eggolsheim, Plankenfels, Gößweinstein und v. a. Buttenheim.

(d) Zu den **Unternehmensdienstleistern** werden die Wirtschaftsabschnitte J bis N, d. h. Information und Kommunikation, Erbringung von Finanz- und Versicherungs-

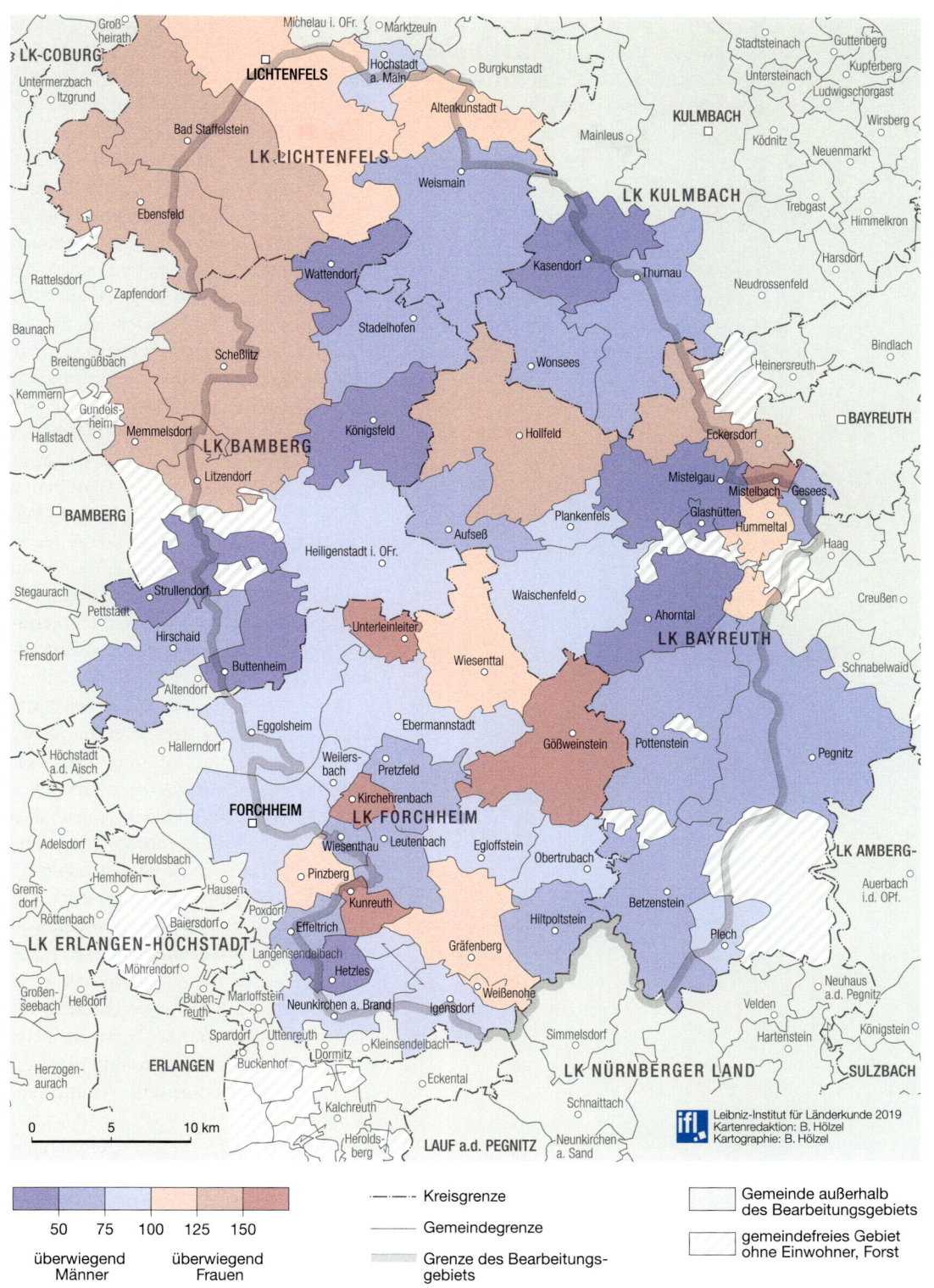

Abb. 43   Verhältnis von weiblichen zu männlichen SV-Arbeitskräften nach dem Arbeitsortprinzip

dienstleistungen, Grundstücks- und Wohnungswesen, Erbringung von freiberuflichen, wissenschaftlichen und technischen Dienstleistungen sowie die Erbringung von sonstigen wirtschaftlichen Dienstleistungen, gerechnet. Der IHK-Zahl der Unternehmen nach sind sie besonders in Ebermannstadt, Eggolsheim, Gräfenberg, und Hollfeld von Bedeutung. Als Arbeitgeber spielen sie in der Fränkischen Schweiz nur eine untergeordnete Rolle. In Obertrubach entfallen allerdings zwei Drittel der SV-Arbeitsplätze auf Unternehmensdienstleister. Hier ist der Sitz des größten mittelständischen Touristik-Unternehmens Deutschlands, der Schmetterling International. Dieser Teil der Firmenfamilie, die sich aus einer 1976 gegründeten Firma entwickelt hat und auch als Reise- und Verkehrsunternehmen tätig ist, kooperiert mit zahlreichen europäischen Reisebüros. Es ist als Reiseveranstalter ein deutschlandweit agierendes Verkehrsunternehmen und als Anbieter eines Fullservice-Technikpakets für Reisebüros tätig. Als Strategie zur Gewinnung von Facharbeitern bietet das Unternehmen Mitarbeitern preiswerte Baugrundstücke an (RAUSCHER 2018, S. 8).

Beispiele für andere wichtige Unternehmensdienstleister sind folgende Firmen:

■ Seit mehr als 40 Jahren ist die Labor- und Zertifizierungsfirma EMCCons DR. RAŠEK GmbH & Co. KG in Moggast/Ebermannstadt und Unterleinleiter fernab von Industrie und menschengemachtem Lärm in den Bereichen elektromagnetische Verträglichkeit, Funk, elektrische Sicherheit und Umweltsimulation tätig.

■ In Buttenheim entwickelt Salzbrenner Stagetec Mediagroup professionelle Audiotechnik (Mischpulte, Audiorouting), baut und programmiert Steuerungssysteme u. a. für Konzertsäle oder Theater. Der Global Player mit ca. 85 Mitarbeitern hat seinen Hauptsitz in Buttenheim und Niederlassungen Berlin, Chemnitz und Wien.

■ Zum Medical Valley der Europäischen Metropolregion Nürnberg, das auch in die Fränkische Schweiz hineinreicht, gehört die Firma Solnovis in Eggolsheim, die Baugruppen und Systeme für Medizinprodukte von der Konzeption über den Prototypenbau bis hin zur Überleitung in den Produktionsprozess entwickelt.

(e) Zu den **öffentlichen und privaten Dienstleistungen** (Abschnitte O bis U) werden die öffentliche Verwaltung/Verteidigung/Sozialversicherung, Erziehung und Unterricht, Gesundheit und Sozialwesen, Kunst/Unterhaltung/Erholung, Erbringung von sonstigen Dienstleistungen, Erbringung

Abb. 44   Auspendlerquote

von Dienstleistungen in oder durch private Haushalte gerechnet. Öffentliche und private Dienstleister dominieren in fünf Kerngemeinden der Fränkischen Schweiz und zwar in Weilersbach, Kunreuth, Hollfeld, Kirchehrenbach und Gräfenberg. Hier spielt die Beschäftigung in Schulen, Kindertagesstätten, Seniorenheimen und/oder Diakoniestationen, in der Verwaltung, aber auch bei Versicherungen, Immobilienmaklern, als Physiotherapeuten, Friseure o. Ä. eine wichtige Rolle.

Räumliche Aspekte der Beschäftigung

In der Vergangenheit arbeitete ein großer Teil der Bevölkerung vor Ort. Allgemein hat die Beschäftigung in der eigenen Wohngemeinde abgenommen, da die Zahl der landwirtschaftlichen Betriebe und traditionellen Handwerksberufe rückläufig ist und Heimarbeiter (auch in Zeiten des Internets) nicht zugenommen haben. Inzwischen ist in den Kerngemeinden der Fränkischen Schweiz nur noch bei 15,4 % der SV-Beschäftigten ihr Wohnort gleichzeitig ihr Arbeitsort (2016), sie sind also so genannte Binnenpendler. Allerdings arbeiten in Ebermannstadt und Weismain über ein Viertel der SV-Beschäftigten in der eigenen Gemeinde, in Heiligenstadt und Hollfeld immerhin noch mehr als ein Fünftel, in den Gemeinden Ahorntal, Kunreuth, Kirchehrenbach, Plankenfels, Weißenohe, Glashütten, Stadelhofen, Wattendorf und Weilersbach (mit absteigendem Anteil) aber weniger als 10 %.

Häufig wird argumentiert, dass das Arbeitsplatzangebot in ländlichen Räumen vor Ort v. a. männlich ausgerichtet ist und Frauen daher entweder keiner SV-Beschäftigung nachgehen, pendeln müssen oder sogar migrieren. Die Fränkische Schweiz bestätigt diese These nur teilweise. Im Kerngebiet haben tatsächlich mehr Männer als Frauen SV-Arbeitsplätze, in den Randgemeinden ist das Verhältnis ausgeglichener. Wenn man aber einen Gender-Beschäftigungsindex für einzelne Gemeinden erstellt

bzw. das Zahlenverhältnis der weiblichen Arbeitskräfte zu den männlichen bezogen auf den Arbeitsort berechnet, ergibt sich ein recht heterogenes Bild. Gemessen wird mit dem Index der Prozentanteil der weiblichen Arbeitskräfte, bezogen auf die männlichen Arbeitskräfte. Bei 100 verzeichnet man eine gleiche Zahl von Arbeitskräften beider Geschlechter; bei 62 fallen auf 100 männliche 62 weibliche Beschäftigte; bei 150 gibt es 100 für Männer und 150 für Frauen. Interessant sind die sehr starken Extreme: So bieten Orte mit Schulen, Kindergärten o. Ä. so-

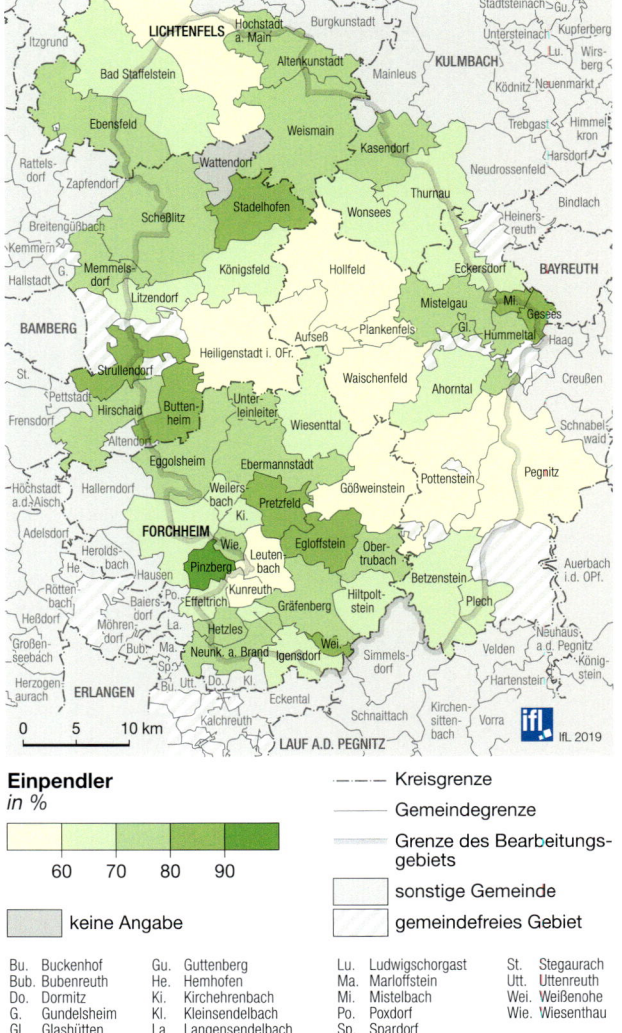

Abb. 45 Einpendlerquote

wie Gastronomie wie Unterleinleiter (188), Kirchenehrenbach (169), Kunreuth (165) oder Gößweinstein (145) v. a. SV-Arbeitsmöglichkeiten für Frauen, dagegen Orte mit landwirtschaftlichem oder gewerblichem Schwerpunkt eher Arbeitsplätze für Männer, insbesondere Wattendorf, Mistelgau (34), Buttenheim (35), Ahorntal (52), Königsfeld (53). ▶ Abb. 43

Arbeitskräfte, die in einem bestimmten Gebiet keine oder keine ihnen entsprechende Beschäftigung finden, müssen zu ihrem Arbeitsplatz pendeln. Der Pendlersaldo ist die Differenz zwischen Arbeitskräften, die in ein Gebiet einpendeln, und den Arbeitskräften, die aus diesem Gebiet auspendeln. Im Allgemeinen signalisiert ein positiver Pendlersaldo ein gutes Arbeitsplatzangebot und damit wirtschaftliche Bedeutung, weshalb dieser in der Regel für Städte positiv ausfällt, in ländlichen Räumen aber negativ. In den Gemeinden des Kerngebiets und sogar denen des Randgebiets der Fränkischen Schweiz ist er – wie zu erwarten – negativ; Ausnahme mit einem positiven Pendlersaldo bilden aber die Randgemeinden Forchheim, Kasendorf und Altenkunstadt (Zahlen Bundesagentur für Arbeit, Gemeindedaten aus der Beschäftigungsstatistik, Stand 30. Juni 2016). Allerdings ist der Pendlersaldo aufgrund seiner absoluten Größe nicht für den Vergleich von unterschiedlich großen Gemeinden geeignet. Hier sind die Aus- und Einpendlerquote aussagekräftiger.

Eine hohe **Auspendlerquote** bzw. ein hoher prozentualer Anteil der Auspendler an den SV-Beschäftigten am Wohnort findet sich v. a. in Gebieten, die eine größere, meist kreisfreie Stadt umschließen. Kommunen mit hohen Auspendlerquoten verfügen entweder über eine zu geringe Ausstattung mit für die Wohnbevölkerung passenden Arbeitsplätzen und/oder eine hohe Attraktivität als Wohnstandort. In der Fränkischen Schweiz ▶ Abb. 44 sind die Auspendlerquoten mit über 90 % am höchsten in den Kommunen mit geringer Distanz zu (d. h. guter Erreichbarkeit von bzw. geringer Pendelzeit nach) Erlangen und Nürnberg, Forchheim, Bamberg und Bayreuth. Andere Orte mit sehr hohem Auspendlersaldo sind Stadelhofen und Wattendorf, Unterleinleiter, Plankenfels, Ahorntal. Die randlich gelegenen größeren Gemeinden mit besserer Arbeitsplatzausstattung weisen die geringsten Auspendlerquoten auf (Pegnitz 60 %, Lichtenfels 61,5 %, Forchheim 63,8 %).

Die **Einpendlerquoten**, also das prozentuale Verhältnis der Einpendler zu den Beschäftigten am Arbeitsort, sind allgemein besonders hoch in Ballungsräumen und Oberzentren, was deren regionale Bedeutung als Standorte von Arbeitsplätzen zeigen soll. Sie liegen für die kreisfreien Städte im Umkreis der Fränkischen Schweiz zwischen 52,8 % für Nürnberg und 70,3 % für Bamberg Stadt. Erstaunlicherweise gibt es aber eine ganze Reihe von Gemeinden in der Fränkischen Schweiz selbst ▶ Abb. 45, die in diesem Bereich liegen, ja selbst den Maximalwert von Bamberg noch übertreffen. Dies kann zwar als Zeichen von wirtschaftlicher Kraft interpretiert werden, aber auch daran liegen, dass bei kleiner Größe einer Gemeinde und bei einseitigem Beschäftigungsangebot die Möglichkeit eines Mismatches zwischen Arbeitsplatzangebot und Arbeitskraft am Wohnort wächst/besonders groß ist.

Über die Pendeldistanzen und die Pendelverflechtungen lassen die Daten des IAB auf Gemeindebasis keine Aussagen zu, eine entsprechende Aggregierung zu Aussagen über die Fränkische Schweiz ist nicht möglich. Allerdings ist mit Sicherheit davon auszugehen, dass die meisten Arbeitskräfte in die jeweils angrenzenden Randgebiete und nahegelegenen größeren Städte pendeln, also aus den nördlichen Kerngemeinden ins Obermaintal und nach Bamberg, aus den östlichen nach Bayreuth, Pegnitz, aber auch Nürnberg, aus den südlichen nach Erlangen-Fürth-Nürnberg und aus den westlichen nach Forchheim, Bamberg und in das Regnitztal.

Per Saldo ist die Fränkische Schweiz eine Auspendlerregion. Werner BÄTZING (2000, S. 127) stellte daher die Frage, ob die Fränkische Schweiz eher „eigenständiger Lebensraum oder Pendler- und Ausflugsregion" sei. Durch ihre Funktionsteilung für die Bewohner als „Wohnregion für Menschen, die im Verdichtungsraum […] arbeiten" und zugleich Region mit „Funktionen als Naherholungsraum, als Landschaftsschutzgebiet […] und als Urlaubsregion" (2000, S. 139) resultiert für ihn eine Situation, die sehr viel Verkehr erzeugt und nicht mit dem Gedanken der nachhaltigen Entwicklung vereinbar ist.

Allerdings sollte bei seinem Argument, „daß die Fränkische Schweiz ihre Bedeutung als Wirtschaftsraum immer mehr verliert" (BÄTZING 2000, S. 139), bedacht werden, dass gerade die intensive Pendlerverflechtung der Bevölkerung der Fränkischen Schweiz mit ihren Nachbarzentren durchaus deutliche strukturelle Vorteile bietet, da diese sicherstellt, dass die Region nicht durch Abwanderung bedroht ist. Dies lässt sich auch gut an der großen Zahl von neuen Einfamilienhäusern in den Dörfern der Fränkischen Schweiz ablesen, die eine erstaunliche Dynamik erkennen lassen. Außerdem werden viele wirtschaftliche Aktivitäten in der Fränkischen Schweiz durch den Hauptberuf eines Pendlers bzw. pendelnden Haushaltsmitglieds abgesichert, sodass dadurch lokale Nebenerwerbstätigkeiten – etwa in Gastronomie, Tourismus und anderswo – weiterbestehen können.

Fragen des Kulturlandschaftserhalts und der Kulturlandschaftspflege

Die Attraktivität der Fränkischen Schweiz ist zu einem erheblichen Teil in ihrer spezifischen kulturlandschaftlichen Ausprägung begründet. Nun sind Kulturlandschaften im zeitlichen Verlauf allerdings nicht unveränderlich, sondern sie wandeln sich mit den wirtschaftlichen Tätigkeiten der Menschen in ihnen. Wenn eine ererbte Kulturlandschaft mit ihren Bestandteilen als besonders reizvoll und schützenswert für die Regionsbevölkerung und für eine touristische Nutzung gesehen wird, diese aber zugleich in ihrem Fortbestand gefährdet ist – und das trifft für die Fränkische Schweiz zweifellos zu –, dann stellt sich die Frage, ob man durch Pflege, durch Konservierungsmaßnahmen, durch Verbote und durch Förderung bestimmter erwünschter wirtschaftlicher Aktivitäten diesen Zustand sichern kann.

Es wird zwar sicherlich nie möglich sein, einen alten Zustand völlig zu erhalten – Kulturlandschaften sind keine musealen Einheiten –, aber bestimmte schädliche Entwicklungen für angestrebte, z. B. touristische Ziele lassen sich reduzieren. Wenn sowohl in der Sicht der regionalen Bevölkerung als auch der Touristen der Erhalt ausgewählter Elemente der traditionellen Kulturlandschaft wünschenswert ist, lässt sich dieses Ziel indes meist nicht nur auf der Basis in-

Abb. 46   Dorfplatz mit ehemaliger Hüle in Trägweis (Landkreis Bayreuth), der zum Dorfpark umgewandelt worden ist

dividueller, privater Handlungen und Finanzierungen erreichen, sondern es bedarf der öffentlichen, konzertierten Hilfe.

Die schützenswerten Landschaftsbestandteile der Fränkischen Schweiz sind vielfältig. Hier kann nicht auf all diese Facetten eingegangen werden, es soll aber nachfolgend versucht werden, die wichtigsten zu beschreiben und zu diskutieren.

Landwirtschaftliche Elemente der Kulturlandschaft

Das durch landwirtschaftliche Aktivitäten geprägte Landschaftsbild spielt in der Fränkischen Schweiz eine besonders wichtige Rolle. Es war bereits davon die Rede, dass sich mit dem Verschwinden der Egertenwirtschaft das Verhältnis von Wald und Offenland zugunsten von ersterem verschoben hat. Das ist weniger stark zu beobachten in den Talböden, wo aufgrund der starken Vernässung immer noch Wiesen dominieren. Am stärksten landschaftlich beeinträchtigt sind die Ränder der Haupttäler, deren Talhänge zu einem hohen Anteil durch schroff aufragende Dolomitfelsen geprägt sind. Diese Felsen sind in den vergangenen Jahrzehnten verbuscht und (außer im Winterhalbjahr, wenn die Bäume unbelaubt sind) vom Talboden aus nur noch mühsam oder überhaupt nicht mehr zu erkennen. Derart entsteht ein völlig anderer Landschaftseindruck. Vor allem die für die Fränkische Schweiz so charakteristische Komponente der aufragenden Kalkfelsen am Rand der Täler ist nur noch mühsam zu erkennen. Nackte Felsen und die baumlosen Wacholderheiden sind inzwischen unter Wald verschwunden. Doch gerade dieses Landschaftsbild hatte die Romantiker im 19. Jh. mit Worten und in Stahlstichen so sehr begeistert. Es wird deshalb seit Jahrzehnten versucht, eine neue Offenhaltung der Kulturlandschaft, v. a. durch Felsfreilegungen zumindest an einigen besonders charakteristischen Talhängen künstlich zu erreichen, indem markante Felsen durch Rodung wieder herauspräpariert werden (GEISSNER u. HUSS 2000). Erfolgte Felsfreilegungen kann man ganz besonders gut für die Ruine Neideck, aber auch für weitere Bereiche im Wiesent-, Püttlach-, Leinleiter-, Trubach-, Aufseß- und Kleinziegenfelder Tal beobachten. Diese Baumfällmaßnahmen werden von der öffentlichen Hand finanziert; sie begründen sich durch Argumente der Ästhetik, des Landschaftscharakters und des Naturschutzes (v. a. Brutplätze für Vögel und die Wachstumsbedingungen für seltene Pflanzen). Zudem gewinnt die Wanderschäferei mit den neuen Aufgaben einen erneuten Aufschwung. Sie wird verstärkt eingesetzt, um Flächen offen zu halten und eine Verbuschung wie Verwaldung zu unterbinden, was durch das Fressverhalten der Schafe sichergestellt ist. Die Haupteinnahmequelle für solche Schäfer ist nicht die Aussicht auf Woll- und Fleischverwertung, sondern die Besoldung als Kulturlandschaftspfleger. Als besonders attraktiv und regionstypisch werden die Wacholderheiden angesehen ▶ Abb. 116, die als anthropogen bedingte Biotope dadurch entstanden sind, dass die Schafe diese Pflanze nicht fressen, und dass somit Wacholderbüsche in lockerer Verteilung hochkommen, während die Jungpflanzen aller anderen Baumarten abgefressen werden. ▶ C 14

Eine konsequente Beweidung mit Schafherden stellt somit das Weiterbestehen des Offenlandes sicher. Dies ist ein wichtiger Beitrag zur Erhöhung der Ästhetik der Landschaft, aber auch zu einer Wiederherstellung der Artenvielfalt an Pflanzen und Tieren (HIMMEL 2003). Doch resultiert dieses neue Bild nicht automatisch aus der landwirtschaftlichen Bewirtschaftung – wie einst –, sondern erfordert, im Unterschied zur Phase des 19. Jh., eigene Maßnahmen und Investitionen seitens der öffentlichen Hand.

Auf der Albhochfläche ist inzwischen der Flächenanteil, der durch Wälder bedeckt ist, relativ hoch. Dies ist eine konsequente Folge des Niedergangs der Egertenwirtschaft. Aufforstung stellt eine sehr extensive, aber durchaus ertragreiche Nutzung landwirtschaftlicher Flächen dar. Da die Albhochfläche nur ein recht geringes touristisches Interesse besitzt, ist diese Bewaldung auch nicht schädlich. Sie ist jedenfalls weniger konfliktträchtig als es die inzwischen riesigen Flächen von Mais sind; denn als Folge ihrer Verwendung in den Biogasanlagen prägen sie heute in den Sommermonaten den Landschaftscharakter der Albhochfläche bereits (zum Negativen hin).

Bäume als Landmarken

Als Landmarken in mehreren Dörfern sind bis in die Gegenwart einzelne Baumriesen von oft beträchtlichem Alter erhalten geblieben. Diese Bäume besaßen und besitzen vielfach die wichtige Funktion, Orte der dörflichen Kommunikation zu sein, daneben und darüber hinaus aber auch symbolische und historische Aspekte der dörflichen Geschichte zu verkörpern. Es ist zuweilen, vermutlich deutlich übertrieben, von tausendjährigen Linden oder Eichen die Rede. Gleichwohl sind das hohe Alter und die Interpretation dieser herausgehobenen Bäume auf dörflicher Ebene heute ein materielles Kulturgut, das sowohl Schutz als Natur- wie auch Kulturdenkmal verdient. ▶ D 38

Siedlungen

Eine weitere wichtige Komponente der gewachsenen Kulturlandschaft sind die Siedlungen, also die Weiler, Dörfer und Kleinstädte. In zahlreichen Fällen ist bereits eine Dorferneuerung und ländliche Siedlungsentwicklung erfolgt. Die in der Gegenwart nicht mehr benötigten Hülen wurden in mehreren Fällen nicht verfüllt, sondern als ein Raum zum Verweilen um eine kleine Teichfläche gestaltet. Damit wird das Dorfzentrum verschönert und kann als neuer Kommunikationsraum fungieren, wie es z. B. beim Hüllfest in Rothmannsthal praktiziert wird. Besonders ansprechende Lösungen für eine Hüll-Neugestaltung im Dorfzentrum sind in Eichenhüll (Landkreis Bamberg) und Trägweis (Landkreis Bayreuth) gefunden worden. ▶ Abb. 46 Die gemauerten Brunnen, die ehemals wichtige Orte für die Sicherstellung der Wasserversorgung waren, werden auch in der Gegenwart noch in Ehren gehalten; viele von ihnen werden heute in der Osterzeit festlich als Osterbrunnen geschmückt, auch wenn diese Praxis in zahlreichen Dörfern gar keine alte Tradition besitzt. Die vielerorts noch bestehenden öffentlichen wie auch privaten Backöfen werden immer noch genutzt und baulich, falls notwendig, restauriert. Sie sind charakteristischer Bestandteil einer traditionellen Dorfinfrastruktur. Durch Programme einer Dorferneuerung, Flurneuordnung und für Ländlichen Straßen- und Wegebau werden Landes-, Bundes- und EU-Mit-

Kulturlandschaftliche Relikte jüdischen Lebens

Bis Ende des 19. Jh. war in Teilbereichen der Fränkischen Schweiz, in erster Linie in den Kleinterritorien der Reichsritterschaft, ein wichtiger Bevölkerungsanteil jüdischen Glaubens ansässig, der zuvor im Rahmen einer Peuplierungspolitik angeworben worden war. Seither haben die Juden durch Abwanderung nach Übersee und in die Städte die Fränkische Schweiz verlassen. In der Zeit des Nationalsozialismus waren nur noch ganz wenige Landjuden verblieben. Die Gründe für deren Präsenz und die heute vielfach recht versteckt gelegenen kulturlandschaftlichen Überreste werden im Rahmen der Exkursion behandelt. ■ lid-online.de/81504

Jüdische Kultur

tel über das zuständige Amt für ländliche Entwicklung bereitgestellt für Maßnahmen, die den ländlichen Charakter erhalten und Infrastrukturmaßnahmen in den Dörfern (z. B. Gemeinschaftshäuser, Gestaltung von Dorfplätzen, Beseitigung von Leerständen, Aufwertung der Ortskerne) ermöglichen. Im Rahmen solcher Projekte werden oft auch historisch überkommene Relikte so restauriert, dass sie als Elemente des materiellen Kulturerbes erst wieder voll zur Geltung kommen. Beispielhaft sei hier die Restaurierung des Hydraulischen Widders von Burggaillenreuth oder die Mikwe, das jüdische Tauchbad, von Pretzfeld genannt. Der ELER stellt hierbei ein wichtiges Förderprogramm dar.

Private Anwesen, die unter Denkmalschutz stehen und in ihrer Restaurierung vorbildlich durchgeführt werden, können von Fördermitteln profitieren (z. B. Hofstelle in der Ortsmitte von Creez, Alte Schmiede in Morschreuth, Umnutzung der Zehntscheune von Sollenberg). Solche Sanierungs- und Gestaltungsmaßnahmen tragen sichtbar dazu bei, den baulichen Charakter der Dörfer zu erhalten und zu verbessern.

In den Kleinstädten der Fränkischen Schweiz lässt sich ebenfalls erkennen, dass ortstypische bauliche Ensembles, v. a. in den Stadtkernen, systematisch erhalten und verschönert werden. Die Städtchen mit einer Tradition von Fachwerkfronten (z. B. Pottenstein, Betzenstein, Waischenfeld) trachten danach, diese ästhetische Dimension zu stärken, was konkret bedeutet, dass bei jüngeren Restaurierungen verputztes und damit verdecktes Fachwerk nun wieder freigelegt wird. Zentrale Plätze wie z. B. in Ebermannstadt, Pottenstein, Hollfeld und Betzenstein wurden verkehrsberuhigt, als Fläche mit Sitzmöglichkeiten zum Verweilen gestaltet und mit Brunnen, Denkmälern und auch Bäumen neugestaltet. Die in den Städten der Fränkischen Schweiz besonders zahlreichen und größere Flächen einnehmenden Scheunenviertel außerhalb der Altstädte, z. B. in Gräfenberg, Betzenstein, Ebermannstadt und Waischenfeld, werden erhalten und mit neuen Funktionen ausgestattet.

Es soll allerdings nicht der Eindruck erweckt werden, als existiere in der Fränkischen Schweiz eine heile Welt bzw. solle eine solche konstruiert werden. Natürlich existieren auch hier kulturlandschaftliche Konflikte, die es zu erkennen und zu regeln gilt.

Landschaftsschäden

Dabei spielt eine besonders wichtige Rolle die Frage, ob neuere bauliche Projekte, sei es im touristischen, sei es im außertouristischen Bereich, Stilelemente verwenden oder Flächendimensionen einnehmen, die einen Fremdkörper in der gewachsenen Kulturlandschaft darstellen. Natürlich sind besonders gravierende Narben in der Kulturlandschaft die Steinbrüche, in denen Baumaterialien gefördert werden. Diese sind, so sehr sie wirtschaftlich erforderlich sind, recht unansehnlich in ihrer Erscheinung. Glücklicherweise sieht man sie beim Durchqueren auf der Hochfläche kaum. Ihr Ausmaß an Landschaftsschädigung wird erst deutlich, wenn man aus der Luft herabblickt. Da sie alle Kalksteinbrüche sind, befinden sie sich ausnahmslos auf der Albhochfläche und sind dort, fernab der touristischen Gebiete, kaum Konflikträume. Die größten dieser Steinbrüche befinden sich nördlich und östlich von Gräfenberg, nordwestlich von

Abb. 47   Kalksteinbruch bei Hohenmirsberg. Im Vordergrund ist der Aussichtsturm auf der Platte erkennbar.

Eschlipp, nördlich von Wattendorf, nördlich von Kümmersreuth, östlich von Azendorf, westlich von Lahm, nordöstlich und südlich von Hohenmirsberg ▶ Abb. 47, südlich und südöstlich von Ittling. Vorbildlich versiegelt ist der ehemalige Steinbruch und die spätere Hausmülldeponie von Lichtenfels-Oberlangheim.

Überdimensionierte bauliche Projekte findet man derzeit in der Fränkischen Schweiz (noch) nicht. Sogar die Therme von Obernsees mit der um sie herum entstandenen Ferienhaussiedlung wirkt nicht als Störfaktor in der Kulturlandschaft. ▶ C 23 Dem touristischen Angebot in der Fränkischen Schweiz entsprechend, gibt es keine überdimensionierten Hotelanlagen. Das inzwischen erheblich ausgebaute Hotel Sponsel-Regus in Veilbronn erreicht aber mittlerweile mit über 130 Betten eine Dimension, bei der man sich wünscht, dass die Hotelkomplexe der Zukunft nicht größer werden; der Hotelneubau dominiert das reizvolle Leinleitertal am Fuß des Dolomitfelsens doch schon sehr markant.

An technischen Einrichtungen, die in die Kulturlandschaft einschneiden, stechen mehrere Überlandleitungen hervor, die als sterile Schneisen die Landschaft durchqueren. Die vom Umspannwerk bei Redwitz an der Rodach abgehende Stromleitung quert die nördliche Fränkische Schweiz von Hochstadt am Main–Isling–Rothmannsthal–zum Umspannwerk Würgau. Diese 380-kV-Stromleitung betrifft das Landschaftsbild besonders gravierend. Von Würgau aus zweigen mehrere 110-kV- Stromlinien in verschiedene Richtungen ab. Die Strecke in Richtung S passiert die Orte Tiefenpölz, Drosendorf ▶ Abb. 48, Weilersbach, Dobenreuth, wo sich die Linie aufgabelt in Richtung W (Forchheim), in Richtung S (Hetzles, Neunkirchen am Brand, Herpersdorf, Schnaittach) und in Richtung O (Thuisbrunn). Die Strecke in Richtung O führt vorbei an Königsfeld, Hollfeld, Stechendorf, Busbach, Eckersdorf, Bayreuth. Es ist verständlich, dass die Befürchtungen,

Abb. 48   380-kV-Trasse bei Drosendorf, die als Schneise die gesamte Hochfläche der Fränkischen Schweiz quert

die Fränkische Schweiz (und umgebende Regionen in Oberfranken) würden noch von einer neuen 380-kV-Leitung (Trasse P 4) und der 525-kV-Gleichstrompassage Süd-Ost-Link betroffen sein, zu großer Ablehnung und zu Ängsten führten. Die Bedrohung scheint inzwischen abgewendet zu sein. Gerade eine Tourismusregion wie die Fränkische Schweiz befürchtet durch solche Fremdkörper eine Beeinträchtigung ihre Attraktivität.

Die gleiche Befürchtung geht auch von den mittlerweile zahlreich installierten Windkraftanlagen aus. Sie existieren bereits in mehreren Clustern im Lindenhardter Forst, am Kleetz, am Heidelknock, bei Wattendorf und an der Schichtstufenkante oberhalb von Tiefenellern bei Neudorf. Unbestritten ist ihr Nutzen für die Erzeugung erneuerbarer Energie; kontrovers gesehen wird allerdings ihre (negative)

Beeinflussung des Landschaftsbildes. Der besonders stark touristisch geprägte Landkreis Forchheim hat deshalb bislang sämtliche Anträge auf Errichtung von Windkraftanlagen negativ beschieden. Auch die Fotovoltaik-Platten auf den Dächern und in Freianlagen sind in ihrer Beeinträchtigung des Landschaftsbildes umstritten. Für sie zeichnet sich indes eine höhere Akzeptanz ab, da sie weit weniger prägend sind. Die Biogasanlagen sind inzwischen zwar ebenfalls zahlreich; sie fallen aber im Landschaftsbild nicht sehr stark auf. Ihre (negativen) Effekte betreffen v. a. das fast schon monokulturelle Anbaubild an Mais und (im Landschaftsbild nicht sichtbar) ihre Umweltbeeinträchtigungen für das Grundwasser. Deshalb sind zahlreiche Versuche, anstelle des Mais auch in der Fränkischen Schweiz die Becherpflanze Silphie als Energiepflanze anzubauen, erfolgversprechend. Sie erbringt zwar nur 60–70 % der Biomasse des Mais, aber sie ist keine einjährige, sondern bis zu 15-jährige Pflanze, erfordert kaum Pestizid- und Herbizideinsatz und ist damit grundwasserschonend, bietet einen besseren Erosionsschutz und erreicht nicht die mehrmetrige Höhe des Mais. Außerdem bietet sie als Blühpflanze Nahrung für die Bienen.

Kleinräumig sind v. a. Konflikte rund um die Dolomitfelsen zu verzeichnen. Hier geht es um die Verträglichkeit und Vereinbarkeit von Kletteraktivitäten und dem Naturschutz (Vogelnistplätze und seltene Pflanzen). Strenge Regelungen für die Kletterer halten diesen Konflikt in Grenzen. Bei Felsensanierungen zum Schutz vor Steinschlag auf den Talstraßen werden trotz der Motive zum Schutz der Verkehrsteilnehmer auch überzogene Lösungen praktiziert, die mit überdimensionierten Schutzzäunen das Landschaftsbild erheblich beeinträchtigen, so z. B. zwischen Hollfeld und Wonsees oder an der B 470 im Weihersbachtal bei Pottenstein.

Freizeit und Tourismus – Strukturen und Entwicklungen

Kontinuität und Brüche

Die Fränkische Schweiz gehört in Bayern zu den ältesten Tourismusregionen überhaupt. Bereits vom Ende des 18. Jh. bis zum Beginn des 20. Jh. gab es hier einen lebhaften Tourismus, der sich allerdings in seiner Besuchermotivation gewandelt hat – vom Höhlentourismus zum romantisch motivierten Besuch und zu einer Dominanz des (Molke-) Kurtourismus. Diese drei Motivstränge sind aber allesamt abgebrochen. Gleichwohl wird niemand anzweifeln, dass die Fränkische Schweiz auch heute stark touristisch geprägt ist. Aber wie war das in der Zeit dazwischen, in der ersten Hälfte des 20. Jh.? Gibt es eine touristische Kontinuität?

Diese Frage lässt sich am seriösesten auf der Basis von amtlichen statistischen Tourismusangaben auf Gemeindeebene beantworten. Daten zum Tourismus wurden amtlicherseits allerdings erst relativ spät (verglichen mit Bevölkerungsangaben) erfasst und veröffentlicht, nämlich seit den 1920er Jahren, und auch dies nicht für alle Gemein-

	1913/1914 (April–März)
Übernachtungsbesucherzahl (mindestens einmal übernachtende Fremde)	9.870
Zahl der Übernachtungen	43.130
Mittlere Aufenthaltsdauer	4,4 Tage

Abb. 49 Fremdenverkehr in Gößweinstein im Jahr 1913

den. Nachteilig an den amtlichen Daten zum Tourismus ist, dass sie nur die Übernachtungsfälle sowie die infrastrukturelle Ausstattung der Betriebe (Zahl der Zimmer und Betten) betreffen, und damit Informationen zur Art des praktizierten Tourismus verschweigen.

In der Fränkischen Schweiz gibt es schon früher als in den meisten anderen Regionen Bayerns erste statistische Daten zum Tourismus. Bereits für das Ende des Kaiserreiches liegen, aber nur für ein einziges Jahr (1913) und nur für Gößweinstein, Angaben vor. ▶ Abb. 49 Die Zahlen belegen, dass damals bereits ein zahlenmäßig beträchtlicher Tourismus zu verzeichnen war; die relativ hohe mittlere Verweildauer weist auf den zu dieser Zeit noch häufig praktizierten Kurtourismus hin.

Es hat also bereits zu Beginn des 20. Jh. durchaus eine stattliche Anzahl von Touristen für den Spitzenreiter Gößweinstein gegeben. Die ersten verfügbaren Zahlen für sämtliche Gemeinden (ab 1922) lassen erkennen, dass in den 1920er Jahren mehrere Orte, und keineswegs nur Gößweinstein, nennenswerte Übernachtungszahlen aufwiesen. Für 1924 sei nachfolgend der Tourismus in der Fränkischen Schweiz für die sechs besucherstärksten Gemeinden, die übrigens auch heute noch an vorderster Front rangieren, etwas ausführlicher wiedergegeben (SCHICK 1925). ▶ Abb. 50

Für 1924 werden in der gesamten Fränkischen Schweiz (nach der für diesen Band gewählten Abgrenzung) 61.555 Gäste mit 98.044 Übernachtungen gemeldet. An der Spitze befindet sich Gößweinstein, gefolgt von Behringersmühle – zwei Orte, die heute beide zu einer einzigen Gemeinde gehören. Muggendorf und Streitberg, die Gemeinden, die heute zur Gemeinde Wiesenttal gehören und in denen sich der Fränkische Schweiz-Tourismus im 19. Jh. konzentrierte, sind schon damals deutlich abgeschlagen, stehen aber noch vor Pottenstein. Grundfeld bildet einen Sonderfall, umfassen die dortigen touristischen Übernachtungen doch nur die Pilgerübernachtungen von Vierzehnheiligen.

Strukturelle Unterschiede zwischen den Gemeinden gibt es in mehrfacher Hinsicht. So wiesen 1924 Muggendorf und Streitberg immer noch die höchste Verweildauer der Touristen mit 4,2 bzw. 2,9 Tagen auf. Die Bettenauslastung ist ganz generell gering. Deutlich ragt dabei Behringersmühle mit einer Bettenauslastung von 29,3 % heraus; Gößweinstein bringt es immerhin noch auf 12,5 %, während alle übrigen bei deutlich unter 10 % verharren. Insgesamt war die mangelnde Bettenauslastung bereits 1924 ein Problem. Anders noch als in der Zeit des frühen 19. Jh., als die Touristen, welche die Höhlen besuchen wollten, auch aus anderen Ländern kamen, ist 1924 der Tou-

1924 (1.10.1923–30.9.1924)	Zahl der Betten	Zahl der Ankünfte	Zahl der Übernachtungen	Mittl. Aufenthaltsdauer (Tage)	Bettenauslast.	Anteil Ausländer (%) an Übernachtungen	Zahl Fremde je 100 Einwohner
Gößweinstein	1.060	33.250	48.370	1,5	12,5 %	--	4.873
Behringersmühle	154	10.112	16.465	1,6	29,3 %	5,7 %	3.331
Muggendorf	343	2.406	10.186	4,2	8,1 %	6,1 %	446
Grundfeld (Vierzehnheiligen)	210	4.694	5.061	1,1	6,6 %	1,1 %	1.556
Pottenstein	204	3.883	4.832	1,2	6,5 %	17,7 %	411
Streitberg	130	1.276	3.712	2,9	7,8 %	0,1 %	255

Abb. 50 Daten zur amtlichen Fremdenverkehrsstatistik für das Jahr 1924 (berücksichtigt sind nur die sechs übernachtungsstärksten Gemeinden)

rismus weitgehend durch deutsche Besucher geprägt. Eine Ausnahme, die schwer zu erklären ist, bildet hier Pottenstein, dessen Gäste zu 17,7 % Ausländer sind. Nur für Behringersmühle und Muggendorf liegt eine Aufschlüsselung der Gästeübernachtungen nach ihrer regionalen Herkunft vor.
▶ Abb. 51

In Behringersmühle entfallen nur 20,3 %, in Muggendorf 41,7 % der Gästeübernachtungen auf Personen aus Bayern. Von Letzteren kommen zwei Drittel allein aus Nürnberg. Zwar sind in beiden Orten die Anteile der Ausländer an den touristischen Gästeübernachtungen mit 5,7 % bzw. 6,1 % gering. Doch differieren die Herkunftsländer für diese Touristen. 47 % der ausländischen Gäste in Behringersmühle kommen aus der Tschechoslowakei und 28 % aus den USA. In Muggendorf sind dagegen die Österreicher mit 34 % die stärkste Nationalitätengruppe. So interessant dieser Befund ist, so schwer ist er zu erklären.

Seit 1922, als der Tourismus erstmals vollständig amtlicherseits erfasst wurde, liegen mehr oder weniger regelmäßig Zahlen auf Gemeindeebene vor. Deren Lesbarkeit in einer Zeitreihe wird dadurch erschwert, dass sich mehrfach die Definition dessen, was als touristischer Betrieb erfasst wird (und deshalb die Erhebungskriterien) geändert haben. Die Orte mit geringeren touristischen Übernachtungszahlen sind zudem nicht regelmäßig veröffentlicht worden, sondern weisen für manche Jahre Lücken auf. Schließlich gilt es zu bedenken, dass sich 1972 mit der Gemeindegebietsreform die territorialen Zuschnitte für die statistischen Zahlen verändert haben. Selbstredend hatten auch die Phasen des Zweiten Weltkriegs und der frühen Nachkriegszeit Auswirkungen auf den Tourismus.

Unter Berücksichtigung dieser Einschränkungen soll für zeitliche Abstände von je etwa fünf Jahren die Tourismusentwicklung der schon zu Beginn des 20. Jh. und auch in der Gegenwart wichtigsten Gemeinden wiedergegeben werden. ▶ Abb. 52, 53 Derart lassen sich die Entwicklungen der Übernachtungszahlen ganz generell erfassen wie auch die unterschiedliche Dynamik bzw. Beharrung einzelner Orte in der Fränkischen Schweiz herausarbeiten.

Noch 1924 sind die Gemeinden mit den höchsten Übernachtungszahlen die drei Kurorte sowie Behringersmühle: Gößweinstein mit 48.370 Übernachtungen, gefolgt von Behringersmühle (16.465) und Muggendorf (10.186) sowie Pottenstein (5.846) und Streitberg (3.712; ▶ Abb. 52). Damals war Gößweinstein der weit herausragende touristische Mittelpunkt der Fränkischen Schweiz. Wenn man bedenkt, dass heute in Gößweinstein (mit dem eingemeindeten Behringersmühle) 73.994 Übernachtungen (Stand: 2015) im Vergleich zu 64.835 (Stand: 1924) und 86.134 (Stand: 1930) für beide Orte zu verzeichnen sind, erkennt man, dass die Gemeinde seither touristisch stagniert. Ganz anders ist der Verlauf der Übernachtungszahlen für Pottenstein. Lagen diese 1924 noch bei bescheidenen 4.832, schnellten sie 1930 auf 42.962 und 2015 auf 122.818 hoch – eine schier unglaubliche Dynamik. Eine touristische Aktivität, die abrupt abbrach, ist der Kurtourismus. Waren noch 1933 im Sommerhalbjahr in Gößweinstein 4.670 bzw. in Pottenstein 4.162 kurtaxpflichtige Fremde vor Ort, sank deren Zahl bereits 1935 auf nur ein Viertel

Herkunft und Staatsangehörigkeit der Gäste	gesamtes Sommerhalbjahr 1924	Bayern	davon Nürnberg	davon München	sonstige Deutsche	Ausländer	davon Österreich	davon Tschechoslowakei	davon GB und Irland	davon USA
Behringersmühle	16.134	3.280	920	35	11.934	920	84	430	–	257
Muggendorf	10.186	4.244	2.767	37	5.323	619	212	54	65	9

Abb. 51   Zahl der Übernachtungen nach Herkunft und Staatsangehörigkeit der touristischen Gäste für 1924

Übernachtungen nach Gemeinde	1924 (1.10.23–30.9.24)	1930 (1.10.29–30.9.30)	1935 (1.10.34–30.9.35)	1940 (1.4.40–31.3.41)	1956 (1.10.55–30.9.56)	1961 (1.10.60–30.9.61)	1966 (1.10.65–30.9.66)
Ebermannstadt	850	7.271	6.834	1.082	7.940	11.321	15.132
Heiligenstadt	320	2.235	4.635	11.920	..	9.583	6.983
Muggendorf	10.186	32.615	29.115	23.131	28.210	35.889	34.062
Streitberg	3.712	19.834	22.759	19.095	16.221	19.749	34.555
Egloffstein	2.602	5.233	3.911	5.016	9.299	27.602	43.596
Kasendorf	678	715	1.122	538	4.155		2.789
Sanspareil	590	563	187	43			
Thurnau	663	994	875	492	3.679	6.322	
Behringersmühle	16.465	29.582	10.700	12.846	21.583	41.487	37.028
Betzenstein	321	307	421	295			
Elbersberg (Schüttersmühle)	755	921	988	712			
Gößweinstein	48.370	56.552	47.126	31.272	36.913	52.248	58.189
Obertrubach	261	570	1.109	1.175		7.161	12.114
Pottenstein	4.832	42.962	27.589	11.280	49.856	74.707	68.802
Tüchersfeld	259	698	958	945		4.911	4.079
Grundfeld (Vierzehnheiligen)	5.061	5.807	6.606	3.532	3.671		
Unterleinleiter			2.890	506		7.369	4.556
Waischenfeld		7.449	9.487	2.397	3.340	7.487	6.329
Hollfeld		1.340	1.615	260	2.328	4.155	3.574
Weismain				54			5.681

Abb. 52   Jährliche Übernachtungen in den wichtigsten Orten der Fränkischen Schweiz 1924–1966

dieses Wertes mit 1.028 bzw. 1.206 (LANG 1935b, S. 519) ab.

Überraschenderweise sanken die Übernachtungszahlen auch in der Zeit des Nationalsozialismus (1935, 1940) deutlich ab ▸ Abb. 52, obwohl doch mit dem Programm der Nationalsozialistischen Gemeinschaft „Kraft durch Freude" (KdF) ein preisgünstiger Urlaubstyp für Familien gefördert wurde, der hier sehr geeignet gewesen wäre, die Übernachtungszahlen steigen zu lassen. Jedenfalls schlagen sich die zahlreichen KdF-Urlauberzüge aus Hamburg und Sachsen, von denen in der Literatur immer berichtet wird, nicht in den statistischen Zahlen nieder.

Nach dem Zweiten Weltkrieg begann der Tourismus erst wieder in den 1950er Jahren in größerem Umfang. Bereits 1956 waren die Vorkriegswerte wieder erreicht, im Falle von Pottenstein ist sogar ein rasanter Anstieg der Übernachtungen von 11.280 (1940) auf 49.856 (1956) zu verzeichnen. Von nun an wird Pottenstein bis in die Gegenwart der Ort sein, der die meisten Touristen auf sich vereint. Dynamisch entwickelten sich in den

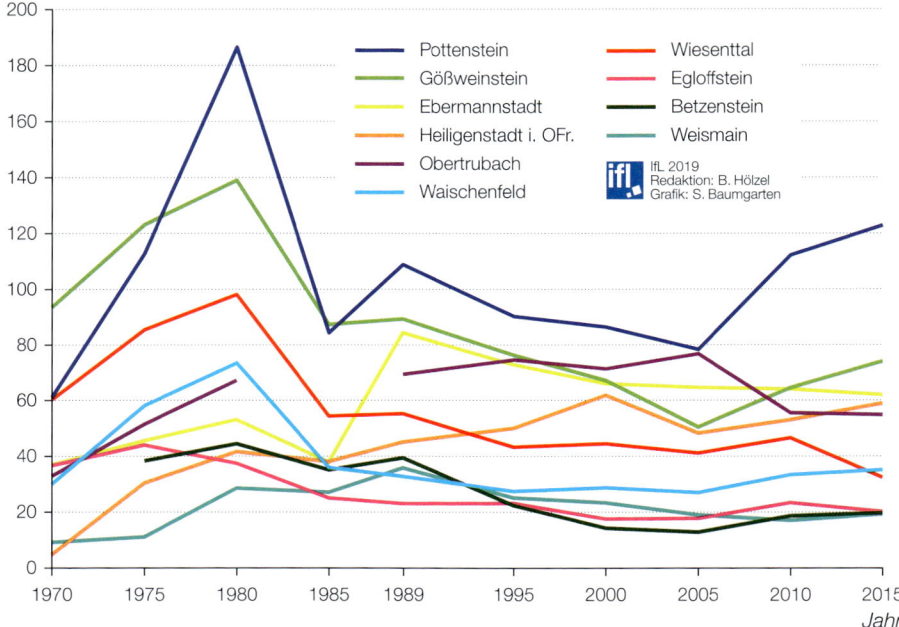

Abb. 53 Jährliche Übernachtungszahlen 1970–2015 in den wichtigsten Gemeinden der Fränkischen Schweiz

1960er Jahren auch Egloffstein, Obertrubach und in den 1970er Jahren Waischenfeld. ▶ Abb. 52, 53 Letzteres war bis dahin, obwohl es zu den seit der Zeit der Romantiker erwähnten Orten gehört, als Übernachtungsgemeinde nur wenig nachgefragt.

Nach der Gemeindegebietsreform von 1972 verzeichnet die Fränkische Schweiz Übernachtungszahlen, die nach einem Hoch um 1980 tendenziell stagnierten. Ausnahmen sind Pottenstein, das seine Führungsposition noch stärken konnte, und Heiligenstadt, das nach Gründung des Tagungs- und Ferienzentrums Leinleitertal (heute Tabea) in den 1970er Jahren an Bedeutung gewann. ▶ Abb. 53 Dagegen hat Gößweinstein deutliche Rückgänge der Übernachtungszahlen zu verzeichnen (mit allerdings seit 2005 wieder merklichem Anstieg). Der große Verlierer ist Wiesenttal (= Streitberg und Muggendorf), das von einem Maximum von 98.016 Übernachtungen im Jahr 1980 seither einen stetigen Verlust an Übernachtungsgästen bis auf 32.259 im Jahr 2015 erfuhr.

Nach einer kurzen Wachstumsphase in den 1970er und 1980er Jahren ist Waischenfeld als Übernachtungsort wieder zurückgefallen auf 35.089 Übernachtungen im Jahr 2015. Allerdings wird weiter unten noch zu berichten sein von seiner Bedeutung als Ort für Ferienwohnungen und Pensionsbetriebe. Auch Egloffstein weist nach den 1970er Jahren wieder tendenziell zurückgehende Übernachtungszahlen auf, was in abgeschwächter Form auch für Obertrubach zutrifft.

Bei aller Differenziertheit und Vielfalt im Einzelnen ergeben die statistischen Zahlen insgesamt sehr deutlich, dass der Tourismus in der Fränkischen Schweiz bereits vor dem Ersten Weltkrieg und in der Zeit der Weimarer Republik ein wichtiger Wirtschaftsfaktor war. Dabei war Gößweinstein der Ort, der die mit Abstand meisten Gäste an sich zog. In den 1920er Jahren ist dann eine unterschiedliche Dynamik für einzelne

Orte festzustellen. Besonders auffällig ist die beginnende Stagnation für Gößweinstein bei einem gleichzeitig kometenhaften Aufstieg für Pottenstein. Nach einer generellen Wachstumsphase in den 1950er und frühen 1960er Jahren (in der Egloffstein, Heiligenstadt und Obertrubach neu ins Spiel kamen) und einer nochmaligen Boomphase in den 1970er und 1980er Jahren gerieten die touristischen Übernachtungen der Fränkischen Schweiz ins Stocken bzw. entwickelten sich rückläufig. Zu den Absteigern gehören Gößweinstein und ganz besonders Wiesenttal (Streitberg und Muggendorf). Lediglich Pottenstein verzeichnet immer noch weitere Wachstumsraten und ragt somit nun noch weiter aus seinen umgebenden Gemeinden heraus. In pauschaler Antwort auf die eingangs summarisch gestellte Frage kann betont werden: Die Fränkische Schweiz ist im 20. Jh. eine Tourismusregion geblieben und hat sich als solche noch verstärkt.

Dies liegt z. T. sicher auch daran, dass mit der Gründung der Tourismuszentrale Fränkische Schweiz im Jahr 1974 endlich eine Institution geschaffen wurde, die in ihrer Servicearbeit und Werbung für dieses Gebiet zuständig wurde und seither erfolgreich unter der Trägerschaft der beteiligten Landkreise (v. a. Forchheim und Bayreuth) für die Fränkische Schweiz wirbt.

Gebietsausschuss und Tourismuszentrale

Erst nach dem Zweiten Weltkrieg erfolgte die Gründung des Nordbayerischen Fremdenverkehrsverbandes, der bald zum Tourismusverband Franken wurde und aus dem für die Fränkische Schweiz zunächst ein Gebietsausschuss und ab 1974 die Tourismuszentrale Fränkische Schweiz (mit Sitz in Ebermannstadt) hervorging. Es wird zunächst die Geschichte dieser Institutionen aufgezeigt (Beitrag „Geschichte des Gebietsausschusses und der Tourismuszentrale"), um daran anschließend die gegenwärtige, professionelle und erfolgreich arbeitende Online-Werbung vorzustellen. ■ lid-online.de / 81108 *und* ■ lid-online.de / 81128

Tourismuszentrale

Online-Tourismuswerbung

Eine Krise des Übernachtungstourismus?

Die Tourismusintensität von Gemeinden für ganz Deutschland wird statistisch v. a. anhand der Übernachtungen, die Fremde in der jeweiligen Gemeinde absolviert haben, gemessen. Dabei geht als Grundlage der Erhebungen der amtlichen Tourismusstatistik seit 1981 die Definition ein, dass nur Beherbergungsbetriebe mit mindestens neun Betten (seit 2011 ab zehn Betten), seit 2006 auch unter Einbeziehung der Campingstellplätze, erhoben werden. Auf der Grundlage dieser vorgegebenen Kriterien wäre heute der Ort mit den meisten Übernachtungen Pottenstein, und zwar mit 132.579 Nächtigungen. Allerdings ist die Beschränkung der Zahlen nur auf größere Übernachtungsbetriebe für die Fränkische Schweiz sehr problematisch, kaschiert sie doch einen erheblichen Anteil dessen, was faktisch an Übernachtungen erfolgt. Die amtliche Statistik erhebt bei so genannten Prädikatsgemeinden (und dazu gehören alle touristisch wichtigen Gemeinden in der Fränkischen Schweiz) ergänzend auch die Kleinbetriebe, das sind Pensionen und Gästewohnungen.

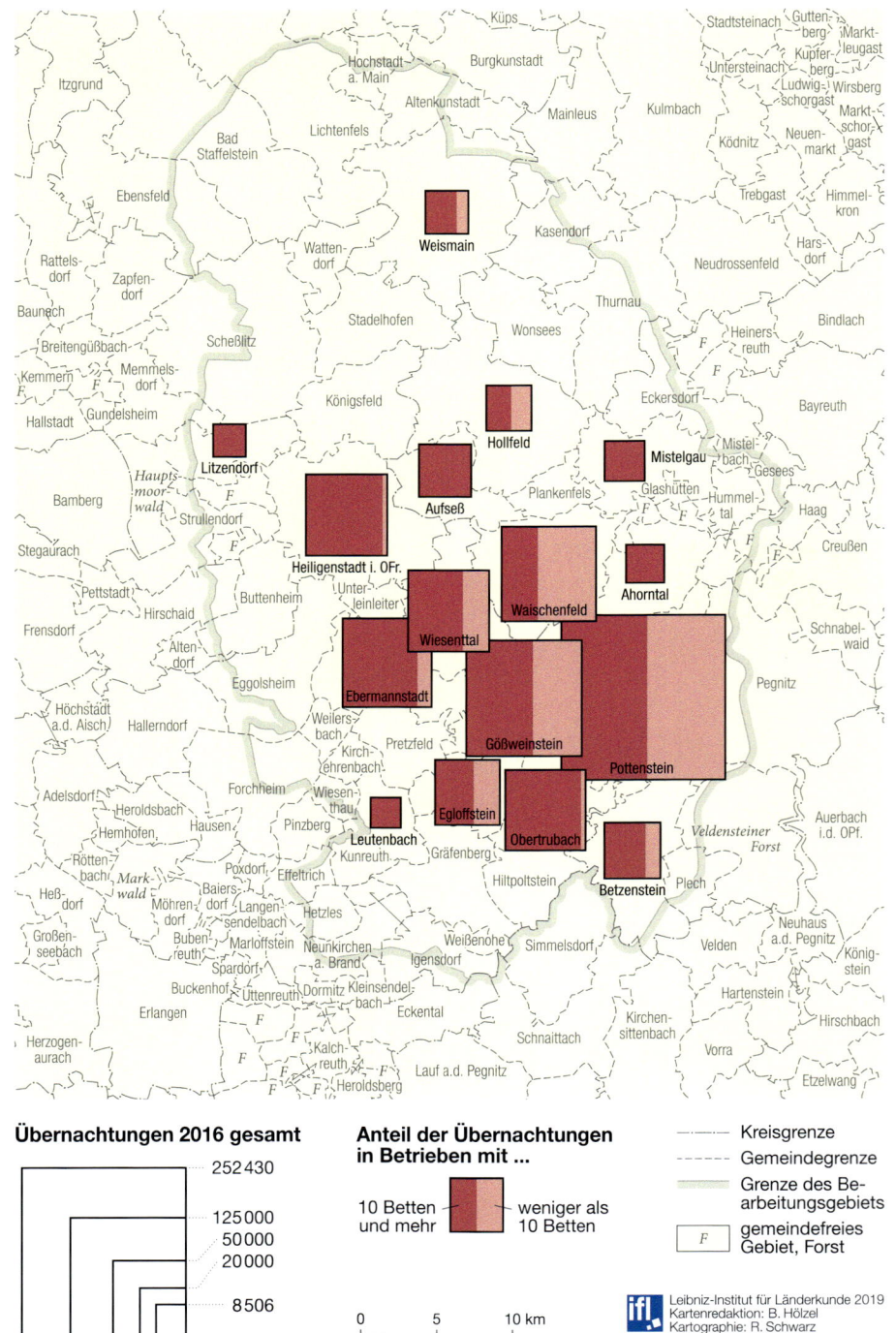

Abb. 54 Touristische Übernachtungen 2016 in den Gemeinden der Fränkischen Schweiz, differenziert nach den offiziellen Beherbergungsbetrieben und Kleinbetrieben in Prädikatsgemeinden

Übernachtungszahlen und -orte

In der ▸ Abb. 54 sind für 2016 diese unterschiedlich definierten Übernachtungszahlen dargestellt. In Dunkelrot werden die Werte abgebildet, wie sie gesamtstaatlich erhoben werden (für Betriebe ab zehn Betten) und als die offiziellen Zahlen gehandelt werden; in Hellrot die Übernachtungen in Kleinbetrieben von Prädikatsgemeinden (Luftkurorte, Erholungsorte). Bei allen Gemeinden, die keine hellrote Teilfläche aufweisen, handelt es sich nicht um Prädikatsgemeinden. Deren Zahlen für Übernachtungen in Kleinbetrieben sind auch nicht bekannt. In vorliegenden Fall sind dies ausschließlich Gemeinden mit relativ wenigen offiziellen Übernachtungen, und zwar Mistelgau, Ahorntal, Litzendorf, Aufseß, Wiesenthau und Leutenbach. Damit dürften aber auch deren Übernachtungszahlen in Kleinbetrieben, wie die der offiziellen Übernachtungen, nur gering sein. Das Ausblenden der Übernachtungen in Kleinbetrieben auf dieser Abbildung heißt aber nicht, dass es sie nicht gibt, sondern nur, dass sie nicht bekannt sind.

Das Verbreitungsmuster der insgesamt ca. 927.000 Übernachtungen für 2016 kon-

	Offizielle Übernachtungszahlen 2016	Übernachtungen 2016 in Kleinbetrieben mit weniger als zehn Betten in Prädikatsgemeinden	Mittlere Aufenthaltsdauer 2016 in Tagen der offiziellen Übernachtungsgäste	Mittlere Aufenthaltsdauer 2016 in Tagen der Gäste in Kleinbetrieben der Prädikatsgemeinden
Weismain	12.785	4.610	2,4	6,2
Litzendorf	9.920	–	2,0	–
Hollfeld	10.619	8.436	2,8	4,6
Mistelgau	14.955	–	4,4	–
Buttenheim	14.664	–	1,9	–
Heiligenstadt	58.221	3.384	2,6	3,4
Aufseß	25.693	–	2,5	–
Waischenfeld	32.266	51.518	2,3	5,3
Ahorntal	13.639	–	1,8	–
Ebermannstadt	62.275	11.587	2,3	7,8
Wiesenttal	41.876	19.832	2,4	6,1
Gößweinstein	72.131	52.913	2,4	7,3
Pottenstein	132.579	119.851	2,6	5,5
Wiesenthau	4.065	–	1,2	–
Leutenbach	8.506	–	5,4	–
Egloffstein	23.650	15.741	2,9	5,2
Obertrubach	57.215	3.237	2,7	7,7
Betzenstein	21.562	7.670	3,0	4,1
Summe	616.621	310.291		

Abb. 55   Übernachtungszahlen in den Gemeinden der Fränkischen Schweiz (ab mindestens drei Übernachtungsbetrieben)

zentriert sich stark auf den südlichen Teil der Fränkischen Schweiz. Das entspricht einesteils der stärkeren touristischen Prägung dieser Region, hat aber andererseits auch mit dem Gemeindezuschnitt zu tun, reichen doch im N Ebensfeld, Bad Staffelstein und Lichtenfels bis weit in dieses Gebiet hinein. Die Angaben für diese drei Gemeinden hier zu berücksichtigen würde das Ergebnis völlig verzerren, weil der weitaus überwiegende Teil der Übernachtungen nur die Kernorte betrifft und nicht die Gemeindeteile in der Fränkischen Schweiz. Lediglich die Rehabilitationsklinik Lautergrund in Schwabthal (die zu Bad Staffelstein gehört) betrifft eine größere Zahl von Übernachtungen, die aber nicht isoliert werden kann. ▶ A 10

Derzeit ist der Spitzenreiter in der Zahl der Übernachtungen (offizielle und Prädikatsgemeinden Kleinbetriebe) Pottenstein mit 252.430 (Stand 2016). ▶ Abb. 55 Dies entspricht, um hier eine vergleichende Einordnung zu ermöglichen, fast zwei Dritteln der Zahlen für die Festspielstadt Bayreuth (393.300). Mit weitem Abstand folgen Gößweinstein (125.044) und Waischenfeld (83.784). Heiligenstadt, Obertrubach und Wiesenttal erreichen als nächste je ca. 60.000 Übernachtungen.

Auf der Karte ist unschwer zu erkennen, dass offenbar die meisten touristischen Gemeinden der Fränkischen Schweiz einen hohen Anteil an Übernachtungen in Kleinbetrieben aufweisen (hellrote Flächen). Ihr Anteil an sämtlichen Nächtigungen beträgt für Egloffstein 40 %, für Gößweinstein 42,3 %, für Hollfeld 44,7 %, für Pottenstein 47,5 % und für Waischenfeld sogar 61,5 %. Der Übernachtungstourismus in Pensionen und Ferienwohnungen ist somit ein wichtiges Element, ja geradezu ein Charakteristikum dieser Tourismusregion.

Gravierende Unterschiede gibt es in der Aufenthaltsdauer der Gäste, differenziert nach Betrieben ab zehn Betten (Normalbetriebe) und solchen darunter (Kleinbetriebe). Die Aufenthaltsdauer in den Kleinbetrieben ist in allen Fällen höher als in den Normalbetrieben. Hier seien einige Beispiele genannt: Die Aufenthaltsdauer im Vergleich Normalbetriebe zu Kleinbetriebe beträgt im Falle Gößweinsteins 2,4 zu 7,3 Tage, bei Obertrubach 2,7 zu 7,7 Tage, bei Ebermannstadt 2,3 zu 7,8 Tage, bei Weismain 2,4 zu 6,2 Tage. Die geringste mittlere Aufenthaltsdauer für Normalbetriebe weisen Wiesenthau mit 1,2, Ahorntal mit 1,8, Buttenheim mit 1,9 und Litzendorf mit 2,0 Tagen auf; dabei dürfte ein guter Teil dieser Übernachtungen geschäftlich motiviert und nur teilweise freizeitbezogen sein. Und die Aufenthaltsdauer in den Kleinbetrieben der Prädikatsgemeinden, die mindestens bei 3,4 Tagen (Heiligenstadt) liegt und für Obertrubach (7,7 Tage) und Ebermannstadt (7,8 Tage) ihren maximalen Wert erreicht, zeigt deutlich, dass bei den Kleinbetrieben der Ferienaufenthalt offenbar die Regel ist, was nicht überrascht.

Camping und Ferien auf dem Bauernhof

Eine zentrale Frage bleibt die, ob die zur Verfügung stehenden offiziellen Zahlen, ergänzt durch die Daten für die Prädikatsgemeinden, ein einigermaßen realistisches Abbild der tatsächlich zu verzeichnenden Übernachtungen sind. Diese Frage kann durchaus bezweifelt werden. So wie für Übernachtungen in Betrieben mit weniger als zehn Betten wurden in der Vergangenheit auch die Übernachtungen im Campingbereich lange Zeit von der amtlichen Statistik auf der Basis ihrer Erhebungsmodalitäten überhaupt nicht berücksichtigt. Erst seit 2006 werden Campingübernachtungen in Betrieben mit mindestens zehn Stellplätzen erfasst und seitdem in den Übernachtungszahlen voll berücksichtigt, allerdings nicht separat ausgewiesen. Bis heute ist bei den Campinggästen festzustellen, dass alle Touristikcamper, die außerhalb von Campingplätzen übernachten, unerfasst bleiben; und auch die Dauercamper auf den Campingplätzen werden nur unvollständig berücksichtigt. Die Unzulänglichkeiten der Statistik

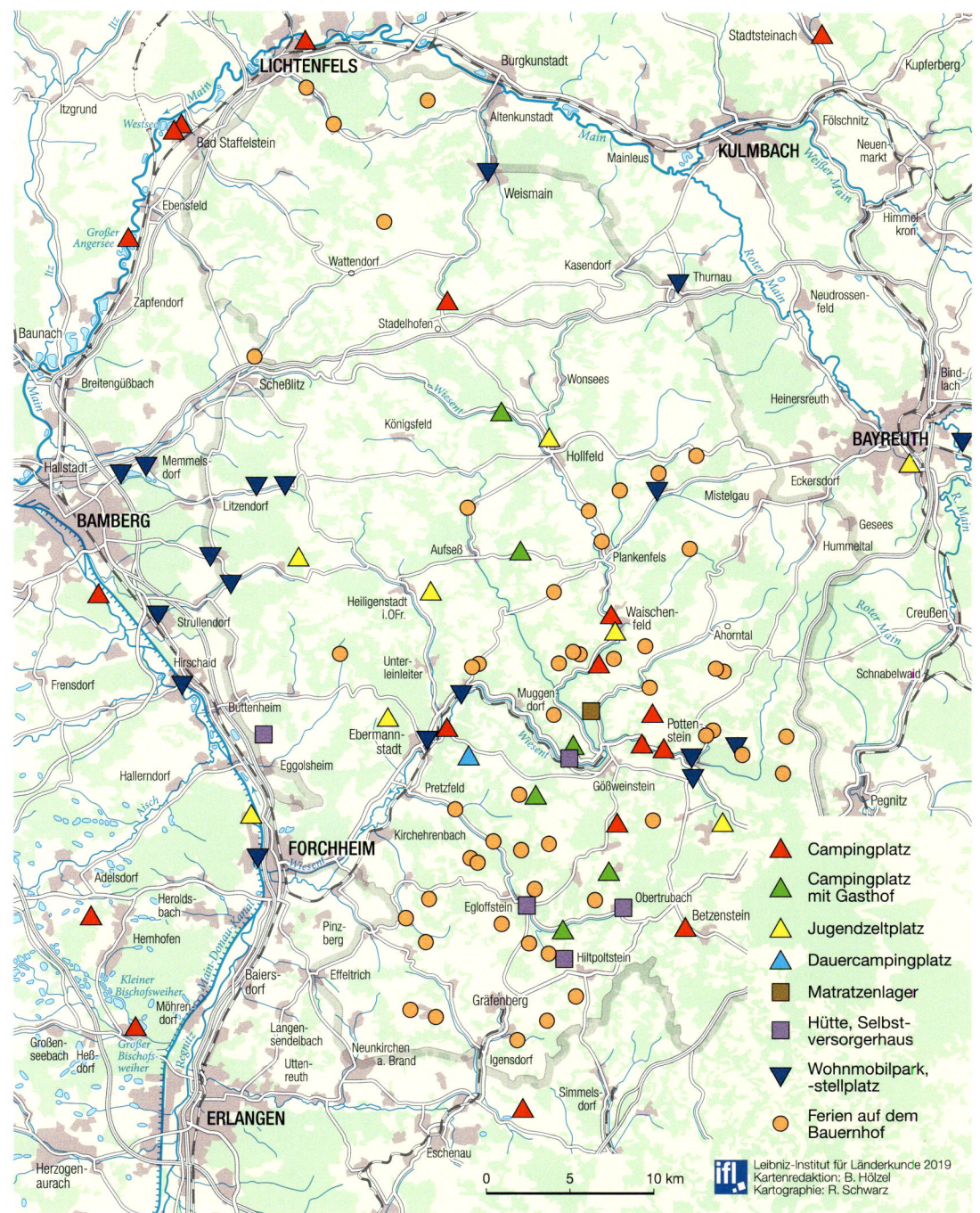

Abb. 56 Campingplätze (flächendeckend erfasst) und Betriebe mit einem Übernachtungsangebot des Typs Ferien auf dem Bauernhof (hier nur in der Fränkischen Schweiz erfasst)

bei den Campingübernachtungen sind für die Fränkische Schweiz aber deshalb von Bedeutung, weil hier die Anzahl der Campingplätze und der Campinggäste relativ hoch ist. In dem hier berücksichtigten, als Fränkische Schweiz bezeichneten Gebiet, befinden sich insgesamt 34 Campingplätze. Auf der Karte, in der die Lage aller Campingplätze dokumentiert ist, wurden auch die Campingplätze außerhalb der Fränkischen Schweiz, die aber noch innerhalb des Kartenausschnittes liegen, berücksichtigt. Wie erwartet, sind diese dort nur in geringerer Zahl vorhanden. Lediglich im Obermaintal um Bad Staffelstein gibt es eine kleine Konzentration von Campingplätzen. Damit kann festgestellt werden, dass der Campingtourismus in der Fränkischen Schweiz, ablesbar an dem hohen Angebot an Campingplätzen, eine wichtige Tourismuskomponente darstellt. ▶ Abb. 56

Die erfassten Campingplätze sind hinsichtlich ihres Angebotes, ihrer Größe und auch ihrer Besucherzahl natürlich sehr unterschiedlich. Von den erwähnten 34 Campingplätzen sind neun vom klassischen Angebotstyp; d. h. sie umfassen Stellplätze sowohl für Wohnmobile und Wohnwagen als auch für Zelte. Ausschließlich auf Wohnmobile sind weitere neun Campingplätze ausgerichtet. Ein besonders regionsspezifischer und zudem stark nachgefragter Angebotstyp sind Zelt-/Wohnmobilplätze, an die unmittelbar ein Gasthof angeschlossen ist, sodass der Gast die Speisen und Getränke dort einnehmen kann. Da es sich um fränkische Speisen und meist Bier aus Kleinbrauereien handelt, ist diese Kombination für den Besucher zugleich ein bequemer Zugang zur Kulinarik der Region. Sechs Campingplätze verkörpern diesen Typ. Als sehr spartanisch ausgestattete Vertreter des Campingangebotes trifft man außerdem noch auf sechs Jugendzeltplätze, ein Matratzenlager und fünf Hütten, in denen sich jeweils die Touristen selbst versorgen müssen. Der einzige Campingplatz in Wohlmuthshüll, der ausschließlich Dauerparker aufweist, ist insofern ein Sonderfall, als hier die Grenze zum Zweitwohnsitz fließend verläuft, werden doch die ursprünglich mobilen Wohnwagen nicht mehr bewegt.

Die klassischen Campingplätze und die Wohnmobilparks, die beide vermutlich den höchsten Anteil an Übernachtungen auf sich vereinen, liegen zum größten Teil in den Tälern, und zwar oft in landschaftlich reizvollen Lagen, wie z. B. im Wiesenttal (Camping Steinerner Beutel Waischenfeld, Camping Rothenbühl Ebermannstadt) oder im Püttlachtal (Camping Bärenschlucht und Camping Fränkische Schweiz Pottenstein).

Ein Übernachtungsangebot, das nicht trennscharf zu den Hotels und Gasthöfen besteht, sind die Gästewohnungen. Wie bereits erwähnt, gehören sie zum größten Teil zu der Kategorie der „Betriebe mit weniger als zehn Betten" und werden somit nicht in der Statistik gezählt, wenn es sich nicht um eine Prädikatsgemeinde handelt. Ebenfalls unberücksichtigt oder zumindest in den Gesamtzahlen verschleiert taucht ein Angebotstyp auf, der bei Familien mit Kindern immer noch sehr beliebt ist: Ferien auf dem Bauernhof. Es ist ein schwieriges und klippenreiches Unterfangen, diese Angebotsbetriebe zu identifizieren, weil oft mit dem Prädikat Bauernhof geworben wird, obwohl gar kein landwirtschaftlicher Betrieb mit dem Angebot verbunden ist, sondern es sich um ländliche Ferienwohnungen (Ferien auf dem Lande) handelt. Der Versuch, die wirklichen Angebote der Ferien auf dem Bauernhof kartographisch für die Fränkische Schweiz wiederzugeben, ist vermutlich durch einige Lücken gekennzeichnet; dennoch gibt er ein tendenziell zutreffendes Bild dieses Übernachtungsangebots wieder. ▶ Abb. 56 Hier ist noch anzumerken, dass es weitere Übernachtungs- und Serviceangebote gibt, die nochmals eine eigene Kategorie repräsentieren – die Ponyhöfe. Sie sind in dieser Karte unberücksichtigt geblieben, sofern sie nicht Teil eines landwirtschaftlichen Betriebes sind. Ihre Zahl ist allerdings gering.

Es fällt auf, dass die Lage der Ferien-auf-dem-Bauernhof-Betriebe (ähnlich wie die Campingplätze) räumlich eng korreliert mit denjenigen Teilgebieten der Fränkischen Schweiz, die stark touristisch geprägt sind. Im Umkehrschluss ausgedrückt, sind Betriebe des Typs Ferien auf dem Bauernhof in solchen Teilgebieten der Fränkischen Schweiz, die zu den Landkreisen Kulmbach, Lichtenfels und Bamberg gehören, nur zahlenmäßig sehr gering vertreten. Aber auch der südliche Teil des Landkreises Bayreuth um Kirchenbirkig und Betzenstein sowie der östliche Teil des Landkreises Forchheim um Gößweinstein und Hiltpoltstein besitzen keine Betriebe dieses Typs. Hier scheint die Lage auf der Hochfläche, fernab der Täler, wenig attraktiv für das nachgefragte Produkt zu sein. Natürlich hängt aber das Angebot auch davon ab, welche Landwirte sich auf den Versuch zu diesem Zusatzeinkommen einlassen.

Der Hinweis darauf, dass die amtliche Statistik gerade für das Angebot an Übernachtungsstätten in der Fränkischen Schweiz unvollständig ist, ist von hoher Wichtigkeit. Die amtliche Statistik blendet nämlich mit ihren Erfassungsprinzipien auch die Vielfalt und die Kleinteiligkeit des Angebotes aus, die beide gerade für die Fränkische Schweiz ein Markenzeichen sind. Insofern gibt sie für den Übernachtungstourismus ein einseitiges und schiefes Bild wieder.

Diese kritischen Anmerkungen sollen keineswegs bedeuten, dass die amtliche Statistik den Löwenanteil der erfolgten Übernachtungen überhaupt nicht berücksichtige. Die Zahlen und Angebotsformen, die die amtliche Statistik nicht erfasst, sind allerdings quantitativ ein gewichtiger Anteil, der – wie bereits erwähnt – immerhin mindestens ein Drittel der Übernachtungen ausmachen dürfte. Die tatsächlichen Übernachtungszahlen sind somit deutlich höher, als die veröffentlichten es glauben machen. Das ändert allerdings nichts an der Feststellung, dass die Übernachtungszahlen der Urlaubsgäste in der Fränkischen Schweiz tendenziell (mit der rühmlichen Ausnahme Pottenstein) seit Jahrzehnten stagnieren. Warum bildet Pottenstein hier eine Ausnahme? Lässt diese Stagnation die Behauptung zu, der Tourismus in der Fränkischen Schweiz befinde sich ganz generell in der Krise?

Das „touristische Erfolgsmodell" Pottenstein

Pottenstein schwimmt in der Entwicklung der Übernachtungszahlen gegen den touristischen Strom in seiner Umgebung. Denn es kann seit Jahrzehnten immer wieder zusätzliche Übernachtungsgäste anziehen. Allein von 2011 bis 2017 nahm die Zahl der Übernachtungen nochmals um 10.000 zu. Die Gemeinde weist mit 252.430 (für 2016)

Zur Geschichte der Tourismuswerbung der Stadt Pottenstein

Pottenstein begann als einer der ältesten und erfolgreichsten Tourismusorte der Fränkischen Schweiz schon frühzeitig mit seiner Tourismuswerbung. Diese erfolgte zunächst isoliert nur für das Städtchen und war aus heutiger Sicht recht amateurhaft. Am Beispiel der Werbeprospekte seit 1924 werden nicht nur die graduell wechselnden Inhalte und Botschaften dieser Werbeträger behandelt, sondern auch die sich wandelnde Zielgruppenansprache und technische Professionalisierung präsentiert. ■ lid-online.de/81126

Tourismuswerbung Pottenstein

inzwischen mehr als doppelt so viele Übernachtungen wie die nachfolgende Gemeinde Gößweinstein auf (125.044 für 2016). Was ist der Grund für diesen Erfolg? Sicherlich ist Pottenstein besonders gut aufgestellt mit einer klaren Tourismuspolitik und einer effizienten touristischen Werbung. Darüber hinaus vermochte die Gemeinde es, stets neue Attraktionen in ihrem Gemeindegebiet zu schaffen, die jeweils das Interesse der Feriengäste und Naherholer auf sich zogen. Dies begann schon mit dem Felsenfreibad und der Teufelshöhle noch vor dem Zweiten Weltkrieg. Seit den 1970er Jahren kamen mit dem Juramar-Hallenbad, dem Fränkische Schweiz-Museum in Tüchersfeld, der Erlebnismeile mit Schöngrundsee und Sommerrodelbahn, dem Golfplatz, dem Kletterlabyrinth Weidenloh, dem Soccerpark Regenthal und dem E-Fun-Park neue Angebote hinzu, die sich starker Nachfrage erfreuen. Auch sind die Übernachtungsangebote stark diversifiziert, umfassen sie doch auch zwei große Campingplätze, eine Jugendherberge und ein Schullandheim. Und die Anbieter in den Kleinbetrieben stellen sich offenbar gut auf die Wünsche der Kunden ein, sodass diese wiederkommen.

Nicht nur weil Pottenstein einen gegenläufigen Prozess markiert, wäre es reichlich vorschnell, von einer Krise im Tourismus der Fränkischen Schweiz zu sprechen, würde dies doch bedeuten, dass man den Übernachtungszahlen den fast ausschließlichen Stellenwert zu dieser Einschätzung einräumt. Zweifellos weisen die Übernachtungszahlen in dieser Region generell keine hohen Wachstumsraten auf. Das impliziert aber auch einen Aspekt, der durchaus positiv gesehen werden kann: Es sind keine neuen Großhotels oder Ferienzentren errichtet worden, welche die Dimension des bisherigen Angebotes gesprengt hätten. Sieht man von dem Sonderfall der Rehabilitationsklinik Schwabthal mit 182 Betten einmal ab, ist derzeit das größte Hotel das von Sponsel-Regus in Veilbronn mit 130 Betten. Das einzige Feriendorfprojekt in Obernsees (mit 55 Wohnungen), das zudem bislang nicht im erhofften Ausmaß nachgefragt wird, wird voraussichtlich das einzige bleiben. Die Fränkische Schweiz bleibt eine Region der kleineren, überschaubaren Einheiten im Übernachtungsangebot.

An dieser Stelle kann festgehalten werden, dass die touristischen Übernachtungen zwar konstant bleiben, aber auch so gut wie nicht abnehmen. Sie betreffen einen Angebotstyp und eine Klientel, die eher einfache und preiswerte Unterkünfte favorisiert, und dies in kleinteiligen Einheiten.

Die Bedeutung des Tagestourismus

Übernachtungen sind zwar die am genauesten erhobene Maßzahl für erfolgten Tourismus, aber keineswegs die einzige (und im Falle der Fränkischen Schweiz möglicherweise nicht einmal die wichtigste). Schätzungen (also keine Messungen) gehen davon aus, dass die Touristen mit Übernachtungen nur etwa ein Viertel sämtlicher Besucher ausmachen. Die im Auftrag der Tourismusregion Franken in Auftrag gegebene empirische Erhebung zu den wirtschaftlichen Effekten des Tourismus durch das Deutsche Wirtschaftswissenschaftliche Institut für Fremdenverkehr unterscheidet für die Fränkische Schweiz im Jahr 2011 einen Umsatz durch Übernachtungsgäste in Höhe von 123,5 Mio. Euro und von 126,7 Euro durch Tagesbesucher, also etwa je die Hälfte für beide Typen. Dabei wird gleichzeitig festgestellt, dass die mittlere Ausgabesumme pro Tag für Übernachtungstouristen bei 85,60 Euro, für Tagestouristen bei 17,60 Euro liege (DWIF-CONSULTING 2012). Jeder, der eine gewisse Ahnung von Empirischer Sozialforschung und speziell von den Bedingungen und methodischen Problemen bei solchen Erhebungen hat, wahrt eine gewisse Skepsis gegenüber derartigen Zahlen. Jedenfalls spricht einiges dafür, dass die touristischen Ausgaben insgesamt, und besonders die Ausgabesummen pro Tagesbesucher, doch merklich unterschätzt werden. Es wäre somit fatal, den touristischen

Erfolg lediglich auf der Basis der Übernachtungszahlen einzuschätzen.

Denn der größere Anteil der tourismusbezogenen Einnahmen, der in den vergangenen Jahrzehnten in seiner Gesamtheit eher noch zugenommen hat, bezieht sich auf Gäste, die nicht in der Fränkischen Schweiz nächtigen. Es sind dies entweder Bewohner der umliegenden Gebiete (aus dem Raum Bamberg, Lichtenfels, Kulmbach, Bayreuth, Pegnitz, Nürnberg, Fürth, Erlangen, Forchheim) – somit die so genannten Naherholer. Oder es handelt sich um Urlaubsgäste, die außerhalb der Fränkischen Schweiz ihr Quartier genommen haben, aber im Rahmen einer Tagestour diese Region besuchen. Oder es sind Urlaubsreisende, die auf der Durchfahrt (vermutlich überwiegend auf der BAB 9) einen Abstecher in die Fränkische Schweiz machen. Hierzu gehören z. B. viele Reisebusse, die die Teufelshöhle besuchen.

Somit sei nachfolgend der Fokus auf diese Aktivitäten ohne Übernachtung gerichtet, bevor die Frage nach einer Krise im Tourismus erneut aufgegriffen wird.

Die Attraktion der Karstschauhöhlen

Zu den ältesten Image-Komponenten, über welche die Fränkische Schweiz seit der Zeit der Romantik verfügt, gehören zuallererst die Burgen, die Mühlen und die Höhlen. Sie existieren auch heute noch als prägende Vorstellungen. Und von diesen drei wiederum sind es die Höhlen, die auch für den gegenwärtigen Tourismus von Bedeutung sind. Konkret gibt es heute drei Karstschauhöhlen, die auf den Besucher warten und die zu den „Glanzpunkten dieser Landschaft" (VOIT, KAULICH u. RÜFER 1992, S. 288) gehören. Interessanterweise sind es heute nicht diejenigen Höhlen, die im 18. und 19. Jh. das Interesse und die Begeisterung der Besucher auslösten, sondern andere – Sophien-, Bing- und Teufelshöhle.

Was die drei hier genannten Höhlen eint: Sie sind die drei einzigen kommerziell für Besichtigungstourismus bewirtschafteten Schauhöhlen der Fränkischen Schweiz. Paradoxerweise gab es um 1900, als erst vergleichsweise wenige Ausflügler hier unterwegs waren, sogar noch mehr davon. Aber die Rosenmüllershöhle bei Streitberg (1836–1960) und die Försterhöhle bei Waischenfeld (1796–19. Jh.) verloren diese Funktion später wieder. Eine Notiz Thomas Grebners von 1748 (HELLER 1972, S. 7), dass im 18. Jh. auch schon ein Führer Gäste durch die Zoolithenhöhle geleitete, liegt sogar noch früher.

Die Schauhöhlen heute

Wie erwähnt sind die Höhlen, die bei der Entdeckung der Fränkischen Schweiz eine zentrale Rolle spielten, heute in den Hintergrund getreten und teilweise sogar unzugänglich. Demgegenüber sind es die drei oben genannten Höhlen, die derzeitig in der Wahrnehmung der Besucher unangefochten das Bild der Tropfsteinhöhlen der Fränkischen Schweiz prägen und die am häufigsten, heute vielfach auch von Busgruppen, besucht werden – die Sophienhöhle seit 1834, die Binghöhle seit 1903 und die Teufelshöhle seit 1924.

Die Sophienhöhle ist zwar eine der ältesten bekannten Höhlen in der Region; sie wird bereits 1490 schriftlich erwähnt. Aber erst 1833, mit der Entdeckung weiterer tropfsteinbedeckter Hohlräume und einem behutsamen Ausbau entwickelte sie sich zur Schauhöhle. Damals erfolgte auch die Namensgebung zu Ehren der Gräfin Sophie von Schönborn, der Nichte des Schlossbesitzers, auf dessen Grundstück sich die Höhle befindet. Die in drei Abteilungen gegliederte Höhle weist zahlreiche Tropfsteine auf und ist der Fundort von Knochen eiszeitlicher Tiere (z. B. Höhlenbär). Die Höhle ist seit 1991 elektrifiziert; sie befindet sich ab 2000 in Privatbesitz und wird dem Publikum seit 2002 mit der Multimediashow „Sophie at night" offeriert. Dennoch ist die Besucherzahl mit jährlich um die 30.000 (2008–2012) eher mittelmäßig. Das liegt auch daran, dass sich die Höhle im abseits gelegenen Ailsbachtal befindet.

Die Binghöhle oberhalb von Streitberg wurde erst 1906 zugänglich gemacht. Die Kosten für die technische Erschließung trug allein der in Nürnberg ansässige jüdische Industrielle Ignaz Bing (1840–1918, damals Besitzer der weltgrößten Fabrik für Blechspielzeug, emaillierte Küchengeräte, Feldgeschirr u. ä.), der seit 1860 regelmäßig nach Streitberg zur Molkenkur kam (▶ D 17; ECKERT 1995b), sich dafür am Dorfplatz als Zweitwohnsitz die „Villa Marie" baute, nebenbei 1905 zufällig die Höhle entdeckte und insgesamt zum großen Wohltäter des Ortes wurde, indem er ihm z. B. auch eine bis dahin fehlende Wasserleitung und den Anschluss an die Elektrizität finanzierte. 1935 „arisierten" die Nationalsozialisten die Höhle und übereigneten sie der Gemeinde; Bings Sohn emigrierte 1938 nach England. Der Ehrenname Binghöhle wurde erst 1950 wieder offiziell. Als Besucherzahlen werden genannt für 1906: ca. 7.000, 1995: 54.464 (Maximum), und sie sind seitdem rückläufig (2003: 30.798, 2011: 31.851). Bereits 1909 betrieb man auch schon Kinowerbung für die Binghöhle. Für den heutigen Tourismus hat die Binghöhle das Handicap, dass sie nur mühsam zu Fuß erreichbar ist – entweder vom Ortszentrum über einen steilen, langgezogenen Treppenaufstieg oder, zwar auf weitgehend ebener Strecke vom Parkplatz aus; doch ist dieser nur schwer zu finden und für Busse nicht erreichbar.

Rund 300 m misst die Besichtigungsstrecke in dieser Karsthöhle, wobei ihre Anlage in geschichtetem Kalk eher ungewöhnlich ist. Erdmassen hatten den heutigen Eingang verschüttet und nach 30 m musste erst eine Sinterwand aufgesprengt werden. Ebenso künstlich wurde 1938, um Gegenverkehr zu vermeiden, am nordöstlichen Berghang ein Zweitausgang geschaffen. Der neugierige Mensch durchschreitet die Dr.-Kellermann-Grotte, deren und der ganzen Binghöhle Wahrzeichen der palmschaftähnliche 2,5 m hohe Riesentropfstein ist, dann den Kerzensaal mit regelmäßig gereihten schneeweißen Stalagmiten, die Venusgrotte voller gestürzter Säulen, die weißwandigen Katakomben, die Nixengrotte mit wassergefülltem Sinterbecken und die 1908 nach hohem Besuch in Prinz-Ludwig-Grotte umgetaufte Kristallgrotte. ▶ Abb. 57 Lauter Bezeichnungen, die die hier anzutreffenden Naturwunder vollends ins Märchenhafte entrücken. Beachtenswert sind auch etliche Wasserstandsmarken, die auf einen früheren Höhlenfluss hindeuten. Höhlenbären hat man hier indes keine gefunden. Nicht verschwiegen sei, dass 2003/04 und auch schon vorher bei Baumaßnahmen Tropfsteine zerbrachen und „repariert" werden mussten.

Am populärsten aber wurde schließlich die Teufelshöhle südöstlich von Pottenstein, die nach der Besucherstatistik sogar auf Rang 2 in ganz Deutschland steht. Ihr großes offenes Portal (13 × 11 × 85 m) zum Weihersbachtal hin, von Einheimischen seit alters furchtsam Teufelsloch genannt, war schon lange bekannt gewesen. Jedoch erst der Höhlenforscher und Geologe Hans Brand (geb. 1879 in Bayreuth, ab 1900 Gymnasialprofessor in München, gest. 1959) war es, der 1922 einem durch Luftzug genährten

Abb. 57 Binghöhle (Gemeinde Wiesenttal), Stalagmiten Drei Zinnen in der Prinz-Ludwig-Grotte

Abb. 58 Der Eingang zur Teufelshöhle ist auf dem Foto rechts oben zu erkennen. Dort schließt sich auch ein Terrassenrestaurant an. Der große Parkplatz und eine Gaststätte mit Fischräucherei und Fischteichen im zentralen und linken Bildteil weisen auf die touristische Nachfrage des Standorts entlang der B 470 im Weihersbachtal hin.

Verdacht folgte, dass sich hinter Versturzblöcken und schmalsten Spalten noch größere Höhlenräume auftun könnten. Er veranlasste Bohrungen und Sprengungen, die tatsächlich den Weg freimachten zu noch weiteren wunderbaren Tropfsteinhallen, Sintergirlanden, Stalagmiten- und Stalaktitenbildung im Prozess und sogar Höhlenbärenskeletten. Bis 1931 hatte man schließlich, dem Bett des einstigen Höhlenflusses folgend, ein Gängesystem in drei Stockwerken von jetzt 1,7 km Länge erschlossen, wovon man 800 m nach Glättung des Bodens und Einbau von Treppenstufen, Geländern sowie elektrischer Beleuchtung dann am Pfingstsonntag 1931 auch schon für höhlenunerfahrene Besuchergruppen eröffnen konnte. Die Führung dauert wie schon damals immer noch 45 Minuten, bei einem allerdings inzwischen veränderten Tourenverlauf. Bizarr assoziative Tropfsteinnamen wie Pagodensäule, Barbarossabart, Goliath, Orgelgrotte, Hexensaal provozieren auch hier die Führer zum Geschichtenerzählen, wie es in allen Schauhöhlen dieser Welt geschieht. Der Zulauf war von Anfang an immens, die Zahlen schwanken auf hohem Niveau, sinken aber mittlerweile doch etwas ab – über 300.000 waren einmalige Spitze, dann 1991: 249.000, 1997: 217.000, 2007–2011 im Schnitt 153.900, 2011–2015 142.329. Die insgesamt 400 zu überwindenden Stufen sind ein Handicap für Behinderte.

Umso mehr richteten die Betreiber deshalb auch das Vorfeld der Höhle auf Touristenrummel aus: 1942–1945 entstand unterhalb der anmutige Schöngrundsee, wobei Folgendes öffentlich gegenüber den Touristen ungesagt bleibt: Es waren 746 KZ-Häftlinge, die dieses Becken mit dem Spaten ausheben mussten. Hans Brand war inzwischen 1935 NSDAP-Funktionär geworden, ab 1939 als SS-Standartenführer Chef einer in Pottenstein verorteten Karstschulungsstätte und brauchte für diese 600 Mann starke Karstwehr, die später in Slowenien und Venetien eingesetzt wurde, als Übungsterrain auch ein Gewässer; Pottenstein fungierte dabei als Außenlager des KZ Flossenbürg. ▶ E 17 Gastronomie unmittelbar am Höhlenausgang und am Parkplatz wuchs heran. Dieser wurde vergrößert und reicht doch an manchen Sonntagen kaum aus. Neben dem Ausgang befindet sich ein teichwirtschaftlicher Betrieb mit Forellenräucherung, dessen Produkte die Touristen schätzen. ▶ Abb. 58

Weitere jüngere Nutzungen der Höhle sind Konzerte unter dem Höhlenvordach, der Verschleiß von Höhlenlehm für Fangopackungen und eine Heilstollentherapie gegen Atemwegserkrankungen. Fraglos ist die Teufelshöhle heute ganzjährig ein Herzstück des Tourismus in der Fränkischen Schweiz und wird entsprechend stark in Bildbänden, Prospekten und im Internet beworben. Sie wird touristisch im Paket mit weiteren Tourismusattraktionen im Weiherbachtal unter der Bezeichnung Erlebnismeile vermarktet. ▶ E 28

Höhlenbesuche und -faszination

Höhlenbesuche sind heute keine abenteuerlichen Expeditionstouren in unbeleuchtete bzw. nur mühsam mit Karbidlampen und Fackeln erleuchtete dunkle Hohlräume mehr. Die Höhlenbesuche betreffen Orte, die infrastrukturell voll erschlossen sind für den modernen Massentourismus: Die Zufahrt führt in der Regel mit dem Pkw oder Bus bis zum Parkplatz, der neben der Höhle eingerichtet wurde (und im Falle der Teufelshöhle sogar gebührenpflichtig ist). Von dort gelangt man zu Fuß auf einer nur kurzen Strecke, die im Falle der Sophienhöhle leicht ansteigt, bis zum Höhlentor, an dem die Kassenhäuschen stehen und der Eintritt für die geführte Höhlentour bezahlt werden muss. Die Höhlen selbst sind natürlich voll elektrisch beleuchtet; seit einigen Jahren auch durch kaltes LED-Licht, das keine Moosalgen um diese Lichtquellen mehr entstehen lässt, wie es früher der Fall war. Der Weg durch die Höhle führt über einen vorgeschriebenen Pfad, der des öfteren durch Stufen, Geländer und Hinweisschilder gesichert wird. Der Höhlenbesuch ist heute für jedermann praktikabel, der nur einigermaßen gut zu Fuß ist. Lediglich die tiefen und konstant auftretenden Temperaturen in der Höhle von ca. 9 °C sollten durch das Tragen passender Kleidung beachtet werden. Während der Führung erhält der Besucher fachkundige Hinweise auf die Entstehung der Höhlen, auf ihre Erschließungsgeschichte, die Knochenreste von Tieren, insbesondere Höhlenbären, auf die Karstformen, die er entlang des Wegs sieht (insbesondere auf die großen Höhlensäle und auf die Tropfsteine, die Stalagmiten und Stalaktiten). Im Falle der Teufelshöhle kann man nach Beendigung der Führung auch ein Restaurant besuchen. Der Höhlenbesuch ist somit durch und durch standardisiert für den touristischen Besucher.

Auch wenn der Höhlenbesuch heute kein Abenteuer mehr ist, bleibt er doch für die Besucher etwas ganz Besonderes. Mythische Vorstellungen sind vermutlich nicht gänzlich verloren gegangen; das Staunen vor den Schaffenskräften der Natur und das Bewundern einer fremden, bizarren Formenwelt in der Höhle gehören sicherlich zu den Triebkräften eines Höhlenbesuchs. Leider ist dieser Respekt vor der Höhlenumwelt nicht immer vorhanden, sodass inzwischen durch Gitter und durch Verbotstafeln das Betasten oder sogar das souvenirgesteuerte Abbrechen der Kalkausblühungen verhindert werden soll.

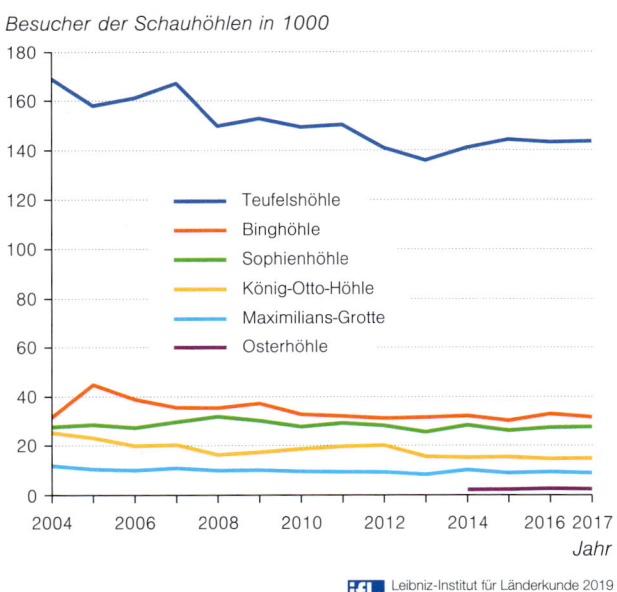

Abb. 59 Die Besucherzahlen von 2004 bis 2017 in den nordbayerischen Schauhöhlen

Der Faszination einer Karsthöhle kann sich kaum jemand entziehen. Zu Recht gehören diese Objekte immer noch zum stark nachgefragten Ziel eines Besichtigungstourismus. Die drei Schauhöhlen der Fränkischen Schweiz zählen zu den wenigen besichtigbaren Tropfsteinhöhlen in Deutschland. Wikipedia summiert unter dem Stichwort Tropfsteinhöhlen in Deutschland nur 14 derartige Objekte auf, zu denen auch die drei erwähnten in der Fränkischen Schweiz gehören. Die Teufelshöhle ist mit jährlich 143.609 Besuchern (2017) eine der meistfrequentierten Höhlen in Deutschland. Demgegenüber fallen die Binghöhle (2017: 31.389 Besucher) und die Sophienhöhle (2017: 27.487 Besucher) deutlich ab; sie sind aber nicht weniger attraktiv als die Teufelshöhle. Doch profitert die Teufelshöhle von ihrer sehr guten Verkehrserreichbarkeit (direkt an der B 470, unweit der BAB 9 gelegen), während bei der Binghöhle die Zufahrt vom Ortszentrum Streitbergs recht schwierig ist, insbesondere für Busse, und die Sophienhöhle in dem etwas abseits gelegenen Ailsbachtal liegt.

Beim Vergleich der Besucherzahlen der drei Schauhöhlen der Fränkischen Schweiz mit den weiteren Schauhöhlen in Nordbayern ▶ Abb. 59 – nämlich mit der König-Otto-Höhle bei St. Colomann (Stadt Velburg), der Maximiliansgrotte bei Krottensee (Gemeinde Neuhaus/Pegnitz) und der Osterhöhle bei Trondorf (Gemeinde Neukirchen bei Sulzbach-Rosenberg) – zeigt sich, dass die drei Höhlen in der Fränkischen Schweiz deutlich stärker frequentiert sind. Für den Zeitraum 2014–2017 kann zudem festgestellt werden, dass die Besucherzahlen weitgehend konstant geblieben sind. Auch wenn insbesondere die Zahlen für die Teufelshöhle erfreulich hoch sind, sind sie doch im Vergleich zum erreichten Maximum im Jahr 1991 mit 250.000 Besuchern (SACHS 1998, S. 223) inzwischen merklich zurückgegangen. Die Vorschläge von SACHS (1998), um die Besucherzahl wieder zu steigern (so z. B. Verringerung des Eintrittspreises, Angebot spezieller Führungen, modernere Ausstattung mit Schildern und Beleuchtung, Kombiwerbung mit den beiden benachbarten Schauhöhlen), sind nicht überzeugend.

Ein Idyll für Wanderer

Das Wandern in der Fränkischen Schweiz ist ein Aspekt, der sich wie ein roter Faden durch die gesamte Geschichte dieser Tourismusdestination zieht. Allerdings gab es im Falle der Höhlenbesucher am Ende des 18. Jh. und in der ersten Hälfte des 19. Jh. noch keine markierten Fußwege, vielmehr ließ sich dieser Personenkreis von kundigen Einheimischen führen. Es handelte sich damals wohl weniger um das Absolvieren des Typs eines Spaziergangs, sondern um das Nutzen recht unwegsamer Pfade, das viel Ähnlichkeit mit dem hat, was heute Trekking genannt wird.

Es war der im Jahr 1901 gegründete Fränkische-Schweiz-Verein, der es sich auf seine Fahnen schrieb, ein leistungsfähiges Netz an Wanderwegen anzulegen und zu betreuen. Ziel dieser Aktivitäten sollte es sein, „den Fremden den Besuch der Fränkischen Schweiz zu erleichtern, den einheimischen Naturfreunden den Aufenthalt [zu] verschönern und der ansässigen Bevölkerung die Vorteile eines verstärkten und besser geregelten Fremdenverkehrs zu verschaffen" (Karl Enssner 1926, zit. nach SCHLÖSSER 1991). Es gelang dem Verein, in kürzester Zeit ein ausgedehntes Wanderwegenetz anzulegen. Dies war nicht zuletzt deshalb ein Unterfangen, das erfolgreich verlief, weil für die Etablierung einer „Wanderlandschaft par excellence" (SCHLÖSSER 1991) die natürlichen Voraussetzungen geradezu optimal gegeben waren. Die kleinteilige und vielsei-

Wanderwegenetz

Das Wandern in all seinen verschiedenen Ausprägungen zählt in der Fränkischen Schweiz seit jeher zu den wichtigsten aktiven Freizeitbeschäftigungen. Diesem Thema kommt im touristischen Marketing der Region von den Anfängen des Tourismus bis heute eine Schlüsselrolle zu. Entsprechend ausführlich ist auch die aktuelle Informationslage zu bewerten.

Die räumlichen Gegebenheiten sind laut einer Gästebefragung des Tourismusbüros Pottenstein von 2016 die entscheidenden Faktoren dafür, dass von aktuell mehr als 80 % der Tages- und Übernachtungsgäste das Wandern als der Hauptgrund für einen Aufenthalt in der Region genannt wird. Dazu zählen die Kultur- und Naturlandschaft der Fränkischen Schweiz neben anderen, für den Wandertourismus relevanten Aspekten (vielseitige Gastronomie, über 60 Kleinbrauereien, ein flächendeckendes Netz von Wanderparkplätzen mit Wanderinformationen/Wander-Übersichtstafeln und zahlreichen Höhepunkten entlang der Wanderwege wie Burgen, Höhlen, Naturdenkmäler, Geotope etc.). Letztlich will der Wanderer in dem Gebiet regionale Besonderheiten kennenlernen und damit das Unverwechselbare der Landschaft zu Fuß entdecken. Der Authentizität eines Gebietes kommt dabei eine entscheidende Rolle zu. Die Fränkische Schweiz bietet in dieser Hinsicht beste Voraussetzungen.

Für einen Erfolg als Wanderregion bedarf es neben den landschaftlichen Voraussetzungen v. a. eines schlüssigen und möglichst flächendeckenden Wanderwegenetzes, einer durchgängigen und nachvollziehbaren Markierung, regelmäßig aktualisierten Kartenmaterials (in Druckfassung und Online verfügbar), guter Informationsmöglichkeiten in allen gängigen Medien und durchdacht formulierter Wanderbeschreibungen. Auf das Thema der Wanderweg-(Markierungs-)Systematik in der Fränkischen Schweiz soll hier näher eingegangen werden.

Der Fränkische-Schweiz-Verein (gegründet 1901 in Pegnitz) versteht sich als Heimatverein der Region. „Er verfügt in den Landkreisen Forchheim, Bayreuth, Bamberg, Erlangen und Kulmbach über mehr als 6.500 Mitglieder in 47 Ortsgruppen. 48 Städte, Märkte, Gemeinden und Vereine betätigen sich als kooperative Mitglieder. 15 Arbeitskreise kümmern sich um die Entwicklung der Region, darunter die Arbeitskreise Heimatkunde, Bauen und Gestalten, Volksmusik und Trachten" (FSV 2019). Die 47 Ortsgruppen zeichnen im Auftrag des Hauptvereins (in Absprache mit den Hauptwegewarten) nach genauen Vorgaben verantwortlich für die Pflege des ca. 5.000 km (Huss 1991) langen markierten Wanderwegenetzes. Die lokalen Wegewarte und Wegemarkierer nehmen diese Aufgabe meist ehrenamtlich wahr. Finanzielle und materielle Unterstützung durch Gemeinden oder den Naturpark Fränkische Schweiz-Veldensteiner Forst e. V. (seit 2018 Naturpark Fränkische Schweiz-Frankenjura), in der Regel in Form von Fördermaßnahmen, ist dabei gängige Praxis. ▶ Abb. 60

Die Systematik der Wanderwegmarkierung besitzt folgenden Aufbau:
- (a) Überregionale Wanderwege: Sie weisen eine eigene Markierung auf und sind teilweise über den Deutschen Wanderverband zertifiziert. Durch die Fränkische Schweiz verlaufen Abschnitte des Frankenweges (zertifiziert 2004, Gesamtlänge 520 km), des Fränkischen Gebirgsweges (zertifiziert 2007, Gesamtlänge 440 km) und des Main-Donau-Weges (vier Verbindungswege zwischen den beiden Flüssen; der Weg 3, bezeichnet als Juralinie, hat eine Länge von 234 km und quert die Fränkische Schweiz). Überregionale Wege werden vereinbarungsgemäß im Auftrag des Fränkische-Schweiz-Vereins und in Abstimmung mit überregionalen Wanderorganisationen von den lokalen Ortsgruppen gepflegt und markiert.
- (b) Regionale Wanderwege (im Gebiet der Fränkischen Schweiz): (1) Hauptwanderwege: Die regionalen Hauptwanderwege sind Verbindungswege, die mit dem Symbol Kreuz gekennzeichnet sind. Sie sind in der Regel mit Namen verdienter Heimatforscher oder prominenter Personen benannt. Als Beispiel sei der Leo-Jobst-Weg angeführt, der die Fränkische Schweiz von Forchheim bis Pegnitz in West-Ost-Richtung durchquert oder der Franz-Josef-Kaiser-Weg, der von Thurnau bis Gräfenberg in Nord-Süd-Richtung verläuft. (2) Verbindungswege: Regionale Verbindungswege, die in West-Ost-Richtung verlaufen, weisen die Markierung eines quer stehenden Balkens auf. Die regionalen Verbindungswege in Nord-Süd-Richtung sind mit einem senkrechten Balken markiert. (3) Rundwege: Von den genannten Verbindungswegen unterscheiden sich die regionalen Rundwege, auf denen der Wanderer, wenn er der Markierung folgt, wieder zum Ausgangspunkt zurückkommt. Rundwege, die sich über die Fränkische Schweiz insgesamt erstrecken, weisen das Symbol Raute auf. So hat etwa die gelbe Raute eine Gesamtlänge von fast 200 km, sie kann daher komplett nur in mehreren Tagesetappen erwandert werden. Eine kürzere Variante stellen die Tagesrundwege dar. Sie sind mit dem Symbol Punkt gekennzeichnet und verlaufen in der Regel durch die Gebiete mehrerer Ortsgruppen. Lokale Rundwege verlaufen lediglich innerhalb des Markierungsbereiches einer Ortsgruppe und weisen eine geringere Länge auf. Für diese Wege findet das Symbol Kreis Anwendung. (4) Themenwege/Sonderwege: Ergänzend bietet die Wanderregion Fränkische Schweiz zahlreiche thematische, meist lokale Themen- und Sonderwege mit individueller Markierung an, welche in der Regel nicht die Markierungssystematik als Grundlage haben. Zu nennen sind etwa die zahlreichen Brauereienwege, der Elisabethweg, der Tanzlindenweg, der Kirschenlehrpfad, der Mühlenweg, die Via Imperialis, geologische Rundwege sowie ca. 100 weitere Themenwege.

Als Farben für die einzelnen Wegemarkierer und Wanderwarte stehen fünf Farben zur Auswahl. Es soll darauf geachtet werden, dass Wege mit gleicher Farbmarkierung möglichst nicht nebeneinander verlaufen, sodass eine Verwechslung ausgeschlossen wird. Die unterschiedlichen Farben dienen lediglich der Unterscheidung gleichrangiger Wege. Um die Art eines Weges (überregional, regional, Verbindungsweg in bestimmter Richtung oder Rundweg) einzuordnen, dienen die entsprechenden Symbole.

Leider sind die markierten Wanderwege so zahlreich, dass sie nicht nur Klarheit, sondern wegen zu großer Zahl auch Verwirrung stiften können. Die Systematik der Wegmarkierung ist dem Wanderer nicht immer klar. Es ist eine permanente Herausforderung für den Fränkische-Schweiz-Verein, das Wegenetz zeitgemäß in Funktion zu halten. Besonders im Überschneidungsbereich verschiedener Wandergebiete, so z. B. von Fränkischer Schweiz und Obermain-Jura, ist eine Kooperation und Harmonisierung der Markierungen unerlässlich.

Abb. 60
Collage aus Wegmarkierungen

tige Natur- und Kulturlandschaft, die werbenden Imagekomponenten, wie sie durch die Romantiker ins Leben gerufen worden waren, und die vielfältigen Möglichkeiten zur Rast und Einkehr zogen zahlreiche Besucher – Touristen wie Naherholer – an.

Für die Zeit zwischen 1918 und 1933, also in der Phase der Weimarer Republik, kamen bereits Wanderer in Scharen aus den größeren Städten der Umgebung mit Sonntagsfahrten der Deutschen Reichsbahn an, um vom Zielbahnhof ab Wanderungen anzuschließen. Der Fränkische-Schweiz-Verein rief auch selbst Jugendherbergen ins Leben (Streitberg, Pottenstein und Gößweinstein), von denen aus Jugendliche wandernd unterwegs waren. Es wurden auch bereits die noch heute sehr beliebten Talwanderwege angelegt, von denen der bekannteste der Leo-Jobst-Weg von Forchheim bis nach Pegnitz ist. Diese Wege wurden so lebhaft nachgefragt, dass damals wegen der vielen Wanderer und der staubigen, noch unasphaltierten Straßen in den engen Tälern sogar der Autoverkehr „stundenweise an Samstagen und Sonntagen" (SCHLÖSSER 1991) gesperrt wurde. 1934 löste sich der Verein auf. Damit gab es keine Zuständigkeiten für das Wanderwegenetz mehr, dessen Zustand desolat wurde. Ab 1947, mit der Wiedergründung des Vereins, wurde das Wanderwegenetz erneuert und zwar „besser und übersichtlicher als je zuvor", wie SCHLÖSSER (1991) betont. Mit der Gründung des Naturparks Fränkische Schweiz-Veldensteiner Forst im Jahr 1968 und des dem Tourismus verpflichteten Gebietsausschusses Fränkische Schweiz im Jahr 1974 entstanden zwei Organisationen, die auch finanzielle Mittel in den weiteren Ausbau des Wanderwegenetzes einspeisen konnten und dadurch die Arbeit des Fränkische-Schweiz-Vereins erleichterten.

Die Wanderwege wurden seit den 1980er Jahren konsequent ausgeschildert, was heute fast schon als Selbstverständlichkeit wahrgenommen wird. Je nach Länge und Konzeption als Rundwanderweg oder als lineare Wanderstrecke wurde eine einheitliche Systematik festgelegt, die die überregionalen Wanderwege anders ausschildert als die Hauptwanderwege, Verbindungswege oder Rundwege – ein in sich schlüssiges System, das nur leider sehr kompliziert für den Wanderer zu lesen und zu verstehen ist.

Die ausgewiesenen Wanderwege wurden auch integriert in eigene Wanderkarten kommerzieller Anbieter, die das Wanderwegenetz möglichst vollständig wiedergeben, sodass auf den Kartenblättern eine derartige Dichte von unterschiedlichen Wanderstrecken abgebildet wird, dass ihre Lesbarkeit schwierig ist. Das gilt nahezu unabhängig vom Verlag, egal ob es sich um Wanderkarten von Appelt, Kompass, Fritsch oder des Tourismusbüros Pottenstein handelt. Der Nutzer bekommt sehr viel mehr Wege angeboten als er überhaupt nachfragt. Der jeweilige Kartenverlag weiß aber nicht, welche Wege der Nutzer sucht und legt deshalb alle ihm bekannten Wege übereinander.

Die Überfülle an Wegen dürfte es auch dem Wanderer, der sich in der Landschaft an den jeweiligen Ausschilderungen und Symbolen orientiert, erschweren, seine Wahl zu treffen. Er erhält Routenangaben auf Schildern in solch großer Anzahl und Auswahl, dass die Entscheidung nicht erleichtert, sondern verkompliziert wird. Immerhin muss der Wanderer, der sich für eine bestimmte Strecke entschieden hat und der sich das für sie verwendete Symbol merkt, nur noch dem jeweiligen Symbol folgen. Gleichwohl ist zu vermuten, dass Abzweigungs-Informationsbäume mit mehr als einem Dutzend Hinweisen eher zur Verwirrung als zur Klärung für den Wanderer führen. Es handelt sich um das Phänomen, dass ein Zuviel an Information eher kontraproduktiv wirkt.

Die Tourismuszentrale Fränkische Schweiz hat aus dieser Malaise insofern gelernt, als von ihr mittlerweile Broschüren angeboten werden, in denen einzelne als besonders attraktiv eingeschätzte Touren übersichtlich präsentiert werden mit Kärtchen, Beschreibung der Höhenunterschiede

(Schwierigkeitsgrad), Streckenlänge, benötigter Zeit zur Durchführung der Strecke und Vermerk der wichtigsten Punkte, an denen man beim Wandern vorbeikommt. Ähnlich wie für die Papierprodukte, z. B. Broschüre Wandertagestouren (mit 15 ausgewählten Wandervorschlägen), Brauereiwandern (als Übersichtskarte für sechs Wander- und drei Radwegestrecken) oder Mehrtageswandertouren (mit acht Routen zum Wandern ohne Gepäck) wird auch im Internet eine entsprechende Hilfe angeboten, so z. B. unter der Website der Fränkischen-Schweiz-Zentrale oder auf den privaten Seiten von Netz Aktiv AG, Bayreuth oder von Outdooractive GmbH & Co KG, Immenstadt.

Das Angebot für den Wanderer wurde mittlerweile von der Tourismuszentrale v. a. Online höchst professionell ausgearbeitet und kann im Internet über die Seite Tourenplaner (TZFS 2019c) eingesehen und für eigene Aktivitäten genutzt werden. Hier werden nicht weniger als 198 [sic!] Wandertouren angeboten mit einer Länge zwischen 0,8 km Länge und 30 Minuten Dauer (Felsensteig – von Muggendorf aufs Hohe Kreuz) bis zu 187,3 km Länge und 57 Stunden (= drei Tage) Dauer (Fränkischer Gebirgsweg – Etappe 4 – Fränkische Schweiz), überwiegend als Rundtouren konzipiert. Der Wanderwillige kann sich sein Menü selbst zusammenstellen anhand einer Kurzbezeichnung der Tour, der Länge und Dauer (wie oben erwähnt), darüber hinaus aber auch mit Hinweisen zu Themen entlang der Strecke, zum Schwierigkeitsgrad, der Anzahl der insgesamt überwundenen Höhenmeter sowie dem höchsten und tiefsten Punkt während der Wanderung. Bei dem dreitägigen Wanderbeispiel Fränkischer Gebirgsweg. Etappe 4 (Fränkische Schweiz) ergeben sich z. B. insgesamt 3.224 überwundene Höhenmeter, ein höchster Punkt bei 623 m und ein tiefster Punkt bei 344 m. Zu jeder Tour gibt es einen Übersichtsplan mit dem Routenverlauf, einigen Fotos entlang der Wanderstrecke, ein Höhenprofil der Strecke, die Möglichkeit zum GPS-Download des beschriebenen Textes über die Inhalte der Tour sowie Hinweise zur Anfahrt. Ein wirklich opulentes Angebot, das in dieser Vielfalt und Genauigkeit der Hinweise einmalig sein dürfte.

Trotz dieser bereits ungewöhnlich vielfältigen Serviceleistungen arbeiten die Tourismusakteure in der Fränkischen Schweiz weiter an einer Verbesserung des Angebotes für die Wanderer. Im Gelände werden immer häufiger auch Orientierungs- und Informationstafeln aufgestellt, auf denen der Wanderer Informationen technischer und inhaltlicher Art erhält. ▶ Abb. 61

Für die Präsentation des Wanderwegenetzes in einer zeitgemäßen digitalen Form haben die jeweils in Teilgebieten zur Fränkischen Schweiz gehörigen Landkreise entschieden, in einem ehrgeizigen Großprojekt die auf den Wandertourismus bezogenen Aktivitäten zu harmonisieren, die Wanderwege digital zu erfassen, ein routingfähiges Wegeportal für den Wanderer zu schaffen, aber auch (konventionell) die Beschilderung im Gelände zu vereinheitlichen, Tafeln mit kulturellen Informationen an wichtigen Objekten aufzustellen und noch vieles weiteres. Das Vorhaben wird über ein LEADER-Projekt der EU, die Oberfrankenstiftung und Finanzierungsanteile der betroffenen Landkreise finanziert (LEADER-Projektbeschreibung 2015).

Abb. 61   Informationstafel am Wanderweg, hier bei Tüchersfeld an der Abzweigung nach Kohlstein

Das 1,3 Mio.-Euro-Projekt ist sehr weitschauend konzipiert, bezieht es doch (endlich) den zum Landkreis Lichtenfels gehörenden nördlichen Teil der Fränkischen Alb beidseits des Kleinziegenfelder Tals in seine Maßnahmen ein. Es will das Wegenetz doch nicht etwa erweitern, sondern von 5.000 km Wanderwegen auf 3.000 km konzentrieren (also eine Art Entschlackung betreiben). So sinnvoll diese Ziele sind, so müssen bis zum Abschluss des Projektes frühestens 2020 erst noch alle bisherigen Akteure (u. a. die Ortsgruppen des Fränkische-Schweiz-Vereins) mit ins Boot genommen werden, was eine schwierige Aufgabe darstellt. Es ist zu erwarten, dass eine Region, die bereits heute als Wander-Destination höchste Attraktivität besitzt, durch den Online-Schub noch weiter verbessert wird.

Traditionelles Brauchtum als Zugpferd des Tourismus?

Stolz auf ihre Identität, aber auch fremdenverkehrswirksam hält die Region – natürlich zugleich inmitten vieler Modernismen – nach wie vor lebhaft Traditionen und Brauchtum hoch. Frauen, seltener die Männer, kleiden sich bei Umzügen noch häufig in Tracht, genauer mit einem Festtagsgewand, das von der eng taillierten Rokokomode der damaligen Oberschicht abgeleitet ist, das dann im 19./20. Jh. deutlich pflegerisch standardisiert wurde und heutzutage sogar mit amtlichen Beratungsstellen fortentwickelt wird. Anders als früher wird die Tracht heute zum Sonntagskirchgang allerdings nurmehr vereinzelt getragen. Der Erlanger Volkskundler Eduard RÜHL machte in den heimatbewegten 1920er Jahren Effeltrich zur besonderen Hochburg für das Trachtentragen. Dass die Tracht in Wahrheit schon in seiner Zeit zu schwinden begann, kommentierte Friedrich MAYER (1857, S. XLIV) so: „[…] denn auch in den Dorfschneider ist die Cultur gefahren". Gern singt man Victor von SCHEFFELS Frankenlied (1859), obwohl der Karlsruher eigentlich nur zweimal als Kurzzeitgast in Franken weilte. Und welches Wirtshaus böte nicht auch fränkische Spezialitäten an – Schäuferle, Schweinsbraten mit Kloß, Krenfleisch, Presssack, Zwetschgabaames (magerer Rinderschinken), handlange „Bratwürscht" auf Sauerkraut, Forellen –, während die um 1800 vom Gasseldorfer Metzger Lahner erfundenen „Frankfurterle" = „Wienerle" hier nicht so populär sind. Viele der Bräuche sind nur noch dokumentiert in alten Postkarten und Schwarzweiß-Filmausschnitten; andere sind dagegen noch erstaunlich vi-

Brauchtum in älteren und jüngeren Fotos und Filmen

Die Formen der Brauchtumspflege in der Fränkischen Schweiz sind zahlreich – und sie sind stets ein Augenschmaus für den Zuschauer. Das galt schon in der Vergangenheit, als die Praktiken noch zahlreicher und ursprünglicher als heute waren. Alte Postkarten und Filme überliefern diese Traditionen. Doch auch in der Gegenwart finden sich noch authentische Bräuche, heute aber vielfach schon vermischt mit touristischen Komponenten. ■ lid-online.de/81106

Brauchtum

tal. Und ein Novum: Viele der Brauchtumsfeste gewinnen inzwischen ein zunehmend auch touristisches Interesse. Hier soll versucht werden, sowohl die Brauchtumswurzeln kurz vorzustellen als auch die in der Gegenwart zunehmende touristische Bedeutung auszuführen.

„Woche der Ewigen Anbetung" und Fasalecken

Der alljährliche Brauchkalender wird nach deutschlandweit gleichen Weihnachtstagen mit dem Jahreswechsel in regionaler Vielfalt begonnen. Zeitlich versetzt, wie es 1766 der Bamberger Bischof von Seinsheim nach Trier-Wormser Vorbild einführte, ziehen da in Wichsenstein (7. Dezember), Poppendorf (15. Dezember), Oberailsbach (20. Dezember), Volsbach (23. Dezember), Nankendorf (31. Dezember), Obertrubach (3. Januar), Pottenstein (6. Januar) und seit 2005 auch wieder Gößweinstein (26. Dezember) die katholischen Gläubigen zum Beschluss der „Woche der Ewigen Anbetung" in Nachtprozessionen durch den Ort. Lodernde Holzfeuer und Lichterkreuze illuminieren Berghänge und Flussufer, weshalb in der Zeit des Nationalsozialismus das Ganze gern als urgermanisches Lichterfest zur Wintersonnenwende uminterpretiert wurde. Heute überfüllt während der Prozession touristisches Publikum von weither die Parkplätze, zumal wenn verschneite Landschaft die Bergfeuer noch attraktiver macht. Für die Touristen ist allerdings in der Regel der religiöse Hintergrund durchaus fern oder unbekannt; sie nehmen das Lichterfest als einen Event wahr. Das am stärksten nachgefragte Lichterfest von Pottenstein am 6. Januar zieht Tausende von Städtern der umliegenden Region an und führt zu erheblichen Verkehrsstaus.

Ähnlich sinndeutend interpretierte der schon erwähnte RÜHL (1937) den Zug der Effeltricher „Fasalecken" als Winteraustreiben, bei dem Frühlingsgestalten weißgekleidet, mit bunten Buchsbaumhüten und Peitschen ein paar wilden Strohbären folgen, die dann im Nachbarort Baiersdorf einst ersäuft und heute verbrannt werden. Ursprünglich handelte es sich dabei wohl um ein „Todaustragen" zu Lätare (= Mittfasten), das erst später gewandelt in die Fastnachtszeit verschoben wurde.

Osterbrunnen

Figurenreiche Karfreitagsprozessionen sieht man in Franken seit der Aufklärung nur mehr in Lohr am Main und Neunkirchen am Brand, wo danach bis Ostern die Glocken schweigen und allein Ratschenbuben zum Kirchgang rufen. Dann aber folgt überall in der Fränkischen Schweiz die große Zeit der mit bunten Ostereiergirlanden und Bändern (Pensala) geschmückten Osterbrunnen. Es klingt überzeugend, wenn viele diesen Brauch mit dem raren Wasser in Karstgebieten erklären (Hungerbrunnen), sodass Eier und Fichtengrün als Fruchtbarkeitssymbole gleichsam die Quellen beschwören sollten. Aber: Die früheste Nachricht dazu datiert nirgends vor 1909 (Aufseß). Als 1952 der Nürnberger Arzt Hellmut Kunstmann zu Ostern nur nördlich von Muggendorf um Engelhardsberg/Oberfellendorf ein paar solch eierbehängte Brunnen fand, deutete er das als geschrumpften Restbestand und rief, obwohl doch inzwischen längst Fernwasserleitungen auch die Hochflächendörfer gut versorgten, mit großem Erfolg zur Revitalisierung dieses „alten" Brauches auf (KUNSTMANN 1960). 1986 zählte jemand Osterbrunnen schon (wieder?) in 169 Ortschaften der Fränkischen Schweiz; heute sind es über 200. Und, fortschreitender Wandel – nicht mehr nur Brunnen werden so geziert, sondern auch Sträucher im Garten, Torfpfosten, Brücken usw. und zwar mittlerweile sogar weit über dieses Karstgebiet hinaus, z. B. im Steigerwald, im Rotmaingebiet, in der Schweiz oder auch im Emsland. Kreativität, wenn Mütter Eier ausblasen und Schulklassen sie bemalen, weicht dabei wachsenden kommerziellen Tendenzen, das zerbrechliche Hühnerei dem Plastikei, die bloße Girlande einem größeren szenischen Osterhasenensemble, die reine Vorführfreude auch erhoff-

Abb. 62   Der von zahlreichen Schaulustigen besuchte Osterbrunnen von Bieberbach (2016)

▶ D 26 Der Osterbrunnenbrauch wird hier als kleines Dorffest inszeniert, wo nicht nur der Brunnen zu bestaunen ist, sondern auch Speisen und Getränke im Freien angeboten, Literatur und Andenken zu den Osterbrunnen verkauft werden (und sogar ein öffentliches Toilettenhäuschen bereitgehalten wird). Zahlreiche Reisebusse organisieren eigene Ausflugsfahrten zu den Osterbrunnen. Neben Bieberbach gibt es weitere, recht häufig besuchte Osterbrunnen in Heiligenstadt, Pottenstein, Ebermannstadt, Birkenreuth, Rothmannsthal, Unterailsfeld – um nur einige zu nennen. Die Tourismuszentrale Fränkische Schweiz wirbt mit einem eigenen Faltblatt „Osterbrunnen" für einen Besuch und vergisst nicht zu empfehlen: „Sie können […] den Besuch der Osterbrunnen mit dem Besuch anderer Sehenswürdigkeiten verbinden" (TZFS 2017b). Von den über 200 Osterbrunnenorten in der Fränkischen Schweiz erwähnt das Faltblatt namentlich 32 herausragende Osterbrunnen. Fast jedes Dorf schmückt inzwischen einen Dorfbrunnen in unterschiedlicher Opulenz.

tem Entgelt in Spendenbüchsen oder durch Postkarten- und Getränkeverkauf. Traditionspflege steigert sich dabei mitunter zu einer Rekordlust: Mit 11.108 handbemalten Ostereiern an seinem Dorfbrunnen arbeitete sich Bieberbach 2001 sogar ins Guinness-Buch der Rekorde vor ▶ Abb. 62 (neuerdings überholt von Sulzbach-Rosenberg in der Oberpfalz). Heiligenstadt meldet stolz bis zu 80 Touristenbusse pro Tag in der Osterzeit zwischen Palmsonntag/Karfreitag und Weißem Sonntag. Aus ganz Deutschland zieht man über die hiesigen Dörfer zum Osterbrunnen-Schauen. Ganz generell hat sich das Schmücken von Osterbrunnen in den vergangenen Jahrzehnten immer stärker zu einer mehr folkloristischen Tätigkeit entwickelt, die von Fremden im Rahmen eines Ausflugs in die Fränkische Schweiz gerne bestaunt wird, also zu einem Event.

Meist besichtigen Touristen nicht nur einen einzigen Osterbrunnen, sondern eine Abfolge mehrerer solcher Brunnenstandorte, die in der Zeit von zwei Wochen vor bis eine Woche nach Ostern aufgesucht werden. Mit einer besonders großen Zahl festlich bemalter Eier ragt mit weitem Abstand der Osterbrunnen von Bieberbach heraus.

Georgiritt

Und wenig später ist dann schon Georgi, Tag des Ritters St. Georg (23. April), an dem in Effeltrich und Senftenberg katholische Geistliche so genannte Georgiritte zelebrieren: Dreimal umkreisen die teilnehmenden Reiter die Kirche und werden dann, die liebevoll aufgeputzten Tiere wie die Menschen, mit Weihwasser gesegnet und mit Plaketten geehrt. So sehr Pferdekulte generell wohl wirklich alt sind, wollte indes 1936 in Effeltrich der damalige Pfarrer Jung mit seiner hier quellenmäßig unbeweisbaren „Wiederbelebung katholischer Tradition" v. a. politisch-listig der nationalsozialistischen Brauchtumspflege entgegentreten – farbenfrohe Tracht gegen braune Uniformen. Ähnlich gibt es in Moggast – bereits für 1623 gesichert, dann 1931 erneuert – einen Stephaniritt am Stephanstag (26. Dezember) um die dortige Kirche St. Stephan, der jedoch seit 1971 terminlich in den Juni verlegt wurde. Denn, was ebenso für Effeltrich und Senftenberg (1618–1848 nur Hufschmiede, neu 1951 ff. nun für jedermann) gilt: Es kommen heute ja keine wetterfesten Ackergäule mehr; der Brauch würde sterben ohne jetzt rund 30–90 Hobbyreiter, oft Städter, denen bei Kälte und Eis natürlich um die Gesundheit ihrer teuren Rösser bange wäre.

Walberlafest

Am 1. Mai (bzw. am ersten Sonntag im Mai) findet das größte der hiesigen Feste statt, das alljährlich wiederkehrende Walberlafest. ▸ D 12, 23 Zum Walberla wallfahren seit Jahrhunderten Tausende von Menschen aus der näheren und weiteren Umgebung, um auf dem Hochplateau dieses Zeugenbergs nahe Forchheim zu beten, neben der Kapelle zu rasten, mit anderen Menschen zu plaudern, zu essen und zu trinken, aufgezogenen Verkaufsbuden und Fahrgeschäften zuzusprechen und dieses spezielle Ambiente inmitten einer reizvollen Naturlandschaft zu genießen. Auch wenn das Walberlafest zunächst religiöse Wurzeln hatte, war es schon im 19. Jh. v. a. ein großes Fest im Freien. Bereits 1804 wird beklagt, dass „die wahre Andacht einer groben Lustbarkeit gewichen sei". Es ist daraus in der Gegenwart ein großes Open-Air-Event geworden.

Stärker als in der Vergangenheit stellt sich heute das Problem, wo die Anreisenden ihre Fahrzeuge parken und wie die Wanderströme sachgerecht gelenkt werden können. Man geht davon aus, dass inzwischen alljährlich bis zu 100.000 Personen [sic!] das Fest besuchen, was in einem Naturschutzgebiet erhebliche Konflikte mit dem Menschenauflauf bereitet (vgl. das Titelbild dieses Bandes).

In der dem 1. Mai vorausgehenden Walpurgisnacht wird auch das „Hexenausblasen" praktiziert, das nach Eberhard Wagner noch 1968 z. B. in Wohlmannsgesees, Wohlmutshüll oder Birkenreuth Kinder mit Schalmeien und Pfeifen als Lärm-, Rüge- und Heischebrauch verübten (WAGNER 1970). Heute weiß kaum noch jemand davon.

Wallfahrtszeit, Annafest und Sommerkeller

Ein geschnitztes Gnadenbild der Krönung Mariens (woher kam es?) ließ in Gößweinstein seit dem 16. Jh. die nach der Zahl der ausgeteilten Hostien (z. B. 1735: 51.500, um 1970: 80.000 bis 100.000) größte deutsche Dreifaltigkeitswallfahrt entstehen. Im Auftrag des Fürstbischofs Friedrich Carl von Schönborn baute der berühmte Balthasar Neumann dafür 1730–1736 (Chronogramm am Portal) eine große Basilika mit sinnfälliger Dreistufigkeit der Türme; und auch der Choraltar bildet die Drei-Zahl ab. Ein modern konzipiertes, mit EU-Mitteln gefördertes Wallfahrtsmuseum (2008) zeigt Karten zur Herkunft der Pilger, fromm votierte Bildtafeln, Wachs- und Silberspenden in Form kranker Organe, um deren Heilung man betete, und als Kuriosa vom Beginn des 20. Jh. auch Glaskästen mit vollfigurigen Personen in Tracht, womit sogar noch USA-Auswanderer sich hoffend an Gößweinstein wandten.

Eine zweite große Wallfahrt begann 1446 von Forchheim zu St. Anna in Weilersbach. Beim Rückweg wurde dabei eine Rast auf den schattigen Bierkellern üblich, woraus sich, zwei Wochen Ende Juli, allmählich als weit bekannter Vergnügungsplatz mit 23 Schankstätten, Fahrgeschäften, Schießbuden und jährlich bis zu 500.000 Gästen das Forchheimer Annafest entwickelte. Dieses Volksfest ist inzwischen nach der Erlanger Bergkirchweih das größte Bierfest Frankens.

An lauen Sommerabenden „auf die Keller gehen", d. h. über Stollen, die man vor der Zeit moderner Kühltechnik zur Bierlagerung in den anstehenden Rhät- oder Doggersandstein gehauen hat, an langen Tischen auf einfachen Holzbänken zu sitzen, unter freiem Himmel bzw. Laubkronen eine frisch gezapfte Maß zu trinken und Ländlich-Deftiges zu speisen, genießen heute gern auch Städter der ferneren Umgegend als typisch fränkischen Lebensstil. So ist es vom Regnitztal her z. B. im Kirchehrenbacher Lindenkeller, beim Reifenberger Keller, im St. Georgenkeller zu Buttenheim, im Schwarzen Keller nahe Eggolsheim, am Pretzfelder Kellerberg usw.

Kirchweih (Kerwa)

Und dann natürlich allerorten die Dorfkirchweihen (TZFS 2015); hier werden 367 Kirchweihen von Februar bis Dezember erfasst, mit einem Häufigkeitsmaximum für Juli (86), August (79) und September (79). Dabei muss man bedenken, dass es nicht halb so viele Kirchen wie Kirchweihfeste gibt. Die Bezeichnung Kirchweih (Kerwa) wird in der Region offenbar nicht so eng gesehen, sondern steht synonym für Dorffest. In der Fränkischen Schweiz gibt es jedoch das ganze Jahr über etwas zu feiern. Immer noch finden die Fronleichnamsprozessionen in klarer sozialer Ordnung (Kinder/Monstranzhimmel/Vereine/Männer/Frauen) statt, ebenso stabil noch immer rund 170 Gruppenwallfahrten pro Jahr, die mit Standarte und Vorbeter auf vielen Wegen meist Gößweinstein zulaufen. Als jüngere Erscheinung sind auch Ritterturnier-Gastspiele in den Burghöfen von Rabenstein oder Waischenfeld, seit ca. 1995 auch Konzerte im mystischen Dunkel der Sophienhöhle und Teufelshöhle usw. zu nennen. Es ist sehenswert, wenn die Dorfburschen ihre möglichst hohe und entastete Kerwafichte, im Wipfel bunt geziert mit Bändern und Fähnlein (als Rechtszeichen einst der „polizey" führenden Dorfherrschaft), mittels Holzscheren ins Lot aufstemmen und drum herum am Kirchweihmontag mit ihren Mädchen „den Betzen austanzen". Abweichend davon bildet in drei Sonderfällen bei Thurnau (Limmersdorf, Peesten, Oberlangenstadt) die alte Dorflinde dieses Zentrum, wo im breit auseinandergezogenen ersten Stock dieses Geästs ein verbretterter Tanzboden ersteigbar ist. Da auch das übrige Deutschland nur wenige solche Beispiele kennt (vgl. Fotos an der Kirchhofmauer), erhielt die seit 1729 belegte Limmersdorfer Lindenkirchweih 2015 sogar den Status eines Immateriellen Kulturerbes. Dadurch nimmt natürlich die Attraktivität für Touristen weiter zu.

Erntedank, Advent und Weihnachtsmärkte

Wenig später am ersten Oktobersonntag feiern dann ebenso Katholiken wie lutherische Enklaven seit alters Erntedank-Gottesdienste, die in Muggendorf noch um einen Kürbisumzug ergänzt werden, – laut Zeitzeugenberichten schon um 1870 entstanden und in der ganzen Region einzigartig geblieben. Es steht hier sogar im Grundschul-Lehrplan: Alle Klassen höhlen große Kürbisse aus, schnitzen in die Außenhaut phantasievoll teils religiöse teils weltliche Bilder, erleuchten sie von innen mit Kerzen und ziehen diese nun im frühen Nachtdunkel auf Handkarren – vorbei an meist vielen Zuschauern – rund um die Festwiese vor dem Ort, wo zuletzt noch ein Feuerwerk gezündet wird. Man kennt ähnliche Rübengesichter auch im Rheinland zu Martini. In Franken indes breiteten sich zu diesem Termin Laternenumgänge mit St. Martin zu Pferd und dem Fokus auf der legendären Mantelteilung erst neu ab 1945 aus – heute als Kindergartenaktionen vor eher nur familiärem Publikum.

Und so kommt schließlich mit Adventskränzen, historischem Glasschmuck am wiedererinnerten „Barbarabaum" im Schweizerkeller (B 470 östlich von Forchheim), mit nichtöffentlicher Nikolauseinkehr (6. Dezember) und vielerorts mit Weihnachtsmärkten als Innovation auch erst der 1980/90er Jahre bald schon wieder das nächste Christfest heran.

Wie stehen dieses Traditionshandeln und der heutige Tourismus zueinander? Brauchtum auf Straßen und Plätzen war zu allen Zeiten zugleich Schaustellung für Publikum. Deshalb gilt auch für die Fränkische Schweiz: Manches davon würde wohl ohne Anerkennung von außen, ohne Fotografen und andere Besucherscharen aus den nahen Städten Bamberg, Nürnberg, Fürth, Erlangen oder Bayreuth sowie auch weiter anreisende Gäste allmählich geschwächt oder sogar einschlafen. Der Tourismus stärkt und erhält es, macht die Dorfbewohner stolz, hat freilich mitunter auch Anpassungen und Motivveränderungen zur Folge. Neu geschaffen wurde vom Beschriebenen allerdings nichts. Die Brauchtumswurzeln sind in keinem Fall aus touristischen Motiven künstlich gewachsen. Insofern ist das Brauchtum der Fränkischen Schweiz auch heute noch immer weitgehend authentisch und ein ganz wesentlicher, anderswo kaum so anzutreffender Attraktivitätsfaktor dieser Freizeitregion. Touristiker nennen so etwas ein Alleinstellungsmerkmal.

Motorradtourismus – ein wichtiger Trend

Motorradfahren ist eine in der Fränkischen Schweiz sehr beliebte Freizeitaktivität. Sie wurde in Deutschland bis in die 1960er Jahre lediglich in Verbindung mit schneller und günstiger Mobilität gebracht, weniger komfortabel als ein Pkw, dafür aber auch erheblich günstiger in der Anschaffung und im Unterhalt. Heute spricht man vom einfachen motorisierten Verkehrsmittel. Die Freizeitgesellschaft entwickelte sich aber rasant weiter, sodass sich Motorradfahren (heute als Biken bezeichnet) mittlerweile eher als Freizeitbeschäftigung, und zwar bereits seit den 1970er Jahren, einer steigenden Beliebtheit erfreut. Die zunehmende Mobilität der Gesellschaft, ergänzt durch ein vermehrt zur Verfügung stehendes Einkommen, mehr Freizeit und ein sich änderndes Freizeitverhalten wirken sich unmittelbar auf ein individuell empfundenes Freiheitsgefühl aus. Motorradfahrer, die Biker, gehören längst zum gewohnten Bild vieler touristischer Regionen. Dabei gibt es bis in die Gegenwart verschiedene, manchmal lokal unterschiedliche Entwicklungen zu beobachten. Die Attraktivität des Bikens ist eng an die landschaftlichen Gegebenheiten geknüpft. Daher wundert es nicht, dass gerade in der Fränkischen Schweiz der Motorradtourismus einen recht beachtlichen touristischen und damit auch wirtschaftlichen Stellenwert besitzt, der in seiner Bewertung durch die Öffentlichkeit aber sehr umstritten ist.

Landschaftliche Voraussetzungen und verkehrstechnische Erschließung

Biker schätzen zuallererst die unbestritten hohe Schönheit der Landschaft in der Mittelgebirgsregion Fränkische Schweiz. Es schlängeln sich kurvenreiche Strecken durch die reizvollen Täler; die engen Straßen verlassen auch die Täler, um über erneut kurvenreiche Trassen die Hochfläche zu erklimmen. Was sucht der freizeitorientierte Individual- oder Gruppenbiker darüber hinaus? Ergebnisse kontinuierlicher Zielgruppenbefragungen durch das Tourismusbüro in Pottenstein, einem der am meisten frequentierten Orte in der Fränkischen Schweiz, bestätigen recht deutlich die Wichtigkeit dieser erwähnten landschaftlichen Qualitäten. In der Tat bietet die verkehrstechnische Erschließung der Fränkischen Schweiz mit ihren vielen engen Straßen und mit der erheblichen Länge des gesamten Straßennetzes ideale Voraussetzungen, um diese Gegend auf dem Motorrad zu erkunden. Fast 1.000 Orte in der Fränkischen Schweiz sind mit asphaltierten Straßen verbunden. Neben Bundes-, Staats- und Kreisstraßen sind dies auch zu einem hohen Prozentsatz Gemeindeverbindungsstraßen; gerade Letztere werden vom Biker als am individuellsten und somit interessantesten eingestuft. Weitere Kriterien, welche die Fränkische Schweiz für Biker attraktiv machen, sind ihre gute Erreichbarkeit über Autobahnen und Bundesstraßen, die recht zentrale Lage innerhalb Deutschlands und eine in der Wahrnehmung der Besucher hohe Übersichtlichkeit bzw. Überschaubarkeit. Und wichtig ist auch die Existenz eines flächendeckenden Tankstellennetzes.

Neben der Attraktion für das Motorradfahren selbst werden die Biker – wie andere auch – von der traditionell sehr ausgeprägten gastronomischen Vielfalt der Fränkischen Schweiz angezogen. Die über 60 Privatbrauereien mit ihren reizvollen Biergärten zum Verweilen im Freien und ein mehr als ausreichendes Beherbergungsangebot in allen Qualitäts- und Preisstufen sind weitere Anziehungsfaktoren.

Ein zusätzlicher, vielleicht überraschender Punkt, den die Zielgruppe der Biker allerdings durchweg positiv bewertet, ist der seitens der Landkreise und Gemeinden praktizierte Versuch, möglichst wirksam sinnvolle und nachvollziehbare Maßnahmen zur Besucherlenkung umzusetzen. Geschwindigkeitsbegrenzungen in bestimmten, besonders gefahrenträchtigen Bereichen bis hin zu Totalsperrungen (wie z. B. eine dauerhafte Sperrung des Albanstiegs zwischen Hummeltal und Muthmannsreuth, allerdings nur bergabwärts) sowie eine temporäre Sperrung an Wochenenden am Würgauer Berg) erhöhen die Sicherheit der Motorradfahrer auch in ihrer eigenen Wahrnehmung. Dies zeigt, dass die Zielgruppe der Biker generell ernst genommen wird. Dadurch fühlen sich die Motorradfahrer in der Region als willkommene Gäste und nicht als unerwünschte Außenseiter.

Die wilden 1970er und 1980er Jahre – Motorradgangs

Dass Motorradfahrer lange Zeit ein eher negatives Image genossen, lag in erster Linie wohl an einigen Ereignissen in der Anfangszeit des Motorradtourismus in der Fränkischen Schweiz. Bis Ende der 1980er Jahre sorgten bisweilen sogar gewaltbereite Motorradgangs aus dem gesamten Bundesgebiet für den Ruf als Verkehrsrowdys, welche – wie 1976 in Pottenstein – die Bevöl-

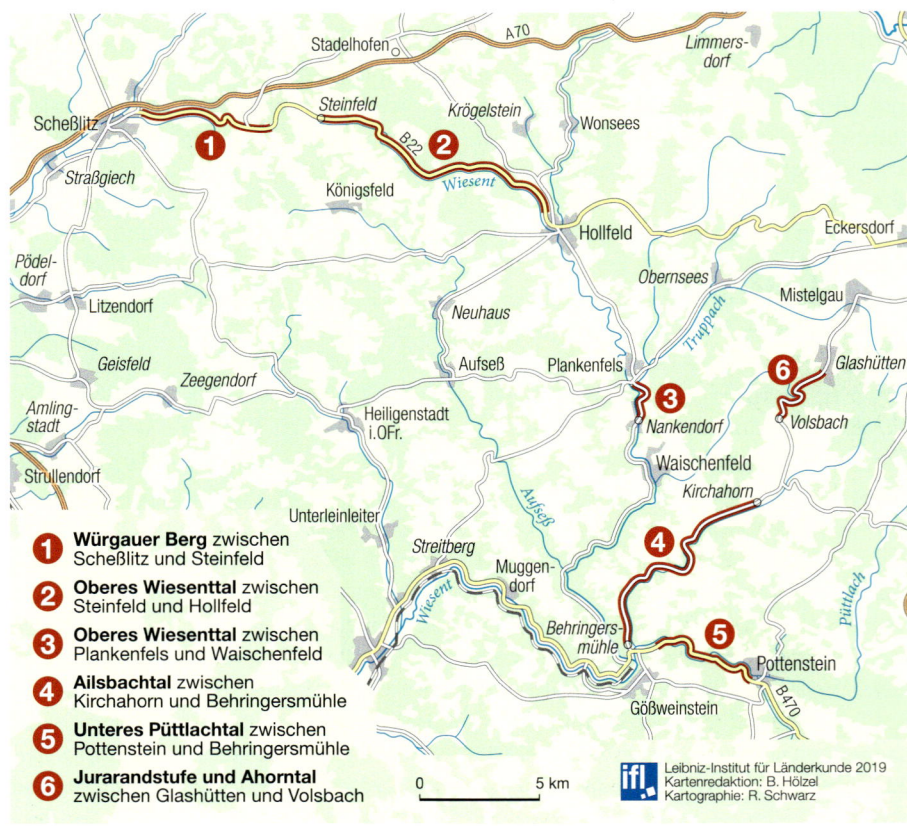

Abb. 63 Problemstrecken des Motorradtourismus

kerung durch undiszipliniertes Verhalten richtiggehend in Angst und Schrecken versetzten. Dazu kamen die regelmäßigen Presseberichte über tödliche Motorradunfälle, in der Regel verursacht durch überhöhte Geschwindigkeit und aggressives Fahrverhalten. Bis zu 20 tödliche Unfälle pro Jahr in der Fränkischen Schweiz waren bis Anfang der 1990er Jahre die Regel. Erst danach konnte diese Zahl durch diverse Kontrollmaßnahmen, aber auch durch eine merklich vernünftigere und vorausschauendere Fahrweise der Biker erheblich gesenkt werden. Dies ist umso bemerkenswerter, als der Individual-Freizeitverkehr in der Gegenwart in erheblichem Maße, auf das ganze Jahr gesehen, zugenommen hat.

Das Image der Biker von den Anfängen des Motorradtourismus bis in die Gegenwart im Wandel

Betrachtet man die Entwicklung des Images der Biker in der Fränkischen Schweiz von der Anfangszeit bis heute, so kann festgestellt werden, dass diese touristisch relevante Zielgruppe ihren schlechten Ruf entscheidend ändern konnte. Wie in jedem Verhaltensbereich, gibt es zwar auch heute noch wenige unvernünftige, provokante Biker, die wenig Rücksicht auf andere Verkehrsteilnehmer nehmen. Dennoch hat sich insgesamt die Akzeptanz der Biker merklich erhöht. Der klassische Raser wurde gewissermaßen durch den gemütlichen, die Landschaft genießenden Cruiser ersetzt. Bemerkenswert ist darüber hinaus, dass sich die Altersstruktur der Zielgruppe in den vergangenen Jahren geändert hat. Machten die 25- bis 35-Jährigen, meist männlichen Biker bis 1995 noch über 70 % aus, so sind es aktuell die 35- bis 55-Jährigen, die bereits mehr als 50 % der Motorradfahrer stellen, wobei der prozentuale Anteil an weiblichen Bikerinnen kontinuierlich zunimmt. Dieser Trend könnte sich, so die Einschätzung der touristischen Akteure vor Ort, mittelfristig durchaus fortsetzen. Für negative Schlagzeilen sorgen allerdings immer noch selbsternannte Testfahrer v. a. in einigen verkehrsmäßig gesehen problematischen Bereichen der Region, auf welche sich die nach wie vor zu hohen Unfallzahlen konzentrieren. Verstärkte Kontrollen und Polizeipräsenz erweisen sich auf Grund der Vernetzung der Biker untereinander über Funkverbindungen dabei leider nicht immer als effektives Mittel, dem entgegenzusteuern.

Die Biker – eine touristische Zielgruppe mit Konfliktpotential

Für Motorradfahrer sehr attraktive Bereiche der Fränkischen Schweiz sind bis heute zugleich auch die Problembereiche. Überhöhte Geschwindigkeiten und erhöhte Geräuschentwicklung – eher Rennstrecken vorbehalten – haben zur Folge, dass diverse Straßenabschnitte von anderen Verkehrsteilnehmern nur ungern benutzt und sogar gemieden wurden und – v. a. an Wochenenden – immer noch werden. Diese Bereiche unterliegen als Unfallschwerpunkte erhöhten Kontrollen und werden dadurch sowie durch verschiedene verkehrsregelnde Maßnahmen, z. B. Geschwindigkeitsbeschränkungen oder bauliche Eingriffe, für den zu schnellen Biker in zunehmendem Maße uninteressant. ▶ Abb. 63 Zu nennen sind hier in erster Linie das Ailsbachtal zwischen Kirchahorn und Behringersmühle, das untere Püttlachtal westlich von Pottenstein, das obere Wiesenttal zwischen Nankendorf und Plankenfels sowie zwischen Hollfeld und Steinfeld, der Würgauer Berg im nordwestlichen Bereich der Fränkischen Schweiz ▶ B 2 sowie die Staatsstraße zwischen Volsbach und Glashütten im nordöstlichen Bereich. Polizeilich durchgeführte Maßnahmen haben allerdings, wie die Erfahrung der vergangenen Jahre lehrt, stets zeitversetzt eine räumliche Verlagerung der problematischen Bereiche zur Folge, was – positiv betrachtet – das vorhandene Potential und damit die Attraktivität der Region fürs Motorradfahren generell recht deutlich zeigt.

Abb. 64 Der Biker-Parkplatz bei Kathi in Heckenhof an einem sonnigen Sonntag im April 2018

Touristische Informationen/Bewerbung der Zielgruppe

Zwar gibt es in der Fränkischen Schweiz im Vergleich zu anderen Regionen, etwa der Bayerischen Rhön, keine speziell klassifizierten Biker-Hotels; dennoch zeigt sich der Beherbergungsbereich mittlerweile durchaus bikerfreundlich. Ein Mindestservice für übernachtende Motorradfahrer wird inzwischen flächendeckend angeboten. Biker sind zwar für keinen Übernachtungsbetrieb die Hauptgästegruppe; als erweiterte Zielgruppe werden sie aber nicht nur im Bereich der Beherbergung explizit beworben. Neben ausführlichen Informationen auf offiziellen und vielen privaten Internetseiten gibt es in gedruckter Form alle relevanten Zielgruppen-Informationen, von der Übernachtungsmöglichkeit über Tourenvorschläge bis hin zu geführten Motorradtouren zu ausgewählten Themenbereichen und entsprechendem Kartenmaterial.

Bikertreffs in der Fränkischen Schweiz

Obgleich Motorradfahren eine eher individuelle Freizeitbeschäftigung darstellt, werden klassische Bikertreffs sehr gerne angesteuert, da sich dort Gleichgesinnte treffen, über ihre Fahrzeuge fachsimpeln und diese interessierten Bikern gerne zeigen. Es verwundert nicht, dass solche Bikertreffs sich bei Gasthöfen, Brauereien oder Biergärten etabliert haben. Dort ist meist neben der benötigten Fläche auch eine Einkehr, also ein längerer Aufenthalt in gemütlicher Atmosphäre möglich. Der beliebteste Treffpunkt seit vielen Jahren, weit über die Grenzen der Fränkischen Schweiz hinaus bekannt, ist die Kathi-Bräu in Heckenhof bei Aufseß. ▸ Abb. 64 Aber auch die Brauerei Held in Oberailsfeld, die Brauerei Grasser in Huppendorf bei Königsfeld, die Brauerei Reichold in Hochstahl oder das Ellertal-Stüberl bei Tiefenellern haben sich zu regelrechten Bikerzentren entwickelt. Das dort hauptsächlich ausgeschenkte Getränk ist übrigens Kaffee – und keineswegs Bier.

Sportorientierte Freizeit

Bereits in der Phase, in der die Fränkische Schweiz durch die Höhlenforscher und die Romantiker entdeckt wurde, spielte die Naturnähe dessen, was die Besucher nachfragten, eine große Rolle. Der Besuch von Höhlen war sogar oft ein Abenteuer, waren sie doch nur über unwegsame Pfade zu erreichen und mussten sie in ihrem Inneren mit Leitern, Seilen und Fackeln oder Karbidlampen kletternderweise begangen werden, was eine gewisse physische Kondition erforderte. Diese Aktivität des Höhlenbesuchs ist heute nur noch ein randliches Phänomen. Zahlreiche Höhlen wurden verschlossen, um die Besucher nicht in Gefahr zu bringen und auch um eine unsachgemäße Hobby-Forschertätigkeit zu verhindern, die vom Sammeln (und Mitnehmen) von Knochen über das Abbrechen von Stalagmiten bis zu einem Graben auf dem Höhlenboden reichen. Nur noch unter sachkundiger Anleitung und Kontrolle sind heute die wichtigen Höhlen begehbar.

Klettern

Seither sind weitere Bestandteile der Naturlandschaft zu Objekten geworden, die von

Touristen besucht werden, die sportlich motiviert sind. Das Beklettern der Dolomitfelsen begann schon um 1900. Ausgestattet mit bescheidenem Gerät und einer aus heutiger Sicht unzureichenden Sicherung haben sich Personen dem Bezwingen schwieriger Felstürme zugewandt. Die Schwierigkeitsgrade des Kletterns nahmen ständig zu und erreichten 1991 sogar Weltrekordniveau mit Wolfgang Güllichs Bezwingung der Route Action Directe, am Waldkopf, einem Felsen des elften Schwierigkeitsgrades. Neben dem Bouldern ohne jegliche Steighilfe, das in den 1970er Jahren in Mode kam, wurden für das Klettern mit Sicherungshilfen ständig neue Hilfsmittel entwickelt und eingesetzt, von denen sich v. a. der so genannte Bühlerhaken (benannt nach seinem Nürnberger Erfinder Oskar Bühler) durchsetzen konnte. Nicht nur Extremklettern, auch das weniger ambitionierte Sportklettern wurde immer beliebter, Letzteres natürlich in viel größerem Ausmaß und an zahlreichen Felsen. Heute existiert nicht nur eine breite Auswahl an Kletterfelsen unterschiedlichster Schwierigkeitsgrade. Es gibt auch einen vorbildlichen Service der Frankenjura.com, einer Tourismusplattform als Internetauftritt und Diskussionsforum, in dem die empfohlenen Aufstiegsrouten von über 2.000 Felsen in der Fränkischen Schweiz beschrieben werden und Informationen zu den Regeln für die Nutzer genannt werden, also welche Verbote und Auflagen beim Besteigen zu beachten sind (König 2018 u. 2019).

Die Fränkische Schweiz ist heute zu einem Kletterparadies geworden, in welches nicht nur aus der näheren Umgebung, sondern teilweise von weit her und sogar aus dem Ausland Personen zum Zwecke des Sportkletterns kommen.

Kajak- und Kanufahren

Ein weiterer naturräumlich begründeter Bestandteil des Tourismus, der in der Gegenwart intensiv sportlich genutzt wird, ist das Kajak- und Kanufahren auf der Wiesent.
▶ Abb. 68 Diese Freizeittätigkeit war schon nach dem Ersten Weltkrieg in Mode gekommen, hat sich aber heute stark ausgeweitet und wird gegenwärtig v. a. durch ein weitreichendes Angebot für Besucher, die sich ein Boot vor Ort mieten, geprägt. Die Strecke für Bootsfahrten beginnt auf der Wiesent an der Pulvermühle (südlich von Waischenfeld) und endet in Ebermannstadt. Insgesamt zehn Wehre entlang der Strecke machen jeweils ein Aussteigen und Umtragen des Boots notwendig. Mehrere Einkehrmöglichkeiten mit Café- und Brotzeitangebot sichern die Versorgung der Bootsfahrer. Durch den ungewöhnlichen, eine 180°-Kurve bezeichnenden Verlauf der Wiesent ist die 14,4 km lange Strecke von Doos bis nach Muggendorf logistisch einfach zu betreuen, können doch in Muggendorf ankommende Boote auf dem Landweg über die Hochflä-

Klettern im Frankenjura

Die Karstlandschaft der Fränkischen Schweiz mit ihren Dolomittürmen eignet sich sehr gut für den Klettersport. Tatsächlich sind schon im frühen 20. Jh. erste Kletteraktivitäten zu verzeichnen, die sich seither für Spitzen- und Breitensportler vervielfacht haben. Die Fränkische Schweiz ist mittlerweile eine der beliebtesten Kletterregionen in Deutschland. Umstritten sind die Verträglichkeit des Kletterns mit dem Naturschutz und der ökonomische Nutzen der touristischen Aktivität „Klettern" für die Region.

■ lid-online.de / 81103

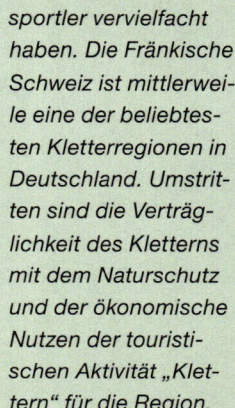

Klettern im Frankenjura

Konflikte mit naturnahen Formen des Tourismus

Die Fränkische Schweiz ist heute eine Tourismusregion, in der auch zahlreiche sportlich motivierte Tätigkeiten in der freien Natur gepflegt werden, so z. B. Felsenklettern, Fahrradfahren und Kajakbootfahren. Diese Aktiv-Tourismusformen werden immer beliebter; sie machen einen Gutteil der Tourismusattraktivität aus. Sie können aber auch die Natur negativ beeinflussen.

Die Orte für Tourismusaktivitäten sind oft sehr naturnah, sodass hier die heimische und seltene Tier- und Pflanzenwelt beeinträchtigt und gefährdet sein kann. Diese Befürchtung wird häufig gegenüber dem Klettern, das mittlerweile zu einem Trendsport geworden ist, geäußert. ▶ Abb. 65 Denn die Kalkfelsen sind Standorte, auf denen seltene Pflanzen gedeihen (u. a. Endemiten und Eiszeitrelikte) und Vögel brüten, unter ihnen der Wanderfalke und Uhu, die in ihrem Bestand stark bedroht sind und bevorzugt auf und in steilen Felsen brüten, die allerdings ebenso für die Ausübung des Klettersportes begehrt sind. Seit den 1990er Jahren sind die Vertreter des Kletterns und des Naturschutzes in Diskussion miteinander getreten und haben sich auf Maßnahmen geeinigt, um die Auswirkungen des Kletterns auf Flora und Fauna unter Einbeziehung der Interessen aller zu minimieren. Mehrere Felsen werden ganzjährig für Kletterer gesperrt (und gar nicht in den Kletterangeboten gelistet). Bei Zuwiderhandlungen werden empfindliche Strafen angedroht. Einige Felsen werden temporär gesperrt, etwa in der Brut- und Aufzuchtzeit der Jungen. Ein wichtiges Prinzip des Kletterkonzeptes ist die Zonenregelung. An jedem Kletterfelsen befindet sich ein Hinweisschild in Deutsch und Tschechisch, das diese erklärt. In Zone 3 darf unbeschränkt geklettert werden, in Zone 2 darf nur auf bestehenden Routen, und in Zone 1 darf überhaupt nicht geklettert werden (FRENZEL u. REBHAN 2009). Aus Sicht

Abb. 65 Kletterfelsen Neuhauser Wand, ein belebter Ort mit Beeinträchtigung für die Tier- und Pflanzenwelt

des Naturschutzes ist der Einsatz von so genannten Umlenkhaken zu begrüßen. Der Kletterer tritt mit ihrer Hilfe, wenn er den Gipfel erreicht hat, nicht auf die dortige Vegetation mit ihren seltenen Arten, sondern seilt sich gleich wieder ab. Da Kletterer offenbar eine recht disziplinierte Gruppe sind, werden die Regelungen auch weitgehend befolgt, zum Nutzen aller Interessenten.

Immer mehr Menschen genießen und erkunden die Fränkische Schweiz mit dem Fahrrad. Radtouren haben längst die Wandertouren ergänzt, und zwar vom gemütlichen Familienausflug bis hin zum flotten E-Biking und zum sportambitionierten Mountainbiking. Fremdenverkehrsverbände, Landkreise und Kommunen tragen dem mit einem Ausbau von Fahrradwegen Rechnung. Manche dieser neuen Fahrradwege verlaufen abseits, die meisten dagegen entlang stark befahrener Autostraßen. ▶ Abb. 66 Daher ist es fraglich, ob es gelingt, Erholung mit Bewegung zu kombinieren. So begrüßenswert die Erschließung für das umweltfreundliche Verkehrsmittel Fahrrad auch ist, gibt es auch negative Auswirkungen durch die Versiegelung des Bodens, was zu einem Verlust von Lebensraum für Pflanzen und Tiere führt. Der Wegebau auf neuen Trassen durch ohnehin schon sehr enge Täler wie dem Ailsbachtal oder dem Wiesenttal wirkt sich negativ auf die dortigen seltenen Lebensräume wie Auwälder und Wiesen aus.

Abb. 66　Wiesenttal bei Nankendorf mit Straße und fast ebenso breitem Fahrradweg, der direkt entlang des Wiesentufers führt und die Uferökologie beeinträchtigt

Als besonders reizvoll erscheint der Kanu- und Kajaktourismus auf der Wiesent im Sommerhalbjahr, der überwiegend zwischen Doos und Muggendorf praktiziert wird. ▶ Abb. 67 Er ist naturnah, bewirkt keine Lärmbelästigung und kann als Soft-Sport auch von älteren Mitbürgern betrieben werden. Doch die Idylle trügt. Den Anglern sind die Boote ein Dorn im Auge. Die Paddelboote touchieren teilweise die Uferbereiche, sodass hier die Laichplätze der Fische beeinträchtigt und brütende Wasservögel gestört werden. Zwar gibt es auch rücksichtsvolles und angepasstes Verhalten. Der Konflikt spitzt sich jedoch derzeit leider noch zu und es werden bereits die Gerichte bemüht.

Abb. 67　Eine Gruppe von Kajakfahrern lässt die Boote zu Wasser, wodurch die Ufervegetation beeinträchtigt wird.

Abb. 68   Bootsfahrt in Kanu (hinten) und Kajak (vorne) auf der Wiesent bei der Stempfermühle

che über eine nur 3 km kurze Strecke nach Doos zurücktransportiert werden.

Das Bootsfahren erfordert wenig Vorkenntnisse und lediglich eine ganz normale Kondition. Die Boote dürfen ausnahmslos nur flussabwärts fahren. In den Sommermonaten, v. a. in der Ferienzeit, ist die Bootsdichte auf der Wiesent bereits sehr hoch. Konflikte mit dem Naturschutz sind nicht zu leugnen. Gleichwohl ist das Paddelbootfahren eine sehr naturnahe und bei den Gästen beliebte sportorientierte Freizeittätigkeit.

Fliegenfischangeln

Ebenfalls am Ufer der Wiesent hat ein weiterer Sport eine weit zurückreichende Tradition – das Fliegenfischangeln. Hier handelt es sich um eine Fangtechnik von Salmoniden (Äschen, Forellen). Eine mit einem Widerhaken umfasste Insektenimitation, verbunden mit einer spezifischen Wurftechnik, erzielt gute Fangergebnisse. Nicht zuletzt im Konflikt mit den Kajakfahrern nimmt der Erfolg des Fliegenfischens ab. Die Fischereirechte werden heute teilweise über Tagesangellizenzen an Touristen verkauft. Sogar Schulungskurse in eigenen Fliegenfischerschulen werden angeboten. Heute konzentriert sich das Fliegenfischen überwiegend auf den Wiesentabschnitt zwischen Waischenfeld und Behringersmühle. ▶ D 44

Wandern, Radfahren, Mountain-Biking

Die reliefintensive Landschaft der Fränkischen Schweiz, die im Wechsel von Talabschnitten und Hochflächen besteht und viele Wege und Pfade abseits der Straßen aufweist, wurde seit dem 19. Jh., und verstärkt nach dem Zweiten Weltkrieg, mit Wanderwegen ausgebaut und erschlossen. Das Wandern auf diesen Trassen ist eine der bedeutendsten Freizeitaktivitäten der Fränkischen Schweiz bis in die Gegenwart. Es fällt indes schwer, sie als sportliche Aktivität zu bezeichnen und hier zu erwähnen. Doch auf eben diesen Trassen (und mittlerweile weit über sie hinaus auf eigenen Pfaden) gibt es heute Strecken für die sehr sportorientierten Mountainbiker. Das Mountainbiking wird auch seitens der Tourismuszentrale beworben und gefördert, nicht zuletzt in der Erwartung, auch junge Gäste anzuziehen. Eigene Mountainbikestrecken wurden bereits ausgewiesen, so v. a. um Heiligenstadt, wo die drei Strecken Matzenstein, Geisberg und Altenberg als Rundkurse ausgearbeitet wurden. In der Tat gibt es heute schon zahlreiche Mountainbiker, die allerdings nicht immer nur auf eigens ausgewiesenen Strecken bleiben und deshalb nicht immer konfliktfrei mit den Wanderern auftreten.

Deutlich konfliktfreier verläuft das Fahrradfahren auf eigens errichteten Fahrradwegen. Inzwischen ist das Netz an Fahrradwegen bereits sehr dicht. Die meisten der aufgelassenen Eisenbahnstichstrecken wurden zu Fahrradwegen umgestaltet. Die Tourismuszentrale bietet einen Prospekt „Radfahren" und „Fahrradtouren" mit vorgeschlagenen Radtouren und Verleih- sowie Servicestationen für die gesamte Fränkische Schweiz an. Das Fahrradfahren wird, wie auch das Wandern, mittlerweile sehr komfortabel im Paket durch die Tourismuszentrale angeboten mit Vorschlägen für Übernachtungsorte und Fahrstrecken (TZFS 2019d).

Eine der wenigen Lücken für ein Durchqueren der Fränkischen Schweiz auf eigenen Fahrradwegen, die Strecke zwischen Behringersmühle und Pottenstein, die einen landschaftlich besonders reizvollen Talabschnitt der Püttlach betrifft, aber in technischer Hinsicht und bei Respektierung der Erfordernisse des Naturschutzes sehr schwierige Strecke ist, wird derzeit geschlossen. Danach kann man von Ebermannstadt bis Pegnitz auf einem durchgehenden Radweg fahren.

Golf, Wintersport

Auf der Albhochfläche der Fränkischen Schweiz gibt es Golfplätze in Ebermannstadt-Kanndorf und Pottenstein-Weidenloh sowie am Fuß des Albanstiegs in Thurnau. Alle drei Anlagen sind 18-Loch-Plätze; in Kanndorf existiert sogar noch eine zweite 27-Loch-Anlage. Die Anlagen werden rege nachgefragt und sind bei ihren Nutzern sehr beliebt.

Auch wenn diese Sportaktivitäten lediglich eine sehr untergeordnete Rolle spielen, sei doch noch auf die wenigen Wintersportangebote in der Fränkischen Schweiz hingewiesen. Ein bis 2012 sogar mit Schlepplift ausgestatteter Skihang existiert bei Zultenberg am Görauer Anger. Weitere Schleppliftstrecken für Anfänger gibt es in Betzenstein-Spies, Draisendorf, Muggendorf und Osternohe. Rodelbahnen existieren in Spies, Leienfels, Obertrubach, Teuchatz und Gräfenberg. Langlaufloipen werden bei genügend Schnee gespurt am Geisberg bei Teuchatz, um Hetzendorf bei Betzenstein, bei Eggolsheim auf der Strecke Flugplatz Feuerstein-Lange Meile, zwischen Stechendorf und Hollfeld, Pottensteiner Loipen um den Golfplatz und um Kühlenfels sowie um Gräfenberg (Kleine Gräfenberger Loipe). Schneeschuhtouren sind um Gößweinstein möglich. Es muss fairerweise betont werden, dass infolge der immer milder werdenden Winter diese Aktivitäten immer seltener möglich sind.

Die Anfänge des Fahrradtourismus

Die Fränkische Schweiz gehörte zu den Zielen des frühen Fahrradtourismus. Davon zeugen nicht nur die Reiseführer des ausgehenden 19. und beginnenden 20. Jh. Auch in den reichsweiten Fahrradzeitungen jener Zeit wird diese Landschaft immer wieder als attraktives Ziel für Radfahrer geschildert. So verwundert es nicht, dass mit der Concordia auch ein überregional wichtiger Radfahrerverein in Bamberg vor dem Ersten Weltkrieg sein Zentrum hatte. ■ lid-online.de/81129

Früher Fahrradtourismus

Touristische Events und Attraktionen

In vielen Bereichen der gegenwärtigen Gesellschaft werden bestimmte Veranstaltungen, die einmalig oder selten auftreten, die aber eine hohe Anziehungskraft versprechen, zu Events, zu besonderen Ereignissen. Solche Events können sich entweder, aus einer historischen Wurzel gespeist, allmählich aus traditionell vererbten Veranstaltungen entwickeln und eine immer stärkere Nachfrage ausbilden (also quasi ungeplant als Events wirken). Dieses Phänomen hat für die Fränkische Schweiz eine sehr große (auch touristische) Bedeutung. Daneben gibt es aber eine zweite Gruppe von Events – das sind die eigentlichen Events im engeren Sinn –, die systematisch und gezielt, meist als Marketingmaßnahme, inszeniert und gefeiert werden. In der Fränkischen Schweiz gibt es zahlreiche Events beider Ausprägungen, historisch gewachsene und strategisch neu kreierte. Beide Ereignistypen tragen dazu bei, Einheimische und Ortsfremde anzuziehen, für die solche Veranstaltungen (auch) von touristischer Attraktivität sind. Dabei verlaufen die Grenzen zwischen historisch ererbtem und neu inszeniertem Event nicht immer eindeutig, wie z. B. die Dampfbahnfahrten zeigen.

Nostalgie-Dampfbahnfahrten

Alle Stichbahnstrecken in der Fränkischen Schweiz (außer Forchheim–Ebermannstadt, Nürnberg NO–Gräfenberg und Neunkirchen am Sand–Simmelsdorf) wurden mittlerweile eingestellt. Das, was übrig blieb, waren die Gleiskörper mit den Bahnhofsgebäuden. Die Gleise wurden zwar demontiert, aber die ehemaligen Bahntrassen finden in der Gegenwart in mehreren Fällen eine sehr sinnvolle touristische Verwendung als Fahrradwege (Gasseldorf–Heiligenstadt, Bayreuth–Plankenfels–Hollfeld).

Eine einzige Strecke – die erst 1930, und damit sehr spät entstandene und durch das besonders reizvolle Wiesenttal führende Linie von Ebermannstadt nach Behringersmühle – wurde zwar ebenfalls von der Deutschen Bahn stillgelegt. Auf der Basis einer privaten Initiative engagierte sich aber ein Verein, die Dampfbahn Fränkische Schweiz e. V., der die 16 km lange Strecke als Museumsbahn und als nostalgischen Event weiterbetreibt und jährlich über 25.000 Fahrgäste befördert.

Von Mai bis Oktober verkehrt sonntags und an Feiertagen dreimal täglich in beiden Richtungen der Zug mit Diesel- oder (besonders attraktiv) mit Dampfbetrieb. Der Zug besitzt alte Personenwaggons, z. T. in der Holzklasse, und einen Buffetwagen, in dem kleinere Speisen und Getränke verabreicht werden. Die Fahrt mit der Museumsbahn ist mittlerweile zu einer Attraktion v. a. für Familien mit Kindern, Wanderer und Liebhaber des historischen Dampfbahnbetriebs geworden.

Für Spezialwünsche werden auch Sonderfahrten für Schulen, Betriebsausflüge, Familienfeste, und hierbei auch Hochzeiten, angeboten. Das Nostalgieerlebnis erfreut sich ungebrochener Beliebtheit und Nachfrage seit der Inbetriebnahme dieser touristischen Bahn im Jahr 1983. Das schrille Pfeifen der Dampflok und die kräftige Rauchentwicklung der Lok gehören mittlerweile zu den Sonntagsereignissen im Wiesenttal. Die Dampfbahn ist eine der wichtigsten touristischen Attraktionen der Fränkischen Schweiz geworden. ▶ Abb. 69

Sportliche Großveranstaltungen: Marathonläufe

Neben aus historischen Wurzeln gewachsenen Veranstaltungen, die sich erst zu Events entwickelt haben, gibt es aber natürlich auch völlig neu geplante, von Anfang an dem Spektakel verpflichtete Events in der Fränkischen Schweiz. Die bekanntesten Events im sportlichen Bereich sind die Marathonläufe.

Hier ist an erster Stelle der Fränkische Schweiz-Marathon zu nennen, der seit 2000 alljährlich an einem Samstag und Sonntag im September vom Sportamt des Landratsamtes Forchheim veranstaltet wird. Er führt von Ebermannstadt bis Pottenstein und zurück auf der B 470 durch das reiz-

Abb. 69 Zahlreiche Fahrgäste erwarten die Ankunft der Dampflokbahn im Bahnhof Behringersmühle zur Rückfahrt nach Ebermannstadt

volle Wiesent- und Püttlachtal. Die Bundesstraße wird an diesem Wochenende vollkommen für den Autoverkehr gesperrt. Mehrere Läufe werden nacheinander angeboten – neben dem Marathonlauf auch Staffelmarathon, Halbmarathon, 10-km-Lauf, Inline-Skating-Marathon, Handbike-Marathon (auch für Rollstuhlfahrer) sowie Schüler- und Bambiniläufe. Über die Läufe hinaus, an denen ca. 1.700 Personen teilnehmen, wird ein umfangreiches Rahmenprogramm entlang der Strecke angeboten. Man schätzt etwa 30.000–40.000 Besucher, sodass die Sportveranstaltung durch ein stattliches Volksfest umrahmt wird.

Ein weiterer Versuch, einen Marathonlauf als Event zu etablieren, ist der „Brauereienlauf – Der Marathon durch die Fränkische Toskana" im Gebiet um Litzendorf. Er fand Ende September 2018 zum ersten Mal statt und hatte laut Startliste 727 Teilnehmer. Das Spezifische (und Diskussionswürdigste) an diesem Marathon ist sein Verlauf entlang der zahlreichen Brauereien der Region, wobei den Läufern an den Versorgungsstellen anstelle von isostatischen Getränken auch Bier verabreicht wird. Der Lauf soll ein nächstes Mal im Jahr 2020 veranstaltet werden.

Radlertag Kleinziegenfelder Tal

Seit 1999 bleibt die Staatstraße zwischen Weismain und Kleinziegenfed am Pfingstmontag gesperrt für den Autoverkehr. Ausschließlich Radler und Wanderer haben an diesem Tag das Tal und einige angrenzende Nebenstraßen zu ihrer Verfügung. Es handelt sich eher um einen Event zur Entschleunigung, einen Tag, an dem man die reizvolle Landschaft des Tales bewusst genießen kann und in mehreren Orten auch nicht auf kulinarische Genüsse verzichten muss. Die

Brauereiwanderungen und Biertourismus

Seit 2001 gibt es in der Fränkischen Schweiz zahlreiche ausgeschilderte Wanderwege, die sich dem Thema „Bier" verschrieben haben. Die hohe Anzahl von immer noch bestehenden Kleinbrauereien ist die Voraussetzung für die touristische Bewerbung dieses regionalen Produktes. ■ lid-online.de/81505

RadTOURpur empfiehlt vier Fahrstrecken von 9 bis 13 km Länge, die auch von Kindern bewältigt werden können. Der autofreie Tag erfreut sich höchster Beliebtheit.

Künstliche Erlebniswelten

Selbst eine so attraktive Naturlandschaft wie die Fränkische Schweiz umfasst inzwischen auch mehrere touristische Angebote des Typs künstliche Erlebniswelten. Darunter werden Angebote für den Touristen (gegen Bezahlung) verstanden, die mit

Abwechslung, Entertainment, Thrill, Vergnügen verbunden sind (STEINECKE 2000), eine künstliche Landschaft schaffen und dem Touristen einen Eindruck von Erlebnis vermitteln. Die klassischen Vertreter dieser Angebote sind die Freizeitparks (Europapark Rust, Euro-Disney Paris). Derart komplexe und großmaßstäbige Angebote wird man in der Fränkischen Schweiz nicht finden. Dennoch gibt es durchaus kleinere Vertreter dieses Typs, die eigentlich die Umgebung dieses Naturparks gar nicht bräuchten, also gewissermaßen ein Fremdkörper sind.

Sommerrodelbahn (Rodel-Mekka)

Das besucherstärkste und vermutlich bekannteste Objekt einer künstlichen Erlebniswelt ist die seit 1996 bestehende Sommerrodelbahn in Pottenstein. Sie umfasst zwei Abfahrtstrecken im Bob- oder Rodelschlitten, in denen der Besucher mit hoher Geschwindigkeit in einer Kurvenlandschaft talabwärts fährt. ▶ E 28 Im Sommerhalbjahr und besonders an den Wochenenden ist die Besucherzahl an der Sommerrodelbahn sehr hoch. Vorwiegend Jugendliche fragen das Angebot nach. Das hohe Besucheraufkommen führt zu Parkraumknappheit und Staus entlang der B 470, die an der Anlage vorbeiführt.

Seit 2018 wurde die Anlage erweitert und um zwei weitere Besuchsattraktionen ergänzt – den so genannten Hexenbesen ▶ Abb. 70, das sind Zweisitzergondeln, und den Skywalk, eine weit in das Tal hineinreichende begehbare Rampe, von der man ins Tal hinabblicken kann. Für jede dieser Attraktionen muss der Besucher eigens Eintritt bezahlen. Ergänzt wird der Erlebniskomplex durch ein gastronomisches Angebot und – durchaus positiv zu sehen – die Verlagerung des Parkplatzes für die Rodelbahn aus dem Weihersbachtal auf die Hochfläche. Der Betreiber nennt keinerlei Zahlen; als grobe Schätzung dürfte indes eine Besucherzahl von 400.000 im Jahr nahe an der Realität liegen.

Kletterparks

Als stärker mit der Landschaft der Fränkischen Schweiz vereinbar erscheinen die seit Jahren neu entstandenen Anlagen von Kletterlabyrinthen, die jeweils in einem Waldgebiet errichtet wurden. Es handelt sich um kommerzielle Angebote, die sich v. a. an Kinder und Jugendliche richten und die es in mehreren angelegten und gesicherten Hindernisparcours möglich machen sollen, Gleichgewichtsübungen am Drahtseil zu praktizieren. Kletterer betonen, dass die Eigenbezeichnung Kletterwald der Anbieter dieser Einrichtungen zwar suggeriert, dass das Ganze etwas mit Klettern zu tun habe (z. B. eine Vorstufe davon sei), doch wird diese Interpretation von ihnen zurückgewiesen.

Es gibt in der Fränkischen Schweiz derzeit drei Parks dieses Angebotstyps: (a) Kletterwald Pottenstein-Weidenloh für Kinder und Jugendliche, (b) Abenteuerpark Betzenstein mit Naturhochseilgarten und Kinderkletterwald sowie (c) Kletterwald Veilbronn (neben dem Naturfreundehaus) mit zehn Parcours unterschiedlicher Schwierigkeit und Altersklassen.

Abb. 70 Sommerrodelbahn Pottenstein mit dem Hexenbesen (grünes Areal). Vorne der Rücktransport der Rodelschlitten (mit dem Fahrer) auf die Hochfläche nach erfolgter Abfahrt

Thermenbadelandschaft

Erlebnis- und Spaßbäder gehören zu den bekanntesten Vertretern künstlicher Erlebniswelten. Sie stellen nicht nur eine Wasserfläche zum Baden und Schwimmen bereit, sondern liefern zahlreiche Zusatznutzen. Dies betrifft in der Gegenwartsgesellschaft schon fast jedes neu errichtete Hallenschwimmbad. Dennoch soll hier die Bezeichnung Thermenbadelandschaft beschränkt werden auf die einzige Therme in der Fränkischen Schweiz, die seit 1998 betriebene Therme Obernsees. ▶ C 23

Sie besitzt nicht nur den Vorteil, durch die Verwendung von warmem Tiefenwasser natürlich geheiztes Wasser zur Verfügung zu haben; das Wasser hat auch balneologisch zertifizierte Heileigenschaften. Indem mehrere Becken offeriert werden, kann der Nutzer, je nach Wunsch, unterschiedliche Angebotsformen (nacheinander) wahrnehmen, so z. B. auch ein ganzjährig beheiztes Freiwasserbecken. Wasserrutschen für Spaßbader, eine Badmöblierung mit tropischen Bäumen (Palmen), Sprudeldüsen und Wasserfälle, Strömungskanal, ansprechende Verkachelung, Beleuchtungseffekte (am Abend), schaffen ein vielfältiges Angebot, bei dem der Erlebnis- und Funcharakter nicht zu kurz kommen sollen. Ergänzende Dienstleistungen, z. B. Infrarotbestrahlung, Solarien, Physiotherapie oder Saunanutzung, sind kombinierbar, ebenso Friseur, Kosmetik und natürlich Gastronomie. Die Therme Obernsees ist mit jährlich 260.000 Besuchern (2017) ein Besuchermagnet.

Kultureinrichtungen und -veranstaltungen

Es wurde bisher bereits deutlich, dass die Tourismusangebote in der Fränkischen Schweiz weit über die Kategorien Übernachtung und Verpflegung hinausgehen. Die Wichtigkeit von Veranstaltungen mit kulturellen Traditionen, die auch für den Tourismus sehr attraktiv sein können, wurde ebenfalls schon ausgeführt: Brauchtumsaktivitäten, Kirchweihen, Brauerei- und Bierkellerbesuche, Kennenlernen natürlicher Erscheinungen des Karstformenschatzes (von den Dolinen über die Höhlen bis zu Trockentälern und Hungerbrunnen) gehören mit zur touristischen Attraktivität der Fränkischen Schweiz. Der Tourismus stellt somit für alle, die sich dafür interessieren, auch zahlreiche kulturelle Aspekte bereit.

Wie ist es aber mit kulturellen Einrichtungen und Aktivitäten im engeren Sinn? Gibt es auch Kultureinrichtungen und -objekte von Bedeutung, kulturelle Tätigkeiten und Veranstaltungen, die die Touristen – seien sie Urlauber oder Naherholer – ansprechen?

Es sei gleich eingehend festgestellt, dass die Kulturangebote der Fränkischen Schweiz zahlreich und gehaltvoll – fast schon überraschend attraktiv für einen ländlichen Raum ohne städtische Metropole – sind. Und sie wenden sich keineswegs nur an die Touristen. Die Bewohner der Region werden ebenso angesprochen, sie nehmen auch reichlich am Kulturleben teil, ja prägen es sogar in ausgewählten Bereichen.

Museen

Eine zunächst konventionelle Form der Bereitstellung kultureller Informationen sind die Museen. ▶ Abb. 71 Sie sind gerade im ländlichen Raum häufig ohne ein klares Profil im Angebot und der Zielgruppe, an die sie sich wenden. Im negativsten Fall werden sie nur amateurhaft-ehrenamtlich geführt, haben lediglich sehr kurze und seltene Öffnungszeiten und können nur sehr wenige Besucher verzeichnen.

Hier muss konstatiert werden, dass es natürlich auch in der Fränkischen Schweiz zahlreiche Museen gibt, die keine hohe Außenwirkung haben. Aber darüber hinaus finden sich erstaunlich kompetent geführte und sogar überregional bedeutende Museen. Es seien einige besonders profilträchtige Museen exemplarisch hervorgehoben (wobei eine Nichtberücksichtigung keineswegs bedeutet, dass deren Qualität minderwertig sei).

Das für die Region sicherlich wichtigste Museum ist das Fränkische Schweiz-Museum in Tüchersfeld. Es wurde 1985 gegründet als Regionalmuseum, das ein breites Spektrum von für die Region wichtigen Themenaspekten präsentiert (Erdgeschichte, Archäologie, Landwirtschaft, bäuerliches Wohnen, Tracht, Volksfrömmigkeit,

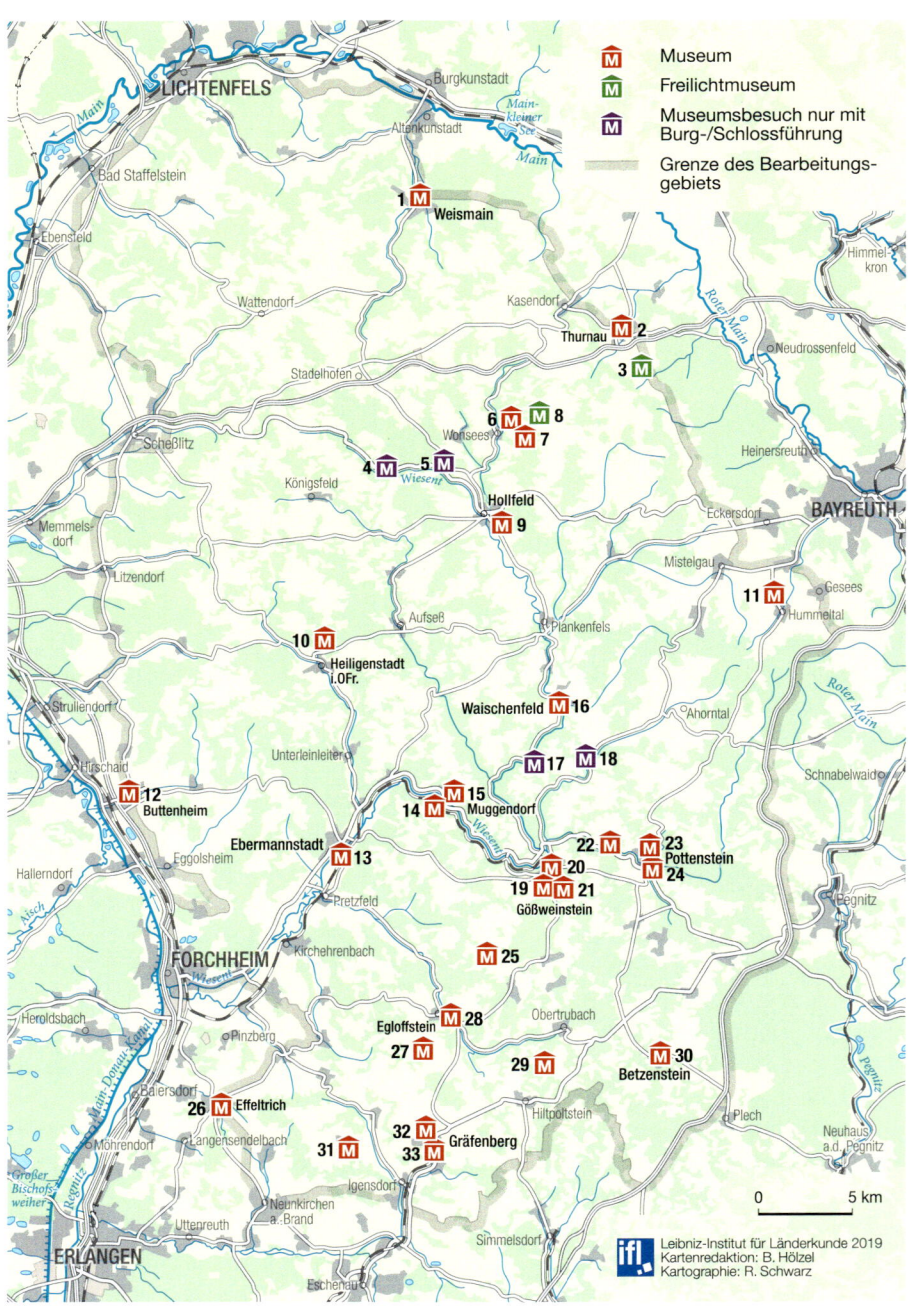

Abb. 71 Museen, einschließlich Freilichtmuseen sowie Schlösser und Burgen mit Führungen

Synagoge/jüdisches Leben, Handwerk/Zunft und Kunst). Die Abteilungen sind sachlich und mediendidaktisch ansprechend präsentiert. Das Museum hat seit seinem Bestehen durch seinen kompetenten Leiter zahlreiche Sonderausstellungen veranstaltet, zu denen informationsreiche Kataloge veröffentlicht wurden. Die Besonderheit des Museums ist der Ort, an dem es untergebracht ist. Es handelt sich um den ehemaligen Judenhof, in dem die frühere Synagoge gut restauriert zu besichtigen ist (ZVFSM 2019).

Das Museum von Weismain besteht zwar bereits seit 1907, es wurde aber 2004 völlig umorganisiert, neu gestaltet und in NordJURA-Museum umbenannt. Ebenso wurde es mit einer fachkundigen hauptamtlichen Leitung betraut. Das in Räumen des ehemaligen Kastenamtes (Finanzamts) der Stadt untergebrachte Museum will keine ungeordnete Breite von Aspekten dokumentieren. Vielmehr besitzt es mehrere Ausstellungsschwerpunkte, darunter die Zeit des Dreißigjährigen Kriegs, eine Phase, die für Weismain besonders prägend war. Ein weiterer Schwerpunkt betrifft das Alltagsleben auf der nördlichen Frankenalb mit seiner Wasserknappheit, aber auch seinen Mühlen im Tal. Das Museum ist mit der Touristen-Information gekoppelt (STADT WEISMAIN 2019).

Das nach seiner Restauration vermutlich besterhaltene Kultgebäude aus der Zeit, in der es eine größere Anzahl jüdischer Mitbürger in der Fränkischen Schweiz gab, die 1819–1822 errichtete Synagoge von Ermreuth, wurde 1994 als Synagogen-Museum für die Öffentlichkeit zugänglich gemacht. Aufgrund seiner sehr speziellen Ausrichtung zieht es keine Besuchermassen an; dementsprechend hat es auch nur sehr eingeschränkte Öffnungszeiten, nämlich nur jeden dritten Sonntag im Monat von 14 bis 17 Uhr. Die hauptamtliche Museumsleitung organisiert und veranstaltet jedoch zusätzlich ein breites Kulturprogramm mit Konzerten, Lesungen oder Führungen zum jüdischen Friedhof des Ortes (NADLER 2019).

Auch das Levi-Strauss-Museum in Buttenheim handelt von einem Aspekt der jüdischen Vergangenheit der Region (MARKT BUTTENHEIM 2019). Der aus Buttenheim stammende und mit seiner Mutter nach Amerika ausgewanderte Löb Strauß war in Kalifornien wirtschaftlich erfolgreich. Er gilt als einer der Erfinder der Jeans; das Markenzeichen mit seinem Namen besteht auch

1 NordJURA-Museum, Weismain
2 Töpfermuseum, Thurnau
3 Deutsches Tanzlindenmuseum, Limmersdorf
4 Schloss Wiesentfels
5 Schloss Freienfels
6 Burg Zwernitz, Sanspareil
7 Morgenländischer Bau, Sanspareil
8 Felsengarten Sanspareil
9 Kunst und Museum, Hollfeld
10 Schloss Greifenstein, Heiligenstadt i.OFr.
11 Hummelstube im Zeckenhaus, Pittersdorf
12 Levi-Strauss-Museum, Buttenheim
13 Heimatmuseum, Ebermannstadt
14 Naturpark-Infozentrum, Muggendorf
15 Modelleisenbahnmuseum, Muggendorf
16 Stadt- und Heimatmuseum im Haus des Gastes, Waischenfeld
17 Museum Burg Rabeneck
18 Museum Burg Rabenstein
19 Museum Burg Gößweinstein
20 Heimatkundliche Sammlung, Gößweinstein
21 Wallfahrtsmuseum, Gößweinstein
22 Fränkische Schweiz-Museum, Tüchersfeld
23 Scharfrichtermuseum, Pottenstein
24 Museum Burg Pottenstein
25 Wongersch Stodl, („Wagners Stadel"), Bieberbach
26 Museum für dörfliche Kultur, Effeltrich
27 Zehntscheune („Zeatstodl"), Thuisbrunn
28 Mühlenmuseum, Egloffstein
29 Brünners Motorradmuseum, Möchs
30 Maasenhaus, Betzenstein
31 Synagoge und jüdisches Museum, Ermreuth
32 Turmuhrenmuseum im „Gerberstodl", Gräfenberg
33 Ritter Wirnt-Museumsstübchen, Gräfenberg

heute noch (Levi's). Das seit 2000 im Geburtshaus von Löb Strauß untergebrachte Museum ist museumsdidaktisch insofern sehr innovativ, als es nur sehr wenige Ausstellungsgegenstände besitzt (also gewissermaßen ein leeres Museum ist), dagegen mittels zahlreicher Postertexte und Erzählungen die Geschichte der Jeans und ihres Erfinders überzeugend vorzustellen vermag. Das Museum hat bereits mehrere Preise erhalten. Ein Museums-Shop mit Levi's-Artikeln, Souvenirs und Literatur rundet das Angebot ab. Die sachkundige, hauptamtliche Museumsleitung bietet auch Führungen für Schulklassen an. ▶ B 24

Mit EU-Mitteln gefördert, entstand 2008 direkt neben der Basilika von Gößweinstein das Wallfahrtsmuseum (TRÄGERVEREIN WALLFAHRTSMUSEUM GÖSSWEINSTEIN 2014) im ehemaligen Mesner- und Schulhaus. Es informiert über die Tradition des Pilgerns und die Geschichte der Dreifaltigkeitswallfahrt Gößweinsteins mit multimedialer Unterstützung. Ein Ausstellungsschwerpunkt gilt den als Votivfiguren in der Region üblichen Wachsfiguren.

Schließlich sei hier noch der Felsengarten von Sanspareil erwähnt, der ein öffentlich zugänglicher Park und ein Freilichtmuseum zugleich ist. ▶ Abb. 72 In dem Park findet man noch zahlreiche Spuren der Inszenierung der Buchenwaldlandschaft als literarisches Programm und als Bühne der Geschichte von Telemach, dem Sohn des Odysseus, durch Markgräfin Wilhelmine 1746. Die imaginierten Stationen des Lebens von Telemach (z. B. Mentorsgrotte, gespaltener Fels, Sirenengrotte) werden durch Informationstafeln, die die Bayerische Schlösser- und Seenverwaltung angebracht hat, gut erläutert (BSV 2019).

Eine ebenfalls in die Landschaft eingebettete und mit ihr verknüpfte Form von Kunst sind die seit den 1990er Jahren entstandenen Land-Art-Objekte, die an zwei Standorten der Fränkischen Schweiz geschaffen worden sind – die NaturKunstRaum-Ausstellung auf dem Gipfelplateau der Neubürg ▶ C 16 sowie die Kunst- und Skulpturenwege im Raum um Litzendorf, von denen zwei in der hier abgegrenzten Fränkischen Schweiz liegen, nämlich die Fränkische Straße der Skulpturen um Lohndorf und der Kunst- und Besinnungsweg zwischen Litzendorf und Lohndorf. Im Falle der Skulpturen auf der Neubürg sind es das Nebeneinander und die Symbiose von Kunst und Landschaft, die beindrucken; im Falle der Skulpturenwege östlich von Litzendorf sind es jeweils Kunstwerke am Wegrand, die zur Besinnung und zur Reflexion anregen sollen.

Theater, Musik, Töpfereien

Neben den kulturbezogenen Einrichtungen sind es vielfältige kulturelle Aktivitäten, die dem Besucher angeboten werden. Die wohl bedeutendste Aktivität eines Theaterbetriebs, der in die Fläche und in die Region hinein wirken soll, ist der 1993 von Jan Burdinski und Wolfgang Pietschmann gegründete Theatersommer Fränkische Schweiz e. V., ein Theaterbetrieb, der bald auch weitere Auftrittsorte umfasste und deshalb seit 2007 Fränkischer Theatersommer genannt wird. Der Fokus der Aktivitäten konzentriert sich aber immer noch auf die Fränkische Schweiz (BURDINSKI 2018). So ist auch der Sitz des Vereins immer noch Hollfeld; er wird aber ab 2019 in Kutzenberg sein.

Der „Fränkische Theatersommer – Landesbühne Oberfranken", so die vollständige Bezeichnung des Kulturbetriebs, repräsentiert eine Art Wanderbühne mit Freilichttheater an wechselnden Standorten für Theateraufführungen und Musikveranstaltungen (FRÄNKISCHER THEATERSOMMER 2019). Wegen der Abhängigkeit von den Witterungsbedingungen ist es verständlich, dass der Kulturbetrieb auf den Sommer beschränkt ist.

Der Kulturbetrieb für 2018 umfasste z. B. personell 27 Schauspieler, Sänger und Tänzer, drei Regisseure und Autoren, acht Choreographen, Musiker und Komponisten sowie vier Ausstatter. Eine so große Mannschaft kann nur dadurch existieren, dass sie auch Unterstützung von der öffentlichen Hand erfährt, v. a. vom Bayerischen Staatsministerium für Bildung und Kultus, Wissenschaft und Kunst sowie durch den Bezirk Oberfranken.

2018 wurden sechs Schauspiel- bzw. Komödienstücke aufgeführt an so unterschiedlichen Orten wie z. B. St. Gangolf Hollfeld, Schlosshof Wiesentfels, Marktplatz Königsfeld, Begegnungstäte St. Elisabeth Obertrubach, Burghof Rabeneck. Es waren auch fünf Musiktheater-/Musicalstücke im Programm, die u. a. aufgeführt wurden in Schloss Oberaufseß, Burghof Egloffstein, Schloss Kühlenfels, Marktplatz Betzenstein, Ökonomiehof Klosterlangheim. Nicht nur für einheimische Besucher, auch für Touristen dürften solche Aufführungen inmitten der Kulisse der Fränkischen Schweiz einen ganz neuen Blick auf die Landschaft und Menschen der Region ermöglichen.

Zahlreiche weitere Theater- oder Musikveranstaltungen finden auch außerhalb des Fränkischen Theatersommers in der Fränkischen Schweiz statt. Das Schlosstheater Thurnau (seit 2012) mit seiner Spielstätte im Alten Rathaus der Gemeinde bietet anspruchsvolle klassische und moderne Theaterstücke unter Leitung von Wolfgang Krebs. Die Studiobühne Bayreuth spielt jährlich mehrfach im Juli und August Stücke im kleinen Freilicht-Ruinentheater von Sanspareil unter geschichtsträchtiger und stilvoller Kulisse. Auf Burg Rabenstein gibt es in lockeren Abständen Konzerte in den Rittersälen; im Rahmen von „Kultur in der Teufelshöhle" finden in den Sommermonaten ein- bis zweimal monatlich Jazzkonzerte, Kabarettabende und Puppenspiele im Vorraum der

Abb. 72   Ruinentheater im Felsengarten von Sanspareil

Höhle statt. In der Basilika Gößweinstein werden sonntäglich einmal monatlich Orgel- und Chorkonzerte, z. T. mit Orchestern und Soloinstrumenten, angeboten.

An der Nahtstelle von Kunstproduktion und Darbietung als Event wird in Thurnau jährlich ein Weihnachtstöpfermarkt abgehalten, der besonders bekannt und überregional wertgeschätzt ist. Er findet statt am Wochenende des zweiten Advent im Innenhof von Schloss Thurnau. Insgesamt ca. 60 lokale Profi-Töpfer (ergänzt durch solche von weiter entfernt bis aus dem Ausland) bieten unter weihnachtlicher Kulissse ihre Keramikkunstprodukte an (LABUHN 2019). Hobby-Töpfer sind nicht zugelassen; entsprechend genießt der Markt ein hohes Renommée als Ort höchstwertiger Keramikprodukte. Eine Verköstigung mit Bratwürsten, Lebkuchen, Glühwein und Tee rundet das Angebot ab.

Kulinarisches Paradies zu moderaten Preisen

Die meisten Urlaubsgäste und Tagesbesucher schwärmen von einer Qualität der Fränkischen Schweiz, die mit ihrer landschaftlichen Schönheit überhaupt nichts zu tun hat, die aber ihre Attraktivität und Beliebtheit als touristische Region entscheidend steigert. Es ist das gastronomische Angebot in der Region mit sowohl vielgepriesenen Speisen als auch schwärmerisch genannten Getränken.

Bereits in der Zeit der Romantik wird dieser Aspekt von einigen der Schriftsteller erwähnt, aber in wesentlich dosierterem Ausmaß, als dies für die Jetztzeit gilt. Von den schmackhaften Forellen aus der Wiesent ist schon damals die Rede. Unter dem Stichwort Wiesent berichtet HELLER (1829, S, 198), dieser Fluss sei „reich […] an Fischen, besonders an wohlschmeckenden" und es werden konkretisierend genannt „6–8 Pf. schwere […] Forellen von zweierlei Art, heller und dunkler Farbe". Auch Getränke werden lobend erwähnt, und zwar nahezu ausnahmslos die Qualität des Bieres und der Schnäpse. So berichtet GOLDFUSS (1810, S. 346) von „der Brandweinbrennerey und vorzüglich Bierbrauerey" in den Umgebungen von Muggendorf. Und er fährt fort: „Das hier gebraute braune Bier ist von vorzüglicher Güte." (S. 346).

Diese kulinarischen Qualitäten sind auch in der Gegenwart noch erhalten, und sie wurden natürlich noch entscheidend ausgebaut.

Wichtige Bezugspunkte der heute in Reiseführern, Tourismusprospekten und durch die Besucher selbst gepriesenen Speisen und Getränke der Fränkischen Schweiz sind die dörflichen Brauereigaststätten. Bis vor wenigen Jahrzehnten gab es in fast jedem Dorf eine Brauerei mit Gaststättenbetrieb – ein Dorfwirtshaus –, in dem das gebraute Bier ausgeschenkt und ergänzend einfache Brotzeiten und/oder Braten angeboten wurden. Diese ursprünglich für die lokalen Nachfrager ausgegebenen Speisen und Getränke fanden auch bei den Naherholern seit ca. 1900 im Rahmen ihrer Wanderungen in die Fränkische Schweiz dankbare Abnehmer. In Führern von 1904 (BRÜCKNER) und 1921 werden bspw. in Inseraten angeboten: „Forellenfischerei in eigenem Wasser" (Gasthof Goldener Stern, Muggendorf, 1904); „Gute Biere. Reine Weine. Kalte und warme Speisen zu jeder Tageszeit" (Gasthaus zur Behringersmühle, Behringersmühle, 1904); „Beste Verpflegung. Prima selbstgebrautes Lager-Bier. Reine Weine. Grosser schöner Sommer-Keller m. Kegelbahn und herrlicher Aussicht. Forellen-Fischerei" (Gasthof Hösch, Heiligenstadt, 1921).

Brauereien und Brauereigaststätten

Die Zahl der Brauereien ist zwar in den letzten fünfzig Jahren deutlich zurückgegangen. Aber von 123 Brauereien im Jahr 1965 haben sich bis in die Gegenwart immerhin noch 62, die ihr je spezifisches Bier brauen, halten können. Und was erfreulich dabei ist: Das Brauereisterben ist offenbar inzwischen weitgehend zu einem Stillstand gekommen. Die Biervielfalt ist so groß, dass kaum jemand von sich behaupten kann, hier als Konsument einen vollständigen, sachgerechten Überblick zu besitzen. Die häufigsten Biersorten sind Kellerbier, Lagerbier, Zwickelbier, Vollbier und Ungespundetes. Eher selten findet man Pilsner und auch Rauchbier. Natürlich treten jahreszeit-

> **Die Fränkische Schweiz – Land der Brauereien**
>
> Die Fränkische Schweiz war nicht nur in der Vergangenheit ein Gebiet mit sehr vielen Brauereien. Bis heute haben sich noch über 60 Brauereien erhalten, die ein sehr süffiges Bier produzieren. Die Gründe für die traditionell hohe Brauereidichte sind vielfältig. Auch der inzwischen gebremste Schrumpfungsprozess der Brauereien und erfolgreiche Gegenwartsstrategien der Brauer sind von Interesse. Sämtliche Brauereien werden kurz porträtiert. ■ lid-online.de/81107
>
> Land der Brauereien
>
>
>

Abb. 73   Bieridylle am Senftenberger Keller

lich noch Märzenbier, Festbier und Bockbier hinzu. Die Biere sind in der Regel kastanien- oder bernsteinfarben, und sie gelten eigentlich alle als sehr süffig. Die hohe Zahl an Brauereien auf engstem Raum wurde auch in einer cleveren Marketing-Idee ausgenutzt und erfolgreich in der Werbung platziert: Die Gemeinde Aufseß wurde 2001 in das Guinnessbuch der Rekorde als „Gemeinde mit der höchsten Brauereidichte der Welt" aufgenommen. ▸ C 26 Eine der Attraktionen eines Fränkische Schweiz-Besuchs ist es heute, am Standort der Bierproduktion (und dann natürlich als vom Fass gezapftes Bier) den Gerstensaft zu genießen.

Der Genuss des Biertrinkens wird für den Besucher noch dadurch gesteigert, dass er es in stilvoll-rustikalen Gastwirtschaften oder im Sommer in beschatteten Biergärten trinken kann, vielfach auch als Teil einer Wanderung durch die reizvolle Landschaft in eigens angelegten Bierwanderwegen. Vor allem im westlichen Teil der Fränkischen Schweiz hat sich bis in die Gegenwart eine Form des Bierangebots im Freien gehalten, die ursprünglich mit der Produktionstechnik des Bieres zu tun hatte. Um das Bier zur Endgärung zu bringen, durften Temperaturen von 12 °C nicht überschritten werden, was nur möglich war, indem man die Bierfässer in eigens gegrabenen Bierkellerstollen lagerte. Am Kellerausgang, häufig unter Kastanienbäumen, entwickelte sich hier in den Sommermonaten ein Bierausschank, der den Bierverzehr in reizvoller Umgebung ermöglichte. Auch wenn sämtliche Bierkeller heute für die Produktion der Biere nicht mehr gebraucht und verwendet werden, gibt es noch Sommerkeller, an denen das Bier ausgeschenkt wird. Die Standorte der Bierkeller, z. B. Senftenberger Keller ▸ Abb. 73, Reifenberger Keller, Pretzfelder Keller, bestechen durch ihr Angebot in landschaftlich reizvoller Umgebung.

Schnäpse (Geiste und Brände)

Die zweite Schiene attraktiver alkoholischer Getränke der Fränkischen Schweiz, die Schnäpse, haben nicht dieselbe Bedeutung wie das Bier, aber sie werden seit wenigen Jahrzehnten immer bedeutender. Basierend auf alten Brenngerechtigkeiten und einer Verarbeitung der lokal angebauten Früchte (insbesondere Kernobst) bildete sich in demjenigen Teil der Fränkischen Schweiz, in dem der Obstbau und hier speziell der

Süßkirschenanbau eine lange Tradition aufweist – also im Forchheimer Land – eine Produktion von Schnäpsen heraus, die v. a. höchste Qualität anstrebt und sich erfolgreich beim Kunden durchgesetzt hat. Ihre Produktion hat eine Dynamik und Vielfalt entwickelt, die sie zu einer auch weit über die Region hinausgehenden hochgeachteten Spezialität hat werden lassen.

Während für das Bierbrauen – außer dem klaren, vielfach auch recht kalkhaltigen Wasser – keine unmittelbaren natürlichen Grundstoffe für die Entwicklung dieses Produktionszweiges zu verzeichnen sind, spielen bei den Schnäpsen die Früchte der zahlreich kultivierten Obstbäume eine wichtige Rolle als Ausgangsprodukte, besonders im südwestlichen Teil der Fränkischen Schweiz. Im Albvorland zwischen Pretzfeld und Effeltrich gibt es bekanntermaßen das größte zusammenhängende Süßkirschenanbaugebiet Mitteleuropas, das natürlich auch besonders hochwertige Früchte zum Brennen von Kirschschnäpsen liefert. Neben den Kirschen werden aber auch weitere Steinobstsorten auf den Streuobstwiesen angebaut, so z. B. Weichseln, Zwetschgen, Pfirsiche, Äpfel, Birnen, Mirabellen. Auch Nüsse (Walnüsse, Haselnüsse) und Wildfrüchte wie z. B. Wildkirsche, Kupferfelsenbirne, Eibenfrüchte, Kornelkirsche, Schlehen, Vogelbeeren werden destilliert. Hat man nach Studium des Online-Auftritts der Genussregion Oberfranken den Eindruck, hier spielten Brennereien keine große Rolle, werden doch für die Fränkische Schweiz nur sechs Anbieterbetriebe unter der Rubrik Hochprozentiges aufgeführt, nennt die einschlägige Tourismus-Marketing-Firma bereits 43 Brennereien (Netz Aktiv AG 2019). Die Homepage der Tourismuszentrale Fränkische Schweiz toppt diese Zahl bei weitem, indem sie von „etwa 300 Traditionsdestillerien" ausgeht. Und sie ergänzt: „Die Brennereien gehören zur Fränkischen Schweiz wie die Burgen, Höhlen und das Bier" (TZFS 2019a).

Diese sind zwar unterschiedlich professionell in ihrer Ausrichtung und ihrer Produktqualität sowie räumlich innerhalb der Fränkischen Schweiz ungleich verteilt. Aber man kann davon ausgehen, dass die in den Broschüren der Tourismuszentrale oder auch in kommerziellen Schnapsführern (Schnurrer u. Richter 2017) erwähnten Brennereien zu den besten, da auch erfolgreichsten Brennereien gehören. Die Tourismuszentrale stellt in ihrer Broschüre „Brennereien – Brauereien – Bierkeller" 26 Betriebe vor (TZFS 2017a), Schnurrer u. Richter erwähnen die 44 besten Brennereien. Sie liegen zum ganz überwiegenden Teil im Obstanbaugebiet des Forchheimer Landes. Dort findet auch alljährlich am dritten Sonntag im Oktober der Tag der offenen Brennereien und Brauereien statt, an dem 14 Brennereien und drei Brauereien rund um das Walberla Angebote und Aktionen offerieren. Dieser Event ist lebhaft nachgefragt von Besuchern aus den umliegenden Dörfern und Städten.

Die hochprozentigen Produkte sind zu unterscheiden nach Likören, Geisten und Bränden. – Bei der Herstellung von Likören werden Früchte zusammen mit Alkohol angesetzt und nach gewisser Zeit ohne weitere Destillation abgepresst. So bleibt auch die kräftige Farbe erhalten – Bei Geisten werden die Früchte mit Alkohol eingemaischt, ohne dass hier eine Gärung erfolgt. Weil keine Gärung stattfindet, können auch Früchte mit geringem Zuckergehalt (z. B. Himbeeren oder Nüsse) verwendet werden. Die Maische wird nach einiger Zeit destilliert und ergibt das Endprodukt. – Bei den Bränden werden die Früchte nach der Ernte in ihrem eigenen Fruchtzucker vergoren. Der derart entstehende Alkohol nimmt das Aroma der Früchte auf. Es erfolgt abschließend eine langsame Destillation. Brände gelten als die hochwertigsten Destillate.

Einige Brennereien der Region haben inzwischen überregionale Preise gewinnen können. Das Flaggschiff unter den Destillierern, die Edelbrennerei Haas in Pretzfeld, konnte den Bundesehrenpreis ergattern und wurde mehrfach von der DLG oder vom

Gourmet-Magazin Feinschmecker ausgezeichnet. Die meisten der Brennereien bieten Brennereiführungen mit Verkostung an. Einige Brenner haben mit der Erzeugung von Whisky, Rum und Gin erfolgreich experimentiert, offerieren Chutney-Aufstriche mit und ohne Alkohol oder ergänzen die Spirituosen durch Apfelsekte (Pomme-Royal, Charlemagner). Die Edelbrennerei Haas kultiviert und ergänzt ihr hochwertiges Angebot mit dem Angebot von Seminaren von anderthalb bis sechs Stunden Dauer. In ihnen werden Verkostungen mit oder ohne Speisen, vom einfachen Griebenschmalzbrot bis zum Schäuferla oder Spanferkel, angeboten. Dieses Angebot hat einen recht exklusiven Charakter, informiert aber seriös über die Produkte. Das Genusserlebnis wird lebhaft nachgefragt. Es ist – wie alle Destillate der führenden Brenner – nicht billig. Die hohe Qualität rechtfertigt aber den hohen Preis.

Natürlich ist im Fall des Spirituosenkonsums für Autofahrer ein Konflikt und eine Unvereinbarkeit zwischen dem Genuss des Hochprozentigen und dem Fahren mit dem Auto gegeben. Anders als beim Bierkonsum, der sehr stark auch vom Ambiente vor Ort lebt, lassen sich dagegen Spirituosen nach kurzem Probieren leicht in Flaschen mit nach Hause nehmen.

Regionaltypische Speisen

Eine spezielle Angebotskombination im kulinarischen Bereich der Fränkischen Schweiz ist die Verbindung des Biergenusses mit einem schmackhaften Essen, sei es als Kaltspeise (Kellerplatte), sei es als Braten. Die Kellerbrotzeit in Kombination mit einem Bier ist eine der beliebtesten und auch bekanntesten Formen des Genusses in einem Bierkeller oder Biergarten. Das Essen ist einfach und vielfach auch rustikal-deftig, aber sehr schmackhaft. Angeboten werden *Ziebalaskees* (quarkartiger Frischkäse mit Zwiebeln; der Name bedeutet wörtlich Kükenkäse), Wurstsalat („Fleischwurst mit Musik"), Sülze, Brotzeitplatte, Geräuchertes

Der Westen der Fränkischen Schweiz – ein Bierkellerland

Vor dem Aufkommen moderner Kühltechnik war für die Endgärung und Lagerung des Bieres eine niedrige Temperatur erforderlich, die nur in Bierkellern außerhalb des Ortes gut erreicht wurde. Im Sommer pflegte man vor den Kellern auch Bier auszuschenken. Diese Tradition hielt sich, auch wenn sie nicht mehr für die Produktion notwendig sind, an mehreren Sommerkellern im Westen der Fränkischen Schweiz. Sie sind heute beliebte Orte des Bierkonsums im Sommerhalbjahr.

■ lid-online.de / 81110   Bierkellerland

(und hierbei v. a. der schmackhafte Rinderschinken *Zwetschgabaames*). Dieser Name, der auf den Zwetschgenbaum Bezug nimmt, beschreibt die Farbe des mageren Schinkens, der der des Holzes des Zwetschgenbaumes ähnelt. Auch (weißer und roter) Presssack und Dosenwurst (z. B. Göttinger) werden, meist garniert mit einer sauren Gurke und einer Portion Senf, angeboten. Das Angebot an warmen Speisen an den Kellern ist zumeist auf wenige Speisen reduziert, die zudem einfach zu bereiten sind. Hier sind an erster Stelle die Bratwürste zu nennen, mit oder ohne Kraut, und ergänzt durch frisches Bauernbrot.

Natürlich gibt es in den Gaststätten, und ganz besonders an den Wochenenden, auch warme Speisen, die den kompletten Hunger stillen. Die drei wichtigsten Essen sind hierbei Schweinebraten, Sauerbraten und Schäuferla. Der Schweinebraten ist der Klassiker unter den Sonntagsbraten in der Region. Eine gebackene Kruste, reichlich Soße und v. a. Klöße (fränkisch: *Kleeß*) als Beigericht. *Kleeß* ist im Fränkischen ein Pluralwort; es gilt als Standardangebot, dem Gast zwei Klöße zu servieren. Beim fränkischen Sauerbraten wird die Soße mit einem Soßlebkuchen sämig gebunden und gewürzt. Das für die Fränkische Schweiz typischste Gericht ist aber sicherlich das Schäuferla ▶ Abb. 74, ein Schweinebraten, bei dem ein Schulterstück mit Knochen und dem darauf lagernden Fleisch sowie der Schwarte herausgelöst wird. Darauf nimmt wohl auch die Bezeichnung des Gerichtes Bezug (Schäufelchen). Dieses Schulterblatt wird so zubereitet, dass in der Ofenröhre die Kruste besonders kross (oder fränkisch: *resch*) wird.

Weitere regionalspezifische Speisen sind die bereits seit der Zeit der Romantiker gelobten Fischgerichte. Heute sind es nicht mehr nur Forelle blau oder gebacken, sondern auch Karpfen oder Saiblinge, die auf der Speisekarte stehen. Als besonders mageres Essen wird, besonders während der jeweiligen Kirchweihfeste, Kren mit Kesselfleisch offeriert. Es handelt sich meist um einen Rinderbraten, der mit Klößen und reichlich Meerrettich-(= Kren-)sauce angeboten wird. Das Hauptanbaugebiet von Kren befindet sich am Westrand der Fränkischen Schweiz mit einem Schwerpunkt um Baiersdorf. Der heute als typisch fränkischer Begriff wahrgenommene *Kren* (Ausprache: *Kree*) ist in Wirklichkeit ein Lehnwort aus dem Slawischen (tschechisch: *křen*). Bei der Bereitung gilt es als wünschenswert, dass die Soße zwar die Schärfe des Meerrettichs weitgehend verloren hat, diese allerdings schon noch in bescheidenem Maße schmeckbar ist. Seit ca. 20 Jahren gibt es im Oktober die so genannten scharfen Wochen, eine Phase, in der die Gastronomen des Forchheimer Landes besonders kreative Gerichte rund um den Kren anbieten (TZFS 2019b).

Die für den Besucher so attraktiven Eigenschaften des Angebotes an kulinarischen Produkten in der Fränkischen Schweiz sind nicht nur seine hohe geschmackliche Qualität, sondern die Bereit-

Abb. 74 Schäuferla: typisches fränkisches Kultgericht – auch in der Fränkischen Schweiz

stellung auch zu ungewohnten Zeiten (z. B. Mittagessen außerhalb der Mittagessenszeiten), der faire und günstige Preis und – nicht zu vergessen – das Ambiente einer rustikalen Wirtsstube oder eines schattigen Biergartens, wo die Essen eingenommen werden können.

Der Bezirk Oberfranken hat diese Qualitäten seiner Küche, die in ganz besonderem Maße für die Fränkische Schweiz gelten, längst erkannt. Unter dem Slogan „Genussregion Oberfranken" wirbt der Verein Oberfranken offensiv e. V. für die regionalen Speisen (GENUSSREGION OBERFRANKEN 2019). Entlang der Autobahnen weisen die braunen touristischen Hinweisschilder darauf hin. Und auch die hohe Zahl von Brauereien wird marketingmäßig von der Handwerkskammer für Oberfranken aufgegriffen unter dem Slogan „Bierland Oberfranken" (BIERLAND OBERFRANKEN 2019). Beide Marketinginitiativen konzentrieren sich zwar nicht ausschließlich auf die Fränkische Schweiz. Aber diese stellt einen wichtigen Teilraum der Bemühungen dar, für den die Werbebotschaften in besonders starkem Maße Gültigkeit haben.

Freizeitregion in der Krise oder Modell für nachhaltigen Tourismus?

Der Landschaftsname Fränkische Schweiz – eine Werbebotschaft über Jahrhunderte hinweg

Der Landschaftsname Fränkische Schweiz, der zugleich auch eine Bezeichnung für eine touristisch geprägte Region ist, hat sich seit Ende des 18. Jh. nicht nur rasch durchgesetzt, sondern auch kontinuierlich erhalten, und er wird auch in der Gegenwart noch verwendet. Die „undeutsche" geographische Bezeichnung Fränkische Schweiz mit ihrem Anklang an die demokratische Eidgenossenschaft wurde in der Zeit des Nationalsozialismus zunächst seitens einiger parteiamtlicher Puristen als eine Art von Provokation verstanden. Alternative Begriffe wie Fränkisches Bergland, Fränkische Höhe, Ostmärkisches Felsengebirge oder Ostmarkalb wurden diskutiert. Aber selbst bei den Nationalsozialisten siegte die Einsicht, dass der Begriff schon zu sehr verankert und zudem positiv besetzt war. Ja, er hat sich heute soweit in den Köpfen der Menschen festgesetzt, dass er gegenüber den Bezeichnungen Nördliche Frankenalb oder Nördlicher Frankenjura unangefochten und mit weitem Abstand bevorzugt wird.

Die Erwartungen, die die freizeitsuchenden Menschen an diese Region Fränkische Schweiz herangetragen haben, haben sich in zeitlicher Dimension mehrfach gewandelt: In der Phase der Entdeckung der Fränkischen Schweiz durch Gebietsfremde (Ende 18. Jh.) war es zunächst die Erwartung an die geheimnisumwitterten Karsthöhlen mit ihren tierischen Knochenresten, die ein akademisch gebildetes, aber auch ein von Abenteuerlust ergriffenes Publikum anzog. Der Besuch der Höhlen, vielleicht sogar verbunden mit eigenen Recherchen bzw. Knochenplünderungen, war der Höhepunkt und das Motiv des Besuchs. – In der Phase, in der die Romantiker in Wort und Bild für die Fränkische Schweiz überschwänglich warben (erste Hälfte des 19. Jh.), war es die Kombination einer bizarren, durch zahlreiche Felsen und Flusstäler geprägten Naturlandschaft mit einem an das Mittelalter und eine heile Welt erinnernden Inventar seiner Kulturlandschaft, bestehend aus Burgen, Mühlen und Kleinstädtchen, die betont wurde. Das schwärmerisch vermittelte Bild der Landschaft bezog sich v. a. auf die Täler (vorwiegend das Wiesenttal), und zwar in einem Zustand, in dem sie durch die damals betriebene Egertenwirtschaft als offen, als extrem waldarm erschien. Die zahlreichen Stiche um 1840 vermitteln eine gute Vorstellung vom damaligen Landschaftsbild. In der Zeit, als die Touristen in der Fränkischen Schweiz dann stärker das Kurerlebnis suchten und fanden, insbesondere in Form von Molkekuren (zweite Hälfte des 19. Jh.), konzentrierten sich die Aufenthalte auf die Orte Streitberg, Muggendorf und Gößweinstein. In ihnen fanden die Kuranwendungen statt; um sie herum wurden auch Spaziergänge in reizvoller Landschaft praktiziert. Neu war zu dieser Zeit der gesundheitsbewusste Aspekt für den touristischen Aufenthalt, der sich durch gesunde Luft, aus der Region geschöpfte Kurmittel (Ziegenmilch) und die ländliche Ruhe der Region nährte.

Was in dieser langen Zeit allerdings unverändert eine zentrale Werbebotschaft für den touristischen Besucher war und blieb, das war die reizvolle Naturlandschaft des Karst, in der man sich wandernderweise oder in der Kutsche bewegte, und die Kulisse einer anheimelnden Kulturlandschaft ländlicher Ausprägung.

Die Fremdenverkehrsregion wandelt sich zu einem beliebten Ziel für Naherholer

Und diese Naturnähe setzte sich auch im 20. Jh. fort. Mit den im Bismarckreich beginnenden Regelungen, die dem Arbeitnehmer auch erste Urlaubstage einräumten, mit dem Einzug des technologischen Fortbewegungsmittels der Eisenbahn selbst in der Fränkischen Schweiz und verstärkt durch die Wandervogelbewegung der 1920er Jahre wurde nunmehr der Anteil der Kurzurlauber aus den umliegenden Städten immer zahlreicher, der heute (selbst wenn damals meist mindestens eine Übernachtung im Spiel war) als Naherholer bezeichnet wird. Die Reisen in der Bahn wurden zu einem Faktor, der die Besucherzahlen ansteigen ließ. Und zur wichtigsten Tätigkeit, die durch eine sehr effizient betriebene Ausstattung eines umfänglichen Wegenetzes erleichtert wurde, entwickelte sich nunmehr das Wandern. Dieser Schwerpunkt der Tätigkeiten wurde, bei allen sonstigen Änderungen und Erweiterungen des touristischen Verhaltens, damals zum Markenzeichen der Fränkischen Schweiz – und dieses besteht letztlich immer noch bis heute. Gerade das Wandern wird ganz überwiegend von Naherholern getragen, sodass im 20. Jh., anders noch als in den Anfängen, der Tourismus in der Fränkischen Schweiz hauptsächlich durch Besucher aus der Umgebung getragen wird. Neben einer Urlaubsregion ist die Fränkische Schweiz somit zu einer Ausflugsregion für die städtische Bevölkerung der umliegenden Zentren geworden. Ein guter Beleg hierfür sind die zahlreich erschienenen Wanderführer seit ca. 1900.

Der Übernachtungstourismus stagniert bzw. wächst nur recht bescheiden

Für touristische Besucher, die auch in der Fränkischen Schweiz übernachten, gibt es seit ca. 1920 amtlich erhobene statistische Daten, die über die Zahl der Touristen, der Übernachtungen und die Dauer des Aufenthalts Auskunft geben. Es ist ausführlich darauf aufmerksam gemacht worden, dass diese Daten sehr vorsichtig gelesen werden müssen, weil sie einen Großteil der Übernachtungen aufgrund der Erhebungsmodalitäten nicht erfassen und somit die Gästezahlen unterschätzen. Mangels besserer Daten können bei vorsichtiger Interpretation auf der Basis dieser Zahlen dennoch einige Trends im 20. Jh. festgestellt werden.

Die Übernachtungszahlen sind zwar gestiegen, aber nur relativ moderat. Es dürften derzeit jährlich ca. 1 Mio. Übernachtungen zu verzeichnen sein. Vor allem die Gemeinde Pottenstein führt mit weitem Abstand die Rangliste der Übernachtungsgäste an. Die Angebotsformen weisen einen Schwerpunkt im Bereich kleiner Betriebe auf, und hiervon ganz besonders viele Ferienwohnungen und Privatpensionen. Dementsprechend findet man auch bislang so gut wie keine baulich überdimensionierten Bettenburgen.

Die Vielfalt der touristischen Angebote und ihrer Nachfrage ist eindrucksvoll

Die Möglichkeiten für eine Freizeitnutzung durch Naherholer (bzw. allgemeiner – für Freizeitsuchende, unabhängig von der Frage, ob sie in der Region auch übernachten) sind zahlreich und vielfältig. Von aktiv- und sportorientierten Tätigkeiten (Wandern, Radfahren, Mountainbike- und Bikefahren, Klettern, Kajakfahren, Golfspielen) über kulturorientierte Tätigkeiten (sei es durch den aktiven Besuch von Burgen, Höhlen, Kirchen, Museen, Kalksintertreppen, Karstquelltöpfen, sei es durch die Teilnahme an Kulturveranstaltungen, wie z. B. Brauchtumsfeste, Theateraufführungen, Töpfermärkte) bis zu genussorientierten Tätigkeiten (Brauereibesuch, Brauereienwanderung, Brennereibesuch, Verzehr von Kellerplatte, Bratwürsten, fränkischem Braten, Fischspeisen) bietet die Fränkische Schweiz für ganz unterschiedliche Erwartungen etwas. Und diese Tätigkeiten können durchaus auch in Kombination nachgefragt werden. Das Angebot für den Freizeitsuchenden ist so geballt und zugleich noch so wenig kommerzialisiert, dass man von zahlreichen regionalen Besonderheiten sprechen kann, die es vor Ort zu entdecken gilt. Diese Vielfalt ist das Markenzeichen und das Alleinstellungsmerkmal der Fränkischen Schweiz zugleich, das es so anderswo nicht gibt.

Das Leitmotiv für einen Tourismus in der Fränkischen Schweiz – Tradition, Natur, Nachhaltigkeit

Natürlich ist die Fränkische Schweiz keine rückwärtsorientierte Reliktregion, die den Anschluss an eine moderne Gesellschaft verpasst hat. Traditionsverwurzeltheit heißt nicht Rückständigkeit. Und über den Tourismus hinausgehende, durchaus beachtliche wirtschaftliche Erfolge in der Region konnten aufgezeigt werden. Die Dimension der wirtschaftlichen Entwicklung ist indes zu keiner Zeit so verlaufen, dass als Fremdkörper regionsextern übergestülpte neue Tourismusangebote sich durchgesetzt haben. Selbst Erlebnis- und Konsumwelten wie die Sommerrodelbahn oder die Therme Obernsees bleiben in einem mit ihrer Umgebung verträglichen Rahmen.

Und bei aller Diversität und Vielfalt des Tourismusangebotes und -verhaltens ist doch ein Leitmotiv vom 18. Jh. bis heute ungefährdet die Hauptattraktion der Fränkischen Schweiz geblieben – die Einbettung der Aktivitäten in eine einmalige Jura-Karstlandschaft, deren Felstürme, Dolinen, Schichtstufen, Trockentäler, Quelltöpfe oder Tuffkissen die Bühne für all diese Tätigkeiten sind. Die landschaftliche Schönheit der Fränkischen Schweiz ist eines der wichtigsten Anziehungsmomente für die Besucher geblieben. Nicht von ungefähr ist die Fränkische Schweiz ein Naturpark.

Weiter oben wurde die Frage gestellt, ob sich der Tourismus der Fränkischen Schweiz wegen stagnierender Übernachtungszahlen in der Krise befinde. Die Antwort heißt am Ende: Nein. Die weiteren, über die bloßen Nächtigungen hinausgehenden touristischen Angebote und Tätigkeiten zeigen vonseiten der Urlauber wie Naherholer eine lebhafte Nachfrage, die ständig noch zunimmt. Beide Besuchergruppen, die Naherholer und Urlauber, bestehen nebeneinander und kommen sich offenbar nicht ins Gehege, sondern ergänzen sich. Nur an den Wochenenden gibt es durch das gleichzeitige Auftreten beider Gruppen Engpässe und Unverträglichkeiten, was sich z. B. in Verkehrsstaus (B 470 im Weihersbachtal und im unteren Wiesenttal zwischen Streitberg und Forchheim) äußert.

Da der wirtschaftliche Erfolg im Tourismus nach wie vor gegeben ist und die Belastung und Schädigung des fragilen Naturraums in Grenzen gehalten wird, kann mit Überzeugung gesagt werden, dass die Tourismusregion Fränkische Schweiz dem Modell und Ideal der Nachhaltigkeit sehr nahekommt. Das größte Handicap, das bleibt, ist die Zugehörigkeit der Fränkischen Schweiz zu nicht weniger als fünf Landkreisen und zu zwei Planungsregionen – und damit fehlt eine zentral und einheitlich gesteuerte regionale Tourismuspolitik. Mit gleichem Tenor fordert z. B. BÄTZING (2008) für die Fränkische Schweiz „einen Regionalmanager und ein Ende der Kleinstaaterei".

EINZELDARSTELLUNG

A Landkreis Lichtenfels

A1 Staffelberg

Beim Staffelberg an der Nordwestspitze der Fränkischen Alb im Landkreis Lichtenfels handelt es sich um einen klassischen Zeugenberg. Seinen Namen verdankt er einer Abfolge von weichen und harten Gesteinen, die staffelartig übereinander liegen. Durch Erosion und Denudation wurden die Gesteinsabfolgen so markant herauspräpariert, dass Stufen- und Sockelbildner schon von weitem erkennbar sind.

Eine entscheidende Voraussetzung für die Existenz des Staffelbergs ist die Absenkung in einem geologischen Graben, der im NO durch die Lichtenfelser und im SW durch die Staffelsteiner Störungszone begrenzt wird. Aufgrund ihrer besonderen Lage im Graben wurden die Werkkalke und auch die Riffkalke vor der Abtragung geschützt. Jetzt jedoch ragen sie erhaben über die umliegenden Berge. Die Geologen sprechen in diesem Fall von Reliefumkehr.

Folgt man bei der Besteigung des Staffelbergs dem geologischen Lehrpfad, dann beginnt die Wanderung in den sanften Hügeln des Opalinustons (Dogger-alpha), eines Stillwassersediments, das an etlichen Lokalitäten von Hangschutt, umgelagerten Böden und auch Löss bedeckt wird. Im Hangenden folgt dann ein gelblicher feinkörniger Sandstein, der Eisensandstein, auch Dogger-beta genannt, der als Stufenbildner den ersten deutlichen Anstieg markiert. Wie beschwerlich diese Stufe zu überwinden war, davon künden die zahlreichen Hohlwege, die die Fuhrwerke in den Sandstein geschliffen haben, wenn die Räder aufgrund der Steilheit keinen Halt mehr fanden und durchdrehten. An den Flanken der Hohlwege ergaben sich daher zahlreiche Aufschlüsse, in denen man den feinklastischen Sandstein gut studieren kann. Aber auch im Mauerwerk vieler alter Gebäude findet man den Eisensandstein als sehr beliebten Baustein.

Auf den Eisensandstein folgt dann eine ausgesprochen breite Verebnung, die als Wiese genutzt wird. Geologisch gesehen liegt hier die Übergangszone zu den anschließenden Werkkalken. In den Aufschlüssen erkennt man dunkle Mergellagen (die Discites-Zone), die Sowerbyi-Bänke, teilweise als Muschelschill-Lagen ausgebildet, und kleine Brauneisenkügelchen (0,5 mm), so genannte Ooide, die sich zu Oolithen zusammenschließen. Morphologisch gesehen ist diese Übergangszone zur hangenden Karbonatfazies ein weicher Sockelbildner, der aufgrund der besonderen Spornlage extrem breit ausstreicht.

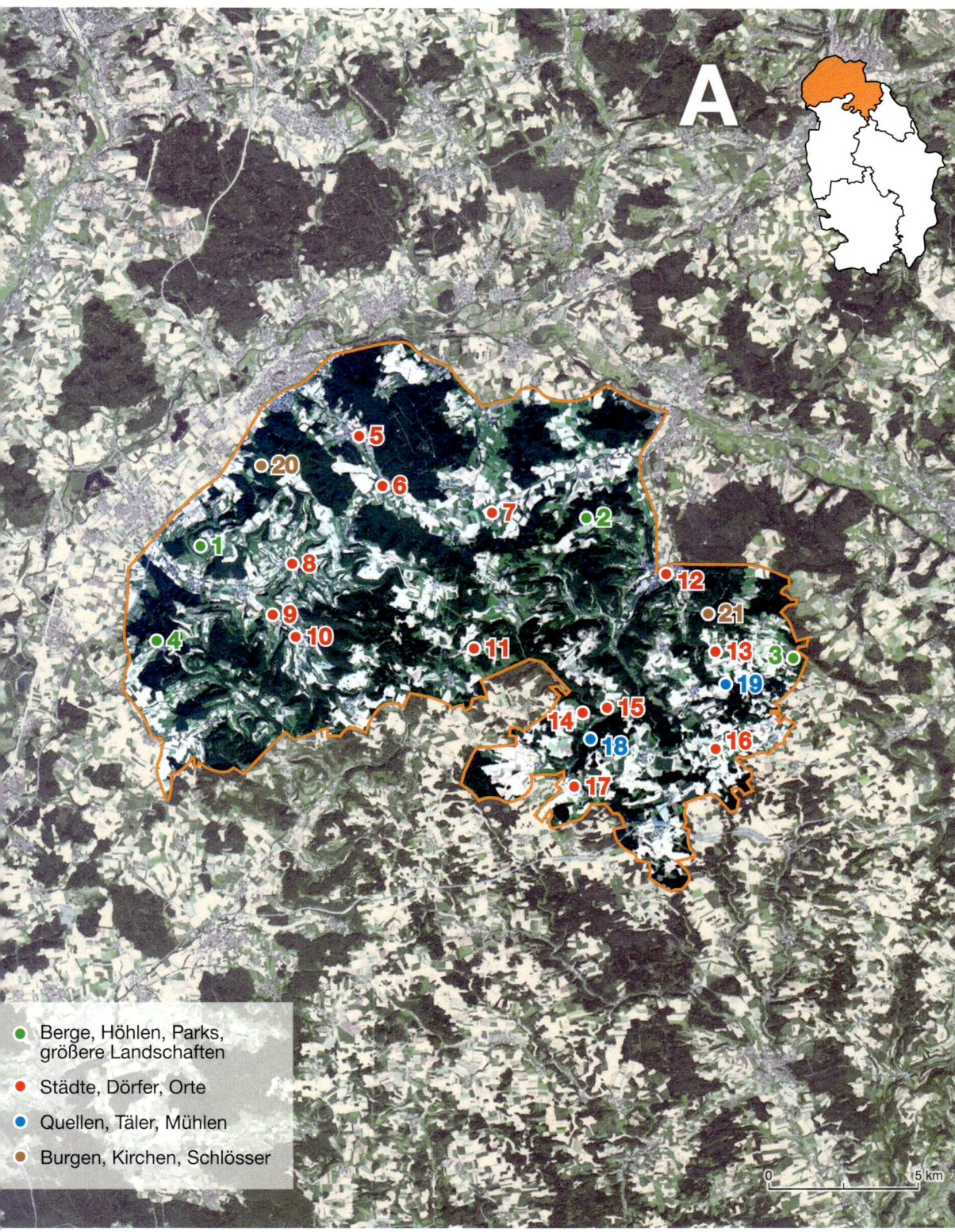

Weiter nach oben findet sich dann die Werkkalkstufe, die aus wohlgebankten Kalken mit Mergelzwischenlagen (Malm-beta) besteht und daher als Baustein ebenfalls geeignet ist. Ehemalige Steinbrüche und Kalkstein in situ sind besonders gut an der Romansthaler Steige aufgeschlossen. Am eindrucksvollsten ist dann aber die Riffkalkstufe (Malm-delta), die oberhalb der mergelbedingten Verflachung des Malm-gamma fast senkrecht emporsteigt. Schwämme und Algen haben das Riff aufgebaut. Trotz der Dolomitisierung (Austausch von Kalzium gegen Magnesium) kann man die Schwammstrukturen an den Riffkalken und Dolomiten noch gut erkennen.

Der Staffelberg war schon frühzeitig besiedelt. Erste Spuren wie Steinbeile, Gefäßscherben und Feuersteingeräte deuten auf eine jungsteinzeitliche Besiedlung hin (ca. 5000 v. Chr., Bandkeramiker). Weitere Artefakte konnten der Michelsberger Kultur (3500 v. Chr.) bzw. der Schnurkeramischen Kultur (2000 v. Chr.) zugeordnet werden. Auch die Urnenfelder-Stufe der Bronzezeit (1300–1100 v. Chr.) ist nachgewiesen. Die drei eisenzeitlichen Siedlungsperioden – Hallstatt-Kultur (600–480 v. Chr.), Frühe Latène-Kultur (480–380 v. Chr.) und Späte Latène-Zeit (150–30 v. Chr.) – werden den Kelten zugeordnet, von denen später aber keine Spuren mehr zu finden waren.

Ähnlich wie der Michelsberg bei Kelheim, bot der Staffelberg für die Kelten ideale Voraussetzungen, dort eine befestigte Stadtanlage, ein Oppidum, zu errichten. Von der erhöhten Position aus konnten Feinde gut und frühzeitig gesichtet werden. Zudem waren die zahlreichen, hintereinander geschalteten Stufen sozusagen eine natürliche Verteidigungsanlage, die v. a. in den späteren Siedlungsperioden noch durch ein ausgeklügeltes System verstärkt worden war. Archäologen haben jene Pfostenschlitzmauern rekonstruiert, die heute auf dem Plateau in einer Nachbildung besichtigt werden können. Es bestand auch ein Zangentor, ein für Feinde nahezu unpassierbares Eingangstor. Offenkundig war dieses Oppidum für die damalige Zeitepoche so bedeutend, dass es der Grieche Claudius Ptolemäus (85–160 n. Chr.) unter dem Namen *Menosgada* erwähnte. Unterstrichen wird die Zentralität des Oppidums auch durch Funde auf dem Gipfelplateau. Denn bei Grabungen hat man neben den für die Zeitepochen typischen Werkzeugen sowie Fibeln, Keramik und Münzen auch zwei eiserne Münzstempel gefunden. Eine um 170 v. Chr. geprägte Münze des Königs Ariarathes IV. von Kappadokien (heute Zentralanatolien) deutet auf die damaligen Handelsbeziehungen mit dem mediterranen Raum hin.

Im Mittelalter entstand zu Ehren der Heiligen Adelgundis eine Kirche auf dem Plateau. Sie wurde zerstört, aber nach dem Dreißigjährigen Krieg als Kapelle wiedererrichtet und 1654 geweiht. Diese wird heute noch zeitweise genutzt. Dort, wo neben der Kapelle ehemals Eremiten hausten, steht heute die Staffelbergklause, eine bei Wanderern beliebte Raststation.

A2 Kordigast

Der Kordigast ist ein Zeugenberg, d. h. er ist selbst aus jurassischem Malm-Gestein aufgebaut, welches in der Frankenalb vorherrscht, während rings um ihn herum bereits Doggerschichten vorzufinden sind. Damit stellt der Kordigast einen in Richtung des Weismaintals der Alb vorgelagerten Zeugenberg dar, der insofern ein Sonderfall ist, als hier der Gipfelbereich durch dolomitisierten Riffkalk aufgebaut wird, der unterlagert wird von geschichteten Kalken (Werkkalk) und Mergeln bis auf 500 m Höhe. Hier und in den darunter liegenden Schichten findet man zahlreiche Fossilien wie Schwämme und Muscheln (die Riffkalke sind wegen der Dolomitisierung meist fossilienfrei). War der Kordigast in früheren Jahrzehnten von weither als kahles Plateau erkennbar, so ist er inzwischen vollkommen bewaldet.

Der Berg ist von der Kleinstadt Weismain aus über schmale reizvolle Pfade gut zu Fuß erreichbar. ▶ A 12 Von N aus kann man über Burkheim sogar ein Stück den Berg hinauffahren. Die höchsten Erhebungen bilden darauf der Große Kordigast mit 536 m ü. NHN und der weiter westlich gelegene Kleine Kordigast, der trotz der Bezeichnung mit 538 m etwas höher aufragt. Besonders der Große Kordigast ist als Wanderziel noch ein Geheimtipp und ermöglicht insbesondere bei schönem Wetter eine herrliche Fernsicht zum nahe gelegenen Maintal und über das Obermainische Hügelland hinweg bis zu den südlichen Ausläufern des Thüringer Waldes und zum Fichtelgebirge. Bei klarem Wetter kann man sogar mit bloßem Auge die Veste Coburg erkennen.

Auf dem weitläufigen, leicht nach S abfallendem Plateau liegt ein Flickenteppich aus den hier typischen, so genannten Kalkscherben-Äckern (Äcker mit unzähligen Kalksteinen, sodass die Flächen fast weiß erscheinen) mit reicher Ackerunkraut-Flora, reichblühenden Wiesen und langgestreckten Hecken. Diese flachwellige Ebene ist wegen der vielfältigen Vegetation landschaftlich besonders reizvoll. Berühmt ist der Kordigast wegen seiner endemischen Mehlbeeren (KOHLES u. AAS 2011). Nur hier kommt die Kordigast-Mehlbeere vor. ▶ Abb. 75 Es gibt außerdem reiche Elsbeeren-Vorkommen.

In Wald und auf offener Flur finden sich auch in der krautigen Flora vielfältige botanische Raritäten.

An Spuren aus der Frühgeschichte gibt es Relikte einer keltischen Ringbefestigung sowie ein keltisches Hügelgrab. Am Nordhang des Kordigast befindet sich ein aufgelassener Bergbau-Stollen, in dem v. a. im 19. Jh. Eisenerz aus der flözhaltigen Schicht des Eisensandstein (Dogger-beta) gewonnen wurde.

Abb. 75　Die Kordigast-Mehlbeere kommt nur auf dem namengebenden Zeugenberg vor.

Als sportliche und zugleich touristische Attraktivität findet seit 2007 alljährlich am ersten Dezemberwochenende der Kordigastberglauf statt, der von Weismain bis zum Gipfel des Großen Kordigast führt.

A3 Ansberg/Veitsberg

Ähnlich wie der nördlich benachbarte Zeugenberg des Staffelbergs ragt der Ansberg (der umgangssprachlich auch Veitsberg genannt wird) als Bergriedel im Braunen Jura (Dogger-beta) auf 460 m ü. NHN heraus und thront, von weitem sichtbar, über dem Obermaintal. An ihm fällt besonders der stattliche Lindenkranz auf seinem Gipfel auf.

Der Name *Ansberg* wird von einigen spekulativ vom germanischen Götternamen Ans (den Asen der nordischen Mythologie) abgeleitet; wahrscheinlicher ist der Bezug auf den Personennamen *Anso,* einem Vertreter des Geschlechtes, das auf dem Berg eine Burg besaß. Eindeutiger ist die Ortsbezeichnung *Veitsberg* auf die hier im 17. Jh.

errichtete Kapelle, die St. Veit gewidmet ist, zurückzuführen.

Die ältesten Hinweise auf eine ehemalige Besiedlung des Berges stammen aus dem Mittelalter. Erstmals wird 1087 ein *Gozin de Ansberc* genannt; damals existierte sicherlich die Burg bereits. Es befand sich am Ort der heutigen Kapelle eine Turmhügelburg, deren Überreste im Gelände und anhand von Keramikfunden näher bestimmt werden konnten. Heute sind nur noch Relikte am Relief erkennbar, die auf die alte Befestigung hinweisen.

Erst wesentlich später, nämlich um 1700, wurde im Auftrag des Fürstbischofs von Bamberg am Ort der früheren Burg eine Wallfahrtskapelle, die St. Veit-Kapelle, von Johann Dientzenhofer geplant und 1717–1719 erbaut. Teil des Neubaus war auch die Anlage eines Kranzes von Linden um die Kapelle herum, der noch heute besteht und mit seinem Alter von 300 Jahren als größter und ältester geschlossener Lindenkranz Europas gilt. Die Kapelle ist zumeist abgeschlossen. ▸ Abb. 76

Die Kapelle auf dem Veitsberg erwähnt auch Victor von Scheffel in seinem Frankenlied. In der vierten Strophe heißt es: „Zum heil'gen Veit zu Staffelstein komm ich empor gestiegen, …". Hier bringt der (umstrittene) Frankenspezialist Scheffel Staffelberg und Ansberg/Veitsberg durcheinander. Die Kapelle oberhalb von Bad Staffelstein, auf dem Staffelberg, ist nämlich eine Adelgundiskapelle.

Abb. 76   Auf dem Gipfel des Ansberges/Veitsberges steht in einem Ring aus Linden die Kapelle St. Veit.

A4 Görauer Anger

Der Görauer Anger ist ein langgestreckter, unbewaldeter Höhenzug am östlichen Albtrauf der nördlichen Frankenalb zwischen Görau und Zultenberg, der als Schichtstufe schroff noch NO abbricht. Seine ungewöhnliche Exposition (normalerweise brechen die Schichtstufen nach W ab) hat mit der Aufwölbung des Jurasedimentpakets nach O zu tun. Die Hochfläche entlang der Kante setzt sich aus Malm-gamma und -delta zusammen, hat nur eine schwach entwickelte Bodenbildung und diente schon in der Vergangenheit, aber auch noch heute als Weideareal für Schafherden. Auf dem Görauer Anger weht beständig Wind; so ist es auch kein Zufall, dass in seinem Hintergrund mehrere Windkraftanlagen installiert worden sind. Von der Schichtstufe aus genießt man einen herrlichen Fernblick auf Kulmbach mit seiner über der Stadt thronenden Plassenburg und hat einen Panoramablick über das Obermaintal bis zum Thüringer Wald, Frankenwald und Fichtelgebirge.

Der Görauer Anger war von je her eine ausgedehnte Schafweide, die sich an der Schichtstufe entlangzieht und mit zahlreichen Dolomitfelsen bestanden ist. Die Pflanzenwelt umfasst Reste von Wacholderheiden und verkörpert die typische Magerrasenvegetation. Im Sommer findet man auf den Wiesen des Görauer Angers z. B. eine Pracht bunter Blüten, darunter Orchideen, Küchenschellen sowie Deutscher Enzian und Fransenenzian. Um die Felsen wächst eine Hauswurzart, von der nicht bekannt ist, ob sie eingeschleppt wurde oder natürlich vorkommt. Das Gebiet westlich von Zultenberg ist als der nordwestliche Teil des FFH-Gebiets „Albtraufhänge zwischen Görau und Thurnau" ausgewiesen.

Als Wandergelände ist der Görauer Anger seit Jahrzehnten sehr beliebt. 500 m nordwestlich von Zultenberg trifft man auf ein Areal mit mehreren dolinenartigen Vertiefungen. Die Vermutung, dass es sich um Dolinen handelt, ist falsch; vielmehr sind dies alte Sprengtrichter, wo die amerikanischen Besatzer nach dem Ende des Zweiten Weltkrieges Munition kontrolliert zur Sprengung brachten.

Der Ranga, wie das Gebiet bei den Einheimischen heißt, hat eine lange Tradition als Fläche, von der aus Drachen- und Gleitschirmflieger ins nordöstliche Vorland gestartet sind. Der offizielle Startplatz befindet sich westlich von Zultenberg. Während die Mode des Gleitschirmfliegens mittlerweile zurückgegangen ist, findet man in der Gegenwart zahlreiche Modellflieger und Drohnenbesitzer, die von hier aus ihre technischen Geräte starten. An der Schichtstufe wurde in den 1960er Jahren sogar ein Skifahrtzentrum errichtet mit einem geräumigen Parkplatz und einem Ski-Schlepplift, der eine Länge von 600 m besitzt. Sowohl wegen der unzureichenden Schneesicherheit als auch der für die hohen Ansprüche der Skifahrer in der Gegenwart sehr bescheidenen Abfahrtstrecke ist der Lift seit 2013 nicht mehr in Betrieb.

Görau und Zultenberg, die beiden Dörfer am Görauer Anger, sind Hülorte, deren

Von Weismain durchs Bärental zum Görauer Anger

Im Rahmen einer Fußexkursion von Weismain bis Zultenberg und zurück werden die Malmkalkgebiete am Nordrand der Fränkischen Schweiz besucht. Durchs Krassacher und Bärental geht es auf die Hochfläche und bis zur Stufenkante des Görauer Angers. Der Rückweg führt vorbei an der Burgruine Niesten zurück nach Weismain. ■ lid-online.de/81503

Rund um den Görauer Anger

Wasserversorgung in der Vergangenheit sehr prekär war. NW von Zultenberg findet man einen abgegangenen Hangrutsch direkt an der Stufenkante. In Zultenberg befindet sich eine direkt an der Schichtstufe gelegene Ausflugsgaststätte, die sich im Sommer bei Wanderern hoher Beliebtheit erfreut.

A5 Mistelfeld

Das Spankorbmacherdorf Mistelfeld liegt im Leuchsenbachtal zwischen Klosterlangheim und Lichtenfels. In der ersten schriftlichen Erwähnung wird der Ort 1142 als *Misteluelt* bezeichnet. Mitte des 12. Jh. unterstand der Ort den Grafen von Andechs. Nach dem Tod des letzten Meraniers, Otto VIII., im Jahr 1248 kam die Ortschaft unter die Herrschaft des Zisterzienserklosters Langheim, unter der sie bis zur Säkularisation blieb. Seit dem 1. Januar 1974 ist Mistelfeld ein Stadtteil von Lichtenfels mit 924 Einwohnern (2016).

Das Kloster Langheim förderte in den Jahren nach dem Dreißigjährigen Krieg die Ansiedlung von Juden. 1660 sind erstmals

Juden in Mistelfeld nachweisbar. Ende des 18. Jh. hatte die jüdische Gemeinde sogar eine eigene Synagoge, von der sich jedoch nichts erhalten hat. Während 1830 noch 63 Juden in Mistelfeld lebten, gab es dort 1869 keine Juden mehr: Nach und nach waren sie in benachbarte Orte gezogen oder nach Amerika ausgewandert.

Ende des 19. Jh. nahm die Spankorbmacherei in Mistelfeld ihren Aufschwung. Für die Herstellung der Spankörbe, die die Korbhändler als Verpackungsmaterial für feinere Korbwaren benötigten, wurden Fichtenspäne verwendet: Die Stämme werden nach Jahresringen gespalten und dann als Späne verflochten. 1888 meldete als erster Karl Gustav Weiß dieses Gewerbe an. Weiß kam aus dem Ort Lauter (heute Ortsteil der 2013 gebildeten Stadt Lauter-Bernsbach im sächsischen Erzgebirgskreis), einem Zentrum der Spankorbmacherei. Da Körbe aus dem Erzgebirge nur schwierig zu bekommen waren, war es ein Ziel der Lichtenfelser Korbhändler, diesem Missstand abzuhelfen und die Herstellung von Spankörben selbst in die Hand zu nehmen. Das Interesse in Mistelfeld war groß: Viele wollten das neue Handwerk von Karl Gustav Weiß erlernen. Immer mehr Familien widmeten sich der Herstellung von Spankörben, sodass sich bald ein wirtschaftliches Wachstum einstellte. Um ihre wirtschaftlichen Interessen zu wahren, schlossen sich die Handwerker zu einer Spankorbmacherinnung zusammen. In den 1930er Jahren wurden neue Absatzmärkte in Deutschland erschlossen: Vom Bahnhof Lichtenfels aus wurden die Körbe nach Erfurt, Westfalen, Hamburg, Bremerhaven und Wesermünde verschickt. Der Export lief auch nach Frankreich, Holland und in die Schweiz.

Die beiden Weltkriege und die Entwicklung von neuen Verpackungsmaterialien machten den Spankorbflechtern zu schaffen. Der schleppende Verkauf und geringe Löhne hatten zur Folge, dass in den 1950er Jahren viele ihr Handwerk aufgaben. In den 1970er Jahren wurde die Innung schließlich aufgelöst, und das Handwerk, das den Ort über viele Jahrzehnte prägte, spielt seitdem keine Rolle mehr.

Auf einer Anhöhe in der Ortsmitte steht die Kirche St. Andreas, die ihre Wurzeln im 14. Jh. hat. Von der ursprünglichen Kapelle haben sich der Chorturm mit Kreuzgewölbe und Teile des Langhauses erhalten. Eine Erweiterung der mittelalterlichen Kirche wurde im 19. Jh. erforderlich, nachdem Bewohner der aufgelösten Abtei Langheim dem Pfarrsprengel von Mistelfeld zugewiesen worden waren. Im Frühjahr 1866 wurde mit dem Umbau der Kirche begonnen. Mit der Anfertigung einer neuen Innenausstattung (Hochaltar, Marienaltar, Kreuzaltar, Kanzel, Taufstein und Kommunionbank), die dem Zeitgeschmack entsprechend in neugotischen Formen ausgeführt wurde, wurde der Bildhauer und Vergolder Karl Ferdinand Behringer aus Bayreuth beauftragt. Der Orgelbauer Ludwig Weineck aus Bayreuth baute für die Kirche eine neue Orgel.

A6 Klosterlangheim

Das Zisterzienserkloster Langheim, gegründet und besiedelt 1132/33, war eines der frühesten Zisterzienserklöster im deutschen Sprachraum und gleichzeitig eines der bedeutendsten Klöster im Fürstbistum Bamberg. Gestiftet von Bischof Otto I. von Bamberg, saß es in den nördlichen Ausläufern der Fränkischen Alb im Tal des Leuchsenbachs, wenige Kilometer südlich von Lichtenfels. Von Beginn an begünstigten mehrere bedeutende Adelige das Kloster durch großzügige Schenkungen. Darunter waren Cuniza, die Frau des Grafen Poppo von Andechs-Plassenburg, die Andechs-Meranier, ab Mitte des 13. Jh. die Truhendinger und die Grafen von Orlamünde sowie später die Familien von Schaumberg und von Redwitz. Das Kloster betrieb in seinem direkten

Umfeld sowie den Grangien und anderen Außenbesitzungen erfolgreich Wasserbau, Landwirtschaft, Obstbau und Viehzucht. Darüber hinaus gründete und betreute es die nahegelegene Wallfahrt Vierzehnheiligen und ließ dort im 18. Jh. durch den Architekten Balthasar Neumann eine große Kirche errichten, die heute als eine der bedeutendsten spätbarocken Sakralbauten Deutschlands gilt. Nach 670-jährigem Bestehen wurde das Zisterzienserkloster Langheim 1803 säkularisiert und teilweise abgetragen. Die verbliebenen klösterlichen Bauten und wasserbaulichen Relikte prägen die Ortschaft bis heute. ▶ Abb. 77

Angesiedelt wurde das Kloster in einer für den Zisterzienserorden typischen Lage: Das enge Tal des Leuchsenbachs lag abgeschieden, aber gleichzeitig ganz in der Nähe der Mainebene, einer bedeutenden Verkehrsachse für den überregionalen Handel. Das Leuchsenbachtal bot den als Spezialisten für Wasserbau bekannten Zisterziensermönchen mehrere kleine Fließgewässer, die sie für verschiedenste Zwecke nutzten – zur Versorgung mit Trinkwasser, zur Abfuhr von Abwässern, zum Antrieb von Mühlen und zur Anlage von Fischteichen.

Während der Leuchsenbach die Talsohle durchfloss, bauten die Mönche ihr Kloster oberhalb davon an den flach ansteigenden östlichen Hang. Außer ihrer Lage ist über die frühen Klostergebäude nichts bekannt. Eine erste Kirche soll 1154, die gesamte Klosteranlage 1193 fertig gewesen sein. Eine vergrößerte Kirche, die dann im Kern bis zur Säkularisation bestand, wurde vom 13. bis zum Beginn des 14. Jh. errichtet. Dieser typische Zisterzienserbau war von großer Schlichtheit, besaß einen dreischiffigen Grundriss, einen geraden Chorabschluss und statt großer Kirchtürme nur zwei Dachreiter. Im frühen 13. Jh. wurde die Katharinenkapelle als so genannte Portenkapelle in der Nähe der nördlichen Klosterpforte in die Mauer gebaut, die das gesamte Kloster umschloss. Die neben der Klosterkirche neu gebaute Sepulturkapelle wurde 1624 geweiht. Das genaue Baudatum der entlang des Baches stehenden Wirtschaftsgebäude ist nicht überliefert.

Die umfassende barocke Erneuerung aller Wohn- und Wirtschaftsgebäude begann um 1680 und dauerte bis weit ins 18. Jh. Ausgehend von der großen Klosterkirche, die nicht abgerissen, sondern nur teilweise barockisiert wurde, entstanden rechtwinklig zueinander stehende Gebäudeflügel, die durch ihre besondere Länge und Höhe sowie den aufwändigen Bauschmuck von repräsentativer Wirkung waren. Abtei und Konvent waren dreigeschossig und mit hohem Walmdach gedeckt. Der zweigeschossige Ökonomiehof wurde mit einem großen

Abb. 77 Der heutige Ort Klosterlangheim wird immer noch dominiert durch die ehemalige Klosteranlage der Zisterzienser. Blick von Süden auf die stattlichen Gebäude des Klosters mit dem quadratischen Komplex des Ökonomiehofes (links) und dem Konventbau (rechts).

Schmuckgiebel ausgestattet. Als Architekten beteiligt waren Johann Leonhard Dientzenhofer, Gottfried Heinrich Krohne sowie am Ende des 18. Jh. schließlich Johann Lorenz Fink.

An der Weggabelung vor der nördlichen Klosterpforte, also außerhalb der Klostermauer, standen im ausgehenden 17. Jh. eine Ziegelei, eine Schmiede, ein Wirtshaus, ein Sekretariat und ein großer Stadel. Bis zum Ende des 18. Jh. wurden auch diese Bauten durch Neubauten ersetzt. Um den alten Ökonomiehof aus dem überschwemmungsgefährdeten Klosterbereich an einen bes-

Kloster Langheim – Kolonisationskern und Kulturerbe

Das Zisterzienserkloster Langheim war im Mittelalter das bedeutendste Zentrum für die Kolonisation im Obermaingebiet. Neben landwirtschaftlichen Aktivitäten betreute es die Wallfahrt Vierzehnheiligen und beauftragte Balthasar Neumann mit dem Bau der großen Basilika. Nach der Säkularisation 1803 wurde der Besitz des Klosters verstaatlicht. Ein Teil der Gebäude wurde abgetragen. Doch prägt noch heute die Klosteranlage den Ort. ■ lid-online.de/81114

Kloster Langheim

seren Standort verlegen zu können, wurde noch in den letzten Jahren vor der Säkularisation vor der südlichen Pforte ein neuer Hof errichtet.

Am 24. Juni 1803 wurde das Kloster säkularisiert und ging mit allem religiösen und profanen Inventar in staatlichen Besitz über, genauso wie sämtliche außerhalb gelegenen Grundstücke und Immobilien. Aus Langheim wurde ein Dorf, das man 1818 mit dem benachbarten Roth zu einer Gemeinde zusammenfasste. Mehrere funktionslos gewordene Gebäude des Klosters, teilweise bereits 1802 durch einen großen Brand beschädigt, wurden auf Abbruch verkauft. Abgetragen wurden die große Kirche, die Abtei und Teile der Konventgebäude. Andere ehemalig klösterliche Bauten wurden als Wohn- und Wirtschaftsgebäude der ortsansässigen Bevölkerung weitergenutzt, blieben daher erhalten und prägen den Ort bis heute. Die Katharinenkapelle wurde zur Scheune. Sie gilt als älteste erhaltene zisterziensische Portenkapelle im deutschsprachigen Raum und ist trotz Verlust des spätromanischen Südportals durch Verkauf ans Berliner Bode-Museum im Jahr 1908 ein bedeutendes Baudenkmal. Die Sepulturkapelle wurde Pfarrkirche, Teile des Konventbaus, ein kleiner Rest der Abtei und weitere Wirtschaftsgebäude waren bewohnt. Der Ökonomiehof mit Scheune blieb in landwirtschaftlicher Nutzung. Die bestehende Brauerei wurde bis ins frühe 20. Jh. weitergeführt und war bedeutendster Arbeitgeber im Ort.

Am 1. April 1951 wurde die Gemeinde Langheim selbständig, seit 1957 trägt sie den Namen Klosterlangheim, seit dem 1. Juli 1974 gehört sie zur Stadt Lichtenfels. Nach dem Zweiten Weltkrieg erlebte der Ort durch den Neubau von Einfamilienhäusern ein starkes Wachstum. Seit 1993 sitzt die Schule der Dorf- und Flurentwicklung im ehemaligen Konventbau.

A7 Isling

Isling, seit 1978 ein Stadtteil von Lichtenfels mit etwa 400 Einwohnern, liegt zwischen Altenkunstadt und Klosterlangheim. In der schriftlichen Überlieferung erscheint der Ort erstmals 1142 als *Ysilingen* oder *Iselingen*. Wie Mistelfeld unterstand der Ort bis zur Säkularisation dem Kloster Langheim.

Schon von weitem ist die Kirche St. Johannes Baptista zu sehen, die am nordöstlichen Ortsrand liegt. Ihr Bau ähnelt in vielerlei Hinsicht der Kirche in Modschiedel. Der Chorturm, hinter dem im Chor der Hauptaltar steht, stammt aus dem frühen 14. Jh. Im Dreißigjährigen Krieg wurde die Kirche ein Raub der Flammen. 1654 erfolgte der Wiederaufbau, 1724 setzten größere Umbaumaßnahmen ein. Im 18. Jh. erhielt die Kirche auch eine neue Innenausstattung. Bemerkenswert sind die Malereien an den Decken unter den Emporen (christliche Szenen und Heiligendarstellungen), die denen in der Modschiedeler Kirche ähneln. Auf der Südseite der Kirche befindet sich ein Ölberg, der aus dem Jahr 1734 stammt. Neben der Kirche ist 2005/06 das moderne Pfarrzentrum der Pfarrei St. Johannes der Täufer entstanden.

Auf dem Dorfplatz vor der Kirche (Kohlbauerplatz) steht die mächtige Tanzlinde, die 2015 zum Baum der Bayern gekürt wurde. Der Baum soll etwa 800 Jahre alt sein. 1969 wurde Isling beim Bundeswettbewerb „Unser Dorf soll schöner werden" als erster Ort im Landkreis Lichtenfels mit einer Goldmedaille ausgezeichnet. „Isling, 25 Jahre nach dem Bundessieg" lautete dann auch das Motto des 15. Kreisgartentags, den die Islinger 1994 ausrichteten. Etwa 15.000 Besucher nutzten damals die Gelegenheit, um das Golddorf zu besuchen und sich über die Verschönerungsmaßnahmen und über die Aktivitäten seiner Bewohner zu informieren.

Nördlich der Ortschaft, heute durch die St 2203 getrennt, liegt der Islinger Friedhof mit der katholischen Kapelle zum Heiligen Kreuz, die 1745 von Johann Thomas Nißler, einem Schüler Balthasar Neumanns, errichtet wurde. Der schlichte, dreiachsige Quaderbau gilt als erstes selbständiges Werk nach eigenem Entwurf des Staffelsteiner Baumeisters. Die Innenausstattung, ebenfalls aus dem 18. Jh., wird dem Bildhauer und Schreiner Franz Joachim Schlott zugeschrieben.

A8 Uetzing

Willkommen im Land der Nüsse und im Dorf der Brunnen: Das ehemalige Pfarrdorf Uetzing, das an den östlichen Ausläufern des Staffelbergs in einer Talmulde liegt, ist heute ein Stadtteil von Bad Staffelstein. Seit der Auflösung des Landkreises Staffelstein im Jahr 1972 liegt der Ort im Landkreis Lichtenfels; die Eingemeindung ins Bad Staffelsteiner Stadtgebiet erfolgte 1978 im Zuge der Gemeindegebietsreform.

Das historische Ortsnamenbuch von Bayern verzeichnet die erste schriftliche Erwähnung der Ortschaft *Vtzingen* im Jahr 1137. Der Ortsname dürfte sich wohl vom Personennamen *Utzo* herleiten. Durch den Ort fließt der Bach Döberten. Die Kreisstraße LIF 16 verbindet den Ort mit Stublang in Richtung SW und mit Weisbrem, Gößmitz und Serkendorf in Richtung SO, wo der Bach seine Quelle hat.

Uetzing ist bekannt für seine zahlreichen Walnussbäume, und zu Beginn des 19. Jh. wird auch der „besonders fürtreffliche Kleebau" sehr gerühmt. Im 17. Jh., in den Jahren nach dem Dreißigjährigen Krieg, wurde ein Eisenerzvorkommen am Langberg bei Uetzing entdeckt. Bis 1685 wurde dort der begehrte Rohstoff abgebaut; die Verhüttung erfolgte zuletzt in einem Hammer in Stublang. Nachdem sich der Bergbau jedoch als unrentabel erwies, wurde er eingestellt.

Im Jahr 1801 verfügte das Pfarrdorf über eine Pfarrkirche, einen Pfarrhof, ein Schulhaus, eine Gemeindebadstube, ein Gemeindehaus, ein Gemeindehirtenhaus, ein Wirtshaus und 91 weitere Häuser. Die katholische Kirche St. Johannes der Täufer, vielleicht eine der 14 von Karl dem Großen gegründeten Slawenkirchen, erhebt sich am westlichen Ortsrand auf einer von alten Friedhofsmauern umgebenen Terrasse. Der Turm ist im Kern hochmittelalterlich, der Chor stammt aus dem 14./15. Jh. Das Langhaus wurde 1719 von Johann König verlängert. Die Innenausstattung aus dieser Zeit wurde 1876/77 nach Neuhaus bei Hollfeld verkauft. Die Altarbilder des heutigen Hochaltars stammen vom Maler Paul Plontke; sie wurden 1961 geweiht.

Über die acht Brunnen, die den Uetzingern Wasser spenden, informiert ein Faltblatt, das u. a. in der Umweltstation des Landkreises Lichtenfels in Weismain zu haben ist.

A9 Frauendorf

Das Ortsbild von Frauendorf, einem Stadtteil von Bad Staffelstein, wird durch die Kirche St. Ägidius geprägt, die direkt an der St 2204 in der Ortsmitte steht. In Anbetracht der geringen Größe des Orts (in Frauendorf leben etwa 100 Einwohner) ist die katholische Landkirche ein ungewöhnlich stattlicher Sakralbau.

Über den Ursprung des Dorfes ist nicht viel bekannt. Im Jahr 1229 wird ein *Marquard de Vrowendorf* erwähnt. Andere Überlieferungen besagen, dass sich der Ortsname von einem ehemaligen Frauenkloster abgeleitet habe.

Abb. 78 Überreste des RAD-Lagers von Frauendorf aus der Zeit des Nationalsozialismus

Eine erste Kapelle gab es in Frauendorf bereits 1420. Anfang des 18. Jh. wird sie als baufällig und unansehnlich bezeichnet. Der Bad Staffelsteiner Maurermeister Johann Thomas Nißler, der bedeutendste im 18. Jh. am Obermain ansässige Baumeister, legte 1748 eine Entwurfszeichnung und einen Kostenvoranschlag für den Neubau der Ägidienkirche in Frauendorf vor. Acht Jahre später zeichnete Nißler einen zweiten Plan, nach dem der Bau schließlich ausgeführt wurde. Nißler arbeitete damals auch als rechte Hand Balthasar Neumanns an der Wallfahrtskirche Vierzehnheiligen. Als dieser 1753 starb, waren die Türme und die komplizierten Gewölbe noch nicht fertig. In Frauendorf konnte Nißler den Bau der schwierigen Formen mit einfachen Mitteln erproben. Erst als sich die geschwungenen Formen und die komplizierte Gewölbelösung in Frauendorf als stabil erwiesen, wurde ihm auch der Bau der technisch anspruchsvollen Gewölbe in Vierzehnheiligen übertragen. Die reizvolle Innenausstattung der Kirche stammt aus der zweiten Hälfte des 18. Jh.

Zeitgeschichtlich interessant ist in Frauendorf eine erhaltene Baracke des 1935–1945 bestehenden RAD-Lager „Der Trompeter von Säckingen", das an der Straße nach Schwabthal lag. ▶ Abb. 78

A10 Schwabthal

Fährt man auf der St 2204 durch Frauendorf in südlicher Richtung, liegt als nächster Ort Schwabthal am Weg. Durch den Ort fließt der Tiefentalbach, der in die Döritz mündet.

Das historische Ortsnamenbuch verzeichnet erste schriftliche Erwähnungen des Ortes als *Swaptal* (1065) oder *Suabtal* (1145), wobei der Name zunächst wohl nicht allein die Siedlung, sondern das gesamte Tal bezeichnete.

1809 erfolgte der Zusammenschluss der zuvor als Gesamtgemeinde aufgefassten

Orte Schwabthal und End mit der bisher selbständigen Ortschaft Kaider. 1818 kam noch Kümmersreuth hinzu. Schwabthal hatte in dieser Zeit etwa 82 Einwohner. 1862 erfolgte die Eingliederung der Landgemeinde Schwabthal, zu der neben dem Hauptort auch End, Kaider und Kümmersreuth gehörten, in das neu geschaffene bayerische Bezirksamt Staffelstein. Am 1. Juli 1972 wurde der Landkreis Staffelstein aufgelöst: Schwabthal wurde in den Landkreis Lichtenfels eingegliedert. Am 1. Januar 1978 folgte im Zuge der Gemeindegebietsreform die Eingemeindung nach Bad Staffelstein.

Eine Geschichte der Häuser und Gebäude in Schwabthal hat die Bad Staffelsteiner Stadtarchivarin Adelheid Waschka in einer Chronik, die anlässlich des 125-jährigen Bestehens der Freiwilligen Feuerwehr Schwabthal veröffentlicht wurde, zusammengestellt (FFW SCHWABTHAL 2012). In der Bayerischen Denkmalliste sind für Schwabthal sechs Baudenkmäler verzeichnet.

Im 20. Jh. veränderte sich die bis dahin überwiegend landwirtschaftlich geprägte Gemeinde. 1934 gründete Albert Neupert sen. in Kaider die Steinwerke Kaider, die Kalkstein abbauten. 1951 vergrößerte sich die Firma um einen Steinbruch am Kümmersreuther Berg. Bis heute liefert die Steinwerke Kaider Neupert-Kalk KG Schotter und Splitte für den Straßenbau und für die Bauindustrie. Außerdem werden Kalk und Dolomit zu hochwertigen Produkten für Feld- und Waldkalkungen, Dachpappen-, Glas-, Futtermittel-, Dämmstoff- und Putzindustrie sowie für Asphalt- und Betonmischanlagen veredelt.

1955 beschloss der Vorstand der Landesversicherungsanstalt Berlin, in Süddeutschland eine Lungenheilstätte mit etwa 200 Betten zu bauen. Das passende Grundstück für den Bau einer Klinik wurde im Schwabthaler Ortsteil Tiefenthal gefunden. Zwei Jahre später waren die Planungen für den Neubau abgeschlossen: Er sollte nun aus wirtschaftlichen Gründen für 320 Betten ausgelegt sein und auch zwei Operationssäle umfassen. Nach der Grundsteinlegung am 1. Juni 1957 schritt der Bau schnell voran. Am 8. November 1958 wurde die Heilstätte Schwabthal nach 18 Monaten Bauzeit feierlich eröffnet: Entstanden war die modernste Lungenheilstätte Europas, für die Baukosten in Höhe von 18 Millionen DM aufgewendet worden waren. 1967 wurde das Haus in ein Sanatorium umgewandelt, nachdem die Heilstätte wegen des Rückgangs der Tuberkulose über mehrere Jahre unterbelegt war. Mit dem Wechsel der Ausrichtung ging auch die Umbenennung der Heilstätte einher, die nun Sanatorium Lautergrund hieß. Seit 1976 trug die Einrichtung den Namen Kurklinik Lautergrund, und drei Jahre später konnte der 50.000. Patient im Tiefenthal begrüßt werden. Eine Ära ging zu Ende, als Chefarzt Claus-Dieter Bloedner zum Ende des Jahres 1981 in den Ruhestand trat. Er hatte sein vielfältiges Wissen bereits in die Planung des Gebäudes eingebracht und hatte das Haus seit 23 Jahren als Chefarzt geleitet. In den 1980er Jahren war eine Generalsanierung der Klinik erforderlich geworden. Mit der Modernisierung ging eine Reduzierung der Bettenzahl auf 279 einher, nachdem der Gesetzgeber die Konditionen für die Genehmigung von Kuren geändert hatte. An Attraktivität gewann die Kurklinik mit der Eröffnung der Obermain-Therme in Bad Staffelstein im Jahr 1986. In den 1990er Jahren erfolgte eine Neuausrichtung der Klinik, die seit 1997 den Namen Rehabilitationsklinik Lautergrund trägt, auf die Behandlung von Patienten mit schweren orthopädischen Erkrankungen sowie auf orthopädisch-unfallchirurgische Rehabilitation.

Im Umfeld des Klinikgebäudes beginnen Nordic Walking Parcours und Kurwege, die den speziellen Belastungsstufen der Patienten angepasst sind. Unterhalb der Klinik befindet sich eine Parkanlage mit natürlichem Wasserlauf und integriertem Wassertretbecken.

Schwabthal gilt heute wegen seiner drei Hotels als Tourismushochburg des Landkreises Lichtenfels. Etwa 400 Gästebetten stehen zur Verfügung, von denen 182 die Rehabilitationsklinik stellt. Beliebte Ausflugziele sind der Hohle Stein, der Weinhügel und der Bittmannstein.

A11 Rothmannsthal

Auf der Jurahochfläche, nördlich von Wattendorf, liegt die Ortschaft Rothmannsthal, die seit 1. Januar 1978 ein Stadtteil der Kreisstadt Lichtenfels ist.

Die erste urkundliche Erwähnung verzeichnet das Historische Ortsnamenbuch von Bayern im Jahr 1244, als Herzog Otto VIII. von Meranien seinem Getreuen Eberhard Förtsch von Thurnau und dessen Nachkommen das Dorf *Rodewanstal* als Lehen verpfändete.

Am südwestlichen Rand des Ortes liegt die katholische Kuratiekirche Mariä Himmelfahrt (Fichtenau 2). Sie ist von einer Friedhofsmauer umgeben, die ursprünglich eine Höhe von 4 m gehabt haben und mit einem Wehrgang ausgestattet gewesen sein soll. Der mächtige Chorturm stammt im Kern aus dem 14. Jh. 1680 erhielt er sein jetziges Aussehen mit dem hohen, spitzen Dach. Ein neues Langhaus errichtete Dionys Finsterwalder 1745. Im Jahr 1721 hatte er bereits einen Ölberg an der Südostecke des Friedhofs geschaffen. Auch die Innenausstattung der Kirche stammt aus dem 18. Jh.

In der Ortsmitte steht an der Straße Zum Hohenberg ein alter Brunnen, der wohl seit dem 18. Jh. die Einwohner mit Wasser versorgte. Mit diesem aufwändigen Bauwerk wurde die Wasserknappheit auf der Hochfläche dadurch gemildert, dass nunmehr die weiten Strecken zum Antransport des Trinkwassers in Butten aus den Tälern entfielen. Mit Hilfe einer Kurbel und einer Winde aus Metall konnten Eimer in den Brunnenschacht hinuntergelassen werden, um Wasser zu schöpfen. Unter dem erneuerten Brunnendach sind heute auch die Kästen für die Tageszeitung und andere Mitteilungsblätter zu finden.

Etwa 0,5 km nördlich des Ortes, an der Straße in Richtung Lahm, liegt das Pfadfinderzentrum Rothmannsthal, das vom DPSG Diözesanverband Bamberg getragen wird.

A12 Weismain

Die Stadt Weismain, ein staatlich anerkannter Erholungsort, bezeichnet sich wegen ihrer Lage am Nordrand des Naturparks Fränkische Schweiz-Frankenjura als das Tor zur Fränkischen Schweiz. Sie liegt in einer landschaftlich reizvollen Gegend im oberfränkischen Städtedreieck Bamberg–Bayreuth–Coburg. Bizarr geformte Kalksteinfelsen, tief eingeschnittene Täler, klare Bäche, Hochflächen und bewaldete Bergrücken prägen die Landschaft, die Weismain umgibt.

Um das Jahr 800 wurde die Siedlung zum ersten Mal schriftlich erwähnt. Um 1190 gelangten Weismain und die Burg Niesten in den Besitz der Andechs-Meranier, auf welche die bis heute erhaltene Anlage der Stadt mit dem langgezogenen Straßenmarkt und den wenigen Nebenstraßen zurückgehen soll. Nach dem Tod Graf Ottos VIII. von Andechs-Meranien, der 1248 kinderlos auf der Niestener Burg starb, wurde die Stadt in das Hochstift Bamberg eingegliedert. Im Jahr 1313 soll das Stadtrecht verliehen worden sein, was sich durch Schriftstücke jedoch nicht belegen lässt. Als sichtbares Zeichen soll aber die Erhebung zur Stadt mit dem Bau einer Stadtmauer einhergegangen sein.

Nach einer wirtschaftlichen Blütezeit im 15. und 16. Jh. erlitt Weismain im Dreißigjährigen Krieg schwere Schäden. Die Schwedenprozession, die jedes Jahr an Mariä Himmelfahrt in Weismain stattfindet, hat ihre Wurzeln in dieser Zeit: Während eines Angriffs schwedischer Soldaten soll unvermutet die Muttergottes auf der Stadtmauer erschienen sein, was die Angreifer zum Rückzug veranlasste. Die langen Kriegsjahre hatten viele zerstörte oder beschädigte Gebäude und einen erheblichen Rückgang der Einwohnerzahl zur Folge: Nach Kriegsende 1648 gelang es der Stadt nicht mehr, an frühere Blütezeiten anzuknüpfen.

Im Zuge der Säkularisation 1802 kam Weismain an das Kurfürstentum Bayern. Als staatliche Behörden entstanden Amtsgericht und Finanzamt. Die Einwohner bestritten ihren Lebensunterhalt mit Landwirtschaft, der Bierbrauerei und Handwerk. In den Tälern der Weismain und der Krassach ist heute noch eine vielfältige Mühlenlandschaft zu finden, die an früheres Gewerbeleben erinnert: Mit Hilfe der Wasserkraft wurde Getreide gemahlen, Papier hergestellt, Holz gesägt, Wolle bearbeitet und schließlich auch Strom erzeugt. Lohnende Nebenerwerbszweige in der Landwirtschaft waren bis zum Ende des 19. Jh. die Schneckenmast und der Hopfenanbau.

Die Bier brauenden Bürger profitierten von einem Privileg, das der Bamberger Bischof Albrecht 1410 ausgesprochen hatte und das sie berechtigte, das Amt Weismain mit Bier zu versorgen. Anderen Dörfern im Amt war das „Mulzen und Brauen" nur für den Haustrunk gestattet. Im Kommunbrauhaus brauten die berechtigten Bürger ihr Bier, das in Bierkellern gelagert und später im eigenen Haus ausgeschenkt wurde. Ab der Mitte des 19. Jh. kamen Privatbrauereien auf und das Brauen des Kommunbiers ging mehr und mehr zurück. 1942 wurde zum letzten Mal im gemeindlichen Brauhaus Bier gebraut. Da sich später nicht mehr die erforderliche Zahl von Kommunbrauern fand, verkaufte die Stadt 1958 das Gebäude.

Den beiden Weismainer Familien Dechant und Dietz gelang es, ihre handwerklichen Maurerbetriebe im 20. Jh. zu leistungsfähigen Bauunternehmen auszubauen. Der Betrieb, den Michael Dechant 1881 gegründet hatte, war bis in die 1960er Jahre noch handwerklich orientiert. Unter Alois Dechant entwickelte sich das Bauunternehmen zu einer der größten Firmen für Hoch- und Tiefbau in Bayern. Die schlechte Konjunktur in der Bauindustrie verschonte jedoch auch das Unternehmen Dechant mit seinen etwa 1.200 Mitarbeitern nicht: Im Oktober 2000 kam das Aus. Heute führt die im November 2000 gegründete „dechant hoch- und ingenieurbau gmbh + co. kg" die Bautradition erfolgreich fort.

Kaspar Dietz betrieb seit 1908 sein Baugeschäft auf dem Areal der früheren Weismainer Ziegelhütte. Nachfolgende Generationen wandelten den ländlichen Maurerbetrieb in eine leistungsfähige Baufirma für alle Bereiche des Hoch- und Tiefbaus um. Im Januar 2003 beantragte die Firma mit ihren

Die Stadt Weismain und der Kordigast

Im Rahmen einer Fußexkursion werden zunächst die Stadt Weismain und dann der Kordigast, der höchste Berg in der nördlichen Fränkischen Schweiz, erkundet. ◼ lid-online.de/81502

Weismain und Kordigast

Abb. 79   Das ehemalige Neydecker Haus, das 1543 gebaut wurde, wurde durch die Stadt 1765 vom Kloster Langheim erworben und zum Rathaus umfunktioniert. Seine reiche Pracht ist ein Beleg für die Blütezeit der Stadt in jener Zeit.

Mittlere und das Untere Tor abgebrochen wurden, nicht im Besitz der Stadt war. Am Marktplatz überragt das Rathaus alle anderen Gebäude: Vor 1543 wurde es als Privathaus der Familie Neydecker gebaut, die es durch Handel zu einem beträchtlichen Vermögen gebracht hatte. 1765 kaufte es die Stadt aus dem Besitz des Klosters Langheim und nutzt es seitdem als Rathaus. ▶ Abb. 79 Neben der Eingangstür erinnert eine Bronzetafel an den berühmtesten Weismainer, Abt Mauritius Knauer. Knauer, 1613/14 in Weismain geboren, wurde 1649 zum Abt des Klosters Langheim gewählt. Der Universalgelehrte zeichnete über sieben Jahre Monat für Monat das Wetter auf; seine Manuskripte liegen dem Hundertjährigen Kalender zu Grunde, der bis heute im Buchhandel erhältlich ist.

Gegenüber dem Rathaus erhebt sich die Pfarrkirche St. Martin. Während ihr Chor noch mittelalterlich ist, wurde das Langhaus wegen Bauschäden im 19. Jh. abgebrochen und neu errichtet. Die Innenausstattung stammt aus dem 18. Jh. In der Kirche ist das älteste Kunstwerk der Stadt zu sehen: Der Taufstein datiert aus den Jahren um 1460.

In direkter Nachbarschaft des Gotteshauses steht das Pfarrhaus, das um 1620 vom Scheßlitzer Baumeister Giovanni Bonalino fertiggestellt wurde. Neben dem Pfarrhaus befindet sich der Kastenhof, der bis zur Säkularisation Sitz des Bamberger Kastners war, zu dessen Aufgaben das Einnehmen der Steuern und Abgaben gehörte. Das Gebäude wurde Anfang des 18. Jh. von Leonhard Dientzenhofer für seinen Bauherrn, den Bamberger Fürstbischof Lothar Franz von Schönborn, gebaut. Heute beherbergt es die Umweltstation des Landkreises Lichtenfels, die Stadtbücherei St. Martin, das NordJURA-Museum, das Stadtarchiv und die Touristinformation. Im Kastenhof feiert die Weismainer Blasmusik im Juni das traditionelle Kirchweihfest, während die Schützengesellschaft Anfang August zum Schützenfest einlädt.

etwa 200 Mitarbeitern wegen wirtschaftlicher Schwierigkeiten Insolvenz. Mittlerweile realisiert die Nachfolgefirma Dietz Baugesellschaft mbH & Co. KG. wieder zahlreiche Bauprojekte.

In den Jahren 1972 bis 1978 führte die Gemeindegebietsreform dazu, dass sich das Stadtgebiet stark vergrößerte: Nach und nach wurden elf bisher selbständige Gemeinden nach Weismain eingemeindet. Heute hat die Stadt über 34 Stadtteile, während die Einwohnerzahl bei knapp 5.000 liegt.

Sehenswert sind die historischen Gebäude der Altstadt, die noch von einer gut erhaltenen Stadtmauer umgeben ist. Von den früheren Stadttürmen hat sich nur das Obere Tor erhalten, das Ende des 19. Jh., als das

Viele der Häuser rund um den Weismainer Marktplatz weisen eine Bausubstanz aus dem 16. Jh. auf. Seit dem Spätmittelalter durchzog ein unterirdischer Kanal aus Holzrohren den Marktplatz. Ein Hauptzweck dieser Wasserleitung war die Versorgung des Stadtbrunnens. Dieser so genannte Rolandsbrunnen wurde 1572–1577 errichtet; er stand nicht am jetzigen Platz, sondern zentral in der Straßenmitte. Auf der Brunnensäule steht die Sandsteinfigur eines Ritters, die dem Bamberger Bildhauer Pankraz Wagner zugeschrieben wird. Die Originalfigur soll seit 1879 im Hof des Wasserschlosses in Mitwitz stehen, während die Weismainer für ihren Brunnen eine Kopie erhielten.

Durch die Ausweisung von Gewerbegebieten ermöglicht die Stadt die Ansiedlung mittelständischer Unternehmen. Wirtschaftlich prägen Baufirmen, Logistikunternehmen, Polstermöbel- und Kunststoffindustrie, eine Privatbrauerei sowie Hotels und andere Dienstleistungsbetriebe die Stadt. 2008 verlegte die Firma Baur ihre Hauptverwaltung von Burgkunstadt nach Weismain in die Gebäude der ehemaligen Baufirma Dechant.

Um als Wirtschaftsstandort attraktiv zu bleiben, werden aktuell die Verkehrsanbindungen verbessert. Im März 2017 begann der Bau einer Umgehungsstraße: Die St 2191 wird auf eine Trasse westlich der Innenstadt verlegt, sodass Lastkraftwagen nicht mehr durch die beengte Altstadt fahren müssen. 2019 wurde dieses Verkehrsprojekt abgeschlossen. Mit der Verlegung der Staatsstraße wurde eine verbesserte Anbindung an die BAB 70 erreicht: Ortsumfahrungen der Juradörfer Wohnsig, Wunkendorf und Modschiedel sind geplant.

Ab Mai 2018 ist Weismain durch die neue Freizeitlinie 1230 des VGN auch mit dem Bus leichter erreichbar: Der Gottesgarten-Express fährt vom 1. Mai bis zum 1. November an Sonn- und Feiertagen vom Bahnhof in Burgkunstadt über den Jura. Der Kordigast, das Kleinziegenfelder Tal oder der Görauer Anger können so auch ohne Auto wandernd genossen werden.

A13 Neudorf

Vor der Eingemeindung nach Weismain, die am 1. Januar 1978 erfolgte, gehörten die Ortsteile Görau, Herbstmühle, Krassach, Niesten, Seubersdorf und Zultenberg zur Gemeinde Neudorf. Zultenberg liegt heute im Gebiet des Markts Kasendorf.

Etwas außerhalb des Neudorfer Ortskerns, am Weg in Richtung Niesten, steht die Kirche St. Clemens, eine frühere Wallfahrtskirche. 1520 wird erstmals eine Kapelle bei Neudorf erwähnt, die dem Hl. Clemens, dem Hl. Wendelin und der Hl. Magdalena geweiht war. Die frühere Wallfahrt zum Hl. Clemens dürfte bald durch den Hl. Wendelin abgelöst worden sein, den die bäuerliche Bevölkerung bei Krankheiten des Viehs und Unglück im Stall anrief.

Für die zu kleine Holzkapelle wurde 1734 ein größerer Sandsteinbau im Barockstil errichtet. Noch 1812 sollen über 5.000 Gläubige zum Hl. Wendelin gewallt sein.

Warum die Kirche etwas abseits der eigentlichen Ortschaft steht, erzählt eine von Elisabeth und Konrad RADUNZ (1971) aufgezeichnete Sage: „Das Dorf über dem Krassachtal hat wie so viele Orte auch eine ‚Wanderkirche'. Auch dieses Gotteshaus sollte ursprünglich an einem anderen Platz gebaut werden. Doch jedesmal wenn man frühmorgens die Bausteine aufmauern wollte, waren diese verschwunden und außerhalb des Dorfes, dort wo heute die Kirche ins Bärental und über die Höhen des Jura grüßt, angehäuft. Schließlich entschloss man sich, das Neudorfer Gotteshaus am Ortsrand zu bauen." Eine umfassende Renovierung der Neudorfer Kirche wurde im Jahr 2016 abgeschlossen.

Neudorf erlangte auch Bekanntheit durch den Neudorfer Münzfund, den ein Landwirt 1952 beim Pflügen machte. Er stieß auf ein Tongefäß, in dem sich 1.331 mittelalterliche Pfennige befanden. An den Münzfund erinnert eine Bronzetafel, die in der Nähe der Kirche in einen Felsbrocken eingelassen ist.

A14 Arnstein

Der auf den Jurahöhen oberhalb des Kleinziegenfelder Tals gelegene Ort Arnstein ist seit dem 1. Januar 1977 ein Stadtteil von Weismain. 1189 erscheint *Arenstein* zum ersten Mal in der schriftlichen Überlieferung. Rund um das Pfarrdorf soll es früher drei Burgen gegeben haben: Eine lag vermutlich am nordwestlichen Ortsrand auf einer Felsgruppe; letzte Mauerreste dieser Burg wurden 1938 durch Abbrucharbeiten beseitigt. Auf dem Areal des heutigen Friedhofs stand die Burg der Rauschner und auf dem südlich von Arnstein gelegenen Heideknock soll sich die Burg Leuchnitz befunden haben. Das Befestigungssystem dieser Burganlage ist noch zu erkennen: Es besteht aus Wallanlagen und zwei Gräben.

Schon von weitem ist der Turm der Arnsteiner Kirche St. Nikolaus zu sehen, die nach Plänen des Baumeisters Balthasar Neumann in den Jahren 1732 bis 1734 errichtet wurde. Den Bau der barocken Landkirche übernahmen Maurermeister Paulus Mayer und Zimmermeister Joseph Gruber. Nach der Fertigstellung des Gebäudes erhielt die Kirche ihre Innenausstattung (Hauptaltar 1735–1738 von Martin Walther).

Vom Kleinziegenfelder Tal aus war der Ort lange Jahre nur über eine steile und enge Bergstraße zu erreichen. Nach langen Verhandlungen gelang es den Arnsteinern, den Ausbau der Straße zu erwirken. 1914 wurde mit den Arbeiten begonnen, 1916 erfolgte die Freigabe für den Verkehr. Zur Sicherheit der Autofahrer wurde der markante Viktoria-Felsen, der oberhalb der Straße in der Nähe des Friedhofs aufragte, 1965 gesprengt.

Auf den Felsen rund um den alten Arnsteiner Berg fühlt sich der Apollofalter wohl, der in Bayern nur noch an zwei Standorten vorkommt, nämlich im Kleinziegenfelder Tal und im Altmühltal. ▶ Abb. 80

Abb. 80 Apollofalter – ein Schmetterling, der um Arnstein noch vorkommt

A15 Wallersberg

Zur Gemeinde Wallersberg, die am 1. Januar 1976 nach Weismain eingemeindet wurde, gehörten früher die Orte Frankenberg, Mosenberg, Schammendorf, Waßmannsmühle und Weihersmühle.

Wegen der Wallfahrtskapelle St. Katharina, die etwas abseits des Ortes auf einer Anhöhe steht, wurde vermutet, dass sich der Ortsname von den Wallfahrern ableiten würde, die zu dem kleinen Gotteshaus pilgerten. Dies ist jedoch nicht richtig, lauten die Ersterwähnungen doch *Beltreichesperge* (1326) bzw. *Weltsperghe* (1330), was von Namenforschern mit dem Vornamen *Walter* in Verbindung gebracht wird.

Die Kapelle St. Katharina soll angeblich 1325 erbaut worden sein. Im 16. Jh. ist die *Capeln bey Wallerßberg zu sant Katharine gnant, welche die Graffen von Tründingen gestift,* erstmals in den Schriftquellen nachzuweisen. Bereits in den Jahren vor der Reformation besuchten viele Gläubige die Wallfahrtskapelle, die wertvolle Ausstattungsstücke beherbergte. Die Wallfahrt soll sich durch eine Heilquelle entwickelt haben, die besonders im Mittelalter und in der Barockzeit Ziel vieler Gläubigen war. Das Versiegen der Quelle ist von Sagen umrankt. Ein schwedischer Soldat soll sie mit Quecksilber verunreinigt haben. Einer anderen Überlieferung zufolge soll eine nach der Geburt ihres Kindes noch nicht ausgesegnete Frau aus der Quelle geschöpft haben, worauf das Wasser versiegte.

1700 wurde die mittlerweile baufällige Kirche erneuert; das Langhaus mit seiner Holzdecke dürfte aus dieser Zeit stammen. Außerdem erhielt sie eine neue Ausstattung mit einem barocken Altarbild, auf dem die heilige Katharina zu sehen ist. Eine umfangreiche Restaurierung des kleinen Gotteshauses wurde im Jahr 2017 abgeschlossen.

Unterhalb des Ortes sind die typischen Wacholderheiden mit ausgedehnten Ma-

Abb. 81   Wallersberg befindet sich oberhalb des Weismaintales in einer Adlerhorstlage

gerrasenflächen zu finden, die vielen seltenen Tier- und Pflanzenarten als Lebensraum dienen. ▶ Abb. 81

In den Jahren von 1924 bis 1927 bauten die Wallersberger Einwohner in Eigenleistung die Straße von der Weihersmühle in ihr Dorf aus. Mit einer Stein-Quetsche wurden Steine für den Straßenbau zerkleinert.

A16 Modschiedel

Modschiedel, 1293 als *Mudschitl* erstmals erwähnt, wurde mit seinen Teilorten Wohnsig und Wunkendorf 1976 nach Weismain eingemeindet. In der Ortschaft auf der Jurahochfläche leben heute 173 Einwohner.

1382 wurde Modschiedel zur Pfarrei erhoben. Als im Jahr 2007 der letzte Pfarrer, Erhard Meißner in den Ruhestand trat, wurde die bis dahin eigenständige Pfarrei mit Arnstein und Weismain zu einem neuen Seelsorgebereich zusammengefasst. Pfarrer Meißner war es auch, der anlässlich des 600-jährigen Bestehens der Pfarrei 1982 eine Festschrift vorlegte, die die Geschichte der Pfarrei Modschiedel und die ihrer Gotteshäuser und Kapellen vorstellt.

Die beeindruckende katholische Pfarrkirche St. Johannes Baptista, die vielleicht eine der 14 Slawen-Kirchen ist, erhebt sich am nördlichen Ortsrand Modschiedels. Sie erhält durch die hohe Friedhofsmauer, die sie umgibt, einen wehrhaften Charakter. Dieser wird durch einen in der NW-Ecke erhaltenen, in die Mauer integrierten runden Turm (heute Lourdes-Grotte) und durch vier Schießscharten an der West- und Ostseite des Chorturmes verstärkt. Der nördliche Teil der Mauer wurde zu Beginn des 20. Jh. abgebrochen, um den Friedhof zu erweitern.

Die erste größere Bauperiode der Kirche ist von 1494 bis 1508 anzusetzen. Das mit einem Christushaupt bekrönte Sakramentshaus im Chor stammt aus dieser Zeit. Auf Anordnung des Langheimer Abts Peter II. Schönfelder wurde 1618 ein neuer Turm mit

Mühlen – vom Mythos der Romantik zum Ausflugsziel der Gegenwart

Gibt es überhaupt noch Getreidemühlen in der Fränkischen Schweiz? Natürlich, die Stadtmühle in Waischenfeld ist ein Beispiel hierfür. Ein unterschlächtiges Wasserrad diente früher zum Antrieb der Mahlgeräte. Hochwasser, Kriege oder Brände führten mehrfach zu Zerstörungen und zu mühevollem Neuaufbau. Die Familie des jetzigen Betreibers besitzt das Anwesen seit 1698. Früher war die Mühle einer von vielen kleingewerblichen Betrieben im bäuerlich-handwerklichen Umfeld, der in Ergänzung zu landwirtschaftlichem Einkommen die Existenz sicherte. Heute muss man im Konkurrenzkampf mit Großbetrieben sein betriebliches Konzept neu definieren (Roggen und Weizen aus der Region für die Region) und hofft, so eine ausreichend große Kundengruppe binden zu können. Das traditionelle Konzept der Getreidemühle wird hier mit neuem Profil weitergeführt.

Ein ganz anderes Beispiel ist die Nützelmühle in Draisendorf im Aufseßtal. Der Familienbetrieb befindet sich auf dem technischen Stand der Zeit, vermahlt im Lohnbetrieb neben Weizen, Roggen, Dinkel und Malz auch Futtermittel und Mineralien, betreibt Getreidehandel (Brotgetreide, Braugerste, Raps) und unterhält einen Mühlenladen. Das Unternehmen hat seine Wurzeln zwar im bäuerlich-gewerblichen Müllereiwesen (und betont dies mit dem Mühlenladen), positioniert sich aber im Lebensmittel-, Futtermittel- und Chemiebereich mit einer breiten Palette an Dienstleistungen, die über den Bedarf der Region hinausgehen. Auf die Einhaltung hoher technischer Standards wird großer Wert gelegt.

Für moderne Müllereibetriebe gibt es also Marktchancen, es ist aber auch klar, dass die heutigen Konzepte nur einzelnen Mühlenbetrieben wirtschaftlichen Erfolg bringen können. Aus dem Bestand der einst zahlreichen Mühlen, die sich entlang der Talzüge befanden, sind folglich nur wenige geblieben.

Im 18. und 19. Jh., als in der Fränkischen Schweiz noch jedes Dorf an der Wiesent und ihren Zuflüssen mindestens eine Mühle besaß, war das ganz anders. Die Mühle war als Veredelungsbetrieb ein Glied in der Produktionskette der bäuerlichen Landwirtschaft, die mit ihrer breiten Produktpalette auf Selbstversorgung zielte und nur die Überschüsse auf dem Markt absetzte. HELLER (1829) trug mit seinem Büchlein über Muggendorf und seine Umgebungen dazu bei, dass Mühlen unter romantischer Perspektive (reizvolle Umgebung mit schaurig-schönen Besonderheiten) gesehen wurden. Im künstlerisch-studentischen Diskurs des 19. Jh. hat sich diese Wahrnehmung etabliert und Breitenwirkung entfaltet – die Mühlen wurden zum Mythos. Damals kam die Metapher von dem „Klappern der Mühle am rauschenden Bach" auf.

Der genaue Blick fördert ein anderes Bild zu Tage: Mühlenbetriebe erwirtschafteten vielfach nur ein zusätzliches, saisonales Einkommen. Ihr Bestand war auch in früheren Jahrhunderten gefährdet; die mit einfachen Mahlsteinen ausgestatteten Betriebe kamen und gingen im Wandel der Zeiten.

Besonders auffallend ist die Bestandsentwicklung im 20. Jh., die einen Schrumpfungsprozess anzeigt. Bis 1980 sank die Anzahl der Betriebe um mehr als vier Fünftel von 100 (vor 1900) auf 18 (HAVERSATH 1987, S. 141). Folgende Einflussfaktoren steuerten diese Entwicklung:

■ Parallel zur Industrialisierung expandierten die Großmühlen an den Küsten sowie an Rhein und Main. Sie produzierten zu niedrigen Gestehungskosten, überzeugten die Käufer durch gleichbleibende Qualität und verdrängten so die ländlichen Kleinmühlen.

■ Mit den Großmühlen setzten sich neue Technologien durch. Mahlsteine wurden durch Walzenstühle ersetzt, Plansichter trennten die Kornbestandteile und gewährleisteten eine hohe Qualität. Die hohen Investitionskosten förderten und beschleunigten den Schrumpfungsprozess.

■ Als Folge der Autarkiepolitik des nationalsozialistischen Staates überstanden viele Kleinmühlen der fehlenden Wirtschaftlichkeit zum Trotz die 1930er und 1940er Jahre. Mit niedrigen Standards, überalterten Anlagen und geringer Wettbewerbsfähigkeit mahlten sie auch noch in den 1950er Jahren und halfen, die Not der Nachkriegsjahre zu lindern.

■ In den Jahren des Wirtschaftswunders stand die Neuordnung des Müllereiwesens auf der gesellschaftlichen Agenda. Ende der 1960er Jahre brachte das Mühlenstrukturgesetz den Durchbruch: Viele Kleinmühlen wurden gegen Entschädigung stillgelegt, die Überkapazitäten konnten jedoch nicht beseitigt werden. Der massive Rückgang an Kleinmühlen war eine Folge dieses Gesetzes.

Der Übergang zu neuen Nutzungsformen folgte in der Fränkischen Schweiz einem verbreiteten Entwicklungspfad. ▶ E 24 Der in Ansätzen bereits entwickelte Ausflugs- und Erholungsverkehr griff die Standorte der Mühlen in den Tälern und an den Gewässern auf; aus Mühlen wurden Gastwirtschaften, die im nächsten Schritt auch Übernachtungsgäste aufnahmen und z. T. sogar eine gehobene Gastronomie sowie Gästezimmer anboten. Dass es sich um ehemalige Mühlenstandorte handelte, steigerte die Attraktivität der Einrichtung.

Die wichtigste Nutzungsform, die aus dem früheren Mühlenbetrieb erwachsen ist, ist die Stromgewinnung. Viele ehemalige Mühlen besitzen heute noch das Wasserrecht, sodass die Stromgewinnung und die Einspeisung ins öffentliche Netz eine ertragreiche Perspektive bilden.

Nur an wenigen Stellen wurden alte Mühlen restauriert und zu Wohn- oder Wochenendhäusern umgebaut. Die Schulmühle Veilbronn im Werntal wurde bereits in den 1980er Jahren erhaltend erneuert. ▶ Abb. 82 Die Entwicklungslinien sind verblüffend:

■ Die traditionellen Gewerbebetriebe (Getreide-, Säge- oder Pulvermühle) sind größtenteils verschwunden; nur in wenigen Fällen bestehen sie noch als Getreidemühlen oder Sägewerke.

■ Der Umstieg auf den gastronomischen Entwicklungspfad erwies sich in einigen Fällen als erfolgreich.

■ Den Regelfall einer Nachfolgenutzung für die Mühlen stellt heute die Stromgewinnung dar.

Abb. 82   Schulmühle bei Veilbronn im Werntal

Spitze aufgerichtet. Ende des 17. Jh. musste die Pfarrkirche erweitert werden: Die Nordwand wurde um knapp 2 m versetzt und es wurde die zweigeschossige Emporenanlage eingebaut. Zu den Eigentümlichkeiten der Modschiedeler Pfarrkirche gehören die Deckenmalereien auf Holz, wie sie auch in der Islinger Kirche unter den Emporen anzutreffen sind. Während einer zweiten, spätbarocken Bauphase (1772–1775) kam es zur Erneuerung der Innenausstattung, die bis heute noch größtenteils vorhanden ist. 1936 wurde die Pfarrkirche um 7 m verlängert; dieser Erweiterung fiel ein Teil der alten Wehrmauer zum Opfer.

Modschiedel ist ein Dorf, das sich an den Straßen rund um den Ortsplatz entwickelt hat. In der Ortsmitte lag früher der Hülweiher, in dem Wasser für das Vieh gesammelt wurde. 1886 wird berichtet, dass im Ort kein Brunnen vorhanden gewesen sei. Trinkwasser musste bis dahin umständlich in Fässern mit Vieh und Wagen aus Schirradorf geholt werden. Im gleichen Jahr ergab sich mit dem Bau einer Wasserleitung, die Wasser mit Hilfe eines „Widders" aus dem Kleinziegenfelder Tal über Weiden nach Modschiedel transportierte, eine wesentliche Erleichterung für die Einwohner. Mit Butten oder Eimern konnte Trinkwasser nun von vier Brunnen in die Häuser getragen werden. 1924 begannen die Einwohner, Hausleitungen zu verlegen und die Wasserversorgung zu erweitern. Elektrisches Licht hielt 1928 Einzug; der Strom kam ebenfalls aus dem Kleinziegenfelder Tal, wo an der Weismain ein kleines Kraftwerk mit Hilfe einer Turbine Strom erzeugte.

Etwa 1 km südlich des Ortes, wo die Kreisstraße LIF 12 in die St 2190 mündet, steht eine Gruppe von drei Flurdenkmälern, die als Wettermarter bezeichnet wird. Sie besteht aus einem Kreuzstein (auf der Rückseite Jahreszahl 1534), einem barocken Bildstock (datiert 1693) und einem Feldkreuz aus dem Jahr 1918. Während der Kreuzstein die Markierung einer Geleitgrenze gewesen sein könnte, wird der Bildstock als die eigentliche Wettermarter gedeutet. An der Sandsteinsäule befindet sich die Inschrift MS (EB) 1693 (= Marquardus Sebastianus Schenk zu Stauffenberg Episcopus Bambergensis). Das Feldkreuz mit der Inschrift „Es ist vollbracht!" wurde 1918 von der Familie J. A. Kraus gestiftet. Johann Kraus hatte 1889 seine im Jahr 1865 in Modschiedel gegründete Metzgerei nach Weismain verlegt. Gemeinsam mit seinem Sohn Anton (1865–1934) baute er den Betrieb zu einer Wurstfabrik aus, die bis 1974 Fleisch- und Wurstwaren produzierte.

Das Leben spielt sich in Modschiedel rund um den Platz in der Ortsmitte ab. Hier steht das gemeinschaftliche Backhaus, dessen Renovierung 2009 abgeschlossen wurde. Das Brunnen- und Backofenfest Anfang September ist beliebter Anziehungspunkt für Freunde frischer fränkischer Kuchen und Brote aus dem Holzbackofen.

In Modschiedel befindet sich ein Tanz-Center, das bei der Jugend der Umgebung sehr beliebt ist.

A17 Kleinziegenfeld

Kleinziegenfeld liegt malerisch am südlichen Ende des Kleinziegenfelder Tals zwischen Felsen und Wacholderhängen, die einer Vielzahl seltener Pflanzen- und Tierarten Heimat bieten. Bis 1977 war es mit dem Ortsteil Schwarzmühle eine selbständige Gemeinde; am 1. Januar 1978 erfolgte die Eingemeindung nach Weismain.

An der Straße nach Stadelhofen liegt das Kleinziegenfelder Schloss, das frühere Jägerhaus einer ursprünglich größeren Anlage. Das Rittergut wechselte häufig seine Besitzer. Im 16. Jh. befand es sich im Besitz der Markgrafen von Brandenburg-Kulmbach. Im Schloss wurden in dieser Zeit evangelische Gottesdienste gefeiert. 1668 zogen die Herren von Schaumberg nach Kleinziegenfeld, die den Ort bis 1858 prägten. Der letzte Freiherr von Schaumberg wurde am 18. Oktober 1858 von einem Kleinziegenfelder Jäger ermordet. Damit starb die Kleinziegenfelder Linie des Adelsgeschlechts im Mannesstamm aus.

In Kleinziegenfeld entspringt die Weismain, deren Quelle durchschnittlich 20 Liter pro Sekunde schüttet. Die Kraft des Wassers ist bereits kurz hinter der Quelle stark genug, um das Mühlrad der nahegelegenen Stoffelsmühle anzutreiben. Mehrere Mühlen säumen den Fluss, bevor er nach etwa 15 km bei Altenkunstadt in den Main fließt.

Gegenüber der Weismainquelle sitzt der Radfahrer Claudius auf seinem Felsen. Die Holzfigur, die ein Wahrzeichen Kleinziegenfelds ist, wurde auf Betreiben des gebürtigen Kleinziegenfelders Georg Ammon, der als Professor in Regensburg tätig war, um 1900 auf ein Hochrad gesetzt. Heute kümmern sich die Naturfreunde Kleinziegenfeld um den Radler. ▸ Abb. 83

Am Weg zur Maria-Hilf-Kapelle liegt der Steinbruch, in dem seit 1913 Kleinziegenfelder Dolomit (Juramarmor) abgebaut wird.

Etwas abseits vom Ort steht auf einem Felsfundament die Maria-Hilf-Kapelle, die

Abb. 83 Claudius der Radfahrer – ein Wahrzeichen von Kleinziegenfeld

1873 geweiht wurde. Gebaut wurde das Gotteshaus auf Initiative von Johann Hübner, dem Kapellenhannes. Vorbild war die Kümmerniskapelle auf dem Hechenberg bei Burghausen an der Salzach. Auch die Ausstattung der Kapelle stammt aus der zweiten Hälfte des 19. Jh.

A18 Weismaintal/Kleinziegenfelder Tal

Die Weismain entspringt in Kleinziegenfeld auf einer Höhe von etwa 420 m und mündet bei Altenkunstadt auf einer Höhe von etwa 275 m in den Main. Mit einem Höhenunterschied von knapp 150 m auf der etwa 20 km langen Flussstrecke hat die Weismain ein ungewöhnlich steiles Gefälle. Dies trifft insbesondere auf den Abschnitt zwischen Kleinziegenfeld und der Kleinstadt Weismain zu, wo die Weismain auf einer Höhe von 315 m liegt. Das oberirdische Einzugsgebiet wird im S etwa auf der Höhe der BAB 70 begrenzt und reicht wenige Kilometer nach O über den Bärenknock, Geisknock und Teisenberg. Nach W reicht es ungefähr bis westlich der Linie Mährenhüll-Eichig. Das oberflächliche Einzugsgebiet ist damit zwar insgesamt vergleichsweise klein, doch ist die Wasserführung durch zahlreiche Quellzutritte und Nebenbäche hoch. Der größte Teil des Weismaintals verläuft im Bereich des seichten Karsts und schon im Bereich von Kleinziegenfeld ist die Nähe zum Seichten Karst an der Höhendifferenz zwischen Quellbereich auf 420 m und der umgebenden Hochfläche auf 470 m spürbar. Ab Schammendorf herrschen Bedingungen des seichten Karsts. Hier verlässt die Weismain die Kalkstein- und Dolomit-Schichten des Oberen Jura und fließt auf Ton- und

Sandsteinen des Oberen Jura. Ab Weismain wird die westliche Talseite von Dogger-beta-Sandsteinen gebildet, während auf der östlichen Talseite Schichten des Übergangsbereichs Rhät-Lias auftreten. Dies ist ein Hinweis darauf, dass beginnend beim Ort Weismain in Richtung N eine tektonische Störung im Weismaintal den östlichen Bereich um einige Dutzend Meter angehoben hat. Nördlich von Woffendorf wird auch die westliche Talseite von Schichten des Keuper gebildet, auch hier als Folge einer tektonischen Störung.

Während die Talbildung auf der Hochfläche südlich von Kleinziegenfeld zunächst sanft beginnt, wird das Tal ab der Quelle auf kurze Distanz enger und die Talflanken werden steiler. Das Weismaintal macht im Abschnitt zwischen Schwarzmannsmühle und Waßmannsmühle einen schluchtartigen Eindruck mit einer scharfen Kante zur Hochfläche auf 470 m Höhe, auf der mehrere Gemeinden (Wallersberg, Großziegenfeld und Arnstein) bereits im 19. Jh. ihre Wasserversorgung aus dem Weismaintal durch Pumpanlagen sicherstellten. Diese Wassergewinnungsanlagen sind heute weitgehend abgebaut, doch sind Reste im von W zuströmenden Brunnbach und im Weismaintal unterhalb der Weihersmühle noch zu sehen.

Im Bereich zwischen Schwarzmühle und Waßmannsmühle treten mehrere Höhlen auf (Phillippenloch, Wolfsteinhöhle, Diebeshöhle). Ähnlich wie im Wiesenttal wird dieser Übergang vom Tiefen zum seichten Karst von einem klammartigen Bereich des Tals begleitet. Im Abschnitt zwischen Schwarzmannsmühle und Waßmannsmühle wurden mehrere Felswände als Naturdenkmal ausgewiesen (Rote Wand, Mönch, Hohe Wand, Blumenvase), die zugleich auch als Kletterfelsen sehr beliebt sind. Aufgrund der Häufung von morphologisch und geologisch interessanten Talabschnitten gilt das Kleinziegenfelder Tal als touristisch besonders attraktiv. Wegen des Fehlens eines nennenswerten Lkw- und Busverkehrs (wegen des Stadttors in Weismain, das eine Maximalhöhe von 3,5 m zulässt) und der schmalen, kurvenreichen Straße gilt das Tal für Pkws zudem als besonders geruhsam. Im Sommer wird der Autoverkehr an mehreren Wochenenden auch noch eingeschränkt, um die touristische Nutzung durch Wande-

Abb. 84   Das Kleinziegenfelder Tal ist oberhalb der Quelle ein ausgeprägtes Trockental.

rer und Fahrradfahrer zu erleichtern. Während die tief gelegenen Talbereiche dicht mit Wald bewachsen sind, ist auf den Hängen bei Kleinziegenfeld der ehemalige durch Schaf- und Weidewirtschaft geprägte Bewuchs einer offenen Landschaft mit Magerrasenflächen und Wacholderbüschen auf dem kargen Kalksteinboden zu sehen. Da diese Bewirtschaftungsformen heute weitgehend verschwunden sind, wird der Pflanzenbestand auf diesen Flächen durch besondere Maßnahmen einer Offenhaltung der Kulturlandschaft erhalten. ▶ Abb. 84

Ab Schammendorf weitet sich das Tal deutlich, die Talflanken weichen zurück und verlieren an Steilheit. Quelltuffe wie an anderen Bächen der nördlichen Fränkischen Schweiz fehlen. Bei der Kleinstadt Weismain nähert sich die Krassach von SO bis auf etwa 100 m an die Weismain, sie bleibt jedoch kurioserweise getrennt von der auf der westlichen Talseite fließenden Weismain. Erst 4 km südlich von Woffendorf fließen Krassach und Weismain zusammen. Die Stadt Weismain liegt dadurch auf einem Sporn zwischen den beiden Flüssen.

A19 Bärental

Als Bärental bezeichnet man den obersten Teil des Tales, das weiter unterhalb als Krassach bezeichnet wird und im Ort Weismain in die Weismain mündet. Es ist ein Trockental, das sich im obersten Bereich in drei Trockentaläste mit Kerbtalcharakter aufgabelt. Erst unterhalb der Felstürme am Talrand von Geierstein und Juraturm tritt die Karstquelle der Krassach aus; von hier ab führt das Tal einen ganzjährig schüttenden Fluss und heißt nun (wie erwähnt) Krassach.

Das naturräumlich Bemerkenswerte am Bärental im Reigen der zahlreichen Trockentäler der Fränkischen Schweiz ist sein schluchtartiger Charakter vom Zusammenfluss der drei oberen Trockentaläste bis oberhalb der Krassachquelle. Hier gibt es kein Trockental, sondern gewissermaßen eine Trockenschlucht. Die im Malm-gamma beginnenden Taläste tiefen sich danach ein und durchstoßen die gesamten Malmformationen bis hinab zum Malm-alpha, wo die Krassachquelle im Ornatenton austritt. Der steile, schluchtartige Charakter des Tales tritt im Bereich der Massenkalke des Malm-epsilon und der Schwammkalke von Malm-delta und -gamma auf. Die bedeutendsten Felswände am Talrand sind Großer Juraturm (linke Talseite) und (rechte Talseite) Bärentalwächter, Felsentor, Kraftriss, Diagonalweg-Massiv und Wunkendorfer Eck. In der Karsthöhle des Bärenloches wurden (namengebend für sie und das Tal) Knochenreste von Höhlenbären gefunden.

Das in der Gegenwart völlig bewaldete Bärental lässt nur noch mit Mühe die Felstürme erkennen. Dies gilt auch für die Schräge Wand, einen Dolomitblock, der ein natürliches Abri bildet und wo bei Grabungen mittelsteinzeitliche Spuren entdeckt wurden: Reste von Feuerstellen, Knochen von Hirsch und Wildschwein sowie Feuersteingeräte. Das Tal ist sehr naturnah, ist es doch nur über einen Fußweg begehbar. Hier gibt es seltene biologische Vorkommen wie die Ades-Mehlbeere oder den Feuersalamander. Trotz seiner landschaftlichen Besonderheit und seines hohen Reizes ist das Tal nur sehr wenig bekannt.

A20 Wallfahrtskirche Vierzehnheiligen

Die Wallfahrtskirche Vierzehnheiligen gehörte zum nahe gelegenen Zisterzienserkloster Langheim. Errichtet im 18. Jh. vom Architekten Balthasar Neumann, gilt sie als eine der bedeutendsten spätbarocken Kirchen Deutschlands. Sie steht hoch oben auf einem Bergsporn der Fränkischen Alb und wirkt mit ihrer prägnanten Doppelturmfassade weit ins Obermaintal hinein.

Das Kloster Langheim, die reichste und mächtigste Abtei im Hochstift Bamberg, hatte den Hof Frankenthal bereits im Jahr 1344 erworben. Der Gründungslegende der Wallfahrt nach weidete der Langheimer Schäfer auf den oberhalb des Hofes gelegenen Wiesen seine Schafe, als ihm 1445 und erneut 1446 das Jesuskind erschien, begleitet von 14 rot und weiß gewandeten Kindern, die sich als die Vierzehn Nothelfer vorstellten und den Bau einer Kapelle forderten. Zügig errichteten die Langheimer Mönche an dieser Stelle ein Kruzifix, 1446–1456 eine erste kleine Kapelle sowie weitere wallfahrtstypische Infrastruktur wie eine 1449 erstmalig erwähnte Propstei für den aus Langheim entsandten Propst und ein 1508 erstmalig erwähntes Wirtshaus, das mit Wein und Bier aus klösterlichen Produktionsstätten beliefert wurde.

Von Beginn an durch etliche Ablassprivilegien gefördert, gewann die Wallfahrt rasch an großem Zulauf. Die Tatsache, dass sich alle Gesellschaftsschichten den Vierzehn Nothelfern anvertrauen mochten, dürfte die Entwicklung der Wallfahrt ebenso günstig beeinflusst haben wie ihre Lage an den großen Pilgerwegen nach Santiago, Rom und Jerusalem. Viele der spätmittelalterlichen Pilger kamen aus Franken, nachweislich aber auch aus dem gesamten süddeutschen Raum, aus Schlesien, dem Egerland und Nordböhmen.

Einen kurzen, aber drastischen Einbruch erlebte die Wallfahrt im Bauernkrieg, als 1525 die Kapelle, die Propstei und das Wirtshaus geplündert und in Brand gesteckt wurden. Die bald neu gebaute und 1543 geweihte Kirche war von einer Ringmauer umgeben, das wiederhergestellte Wirtshaus stand außen davor. Im Dreißigjährigen Krieg blieb der Komplex von Beschädigungen verschont.

Wann immer die Wallfahrt nach Vierzehnheiligen wegen politischer Ereignisse, infolge eines Krieges oder nach der Reformation stagnierte, bemühten sich die Äbte des Klosters Langheim aktiv, sie wieder zu beleben, nicht zuletzt auch deswegen, weil es sich um ein einträgliches Geschäft handelte. Das Kloster erwirkte päpstliche Ablässe, Abt Mauritius Knauer ließ 1653 ein neues Mirakelbuch drucken, die Kirche wurde reich ausgestattet, die Nebengebäude wurden immer wieder erweitert und die Versorgung der Pilger mit Wein, Bier, Lebensmitteln, Kerzen und Pilgerabzeichen organisiert. Um die Mitte des 17. Jh. kamen jedes Jahr durchschnittlich 10.000 Pilger nach Vierzehnheiligen. Sie stifteten jedes Jahr etwa 900 Messen, die von den Langheimer Mönchen an den Altären der Wallfahrtskirche gelesen wurden.

Für den Bau einer neuen Wallfahrtskirche um die Mitte des 18. Jh. gab es mehrere Anlässe. Die alte Kapelle galt als baufällig, sie war recht klein und ihre Architektur passte genauso wenig zum Zeitgeschmack wie der heterogene Wallfahrtskomplex. Für ein Kloster war es damals üblich, seine mittelalterlichen Gebäude durch eine repräsentative barocke Anlage zu ersetzen. So hatte es auch die Vierzehnheiligen im Maintal gegenüberliegende Benediktinerabtei Banz getan, de-

Abb. 85 Wallfahrtskirche Vierzehnheiligen

ren Kirche 1719 geweiht worden war. Wenn ein Kloster verborgen in der Landschaft lag, so wie Langheim im Tal des Leuchsenbachs, war es damals gängige Praxis, dass es die eigene Bedeutung über hochmoderne Architektur ihrer prominent gelegenen Wallfahrtskirche der Öffentlichkeit präsentierte.

Der zuständige Bamberger Bischof gewährte dem Langheimer Abt Stephan Mösinger 1735 die Erlaubnis, die alte, bescheidene Wallfahrtskirche durch einen Neubau zu ersetzen, der nun aber wesentlich repräsentativer ausfiel. Bei der Neuplanung war unbedingt zu beachten, dass der Gnadenaltar, bisher im Chor der alten Kirche gelegen, nicht verrückt werden durfte, weil sonst die Heiligkeit des Ortes und damit die gesamte Wallfahrt gefährdet war. Alle beteiligten Architekten berücksichtigten das und verlängerten den Neubau vor allem zur Bergseite, sodass der Gnadenaltar nun im Zentrum der Kirche zu stehen kam. Realisiert wurde der Entwurf von Balthasar Neumann, Baubeginn war 1743. Neumanns oft gerühmte Meisterleistung bestand darin, dass er den vom Architekt und Bauleiter Gottfried Heinrich Krohne errichteten Chor, der von den genehmigten Plänen abwich, in eine zweite Planung übernahm. 1744 entwarf Neumann eine Abfolge von runden und ovalen Gewölben, die vom Grundriss weitgehend unabhängig waren und den Gnadenaltar vollständig ins Zentrum der Aufmerksamkeit rückten. Nach Neumanns Tod im Jahr 1753 vollendete sein Schüler Johann Thomas Nißler die Wallfahrtskirche, am 14. September 1772 wurde sie geweiht. ▶ Abb. 85

Architektonisch zur Kirche passend, wurde auch eine neue Propstei gebaut, ebenfalls aus dem am Ort anstehenden goldgelben Eisensandstein. Das dreiflügelige Gebäude stand bergseitig des Sakralbaus, sein Architekt ist nicht genau bestimmbar, Bauleiter war wohl erneut Johann Thomas Nißler, fertiggestellt wurde er in den 1760er Jahren.

Nach wie vor bestand gegenüber dem Haupteingang der Kirche das Wirtshaus „Goldener Hirsch", das um 1700 neu gebaut worden war. Nahe der Kirche lag ein Kleinbauernhof unbekannten Baudatums, der vom Langheimer Jäger genutzt wurde, deswegen zeitweilig Jägerhaus hieß und der im späten 18. Jh. einen zweigeschossigen Neubau erhielt. Der bereits erwähnte Hof Frankenthal am Fuß des Berges, der als Übernachtungsstätte für Pilger diente, bekam 1776 ein Krankenhaus für erkrankte Mitarbeiter der Propstei.

Die Wallfahrtskirche prägte nicht nur das unmittelbare Umfeld, sondern wirkte

A20

Barockkirchen

Entsprechend der engen räumlichen Nachbarschaft evangelischer und katholischer Territorien in der Fränkischen Schweiz waren auch im Kirchenbau der Barockzeit ganz unterschiedliche Kirchenbaustile in unmittelbarer nachbarschaftlicher Nähe prägend.
■ lid-online.de/81510

Barockkirchen

in die gesamte umliegende Kulturlandschaft hinein. Die Pilger kamen aus allen Richtungen, viele vom Fernweg im Maintal, aber auch von Westen über den Berg. Ihre Wege waren als Via Sacra mit vielen Kruzifixen und Bildstöcken ausgestattet, darunter etliche mit Darstellungen der Vierzehn Nothelfer. Einen Kreuzweg gab es auf dem Weg von Lichtenfels nach Vierzehnheiligen. Die wichtige Verbindung nach dem Kloster Langheim war seit dem Ende des 17. Jh. mit den Sieben Fußfällen Christi ausgestattet, wobei jeder Bildstock von zwei Bäumen flankiert war. Diesen Weg, über den die Mönche täglich zu Fuß oder zu Pferd zur Wallfahrtskirche gelangten, um ihren dortigen Pflichten nachkommen zu können, ließ das Kloster im ausgehenden 18. Jh. mit Kopfsteinpflaster befestigen.

Mit der Säkularisierung von Kloster Langheim am 24. Juni 1803 fielen sämtliche Immobilien an das Kurfürstentum Bayern, darunter auch die Wallfahrtskirche Vierzehnheiligen und ihr Umfeld. Die Wallfahrt war nun offiziell nicht gestattet, fand in kleinem Umfang dennoch statt, wurde betreut von Dominikanern und um 1830 wieder von Zisterziensern.

Im Jahr 1835 geriet die Kirche nach einem Blitzeinschlag in Flammen, beide Türme und das Kirchendach brannten ab. Weil das Gewölbe standhielt, wurde die reiche Innenausstattung nicht beschädigt. Es folgte die Wiederherstellung der Kirche. Auf Geheiß von König Ludwig I. von Bayern übernahmen 1839 die Franziskaner die Betreuung der nun wieder aufblühenden Wallfahrt. Ab Mitte des 19. Jh. zählte man erneut jährlich über 40.000 Wallfahrer, die aus der näheren Region, aber auch vom Rhein oder aus Böhmen kamen. 1897 verlieh Papst Leo XIII. Vierzehnheiligen als zweiter deutscher Kirche den Rang einer *Basilica minor*.

Das Umfeld der Kirche veränderte sich kaum. Ab 1872 ist die Nutzung des Jägerhauses durch das Wirtshaus „Goldener Stern" belegt. 1913 erwarb die Kongregation der St. Franziskusschwestern den Hof Frankenthal und ließ sich dort nieder.

Die großen Bauten, die heute den Bereich um die Kirche prägen, kamen erst in der zweiten Hälfte des 20. Jh. hinzu. Gleichzeitig wurden die historischen Gebäude stark umgebaut und der Hof Frankenthal abgerissen. Es gibt zwei Bildungshäuser der Erzdiözese Bamberg, das Mutterhaus der St. Franziskusschwestern, ein Eltern-Kind-Wohnheim sowie zwei Berufsfachschulen mit Wohnheim. An der Zufahrtsstraße von Bad Staffelstein ist heute ein großer Parkplatz.

A21 Burgruine Niesten

Niesten, früher ein Ortsteil von Neudorf, wurde am 1. Januar 1978 ins Weismainer Stadtgebiet eingemeindet. Der Ort ist besonders durch den Burgberg bekannt, auf dem im Mittelalter die Niestener Burg, der Sitz der Andechs-Meranier, stand. ▶ Abb. 86

Die vielleicht schon um 1000 angelegte Burg Niesten – einst *Nienstein* genannt – wird erstmals 1128 erwähnt. Damals befand sie sich im Besitz des Bamberger Bischofs, der sie 1142 zu Lehen ausgab. Nach dem Tod der Lehnsmänner Otto und Friedrich von Niesten fiel die Burg um 1189 zurück an den Bamberger Bischof Otto II., der nun seinen Neffen Herzog Berthold von Andechs-Meranien mit ihr belehnte. Der letzte Herzog von Meranien aus dem Andechser Haus, Otto VIII.), starb am 19. Juni 1248 auf der Niestener Burg. Schon bald ging das Gerücht um, der erst 30-Jährige sei von seinem Hofmeister ermordet worden. Wahrscheinlicher ist jedoch, dass er an einer Krankheit starb. Otto wurde in der Langheimer Klosterkirche beigesetzt, in der auch seine Eltern begraben lagen.

Mit Ottos Tod begann für die Stadt und das Amt Weismain eine ungewisse Zeit. Zwischen den Meraniererben und dem

Hochstift Bamberg kam es zu einer kriegerischen Auseinandersetzung. Den Erbfolgekrieg entschied Bischof Heinrich für sich und die Burg fiel 1255 wieder an die Bamberger Kirche. Seit dem späten 14. Jh. residierten Bamberger Beamte in der Burganlage, von der aus das Amt Niesten verwaltet wurde.

Während des Dreißigjährigen Krieges, 1639, kam Johann Jakob Brückner als Amtmann nach Niesten. Er rettete die Stadt Weismain im Jahr 1641, als sie unter einer Belagerung durch schwedische Truppen zu leiden hatte. Der Amtmann versammelte Musketiere, Bauern und Soldaten auf der Niestener Burg und bewaffnete sie mit Gewehren und Stöcken. Dann zog er mit seiner Truppe zum Kalkberg. Die Mannschaft lief nun, begleitet von einem furchtbaren Lärm durch Schreie, Trommeln und Schießen, den Kalkberg herab und auf der Rückseite wieder hinauf. Weil die Männer immer im Kreis marschierten, entstand für die Belagerer der Eindruck, als seien große, kaiserliche Armeen im Anmarsch. Die feindlichen Truppen ergriffen daraufhin überstürzt die Flucht, bei der sie einige Geschütze zurücklassen mussten. Diese Kanonen sind heute im Weismainer NordJURA-Museum zu sehen.

In der zweiten Hälfte des 17. Jh. begann der Verfall der Burganlage. Wegen der zunehmenden Baufälligkeit zog der Bamberger Amtmann 1710 in das so genannte Jüngere Neydeckerhaus am Weismainer Marktplatz (Am Markt 5) um. Die Niestener Burg verfiel nun mehr und mehr. Mitte des 18. Jh. kam es zu ersten Abbrüchen, teils durch die Obrigkeit, teils durch Bewohner der umliegenden Dörfer. 1872 riss die Gemeinde Niesten als Eigentümerin der Ruine auch den Stumpf des Bergfrieds nieder. Nur bescheidene Mauerreste sind heute noch erhalten. Heimatforscher Bernhard Dietz, der sich intensiv mit der Geschichte der Burg Niesten bei Weismain beschäftigt hatte, rekonstruierte einen Grundriss der Anlage, wie er vor 1525 ausgesehen haben könnte.

Dieser Grundriss ist mit einem kurzen geschichtlichen Überblick auf einer Bronzetafel zu finden, die in einen Felsen auf dem Plateau eingelassen ist.

Das Areal, auf dem die Niestener Burg stand, ist frei zugänglich. Ein Parkplatz befindet sich an der Gemeindeverbindungsstraße von Niesten nach Görau. Von dort sind es nur ein paar Schritte bis zum Burggelände, auf dem Ziegen das Gras kurzhalten. Am Weg auf den Burgberg liegt eine kleine Höhle, das Eselsloch. Eine Fahne aus Blech mit dem Wappen der Andechs-Meranier erinnert auf dem Plateau an das frühere Adelsgeschlecht.

Am Ortseingang von Niesten, nicht weit von der Straße nach Weismain, liegt am Niestener Mühlbach die ehemalige Mühle. In dem aus dem 17. Jh. stammenden Gebäude lief der Betrieb bis 1920. Es folgte der Umbau zu einem Fremdenheim. Heute ist das Haus in Privatbesitz.

Von Niesten können Wanderer durch das malerische Zillertal nach Görau laufen. Durch dieses schöne Tal führt seit 2004 auch der als „Qualitätsweg Wanderbares Deutschland" zertifizierte Frankenweg auf der Etappe von Kulmbach nach Weismain.

Abb. 86   Auf einem markanten Dolomitsporn liegt oberhalb von Niesten die gleichnamige Burgruine.

B Landkreis Bamberg

B1 Jungfernhöhle bei Tiefenellern

Es war der 69-jährige Sonderling Georg Engert, der sich Anfang der 1950er Jahre aufmachte, um in der Jungfernhöhle nach einem sagenhaften Goldschatz zu graben. Nachts im Traum sei ihm hier eine Truhe voller Gold erschienen, behauptete Engert. Was die Wühlereien zum Vorschein brachten, war natürlich kein Goldschatz, sondern Keramikfragmente und zahlreiche menschliche Skelettreste, die zunächst völlig unbeachtet im Grabungsaushub vor der Höhle lagen. Bamberger Heimatforscher wurden schließlich bei einem Spaziergang auf diese Funde aufmerksam und verständigten das Bayerische Landesamt für Denkmalpflege. Die nachfolgend eingeleiteten Ausgrabungen unter der Leitung des damaligen Hauptkonservators des Bayerischen Landesamtes für Denkmalpflege in Würzburg, Otto Kunkel, erbrachten umfangreiche Funde aus der Jungsteinzeit (Neolithikum). In nur eineinhalb Monaten wurde die Höhle vollständig ausgegraben (130 m³ Sediment). Im Jahre 1955 erschien eine umfangreiche und interdisziplinäre Monographie über die Jungfernhöhle (KUNKEL 1955).

Überwiegend barg die Jungfernhöhle Funde aus dem ältesten Abschnitt der Jungsteinzeit, der so genannten Linearbandkeramiker-Kultur. Im Verband mit den Keramikbruchstücken fanden sich die Skelettreste von mindestens 41 Individuen (davon 26 Kinder und Jugendliche, 15 Erwachsene). Mit 85 Prozent war der Anteil der weiblichen Individuen signifikant hoch. Der Großteil des Skelettmaterials wird auf ein Alter von 5200–5050 v. Chr. datiert. Kunkel glaubte an den meisten Skelettresten absichtliche Manipulationen zu erkennen, wie z. B. Schnittspuren und abgeschlagene Gelenkenden. Diese Befunde interpretierte er als Nachweis für rituell motivierten Kannibalismus, der im Rahmen von kultischen Handlungen vor der Höhle ausgeübt worden sein soll. Diese Ergebnisse lösten damals international großes Interesse aus, und sogar amerikanische Zeitungen berichteten von den Funden aus der Jungfernhöhle. Die heimische Presse verstieg sich in Schlagzeilen, wie z. B. „Kannibalenhöhle bei Bamberg" (o.V. 1953a) oder „Vierzig Opfer mit Steinbeil geschlachtet" (o.V. 1953b). Die Fachwelt übernahm diese Interpretationen oftmals bis in die 1990er Jahre weitgehend kritiklos. Inzwischen ist diese Interpretation der Befunde nicht mehr haltbar.

Jörg Orschiedt, der die Knochenreste nach modernen gerichtsmedizinischen Verfahren untersuchte, widerlegte die These der absichtlichen Zerstückelung der Knochen. Bei der überwiegenden Anzahl liegen Sprödbrüche vor, die lange Zeit nach dem Tod der Individuen entstanden sind (ORSCHIEDT 1999). Lediglich in einem Fall ist die Einwirkung menschlicher Gewalt wahrscheinlich. Im Bereich des Scheitelbeines eines Frauenschädels ist die dortige Beschädigung als die Auswirkung eines Schlages mit einem stumpfen Gegenstand anzusprechen. Orschiedt interpretierte die Knochenfunde als Ergebnis einer Sekundärbestattung, welche v. a. durch das Fehlen vieler kleiner Skelettelemente (Hand- und Fußknochen) begründet war. Neue Ausgrabungen (2008–2009) im Vorbereich der Höhle und im Grabungsaushub der Kunkel-Grabung zeigten deutlich die Defizite der Erstbearbeitung. Das Grabungsmaterial wurde 1952 offenbar nicht gesiebt. Es fanden sich

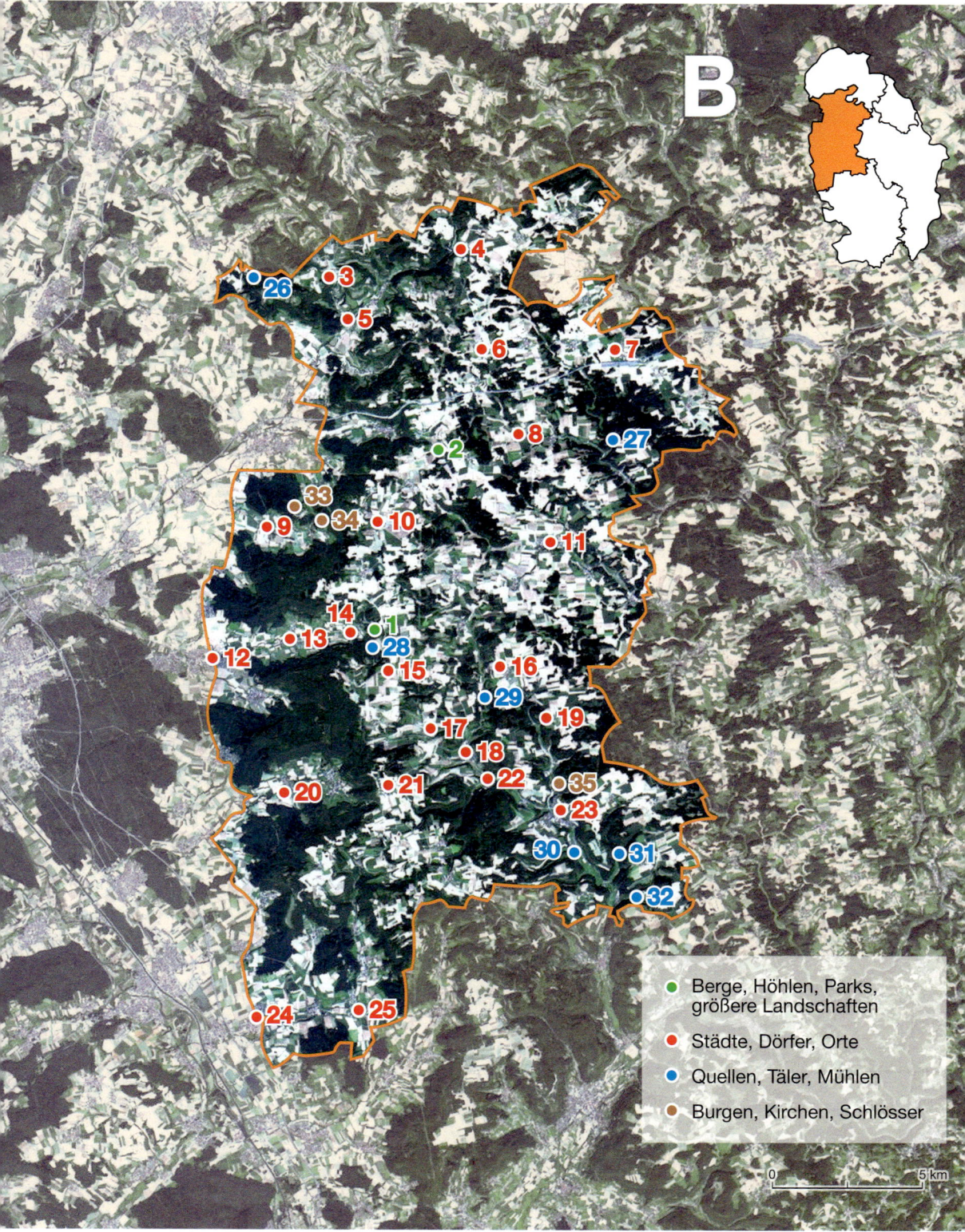

Das Süddeutsche Schichtstufenland

Damit ein Schichtstufenrelief entstehen kann, wie es in Süddeutschland zu finden ist, müssen etliche Voraussetzungen geologischer, sedimentologischer und tektonischer Art gegeben sein. Sedimente wie Sand, Ton oder Kalk, unterschiedlich verfestigt und damit auch unterschiedlich resistent gegen Abtragungsprozesse, ist eine dieser Voraussetzungen. Weiterhin müssen die ehemals weitgehend horizontal gelagerten Schichten einseitig gehoben, also schräg gestellt und unter verschiedenen Klimaten verwittert, erodiert und abgetragen worden sein.

Die Entstehung des Schichtstufenlands beginnt im Erdmittelalter, vor ca. 250 Mio. Jahren. Damals senkte sich die Süddeutsche Großscholle langsam ab. Eine phasenweise flachmarine, z. T. auch kontinentale Senke – das Germanische Becken – entstand. Die ältesten großflächig aufgeschlossenen Gesteine dieser Senke findet man im Buntsandstein des Spessarts. Aufgrund ihrer überwiegend roten Farbe und ihres kompakten, ausgesprochen widerstandsfähigen Charakters sowie der z. T. mehrere hundert Meter mächtigen Gesteine bilden sie eindrucksvolle Stufen in Süddeutschlands NW.

In der Muschelkalk-Zeitspanne (ca. 247–237 Mio. Jahre) dehnte sich das Germanische Becken weiter nach SO aus. Zunächst mit flachmarinen Kalken, die Wellenrippeln aufweisen; in der zweiten Stufe dann kompaktere, z. T. quarzitisierte Kalke, der Hauptmuschelkalk, der im unterfränkischen Raum mächtige Stufen bildet.

In der Keuper-Zeitspanne (ca. 237–201 Mio. Jahre) vergrößerte sich der Senkungsraum. Sandige Ablagerungen wechselten mit tonigen. Das Becken hatte den Charakter eines kontinentalen Endbeckens – die Beckenränder eher sandig, das Beckentiefere dann toniger mit Gips- und Salzausblühungen. Dazwischen ausgedehnte Flusssysteme, die Rinnenfüllungen bildeten und daher einen extrem heterogenen Sedimentcharakter aufweisen, wie z. B. der Schilfsandstein. Die Sedimente stammen – abgesehen von den marinen Ablagerungen des Muschelkalks – von den Randbereichen des Germanischen Beckens, dem Vindelizischen Land im S, dem Massiv von Brabant im W und der

Abb. 87 Blick nach Osten zum Albanstieg im Bereich des Würgauer Berges. Im Vordergrund sieht man das Kerbtal des Würgauer Baches mit dem Ort Würgau. Links erklimmt die BAB 70 den Hang.

Böhmischen Schwelle im O. ▶ Abb. 9 Markante Stufen finden sich am Schwanberg und in den Haßbergen.

Während der Jura-Zeitspanne (ca. 201 Mio. bis 145 Mio. Jahre) wechselten die Sedimentationsbedingungen zeitlich und räumlich extrem, wobei gerade im Unteren Jura der Raum der Fränkischen Schweiz fast bis auf die Höhe von Coburg durch die Sedimente eines riesigen Flussdeltas gekennzeichnet ist, das von S kommend, also vom Vindelizischen Land, seine Sedimente brachte. Weitere Ablagerungen stammen von einem Meer, das von NW die Fränkische Schweiz und in der Folge dann auch das Vindelizische Land überflutet hat. Im Landschaftsbild tritt der Untere Jura, auch als Lias bezeichnet, mit weichen Formen, aber auch Stufen im Albvorland in Erscheinung.

Dem Schichtpaket nach oben folgt der Braune Jura, auch Dogger genannt, der im unteren Teil mit weichen, tonigen Sedimenten den Sockel der Fränkischen Alb, das Albvorland, schafft. Er bildet mit gelblichen Sandsteinen, die sehr verwitterungsresistent sind, eine landschaftsprägende Steilstufe, die v. a. im Bereich der vorspringenden Sporne zweiphasig zu erkennen ist.

Der Übergangsbereich zum Weißen Jura (Malm), ist durch eine Verebnung gekennzeichnet, die so genannte Dogger-Terrasse oder auch Ornatenton-Terrasse – eine Folge der meist nur gering verfestigten Mergel- und Tonschichten. Stratigraphisch handelt es sich um Dogger-gamma bis -zeta und Malm-alpha. In der Malm-Zeitspanne (ca. 163–145 Mio. Jahre) herrschte in Süddeutschland ein tropisches Klima. Ein warmes Flachmeer breitete sich aus und überflutete große Teile Europas. Unter den Sedimenten dieses Flachmeeres sind die Ablagerungen des Malm-beta besonders eindrucksvoll. Sie bilden die mächtige Malmstufe, die aus der Ferne oftmals wie ein markanter Mauerzug erscheint, obwohl selten Hangwinkel von mehr als 30 Grad erreicht werden. Im Hangenden des Malm-beta kommt, getrennt durch weiche mergelige Schichten im Malm-delta, eine weitere Stufe dazu.

Wichtig zum Verständnis der Schichtstufenlandschaft ist die tektonische Beanspruchung, die durch die Hebung von Randgebirgen zur Schrägstellung der Schichten geführt hat. Im Bereich der Fränkischen Schweiz ergab sich dadurch eine Muldenstruktur: d. h. sowohl auf der Westseite als auch auf der Ostseite der Alb finden sich Schichtstufen. ▶ Abb. 88 Die generelle Schrägstellung der süddeutschen Großscholle ist durch die Kollision mit der adriatischen Platte zu erklären, die auf die europäische Kontinentalplatte glitt.

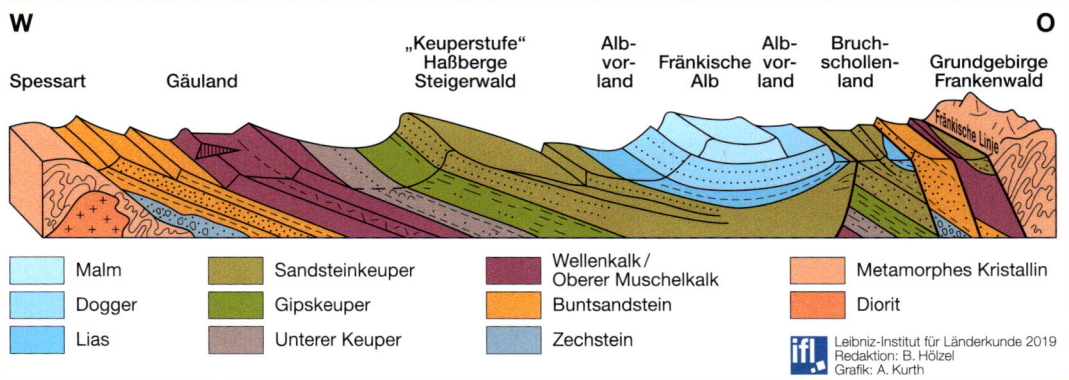

Abb. 88 Geologisches West-Ost-Profil durch das Süddeutsche Schichtstufenland. In blauer Farbe sind die Ablagerungen des Jura dargestellt, die sowohl im W als auch – bedingt durch die muldenartige Struktur der Schichten – im O Schichtstufen ausbilden.

nun genau diejenigen Skelettelemente, die bei der Erstuntersuchung völlig unterrepräsentiert waren. Damit ist die Hypothese einer Sekundärbestattung in Frage gestellt (SEREGÉLY 2012).

Die neuen Grabungen zeigen auch, dass der unmittelbare Bereich der Höhle besiedelt war. Das Fundmaterial ist dabei dem Jungneolithikum (4000–3800 v. Chr.) sowie dem Spätneolithikum (3300–2600 v. Chr.) zuzuordnen. Es gibt jedoch keinen Zusammenhang zwischen diesen beiden Siedlungsphasen vor der Höhle und der Einbringung der Skelette, die überwiegend aus der Zeit der Bandkeramiker stammen.

Höchst bemerkenswert ist auch die intensive Beschäftigung der einheimischen Bevölkerung mit der recht unscheinbaren Höhle und ihrer Umgebung. Man habe in der Nähe der Höhle eine schwarze Kutsche gesehen, Kutscher, Pferde und die drei Jungfrauen, die drinnen saßen, ohne Kopf, so wird berichtet. Die Funde der Jungfernhöhle stammen aus einer Zeit ohne schriftliche Berichte, und trotzdem kündet der Sagenkreis, der sich um diese Höhle rankt, von seltsamen Ereignissen, die sich dort vielleicht vor langer Zeit zugetragen haben.

B2 Würgauer Berg

Der Würgauer Berg, im Landkreis Bamberg gelegen, bildet den Anstieg vom Regnitzbecken zur Albhochfläche und überwindet einen Höhenunterschied von ca. 200 m von Scheßlitz bis zur Stufenkante. Er ist, geomorphologisch gesehen, die Schichtstufe im Dogger und Malm, die hier entlang des Kerbtals des Würgauer Baches weit nach O zurückspringt. Diesen Vorteil, um die Hochfläche verkehrsmäßig zu erklimmen, nutzte bereits die historische Verbindungsstraße zwischen Bamberg und Bayreuth (heutige B 22) und ebenso seit den 1960er Jahren die Autobahn der BAB 70, die den Anstieg etwas weiter nördlich auf einer Hangbrücke überwindet. ▶ Abb. 87

Diesen ungewöhnlichen Anstieg nutzend, wird seit 1909 alljährlich das Würgauer Bergrennen für Motorradfahrer durchgeführt. Inzwischen wurde der rennsportartige Charakter aus der Traditionsveranstaltung herausgenommen, und sie wird als Oldtimertreff (in zweijährigem Turnus) und als Classic-Bergrennen praktiziert. Der Mythos der Bergstrecke als Rennstrecke lässt sich leider kaum ausrotten und spielt noch heute eine wichtige Rolle.

Die seit Bau der BAB 70 verkehrsentlastete Bundesstraße B 22 im Bereich des Würgauer Berges ist bis heute eine der beliebtesten und meist frequentierten Strecken für Motorradfahrer, da die Straße von Würgau hinauf auf das Dach der Fränkischen Alb um 5 % fast gleichmäßig ansteigt und aufgrund der zahlreichen, teils engen Kurven besondere Anforderungen an die Fahrer stellt. ▶ Abb. 89 Die Bergstrecke beginnt direkt am Ortsende des kleinen Orts Würgau (etwa 330 Einwohner) in einer Höhe von 374 m. Auf eine weit geschwungene Rechtskurve folgt eine Linkskurve mit anschließender gerader Strecke bis in den Wald. Im Wald selbst sind dann einige Kurven zu durchfah-

Abb. 89 Am oberen Ende der kurvigen Strecke des Würgauer Berges sammeln sich oft Gruppen von Motorradfahrern.

ren, u. a. auch die so genannte Applauskurve, eine Haarnadelkurve, die absolutes fahrerisches Können verlangt und von den dort bei mutprobenartigen privaten Rennen von wartenden Zuschauern mit entsprechendem Applaus gewürdigt wird. Bei der Abzweigung nach Kübelstein endet dann die Bergstrecke in einer Höhe von ca. 502 m. Der Höhenunterschied auf der relativ kurzen Strecke beträgt also knapp 130 m.

Viele Unfälle mit Schwerverletzten und Toten veranlassten Polizei und Verkehrsplaner, die Streckenführung und Streckenausrüstung umzuplanen. Häufige, versteckte Verkehrskontrollen sollen zudem den Unfallschwerpunkt am Berg entschärfen. Da die Anwohner in den Sommermonaten unter dem zunehmenden Lärm und auch dem unangemessenen Verhalten eines kleinen Teils der Motorradfahrer immer mehr gelitten haben, wurde die Strecke inzwischen komplett auf 50 km/h beschränkt und absolutes Überholverbot angeordnet, was von der Polizei überwacht wird. Weitere geplante bauliche Maßnahmen zielen auf die Zuschauer, da angenommen wird, dass sie die Fahrer durch Applaus animieren, noch schneller und auch riskanter zu fahren. Wegen der Unfallhäufigkeit wird zudem seit Sommer 2017 der Würgauer Berg an Wochenenden und Feiertagen für Biker komplett gesperrt.

B3 Dörrnwasserlos – Schönstatt-Zentrum

Das Dorf Dörrnwasserlos liegt am Talschluss eines kleinen Seitentals des Scheßlitzer Ellernbachs, 2,3 km oberhalb des Dorfes Stübig am Albtrauf, der hier vom Schallenberg (540 m ü. NHN) gebildet wird. Der Weiler umfasst nur wenige Gebäude, darunter einige Wohnstallhäuser des 18. und 19. Jh. Die Einwohnerzahl liegt heute bei 81, niedriger als noch nach der Volkszählung 1950 mit 123 und 1830 mit 120 Einwohnern. Bis 1803 gehörte Dörrnwasserlos zum Amt Scheßlitz im Fürstbistum Bamberg. Die Grundherrschaft wurde vom Fürstbischof, dem Domkapitel, den Grafen von Giech und dem Kloster Michelsberg in Bamberg ausgeübt. In der bayerischen Zeit gehörte das Dorf zum königlichen Amtsgericht Scheßlitz. 1972 wurde es im Zuge der kommunalen Gebietsreform nach Stübig und als Ortsteil von Stübig 1978 in die ca. 7 km südwestlich liegende Stadt Scheßlitz eingemeindet. Die Landschaft ist heute durch Grünland geprägt, an vielen Stellen sind noch die Strukturen der ehemaligen Leitenäcker zu erkennen.

1978 wurde auf einer Anhöhe 800 m nordwestlich des Dorfes in der Flur Kalte Elsen (567 m ü. NHN) eine als Tactical Defence Site bezeichnete Flugabwehrstellung der US-Army errichtet. Diese war Teil des tiefgestaffelten NATO-Flugabwehrgürtels, der sich entlang der gesamten innerdeutschen Grenze entlangzog. Sie war darauf ausgelegt, mobile Flugabwehreinheiten, die mit dem seit den 1950er Jahren entwickelten MIM-23 Hawk ausgerüstet waren, aufzunehmen. Die Station verfügte über eine Basisinfrastruktur von Straßen, Bunkern und Unterkunftsgebäuden für das Bedienungspersonal, das in Bamberg stationiert und periodisch auf der Stellung eingesetzt war.

Der Stützpunkt wurde nach Ende des Kalten Krieges 1991 an die Bundesrepublik Deutschland zurückgegeben und bereits im September 1991 vom Bundesvermögensamt Nürnberg an die Erzdiözese Bamberg verkauft. Auf dem nun als Marienberg benannten Gelände richtete die katholische Schönstattbewegung ihr Diözesanzentrum ein. Diese katholische Erneuerungsbewegung umfasst sowohl Laien als auch Priester und Ordensangehörige. Sie ist nach Schönstatt benannt, einem Ortsteil der Stadt Vallendar in der Nähe von Koblenz. Gegründet wurde die Bewegung von dem Priester Josef Kentenich (1886–1986) in der Friedhofskapelle der dortigen Pallottinerniederlassung. Die

Abb. 90   Im Luftbild ist immer noch die vergangene Funktion des Schönstatt-Zentrums als militärische Einrichtung erkennbar; oben links steht die Marienkapelle.

Schwerpunkte der Bewegung liegen auf den Gebieten der Pädagogik, der Familie und sozial-karitativer Fragen. Weltweit gibt es ca. 200 so genannte Heiligtümer, davon 54 in Deutschland. Charakteristisches Kennzeichen dieser Orte ist jeweils eine Marienkapelle, die der als Urheiligtum verehrten Friedhofskapelle in Schönstatt nachgebildet ist. Das Gelände am Marienberg besitzt ebenfalls eine Kapelle, und es wurden weitere Gebäude als Übernachtungs- und Tagungseinrichtungen errichtet. Das Zentrum ist heute immer noch mit seiner Umzäunung und dem charakteristischen Grundriss als ehemalige Flugabwehrstellung zu erkennen. ▶ Abb. 90

B4 Wattendorf

Auf der Albhochfläche zwischen Rothmannsthal im N und Weichenwasserlos im SW befindet sich die Siedlung Wattendorf in etwa 520 m Höhe auf Dolomitgesteinen des Oberen Jura (Malm-delta). Der Ort ist einer der höchstgelegenen in der Fränkischen Schweiz. Am westlichen Ortsausgang entspringt der Leitenbach, der zwischen Jurahütte und dem Abzweig nach Schneeberg in einem engen Tal nach SW Richtung Scheßlitz fließt. Wenige hundert Meter nordöstlich verläuft die Wasserscheide zwischen dem nach N dem Main zufließenden Oberflächenwasser (Kötteler Graben zum Weismain) und dem Abfluss über den Leitenbach nach W. Südlich von Wattendorf schließt sich das Schederndorfer Tal an, das als Trockental in das Paradiestal weiterführt, welches wiederum als alte Talbildung des Wiesent-Systems betrachtet werden kann. Wattendorf befindet sich damit in einem Bereich der oberflächlichen Wasserscheide zwischen dem Main und der Wiesent, von dem aus der Oberflächenabfluss zu drei wichtigen Flüssen der Fränkischen Schweiz bzw. des Umfeldes verläuft. ▶ Abb. 91

1180 wurde der Ort erstmals urkundlich erwähnt als im Besitz der Grafen von Andechs. Von 1274 bis zum Reichsdeputationshauptschluss (1803) gehörte er zum Zisterzienserkloster Langheim. Heute ist die Gemeinde Wattendorf, die neben dem Ort Wattendorf auch die Ortsteile Bojendorf, Gräfenhäusling, Mährenhüll und Schneeberg umfasst, mit 657 Einwohner (2017) die kleinste im Landkreis Bamberg. Alle diese Orte liegen auf der Albhochfläche und litten in der Vergangenheit an Wassermangel. In jedem der Dörfer gab es eine oder mehrere Hülen. Das Leben war kärglich und vorwiegend auf Landwirtschaft ausgerichtet.

Neben der landwirtschaftlichen Nutzung mit Feld- und Waldwirtschaft haben sich inzwischen mehrere große Steinbruchunternehmen im Gemeindegebiet angesiedelt. Zwischen Wattendorf und Mährenhüll befinden sich zwei kleine Steinbruchbereiche, die zeitweilig in Betrieb sind. Wenige hundert Meter nordwestlich von Wattendorf befindet sich ein mehrere Hektar großer Steinbruchbereich, in dem Kalkstein abgebaut wird, dessen besondere Reinheit die Verwendung für medizinische Anwendungen erlaubt. Der Steinbruch ist auf mehreren Ebenen angelegt und gibt je nach Abbausituation Fundstellen für Fossilien frei. Das Betreten des Steinbruchs ist aus Sicherheitsgründen untersagt. Ein ähnlich großer Steinbruch befindet sich bereits außerhalb des Gemeindegebiets von Wattendorf bei der Ortschaft Kümmersreuth.

Eine geologische Besonderheit ist das Auftreten von Michelfelder Schichten auf dem Halmerstein, 2,5 km westlich von Wattendorf. Es handelt sich hier um das nördlichste reliktische Vorkommen von kreidezeitlichen Ablagerungen auf der Frankenalb.

Abb. 91   Wattendorf von Westen mit seiner Pfarrkirche St. Barbara, einer ehemaligen Wehrkirche

B5 Stübig

Das Dorf Stübig liegt im Tal des Scheßlitzer Ellernbach, der die Traufstufe der Fränkischen Alb anschneidet und als Leitenbach bei Kemmern in den Main mündet. Stübig ist ein kleines Haufendorf, das im 12. Jh. erstmals erwähnt wurde und an der Straße von Scheßlitz nach Wattendorf (St 2210) liegt. Die Einwohnerzahl betrug 1950 282, und ist bis heute auf 200 gesunken.

In der Zeit des Alten Reiches befand sich Stübig weitgehend im Besitz des Klosters Michelsberg und gehörte zum Amt Scheßlitz im Fürstbistums Bamberg. Im Zuge der kommunalen Gebietsreform wurden nach Stübig 1972 zunächst die Gemeinden Dörrnwasserlos und Roschlaub sowie 1974 die Gemeinde Burglesau, 1978 dann schließlich Stübig selbst in die ca. 5 km entfernte Stadt Scheßlitz eingemeindet.

Entlang der St. Martin-Straße stehen Bauernhäuser des 18. und 19. Jh. mit massivem Erdgeschoß und Obergeschoß aus aufwändigem Fachwerk. Der Lage an der Straße von Scheßlitz geschuldet ist die Existenz von zwei Gasthäusern (Storath, St. Martin-Straße 18; ehemaliger Frankfurter Hof, 26). Am Bach lagen zwei Mühlen mit oberschlächtigen Mühlrädern, die als Getreide- und Sägemühlen betrieben wurden. Heute bildet der Betrieb der Pralinen-Manufaktur Storath Chocolatier einen wichtigen überlokal bekannten Betrieb, der Arbeitsplätze vor Ort bereitstellt.

Das Patrozinium St. Martin der an der Straße zwischen Stübig und Weichenwasserlos an der Roßdacher Straße liegenden Kirche weist auf ein hohes Alter und Entstehung in der Phase der Christianisierung im Frühen Mittelalter hin. Möglicherweise gehörte sie zu den in den Quellen genannten 14 Slawenkirchen Karls des Großen aus der Zeit zwischen 793 und 810 n. Chr.

B6 Gräfenhäusling

Gräfenhäusling liegt auf der Hochfläche der Fränkischen Alb, ca. 7,7 km Luftlinie nordöstlich von Scheßlitz und 3,6 km südlich von Wattendorf an der heutigen Kreisstraße BA 28 von Roßdorf am Berg nach Wattendorf auf einer Höhe von 511 m ü. NHN.

Noch auf dem Uraufnahme-Kartenblatt von 1843 ist der auffällige runde Dorfgrundriss zu erkennen, der als Rundangerdorf angesprochen werden kann. Ebenfalls auf der Uraufnahme sind drei Hülen zu sehen, die heute allerdings nicht mehr vorhanden sind.

Seit 1921 besitzt der Ort die Filialkirche St. Christophorus der Pfarrkirche von Wattendorf. Gräfenhäusling war ein reichsritterschaftliches Dorf, das sich im Besitz einer Linie der Familie von Künßberg befand. In bayerischer Zeit lag der Ort dann im Landgericht und späteren Landkreis Bamberg. Im Zuge der bayerischen Verwaltungsreform wurde Gräfenhäusling 1978 nach Wattendorf eingemeindet, das ebenfalls seit 1978 zusammen mit den Orten Königsfeld und Stadelhofen die Verwaltungsgemeinschaft Steinfeld bildet.

Trotz der zunächst ungünstig erscheinenden Lage sind die Einwohnerzahlen relativ konstant geblieben. In bayerischer Zeit, 1830, sind 172 Einwohner verzeichnet, 1950 223 eine Zahl, die bis 2017 leicht auf 206 abgesunken ist. Möglicherweise hängt dies mit der verkehrsgünstigen Lage zusammen, führte doch bereits in der zweiten Hälfte des 18. Jh. die Chaussee von Bamberg nach Kulmbach (heutige St 2190) durch den nur 1,4 km südlich gelegenen Ort Roßdorf am Berg. Durch den Bau der Autobahn BAB 70 von Schweinfurt nach Bayreuth ab 1937 mit einer eigenen Ausfahrt in Roßdorf ist diese Verkehrsgunst auch heute noch gegeben. Zahlreiche neue Einfamilienhäuser lassen vermuten, dass Gräfenhäusling ein Wohnort für Pendler in den Bamberger Raum geworden ist.

B7 Stadelhofen

Stadelhofen war als Ort auf der Hochfläche in der Vergangenheit benachteiligt, da seine Wasserversorgung schwierig war. Drei große Dorfhülen auf der Urkatasterkarte von 1850 bezeugen den Wassermangel.

Die ursprünglich rein landwirtschaftliche Ansiedlung befindet sich am Rande eines größeren reliktischen Vorkommens der sandigen Michelfelder Schichten der Oberkreide. Die Verbreitung dieser Schichten ist heute weitgehend mit der Verbreitung der Waldgebiete identisch. Die lehmige Albüberdeckung mit Scherbenäckern wird überwiegend für Ackerbau genutzt. Mehrere kleine Dolinen befinden sich in der Nähe der Straße nach Hollfeld am östlichen Ortsrand von Stadelhofen.

Historisch wurde der Ort Stadelhofen 1348 erstmals urkundlich erwähnt. Von 1386 bis zum Ende des Alten Reiches gehörte er zum Bistum Bamberg. Die Stadtpfarrkirche St. Petrus des Ortes stammt aus dem 18. Jh. Seit 1978 erfolgte die Eingemeindung der ehemals selbständigen Gemeinden Wölkendorf, Schederndorf und Steinfeld ▶ B 8 nach Stadelhofen, das heute 1.244 Einwohner (2017) besitzt.

Auf dem Gemeindegebiet erstreckt sich südwestlich des Ortes das Trockental des Paradiestals ▶ B 27, einem attraktiven Wandertal für touristische Besucher.

Unmittelbar an der BAB 70 gelegen, nutzt Stadelhofen heute die verkehrstechnisch günstige Lage für die Ansiedlung von Betrieben im Gewerbegebiet Stadelhofen-Ost. Der südliche Rand der Autobahn wird im Ortsgebiet flächendeckend für Solarstromgewinnung genutzt.

B8 Steinfeld

In Steinfeld befindet sich die Quelle der Wiesent, die als wichtigstes Oberflächengewässer der Fränkischen Schweiz zunächst in NW–SO Richtung bis Behringersmühle fließt und dort in einer unerwarteten engen 180°-Kurve den Lauf ändert und nach NW abbiegt. Die Wiesent entspringt nahe der Ortsmitte als beeindruckende Karstquelle unterhalb einer Felswand aus Riffkalken des Oberen Jura (Malm-delta). Als Trockental verläuft das Wiesenttal am Ortsausgang oberhalb von Steinfeld noch weiter Richtung W entlang der B 22 bis knapp vor den Albtrauf bis zum Flurstück Am Kirschbaum (bei den Windrädern) am Westrand der Albhochfläche bei Würgau. Am Zwirstein am westlichen Ortsausgang von Steinfeld befindet sich in den dolomitischen Kalksteinen eine Höhle.

Der Ort wurde erstmals 1065 in den Totenlisten des Bamberger Doms erwähnt. HELLER (1829, S. 168) meint, der Ort „liegt im Thale in einer etwas wilden Gegend". Die sehr alte Kirche mit ihrem Chorturm aus dem 14. Jh. wurde 1714 nach W erweitert und wenig später gewölbt und barockisiert. 1742 erfolgte die Erhebung zur Pfarrkirche. 1825 fielen 42 Gebäude einem verheerenden Brand zum Opfer, weshalb Steinfeld nur wenige Gebäude aufweist, die älter sind.

Die zuvor selbständige Gemeinde Steinfeld wurde 1978 nach Stadelhofen eingemeindet. ▶ B 7 Obwohl nur Ortsteil, ist es der Verwaltungssitz für die Verwaltungsgemeinschaft Steinfeld der drei Gemeinden Stadelhofen, Wattendorf und Königsfeld. Der Ortsteil umfasst ca. 380 Einwohner Die seit 1720 bestehende Brauerei Hübner ist immer noch in Funktion und erfreut sich lebhaften Besuchs, auch von Touristen.

B9 Peulendorf

Das 1978 nach Scheßlitz eingemeindete Peulendorf erstreckt sich entlang des Pünzenbaches am Westabhang der Giechburg. Erstmals Ende des 13. Jh. als Besitz eines Rittergeschlechts von Peulendorf erwähnt, war es als Rittergut später im Besitz der reichsritterschaftlichen Familie von Wiesenthau, die es 1625 an das Fürstbistum Bamberg verkaufte.

Hervorzuheben ist der 1739 fertiggestellte Gebäudekomplex des fürstbischöflich-bambergischen Fohlenhofes, der am Nordrand der Ortslage am Weg nach Scheßlitz liegt und sich heute in Privatbesitz befindet. Der Fohlenhof, der von einer großen, teilweise ummauerten Freifläche umgeben ist, besteht aus einem achtachsigen, breit gelagerten, eingeschossigen Stallbereich mit zwei Durchfahrten, jeweils flankiert von zweigeschossigen Eckbauten. Architekt des Fohlenhofes war der bambergische Hofbaumeister Johann Jakob Michael Küchel (1703–1769), der viele ländliche Pfarrkirchen und Verwaltungsbauten im Fürstbistum geplant hat. Die Versorgung mit Pferden spielte an den frühneuzeitlichen Höfen eine große Rolle. Die Nutzung edler Pferde bestimmter Rassen und Fellfarben für die Jagd und die repräsentative Kutschfahrt war eine Rangfrage von erheblicher politischer Bedeutung. Der Hof versorgte sich durch Zukauf und eigene Zucht mit Pferden. Aufgabe des Gestüts in Peulendorf war die Aufzucht der Hengstfohlen, die im Alter von vier Jahren an den fürstbischöflichen Koppenhof in der Bamberger Wunderburg abgegeben und dort weiter zu Kutsch- und Reitpferden ausgebildet wurden. Neben Peulendorf gab es ab 1730 noch ein weiteres Gestüt für Stutfohlen in Bischofsheim (heute Stadtteil von Zeil am Main), dessen Gebäude sich nicht erhalten haben.

Im Ortsteil Peulendorf lebten 2018 172 Einwohner.

B10 Ludwag

Ludwag liegt unweit der Traufkante der Fränkischen Alb auf einer Höhe von 540 m ü. NHN oberhalb des Einschnittes des Talbrunnentals, in dem der Zeckendorfer Bach entspringt. Der Ort liegt an der Kreuzung mehrerer Straßen, die in Richtung Kübel-

Abb. 92   Blick auf Ludwag von Nordwesten

stein, Königsfeld, Neudorf und Scheßlitz führen. ▶ Abb. 92

Die Grundrissstruktur ist die eines Haufendorfes. Auffällig ist die große Anzahl von elf Hülen auf dem Urblatt des Ortes von 1843. Die größte befand sich an der Straßenkreuzung direkt gegenüber der Pfarrkirche. Alle diese Hülen sind heute verschwunden.

Ludwag befand sich in der Zeit des Alten Reiches fast ausschließlich in fürstbischöflich bambergischem Besitz. Dieses Bild zeigt bereits der Eintrag in das so genannte Bamberger Hochstiftsurbar A von 1323. Sicher ist die Siedlung bereits älter. Ludwag hat seit 1737 eine eigene Pfarrei und war vorher eine Filiale von Scheßlitz. Die heutige Pfarrkirche St. Johannes der Täufer hat einen wehrartigen Kirchturm in heutiger Gestalt aus dem 15. Jh. und ein 1923 errichtetes Langhaus. Seit 1978 gehört Ludwag zu der 5,3 km entfernt liegenden Stadt Scheßlitz. Die Einwohnerzahl des Ortes sank nach 1945 von 229 Einwohnern im Jahre 1950 auf 127 im Jahre 2018.

Westlich und nordwestlich der Ortslage befinden sich zwei ausgedehnte Kalksteinbrüche (der obere und der untere Bruch), die seit langem stillgelegt sind. Im unteren Steinbruch sind Schichten des Weißen Jura aufgeschlossen und zeigen die Existenz eines kleinen Meeresbeckens (Ludwager Bucht) an. Im oberen Steinbruch sind die Riffkomplexe erschlossen, die diese Bucht umgeben haben. Die 18 ha umfassende Fläche des unteren Steinbruchs erwarb die Deutsche Bahn 2014 als Ausgleichsfläche für den Ausbau der Schnellbahntrasse zwischen Altendorf, Hirschaid und Strullendorf.

Zwischen 2011 und 2017 wurde auf den benachbarten Gemarkungen der Gemeinden Ludwag, Neudorf und Poxdorf ein Windpark mit insgesamt 13 Windkraftanlagen errichtet. Die Anlagen erreichen, einschließlich der Flügel, eine Gesamthöhe von bis zu 200 m.

B11 Königsfeld

Etwa 3,5 km südlich von Steinfeld befindet sich die Ortschaft Königsfeld mit der als Naturdenkmal ausgewiesenen Aufseß-Quelle, die am westlichen Ortsausgang an der Straße gelegen ist. Nach W schließt sich ein weiter Talkessel an, in dem bei der Straße nach Poxdorf in der Verzweigung zum Klingental-Trockental junge Dolinenbildungen mit gelegentlicher Wasserführung zu beobachten sind.

Der Ort war bereits karolingischer Königshof (worauf auch der Ortsname hinweist) *in montanis versus Bohemiam,* der schon 741 erstmals erwähnt wird. 1008 erfolgte eine Schenkung des Königshofes durch König Heinrich an das Bistum Bamberg. Im 14. Jh. kam der Ort an die Herren von Aufseß. Im Dreißgjährigen Krieg (1632) wurde der damals fast 1.000 Einwohner umfassende Ort völlig zerstört. Diese Größe erreichte er danach nie wieder; für 1829 z. B. werden 319 Einwohner genannt (HELLER 1829, S. 96). 1818 wurde Königsfeld Ruralgemeinde (ab 1835 Landgemeinde).

Schon im 14. Jh. war Königsfeld eine eigene Pfarrei. Die Kirche ist eine ehemalige Kirchenburg. Sie besitzt teilweise romanische (Westtor, massiger Kirchturm, Friedhofsmauern), teilweise gotische Elemente (Chorturm, Apsis im O) und eine Barockumgestaltung im Kircheninnern (Hochaltar).

Der Ort ist weitgehend landwirtschaftlich geprägt. Außer dem durch die Aufseßquelle privilegierten Königsfeld selbst litten die weiteren Ortsteile der heutigen Gemeinde auf der Hochfläche unter Wassermangel und besaßen alle je mindestens eine Dorfhüle. Im früheren Phasen wurden wohl auch Eisenerze ausgebeutet und verhüttet. Alte Schürfgruben, Schlackenhalden und Flurnamen (z. B. Arzberg) weisen noch auf diese montane Tätigkeit hin.

Seit 1978 ist Königsfeld mit seinen Ortsteilen Huppendorf, Kotzendorf, Laibarös, Poxdorf, Teunitz und Voitmannsdorf eine der drei Gemeinden (neben Wattendorf und Stadelhofen), die in der Verwaltungsgemeinschaft Steinfeld organisiert ist. Die Gemeinde Königsfeld umfasst einschließlich der Eingemeindungen der 1970er Jahre heute 1.281 Einwohner (2017).

B12 Litzendorf

Litzendorf liegt im westlichen Vorland der nördlichen Frankenalb im Ellertal. Durch Litzendorf fließt der Ellernbach, der hinter Tiefenellern am Talschluss des Ellertales entspringt. Von S mündet der Otterbach im Ortsteil Naisa in den Ellernbach, der unterhalb von Litzendorf als Gründleinsbach Richtung Memmelsdorf verläuft und bei Hallstadt in den Obermain mündet. Durch den nördlichen Ortsteil von Litzendorf verläuft die Grenze des Naturparks Fränkische Schweiz-Veldensteiner Forst entlang der St 2210. Litzendorf ist von bewaldeten Kuppen umgeben, von denen die des Geisbergs (585 m ü. NHN) und des Stammbergs (559 m ü. NHN) am markantesten sind.

Die ortsfeste Besiedlung des Gebietes geht sicher ins Frühmittelalter zurück. Der Ortsname wird erstmals 1129 als *Licindorf* genannt. Typischerweise ist das Grundwort mittelhochdeutsch *-dorf,* das Bestimmungswort vermutlich ein Personenname *Lizo*. Litzendorf gehörte zum Fürstbistum Bamberg und hier zum Pflegamt Scheßlitz, die grundherrlichen Rechte waren ausschließlich auf Bamberger Institutionen verteilt, wie das Kastenamt in Scheßlitz, die Dompfarrei zu Bamberg und das Bamberger Kollegiatstift St. Stephan. 1978 wurden die vorher selbständigen Gemeinden Lohndorf, Melkendorf, Naisa, Pödeldorf, Schammelsdorf und Tiefenellern im Rahmen der bayerischen Gemeindegebietsreform nach Litzendorf eingemeindet. Bedingt durch die Lage zur nahen Stadt Bamberg ist die Einwohnerzahl von Litzendorf vor allem in den Jahren nach 1945 stark angewachsen. Sie hat sich seit 1925 von 378 auf 1.578 2018 vervierfacht.

Der heute für die Gegend um Litzendorf und dem Ellertal häufig propagierte Name „Fränkische Toskana" ist eine junge Benennung, die auf den Bamberger Schriftsteller Gerhard C. Krischker zurückgeht, der erstmals 1991 in einem Radiofeature des Bayerischen Rundfunks über das „Ellertal – Meine Fränkische Toskana" philosophiert hatte. Die Gemeinden Litzendorf, Memmelsdorf und Strullendorf griffen diese Zuschreibung 2005 auf und gründeten die Tourismusgemeinschaft Fränkische Toskana mit einem Büro in Litzendorf (KRISCHKER 2007). Im Gegensatz zu den ca. 105 Schweiz-Nachbenennungen sind Landschaftsnamen mit dem Zusatz Toskana in Deutschland noch recht jung und eigentlich erst nach dem

Zweiten Weltkrieg in einigen Regionen wie der Bergstraße, der Pfalz oder dem Markgräflerland aufgekommen.

Das Dorf wird durch die erhöht liegende Pfarrkirche St. Wenzeslaus beherrscht, ein prägnantes Beispiel für den barocken Landkirchenbau in Franken. Das in der Region seltene Patrozinium des Hl. Wenzeslaus verweist nach Böhmen und könnte auf eine Initiative des Bamberger Bischofs Lamprecht von Brunn (1320/30–1399) zurückgehen, der ein wichtiger Berater des in Prag residierenden Kaiser Karls IV. war. Es verweist auf den ersten Kirchenbau an gleicher Stelle, eine kleine Kapelle, die 1406 nach Erhebung Litzendorfs zu einer eigenen Pfarrei als Pfarrkirche neu gebaut wurde. Der viergeschossige Chorturm dieses Baues von 1467 hat eine charakteristische Bekrönung in Form einer schiefergedeckten spitzen Pyramide mit vier Scharwachttürmen an den Ecken und ist heute noch erhalten. Der damalige Pfarrer von Litzendorf, Johann Christoph Reinhard setzte sich Anfang des 18. Jh. für den Neubau eines Langhauses im barocken Stile ein, das dann zwischen 1715–1718 errichtet wurde. Der Bau hat zwei reich gestaltete Fassaden, eine im W und eine im S, die dem Dorfkern zugewandte eigentliche Schaufassade. Architekt des Baues war Johann Dientzenhofer (1663–1726), der ab 1700 zunächst Stiftsbaumeister in Fulda und ab 1711 als fürstbischöflicher Hofbaumeister in Bamberg wichtige Bauten plante, als prominenten Bau das Schloss Weißenstein in Pommersfelden. Ein städtisches Gepräge erhält das Areal um die Kirche durch den repräsentativen historischen Bau des 1897/1898 errichteten Pfarrhofes (Schimmelsgraben 2).

Litzendorf ist heute durch seine Funktion als Pendlergemeinde im Einzugsgebiet des Oberzentrums Bamberg geprägt. Große Einfamilienhausgebiete sind entstanden, die mittlerweile dazu geführt haben, dass die drei nahe beieinanderliegenden Ortskerne von Litzendorf, Naisa und Pödeldorf baulich zusammengewachsen sind. Die Gemeinde hat sich vor dem Hintergrund der voraussichtlichen Bevölkerungszahlen dazu entschlossen, in ihren 2009 verabschiedeten kommunalen Leitlinien der Innenentwicklung im Ortskern durch Nutzung leerstehender Gebäude und der vorhandenen Baulücken den Vorrang gegenüber der Ausweisung neuen Baulandes zu geben. Man ist sogar einen Schritt weitergegangen und hat nach Beschluss des Gemeinderates 2008 vorhandenes Bauland wieder eingezogen.

Westlich und südwestlich des Ortes erstreckt sich als gemeindefreies Gebiet der heute ca. 2.800 ha große Hauptsmoorwald, ein altes und für die Residenzstadt Bamberg wichtiges Wald- und Jagdgebiet, das vor allem für seine Sandflächen und Kiefernbestände bekannt ist. Mitten in diesem Gebiet liegt als Exklave der heutigen Gemeinde Litzendorf (ehemals zu Pödeldorf gehörig) die Kunigundenruh, ein Ort, wo 1972 die vormals privilegierten Schützengesellschaft 1306 Bamberg das ehemalige Forsthaus und das umliegende 4,2 ha umfassende Areal zu einer großen Schießsportanlage umgestaltet hat. Auf dem Gelände befindet sich noch eine 1914 errichtete offene, hölzerne Festhalle.

B13 Lohndorf

Lohndorf liegt im Ellertal am Ellernbach, zwischen den Orten Litzendorf und Tiefenellern. ▶ Abb. 93 Der Ort gehörte in der Zeit des Alten Reiches zum Fürstbistum Bamberg und hier zum Amt Hallstadt. Vogtei und Grundherrschaft waren im Wesentlichen zweigeteilt. Sie standen zu einem Teil der fürstbischöflichen Kammer und zum anderen dem so genannten Kegelamt des Domkapitels zu, eine Pfründe, die ursprünglich dazu gedacht war, für Bau und Unterhalt der Kegelbahn des Domkapitels zu dienen.

1978 wurde der Ort im Zuge der im Zuge der bayerischen Gemeindegebietsreform nach Litzendorf eingemeindet. Die Einwohnerzahl hat sich von 265 im Jahr 1840 bis heute auf 385 erhöht.

In der Frühen Neuzeit war Lohndorf für die Produktion von Walnüssen bekannt, die nach Bamberg verhandelt wurden.

Im Ort gibt es heute zwei aktive Brauereien. Während die Brauerei Hölzlein (Ellertalstraße 13) bereits 1781 nachgewiesen ist, wurde die Brauerei Reh (Ellertalstraße 36) erst 1901 gegründet. Beide Brauereien belegen idealtypisch die Absatzstrategien der kleinen Brauereien in der Fränkischen Schweiz. Während das Bier der Brauerei Hölzlein nur in der eigenen Brauereigaststätte ausgeschenkt wird, liefert die Brauerei Reh ihr Bier ausschließlich an den Getränkehandel und im so genannten Heimdienst aus.

Am Südhang des Schammelsberges auf Lohndorfer Gemarkung beginnt die über 6 km lange Wasserleitung, die zur Wasserkaskade im Garten des fürstbischöflichen Sommerschlosses Seehof bei Memmelsdorf führt. Teil dieser Wasserleitung ist ein 640 m langer Stollen, der durch den Schammelsberg führt. Errichtet wurde diese Wasserleitung 1764–1771 im Zusammenhang mit dem Bau der Kaskade, die durch den Fürstbischof Adam Friedrich von Seinsheim (1708–1779) in Auftrag gegeben worden war. Kaskade und Wasserleitung waren lange Zeit baufällig und wurden nach aufwändiger Sanierung und Rekonstruktion 1995 wieder in Betrieb genommen.

Abb. 93   Lohndorf im Ellernbachtal. Blick nach Osten

B14 Tiefenellern

Tiefenellern liegt am Westrand der Fränkischen Alb, etwa 15 km östlich von Bamberg im Tal des Ellernbaches. Bei Archäologen ist der Ort am Fuß der Schichtstufe wegen der nahe gelegenen Jungfernhöhle bekannt. ▸ B 1 Sie war offenbar eine steinzeitlich bedeutsame Kultstätte, in der menschliche Skelette gefunden worden sind.

Urkundlich erstmals erwähnt wurde Tiefenellern im Jahr 1308 in einer Abtretungserklärung an das Bistum Bamberg. Ältere urkundliche Hinweise, wie z. B. jener aus dem Jahr 1137, sind nicht eindeutig Tiefenellern zuzuordnen. Von Hohenellern, das auf der nordöstlich angrenzenden Hochfläche liegt, sind nur noch Reste einer Ortswüstung unweit der Abzweigung der St 2281 nach Laibarös von der St 2187 Neudorf-Herzogenreuth im Flurteil Die Gärten zu finden. Hier haben vormals zehn Höfe existiert. 1978 wurde Tiefenellern nach Litzendorf eingemeindet und verlor damit den Status einer selbständigen Gemeinde. Es umfasst ca. 230 Einwohner.

Eine besondere Bedeutung hatte Tiefenellern auch durch seine Lage an einer alten Verbindungsstraße, die von Bamberg nach Hollfeld und Bayreuth führte. Denn hier wurden an der Posthaltestelle die Pferde umgespannt, um so mit frischen Kräften den Ellerberg hinauf via Hollfeld zu bewältigen. Als dann Anfang des 20. Jh. die Post motorisiert wurde, sank die traditionelle Bedeutung von Tiefenellern. Bei der Brauerei Hönig, dem zentralen Anlaufpunkt von Tiefenellern, deutet der Zusatz im Namensschild „Gasthof ‚Zur Post'" noch heute auf den damals dort bedeutsamen Haltepunkt der Postlinie hin.

Tiefenellern wird zudem auch gern von Besuchern aus der Region wegen seiner akzentuierten Naturlandschaft aufgesucht. So wandert man z. B. entlang des Ellernbachs Richtung Herzogenreuth in einem romantischen Tal bis hinauf auf die Hochfläche, während um den Riffstotzen, genannt Felsenburg, tief eingeschnittene Pfade auf die Hochfläche führen.

Ein weiteres Kleinod, die bereits erwähnte Brauerei Hönig mit dem Gasthof zur Post, besitzt ihr Braurecht bereits seit 1478. Damit kann sie auf mehr als ein halbes Jahrtausend Bierkultur zurückblicken. Dementsprechend gibt es eine Vielzahl an Sorten wie Pils, Lager, Weizen, Rauchbier sowie Posthörnla und selbstverständlich die typisch fränkische Küche. Im Sommer ist der Biergarten sehr beliebt. ▶ Abb. 94

Die steilen Talschlüsse werden von Motorradfahrern stark frequentiert. Dies gilt für den Würgauer Berg ebenso wie für die Bergstraße von der Hochfläche nach Tiefenellern. Denn dort müssen die Steilstrecken durch Serpentinen überwunden werden, was absolut fahrtechnisches Können verlangt. In den Jahren 1965–1976 hatte der ADAC dementsprechend auch das Eller-Bergrennen am Tiefenellerner Berg veranstaltet. Wie gern die Strecke noch heute befahren wird, beweist das so genannte Italo-Treffen, das jedes Jahr am dritten Sonntag im Juni stattfindet, 2017 bereits zum 38. Mal. Davon profitiert dann auch das auf halber Höhe liegende Ellerberg-Stübla. Am Tag des Italo-Treffens ist es stets überfüllt. Ansonsten kann man selbst an starken Sonntagen nur um die 50 Biker antreffen.

Abb. 94   Im Biergarten der Gaststätte-Brauerei Hönig in Tiefenellern

B15 Herzogenreuth

Herzogenreuth liegt im NW des Gemeindegebietes des Marktes Heiligenstadt (eingemeindet 1978), nahe der Traufkante der Alb auf 556 m ü. NHN und damit auf ähnlicher Höhe wie die Dörfer Lindach und Teuchatz. Die Ortslage erstreckt sich an der Kreuzung der von Süd nach Nord verlaufenden St 2187 von Heiligenstadt nach Scheßlitz und der Straße von Geisdorf nach Melkendorf. Die meisten Häuser liegen entlang dieses Weges, der sich in der Dorfmitte zu einem Anger aufweitet. Der Anger und das Ortsnamenssuffix -reuth deuten auf eine hochmittelalterliche Rodungsgründung hin, die möglicherweise mit der Politik des Landesausbaus des Herrschergeschlechts der Andechs-Meranier zusammenhängt. Erstmals erwähnt wird der Ort in einer Urkunde 1255, in der der Bamberger Bischof dem Chunemund von Giech das Dorf verpfändet. 1382 verkaufte die Familie von Giech dann die Hälfte ihrer Rechte an das Hochstift Bamberg.

Die katholische Pfarrkirche St. Nikolaus befindet sich im SW des Ortes und ist aufgrund der Höhenlage weithin sichtbar. Der Chorturm stammt vermutlich aus dem 13. Jh., das Langhaus ist 1716 errichtet worden.

Wie in allen Dörfern auf der Albhochfläche gab es immer Probleme mit der Wasserversorgung. Auf dem Anger befanden sich zwei Hülen, eine größere vor dem Anwesen Herzogenreuth 5/6 und eine kleinere vor Herzogenreuth 18. Beide sind heute nicht mehr vorhanden. Frisches Wasser musste an der ca. 80 m tiefer gelegenen Quelle des Ellernbaches geholt werden. 1872 beschloss die Gemeinde den Bau einer Wasserleitung, die das Wasser in einen Laufbrunnen im Ort leitete. Eine moderne Wasserversorgung wurde erst 1961 mit drei Wasserreservoirs hergestellt.

Die Einwohnerzahl in Herzogenreuth ist in den letzten Jahrzehnten rückläufig. Betrug sie 1950 noch 213, so sind es heute 139 Einwohner.

B16 Hohenpölz

Auf der Hochfläche mit etwa 510 m Höhe ist Hohenpölz einer der am höchsten gelegenen Orte der Fränkischen Schweiz. Er befindet sich auf Schichten des Oberen Jura (Malm-delta) und der lehmigen Albüberdeckung, die sich auf der Hochfläche weiter nach O erstreckt. Als zusätzliche geologische Besonderheit befindet sich am Heroldsstein südlich von Hohenpölz das nördlichste Vorkommen der Leinleiter-Basalte (sofern man das Vorkommen bei Roth südlich von Lichtenfels nicht zu dieser Gruppe zählt). Außerdem wurde bei Ausschachtungsarbeiten im Haus Nr. 7 (heute befindet sich hier ein Landmaschinenhandel) in den 1950er Jahren Basalt angetroffen. Mehrere Dolinen befinden sich westlich der Ortschaft; nach O folgt der Hang zum oberen Teil des Leinleitertals, das hier als Trockental entwickelt ist.

Eine Ansammlung von 41 frühkeltischen Hügelgräbern (die früher noch wesentlich zahlreicher waren, aber leider umgepflügt wurden) am östlichen Ortsrand wurde in einen Spielplatz integriert. Diese Überreste weisen auf eine Besiedlung in keltischer Zeit hin.

Hohenpölz wurde 1096 erstmals erwähnt als *Bolenza*. Es gehörte zum Bistum Bamberg. Bereits um 1300 wurde der Kirchturm mit seiner Zwiebelhaube errichtet, der zu einer stattlichen Kirchenburganlage gehört. Die Größe und Stärke des Turms sowie Schießscharten belegen, dass es sich hier um einen Zufluchtsort der Bewohner gehandelt hat. Die Kirche St. Laurentius und Heinrich ist eine Filialkirche von Königsfeld. Die Kirche besitzt einen 1770 errichteten Hochaltar sowie zwei Nebenaltäre. Außerhalb der Mauer der Kirchenburg steht eine stattliche Sommer-Linde.

Auf der Hochfläche gelegen, hatte Hohenpölz stets mit Wasserknappheit zu kämpfen. ▶ Abb. 95 Deshalb gab es auch eine große Dorfhüle, die im Urkatasterblatt von 1850 am westlichen Dorfrand deutlich erkennbar ist.

Der Ort mit ca. 150 Einwohnern wurde 1971 nach Heiligenstadt eingemeindet.

Seit den 1990er Jahren geht östlich des Orts eine Schleppstrecke ab, auf der über eine über 1 km lange Winde Gleitschirmspringer aufsteigen.

Abb. 95   Blick auf Hohenpölz in Richtung Nordosten

B17 Tiefenpölz

Tiefenpölz liegt im Tal des Feuerbachs, unweit seiner Quelle auf 455 m ü. NHN. Der Feuerbach ist ein rechtsseitiger Zufluss der oberen Leinleiter und mündet in sie unterhalb der Heroldsmühle. Die Bebauung des kleinen Haufendorfes hat sich halbkreisförmig am Fuß der Hasenleite entwickelt, entlang der heutigen Straße (St 2187) zwischen Teuchatz und Herzogenreuth. Diese Straße führt als Teuchatzer Steig im S des Dorfes am Abhang des Seigelsteins (548 m ü. NHN) hinauf nach Teuchatz.

Der Ort wurde 1096 erstmals urkundlich erwähnt und gehörte zur Zeit des Alten Reiches zum Amt Memmelsdorf des Fürstbistums Bamberg. Der Dorfzehnt fiel dem Elisabethenspital in Scheßlitz zu. In bayerischer Zeit bildeten bis 1834 die drei Dörfer Lindach, Teuchatz und Tiefenpölz eine Gemeinde und wurden danach getrennt. Im Zuge der bayerischen Gemeindegebietsreform wurde Tiefenpölz 1978 in den Markt Heiligenstadt eingemeindet. Die Einwohnerzahl ist im Laufe des 20. und Beginn des 21. Jh. gesunken, von 1914 190, 1950 179 auf heute 138.

Die Pfarrei Tiefenpölz wurde bereits 1343 als eigene Pfarrei von Heiligenstadt getrennt. Der heutige Bau der Pfarrkirche St. Martin stammt in seinem Chor und Turmuntergeschoß vom Anfang des 16. Jh., der Turmaufbau von 1834 und das Langhaus von 1870. Am nördlichen Ortsausgang weist der Michelsberger Hof (Tiefenpölz 33), ein Walmdachbau vom Ende des 18. Jh., auf Besitzungen des Bamberger Benediktinerklosters hin.

In seinem Erscheinungsbild werden die Flur und der Ort heute durch die Umlegungs- und Baumaßnahmen des Flurbereinigungs- und Dorferneuerungsverfahren Tiefenpölz/Lindach zwischen 1979 und 1998 geprägt.

B18 Oberleinleiter

Oberleinleiter liegt im Tal der oberen Leinleiter. Die Häuser reihen sich hauptsächlich beidseitig der St 2187 auf. ▶ Abb. 96 Ursprünglich war der Ort Eigentum der Familie Streitberg, einer 1690 erloschenen Ritterfamilie, am Ende des Alten Reiches übte die Grundherrschaft die Familie von Stauffenberg aus, territorial gehörte der Ort zum Amt Ebermannstadt des Fürstbistums Bamberg. Oberleinleiter wurde 1971 in den Markt Heiligenstadt eingemeindet. Die Einwohnerzahl des mehrheitlich evangelischen Dorfes entwickelte sich leicht rückläufig von 1840 mit 227 auf heute 177.

Im Ort gab es traditionell zwei Brauereien, von denen die Brauerei Ott (Oberleinleiter Nr. 6, belegt seit 1678, seit 1822 im Familienbesitz) heute noch produziert. Der ehemalige Keller der Brauerei befindet sich außerhalb der Ortslage an der Kreuzleite unterhalb des Kreuzsteins. Im Ort befanden sich zwei Mühlen, die Obere Mühle (Oberleinleiter, Nr. 19) und Untere Mühle (Nr. 39), die beide bereits seit dem 15. Jh. belegt sind. Wirtschaftlich dominant ist heute ein Betonfertigteilwerk (gegründet 1931), dessen Betriebsgelände sich am Hang der Kühmetze erstreckt.

Abb. 96 Blick von Südosten auf das Dorf Oberleinleiter. Die bewaldete Kuppe links oben ist der Kühmetzenknock.

Der Kreuzstein oberhalb von Oberleinleiter (520 m ü. NHN) ist das Wahrzeichen des Ortes. Dieser markante Felsen stand in der Mitte des 19. Jh. noch frei und ist nach dem Rückgang der landwirtschaftlichen Nutzung im 20. Jh. heute weitgehend von Wald umgeben. Auf dem Hochplateau liegt das als Schwedenschanze benannte Relikt einer vermutlich frühmittelalterlichen Burganlage, die urkundlich nicht belegt ist. Östlich der Schwedenschanze befindet sich das Naturdenkmal Basaltloch, zwei ehemalige kleine Basaltbrüche, die Belege für den tertiären Vulkanismus sind, der sich hier entlang einer Bruchzone im älteren Juragestein entwickelte.

B19 Brunn

Der Ort Brunn liegt im O der heutigen Marktgemeinde Heiligenstadt auf der Hochfläche des Jura auf 480 m ü. NHN. in der Teilregion des so genannten Aufseßer Gebirges, das sich zwischen den Flusstälern der Leinleiter und der Aufseß erstreckt. Westlich des Dorfes beginnt eine Mulde, die als Güßgraben in das Tal oberhalb von Reckendorf reicht. Vom Grundriss her ist das Dorf als Haufendorf anzusprechen. Auf dem Ortsblatt der Uraufnahme von 1850 existiert in der Ortsmitte eine angerartige, runde Straßenaufweitung. Ebenso sind in der Dorfmitte noch zwei Hülen zu sehen. Diese ursprünglichen Freiflächen sind heute bebaut.

Die erste sichere Erwähnung des Ortes datiert von 1224. Brunn war ein reichsritterschaftlicher Ort. An seinem Beispiel lassen sich für die Zeit um 1801, also zum Ende des Alten Reiches, die komplexen rechtlichen Besitzverhältnisse darstellen, die es oft kaum ermöglichen, festzustellen, wer die tatsächliche Herrschaft über das Dorf ausgeübt hat. So hatte die Vogteiherrschaft über das evangelische Kirchdorf die katholische Adelsfamilie von Stauffenberg, wurde aber territorial dem bambergischen Oberamt Hollfeld zugerechnet. Die Bevölkerung des Ortes ist bis heute leicht rückläufig. Betrug die Einwohnerzahl 1929 noch 170 (HELLER 1829, S. 44), um 1900 188, so wohnen in Brunn heute rund 130 Einwohner. Im Rahmen der bayerischen Gemeindegebietsreform wurde Brunn 1971 in den Markt Heiligenstadt eingemeindet.

Am südlichen Ortsrand steht die evangelisch-lutherische Pfarrkirche St. Stephan, ein einfacher Saalbau mit Satteldach, der im Kern spätmittelalterlich ist, dann aber um 1701 im barocken Stil umgestaltet wurde. Auf einem ausgesiedelten Betriebsstandort nordöstlich der Ortslage erzeugt ein ortsansässiger Landwirt seit 2006 mit einer Biogasanlage Strom und Wärme.

B20 Mistendorf

Mistendorf liegt zwischen den Orten Leesten und Zeegendorf am Aufstieg zum Albtrauf an der St 2210. Die Ortslage befindet sich im Tal des Ziegenbaches, der auch Zeegenbach und auf den Topographischen Karten für die Strecke ab Leesten auch als Strullendorfer Bach bezeichnet wird. Er hat eine Länge von 12 km, entspringt östlich von Zeegendorf und mündet unterhalb von Strullendorf in die Regnitz. Das Tal ist in den Albtrauf eingeschnitten, im N erhebt sich der Geisberg mit einer Höhe von 585 m ü. NHN, im S der Katzenberg mit 559 m ü. NHN.

Die Bebauung des Dorfes hat sich v. a. auf der linken Bachseite entwickelt, dann aber auch in einem zweiten Siedlungskern auf der rechten Bachseite. Der Dorfgrundriss ist unregelmäßig. Das Dorf gehörte zum Amt Memmelsdorf des Fürstbistums Bamberg. Die grundherrschaftlichen Rechte lagen bis zum Ende des Alten Reiches überwiegend beim Fürstbistum, der Dorfzehnt fiel dem Studienseminar Aufseesianum in Bamberg zu, eine 1738 vom Domkapitular Jodokus Bernhard Freiherr von Aufseß gestiftete Seminarstiftung, die heute noch in Bamberg ein Internat betreibt. 1972 wurde Mistendorf während der bayerischen Gemeindegebietsreform zusammen mit sechs weiteren Orten nach Strullendorf eingemeindet.

Die Einwohnerzahl ist in der Nachkriegszeit kräftig gestiegen, von 277 1952 auf 540 2010.

Auf dem linken Talhang oberhalb von Mistendorf liegt die Wallfahrtskapelle auf dem Steinknock. Der heutige neugotische Bau stammt aus dem Jahre 1894–1895, hat aber sicher schon Vorgänger gehabt. Entstanden ist die Wallfahrt aus Hostienwundern, Visionen einer lokalen Seherin in den Jahren 1658 und 1659.

B21 Teuchatz

Der Ort Teuchatz liegt unmittelbar auf der Westkante des Albtraufs der Fränkischen Alb auf einer Höhe von 545 ü. NHN. Seine naturräumliche Benachteiligung aufgrund der Höhenlage auf der Albhochfläche wird von BUNDSCHUH (1802, Bd. 5, Sp. 512) sehr plastisch beschrieben. Er „hat steinigen, geringhaltigen Boden, der größtenteils zu Weitzen und Haber verwendet wird. Daselbst wird viel gesäet und wenig geerndet." Der Ort zieht sich heute als Straßendorf entlang der Straße nach Burggrub (St 2188). Auffällig ist am Ortseingang die katholische Filialkirche St. Jakobus mit ihrem massiven Turm aus dem 15. Jh., dem ein jüngeres Langhaus von 1651 angegliedert ist. Umgeben ist die Kirche von einem befestigten Friedhof. 500 m südlich des Ortes, neben der Kapelle von 1737, befand sich im 19. Jh. „ein hölzerner Observationsthurm, welcher weithin gesehen wird, und eine herrliche Aussicht in den Regnitz- und Aischgrund gewährt" (CAMMERER 1832, S. 210). Dieser Turm markierte einen wichtigen Punkt im Hauptdreiecksnetz der ersten bayerischen Landesvermessung. Er ist nicht mehr erhalten.

1840 umfasste die Ortslage 36 Häuser und 140 Einwohner, eine Zahl, die 1950 auf 223 Einwohner anstieg und 2017 221 Einwohner betrug. Teuchatz war ein dem Amt Memmelsdorf zugehöriges bambergisches Dorf, in dem auch etliche reichsritterschaftliche Familien Besitz hatten. Mit der bayerischen Gemeindegebietsreform wurde es 1978 zum Markt Heiligenstadt eingemeindet.

Die Gemarkung von Teuchatz wird heute wesentlich durch ein Flurbereinigungsverfahren geprägt, das zwischen 1985 und 1999 durchgeführt wurde und 376 ha mit ursprünglich 878 Flurstücken umfasste. Ein auffälliges Landschaftsmerkmal ist die ca. 700 m östlich der Ortslage an der Straße nach Burggrub stehende Sommer-Linde. Der Baum ist ca. 350–400 Jahre alt, 26 m hoch und hat einen Stammumfang von ca. 8,20 m. Teuchatz hat eine gewisse Bedeutung für den lokalen Wintersport. So ist der Teuchatzer Schlittenberg am Juraaufstieg hinter Zeegendorf ein beliebtes Ausflugsziel. Da die Schneeverhältnisse auf dem Albtrauf sicherer als im Tal sind, wird bei ausreichenden Schneeverhältnissen die Geisbergloipe gespurt, die als Rundkurs 16 km durch den Geisberger Forst führt.

B22 Burggrub

Der seit 1971 zum Markt Heiligenstadt gehörende Ort Burggrub liegt im oberen Leinleitertal. Mitten im Dorf mündet der Plessenbach in die Leinleiter. Seine zwei

Quelläste entspringen unterhalb von Kalteneggolsfeld und Teuchatz. Die Bebauung erstreckte sich historisch auf drei Bereiche – links und rechts des Plessenbaches sowie auf dem gegenüberliegenden, linken Ufer der Leinleiter am Hang des Eichenbergs.
▶ Abb. 97

Im Dorf gabelt sich die von Heiligenstadt über Zoggendorf kommende St 2188 in Richtung Oberleinleiter–Scheßlitz und Teuchatz–Bamberg (St 2187). Eine Kreisstraße (BA 49) führt durch das Plessenbachtal nach Oberngrub hinauf.

Ursprünglich hieß der Ort nur *Grub* und wird 1136 in einer Schlüsselberger Schenkung an das Kloster Michelsberg erstmals genannt. Nach dem Ausbau des südwestlich des Ortes am Abhang des Altenbergs gelegenen Herrensitzes Rothenstein durch die Streitberger im 16. Jh. setzte sich dann wohl die Bezeichnung Burggrub durch. Die Burg Rothenstein, gelegen auf Zoggendorfer Gemarkung, wurde um 1200 von dem adeligen Geschlecht der Schlüsselberger erbaut, aber bereits 1349 zerstört. Heute hat sich nur noch ein Graben und Wall erhalten. 1691 gelangte die Burg und das dazugehörige Rittergut Grub durch Kauf und Belehnung durch das Hochstift Bamberg an die adelige Familie von Stauffenberg. Im Jahr 1735 wurde

Abb. 97   Blick von Südosten auf Burggrub

durch Marie Elisabeth Schenk von Stauffenberg ein Franziskanerhospiz in Burggrub gestiftet. Von ihm hat sich eine zweiflügelige und zweigeschossige, mit einem Walmdach versehene Anlage (Burggrub 18 an der Straße nach Teuchatz) erhalten, die mit einer Mauer versehen ist. Im Untergeschoss befindet sich die katholische Pfarrkirche zur Heiligen Dreifaltigkeit. Ebenfalls aus dem 18. Jh. hat sich an der Straße in Richtung Heiligenstadt das 1714 erbaute Gasthaus Hörsch (Burggrub 7) erhalten.

Die Einwohnerzahl ist über lange Zeit weitgehend stabil geblieben. Betrug sie 1840 143 Einwohner, so waren es 1950 157 und sind es heute 160.

B23 Heiligenstadt

Der Hauptort des heutigen Marktes Heiligenstadt liegt im oberen Leinleitertal auf einer Höhe von 355 m ü. NHN. ▶ Abb. 98 Am Ort laufen verschiedene Straßen aus den Richtungen Scheßlitz, Bamberg und Ebermannstadt zusammen, die für den Ort immer eine gewisse Verkehrsgunst bedeuteten.

Der früheste urkundliche Beleg des Ortes datiert aus dem Jahr 1168 mit der Nennung *Haldenstat,* sicher ist die Gründung aber schon älter. Der Ortsname veränderte sich über die Jahrhunderte, 1507 ist *Heylingstat* belegt, 1712 ist dann in Unterscheidung zur Stadt Hallstadt bei Bamberg die Bezeichnung *Lutrisch Heiligenstadt* erwähnt. Das Grundwort ist -*stat,* der Ort, die Ortschaft, das Bestimmungswort ist verschieden interpretierbar, entweder als Personenname oder als Name für -*halda,* ‚Abhang, abschüssige Gegend' oder adjektivisch -*hald,* ‚schief, schräg' usw. in Frage. Die Form ‚heilig' ist später darin umgeformt worden.

Durch die bayerische Gebietsreform wuchs die Gemeinde Heiligenstadt enorm an. Seit dem Jahr 1978 besteht der Markt Heiligenstadt aus fünfzehn ehemals selbständigen Gemeinden mit 24 Gemeindeteilen. Zum Markt Heiligenstadt gehören

Fahrradexkursion im Wiesent- und Leinleitertal

Im Rahmen einer Fahrradexkursion von Kirchehrenbach nach Markt Heiligenstadt können landeskundlich relevante Stationen entlang der Flusstäler von Wiesent und Leinleiter erkundet werden. Dabei stehen unterschiedlichen Formen der Wassernutzung in vorindustrieller Zeit im Vordergrund, soweit sich deren Zeugnisse in der heutigen Kulturlandschaft erhalten haben ■ lid-online.de/81512

Wiesent und Leinleiter

heute neben dem Hauptort die Gemeindeteile Brunn, Burggrub, Greifenstein, Geisdorf, Heroldsmühle, Herzogenreuth, Hohenpölz, Kalteneggolsfeld, Leidingshof, Lindach, Neudorf, Neumühle, Oberleinleiter, Oberngrub, Reckendorf, Siegritz, Stücht, Teuchatz, Tiefenpölz, Traindorf, Veilbronn, Volkmannsreuth und Zoggendorf. Die Gemarkungsfläche umfasst heute 77 km². Im aktuellen Landesentwicklungsplan ist Heiligenstadt als Grundzentrum ausgewiesen. Die Einwohnerzahl war im Kernort selbst lange Zeit relativ konstant: Sie betrug 1840 501 Einwohner, 1952 593, um dann bis heute auf 1.330 Einwohner anzusteigen.

Der Kernort Heiligenstadt hatte gegenüber den anderen Dörfern im Leinleitertal schon spätestens seit der Verleihung des Marktrechtes 1541 eine größere zentrale Bedeutung. Territorial war das Gebiet um Heiligenstadt immer durch reichsritterschaftliche Besitzungen dominiert, hier vor allem der Familie von Streitberg und ab 1690 der Familie von Stauffenberg. Die Familie von Streitberg führte 1580 die Reformation auf ihrem Territorium ein, die durch das Normaljahr 1624 auch nach dem Übergang auf die katholische Familie von Stauffenberg wirksam blieb. Wie in vielen reichsritterschaftlichen Gemeinden waren auch in Heiligenstadt seit der Frühen Neuzeit Juden ansässig. Erstmalig 1608 erwähnt, sind bis 1910 jüdische Einwohner nachweisbar. Ihre Zahl sank bereits seit Mitte des 19. Jh., ausgelöst durch das bayerische Judenedikt 1813, in dessen Folge viele auf dem Land lebende Juden in die Städte zogen. Jüdisches Zeugnis ist noch das Friedhofsareal nordöstlich oberhalb vom Ortskern Heiligenstadts im Forstort Im Kühlich gelegen. Die letzten Begräbnisse auf dem 2.280 m² großen und mit einer Mauer umgebenen Areal datieren vom Ende des 19. Jh.

Die ursprüngliche Bebauung entwickelte sich entlang der heutigen Hauptstraße, ehemals Königsgasse, um den Marktplatz am linken Leinleiterufer und dem auf dem rechten Leinleiterufer liegenden Pfarrberg. Oberhalb Heiligenstadts zweigte von der Leinleiter ein Mühlbach ab, an dem in der Mühlengasse 10 eine Mühle lag, deren heutige Anlage in ihrem baulichen Bestand aus dem 18. und 19. Jh. stammt.

Im Gegensatz zu den noch eher ländlich geprägten Ortsteilen hat sich der Hauptort ab den siebziger Jahren baulich erheblich entwickelt. Neubauten prägen vor allem den linken Hang entlang des Leinleitertales um das 1975 gegründete Familienzentrum, einer diakonischen Einrichtung der nordbayerischen Baptistengemeinden. Neben einer Altenpflegeeinrichtung und Ferienwohnungen umfasst die Anlage auch ein Gemeindezentrum mit der 2003 eingeweihten Christuskirche.

Der heutige Marktplatz ist in seiner Gestaltung ein Ergebnis städtebaulicher Sanierungsmaßnahmen ab 1971. Ein zentrales Problem war die Gefährdung des Ortskernes und Marktplatzes durch die Hochwässer der Leinleiter. Um einen Schutz vor einem Hochwasser mit einer hundertjährigen Wiederkehrwahrscheinlichkeit zu gewährleisten, wurde vor allem das Bachbett der Leinleiter umgestaltet und Uferschutzmauern errichtet. Die aus dem Jahre 1669 stammende steinerne sog. Zolleisenbrücke über die Leinleiter wurde 1989 saniert und entsprechend ertüchtigt.

Einzelne ältere Gebäude wurden saniert und neu genutzt. Das aus dem 18. Jh. stammende Schulhaus der Gemeinde, ein Fachwerkbau, wurde 1975 zum Rathaus der Marktgemeinde umgebaut. Der auf dem rechten Leinleiterufer liegende Oertelshof (im Kern aus dem 17. Jh.), ein Bauernhof, der lange als Poststation gedient hatte, wurde von der Gemeinde erworben und saniert. Gleichzeitig wurde die große, baufällige Scheune abgerissen und als öffentlicher Veranstaltungsort wieder aufgebaut. Diese Maßnahmen ab Mitte der 1970er Jahre markieren das Umdenken im Hinblick auf den denkmalpflegerischen Erhalt von Gebäuden. Noch Anfang der 1970er Jahre hatte man das markante Färberhaus an der Hauptstraße (St 2178) abgerissen, um die Ortsdurchfahrt zu verbreitern. Funktionale Veränderungen ergaben sich auch durch die endgültige Stilllegung der Stichbahnstrecke von Ebermannstadt im Jahre 1968. Der ehemalige Endbahnhof der Strecke am südlichen Ortsrand wurde zwischen 1971 und 1976 als Verwaltungsgebäude der Gemeinde genutzt und danach abgerissen und durch ein Verwaltungsgebäude der Raiffeisenbank ersetzt. Das Bahnhofsareal wurde dann in den Jahren 1984/85 zu einem Busbahnhof umgestaltet.

Erhöht über dem rechten Ufer der Leinleiter liegt die evangelische Pfarrkirche St. Veit und St. Michael, im 12. Jh. vermutlich an Stelle einer älteren Burg gebaut. Der Chor stammt vom Ende des 15. Jh.,

Abb. 98 Blick von Südwesten auf den Ortskern von Heiligenstadt

das Langhaus war wohl ursprünglich eine Zehntscheune, wurde dann aber mit einer umlaufenden Doppelempore versehen und komplett innen ausgemalt. Die barocke Orgel stammt ursprünglich aus der Dominikanerkirche in Bamberg. Neben der Kirche befindet sich der Pfarrhof vom Ende des 17. Jh., der teilweise noch von den Resten einer Mauer umgeben ist.

B24 Buttenheim

Buttenheim ist ein Marktort im Landkreis Bamberg und liegt im Regnitztal zwischen Bamberg und Forchheim. Die Lage zeichnete sich immer durch eine Verkehrsgunst aus, bedingt durch die alte Handelsstraße, die von Nürnberg über Bamberg und Hall-

Abb. 99   Blick auf Buttenheim von Süden

stadt Richtung N führte. Der Ort liegt heute direkt an der BAB 73, die Nürnberg mit Suhl verbindet. Mit 273 m ü. NHN ist er ca. 20 m erhöht über dem Main-Donau-Kanal und der Regnitz gelegen, von denen er durch den Ort Altendorf getrennt ist. ▶ Abb. 99 Aufgrund der Gunstlage ist eine lange Siedlungskontinuität anzunehmen. Der Ortsname wird erstmals 1118 als *Bötenheim,* 1238 als *Butenheim* genannt. Das Grundwort -*heim* ist mittelhochdeutsch. Das Bestimmungswort ist ein Personenname, hier *Buto* oder *Pouto*. Als Ergebnis der Gemeindegebietsreform 1972 und 1978 gehören heute neben dem Hauptort noch neun weitere zur Gemeinde Buttenheim: Dreuschendorf, Frankendorf, Gunzendorf, Hochstall, Kälberberg, Ketschendorf, Senftenberg, Stackendorf und Tiefenhöchstadt. Die Gemeinde hatte 2016 insgesamt 3.600 Einwohner.

Buttenheim war durch reichsritterschaftliche Besitzungen geprägt. Im Ort lagen zwei Schlösser, das Obere und das Untere Schloss. Das Obere Schloss wurde nach seiner Zerstörung im Bauernkrieg 1525 nicht wieder aufgebaut und existiert nicht mehr. Das Untere Schloss ist ein zweigeschossiger Barockbau mit Walmdach aus dem Jahre 1774. Eine wichtige Rolle spielte die Familie von Stiebar, die auf dem Unteren Schloss residierte. Die in Buttenheim ansässige Linie der Familie starb mit dem Tod des Reichsfreiherrn Johann Georg Christoph Wilhelm von Stiebar 1762 aus. Der brandenburgische Kammerjunker Wilhelm Christian Friedrich von Seefried hatte 1761 in die Familie eingeheiratet und sich dann in Buttenheim niedergelassen, wo er das Untere Schloss umbauen und teilweise neu errichten ließ. Zu dieser Zeit war die Herrschaft über das Dorf als Kondominium durch einen Rezeß von 1763 geregelt. Sie wurde gemeinschaftlich durch das bambergische Amt Eggolsheim und den Freiherren von Seefried ausgeübt, wobei das Direktorium jährlich wechselte.

Typisch für reichsritterschaftliche Orte war auch in Buttenheim die Existenz einer zeitweilig sehr großen jüdischen Gemeinde. Vermutlich gab es bereits im 15. Jh. eine jüdische Bevölkerung. Ab 1670 wurden dann von der Familie von Stiebar Juden auf dem Gelände des zerstörten Oberen Schlosses angesiedelt. Um 1740 errichtete die jüdische Gemeinde ein Gebäude, in dem eine Synagoge, eine Mikwe und eine Schule untergebracht war. Um 1820 folgte ein Friedhof, der vor dem Ort an der Straße nach Seigendorf angelegt wurde. Um 1810 umfasste die jüdische Gemeinde 176 Einwohner. Wie überall ging dann infolge der bayerischen Matrikelgesetze von 1813 die Zahl bis 1892 auf fünf zurück, sodass die Gemeinde aufgelöst wurde und auch die Synagoge ungenutzt blieb. Von dem 1936/37 an Privathand verkauften Gebäude sind nur noch wenige Reste übriggeblieben. An die jüdische Bevölkerung erinnert heute noch der Friedhof und das auf ihm stehende Taharahaus, das Gebäude in dem die Leichenwaschungen ausgeführt wurden. Bis in die Zeit nach dem Ersten Weltkrieg gab es nur noch wenige jüdische Einwohner, die dann in der Zeit des Nationalsozialismus massiven Verfolgungen ausgesetzt waren. 1939 verließ die letzte Familie den Ort. Die jüdischen Familien lebten vom Vieh- und Hausierhandel und von der Landwirtschaft. Einen guten Einblick in deren Lebensverhältnisse gibt seit seiner Eröffnung im Jahre 2000 das Levi-Strauss-

Museum in der Marktstraße 33, dem erhaltenen Geburtshaus von Levi (Löb) Strauss (1829–1902). Die Familie war 1847 nach dem Tod des Vaters aus wirtschaftlicher Not in die USA ausgewandert, wohin bereits zwei Söhne gegangen waren. Seit 1853 amerikanischer Staatsbürger, ging Strauss, der sich nun Levi nannte, während des aufkommenden Goldrausches nach Kalifornien und gründete dort zusammen mit seinem Schwager und einem seiner Brüder ein Handelsunternehmen, das die Goldsucher mit Kleidung und Ausrüstung versorgte. Zusammen mit dem Schneider Jacob Davis aus Reno, der die Idee dazu hatte, ließ sich Strauss 1872 die mit Nieten verstärkte Baumwollhose patentieren, die sich wegen ihrer Strapazierfähigkeit bald sehr gut verkaufte und aus der nach 1945 die global verbreitete Blue Jeans wurde. Strauss starb 1902 hochgeehrt in San Francisco und hinterließ die Firma seinen vier Neffen, da er selbst kinderlos geblieben war.

Heute wird das Ortsbild von den Prozessen einer dynamischen Gewerbe- und Dienstleistungssuburbanisierung geprägt. Neben einem Gewerbepark mit einer Fläche von rund 60.000 m^2 südlich des Ortes fällt vor allem das nördlich des Ortes gelegene Logistikzentrum auf, das von der REWE Group, einem der führenden Handelskonzerne Deutschlands, betrieben wird. Die Standorte und Märkte des Konzerns in Bayern werden zentral von zwei Standorten, Buttenheim im Norden und Eitting im Landkreis Erding im Süden beliefert. Der Standort in Buttenheim wurde ab 1998 entwickelt und verfügt heute über eine Lagerfläche von 52.000 m^2. Die hier gelagerten und kommissionierten Waren werden an rund 318 Kunden im nordbayerischen Raum ausgeliefert.

B25 Gunzendorf

Gunzendorf liegt 3,9 km von Buttenheim entfernt zwischen den Dörfern Dreuschendorf und Stackendorf am Fuße eines Bergsporns, dem Senftenberg, der hier eine Höhe von 406 m ü. NHN erreicht. Der Ort wird vom Deichselbach durchflossen, einem 11,5 km langen rechten Nebenbach der Regnitz, der bei Tiefenhöchstadt entspringt, in Altendorf künstlich unter dem Rhein-Main-Donau-Kanal hindurchgeführt wird und dort in die Regnitz mündet. Gunzendorf gehört mit seinem Ortsnamenssuffix *-dorf* nach zur Phase des karolingisch-ottonischen Landesausbaus zwischen dem 8. und 11. Jh. und weist einen unregelmäßigen Straßengrundriss auf. Territorial war der Ort während der Zeit des Alten Reiches dem fürstbischöflich bambergischen Oberamt Eggolsheim zugeordnet, während die Zehnten und die Dorfvogtei dem Fürstbistum Würzburg zustanden, die diese durch einen eigenen Beamten in Gunzendorf verwalten ließ. Seit 1978 ist Gunzendorf ein Ortsteil von Buttenheim, nachdem bereits 1972 der oberhalb am Deichselbach gelegene Nachbarort Stackendorf nach Gunzendorf eingemeindet worden war. Der Ort profitierte in seiner Entwicklung immer von der verkehrsmäßig günstigen Lage zum Regnitztal. Betrug die Einwohnerzahl 1950 noch 349, so ist sie bis heute auf 466 angestiegen.

Auf dem Senftenberg befanden sich im Mittelalter zwei Burganlagen, die Burgen Ober- und Niedersenftenberg. Die Burg Obersenftenberg war eine Turmhügelburg, die wohl aus dem 12. Jh. stammt. Ursprünglich in bambergischem Besitz, wurde sie wie die später erbaute Burg Niedersenftenberg an die Adelsfamilie von Schlüsselberg verpfändet. Nach dem Erlöschen der Schlüsselberger 1347 wurde sie wiederum bambergisch und fiel allmählich wüst; die Burg Niedersenftenberg wurde nach ihrer Zerstörung während des Bauernkrieges 1525 nicht wieder aufgebaut. Erhalten hat sich von Obersenftenberg der Turmhügel, der

Graben und zwei Ringwälle. An Stelle der ehemaligen Burg Niedersenftenberg befindet sich heute weithin sichtbar eine Kapelle, die dem heiligen Georg geweiht ist. Es ist bereits der dritte Kapellenbau an dieser Stelle, der 1668–1669 durch den Schweizer Architekten Valentin Juliot von Gufle errichtet wurde. Die Kapelle ist ein schlichter frühbarocker Saalbau mit einem Satteldach und einem Dachreiter. Die Ausstattung der Kirche stammt z. T. noch aus der Bauzeit, der Hochaltar hingegen ist erst 1767 errichtet worden. Der Kreuzweg zur Kapelle kam erst später hinzu und wurde 1898 auf Initiative des Gunzendorfer Lehrers Johann Friedrich angelegt. Auf dem Hügel befindet sich ebenfalls bis heute ein Bierkeller.

Bekannt ist Gunzendorf für den Georgiritt, eine Pferdewallfahrt, die jährlich am Sonntag nach dem Gedenktag des Hl. Georg (23. April) von der Filialkirche St. Nikolaus in der Ortsmitte den Senftenberg zur Kapelle hinaufführt. Georgiritte finden in der weiteren Umgebung z. B. auch in Effeltrich statt, in Bayern überregional bekannt ist der Georgiritt von Traunstein. Diese Wallfahrten weisen nie eine völlig bruchlose Geschichte auf, was sich auch in diesem Fall belegen lässt. Als Schutzheiliger der Bauern und der Pferde erfreute sich der Heilige großer Beliebtheit und aus einer bäuerlichen Praxis heraus entstand ab dem Beginn des 17. Jh. eine Wallfahrt, der die Kapelle gewidmet war. Die Wallfahrt dehnte sich dann aus, Anfang des 19. Jh. war sie mit zwei Märkten verbunden, einem am Tag der Kirchweih und einem am Gedenktag des heiligen Antonius, dem 13. Juni. Weil die Kriminalität rund um diese Volksfeste zunahm, wurde die Wallfahrt um 1848 eingestellt und erst 1951 auf lokale Initiative hin wieder eingeführt.

B26 Steinerne Rinne bei Roschlaub

Von der West- und Nordwestflanke der Fränkischen Alb sind zahlreiche Kalkausfällungen aus Quell- und Bachwässern bekannt. Dabei handelt es sich wie beim Schwabthal im Lautergrund um ganze Talauskleidungen oder um Kalktuff-Kissen, die Hangpartien wie bei Drosendorf am Westrand der Langen Meile oder bei der Einmündung der Nebengerinne in das Wiesenttal bedecken. Eine besondere Form derartiger Kalktuffbildungen ist die so genannte Steinerne Rinne bei Roschlaub. Sie liegt ca. 5 km nördlich von Scheßlitz und 800 m nördlich von Roschlaub an einem westexponierten Hang. Und sie ist schwer zu finden, da sie unzureichend ausgeschildert ist. Aufgebaut wurde der bis zu 50 cm hohe Damm aus Kalktuff durch das kalkhaltige Wasser aus einer Quelle, die an einer Störung oberhalb entspringt. Von dort fließt das Wasser in einer nur geringfügig eingesenkten Rinne auf dem Damm, bis es nach etwa 50 m im Kalktuffdamm versickert oder durch so genannte Evapotranspiration an die Umgebungsluft abgegeben worden ist. ▶ Abb. 100

Zweifellos wäre der Aufbauprozess ohne den fördernden Eingriff des Menschen durchaus denkbar. Aber ohne Quellfassung und ohne Beseitigung der Störungen

Abb. 100   An der Steinernen Rinne ist der Wasserlauf am höchsten Punkt der Akkumulationsrinne vegetationsfrei.

durch herabfallende Äste oder Falllaub, die das Wasser in der Rinne stauen und zum Überlaufen zwingen, ist ein derartiges Naturdenkmal längerfristig nicht stabil. Insofern ist die chronologische Einordnung der Rinne in die jüngste Vergangenheit richtig. Je nach Kalkgehalt und Schüttung der Quelle sind etwa 100 Jahre ein ausreichender Zeitraum für den Aufbau einer derartigen Rinne. In der nördlichen Frankenalb sind allerdings auch Bach- und Quellkalke bekannt, die den postglazialen Warmzeiten – Boreal und Atlantikum – zugeordnet werden. In einigen Fällen sind Verzahnungen mit pleistozänen Wirbeltierresten bekannt, die sogar eine Bildung in interglazialen Warmzeiten nahelegen.

Prozesse bei der Entstehung der Rinne

Kalktuffbildungen sind Phänomene des seichten Karsts. Das Wasser tritt an der Grenze zwischen Wasserleiter und Wasserstauer in Form von Überlaufquellen aus dem Karstwasserkörper aus. Dabei stellt sich durch die Abgabe von Kohlendioxid bei momentan noch gleichbleibender Temperatur eine Übersättigung ein, die durch Ausfällung von Kalziumkarbonat kompensiert wird. Wenn das Quellwasser also Kohlendioxid abgibt, ist das weit löslichere Kalziumbicarbonat nicht mehr stabil. Der zweite wichtige Prozess beim Aufbau der Rinne ist die Störung des Lösungsgleichgewichts durch Änderung der Temperatur. Da die Gaslöslichkeit invers zur Feststofflöslichkeit verläuft, kann kaltes Wasser deutlich mehr CO_2 aufnehmen als warmes Wasser. Wenn also Wasser an der Quellfassung mit der Jahresmitteltemperatur von 8 °C austritt und sich beim Abwärtsfließen erwärmt, entgast das Wasser. Es gibt Kohlendioxid ab. Und in der Folge wird wiederum Kalk ausgeschieden. Der dritte wichtige Prozess ist die Verdunstung, die überwiegend nur das abfließende Wasser, nicht aber die im Wasser gelösten Inhaltsstoffe (Ionen) betrifft. Verdunstung bewirkt folglich Ionenkonzentration, also Übersättigung und damit ebenso Kalkausfällung.

Karstformen und Ökotourismus

In der Öffentlichkeit sind viele Karstformen hinsichtlich ihrer Terminologie (z. B. Doline, Trockental, Hungerbrunnen) bekannt. Alle wichtigen Karstformen der Fränkischen Schweiz werden an ausgewählten Standorten erläutert. ◼ lid-online.de / 81508

Der vierte bedeutende Prozess wird durch assimilierende Moose und Algen verursacht, die bei der Assimilation Kohlendioxid unmittelbar aus dem Quellwasser entnehmen können und so ebenfalls für Kohlendioxidverluste im Wasser sorgen, was die bereits beschriebenen Folgen hat. Alle vier Prozesse laufen ineinander verschachtelt oder auch nacheinander ab und können durch hydrochemische Untersuchungen an verschiedenen Streckenteilen auch gut nachgewiesen werden. Mit dem bloßen Auge sichtbar ist die Rolle der Vegetation, insbesondere der Tuffmoose, die mit Kalkumkrustungen ihren Aufbau des Tuffdamms beweisen.

Betrachtet man die Rinne im Längsprofil, dann fallen kleine Windungen, so genannte Stromschnellen ins Auge, bei denen die Entgasung besonders intensiv ist. In einigen anderen Abschnitten wird auch im zentralen Innenbereich erodiert, was durch aggressives Kohlendioxid erklärbar ist. Im Querprofil erscheint der zentrale Wasserlaufbereich vegetationslos, während die Ränder von Moosen bedeckt nach oben wachsen. In Wirklichkeit wächst die ganze Rinne nach oben und in die Breite, weil Wasser durch den porösen Kalk diffundiert und seitlich die Tuffmoose mit Wasser versorgt. Der Endbereich der Rinne wird nur noch bei hohem Wasseranfall überflossen. Meist aber liegt das Ende der Rinne trocken und verfällt langsam. Auch wenn andere Ionen, wie Mg^{2+} oder auch Cl^- in geringen Mengen vorkommen, was aufgrund der Dolomite im Einzugsgebiet verständlich ist, bleibt ein hoher Gehalt an Hydrogenkarbonat die entscheidende hydrochemische Voraussetzung, damit die Rinne entstehen kann. In deutscher Härte heißt das sehr hartes Wasser, v. a. eine hohe Karbonathärte.

B27 Paradiestal

Das Paradiestal gilt als eines der schönsten, aber auch einsamsten Täler der Fränkischen Schweiz. Ein geographisches Kleinod, an dem man schnell vorbeigefahren ist, wenn man den Eingang nicht findet. Zwischen Treunitz und Steinfeld (B 22) zweigt es vom Haupttal der Wiesent nach N ab. Im unteren Teilstück wird das Tal noch von der Wiesent durchflossen, nach ca. 1 km ist der Bachlauf jedoch verschwunden. Das breite Kastental ist enger geworden und hat den Charakter eines Trockentals, d. h. das Tal ist zwar da, Fluss und Flusssohle aber fehlen. Weiter nach NW lässt sich das Paradiestal dann über den Schederndorfer Talzug bis in den Bereich von Wattendorf verfolgen, wo sich dann das inzwischen flache Muldental in einer Höhe von ca. 500 m ü. NHN auf der Fläche verliert. Da dort auch der Leitenbach und der Würgauer Bach an Überlaufquellen entspringen, sie zudem eine extrem kurze Distanz zum Main bei Hallstadt haben, und weiter östlich auch das Kleinziegenfelder Tal weit nach S ausgreift, findet hier „der Kampf um die Wasserscheide" statt. Beteiligt an diesem Kampf sind auch die Leinleiter, die Aufseß und der Ellernbach.

Geologisch gesehen liegt das Paradiestal vollständig im Malm-delta (Weißer Jura), der mit seinen fossilen Riffstrukturen den Charakter des Tales und v. a. den der Talhänge bestimmt. Jedes der fossilen Riffe hat seinen eigenen Namen. Vom Ausgang des Tales her gesehen folgen dem vorderen Paradiestalwächter die Nasenlöcherfelsen, dann die Riffe Silberwand und Blaues Meer. Letzteres stellt eine Karstquelle dar, die bei entsprechendem Wasserdruck (Regenfälle oder Schneeschmelze) ein türkisblaues Wasser schüttet. Es folgen Zigeunerstube, Parasol und Wüstenstein, eine massive Felswand mit der Möglichkeit zu zahlreichen Klettertouren, bis der hintere Paradiestalwächter, eine dünne, sich nach oben verdickende Felsnadel, das Tal abschließt.

Durchwandern lässt sich das Paradiestal entweder von N kommend, von den Wanderparkplätzen südlich von Wölkendorf oder von einem Wanderparkplatz an der B 22 gelegen, etwa 1 km von Treunitz in Richtung Stadelhofen, aus. Der Rundwanderweg ist gut markiert, ungefähr 11 km lang, und kann aber auch kürzer begangen werden, da es zahlreiche Abkürzungen gibt. Im Sommer wird das Tal gern von Wanderern, Kletterern und Pilzsammlern aufgesucht. Im Winter bietet sich den Skilangläufern eine gespurte Loipe an.

B28 Sintertreppen bei Tiefenellern

Bei Tiefenellern fächert der Ellernbach in seinem, einem Amphitheater ähnlichen Talschluss in zahlreiche Einzelgerinne auf. So wird der Ellernbach von Wasserläufen westlich und südlich der Felsenburg, wie auch denen südlich des Schlossbergs (Bettelbründl) gespeist. Die Quellen liegen alle am Hang. Sie sind dem so genannten seichten Karst zuzurechnen, was in diesem Fall bedeutet, dass die Wasseraustritte an der Grenze zwischen dem Oberen Dogger (Wasserstauer) und Unteren Malm liegen. Etliche Quellen sind auch im Hangschutt verborgen, erkennbar an den Vernässungszonen, die je nach Wasseranfall im Karstwasserkörper mehr oder weniger Wasser schütten. Für den Ellernbach, dessen Hauptquelle knapp unter 450 m Höhe liegt, sind die karsthydrologischen Voraussetzungen günstig, da auf der östlichen Hochfläche keine tief eingeschnittenen Täler existieren, die die Niederschläge nach S oder O abführen könnten.

Die Ellernbachschlucht bzw. das Ellernbachtal beginnt unmittelbar nördlich von Herzogenreuth. Ist es auf der Hochfläche noch als trockenes Breittal ausgebildet, so wird es weiter hangabwärts dann zum Kerbtal, um im weiteren Verlauf die Form eines Kerbsohlentales anzunehmen. Dabei war der Talverlauf im Bereich des Kerbsohlentales auch ursprünglich ein Kerbtal, das nur durch die Ablagerung von Tuff und Sinter sekundär eine Sohle bekommen hat. Die Einkerbung, also die Bildung des Tals, wird zeitlich gesehen ins Pleistozän (Eiszeit) gestellt, die Genese der Sinter und Tuffe ins Holozän (Jetztzeit). Belege dafür sind Fossilfunde in den Kalksintern.

Grob gesehen läuft der Prozess der Sinterbildung folgendermaßen ab: Auf der Hochfläche versickern Niederschläge im Boden und im Gestein. Durch die Anreicherung des Wassers mit Kohlendioxid gehen Kalke und auch Dolomite in Lösung und strömen in Ionenform mit dem Grundwasser zur Quelle, wo das Wasser dann austritt. Von dort an verändert sich der Chemismus des Wassers, da durch Prozesse wie Druckentlastung, Temperaturanstieg und auch durch Kohlendioxid-Entzug der Pflanzen – insbesondere durch Tuffmoose und Algen – das Kalziumkarbonat ausfällt. Genauere chemische Analysen zeigen, dass neben den gelösten Bestandteilen von Kalken und Dolomiten auch Nitrate, Sulfate, Phosphate und sogar Chloride in den Ablagerungen vorkommen. ▶ Abb. 101

Im Bachbett selbst wechseln sich Strecken mit der Wasserkonzentration auf zwei, drei oder auch nur ein Gerinne mit solchen einer vollständigen Überflutung der gesamten Flusssohle ab. Dabei wächst die Sohle trotz der unterschiedlichen Wasserverteilung in voller Breite nach oben – dies

Abb. 101   Kalksinterterrassen von Tiefenellern

allerdings langsam. Dort, wo Wasser sehr schnell fließt, bildet sich Sinter, eine wesentlich festere (säge- und polierfähige) Form von Kalkablagerung. An den Rändern, wo die Tuffmoose sich halten können, entsteht Kalktuff – eine geschichtete, porösere, mit Hohlräumen durchsetzte Kalkablagerung. Streckenweise kann man sehen, wie Moosrasen bei langsamem Wasserstrom den Kalk aus dem Wasser auskämmen und damit an der Basis umkrustet nach oben wachsen. Sind sie nicht schnell genug, dann töten sie sich selbst. Denn die notwendige Fotosynthese funktioniert nicht mehr, sie sterben ab.

Weiterhin kann man Algenrasen beobachten, die nur leicht vom Wasser bedeckt sind und so für ein faszinierendes, grün-blaues Farbspiel sorgen. Unstetigkeiten im Wasserfluss verursachen dann die kleinen Terrassen, die einerseits nach oben wachsen, andererseits aber auch nach vorne, indem sich kleine Nasen bilden. Die wiederum brechen manchmal auch ab, um dann in die kalkige Tuffmasse eingearbeitet zu werden. Auch kleine Barren kann man beobachten. Sie teilen die Wasserfäden und schaffen so das romantische, von leisem Rauschen begleitete Gesamtbild der Ellernbachschlucht.

B29 Trockental an der Heroldsmühle

Die nördliche Fortsetzung des Leinleitertals ist ein ausgedehntes Trockental, das sich ab der Leinleiterquelle, 200 m oberhalb der Heroldsmühle, noch etwa 5 km nach N fortsetzt. Beginnend mit der Quelle der Leinleiter schließt sich oberhalb nach N ein kastenförmiges Trockental mit steilen Talflanken an, das nach etwa 150 m eine auffällige Geländevertiefung mit großen Felsbrocken zeigt. Es handelt sich hier um den Kleinen Tummler, eine bei Schneeschmelze stark schüttende geysirartige Quelle, die kurzzeitig bis zu 5 m hohe Wasserfontänen erzeugt und den Talboden dabei vollständig flutet. Wenige Meter nördlich folgt eine weitere Quelle, der Große Tummler. Das Trockental setzt sich nach N fort, wobei es sich etwa 1 km vor der Ortschaft Laibarös weitet und die Talflanken flacher werden. Nördlich von Laibarös ändert sich die Talrichtung mehrfach und es entstehen mehrere flache Talverzweigungen, deren nördlichste bis zur Ortschaft Poxdorf reicht.

Ähnlich wie im Kleinziegenfelder Tal ist v. a. bei den steilen, landwirtschaftlich nicht nutzbaren Hängen des Trockentals eine durch Schaf- und Weidewirtschaft geprägte Vegetation mit Magerrasenwiesen und Wacholdergewächsen entstanden. Diese verschwindet in den Bereichen, wo die Hangversteilung geringer und dadurch eine maschinelle landwirtschaftliche Nutzung der Flächen möglich ist. Die weitgehend verschwundene Schaf- und Weidewirtschaft hat in den vergangenen Jahren dazu geführt, dass diese durch Beweidung entstandene Vegetationsgesellschaft zunehmend von Wald- und Buschvegetation verdrängt wird.

B30 Leinleitertal

Das Leinleitertal gilt als eines der idyllischsten Täler der Fränkischen Schweiz. Dies hat vermutlich damit zu tun, dass die Leinleiter stärker als alle anderen Flüsse der Fränkischen Schweiz zur kleinmaßstäblichen Mäanderbildung neigt und bisher nur geringe anthropogene Änderungen im natürlichen Flusslauf vorgenommen wurden. Das Fehlen übermäßig steiler Talflanken im Oberlauf bis Heiligenstadt verstärkt den lieblichen Eindruck des Tals. Ab Heiligenstadt weitet sich das Tal und die Talflanken erscheinen dadurch weniger hochragend. Schon im Bereich von Oberleinleiter liegt der Talgrund aufgrund einer leichten Aufwölbung der Schichten auf Mittlerem Jura, d. h. es liegen in diesem Bereich bereits Bedingungen des seichten Karsts vor. Im folgenden Abschnitt bis Heiligenstadt befindet sich der Talgrund der Leinleiter erneut im Oberen Jura, um dann südlich von Heiligenstadt bis zur Mündung in die Wiesent bei Gasseldorf erneut im Mittleren bzw. Unteren Jura zu fließen. Es herrschen also über den größten Teil der Flussstrecke die Bedingungen des seichten Karsts. Dennoch ist das Tal deutlich enger als das Tal der Wiesent, was in erster Linie der geringeren Wasserführung geschuldet ist.

Mehrere Bachläufe münden seitlich in die Leinleiter. Ein besonders schöner Bachlauf ist das Werntal, das bei der Schulmühle nördlich Veilbronn von O in die Leinleiter mündet. In diesem Tal befindet sich der Siegritzer Brunnen ▶ B 31, eine Quelle, deren Wasser zu der auf der Hochfläche liegenden Ortschaft Siegritz gepumpt wurde. Weiter südlich mündet der Mathelbach bei Veilbronn in die Leinleiter. Dieser nur etwa 2 km lange Bachlauf zeichnet sich dadurch aus, dass er als hängendes Tal in das Leinleitertal mündet und auf halber Höhe am Hang eine ausgedehnte Terrasse bildet, die aus Quelltuff besteht. In diese Terrasse hat sich der Bach in jüngerer Zeit wieder eingetieft und dabei eine Oberflächengestalt geschaffen, die stellenweise an alpine Verhältnisse erinnert. Unterhalb der Ortschaft Leidingshof befindet sich im Mathelbachtal ein hydraulischer Widder ▶ B 32, mit dem Wasser aus dem Bach in die Ortschaft Leidingshof auf der Albhochfläche gepumpt wurde.

Durch die Eintiefung der Leinleiter in die Schichten des Mittleren Jura kommt es an den Hängen im Bereich der Westseite des Tals bei den Ortschaften Veilbronn und südlich und nördlich von Unterleinleiter zu Rutschungen auf Ornatenton.

Das Leinleitertal wurde 1915 durch den Bahnbau bis nach Heiligenstadt erschlossen. Der Bahndamm der Bahnlinie von Gasseldorf bis Heiligenstadt ist streckenweise noch erhalten und wurde als Fahrradweg ausgebaut. Die Streckenführung zwischen Traindorf und Unterleinleiter lässt vermuten, dass es sich bei dieser Bahnlinie vielleicht um eine der romantischsten Bahnlinien zumindest in der Fränkischen Schweiz gehandelt haben könnte. Leider wurde der Personenverkehr 1960 eingestellt und die Bahnlinie 1968 abgebaut.

B31 Siegritzer Brunnen

Im Werntal (oder auch Schulmühlbach genannt) befindet sich westlich der Ortschaft Siegritz ein Quellbereich in einem flachen Teich. An seinem Boden erkennt man mehrere Bereiche mit Wasserzutritten. Ein mit einem Wasserrad betriebenes Pumpenhaus förderte ab 1871 das Wasser zur Trinkwasserversorgung aus dem Teich auf die Hochfläche zu der etwa 800 m östlich gelegenen Ortschaft Siegritz.

B32 Hydraulischer Widder von Leidingshof

Einer der wenigen in der Fränkischen Schweiz noch in Betrieb befindlichen hydraulischen Widder ist unterhalb der Ortschaft Leidingshof zu sehen. Der Mathelbach verfügt über eine dauerhafte und ausreichend hohe Schüttung, um einen hydraulischen Widder zu betreiben, mit dem Wasser des Mathelbachs früher fast 100 m auf die Hochfläche zur Ortschaft Leidingshof gepumpt wurde. Die weitgehend wartungsfreie Pumpe nutzt die potentielle Energie des Wassers, die in Druckstöße

Historische Wasserversorgung auf der Hochfläche

Die infolge des Karstes wasserlose Hochfläche, die aber zugleich landwirtschaftlich genutzt wurde und zahlreiche Dörfer aufwies, hatte in der Vergangenheit das Problem, dass das Trinkwasser oft von weither in Butten transportiert werden musste. Frauen verrichteten diese mühsame Tätigkeit. Es gab zahlreiche Anpassungsformen an den Wassermangel, von den Hülen über Zisternen bis zu hydraulischen Widdern. ■ lid-online.de/81104

Wasserversorgung auf der Hochfläche

umgewandelt wird, mit denen Wasser nach oben gedrückt wird. Der Widder ist in einem gemauerten Keller durch ein Gitter geschützt und wird zu touristischen Zwecken in Betrieb gehalten. Das Wasser wird jedoch nicht mehr nach Leidingshof gepumpt, sondern es fließt bereits wenige Meter oberhalb bei einer Rasthütte aus einer Leitung. Die Funktionsweise des Widders wird auf einer Schautafel erläutert. Man erreicht den etwas unterhalb der Mathelquelle stehenden Widder über einen Fußweg (fünf Minuten) von der Verbindungsstraße Veilbronn–Leidingshof und man hört ihn schon von weitem durch sein rhythmisches Klopfen.

In der Vergangenheit war für die Bewohner von Leidingshof die Trinkwasserbeschaffung sehr beschwerlich, musste es doch mühsam aus dem Tal in Butten hochtransportiert werden. Insofern war die Installation eines hydraulischen Widders, ganz ohne Energiezufuhr von außen ab 1875, eine einschneidende Verbesserung der Lebensqualität v. a. für die Frauen, denen die Aufgabe des Wassertransportes im Wesentlichen zukam.

B33 Giechburg

Im Regnitztal bei Bamberg sind weithin zwei Burgen sichtbar, die Altenburg oberhalb von Bamberg auf dem linken Ufer der Regnitz und die Giechburg, hoch über dem rechten Ufer der Regnitz. Beide Burgen markieren die strategisch wichtige Lage der Stadt an einem Regnitzübergang vor der Mündung des Flusses in den Main. Gleichzeitig liegt die Giechburg an der alten Wegeverbindung von Bamberg über Scheßlitz nach Bayreuth. Die Burg befindet sich auf einem der Albhochfläche westlich vorgelagerten Bergsporn, dem Schlossberg, mit einer Höhe von 530 m ü. NHN. Auf der Westseite des Sporns befindet sich die heutige Burganlage, der auf der Ostseite noch drei verschieden breite Halsgräben und ein weiteres Plateau folgen. Der Höhenunterschied zur Stadt Scheßlitz beträgt rund 200 m.

Das Plateau war bereits vorgeschichtlich besiedelt. Darauf weisen in der Nähe liegende Grabhügel sowie hallstattzeitliche Keramikfunde vom Giechburgplateau selbst hin. Die Anfänge einer Befestigung dieses Plateaus deuten vermutlich auf die karolingisch-ottonische Zeit (8.–10. Jh.). Urkundlich belegt ist eine erste steinerne Burganlage, die Wilhelm von Giech vor 1125 anlegen ließ. In der Folge gelangte die Burg an die Familie der Andechs-Meranier, was zu Streitigkeiten mit dem Fürstbischof von Bamberg führte, die in den Giechburg-Verträgen von 1143 und 1149 geregelt wurden. In diesen Verträgen ist eine bischöfliche Gegenburg auf dem Plateau vor der Giechburg erwähnt. Nachdem die Familie der Andechs-Meranier 1248 ausgestorben war, waren die Grafen von Truhendingen ab 1260 die Besitzer der Burg. Der aus Mittelfranken stammenden Adelsfamilie von Truhendingen war es gelungen, durch dieses Erbe Territorialbesitz am Obermain mit einem Schwerpunkt um Baunach und Scheßlitz zu entwickeln. Schon ab 1280 geriet die Familie aber in finanzielle Schwierigkeiten und musste häufiger Besitz an den Bamberger Fürstbischof und die Nürnberger Burggrafen abgeben. So waren die Truhendinger 1390 gezwungen, die Burg an den Bamberger Fürstbischof Lamprecht von Brunn (1320/30–1399) zu verkaufen. Die Burg war ab dieser Zeit der Verwaltungssitz des fürstbischöflichen Oberamtes Scheßlitz, auch Pflegamt Giech genannt, eines Verwaltungsbezirks, der etliche Dörfer und das Land um die Stadt Scheßlitz umfasste.

Wie viele andere Burgen auch wurde die Giechburg in den Kriegen der Zeit zerstört. Erstmals war dies während des Einfalls der Hussiten 1430 der Fall. In diesem Jahr zogen die Hussiten unter ihrem Heerführer Andreas Prokop von Eger kommend über Bayreuth, Hof, Kulmbach und Bamberg bis nach Sulzbach; ein Kriegszug, der sich vor allem gegen die katholischen Nachbarländer Böhmens richtete. Zum zweiten Mal zerstört wurde die Burg während der Bauernkriegs im Jahre 1525, in dem besonders in Franken verschiedene Bauernhaufen und -heere durch das Land zogen und Burgen sowie Klöster zerstörten. Der Bamberger Raum war ein räumlicher Schwerpunkt dieser Ereignisse. Zum dritten Mal zerstört wurde die Giechburg während des Zweiten Markgrafenkrieges 1553, der ausgebrochen war, weil der protestantische Markgraf Albrecht II. Alcibiades von Brandenburg-Kulmbach (1522–1557) versuchte, durch Kriegszüge vor allem gegen die benachbarten Territorien seine Macht in Franken auszubauen. In dieser Folge wurde eine große Zahl von Schlössern und Burgen geplündert und zerstört.

Rund um die Giechburg

Die Giechburg überragt majestätisch ihre Umgebung am Albanstieg, südlich von Scheßlitz. Die Fußexkursion führt zu den landschaftlichen und kulturellen Sehenswürdigkeiten rings um diese Burg. ■ lid-online.de/81509

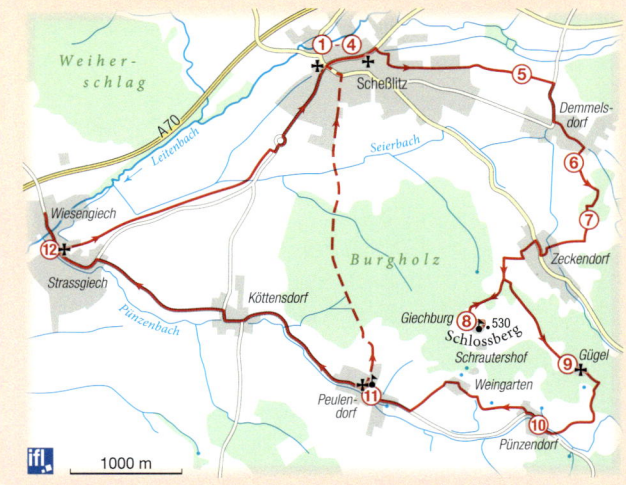

Fürstbischof Johann Philipp von Gebsattel (1555–1609) ließ dann die Burg 1599–1609 umfassend ausbauen, deren Gestalt sich nun von einer mittelalterlichen Burganlage zu einem Renaissanceschloss wandelte. Die Umbaumaßnahmen blieben nach Gebsattels Tod unvollendet, sodass eine dreiflügelige Anlage als Ergebnis die Zeiten überdauerte. Geplante Erweiterungen unter dem Fürstbischof Marquard Sebastian Schenk von Stauffenberg (1644–1693), der auch die Burg Greifenstein ausbauen ließ, wurden nicht in Angriff genommen. Durch den Ausbau anderer Schlösser, wie der Neuen Hofhaltung in Bamberg und v. a. der Sommerresidenz Seehof bei Memmelsdorf, wurde die Giechburg für den Fürstbischof immer unbedeutender. Zuletzt war sie nur noch Sitz eines Forstaufsehers. Durch die Säkularisation und den Besitzwechsel an Bayern

Abb. 102   Das Burginnere der Giechburg

Gaststätte im Westflügel wurde die Burg dauerhaft gesichert und ist heute ein überregional bedeutsames Ausflugsziel. ▶ Abb. 102

Das heutige Erscheinungsbild ist ein Ergebnis verschiedener Bauphasen. Die umlaufende, große Maueranlage mit ihren sieben Rondellen stammt zum größten Teil aus dem frühen 17. Jh. und Ergänzungen aus den 1970er Jahren. Baugeschichtlich belegt ist, dass die Anlage aber bereits im 15. Jh. die heutige Größe hatte. Innerhalb dieser Ummauerung befindet sich die dreiflügelige Renaissance-Anlage, wobei West- und Nordflügel einen L-förmigen Grundriss bilden und durch die Toranlage vom Südflügel getrennt sind. Süd- und Westflügel sind heute genutzt und bedacht, während der Nordflügel als Ruine erhalten ist. Burgengeschichtlich bedeutsam ist der im Burghof stehende, quadratische Wohnturm (Maße: 13 × 13 m), der 24 m hoch ist und in seinem Kern noch aus dem frühen 12. Jh. stammt.

gab es endgültig keine Verwendung mehr für die funktionslos gewordene Burg, die zum Verkauf auf Abbruch stand. Der immer wieder zu lesende Vorwurf, der bayerische Landbauinspektor Freiherr Ferdinand von Hohenhausen (1782–1852) habe ab 1806 die Dächer der Giechburg abgedeckt, um so den Verfall zu einer malerischen Ruine zu beschleunigen, ist bisher archivalisch nicht belegt. Tatsache aber ist, dass die Gebäude der Giechburg immer ruinöser wurden. Dieser Verfall wurde dann durch den Verkauf der Burg an Hermann Graf von Giech gestoppt, der die Burg als seinen vermeintlichen Familiensitz wieder instand setzen ließ. Die Familie starb 1938 mit Friedrich Karl Graf von Giech im Mannesstamme aus. Bereits 1932 war die Burg an private Hand verkauft worden. Die Frage nach einer Sanierung und Umnutzung der Giechburg war in der Nachkriegszeit lange Jahre ein besonderes Problem. Erst durch den Ankauf der Burg durch den Landkreis Bamberg 1971 von privater Hand, der bis 1987 andauernden Sanierung und der Einrichtung einer

Die Landnutzungsgeschichte der unmittelbaren Umgebung der Giechburg veranschaulicht, dass die Abhänge der Burgberge früher häufig unbewaldet und intensiv landwirtschaftlich genutzt wurden. Die Uraufnahme von 1843 zeigt noch dieses Bild, etliche Flurnamen wie *im Weinberg, alter Weingarten, Weingärtle* und auch der Weiler Weingarten am Südhang des Schloßberges weisen auf den Weinbau hin, der hier bis zum Beginn des 19. Jh. betrieben wurde. Nachfolgekulturen des Weinbaus sind ebenfalls bereits zu sehen, wie die Hopfengärten und der Obstbau. Anfang des 19. Jh. nahmen auch Weideflächen des nahegelegenen fürstbischöflichen Fohlenhofes in Peulendorf einen großen Anteil an den Flächen ein.

B34 Wallfahrtskirche Gügel

Die Wallfahrtskirche St. Pankratius auf dem Gügel steht auf einem Bergsporn 940 m Luftlinie in südöstlicher Richtung von der Giechburg entfernt. Sie ragt heute als einzelnes Bauwerk aus dem Wald heraus und bildet so ein sehr markantes Wahrzeichen. ▶ Abb. 103

An der Stelle der heutigen Kirche hat es verschiedene Vorgängerbauten gegeben. Die ersten Kapellenbauten waren mit einer Burganlage verbunden, die erstmals 1274 an dieser Stelle erwähnt ist. Der Bamberger Fürstbischof Lamprecht von Brunn (1320/1330–1399) erwarb die Burg 1390 von dem im 15. Jh. erloschenen schwäbisch-fränkischen Grafengeschlecht von Truhendingen. Burg und Kapelle wurden mehrmals zerstört. Während die Burg abgängig war, wurde die Kapelle immer wieder aufgebaut. Ob allerdings die heutige Kirche an der Stelle der alten Burgkapelle steht, ist ungeklärt. Nach der Zerstörung durch die Hussiten 1430 wurde die Kirche von Bischof Anton von Rotenhan (1390–1459) wieder aufgebaut. Ebenfalls zerstört wurde die Kirche, wie so viele andere herrschaftliche Bauten auch, während der Bauernkriege im Jahre 1525.

Die Initiative zur Errichtung der heutigen Wallfahrtskirche ging vom Bamberger Bischof Johann Gottfried von Aschhausen (1575–1622) aus, der ab 1609 im Fürstbistum Bamberg und 1617 im Fürstbistum Würzburg als Fürstbischof in Personalunion regierte und in beiden Territorien die Gegenreformation mit großer Energie vorantrieb.

Die Urheberschaft des Baues ist nicht ganz klar. Es ist aber davon auszugehen, dass die Baumeister Lazaro Agustoni (in der Literatur auch als Lazaro Agostino erwähnt, ca. 1570–1642) und Giovanni Bonalino (1575–1633) bei den Planungen zu diesem Bau maßgeblich beteiligt waren. Beide kamen aus Regionen, aus denen eine Vielzahl an Architekten und Bauhandwerkern stammten, die an den großen barocken Bauprojekten dieser Zeit ihr Auskommen fanden. Agustoni stammte aus dem Ort Monte im Kanton Tessin, Bonalino aus Roveredo, gelegen im südlichen, italienischsprachigen Teil des Kantons Graubünden. Beide waren mit einer Vielzahl von Bauprojekten in den Fürstbistümern Würzburg und Bamberg beschäftigt. Agustoni plante für den Kiliansdom in Würzburg ein neues Gewölbe, die Wallfahrtskirche Maria in den Weinbergen in Dettelbach und die Klosterkirche in Unterzell in Zell am Main. Bonalino baute in der Stadt Bamberg den Chor der Kollegiatsstiftskirche St. Stephan und das Kapuzinerkloster.

Die Kirche wurde in den Jahren 1610–1618 als weitgehender Neubau errichtet. Inwieweit hier ältere Baustrukturen der Burg mit einbezogen wurden, ist nicht geklärt. Die Kirche steht frei auf einem hohen Felssockel. Sie besteht aus einem Saalbau aus Sandstein mit einem Satteldach. Auf der Fassade sitzt ein Turm mit einem Spitzhelm. Vor der Westseite ist eine Terrasse vorgelagert, zu der eine brückenartige Zufahrt hinführt. Unter der Kirche gibt es einen weiteren gewölbten Raum, in dem sich heute die Lourdeskapelle befindet. Obwohl der Bau aus der Epoche des Barock stammt, sind viele Elemente der Gotik nachempfunden, so das stuckierte Netzgewölbe. Mit diesem Rückgriff auf die mittelalterliche Architektur hat man gewiss Legitimation und Kontinuität der katholischen Lehre symbolisieren und öffentlich darstellen wollen.

Abb. 103   Blick auf die mitten im Wald solitär gelegene Wallfahrtskirche Gügel von Nordwesten

Die Innenausstattung besteht zum Teil aus Einrichtungsgegenständen, die während der Purifizierung des Doms in Bamberg auf Initiative des bayerischen Königs Ludwig I. ab 1833 von dort entfernt und auf andere Kirchen verteilt wurden. Hierzu gehört die Kanzel, die 1836 in die Kirche eingebaut wurde.

Die Funktion der Gügelkapelle als Wallfahrtsort wurde im Laufe des 19. Jh. weiter ergänzt. 1891 wurde in der Unterkirche

Die Burgen – Zeugen einer bewegten Geschichte

Von den rund 170 Burgen, die es im Untersuchungsraum gab, sind heute 35 zugänglich; viele sind seit langer Zeit Halbruinen, Ruinen oder Burgställe (abgegangene Burgen). Gerade die verfallenen Anlagen lockten die Menschen zu allen Zeiten. Der Dichter Ernst Moritz ARNDT schrieb 1801 über die Burg Neideck im Wiesenttal, es handle sich um „die größte und romantischste Ruine, die schönsten Trümmer einer Burg". Burgen, Höhlen und Mühlen wurden von den Romantikern, allen voran Wilhelm Heinrich Wackenroder (1773–1798) und Ludwig Tieck (1773–1853), schwärmerisch und überhöht dargestellt. Sie legten den Grundstein für ein Bild, das die Tourismusbranche erfolgreich bis heute nutzt.

Die sichtbaren Reste der einst so zahlreichen spätmittelalterlichen und frühneuzeitlichen Burganlagen bekommen in der Gegenwart eine neue Bedeutung, wenn sie als Zeugen einer bewegten und leidvollen Geschichte gesehen werden. ▶ D 49 Sie bilden das materielle Erbe einer Zeit, die sich von der heutigen grundlegend unterscheidet und nicht immer leicht zugänglich ist, die aber ein geistiges, kulturelles und religiöses Vermächtnis enthält, das in den regionalen oder lokalen Identitäten und Zugehörigkeiten heute noch gelebt wird. Burgen unterstützen als herausragende Bauwerke die Erinnerung an räumlich-zeitliche Profile und können in diesem Sinne Fenster in vergangene Epochen öffnen, die zum tieferen Verständnis aktueller Probleme, Prozesse und Selbstbilder beitragen, indem sie regionale Entwicklungslinien wachhalten. So kann man die schwärmerische Begeisterung leichter nachvollziehen, die von den Romantikern ausgelöst wurde; zugleich wird erkennbar, dass Burgen auch heute als symbolische Orte identitätsstiftend wirken, indem sie lokale Spezifika betonen. ▶ Abb. 104

Aus der gut aufgearbeiteten Regional- und Baugeschichte der Burgen (z. B. KUNSTMANN 1965, 1971, 1972; KAULICH u. SCHÖNHÖFER 1983; ECKERT u. KRAUS 2015) kann entnommen werden, dass sie über Jahrhunderte im Brennpunkt erbittert geführter Machtstreitigkeiten standen. In zahlreichen Kriegen und Fehden bildeten sie

Abb. 104 Burg Unteraufseß um 1840

das Zentrum der Begehrlichkeiten, bis sie schließlich im 17. Jh. ihre strategische Bedeutung nach und nach verloren.

Zwischen den Bamberger Bischöfen, den Markgrafen von Bayreuth sowie den Nürnberger Burggrafen waren Konflikte und Kollisionen vorprogrammiert. Es kommt hinzu, dass die am hochmittelalterlichen Landesausbau beteiligten edelfreien Familien und die Ministerialen im Laufe der Zeit an Einfluss und Macht gewannen und nahezu eigenständige Größen bildeten wie z. B. die Schlüsselberger, die bis 1347 auf Burg Neideck im Wiesenttal saßen; auf ihre Initiative ging – zur Stärkung der eigenen Position – auch die Erhebung Waischenfelds zur Stadt (1315) zurück. Militärische Auseinandersetzungen wie der meranische Erbfolgekrieg (1248–1260) oder die beiden Markgrafenkriege (1449–1450; 1552–1554) verschärften die Entwicklung und führten zum Ausbau der Burgen, aber auch zu ihrer Zerstörung. Von außerhalb kamen weitere kriegerische Verwicklungen hinzu: Die Hussiteneinfälle (1430), der Bauernaufruhr von 1525 mit 34 zerstörten Burgen oder der Dreißigjährige Krieg (1618–1648) mit 19 eingeäscherten Anlagen (Voit u. Rüfer 1984, S. 24) betrafen nicht nur die wehrhaften Gebäude, sondern auch die Menschen, die in den Dörfern des Umkreises lebten.

Als Folge der Kriege und Auseinandersetzungen erhält das Land bis zum Ende des Alten Reichs (1803) eine ausgesprochen kleinteilige Territorialstruktur, ergänzt um eine häufig von Ort zu Ort wechselnde Sozialstruktur und den Gegensatz von katholischen und evangelischen Orten.

Was einst durch Burgen gesichert wurde, stand seit dem Augsburger Religionsfrieden von 1555 unter dem Schutz des lateinischen Rechtsgrundsatzes *cuius regio, eius religio*, d. h. wessen Gebiet, dessen Glauben. Die Burgen spiegeln die Kleingliedrigkeit, aus der differenzierte Identitäten erwuchsen, die im rivalisierenden Vereins- und dörflichen Gemeinschaftsleben tradiert werden.

▶ Abb. 105

Nach außen werden die Burgen heute touristisch als Symbole der Vergangenheit inszeniert. Großräumig geschieht dies inzwischen im Rahmen der Burgenstraße, die auf ihrem Weg von Mannheim nach Prag durch die Täler von Wiesent, Aufseß, Püttlach und Leinleiter an zahlreichen Burgen und Burgruinen vorbeiführt. Kleinräumig wird der Schwerpunkt auf so genannte Highlights gelegt, die als Ziele von Wandertouren (Neideck, Ober- und Unteraufseß u. a.), als Museum (Pottenstein, Tüchersfeld), als Besichtigungspunkte (Bärnfels, Egloffstein, Greifenstein, Giechburg, Streitburg u. a.) oder als Tagungs- und Erlebnishotel (Rabenstein) beworben werden. Die strategisch bedeutenden Standorte vergangener Jahrhunderte haben sich, wenn sie nicht gänzlich verschwunden sind, zu kulturellen und touristischen Destinationen gewandelt. Dabei zehren sie noch immer von der romantischen Begeisterung, die sie vor gut 200 Jahren auslösten.

Abb. 105 Die Burg Pottenstein, eine der ältesten Burgen in der Fränkischen Schweiz, thront immer noch majestätisch auf Dolomitfelsen über dem Städtchen am Zusammenfluss von Püttlach und Weihersbach.

eine Lourdeskapelle eingebaut, die auf die wachsende Bedeutung der Marienwallfahrten im 19. Jh. hinweist, zu deren wichtigsten das südfranzösische Lourdes ab 1858 gehörte. In der Folge wurden in vielen Ländern Lourdeskapellen errichtet und Kirchen das Patrozinium Unserer Lieben Frau von Lourdes verliehen. Der zum Gügel hinführende Kreuzweg mit 14 Stationen wurde Mitte des 19. Jh. angelegt.

Zwar sind im Erzbistum Bamberg Wallfahrtskirchen wie Vierzehnheiligen, Gößweinstein und Marienweiher bedeutender und größer. Dennoch steht die Kirche auf dem Gügel als Beleg für die Intensivierung kirchlichen Lebens während der Gegenreformation sowie für eine gewisse Sakralisierung der Landschaft und des gesamten Territoriums durch Wallfahrten. Diese wurden nun zunehmend nicht mehr als Fernwallfahrten, sondern an Orte in der Nähe durchgeführt, auch um sie besser kontrollieren zu können. Sie belegt auch die Bedeutung, die diese Wallfahrtskirchen und -orte für die sich ausbildenden volkskirchlichen Strukturen hatten, die sich nach der Säkularisation zu Beginn des 19. Jh. entwickelten. Dies wurde auch vom bayerischen Königshaus entsprechend gefördert.

Darüber hinaus ist der Gügel seit dem 19. Jh. ein beliebter Ausflugsort, wozu auch die Nähe zur Giechburg beiträgt.

B35 Burg Greifenstein

Die Burg Greifenstein liegt auf einem Bergsporn in einer Höhe von 490 m ü. NHN über der Neumühle, einem Ortsteil des Marktes Heiligenstadt, gelegen am Neumühlbach, der von Reckendorf kommend, links in die Leinleiter unterhalb von Neumühle einmündet. Durch die erhöhte Lage und seine weite Sichtbarkeit dominiert das Schloss das Leinleitertal. ▶ Abb. 106

Die weitgehend komplett erhaltene Anlage präsentiert sich heute als ein Ensemble baulicher und gärtnerischer Anlagen, die ein historisches Zeugnis zweier tiefgreifender funktionaler und baulicher Wandlungsprozesse ursprünglich mittelalterlicher Burganlagen ablegen. Viele Burgen wurden mit dem Ende des Mittelalters durch die moderne Geschütztechnik militärisch obsolet. Gleichzeitig entsprachen sie nicht mehr den neuen Anforderungen an herrschaftliche und adelige Residenzen. Dies führte zu einer intensiven Wüstungsphase von Burgenstandorten. Aber nicht alle Burgen waren davon betroffen, vielmehr übernahmen einige die Residenzfunktionen, mussten dann aber entsprechend umgebaut werden. Im 19. Jh. wurden schließlich viele Burgruinen im Sinne einer romantischen Wiederentdeckung des Mittelalters neu errichtet oder vorhandene mittelalterliche Anlagen in historistischer Manier umgebaut und interpretiert. Diese Entwicklungsphasen lassen sich heute an Burg Greifenstein idealtypisch ablesen.

Die ursprüngliche Burg wurde erstmals 1172 erwähnt. Sie war lange Zeit Sitz der Familie von Schlüsselberg, einem hochadeligen Geschlecht aus der Fränkischen Schweiz, das mit dem gewaltsamen Tod ihres letzten Vertreters Konrad II. von Schlüsselberg auf Burg Neideck 1347 erlosch. Im Vertrag von Iphofen 1349 gelangen alle Besitzanteile der Familie an das Hochstift Bamberg, das die Familie von Streitberg mit der Burg belehnte.

Abb. 106 Die mitten in einem Waldareal gelegene Burg Greifenstein von Nordosten

Wie viele Burgen wurde Greifenstein während des Bauernkrieges 1525 zerstört, aber bis 1531 wieder aufgebaut. Mit dem Erlöschen der Streitberger 1690 fiel der Besitz zur Gänze an das Hochstift Bamberg. Belehnt wurde nun die Familie des Erzbischofs, die Familie von Stauffenberg, in deren Besitz die Burg bis heute ist. Unmittelbar nach der Besitzübertragung wurde die Burg auf Initiative des Fürstbischofs Marquard Sebastian Schenk von Stauffenberg (1644–1693) im barocken Stil von 1691–1693 zum Familiensitz und als repräsentative Residenz ausgebaut. Baumeister war Johann Leonhard Dientzenhofer (1660–1707). Er stammte aus der im fränkisch-böhmischen Raum durch viele Architekten vertretenen Baumeisterfamilie und hat im Fürstbistum Bamberg wichtige Bauwerke geplant, wie die Jesuitenkirche und die Neue Hofhaltung in Bamberg oder die Klosteranlagen von Banz und Langheim.

Die Anlage besteht aus zwei Bauteilen, einer Vorburg mit Innenhof und einer Hauptburg mit drei Türmen und hochmittelalterlichem Bergfried. Die zweigeschossigen Flügelbauten stammen aus der barocken Bauphase. Ein bemerkenswertes Detail ist der 92 m tiefe Brunnen der Burganlage, der 1691 bergmännisch abgeteuft wurde.

Ein typisches Element des Schlossbaus der Zeit war ein Park, der ebenfalls unter Marquard Sebastian Schenk von Stauffenberg angelegt wurde. Hierbei handelte es sich um einen typischen Barockpark nach französischem Vorbild. Auffälliges und heue noch sichtbares Element ist die ca. 500 m lange Lindenallee, die von einem Anfang des 18. Jh. errichteten Ceres-Tempel, einer Huldigung der römischen Göttin der Landwirtschaft, zum Schlosseingang führt. Von ihr zweigt die ca. 1.000 m lange Hauptachse des ursprünglichen Parkes ab, die sich zwischen dem Parktor und dem ebenfalls später errichteten und heute nicht mehr erhaltenen chinesischen Pavillon erstreckt.

Die Umwandlung von einem Barockgarten hin zu einem Landschaftsgarten nach englischem Vorbild wurde durch Johann Franz Romanus Schenk von Stauffenberg (1733–1797), seit 1779 Ritterhauptmann des Ritterkantons Gebürg, begonnen. Er ließ 1793 einen Obelisken errichten und eine Kastanienallee entlang der Hauptwegeachse des Parkes pflanzen. Neue Wege und Gebäude, wie die bereits als Ruine geplante Gotische Kapelle wurden als typische Elemente eines Landschaftsparks errichtet. Verantwortlich für die ersten Umgestaltungsarbeiten war der aus Österreich stammende Landschaftsgärtner Simon Pölzel (1734–1806), der bereits vorher im Hochstift, so im Schloss Geyerswörth in Bamberg und im Konventgarten des Benediktinerklosters Banz, tätig gewesen war. Am Schloss gab es für diese Arbeiten ein größeres Areal für die Gärtnerei mit einem Gärtnerhaus, das verfallen ist.

Zwischen 1833 und 1850 wurde das Schloss nochmals im romantischen Sinne der Zeit umgestaltet. Die Initiative ging von Franz Ludwig Philipp Schenk von Stauffenberg (1801–1881) aus, der sich von den Bauten des bayerischen Königs Ludwig II. inspirieren ließ. Stauffenberg, politisch bedeutend durch sein ab 1849 ausgeübtes Amt als Präsident der Kammer der Reichsräte, der ersten Kammer des bayerischen Landtags, ließ nach und nach viele Schlösser der Familie umgestalten oder neu bauen. Das Schloss Greifenstein wurde nun wieder zumindest optisch in eine ideale mittelalterliche Burganlage verwandelt. Dies erreichte man z. B. durch Anbauten und durch die nachträgliche Ergänzung einer Zinnenbekrönung sowie durch die Schieferdeckung der Dächer. Im Inneren wurde die Schlosskapelle ebenfalls gotisiert.

Mit der touristischen Erschließung der Fränkischen Schweiz ab Ende des 18. Jh. wurde die Burg Greifenstein dann zu einem der immer wieder abgebildeten Höhepunkte, so z. B. in BRANDENSTEINS 1814 bei Johann Philipp Moser in Nürnberg publiziertem Buch „Ritterburgen und Beiträge zur Geschichte des deutschen Adels, älterer und neuerer Zeit".

C Landkreise Kulmbach und Bayreuth (Nord)

C1 Azendorfer Trockental

Das Azendorfer Trockental liegt im Landkreis Kulmbach zwischen den Ortschaften Azendorf und Schirradorf. In seinem südlichen Teil wird es auch bereits als Schwalbachtal bezeichnet. Es stellt mit seinen beeindruckenden Felsformationen, imponierenden Felsüberhängen und kurios geformten Felsvorsprüngen, aber auch wegen seiner Abgeschiedenheit und seltenen Flora ein erlebnisreiches Wanderziel in der Karstlandschaft der Fränkischen Schweiz dar.

Trockentäler sind typische Phänomene in Karstlandschaften. Während die Morphologie des Tals eine deutliche fluviale Prägung erkennen lässt, tritt erst ab der Prophetenbrunnen-Quelle bei Schirradorf auf 435 m ü. NHN eine dauerhafte Wasserführung auf, die die nach SW fließende Schwalbach speist. Der Einstieg in das Trockental beginnt am nördlichen Ortsende von Schirradorf. Schon bald öffnet sich ein flacher Talkessel und der Blick fällt auf tafelartig geformten Kalksteinfelsen. In Bodennähe finden sich so genannte Balmen, so bezeichnet man stark überhängende Felsen oder die in Schirradorf niedrigen ebenerdigen Halbhöhlen von 1–2 m Höhe und bis zu 3 m Tiefe. Sie lassen sich direkt vom Wanderweg aus einsehen. Sie wurden in der Frühzeit des Menschen vielfach als Wohnstätten genutzt.

Balmen beherbergen eine eigene typische Flora, die fast nur aus einer Art, nämlich dem so genannten Schlangenäuglein besteht, einer mit dem Vergissmeinnicht verwandten und dieser ähnelnden Pflanzenart, mit ebenfalls blauen Blüten. Die Besonderheit von Balmen ist, dass kaum Regen dorthin gelangt. Das Schlangenäuglein hat eine besondere Strategie, wie es unter diesen Bedingungen überlebt. Es ist, wie etwa Ackerunkräuter, einjährig, es keimt also jedes Jahr, die Frühjahrsfeuchtigkeit der Schneeschmelze ausnützend, aufs Neue, fruchtet bereits im Sommer und wird gleich darauf gelb und stirbt ab. Die stacheligen Früchte hängen sich ins Fell von Tieren und werden so verbreitet.

Es gibt allerdings auch eine echte Höhle bereits am Eingang zum Tal, das Klingelloch. Diese ist im Winter wegen der dort lebenden Fledermäuse verschlossen, im Sommer jedoch begehbar, und man kann mehrere Meter einem Gang folgen. Am Ende fallen durch ein kleines Loch in der Decke um die Mittagszeit Sonnenstrahlen ein. Unweit davon existiert ein so genannter Hungerbrunnen, d. h. aus einem Loch unterhalb eines Felsen quillt nach der Schneeschmelze oder bei Starkregen für kurze Zeit Wasser aus einem unterirdischen Karstreservoir.

Daneben ist das Azendorfer Trockental noch für seine Magerrasen und die Steppenheidekiefernwälder mit ihren seltenen Arten bekannt.

C2 Park von Sanspareil

Der Felsengarten von Sanspareil umfasst einen 13 ha großen Buchenwald auf der Albhochfläche, in dem sich auch mehrere Dolomitfelsen und -höhlen befinden. Bei einem Jagdausflug wurde Markgraf Friedrich auf die ungewöhnliche Landschaft aufmerksam, die er 1744 in eine Hainanlage umzuwandeln veranlasste. Dies betraf zunächst die

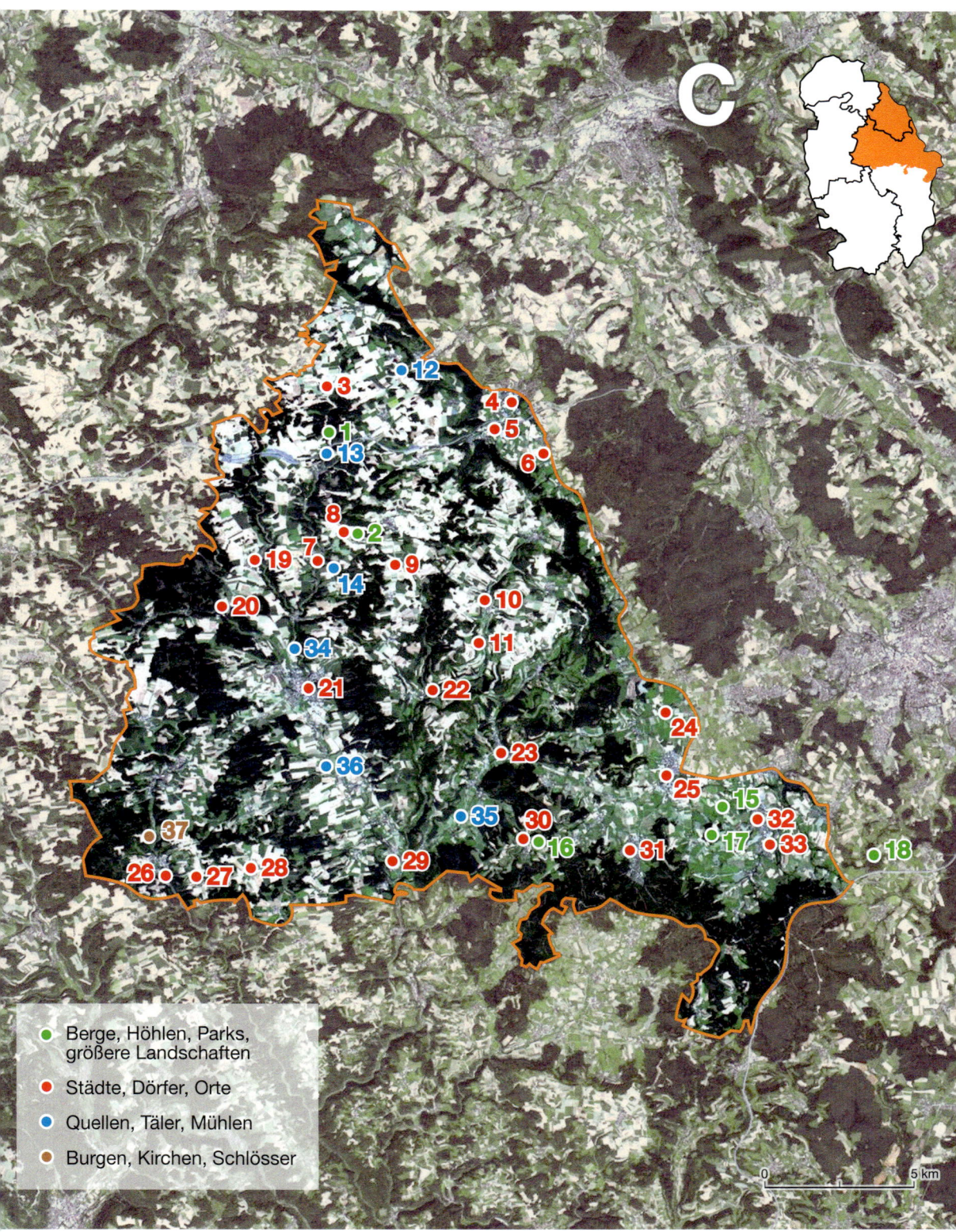

Abb. 107   Blick vom Küchenbau über die Broderieparterre auf den Morgenländischen Bau mit den seitlich platzierten Häuschen für das Markgrafenehepaar. Hinter dem Morgenländischen Bau erstreckt sich der Park von Sanspareil

Errichtung mehrerer Retirade-(Rückzugs-)Hütten aus Holz, dann aber vor dem Park in Richtung zum Ort Zwernitz auf dem so genannten Grasgarten die Errichtung einer schlossartigen Anlage durch Hofbauinspektor Saint-Pierre. Um eine Broderieparterre (die typische Form des barocken Lustgartens in geometrischer Form) entstanden mehrere sie umrahmende Gebäude – der im O platzierte, die Anlage dominierende Morgenländische Bau (auch Neues Schloss genannt), an der gegenüberliegenden Westseite der Küchenbau mit dem Anbau zweier Kavaliershäuschen sowie zwei Häuschen an den Längsseiten, die für das Markgrafenehepaar vorgesehen waren. ▶ Abb. 107 Insbesondere der Morgenländische Bau nimmt exotische Elemente eines Orientalismus maurischer Prägung auf.

Der Buchenhain wurde nicht nur möbliert mit mehreren Häuschen; hinter der gesamten Anlage verbirgt sich ein literarisches Programm. Basierend auf dem damaligen Entwicklungsroman und Bestseller des Abts Fénelon „Les aventures de Télémaque", der die Abenteuer des Telemach, Sohn des Odysseus, zum Thema hat. Die Schauplätze dieses Romans der homerischen Zauberinsel Ogygia werden als Staffage in den Park hineinprojiziert: Der gespaltene Fels wird interpretiert als die Klippe, von der Mentor den Telemach stürzte; eine Höhle wurde verstanden als die Mentorsgrotte; eine weitere Höhle wurde zur Kalypsogrotte mit dem (erhaltenen) Ruinen- und Grottentheater. Ein aufragender Kalkfelsen wurde zum Belvedere, zu einem Lusthaus in Form eines achteckigen Pavillons, ausgestattet mit den wichtigsten Staffagen der mythologischen Szenerie um Odysseus und seinen Sohn Telemach. Während der Bauzeit soll 1746 eine Hofdame bei Anblick des Parks ausgerufen haben Ah, c'est sans pareil!, also „Das ist ohnegleichen!" Dies veranlasste Markgraf Friedrich, den Ort Zwernitz umzubenennen in Sanspareil, ein Name, den der Ort heute noch führt und den die Einheimischen reichlich unfranzösisch aussprechen.

Eine geradezu notwendige Dimension barocker Gärten war die Ausübung von Wasserkunst, also technischen Lösungen zum Ermöglichen von Wasserspielen. Unter den Bedingungen des Karst war es ambitiös, aber nach mehrjährigen Versuchen schließlich gescheitert, ausreichend Wasser über Brunnen, Pumpwerke und Zisternen bereitzustellen. Es war dieses Manko, das wohl nach wenigen Jahren das Interesse des Markgrafenehepaars an der bemerkenswerten Gartenanlage schwinden ließ.

Auch wenn die Anlage kaum mehr betrieben wurde, war sie in der zweiten Hälfte des 18. Jh. ein beliebtes Ziel von Reisenden, so z. B. auch von Ernst Moritz Arndt (1801), der den Verfallsprozess der Anlage beschreibt. Der Baumbestand fiel 1810 an die Forstverwaltung des Königreichs Bayern, sodass Eingriffe in die Waldsubstanz nur bescheiden blieben. 1942 wurden die Anlage von Burg Zwernitz ▶ C 8 und dem Park von Sanspareil der Bayerischen Verwaltung der staatlichen Schlösser, Gärten und Seen zur Betreuung übergeben, die seither behutsam und mit Erfolg versucht, den historischen Zustand der Anlage wiederherzustellen und zu pflegen.

Die wirklich einmalige Anlage von Sanspareil wird zwar heute wieder von der Öffentlichkeit wahrgenommen und besucht; dies aber in noch viel zu geringem Ausmaß. Immerhin betreibt die Studiobühne Bayreuth seit 1985 allsommerlich im Ruinen- und Grottentheater Theateraufführungen; vereinzelt werden hier auch Konzerte angeboten. Die charmante Szenerie dieses Theaters hat nur das Handicap, dass lediglich eine geringe Zuschauerzahl möglich ist. 2002 wurde der Park von Sanspareil vom Unternehmen Briggs & Stratton zum schönsten Park in Deutschland gewählt.

C3 Azendorf

Azendorf liegt am nördlichen Ende der Jurahochfläche auf etwa 465 m über ü. NHN und damit etwa 200 m höher als das angrenzende Maintal und Kulmbacher Bruchschollenland. Vermutlich handelte es sich bei der ersten Siedlung um eine Gründung fränkischer Kolonisten im 9. Jh., bei denen der althochdeutsche Personenname *Azo* sehr häufig war. Frühe Pfarrakten gingen bei einem Brand verloren, nachdem sie nach Aussterben des Geschlechts der Förtsch von Thurnau auf Anweisung des Bamberger Bischofs als ihrem Rechtsnachfolger nach Bamberg transferiert worden waren. Auch über die Geschichte des Rittergeschlechts der Azendorf weiß man wenig. Bis zur Eingliederung nach Bayern wechselte die Herrschaft mehrmals zwischen Thurnau und den Markgrafen von Kulmbach-Bayreuth. Von 1818 bis 1972 bildete Azendorf zusammen mit Neudorf und Reuth eine selbständige Gemeinde, wurde dann aber zu einem der 16 Ortsteile des Marktes Kasendorf.

Azendorf, das Mitte 2015 51 Wohngebäude und 179 Einwohner zählte, ist ein Haufendorf und besaß niemals eine Burg. Die von einer Kirchhofmauer umgebene evangelisch-lutherische Pfarrkirche St. Kilian steht auf dem Land, das bereits im Mittelalter und der frühen Neuzeit für Vorgängerbauten genutzt wurde. Es handelt sich um eine Chorturmkirche, die im Kern wahrscheinlich von einer in der Spätromanik angelegten Wehrkirche stammt, deren Langhaus und Obergeschoss des Turmes in der Spätgotik aber neugestaltet worden sind.

Die Siedlung hatte – wie andere Juradörfer auch – immer Probleme mit Wassermangel, welche erst durch den Bau einer Wasserleitung 1910 gemildert werden konnten. Landwirtschaft, insbesondere die Produktion von Braugerste, war in der Vergangenheit die wirtschaftliche Grundlage der Bevölkerung, obwohl diese aufgrund der Qualität der Böden und des rauen Mikroklimas nie einfach war.

Zu einer deutlichen wirtschaftlichen Veränderung kam es, als 1908 das Kalkwerk Johann Bergmann seine Tätigkeit aufnahm. Der in einem Kalkofen gebrannte Kalk wurde als Baukalk zum Mauern und Verputzen an Baufirmen verkauft, fand aber auch in einem Umkreis von etwa 30 km Einsatz als Düngekalk in der Landwirtschaft. Nach dem Zweiten Weltkrieg wurden durch die nachfolgenden Generationen des Firmengründers, zunächst Hans und Albertine Groppweis und dann bis heute Hans Dieter Groppweis, schrittweise die Technologie des Kalkbrennens verbessert und das Produktionsangebot erweitert. 1978 wurde als Kooperation zwischen den Kalkwerken Bergmann aus Azendorf und Mathis aus Merdingen bei Freiburg die Franken Maxit GmbH & Co. gegründet und auf dem Gelände in Azendorf ein Trockenmörtelwerk gebaut, das heute eines der größten in Deutschland ist. Die Unternehmensgruppe Bergmann Kalk und Franken Maxit, die Produkte für die Bereiche Rohbau, Ausbau und Fassade herstellt, expandierte in Süddeutschland, aber auch in den Neuen Bundesländern und der Tschechischen Republik und verfügt heute über neun Standorte. Bei Franken Maxit wechselten Firmenanteile auf Seiten der Familie Mathis zunächst an den Global Player

Heidelberg Cement und später an die noch größere französische Compagnie de Saint-Gobain, während die Familie Groppweis noch immer ihre Anteile hält und die Kalkwerk Bergmann GmbH & Co KG betreibt.

Der Standort Azendorf ist weiterhin sehr wichtig: In zwei Steinbrüchen werden jährlich mehr als 350.000 t Kalkstein abgebaut, die Rechte für einen zukünftigen Abbau sind gesichert. 2016 wurden ein neuer GGR-Kalkofen und eine Mörtelpad-Anlage eingeweiht, 2017 ein neues Forschungs- und Entwicklungszentrum bezogen. Insgesamt sind von den ca. 750 Mitarbeitern der Unternehmensgruppe ca. 250 in Azendorf beschäftigt.

C4 Thurnau

Der Markt Thurnau liegt am Fuß der Albstufe am Aubach in einer Talsenke. Geologisch befindet es sich im Rhätolias (Rhätsandstein), der sich mit seiner kompakten Konsistenz ausgezeichnet als Baustoff eignet. Im sich westlich an den Ort anschließenden Lias lagern auch lehmige und tonige Schichten, die sich gut zur Töpfereiherstellung eignen; noch weiter westlich steigt schließlich die Dogger- und Malmschichtstufe zur Albhochfläche an.

Thurnau wird landschaftlich und hinsichtlich seiner landwirtschaftlichen Gunst durchweg positiv bewertet. HELLER (1829, S. 175) meint, es liege in „einer angenehmen Gegend", BUNDSCHUH (1802, Bd. 5, Sp. 550) führt aus, dass die Herrschaft Thurnau „fast durchgehends einen sehr fruchtbaren Boden und daher an Getreide aller Art, an Rind- und Schaafvieh, besonders an vorzüglichen Schweinen, auch bey günstiger Witterung an gutem Obste Ueberfluß" habe.

Der Ort wird erstmals 1137 erwähnt. Er war der Besitz der Förtschen von Thurnau, einem Geschlecht, das 1564 erlosch. Durch Erbschaft und Kauf 1566 traten nun die Förtschischen Schwiegersöhne von Giech und von Künsberg die Herrschaft an. Die beiden Geschlechter betrieben das Territorium als Kondominat bis 1731, als die von Künsbergs ihren Anteil ganz den von Giechs überließen, die schon 1695 in den Reichsgrafenstand erhoben worden waren. Sie übten in dem reichritterschaftlichen Territorium um Thurnau nun die Hoheit bis 1796 alleine aus. Danach war es schlagartig mit der Residenzfunktion Thurnaus vorbei. Zahlreiche Gebäude verloren ihre Funktion. ▶ Abb. 108

Thurnau war somit die Hauptstadt eines Kleinterritoriums; alle Funktionen der Herrschaftsausübung und -verwaltung findet man hier. BUNDSCHUH (1802, Bd. 5, Sp. 550) summiert sie folgendermaßen auf: „[…] gräfliche Residenz, der Sitz der Regierungskanzley, des Konsistoriums, einer geistlichen Inspektion und lateinischen Schule, auch eines Justiz-, Kammer-, Spital- und Forstamtes".

Diese Herrschaftsfunktionen erforderten eine größere Anzahl von stattlichen Gebäuden, die allesamt aus dem vor Ort anstehenden Rhätsandstein errichtet wurden. Der mit Abstand prächtigste und noch heute ortsprägende Gebäudekomplex ist das Schloss, das einen Giechschen und einen Künsbergschen Teil umfasst. Daran schloss sich ein Schlossgarten mit Orangeriebäumen an, von dem in der Gegenwart um den Schlossweiher noch eine Lindenallee bis zum Schwanenweiher besteht. Als Freifläche noch vorhanden, aber nicht mehr original angelegt, besteht das Areal des Schlossgartens.

Das Ortsbild des Siedlungskerns weist noch heute, auch nach dem großen Brand von 1705, repräsentative Sandsteingebäude auf. Für den Marktflecken wirken diese in ihrer Zahl, ihrem Reichtum und Dichte ungewöhnlich. Im Schloss, das in den vergangenen Jahrzehnten aufwändig restauriert worden ist und bald auch im Künsberg-

Abb. 108   Blick von Süden auf Thurnau. Im Zentrum des Bildes erkennt man den Schlossweiher, hinter dem sich das Schloss und rechts von diesem die Pfarrkirche St. Laurentius erstreckt. Rechts vom Schlossweiher ist eine parkartige Anlage zu erkennen, die früher den Schlossgarten bildete. Links oben befand sich der Bahnhof von Thurnau; eine geschwungene Baumzeile markiert noch den Verlauf der Bahntrasse. Im Ortszentrum wird sogar von ferne der Baustoff Sandstein dadurch erkennbar, dass das Gebäudeensemble etwas dunkler ausfällt als die Randgebiete. Ganz im Vordergrund liegt das Gebäude der Grundschule.

schen Teil fertiggestellt sein wird, wurde ein Tagungshotel mit Restaurant eingerichtet; mehrere Lehrstühle (Musikwissenschaft der Universität Bayreuth und Fränkische Landesgeschichte der Universitäten Bamberg und Bayreuth) haben ihre Diensträume in dem Schloss. Von ihm führt eine Brücke direkt in die auf der gegenüberliegenden Straße liegende Pfarrkirche St. Laurentius, die zu den Prachtbeispielen der Markgrafenkirchen gezählt werden kann. Auf diese Weise konnte man vom Schloss trockenen Fußes in die Kirchenloge der Familie von Giech gelangen, unter der eine zweite Loge, nämlich die der Familie von Künsberg, liegt. Die ehemalige Lateinschule wurde umgewandelt in ein Töpfereimuseum.

Nicht nur die herrschaftlichen Funktionen sind im Ortsbild noch sichtbar. Auch ein gewisser Wohlstand und Gewerbefleiß der Thurnauer lässt sich noch erschließen. HELLER (1829, S. 175) beschreibt das Erwerbsleben folgendermaßen: „Unter den 1423 Bewohnern sind viele Handwerker, vorzüglich Schuhmacher, Zeugmacher, ein geschickter Formschneider […] und der Kaufmann F. H. Schmitt, der sich durch seine Kultur der Johannis- und englischen Stachelbeersträuche bekannt machte". Er lässt die seit Ende des 14. Jh. belegten Töpfereien unerwähnt, die – wie oben erwähnt – in der Umgebung geeignete Tone als Rohstoff vorfanden. Noch 1898 spricht GÖTZ (S. 176) von 17 Hafnereien in Thurnau. Die Gebäude des Ortes sind zum Großteil als stattliche Sandsteinhäuser noch erhalten und vielfach einfühlsam restauriert. Derart findet man in Thurnau ein anmutiges Ortsbild, insbesondere um die beiden Marktplätze (Oberer und Unterer Markt) herum. Der Ort wird deshalb mittlerweile auch häufig als Kulisse für Filme nachgefragt, in denen ein historisierendes Ortsbild gewünscht wird.

Während in den meisten vergleichbaren Orten die Tradition des Töpferns zum Stillstand gekommen ist, gelang es Thurnau, sich strukturell den neuen Anforderungen anzupassen, sodass auch gegenwärtig noch acht Töpfereien bestehen. Sie haben sich auf künstlerische Keramiklösungen konzentriert und können damit offenbar existieren. Ein Highlight der Keramikszene ist der alljährliche Weihnachtstöpfermarkt im Innenhof des Schlosses am zweiten Dezemberwochenende, der inzwischen überregional bedeutend ist.

Für einige Jahrzehnte lag Thurnau an einer Lokalbahnlinie: 1909–1982 (Bayreuth) bzw. 1908–1993 (Kulmbach). Sie war keine Sackbahn, sondern führte von Kulmbach über Thurnau nach Bayreuth. Sie brachte dem Ort indes kaum Impulse und wurde (wie auch andere Lokalbahnstrecken in der Fränkischen Schweiz) mangels Rentabilität eingestellt. Anders verhält es sich mit der Autobahn, der BAB 70. Sie führt seit 1970 südlich an Thurnau vorbei. An der Ausfahrt Thurnau-Ost wurde ein größeres Gewerbe- und Industriegebiet (das derzeit erweitert wird) ausgewiesen. Infolge seiner guten Erreichbarkeit, liegt es doch direkt neben der Ausfahrt, gelang es, neue Gewerbebetriebe anzusiedeln. Dazu gehören z. B. die Bioteg (ein Betrieb für Biotechnologie), Kober-Likör (ein Spirituosenproduzent), PST-Pumpen für Abwasser- und Kläranlagentechnik (mit Stammsitz in Nürnberg) und Textilwaren24 (ein Online-Shop für Bekleidung).

Insgesamt verzeichnet Thurnau heute 48 Industriebetriebe. Die Zahl der sozialversicherungspflichtig Beschäftigten am Ort steigt stetig an und hat 2016 schon 1.746 erreicht.

Im Rahmen der Gemeindegebietsreform der 1970er Jahre konnte Thurnau zwischen 1972 und 1978 insgesamt sechs Gemeinden (Berndorf, Hutschdorf, Tannfeld, Menchau, Alladorf, Limmersdorf) eingliedern, sodass heute 4.122 Einwohner (2016) hier leben. Es ist gemäß Bayerischer Landesplanung ein Unterzentrum.

Thurnau ist v. a. ein sehr beliebter Wohnort für Berufspendler nach Kulmbach und Bayreuth, die hier ihren Wohnsitz gefunden haben. Der Golfplatz Thurnau, ein 18-Loch-Platz, der sich im NW unmittelbar an das bebaute Gebiet anschließt und schon fast 50 Jahre existiert, trägt zum hohen Freizeitwert des Marktes bei.

C5 Berndorf

Berndorf, heute Gemeindeteil des Marktes Thurnau, liegt 2 km südwestlich dieses Ortes an der alten Straße, die über Menchau und Lessau in Richtung Sanspareil führt. Die Autobahn (BAB 70) trennt heute die Siedlung vom Hauptort Thurnau.

Erstmalig urkundlich erwähnt wurde Berndorf 1188 als *villae Perndorff*. Seit etwa 1400 gab es dort eine St. Leonhard-Kapelle. Berndorf gehörte zum reichsritterschaftlichen Kleinterritorium derer von Giech und Künsberg (Kondominat). In dem Pfarrdorf ist die heutige evangelische Pfarrkirche ein bemerkenswerter Vertreter der markgräflichen Barockkirchen. Das Gotteshaus wurde in den Jahren 1764 bis 1766 errichtet.

Berndorf ist bekannt für seine zahlreichen in den Doggersandstein getriebenen Bier- und Kartoffelkeller am Albanstieg. Hier findet heute alljährlich im August ein beliebtes Kellerfest statt, das von der lokalen Brauerei Dauner getragen wird. Wie in Thurnau haben sich auch in Berndorf Töpfereikünstler angesiedelt, so Brigitte und Claus Tittmann, die v. a. durch ihre Keramiken überregional bekannt sind.

Gegenüber der Pfarrkirche befindet sich das Geburtshaus des bekannten Ingenieurs Carl von Linde. ▶ Abb. 109

Abb. 109   Pfarrkirche von Berndorf

C6 Limmersdorf

Limmersdorf, ein Dorf in der Nähe von Thurnau, und seit 1978 in diesen Ort eingemeindet, ist bekannt für seine Tanzlinde, die inzwischen zum nationalen Kulturerbe gehört.

Der Ort wurde im 13. Jh. erstmalig urkundlich erwähnt. Er war im 14. und 15. Jh. eine Niederlassung des Johanniterordens. Die Siedlung liegt am Fuße des östlichen Traufes der Nördlichen Frankenalb auf sehr feuchten, quelligen Schichten. Daher auch der Name des Ortes. Er soll von *Loupmarstadt* abgeleitet sein, was so viel wie ‚Stätte im Sumpflaubwald' bedeutet. Tatsächlich weist die Umgebung zahlreiche Bächlein auf, die aus dem Quellhorizont des Ornatentones entspringen, der typischen Quellschicht des Jura.

In unmittelbarer Nachbarschaft des Ortes in östlicher Richtung erstreckt sich der Limmersdorfer Forst, eines der größten Waldgebiete im nördlichen Franken. Nach W erreicht man den steilen Albtrauf, der überwiegend bewaldet ist. Nur über den Ortsteil Felkendorf kann man durch freie Feld- und Wiesenflur den Steilhang zum Ortsteil Kleetzhöfe hinaufwandern. Hier erreicht man die Albtraufkante der Frankenalb, von der aus man einen eindrucksvollen Blick nach O auf das Fichtelgebirge hat.

Der Ort zieht im August jeden Jahres durch seine Lindenkirchweih (Kerwa) um die einmalige Tanzlinde neben der historischen Sandstein-Kirche herum zahlreiche Besucher an. Ein historisches Gasthaus bietet Einkehrmöglichkeiten.

Das Fliegerdenkmal erinnert an ein am 14. April 1945 hier abgestürztes deutsches Militärflugzeug (Messerschmitt Bf 109). Der Pilot soll im Absturz die Maschine so gelenkt haben, dass kein Schaden im Ort entstand. Das Denkmal liegt wenige Meter in südöstlicher Richtung vom Ort entfernt in der Feldflur an einem Ackerrand.

C7 Wonsees

Der Marktort Wonsees liegt an der Schwalbach, einem Fluss, der von der Lokalbevölkerung auch als der Gänsebach bezeichnet wird. HELLER (1829, S. 204) sagt zu Wonsees, es habe „396 E. und drei Mühlen". Die Mühlen sind ein Hinweis darauf, dass starke Karstquellen oberhalb des Orts abströmen.

Bereits im 12. Jh. erwähnen Quellen die Edelfreien von Wonsees: 1108 ist von *Sigiboto von Wontingisazi* die Rede – die erste Erwähnung des Orts. Die Familie des Sigiboto stirbt um 1150 aus, an ihre Stelle treten nun die Walpoten, gefolgt von den Herzögen von Meranien und später den Burggrafen von Nürnberg. Karl IV. gewährte diesen 1355 das Recht, Wonsees zu einem befestigten Ort mit Blutgericht und Marktrecht auszubauen. Das Privileg der Stadterhebung wurde aber (ähnlich wie in Kasendorf) nie umgesetzt, doch war Wonsees ein bedeutender Marktort mit 6 Jahrmärkten. Es war auch eine handwerkliche Textilverarbeitung präsent. „Es werden hier Wollen

Abb. 110   Wonsees, Blick nach Nordosten

und Baumwollenzeuche verfertigt" (JÄGER 1811, S. 783). ▶ Abb. 110

Wonsees besitzt eine alte Pfarrkirche, die bereits 1493 erwähnt wurde und an deren Standort vorher wohl eine Burg stand. Die dem St. Laurentius-Patrozinium gewidmete Kirche liegt oberhalb des Marktplatzes in erhöhter Position. Der Kirchturm ist spätgotisch, die vier Scharwachttürme wurden erst 1566 angefügt. Sie waren Beobachtungstürmchen. Das 1725–1727 errichtete Kirchenschiff weist die Kirche als typischen Vertreter der Markgrafenkirchen mit Kanzelaltar aus.

1565 wurde hier Friedrich Taubmann, ein kaiserlich gekrönter Dichter *(poeta laureatus)* und Altphilologe, geboren. Jean Paul verglich ihn mit Till Eulenspiegel. Am Haus seiner Eltern ist eine Gedenktafel angebracht, am Marktplatz vor dem Rathaus eine Büste des Künstlers.

Wonsees hat in den 1970er Jahren zehn Orte eingemeindet und ist heute Sitz der Gemeinde Wonsees in der Verwaltungsgemeinschaft Kasendorf mit Sitz in Kasendorf. Es hat ca. 1.100 Einwohner.

In einem seiner Gemeindeteile, ganz im NW an der BAB 70 in Feulersdorf, findet man ein spektakuläres Großprojekt der Gemüseproduktion in Gewächshäusern, das erst seit 2017 besteht. ▶ Abb. 39

C8 Ort Sanspareil mit Burg Zwernitz

Der Ort Sanspareil, in 510 m Höhe gelegen, hieß vor seiner Umbenennung durch Markgraf Friedrich im Jahr 1746, ebenso wie die hier befindliche Burg, Zwernitz. „Der Ort ist sehr alt, gehörte früher den Walpoten, kam an die Herzöge von Meranien, und nach deren Aussterben an die Grafen von Orlamünd. Die Brüder Hermann und Otto v. O. verkauften ihn 1290 an den Burggrafen Friedrich v. Nürnberg." (HELLER 1829, S. 156). Die exponierte Lage mit hervorragender Sicht in alle Himmelsrichtungen, so etwa Sichtverbindung zur Kulmbacher Plassenburg, machten aus der Burg einen strategisch wichtigen Standort.

Die Ersterwähnung der Burg stammt aus dem Jahr 1156. Ab 1318 wurde Zwernitz Sitz eines burggräflichen Amtes. Im Zweiten Markgrafenkrieg (1553) und im Dreißigjährigen Krieg (1632 und 1634) wurde Zwernitz arg in Mitleidenschaft gezogen. Nachdem sie bereits ihre militärische Funktion verloren hatte, ließ Markgraf Georg Friedrich Karl 1732 durch Hofbaumeister Johann David Räntz die Dächer der Burg und des Bergfrieds wieder instandsetzen – eine frühe Form von Denkmalpflege?

Mitte des 18. Jh., als der benachbarte Buchenhain von Sanspareil und das Neue Schloss angelegt wurden, diente die Burg Zwernitz dem Markgrafenehepaar auch als Station bei ihren Aufenthalten vor Ort.

1810 fielen die Burg und das Dorf an das Königreich Bayern. Erhebliche Teile der Burg wurden seither abgetragen; eine neue Nutzung erfolgte erst wieder in der ersten Hälfte des 20. Jh. als Jugendheim. 1942 fiel die Burg, wie auch die gesamten Anlagen des Parks von Sanspareil, an die Bayerische Schlösserverwaltung, die die Burg nun sanierte und in einem ersten Abschnitt für die

Abb. 111   Der Ort Sanspareil wird überragt von der Burg Zwernitz mit ihrem Bergfried, die hier rechts im Bild zu sehen.

Öffentlichkeit freigab. Zur 850-Jahrfeier der Ersterwähnung der Burg im Jahr 2006 wurde an einem Festwochenende eine Sonderausstellung zur Geschichte der Burg vorgestellt, die als Dauerausstellung seither verblieben ist. ▶ Abb. 111

Der Ort war Ende des 18. Jh. in preußischer Zeit Sitz eines Kammer- und Kastenamtes, das 1811 dem Rentamt Kulmbach zugeschlagen wurde, sodass Sanspareil seine Verwaltungsfunktion verlor. Für 1898 beschreibt GÖTZ (1898, S. 178) das Dorf folgendermaßen: „Df. mit Schloß, landw. Fortbildungs- und pr. Schule. 613 Einw. in 4 Orten."

1972 wurde der Ort in die Gemeinde Wonsees eingegliedert. Er umfasst heute 67 Einwohner.

C9 Kleinhül

Für die Dörfer auf der Hochfläche der Fränkischen Schweiz war Wassermangel im Sommer immer ein Problem. Es gab weder wasserführende Täler noch Quellen; das als Regen fallende Wasser versickerte zudem sogleich im Boden. Um wenigstens für das Vieh Trink- und Brauchwasser zur Verfügung zu haben, kleidete man offene Hohlformen mit Lehm aus und sammelte das verfügbare Wasser in so genannten Hülweihern oder Hülen. Im Falle von Kleinhül geht diese Eigenschaft (ähnlich wie beim benachbarten Großenhül) in den Ortsnamen ein.

In Kleinhül ist in der Dorfmitte diese Hüle noch heute erhalten; allerdings ist sie stark verbaut und wird als Feuerwehrteich verwendet, beim alljährlichen Feuerwehrfest mittlerweile auch als Eventfläche. ▶ Abb. 27 Auf einer ausführlichen Hinweistafel neben der Hüle lässt sich ihre Geschichte und Wissenswertes über Hülen ganz allgemein ablesen. Im benachbarten Großenhül liegt die Hüle etwas außerhalb des Dorfes in der Feldflur und ist sehr naturnah gestaltet. Sie ist heute ein wichtiges Laichgewässer für die bedrohten Gelbbauchunken und Wechselkröten. Die Wechselkröte ist erst nach der Eiszeit in dieses Gebiet eingewandert und braucht nur Pfützen zum Überleben und zur Fortpflanzung, da sie aus Steppengebieten stammt. Auch zahlreiche Libellenarten nutzen den Hülweiher.

C10 Alladorf

Alladorf ist ein Ort mit ca. 75 Wohngebäuden und ca. 220 Einwohnern und erstreckt sich als längliches Haufendorf mit umgebender Blockgemengeflur zu beiden Seiten des Baches Lochau, der nur etwas weiter nördlich entspringt. Der Ort liegt an der Kreisstraße KU 7, die von Thurnau nach Schönfeld führt; er verlor 1975 seine Selbständigkeit und ist seitdem ein Teil der Gemeinde Thurnau.

Das Gebiet von Alladorf hat eine lange Siedlungsgeschichte, was an vielen Bodendenkmälern ersichtlich ist (KONRAD-RÖDER 2012). Schon in vorgeschichtlicher Zeit lebten Menschen in diesem Abschnitt des Lochautals. Dies belegen Überreste aus dem Neolithikum und der Bronzezeit, insbesondere Funde von Gefäßfragmenten, die der Urnenfelderzeit (ca. 1200 bis 800 v. Chr.) zugeordnet werden konnten. Auch aus frühgeschichtlicher Zeit gibt es bedeutende Funde, als Alladorf im Übergangsbereich von Slawen und in karolingisch-ottonischer Zeit nach O expandierenden Franken lag: 1955 entdeckte man bei Erdarbeiten für das Raiffeisenlagerhaus am Schmiedsberg, dem westlichen Abhang des Ziegenberges zur Lochau, und etwa 200 m nordöstlich der Kirche einen frühmittelalterlichen Begräbnisplatz, der schon im 8. und 9. Jh. ent-

C11

Abb. 112   Drei Holzfiguren aus einem früheren Altar, um 1500 in der Pfarrkirche St. Nikolaus in Alladorf

standen ist, aber vor dem 10. Jh. aufgegeben wurde. Bei Grabungen 1988 fand man 230 Gräber mit insgesamt 276 Toten, die regelmäßig in Süd-Nord-Richtung ausgerichtet sind; weitere Gräber waren bereits bei früheren Bauarbeiten zerstört worden (Leinthaler 1988/89). Allerdings lässt das Grabinventar dieses größten Reihengräberfeldes in Nordostbayern keine eindeutige Aussage darüber zu, ob es sich um eine germanische oder slawische Siedlung handelte. Die Reste eines Burgstalls (einer abgegangenen Burg) und eines Turmhügels (eines Wohnturms auf einem künstlich überhöhten, von Gräben umgebenen Kernhügel) stammen aus dem späteren Mittelalter. Während der Bauernkriege 1525 wurden zwei Rittersitze in Alladorf zerstört. 1601 vernichtete ein Großbrand im Dorf viele Wohnhäuser und beschädigte auch die Kirche, deren Turm niederbrannte.

Bei der evangelisch-lutherischen Filialkirche St. Nikolaus handelte es sich ursprünglich um eine Saalkirche mit Ostturm, deren Anfänge auf 1445 zurückgehen. Aus ihr stammen vielleicht die drei Holzfiguren in der Nische der Westwand von 1500 ▶ Abb. 112. Nach der Zerstörung wurde die Kirche 1742/3 grundlegend erneuert und erhielt im 18. Jh. durch Zukauf einen kombinierten Kanzelaltar und einen ungewöhnlichen, 2,65 m hohen Taufengel sowie einen Kirchhof mit Ummauerung.

In der Vergangenheit spielte die Landwirtschaft als Mischnutzung von Acker- und Grünland für Alladorf immer eine große Rolle. Heute sind nur noch wenige Arbeitskräfte in diesem Sektor tätig. So gibt es noch etwa fünf Haupt- und zwölf Nebenerwerbslandwirte, die i. d. R. nicht nur die eigenen Flächen, sondern auch die von Verwandten gepachteten mitbewirtschaften. Aufgrund der wenig ertragreichen Böden ist der Ackerbau nicht mehr wettbewerbsfähig, weshalb in den letzten Jahren die Schafhaltung und Zucht von (Stroh-)Schweinen an Bedeutung gewonnen hat. Außerhalb der Landwirtschaft gibt es sehr wenige Arbeitsplätze in Alladorf (Raiffeisenbank, Immobilienagentur), die meisten berufstätigen Bewohner arbeiten in anderen Orten.

Wichtige Infrastrukturen für das Dorf sind der Wasserverband Alladorf, der etwa 200 Einwohner in 62 Anwesen versorgt, und der Windpark, der von einem Investor aus Schleswig-Holstein betrieben wird und im Juli 2016 eingeweiht wurde. Ansonsten bietet der Ort – abgesehen von der Raiffeisenbank – keine zentralen Dienstleistungen. Dennoch scheint die Bevölkerungsentwicklung auch ohne Ausweisung eines Neubaugebiets positiv zu verlaufen, denn die Angehörigen der jungen Generation bauen auf den Flächen, die ihren Eltern bzw. Verwandten gehören.

C11 Trumsdorf

Trumsdorf, das seit 1975 ein Ortsteil des Marktes Thurnau im Landkreis Kulmbach ist, liegt im Tal der Lochau und hat Anschluss an die Kreisstraße von Schönfeld nach Thurnau.

Der Ort wurde als *Trumbesdorf* schon früh, nämlich am 18. Mai 874, erstmals urkundlich erwähnt und musste im 9. Jh. den Zehnt an Würzburg zahlen.

Trumsdorf ist ein altes, heute nur etwa 85 Einwohner zählendes Pfarrdorf, zu dessen Pfarrei die größeren Orte Alladorf, Tannfeld und Lochau gehören. Dies ist darin begründet, dass die evangelisch-lutherische Pfarrkirche St. Michael eine der ältesten Kirchen in Oberfranken ist. Bereits 1121/22 wurde sie als „Kirche der Walpoten zu Zwernitz" erwähnt. Der heute bestehende Bau geht im Kern allerdings erst auf das 14./15. Jh. zurück und wurde zudem in der Folgezeit wiederholt verändert (insbesondere durch Hinzufügen einer Sakristei, Barockisierung, Neugotisierung, Austausch des Altars). Charakteristisch für die Kirche sind ein mächtiger spätgotischer Turm mit leicht geschweiftem Spitzhelm, geteilte Maßwerkfenster, das Kreuzrippengewölbe und der Chorbogen. Das Ensemble von Kirche mit ummauertem Friedhof und Kriegerdenkmal, dem Pfarrhaus, ehemaligem Schulhaus und Pfarrscheune sind auch heute noch ortsprägend.

Einige unter Denkmalschutz stehende Gebäude – ein Bauernhaus, drei Wohnstallhäuser und eine Scheune aus den 1840er Jahren – sowie mehrere Schuppen zeugen davon, dass die wirtschaftliche Basis des Ortes die Landwirtschaft war und z. T. noch heute ist, da so gut wie keine alternativen Einkommensmöglichkeiten vor Ort (mehr) existieren.

C12 Friesenquelle

Die Friesenquelle südwestlich von Kasendorf entspringt als Karstquelle oberhalb der Grenze zwischen den Kalksteinen des Oberen Jura und dem Ornatenton. Sie liegt wenige Meter von der Straße entfernt und ist mit einer Fassung versehen. Sie zeichnet sich durch eine hohe Schüttung von bis zu 400 l/sec bei Schneeschmelze aus. ▶ Abb. 113 Bereits 200 m nach dem Quellaustritt speist das ausgetretene Wasser eine Mühle, die Friesenmühle. Das Einzugsgebiet der Quelle ist vergleichsweise klein, da die Karstgrundwasserscheide bereits wenige Kilometer weiter südwestlich oberhalb der Linie Azendorf–Welschenkahl–Tannfeld verläuft.

Abb. 113   Quelltopf der Friesenquelle: Im Vordergrund tritt das Karstwasser an die Oberfläche, das nach kurzer Strecke bereits als Bach weiterläuft.

C13 Schwalbachquellen bei Schirradorf/Prophetenbrunnen

Das Schwalbachtal geht oberhalb (nordöstlich) von Schirradorf in ein Trockental über, welches sich bis Azendorf erstreckt. ▶ C1 In dem Abschnitt des Trockentals südlich der Autobahn BAB 70 befinden sich mehrere landschaftlich reizvolle Abschnitte mit Quellbereichen und Karsthöhlen (Prophetenbrunnen, Klingelloch) sowie Felsvorsprüngen und Balmen. Am Schwalbensteinfelsen entspringt der Hungerbrunnen des Prophetenbrunnens, der nur jeweils für kürzere Phasen im Jahr reichlich Wasser führt, dann aber als Tummler in großen Mengen. Wie dieses Extremereignis hoher Wasserschüttung durch die Bevölkerung interpretiert wurde, berichtet HELLER (1829, S. 138): „Prophetenquellen werden mehrere Quellen in der Nähe von Schirradorf beim Schwalbenstein genannt, welche nur bei lange anhaltender nasser Witterung plötzlich armsdick aus der Erde hervorspringen. Der Landmann glaubt alsdann, dass es Krieg oder Theuerung bedeute." Dauerhaft wasserführend ist die Schwalbach erst etwas weiter südlich kurz vor Schirradorf. Das Wasserbecken an der Autobahn ist künstlich angelegt und dient der Vorbeugung von Grundwasserverschmutzung durch Unfälle und hat nichts mit der Quelle zu tun.

C14 Wacholdertal bei Wonsees

Das Wacholdertal bei Wonsees ist eine typische Landschaft der nördlichen Frankenalb, die von Wacholderbüschen, Magerrasen sowie lichtliebenden Pflanzenarten wie Orchideen und Enzianen geprägt ist. Durch den Rückgang der Schafbeweidung sind solche Flächen mittlerweile selten geworden. Wacholderhänge sind auf die Beweidung angewiesen, da sie sonst von anderen Pflanzengemeinschaften verdrängt werden. Bis vor wenigen Jahren kam jährlich ein Wanderschäfer mit seinen 600 Schafen und Lämmern in das Wonseeser Wacholdertal, wo die Schafe die Wiesen abgrasten, die wegen der steilen Hängen nicht mit Maschinen gemäht werden können. Damit verkörpert dieses Tal einen Landschaftstyp, den man zwar mit der Fränkischen Schweiz assoziiert, aber nur noch selten findet: Trockental, Wacholderheide, kein Autoverkehr. ▶ Abb. 114

Leider ist aber die Beweidung offenbar in den letzten Jahren kaum mehr erfolgt. Der ehemals waldfreie Südhang verbuscht zunehmend; die Wacholderbüsche erreichen Baumhöhe, und die Schlehensträuche werde immer zahlreicher. Der Schutzstatus als Naturschutzgebiet (Geschützter Landschaftsteil) korrespondiert nur noch teilweise mit der heutigen Vegetationsbedeckung.

Man erreicht das Wacholdertal, das ein 1,5 km langes Trockental ohne Flusslauf auf dem Talboden darstellt, über die Taubmannstraße in Wonsees in Richtung O. Auch der Jean-Paul-Weg führt durch das Tal; an seinem unteren Ende wurde eine Tafel installiert zum Thema Freundschaft. Der Dichter liebte dieses Tal offenbar sehr.

Abb. 114 Das Trockental des Wacholdertals

C15 Hummelgau

Am östlichen Rand der Fränkischen Schweiz erstreckt sich eine Landschaft, die den etwa 10–15 km breiten Streifen des östlichen Albvorlandes einnimmt und geologisch die Ablagerungen von Dogger und Lias umfasst. Ihre Ränder bilden im N und O die Steilkanten und Abbrüche des Rhätolias, im S und W die Jurarandstufe des Dogger. Als Zeugenberg ragt der Schobertsberg inmitten dieser Landschaft deutlich heraus (543 m) ▶ C17; einige weitere Zeugenberge markieren ihren Rand, nämlich im SO der

Sophienberg (598 m) ▶ C18 und im W die Neubürg (586 m) ▶ C16 Diese weitgehend unbewaldete, leicht gewellte, aber tendenziell ebene Landschaft wird ganz überwiegend vom Lias eingenommen. ▶ Abb. 117 Sie umfasst tiefgründige, meist lehmig-tonige Böden und profitiert von einer gewissen Klimagunst im Lee der Albhochfläche, was sie zu einer reichen agraren Kulturlandschaft werden ließ. So behauptet MÜLLER (1952, S. 85), dass die Flur von Mistelgau mit ihren „von kleinen, eckig zerfallenen Kalkplatten-Scherben durchsetzten Böden zu den fruchtbarsten Ackerflächen ganz Oberfrankens gehört."

Diese Altsiedellandschaft trägt seit alters die Bezeichnung *Hummelgau*. Sie wird bis heute wahrgenommen als durch ihre bäuerliche Bewohnerschaft geprägt, die über ihre frühere alltägliche Bekleidung mit einer speziellen Tracht als die Hummelbauern auftraten. Die Kernorte dieses „Gaus" sind die Dörfer Mistelgau und Gesees; seit der Gemeindegebietsreform bezieht sich auch der Ortsname Hummeltal (die Orte Pettendorf, Pittersdorf und Creez vereinend) auf diese räumliche Zugehörigkeit. ▶ Abb. 115 MÜLLER (1952, S. 83) weist zurecht darauf hin, dass v. a. das Suffix *-gau* für diese Landschaft zu Fehlinterpretationen Anlass geben kann, war doch dieser „Gau" nie ein historisches Gebilde wie z. B. der Radenzgau, Rangau oder Grabfeldgau. Wohl aber würde die Auffassung von *Gäu* als fruchtbare landwirtschaftliche Anbauflur dem Begriff entsprechen.

Erwartungsgemäß weist der Hummelgau bereits prähistorische Siedlungsspuren auf. In der Steinzeit und der Bronzezeit sind diese Hinweise noch vereinzelt; in der Hallstatt- und Latène-Epoche sind sie dann sehr viel zahlreicher (v. a. Höhensiedlungen am Schobertsberg, Grabhügel der Mistelgauer Spiegelleite). Nach einer Ruptur konnten wieder frühmittelalterliche, karolingische Reihengräber (Mistelgau, Gesees) sowie eine Wohngrube bei Glashütten gefunden werden.

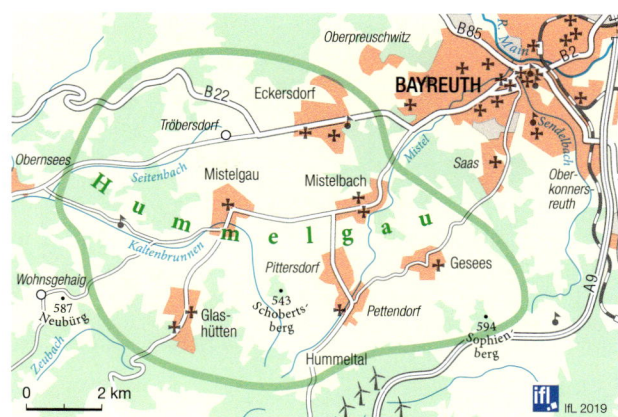

Abb. 115   Die Erstreckung und Abgrenzung des Hummelgaus

Eine ausführliche Diskussion erlebte die Frage der Deutung des Begriffs Hummelgau. Für das Präfix bezieht sich eine der Positionen auf das Insekt der Hummel, wobei dadurch der Fleiß und das frühe Ausfliegen dieses Tiers als charakteristisch für die Hummelgauer Bevölkerung zum Ausdruck komme. Hierzu gibt es einen Schwank, der zum Schmunzeln Anlass gibt, obwohl er sich 1666 angeblich tatsächlich zugetragen hat. Er ist aber so sympathisch, dass er hier in der Wiedergabe durch Karl Leberecht Immermann zitiert sei: „Es regnete einmal mehrere Wochen lang in Mistelgau unaufhörlich. Da sie nun der Ernte wegen schön Wetter bedurften, und hörten, daß in Nürnberg welches sei, so schickten sie drei Abgesandte dahin, schön Wetter für Mistelgau einzukaufen. Ein Nürnberger Spaßmacher setzte drei Hummeln in eine Schachtel, gab ihnen die mit dem Bedeuten, da sei schön Wetter drin, sie dürften aber ja die Schachtel unterwegs nicht aufthun, sonst flöge das schöne Wetter davon. Die drei wurden auf dem Wege doch neugierig, machten die Schachtel auf, da flogen die Hummeln davon. Die Mistelgauer aber riefen hinterdrein, indem sie die Hüte schwenkten: Nach Mistelgau! Flieg schönes Wetter nach Mistelgau!" (IMMERMANN 1843, S. 85). Seither nennt man das Gebiet den Hummelgau. Das ist eine schöne, aber natürlich unzutreffende Deutung des Namens.

Schafhaltung, Wacholderheiden und Naturschutzgebiete

Entscheidend für das Landschaftsbild der Fränkischen Schweiz bis ins 19. Jh. war die Schafhaltung. Die Wanderschäferei ist für einen der markantesten landschaftsprägenden Biotop-Typ verantwortlich: die Wacholderheiden. Dies sind Magerrasen mit regelmäßigem Wacholderaufwuchs, der dadurch zustande kommt, dass Schafe und selbst Ziegen ihn nicht verbeißen und er daher konkurrenzfrei gedeiht. Man findet Wacholderheiden in ausgedehnter Form heute nur noch an den Talhängen entlang von Bächen und Flüssen, besonders bei Pottenstein, Obertrubach oder auch im Kleinziegenfelder Tal. Auch wenn die Wacholderheiden als besonders natürlich wahrgenommen und zudem geschützt werden, sind sie doch das Resultat einer menschlichen Nutzung, also menschengemacht.

Die Wacholderheiden der Fränkischen Schweiz auf ihren kargen, steinigen Böden sind sehr artenreich. Auf ihnen gedeihen bis zu 100 verschiedene Pflanzenarten. Nährstoffarmut ist für das Wachstum seltener konkurrenzschwacher Pflanzenarten günstig. Gerade die schönsten Arten wie Orchideen und auch die nützlichsten Arten wie Heilpflanzen sind konkurrenzschwach und gedeihen hier besonders gut. Unter den Orchideen sind die Ragwurzen besonders interessant. Die Fliegen-Ragwurz z. B. führt als so genannte Sexualtäuschblume männliche Grabwespen als Bestäuber in die Irre. Sie imitiert mit ihren Blüten Grabwespenweibchen und sondert Stoffe ab, die die Sexualhormone der Weibchen nachahmen (Düll u. Kutzelnigg 2011). Die selbstbestäubende Bienen-Ragwurz dagegen braucht keine Bestäuber. Sie ist sehr selten, breitet sich als Indikator für das wärmer werdende Klima allerdings jüngst stark aus. Zu finden sind auch typische Magerrasenarten wie das Sonnenröschen mit seinen gelben fragilen Blütenblättern. Heil- und Gewürzpflanzen wie Arznei-Thymian, Dost und Hauhechel gedeihen ebenfalls in großer Zahl.

Die Wacholderheiden waren lange Zeit bedroht. Denn bereits gegen Ende des 19. Jh. setzte ein langsamer Rückgang der Schäferei ein, der besonders durch den Verfall der Wollpreise infolge australischer Importe, zunehmende Verwendung von Baumwolle und Ersatz des Schafdungs durch Mineraldünger verursacht wurde. Anfang des 20. Jh. verstärkte sich der Niedergang durch Verbot der Waldweide, verschärft durch die herrschende Holznot. Die Intensivierung der Landwirtschaft nach dem Zweiten Weltkrieg brachte dann die Schäferei fast völlig zum Erliegen, da so gut wie keine Weidegelegenheiten mehr vorhanden waren (Weid 1995).

Eine Folge war die Bewaldung. Erst heute werden wieder baumfreie Wacholderheiden und Magerrasen als Naturschutzgebiete durch vom Naturschutz beauftragte, aufwändige Schafbeweidungsprogramme offen

gehalten – das Produktionsziel der Beweidung ist aber nur sekundär das Erzielen von Wolle und Fleisch, sondern sie dient in erster Linie der Landschaftspflege, d. h. Verhinderung der Verbuschung und Bewaldung.
▶ Abb. 116

Warum ist insbesondere die Wanderschäferei für die Entwicklung eines hohen Blütenreichtums auf den Wacholderheiden und Magerrasen verantwortlich? Durch die Beweidung werden die Sträucher verbissen und somit verbuschen die Weiden in geringerem Maße. Durch das Abweiden der Gräser und Kräuter und das anschließende Weiterziehen der Herden wird die Biomasse von den Flächen entfernt; der Dünger der Schafe gelangt anschließend aber nicht wieder voll umfänglich auf die beweidete Fläche. So magern die Weiden mit der Zeit aus und können von seltenen konkurrenzschwachen Arten besiedelt werden.

Schafe sorgen außerdem für eine Samenausbreitung der Pflanzen, und früher hat man Schafherden oft über weite Teile Süddeutschlands getrieben. Die Samen setzten sich in den Fellen und Hufen der Weidetiere fest; wenn sie sich rieben oder niederlegten, fielen diese herunter. So wurden seltene Magerrasenarten über weite Distanzen verbreitet, und damit spielt nach heutigem Kenntnisstand die Wanderschäferei als Vektor der Samenausbreitung eine entscheidende Rolle für die Biodiversität der süddeutschen Magerrasen (FISCHER et al. 1996).

Auch wenn der Magerrasen und die Wacholderheiden unbestritten nicht natürlich, sondern menschengemacht sind, sind sie doch bedroht und auf dem Rückzug. Sie gelten als besonders naturnah und schützenswert. Heute werden sie deshalb als Naturschutzgebiete (z. B. Trockenhänge um Pottenstein) geschützt und gepflegt.

Abb. 116   Wacholderheide am Hang des Marientals am Ortsausgang von Pottenstein

Abb. 117 Blick über den Hummelgau in nordwestlicher Richtung: Im zentralen Vordergrund erkennt man (bewaldet) den Sophienberg, hinter dem sich die waldarmen Liasflächen des Hummelgaus bis zu den erneut bewaldeten Schichtstufen im Bildhintergrund erstrecken. An Ortschaften erkennt man von links nach rechts: Hummeltal, dahinter Mistelgau, Gesees, Mistelbach und Forkendorf.

Müller (1952, S. 93) plädiert eher für die Interpretation von Hummelding (Hommelgeding) als „Rest des alten Hundertschaftsgerichts des Centenars", also eine auf die Gerichtsbarkeit abzielende Deutung.

Nach wie vor gilt der Hummelgau als eigenständige und traditionsverhaftete Region. Ein in den Dörfern noch gut sichtbares bauliches Spezifikum sind die Sandstein- und Fachwerkhäuser. Letztere waren häufig mit einem Schmuckelement im Balkenwerk versehen, das man auch Hummelnester nennt. Besonders prägend sind die Sandsteingebäude, die mit dem nahe anstehenden und in Steinbrüchen gebrochenen Rhätsandstein errichtet wurden und bis heute ortsbildprägend sind, teilweise auch (in Mistelgau) mit verzierten Fensterschürzen. Ein besonders stattliches, gut restauriertes Sandsteinhaus, das Zeckenhaus, wurde in Pittersdorf als so genannte Hummelstube zum Museum unter Initiative der legendären „Rettl aus'm Hummelgau", Annemarie Leutzsch, umgewandelt.

Besonders stark wird mit dem Hummelgau immer noch die hier verbreitete Tracht der einheimischen Bevölkerung assoziiert. Ähnlich wie Effeltrich, war auch der Hummelgau früher ein Gebiet, in dem Alltags- und Festtagstrachten getragen wurden, eine Tradition, die bis ins 19. Jh. währte. In Vereinen wird versucht, diese Tradition heute am Leben zu erhalten, v. a. in Gesees und Mistelgau, aber sie ist doch nur noch eine mühsame Brauchtumspflege. Der Name Hummelgau und die Vermittlung von Traditionen der Vergangenheit wird heute am ehesten realisiert mit dem Hummelgauer Heimatboten, einer Vierteljahresschrift der Gemeinden Mistelbach, Hummeltal, Gesees und Mistelgau, die, von Heimatforschern betrieben, die Bürger dieser Orte gratis erhalten, um ihnen, so der Anspruch zum Geleit der ersten Nummer 1988, „viel Interessantes und Wissenswertes über Land und Leute, über Gebäude und Bräuche, über Namen der Familien, Orte und Fluren im Hummelgau zu berichten".

C16 Neubürg

Die Neubürg stellt einen Zeugenberg auf der östlichen Seite der Frankenalbmulde dar, bei dem ein kleiner Rest von Oberem Jura (Malm-beta) den Gipfelbereich auf 580 m Höhe bildet. Das Kalksteinvorkommen stellt einen kleinen Karstgrundwasserleiter dar, der früher für die unterhalb der Neubürg liegende Ortschaft Wohnsgehaig genutzt wurde. Die Quellaustritte des Karstgrundwasserleiters sind am nördlich gelegenen Wanderparkplatz zu sehen. Die Wassermengen waren jedoch nicht ausreichend, um den im Lauf der Zeit steigenden Bedarf zu decken. Aus diesem Grund wurden etwas tiefer gelegene Quellaustritte im Bereich der Dogger-beta-Sandsteine genutzt. Heute ist der Ort an die Wasserversorgung der Gemeinde Mistelgau angeschlossen. Die Kalksteine des Malm-beta sind v. a. im nördlichen und östlichen Bereich der Neubürg aufgeschlossen, wo Reste eines alten Steinbruchs zu erkennen sind. Die Schichten fallen hier mit 40° nach S, was ungewöhnlich steil ist und nicht zu den großräumigen Lagerungsverhältnissen der östlichen Flanke der Frankenalbmulde passt. ▶ Abb. 118

Nach N hat man von der Neubürg einen Blick auf die bewaldeten Hänge der nördlichen Frankenalb. Der Sender Tannfeld im N liegt bereits in großer Nähe zur Schichtstufe in das Obermaintal. Etwa 3 km entfernt liegt der Burgstall südlich von Busbach, ähnlich wie die Neubürg ein weiterer Zeugenberg, dessen Gipfel bei 535 m ü. NHN aus Kalksteinen des Malm-alpha und -beta gebildet wird. Aufgrund der dichten Bewaldung der Bergflanken ist er als Aussichtspunkt wenig geeignet und wirkt von der Neubürg aus unauffällig. Nach NO, der Neubürg vorgelagert, liegt Mistelgau inmitten des Hummelgaus mit den sanften Oberflächenformen und dem flachen Relief der Schichten des Unteren Jura. In größerer Entfernung folgen weiter nach O Erhebungen, die bereits außerhalb der Fränkischen Schweiz zum Bruchschollenland gehören und schließlich die Erhebungen des Fichtelgebirges mit Ochsenkopf und Schneeberg. Nach S folgt der Blick in das Zeubachtal. Im W ist die Hollfelder Mulde zu erkennen und der Übergang bei Plankenfels zu den Kalksteinen des Oberen Jura. Bei guten Sichtverhältnissen können die Windräder zwischen Ludwag und Tiefenellern am westlichen Rand der Schichtstufe gesehen werden. Der Muldencharakter der Hollfelder Mulde wird von der Neubürg aus deutlich.

Natur- und Kulturlandschaft um die Neubürg

Der Zeugenberg der Neubürg überragt seine Umgebung und ist von weitem als Landmarke erkennbar. Die Fußexkursion widmet sich dem in seiner landschaftlichen Besonderheit viel zu wenig beachteten Weißjuraberg, besucht die Siedlung Wohnsgehaig und stellt das Land-Art-Projekt NaturKulturRaum auf dem Plateau des Berges vor. ■ lid-online.de/81506

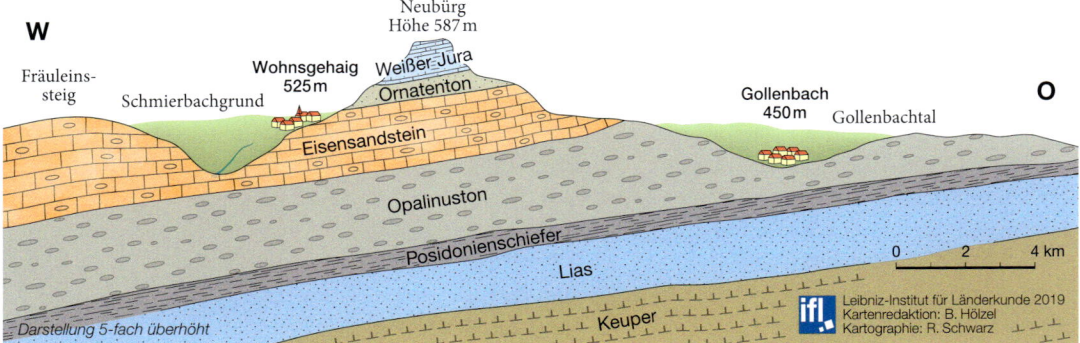

Abb. 118   Geologisches West-Ost-Profil durch die Neubürg

Die Bezeichnung des Bergplateaus wechselt mehrfach in den Quellen. Vor der jetzigen, recht jungen und vermutlich erst im 18. Jh. gebräuchlich gewordenen Bezeichnung gibt es Leimburg, Wonnebürg und Sauhügel. Deren etymologische Ableitung ist nicht so überzeugend, dass sie es wert wäre, hier wiederholt zu werden.

Die archäologischen Funde auf der Neubürg sind bisher überraschend gering. Auch wenn sie als Zeugenberg ringsum ihre Umgebung überragt, fehlen Hinweise darauf, dass sie in frühhistorischer Zeit befestigt war. Siedlungsspuren sind indes in der Hallstattzeit (1200–450 v. Chr.) sowie in der anschließenden Latène-Zeit aufzufinden. Die Zuschreibung der Neubürg als Kultstätte für den Germanengott Wotan erfolgt zwar häufig in der Literatur, sie ist aber unzutreffend; in germanischer Zeit gab es keine nachweisbaren Siedlungsspuren.

Das heute weitgehend baumlose Hochplateau sowie die Hänge der Malmtafel, die allseits zum Dogger hin abfallen, tragen eine reiche und schützenswerte Vegetation. Besonders schützenswert ist der durch Beweidung geschaffene Kalk-Magerrasen (Kräuter- und Halbsträucher), das sind extensiv genutzte und nährstoffarme, magere Standorte. Ebenso erhaltenswert sind die Mähwiesen, Hecken und Gehölze (Weißdorn, Schlehen, Wildkirschen) an den Hängen unterhalb des Plateaus. Es gedeihen besonders viele Tier- und Pflanzenarten, die gut am Trockenheit und Nährstoffarmut angepasst sind. Durch Schafweide wird diese Vegetation vor Bewaldung bewahrt.

Zur touristischen Aufwertung der Neubürg wurde der Gipfelweg seit 2003 mit Kunstwerken verschiedener Künstler als ein Land-Art-Projekt gestaltet.

C17 Schobertsberg

Der Schobertsberg erhebt sich als bewaldeter Bergrücken inmitten seines umgebenden Gebietes markant heraus. Er ist ein Zeugenberg mit einer Braunjura-(Dogger-)Deckelung inmitten der Schwarzjura-(Lias-)Region des Hummelgaues. Die heute unbesiedelte Bergkuppe weist indes keltische Siedlungsspuren auf, und zwar aus der Hallstattzeit (ca. 1100–850 v. Chr.). Reiche Keramikfunde der Urnenfelderkultur belegen eine damalige Besiedlung des Bergs.

Die Bezeichnungen Schagersberg (1398) und Schächberg (1499) für den Schobertsberg lassen vermuten, so Pfaffenberger (1993, S. 41), dass auf ihm früher „eine Hochgerichtsstätte der Hummelbauern" bestand – eine gewagte These.

Wegen seiner völligen Bewaldung, die übrigens ausweislich der Urkatasterkarte von 1850 im 19. Jh. wesentlich geringer war, ist der Schobertsberg trotz seiner exponierten Lage kaum das Ziel von Wanderern, hat man doch durch den Baumbestand keinerlei Aussicht.

C18 Sophienberg

Der Sophienberg oder auch Culmberg, wie er von den Einheimischen bis heute bezeichnet wird, ist einer der Zeugenberge der Schichtstufenlandschaft am Ostrand der Fränkischen Schweiz. Im S des Bayreuther Beckens 593 m aufragend, ist er der Hausberg der Bayreuther. ▶ Abb. 119

Seine Oberflächengestalt ähnelt einem Sargdeckel, d.h. er besitzt ein flaches Gipfelplateau und an den Hängen einen steilen Abfall im Eisensandstein (Dogger-beta). Seine Waldbedeckung ist geringer als die des Schobertsberges, aber größer als die der Neubürg. Während die Hänge waldbestanden sind, ist das Gipfelplateau waldfrei und ackerbaulich genutzt.

Bereits in keltischer Zeit war der Sophienberg wohl mit einer Fluchtburg besiedelt. Erneut Siedlungstätigkeit erfolgte im Mittelalter durch die Grafen von Plassenberg im 12. Jh. Die durch sie errichtete Burg bestand aber nur etwa 200 Jahre. 1498 ließ Markgraf Friedrich der Ältere auf dem Berg einen seiner 18 Wachttürme errichten, mit deren Hilfe im Bayreuther Land sich nähernde Feinde identifiziert werden sollten. Der vom Markgrafen belehnte Nikol von Herdegen ließ 1513 eine Ritterburg auf dem Sophienberg errichten, die er auch bewohnte. Sie wurde schon 1553 zerstört. Die Ehefrau von Markgraf Christian Ernst, Erdmute Sophie, ließ 1663–1668 die Burgruine als Schloss wiedererrichten und gab dem Sitz den Namen Sophienburg. Diese Namensgebung übertrug sich bald auch auf den Berg. Erdmuthe Sophie lebte mit ihrer Dienerschaft in dem Gebäude, verließ es aber 1687 wieder, weil hier angeblich die Weiße Frau herumgeisterte. Das Schloss verfiel und wurde nicht wiedererrichtet. Heute erkennt man nur noch marginale Reste der ehemaligen Burg. Somit sind alle Versuche, hier eine Burg für längere Zeit zu etablieren, fehlgeschlagen.

Bis heute haftet dem Sophienberg ein gewisses symbolisches und mystisches Ambiente an. Bei seiner Frankenreise 1805 besuchte König Friedrich Wilhelm III. mit seiner Gemahlin Luise, begleitet von Hardenberg, nach einer Heerschau bei Fürth den Berg … und verkündete offiziell seinen neuen Namen Luisenberg, der sich aber nicht durchsetzen konnte. Neun Jahre später, 1814, wurde die große Siegesfeier, ein Jahr nach der Völkerschlacht bei Leipzig, auf dem Sophienberg im Beisein von Jean Paul veranstaltet. Dieser hatte mit dem Text zur Teilnahme aufgerufen: „Soll unser Sophienberg, dieser Altar eines hohen Festes, finster bleiben?" Über das Fest, an dem Tausende von Menschen teilgenommen hatten, wird berichtet: „Und neben Tanzplatz, Lauben und Hütten stand die alte Ruine: ein Mahnmal der Vergänglichkeit im jauchzenden Überschwang des festlichen Tages. Genau vor hundert Jahren begann der Verfall des Schlosses." (nach BECHER 1995, S. 29). Nach dem Sieg im Deutsch-Französischen Krieg 1870/71 sollte ein Bismarckturm auf dem Sophienberg errichtet werden; ein Plan, der nicht verwirklicht wurde. Zur 800-Jahrfeier des Hauses Wittelsbach fand 1880 auf dem Berg eine sehr gut besuchte Jubiläumsfeier statt. Die mystische Dimension des Berges wird anhand zahlreicher Legenden und Sagen deutlich, die sich um ihn ranken.

Anders als in der Gegenwart war der Sophienberg im 19. Jh. ein beliebtes Ziel der Naherholung, vorwiegend aus Bayreuth. Pfarrer HÜBSCH (1842, S. 135) berichtet:

Abb. 119   Der Sophienberg auf dem Urkataster von 1850 (links) und in einer aktuellen Luftaufnahme, Blick nach Süden (rechts)

„Fast den ganzen Sommer hindurch besuchen […] bald grössere, bald kleinere Parthieen aus der Umgegend diesen Berg, um sich an seiner reizenden Aussicht zu erquicken; insbesondere aber wird er alle Jahre recht zahlreich am Himmelfahrtsfeste besucht, wo sich bei heitrem Wetter oft mehrere Hunderte aus Städten und Dörfern der Nachbarschaft zum frohen Naturgenusse auf seinem Gipfel vereinigen." Diese Freizeitfunktion ist vollkommen versiegt. Erst in jüngster Vergangenheit findet man neue Formen mit der Eröffnung der Culmberger Bergstubn ab 2011, wo fränkische Speisen an den Wochenenden offeriert werden und für Kinder ein Art Streichelzoo in dem Bauernhof zur Verfügung steht. Seit 2014 wird alljährlich im Juni vom Sportverein Schreez der Sophienberglauf veranstaltet, der einen 14 km-, einen 7 km- und einen Schnupper-Parcours sowie einen Bambini- und Kinderlauf offeriert. 2018 z. B. gab es 189 Teilnehmer.

Die Idee eines Aussichtsturmes auf dem Sophienberg kursiert immer noch von Zeit zu Zeit.

C19 Krögelstein

Der im engen Kaiserbachtal gelegene Ort Krögelstein, der im S mit Schnackenwöhr zusammengewachsen ist und seit 1978 zur Gemeinde Hollfeld gehört, hat eine sehr lange Siedlungsgeschichte aufzuweisen, wie Funde aus Meso- und Neolithikum sowie Hügelgräber aus der Hallstattzeit (etwa 800 v. Chr.) beweisen. Urkundlich erwähnt wurde eine Siedlung allerdings erst 1149 als *Crogelstein* in einer Urkunde des Bistums Bamberg. 1239 wurde vom edelfreien Adelold Krögelstein eine Burg errichtet. Nach Aussterben der Herren von Crogelstein verkaufte der Würzburger Bischof den Ort 1313 an das Domkapitel Bamberg, das die von Giechs als Vögte einsetzte. Da die Burg auch als Unterschlupf für Raubritter diente, wurde sie 1523 vom Schwäbischen Bund auf Drängen der Reichsstadt Nürnberg gesprengt. Die Burg wurde nicht wieder aufgebaut, sodass heute nur noch ein zwischen zwei Juraklippen gespannter Bogen in Bruchsteinmauerwerk mit drei Fensteröffnungen an sie erinnert.

Die Kirche des Ortes, die vielleicht aus einer Burgkapelle hervorgegangen ist, ist ein Saalbau mit eingezogenem, dreiseitig geschlossenem Chor und einem Südturm. Wappen am Taufstein, im Chorgewölbe und am Treppenturm weisen auf die Herrschaft der von Giechs zurück, die sich 1530 für den evangelischen Glauben entschieden. Ihr Einfluss auf die Dorfentwicklung reichte aufgrund ihres Landbesitzes und ihrer Privilegien bis ins 20. Jh.

Das Ortsbild wird durch imposante Felsen gestaltet, die allerdings auch ein gewisses Georisiko darstellen; dazu gehören insbesondere der 30 m hohe Dolomitfelsen Alter Fritz, der Schwedenfelsen, den die schwedischen Truppen im Dreißigjährigen Krieg vergeblich auf den Ort stürzen wollten, und der Löwenfelsen. Eine Reihe von weiteren Felsen (Kainachtaler Pfeiler, Kainachtaler Riesenüberhang, Dohlenstein, Krögelsteiner Wand, Säukirchner Turm, Kuhleutner Wand) werden zum Klettern genutzt und ziehen immer mehr Klettersportler an. Zudem bieten Wanderwege, insbesondere der Fränkische Gebirgsweg, weitere Erholungsmöglichkeiten.

Trotz dieser landschaftlichen Attraktivität gibt es im Ort selbst, der 150 Wohngebäude und 380 Einwohner zählt, abgesehen von einer Pension, einem Ferienhaus und dem Theodor-Vetter-Jugendheim, keine nennenswerte touristische Infrastruktur (mehr). Eine Gastwirtschaft mit Tanzsaal musste aufgegeben werden. Allerdings gibt es in anderen wirtschaftlichen Sektoren noch einige Arbeitsplätze vor Ort, auch wenn der früher wichtigste Arbeitgeber, eine Wurstfabrik, die zu ihrer Hochzeit rund 100 Arbeitskräfte beschäftigte und selbst eine Einzelhandelskette im Rheinland belieferte, in den 1980er Jahren geschlossen werden musste. Derzeit gibt es nur die Wenzel GmbH, die vermischten Aktivitäten nachgeht (u. a. Garten- und Landschaftsbau, Baumaschinen-, Pkw- und Futtermittelhandel, Reitstall), eine Kfz-Werkstatt, eine Elektroreparatur sowie ein Malergeschäft. Die Pläne für einen Bau von Windrädern wurden von einigen Bewohnern skeptisch aufgenommen und nach einem Bürgerbegehren auf Stadtratsentscheidung hin fallengelassen.

C20 Freienfels

Im Wiesenttal oberhalb von Hollfeld gelegen, trifft man im Ortsbereich von Freienfels auf mehrere Dolomitfelsen und Höhlen, die als Naturdenkmäler ausgewiesen sind und an denen die Struktur und Morphologie von Karsterscheinungen in der Fränkischen Schweiz beobachtet werden können. Hinter dem westlichen Ortsausgang folgt ein kleines Tal, das nach N führt und nach wenigen Metern in ein Trockental übergeht. Ein Campingplatz am westlichen Ortsrand ist im Sommer geöffnet. Der Verlauf der B 22 im Ortsbereich führt zum Kummer der Bewohner im Sommer und an Wochenenden zu einer als lästig wahrgenommenen Lärmbelastung durch die touristische Nutzung der kurvenreichen Strecke durch Motorradfahrer, was durch das enge Tal in diesem Bereich zusätzlich verstärkt wird. Die Anwohner streben daher eine Sperrung der B 22 für Motorradfahrer an.

Der Ort wird dominiert vom Schloss Freienfels, das der Ritter Otto von Aufseß

Abb. 120   Blick von der Wiesent auf die Burg Freienfels, die den Ort überragt

um 1300 errichten ließ. Seine Sonderstellung bestand darin, dass es auf reichsunmittelbarem Boden stand („frei"). ▶ Abb. 120 Es wurde im Bauernkrieg zerstört. Carl Siegmund, Domherr zu Würzburg und Bamberg, kaufte die Burg 1690 und errichtete auf den Ruinen der alten Anlage um 1700 das derzeitige Schloss neu. Besonders sehenswert sind barocke Stuckdecken im Rokokosaal und im Trauzimmer. Die im Ort heute in Privatbesitz befindliche Burg wird für gelegentliche Kulturveranstaltungen genutzt.

Die neben dem Schloss befindliche Kirche besitzt einen Chorturm, wie er im 15. Jh. häufig war. Sie wurde 1530 evangelisch, 1692 aber rekatholisiert. Das heutige Kirchenschiff wurde erst 1708 fertiggestellt. Seit 1881 ist die Kirche Pfarrkirche.

Die selbständige Gemeinde Freienfels wurde 1972 eingemeindet nach Hollfeld.

C21 Hollfeld

In einer Senke der nördlichen Fränkischen Schweiz, die als Hollfelder Mulde bezeichnet wird, befindet sich die Stadt Hollfeld, die durch die geologische Mulden- bzw. Furchenform der nördlichen Frankenalb verursacht wird. Bedingt durch die morphologische Tieflage kommt es zum Zusammenfluss von Wiesent und Kainach im Stadtgebiet, wobei insbesondere die Durchquerung des unteren Stadtbereichs durch die Kainach landschaftlich sehr reizvoll ist. Der untere Talabschnitt der Kainach ist weitgehend naturbelassen mit zahlreichen kleinen Mäandern und Teichen. Am Stadtrand ist im Kainachtal ein Freibad angelegt. Die Wiesent ist als Fluss im Stadtbild kaum präsent und verlässt den Ort bereits nach kurzer Strecke, um nach S mäandrierend in einem für die Wasserführung zu groß dimensionierten Kastental abzufließen. Durch die hydrographisch günstige Lage hatte Hollfeld im Gegensatz zu vielen anderen Gemeinden keine Probleme mit Wasserverfügbarkeit. Die Silbe *Holl-* dürfte daher kaum auf das Wort „Hüle" zurückzuführen sein, da die Anlage von Hülen in diesem Bereich nicht notwendig war.

Eine NW–SO streichende geologische Störung quert das Stadtgebiet von Hollfeld in der Ortsmitte. Diese als Hollfelder Störung bezeichnete Struktur versetzt die geologischen Schichten östlich der Störung um etwa 30 m nach oben. Die Störungszone verliert sich weiter südlich, taucht aber in der Verlängerung nach S Richtung Plankenfels und Waischenfeld wieder auf.

Der Ort ist einer der ältesten „auf dem Gebirg"; er wurde bereits 1017 als *Holevelt* in einer Urkunde von Kaiser Heinrich II. erwähnt. Der Ort gehörte bis 1248 den Andechsern, danach wurde er Amtssitz im Hochstift Bamberg. Nicht zuletzt aufgrund seiner günstigen Verkehrslage erhielt er wohl spätestens 1408 Stadtrechte durch den Bamberger Bischof. Es entstand das ummauerte Areal der Oberen Stadt um den Marktplatz, das überwiegend landwirtschaftlich ausgerichtet war, und zu seinen Füßen entlang der Kainach und der Langen Gasse die Untere Stadt, die stark gewerblich geprägt war durch Handwerksbetriebe und mehrere Mühlen.

Der Obere Markt (Marienplatz) in Hollfeld enthält eine Reihe von aufwändig restaurierten alten Fachwerkgebäuden, darunter das Rathaus und der alte Brunnen. Auffällig sind die um 1780 errichtete Pfarrkirche Mariae Himmelfahrt und die ehemalige St. Gangolfskirche mit ihrem majestätisch aufragenden Wehrturm. Hier wurde 2001 ein Kulturzentrum der Stadt eingerichtet, die so genannte Gangolfsbühne. In der Unterstadt sind als markante Bauwerke die Salvatorkirche (eine Friedhofskapelle von 1704 des Baumeisters Dientzenhofer) und die in Restauration befindliche Spitalkirche (die frühere Kirche der Siechen) zu erwähnen.

Hollfeld war 1904–1974 Endpunkt der Bahnlinie von Bayreuth. Die durch den Bau der Lokalbahnlinie geweckten Hoffnungen wurden jedoch nicht erfüllt; die wirtschaftliche und touristische Entwicklung kam wie an vielen anderen durch die Bahn erschlossenen Ortschaften nicht in Gang, sicher auch als Folge der beiden Weltkriege. Die Landbevölkerung nutzte die neue Infrastruktur eher, um sich auf die großen Städte zu orientieren oder abzuwandern. Der Einstellung der Bahnlinie im Jahr 1974 wurde von der Bevölkerung und Stadtverwaltung kaum Widerstand entgegengesetzt, obwohl aus heutiger Sicht gerade im Hinblick auf die gleichzeitig gebaute Gesamtschule in Hollfeld ein neues Nutzungspotential für die Bahnlinie entstanden war. Dieses Potential wird heute durch mehrere in Hollfeld ansässige Busunternehmen genutzt.

Abb. 121　Die Fassaden des Ideenhauses mit seinem Blauen Turm (links) und der alten Brauerei Weiße Taube mit einem Wandbild der Mona Lisa (rechts) in der Eiergasse markieren das Hollfelder Künstlerviertel auch sichtbar von außen.

Als wichtigster Arbeitgeber und als bedeutendes Element der lokalen Infrastruktur ist die Staatliche Gesamtschule zu nennen, die als letzte verbliebene staatliche Gesamtschule in Bayern mit mehr als tausend Schülern einen über die nördliche Fränkische Schweiz weit hinausgehenden Einzugsbereich hat. Im Jahre 1974 als Gesamtschulversuch eingerichtet, wurden gelegentliche Versuche der Bayerischen Landesregierung zur Einstellung dieses Schulversuchs in den folgenden Jahren durch die lokale Bevölkerung erfolgreich abgewehrt.

Für ein kleines Städtchen wie Hollfeld überrascht es, eine reiche Kulturszene vorzufinden. Ein ehemaliges Brauhaus wurde zum Museum umgestaltet; das benachbarte Ideenhaus beherbergt Ateliers und ist mit einer kunstvollen Fassade gestaltet worden; mehrere Künstlerwerkstätten von Bildhauern, Metallkünstlern, Töpfer und Maler haben sich angesiedelt und bilden fast schon ein Künstlerviertel entlang der Eiergasse an der Kainach. ▶ Abb. 121 In der Oberstadt wurde die Museumsscheune als Museum zur Stadtgeschichte umgestaltet. Und mit dem Kintopp gibt es ein Programmkino, das die kulturelle Szene belebt. Auch überlokal nachgefragte kulturelle Veranstaltungen werden in Hollfeld angeboten, so in Form des Fränkischen Theatersommers der Gangolfbühne, sowie weitere Veranstaltungen im Hof des Schlosses Wiesentfels. Beim alljährlichen Fest der Rosen- und Gartentage spielen die Terrassengärten, die an der Stadtmauer angelegt wurden, eine wichtige Rolle.

Wie viele andere Gemeinden der Fränkischen Schweiz leidet auch Hollfeld unter dem Fehlen größerer industrieller und handwerklicher Betriebe. Dies ist u. a. eine Folge der Zonenrandförderung, die dazu führte, dass Betriebe sich knapp außerhalb dieser Zone, wie etwa in Hollfeld, kaum ansiedelten. Die Schließungen kleiner Geschäfte und Betriebe sowie Leerstand sind im Ortsbild sichtbar, und auch die touristische Erschließung wird durch den Mangel an Restaurationsbetrieben und Hotels überschattet. Neue Entwicklungsmöglichkeiten erhofft man sich durch die Ausweisung eines nördlich gelegenen Industriegebiets.

1972 wurde Hollfeld von dem (aufgelösten) überwiegend katholischen Landkreis Ebermannstadt in den überwiegend evangelischen Landkreis Bayreuth umgegliedert.

Im Rahmen der Gemeindegebietsreform wurden 1972–1978 insgesamt zehn Gemeinden angegliedert: Drosendorf, Freienfels, Kainach, Schönfeld, Stechendorf, Treppendorf, Weiher, Wiesentfels, Krögelstein und Tiefenlesau. Hollfeld ist Sitz einer Verwaltungsgemeinschaft mit den Mitgliedsgemeinden Hollfeld, Aufseß und Plankenfels. Es umfasst heute ca. 5.500 Einwohner.

Seit 1978 ist Hollfeld staatlich anerkannter Erholungsort, seit 2008 erfolgen Stadterneuerungsmaßnahmen (Umgestaltung des Spitalplatzes und Spitalgartens, Einrichtung eines Ärztehaus, Flächenausweisung für ein neues Einkaufszentrum). Im Landesentwicklungsprogramm Bayern ist Hollfeld als Mittelzentrum ausgewiesen.

C22 Schönfeld

Schönfeld liegt am Zusammenfluss von Erlbach und Lochau sowie an der B 22, die von Bamberg über Hollfeld nach Bayreuth die nördliche Fränkische Schweiz von W nach O quert. Der Ort mit 66 Wohnhäusern und etwa 140 Einwohnern ist seit 1972 Teil der Stadt Hollfeld. Bis zu diesem Zeitpunkt war die politische Gemeinde Schönfeld mit den Ortschaften Pilgerndorf, Wohnsdorf, Fernreuth und Meuschlitz seit dem frühen 19. Jh. selbständig gewesen.

Das Gebiet wurde schon früh besiedelt, wie der Fund eines Handbeils beweist, das der Bronzezeit zugeordnet werden konnte. Urkundlich erwähnt wurde der Ort erstmals 1017 im Zusammenhang mit einem Mitglied der Edelfreien von *Sconenfeld,* ein Jahrhundert später kam er zum Bischof von Bamberg, der ihn dem Kloster Michelsberg als Geschenk übergab. Im Laufe der Zeit erhielt der Ort geistliche und weltliche Funktionen (eigene Pfarrei im 14. Jh., Gerichtsbarkeit), musste aber auch mehrfach Herrschaftswechsel, Kriege und Verluste erleben.

Wenig bekannt ist über die Geschichte des mittelalterlichen Schlosses, das 1525 im Rahmen des Bauernkriegs von Hollfelder Bürgern niedergebrannt wurde. Es wurde zwar wieder aufgebaut und bis ins 18. Jh. genutzt, dann aber abgerissen, sodass es kaum noch Reste gibt.

Dagegen ist die katholische Pfarrkirche Heilig Kreuz, auch Kreuzauffindung (lateinisch: Inventio S. Crucis) genannt, die aus der ehemaligen Schlosskapelle hervorging und in den Jahren 1619 bis 1622 erbaut wurde, gut erhalten. Zum Bau, für den der Graubündner Baumeister Giovanni Bonalino verantwortlich war, gehören ein nachgotischer Wandpfeilersaal mit eingezogenem 5/8-Chorschluss und Chorflankenturm, Satteldach und Spitzhelm. Die Innenausstattung der Kirche reicht vom Frühbarock bis zum Rokoko. 2017 erhielt die Kirche anstelle des Hochaltars einen Volksaltar, bei dem der Priester sich bei der Feier der Eucharistie der Gemeinde zuwenden kann.

Unterhalb der Kirche sind Felsenkeller, auch Wirtskeller genannt, erhalten, die im späten 17. bzw. frühen 18. Jh. in den anstehenden Felsen getrieben worden waren. Einige der zu Stollen verbundenen Lagerkeller werden auch heute noch genutzt.

Schönfeld war immer vorwiegend agrarisch geprägt, es gab aber auch einige Steinbrüche. In den vergangenen Jahrzehnten musste der Ort Verluste der Infrastruktur hinnehmen (die frühere Schule und das Einzelhandelsgeschäft wurden geschlossen, das Pfarrhaus verkauft, wird aber nun als Gemeinschaftshaus genutzt). Ansonsten gibt es nur noch wenige landwirtschaftliche und wirtschaftliche Betriebe. Ausnahmen sind eine Reifenhandlung, eine Hundepension (und noch wichtiger) zwei Gaststätten – das Landhaus Schönfelder Hof, das auch Räume für Feierlichkeiten und Übernachtungsmöglichkeiten bietet, sowie der Gasthof Seidlein, der nur am Wochenende geöffnet ist.

C23 Obernsees

Das Dorf Obernsees liegt in dem Tälchen des Busbach, der kurz unterhalb des Ortes in die Truppach mündet. Erstmals erwähnt wird es 1180 über einen Ministerialen in Diensten des Bischofs von Bamberg, Heinrich von Oberngesazze. 1393 fiel es an die Burggrafen von Nürnberg. Die Küngsfelder, Tanndorfer, Aufseß, Pozlinger und die Markgrafen von Bayreuth treten als Standesherren auf. 1594 verkaufte Hanns Pozlinger armutshalber an Markgraf Georg Friedrich I.

Obernsees besitzt eine sehr alte Pfarrkirche, die Kirche St. Jakob. Schon 1390 wird eine solche erwähnt, die mit der Zeit baufällig wurde. Deshalb errichtete man 1707 einen neuen Turm, 1724–1728 ein neues Kirchenschiff. Es entstand eine der zahlreichen Markgrafenkirchen. Die im 18. Jh. sehr stattliche Siedlung, die das Marktrecht besaß, zählte neben Kirche, Pfarrhaus und Schule auch neun Wirtshäuser und zwei Mühlen. Bekannt waren auch die großen Viehmärkte von Obernsees.

Wenn die Markgrafen oder Barone von Aufseß hier zur Jagd weilten, nächtigten sie im Pfarrhaus, das derart zum Jagdschlösschen wurde. Dahinter entstand ein Barockgarten, der seit 1989 wiederhergestellt worden ist.

Im Ortsbild nimmt hinsichtlich der Größe die frühere Brauerei Maisel, ein stattlicher Sandstein- und Ziegelkomplex, eine besonders prägende Stellung ein. Die von 1852–1982 existierende Brauerei ist heute leerstehend, auch nach der ortsgestalterischen Sanierung des Dorfkerns 2007–2011. Die erhoffte Nutzung der Brauerei für Ausstellungen und als Museum konnte nicht erreicht werden. Das nun sehr ansprechende Ortsbild weist leider kaum Funktionen auf.

Am östlichen Ortsrand befindet sich etwas isoliert unter einer Baumgruppe eine Kapelle, die St. Ruperti-Kapelle. Hier liest man bei Götz (1898, S. 106): „Die angeblich schon 1080 genannte Rupertuskapelle zu *Oberngesezze* soll die älteste Kirche des Bayreuther Landes sein." Die derzeitige Kapelle wurde 1479 erbaut, aber es gab hier bereits eine Vorgängersiedlung – eine uralte Siedlung mit einer mineralhaltigen Quelle. 1710 wurde das Kirchenschiff erweitert und mit einem Zwiebelturm versehen. Bis heute wird übrigens die Kapelle sowohl von Katholiken als auch von Protestanten genutzt. Meist ist sie indes verschlossen.

Eine Zäsur in der Ortsentwicklung stellt die Forschungsbohrung des Jahres 1983 dar. Basierend auf deren Befunden zur Was-

Therme und Feriensiedlung Obernsees

Mit der Fertigstellung der Therme Obernsees 1998 wurde im Osten der Fränkischen Schweiz ein neuer Besuchermagnet geschaffen. Seither bemüht sich die Gemeinde Mistelgau darum, zusätzlich weitere freizeitbezogene Projekte anzuschließen, die von der Nachbarschaft zur Therme profitieren können. Der Versuch, eine Feriensiedlung zu entwickeln, verlief sehr schleppend. Aktuell sind barrierefreie Wohnungen und ein Gesundheitsresort geplant, aber noch nicht realisiert. ■ lid-online.de/81119

Therme Obernsees

serqualität wurde 1997–1998 die Therme Obernsees errichtet. Seither ist Obernsees vielbesuchtes Ziel von Badegästen. Die daneben komplementär entstandene Ferienhaussiedlung ist zu einem Gutteil bereits realisiert; sie ist aber immer noch umstritten hinsichtlich ihrer Zielsetzung und Wirkung auf den Tourismus.

Obernsees verzeichnet eine zunehmende Einwohnerzahl von 460 (1829) auf 566 (1898), 569 (1987) und 715 (2018). Es wurde 1978 nach Mistelgau eingemeindet.

C24 Tröbersdorf

Tröbersdorf ist ein kleines Dorf mit 26 Wohnhäusern, 65 Haupt- und sieben Nebenwohnsitzen (Stand: Juli 2017) und gehört seit 1978 zur Gemeinde Eckersdorf.

Die Siedlung entstand bereits im Mittelalter in der Nähe der verkehrsmäßig wichtigen Hohen Straße, die Bamberg und Bayreuth verband, und wurde 1234 als *Trebesdorf* erstmals und 1401 als *Trebersdorfe* urkundlich erwähnt. Die Siedler bewirtschafteten Äcker und Wiesen hinter ihren Häusern und mussten Zins an das Hochstift Bamberg zahlen, obwohl sie unter der Herrschaft der Meranier und später deren Rechtsnachfolger standen. Die Trennung vom Bistum Bamberg erfolgte im 16. Jh. Als verspätete Rache brannten die so genannten Bamberger Reiter die im 15. Jh. erbaute – aber seit 1540 evangelische – Kirche 1636 während des Dreißigjährigen Krieges weitgehend nieder. Die St. Laurentius-Kirche, die heute eine Filialkirche der Pfarrei Mistelgau ist, wurde 1650–1653 wieder errichtet und später wiederholt verändert. Die in einem ummauerten Friedhof gelegene Kirche besteht im Kern aus einem Saalbau aus Sandsteinquadern mit besetztem Chor und Südturm mit Spitzhelm. Interessant sind v. a. die gotischen Fenster, der spätgotische Chor, das barocke Altarbild und der gleichaltrige Taufstein.

Der Ort blieb klein und relativ unbedeutend; abgesehen von der Kirche gab es als zentrale Einrichtungen nur eine Schule, die aber schon lange geschlossen wurde, und die Drei Linden, welche früher nur eine Bierwirtschaft war, sich inzwischen aber zu einer beliebten Gastwirtschaft im regionalen Umkreis entwickelt hat.

Wirtschaftlich spielt die agrarische Nutzung auch heute noch eine Rolle, aber es gibt kleinere in Tröbersdorf eingetragene Betriebe (Gebäudesanierung u. Montage; Kfz-Technik; Systemische Supervision/Paar- und Familientherapie, o. g. Gastwirtschaft). Die meisten Einwohner im erwerbsfähigen Alter arbeiten allerdings außerhalb.

C25 Mistelgau

Mistelgau liegt geologisch auf Lias-epsilon (Posidonienschichten); es ist hinsichtlich seiner Eignung für landwirtschaftliche Nutzung begünstigt. Dementsprechend gibt es Hinweise auf eine sehr frühe Besiedlung.
▶ C 15 Der Ort ist (neben Gesees) eines der Zentren des Hummelgaus; oft wird die Bezeichnung Mistelgau nicht nur für den Ort, sondern, synonym mit Hummelgau, auch für die Bezeichnung dieser Landschaft verwendet.

Seit 1248 sind die Burggrafen von Nürnberg (und späteren Markgrafen von Brandenburg-Bayreuth) Territorialherren des Gebietes; der Ort wurde erstmals urkundlich 1379 erwähnt. Die Pfarrkirche St. Bartholomäus weist Reste romanischen Stils auf, wurde 1488 vergrößert und erhielt 1678 anstelle des bisherigen Zwiebelturms einen Spitzturm. Der Taufstein entstand 1686, der Barockaltar 1705 und die Kanzel 1718. 1735 wurde die Kirche erweitert. Sie gilt als Pa-

Abb. 122   Blick von Süden auf Mistelgau. Gut erkennbar sind die ehemalige Tongrube (unten rechts), großflächige Gewerbeflächen (oben rechts), ein großer Flächenanteil an jüngeren Einfamilienhäusern und der kompakte Ortskern im Zentrum der Siedlung mit der Pfarrkirche. Im Hintergrund rechts liegt der Ort Eckersdorf.

radebeispiel einer Markgrafenkirche aus der Zeit Markgräfin Wilhelmines. Es existierte auch ein Schloss Mistelgau der Edlen von Heubsch und dann von Hainold, das bereits 1518 niedergebrannt wurde.

Den Bewohnern von Mistelgau wurde früher nachgesagt, dass sie sich „durch ihren Witz, ihre Sitten Sprache und Kleidung fast von allen übrigen Bewohnern Frankens auszeichnen" (Heller 1829 S. 109). In der Tat war z. B. das Tragen der Tracht eines dieser spezifischen Merkmale; heute gibt es die Sonderstellung der Mistelgauer nicht mehr. Auch die Trachtenpflege beschränkt sich auf eine reine Hobby-Freizeittätigkeit.

Galt Mistelgau lange Zeit als eine „wohlbestellte Ackerbaugegend" (Götz 1898, S. 43), so hat sich inzwischen der Ort stark gewerblich-industriell entwickelt. Ein besonders wichtiger Industriebetrieb entstand Anfang der 1920er Jahre – die Ziegelei im S des Ortes. Sie verarbeitete die vor Ort anstehenden Tone und Mergel im Dogger-alpha zu Ziegeln. Der 63 m hohe Ziegeleischlot war bis zu seiner Sprengung eine weithin sichtbare Landmarke; 2005 wurde diese Grube eingestellt. Andere Industriebereiche haben sich, v. a. nach dem Zweiten Weltkrieg, dynamisch entwickelt. Heute haben allein die beiden Industriebetriebe von Kennametal Inc. (Werkzeuge, Konstruktionsteile und moderne Hochleistungmaterialen für Fertigungsprozesse) und HERMOS (Automatisierung und Informationsverarbeitung sowie Schaltanlagenbau, mit Hauptsitz in Mistelgau) mehr als 600 Beschäftigte.

Mistelgau war Bahnstation an der Lokalbahnlinie Bayreuth–Hollfeld, die von 1904–1974 bestand. Nur noch das Gasthaus Eisenbahn und eine Bahnhofstraße erinnern an diese Zeit.

Eine bedeutende, lokal viel zu wenig geschätzte Lokalität am Südrand des Ortes ist der Geotop Zum Donnerkeil auf dem ehemaligen Ziegeleigelände. Hier wurden nicht nur Tone ausgebeutet, sondern auch zahlreiche Fossilien gefunden, insbesondere in der Schicht des Posidonienschiefers. Eine ungewöhnliche Häufung von Teufelsfingern (Belemniten) wurden in einem Belemnitenschlachtfeld gefunden, aber auch bedeutende Funde von Flugsauriern, Fischsauriern, Meereskrokodilen und Ammoniten. Leider wurde die Chance vertan, diese Lokalität, von der Experten behaupten, sie könne sich durchaus mit der Weltnaturerbestätte Messel messen, als Forschungs- und Informationszentrum zu erhalten.

Mistelgau, das durch Eingemeindungen von acht Orten in den 1970er Jahren auch räumlich stark angewachsen ist, umfasst heute 3.821 Einwohner (2018). Der Ort wurde zur suburbanen Gemeinde von Bayreuth und ist als solcher ein beliebter Wohnort. Er besitzt eine gute Grundversorgung an Kindertagesstätten, Grundschule, Arzt und Zahnarzt sowie Lebensmitteleinzelhandel. Im Regionalplan wurde er zusammen mit Glashütten als gemeinsames Kleinzentrum ausgewiesen. ▶ Abb. 122

C26 Aufseß

Der Ortsname Aufseß leitet sich von *Ufsaze* ab, was „auf dem Felsen sitzend" bedeutet. Im Laufe der Geschichte kam es zu diversen Auseinandersetzungen, infolge derer heute in dem Ort Aufseß nur das oft auch *Unteraufseß* benannte Schloss steht. Etwa 1 km aufseßaufwärts befindet sich das Schloss *Oberaufseß* – und unweit davon befand sich früher kurzzeitig auch das Rittergut *Höchstaufseß*.

Die heutige Gemeinde entstand 1978 im Rahmen der Gebietsreform. Sie besteht aus den fünf Orten Aufseß, Hochstahl, Neuhaus, Sachsendorf und Zochenreuth. Zusammen mit der Stadt Hollfeld und der Gemeinde Plankenfels bildet Aufseß eine Verwaltungsgemeinschaft. Die Gemeinde Aufseß hat heute 1.266 Einwohner (Dezember 2017).

Die Gemeinde Aufseß ist überregional bekannt durch den 2001 erfolgten Eintrag ins Guinness-Buch der Rekorde, wonach sich hier, bezogen auf die Bevölkerungszahl, die höchste Brauereidichte der Welt befindet.

Burg (Unter-) Aufseß

Die Burg Unteraufseß liegt im Zentrum des Ortes Aufseß auf der rechten Bachseite. 1114 wurde erstmals ein *Herolt de Ufsaze* urkundlich erwähnt, 1327 eine Burg Unteraufseß namentlich erwähnt. Das Anwesen erhebt sich auf einer Anhöhe über dem Aufseßtal, wo eine breite Bergnase in das Tal hineinragt. Gegen das Dorf war die Burg mit einem 20 m breiten und 5 m tiefen Halsgraben abgetrennt. 1378 veräußerten einige Familienmitglieder Teile der Burg an den Burggrafen von Nürnberg. 1395 gab es den Beschluss diverser Eigentümer über einen Burgfriedensvertrag. Im gleichen Jahr wurden der Rabenturm sowie das Meingoz-Steinhaus erbaut. Beim Hussitenzug von Bamberg nach Pottenstein im Jahre 1430 wurde die Burg zerstört, danach aber wieder aufgebaut. Im Bauernkrieg 1525 wurde die Burg neuerlich zerstört – besonders die Vorburg erlitt damals großen Schaden. Eine weitere Teilzerstörung brachte der Dreißigjährige Krieg im Jahre 1633. Die großen Kriegslasten führten zur Verarmung des Geschlechtes. Wegen versäumter Fristen während des Dreißigjährigen Krieges verlor die Familie die Lehen der Vorburg. Nach

Abb. 123   Schloss Unteraufseß

Abtretung des Hohen Wildbannes an das Markgraftum in Bayreuth erhielt die Familie 1676 ihre ursprünglichen Lehen wieder zurück. Im gleichen Jahr löste sich die Ganerbenschaft auf: Die Brüder Friedrich und Karl Heinrich von Aufseß teilten unter sich den Gesamtkomplex der Burg Aufseß. Ab 1677 wurde die heutige zweiflügelige Anlage der Burg durch Christof Daniel von Aufseß wieder errichtet; auch die Burgkapelle entstand nun.

Auf Grund des heftigen Streites unter den Brüdern gab Karl Heinrich seine Wohnung in der Burg auf und errichtete 1690 ein neues Schloss, das er Oberaufseß nannte. Die Stammburg wurde hierauf geringschätzig als Unteraufseß bezeichnet. 1799 verloren die Aufseß ihre Reichsunmittelbarkeit. 1806 huldigten sie dem König von Bayern.

1801 wurde Hans von Aufseß auf der Burg Unteraufseß geboren. Nach dem Studium und einer kurzen Zeit im Staatsdienst nahm er seine Wohnung in Aufseß. Seine Studierstube richtete er im Meingoz-Steinhaus ein. Er betätigte sich als unermüdlicher Sammler historischer Hinterlassenschaften, die infolge Säkularisation und Mediatisierung in den Handel gelangt waren. 1832 transferierte er seine Sammlung nach Nürnberg und bemühte sich um die Errichtung eines historischen Museums.

1840 wurde die Burgkapelle neu errichtet. Auf Grund eines Teilungsvertrages kam im Jahre 1851 Hans von Aufseß in den Besitz des Stammschlosses (Unter-) Aufseß. ▶ Abb. 123 Er wurde zugleich zum Begründer der heutigen Linie Unteraufseß. Hans von Aufseß betrieb als leidenschaftlicher Sammler und Forscher maßgeblich die Gründung eines den gesamten deutschen Raum umfassenden Museums. Dieses Projekt wurde 1852 in Dresden begründet und befand sich in Nürnberg am Tiergärtner Tor. Im Jahre 1857 bezog das Museum in der ehemaligen Reichsstadt das aufgelassene Karthäuserkloster. Er begründete darin in Nürnberg das Germanische Nationalmuseum. Bis 1862 stand Hans von Aufseß

Aufseß und der Biertourismus

Mit dem Eintrag von Aufseß ins Guinness-Buch der Rekorde 2001 gelang der Gemeinde ein spektakulärer Marketingcoup – vier Brauereien bei nur 1.500 Einwohnern, das bedeute die höchste Brauereidichte der Welt. Seither hat die Zahl der Touristen zugenommen. Insbesondere die vier Brauereien profitieren von diesem Interesse. Ein Bierwanderweg verbindet die Brauereien (Rothenbuch in Aufseß; Stadter in Sachsendorf, Reichold in Hochstahl und Kathi-Bräu in Heckenhof), sodass es möglich wird, deren Produkte „im Vorbeigehen" zu goutieren. ■ lid-online.de/81118

Aufseß und der Biertourismus

selbst an der Spitze das Museum – zog sich dann aber freiwillig von der Leitung zurück.

Jüdische Bevölkerung

Die Anfänge der Aufsesser Judenschaft liegen im Dunkeln. Ob schon im 14. Jh. Juden hier im Ortsbereich ansässig waren, wird gelegentlich vermutet, ist aber noch unsicher. Jedenfalls sollen schon vor 1699 Juden in Aufseß gelebt haben. Denn der in diesem Jahr wegen Getreidelieferungen von holländischen Juden nach Bamberg ausgebrochene Aufstand zwang Juden in der Gegend um Scheßlitz und Burgellern zur Flucht; einige davon soll Karl Heinrich von Aufseß aufgenommen haben.

Nach dem Spanischen Erbfolgekrieg wurden in Aufseß – wie auch andernorts – bereitwillig Juden aufgenommen. Im Jahre 1722 beschlossen die Juden von Aufseß, vom

Grundherrn das Schüthaus oder die Schütkammer zur Errichtung einer Synagoge zu kaufen. Besitzmäßig blieb die Synagoge zunächst in herrschaftlicher Hand. Erst später ging sie in jüdischen Besitz über. Aus dem Jahre 1754 ist zu vernehmen, dass die Synagoge von Aufseß neu gebaut werden musste. Nach einer langen Zeit des Schweigens war 1865 zu vernehmen, dass Synagoge und Lehrerwohnung sehr reparaturanfällig seien. Die notwendigen Bauarbeiten wurden aber nicht mehr in Angriff genommen.

Zu dieser Zeit erhielt die jüdische Gemeinde einen Begräbnisplatz auf Mietbasis zur Verfügung gestellt, um ihre Toten nicht mehr in Heiligenstadt begraben zu müssen. Der Friedhof liegt etwa 800 m außerhalb des Dorfes in nordöstlicher Richtung zwischen Wiesen und Feldern im Flurstück Föhrenteich. Er hat die Größe von etwa 0,12 ha. Die heute noch erkennbaren 143 Gräber sind geostet. Die letzten Beerdigungen fanden 1933 (Babette Fleischmann) und 1938 (Moses Günter) statt. Die herrschaftliche Familie kümmerte sich sehr intensiv um ihre Judenschaft. Gelegentlich hatte der Schutzpatron Streit zu schlichten und Frieden zwischen ihnen herzustellen. Daher verwundert es nicht, dass dieser sich weigerte, seine Judenschaft einem auswärtigen Rabbinat zu unterstellen gemäß dem aufseßischen Schreiben vom 3. Januar 1736: „Ich bin ihnen [den Juden] als Herrschaft Rabiner genug […] ich kann nicht einsehen, welchen Vorteil meine Juden, die ohnehin mit der Errichtung des an mich schuldigen Schutzgeldes genug zu thun haben, davon haben würden." 1901 erfolgte nach sehr langen und schwierigen Verhandlungen der Beschluss einer Zusammenlegung der jüdischen Kultusgemeinden von Aufseß und Heiligenstadt, den die Kgl. Regierung von Oberfranken verfügte.

Schloss Oberaufseß

Erstmals wurde 1326 ein Gut mit der Oberaufseß erwähnt, das etwa 2 km bachaufwärts auf einer Anhöhe oberhalb der Aufseß auf der rechten Bachseite liegt. Auf Grund von Zwistigkeiten zwischen den Brüdern Friedrich und Karl Heinrich von Aufseß begann letzterer 1690 mit dem Bau eines Wohngebäudes auf diesem Gut. ▶ C 36

Höchstaufseß

Als Reaktion auf den Schlossbau errichtete Friedrich 1690 etwas oberhalb von Oberaufseß einen kleinen Rittersitz, den er Höchstaufseß nannte. Dieses Anwesen brannte 1718 ab und wurde dann nicht mehr aufgebaut.

C27 Heckenhof

Heckenhof ist ein kleines Dorf auf der Albhochfläche, unweit des Tals und des Ortes Aufseß. Es gehörte bis zum Ende des Alten Reiches den Reichsrittern von Aufseß. HELLER (1829, S. 115) berichtet für das frühe 19. Jh. von 115 (evangelischen) Einwohnern; in der Gegenwart wohnen noch 43 (Stand: 1987) bzw. 32 (Stand: 2018) Personen hier.

Das Dorf weist in seinem südlichen Teil ein markantes Gebäude auf – das ehemalige Rittergut Heckenhof mit einem Gebäude aus dem 18. Jh. Es steht unter Denkmalschutz.

Der Ort ist überregional bekannt durch seine Brauerei Kathi-Bräu. ▶ Abb. 124 Obwohl die Brauerei angeblich bis 1498 zurückreicht, wurde sie nach der jahrzehntelang tätigen Wirtin Kathi Meyer umbenannt, die bis zu ihrem Tod 1993 die Brauereigaststätte leitete. Als legendär gilt bis heute ihre Gast- und Servicefreundlichkeit gegenüber jedermann, auch gegenüber den damals noch sozial ausgegrenzten Motorradfahrern. Die Gaststätte befindet sich im ehemaligen Rittergut; ein neues Brauereigebäude wurde 1948 daneben errichtet. Nach Kathis Tod übernahm der schon vorher tätige Braumeister Josef Schmitt die Brauerei und Gaststätte. Heute gilt Kathi-Bräu in Heckenhof als das Mekka der Motorradfahrer, die die Fränkische Schweiz besuchen. An sonnigen Tagen kann man Hunderte von geparkten Motorrädern beobachten. Mit dem Eintrag von Aufseß ins Guinness-Buch der Rekorde als Gemeinde mit der höchsten Brauereidichte der Welt seit 2001, bei dem Kathi-Bräu eine der vier Brauereien darstellt, wurde die Nachfrage noch größer, z. B. von Personen, die den Brauereienweg bewandern, sodass auch ein großzügig bemessener Auto- und Motorradparkplatz angelegt werden musste, um die Vielzahl der Besucher aufzunehmen und um das Dorfzentrum herumzuleiten.

Seit 1819 gehört Heckenhof zur Gemeinde Aufseß.

Abb. 124 Das ehemalige Rittergut Heckenhof, heute Brauereigaststätte Kathi-Bräu

C28 Hochstahl

Der Ort Hochstahl liegt auf der Hochebene über dem Aufseßtal, an der Kreuzung der St 2188 mit der BT 34. Das 57 Wohnhäuser und etwa 140 Einwohner zählende Haufendorf bildete seit 1818 zusammen mit Dörnhof, Kobelsberg, Tiefenlesau und Zochenreuth eine eigenständige Gemeinde, wurde aber bei der bayerischen Gebietsreform 1978 (bis auf Tiefenlesau) nach Aufseß eingegliedert.

Die erste Nennung des Ortes erfolgte 1309 anlässlich einer Streitsache des Pfarrers von Hollfeld, zu dessen Pfarrei Hochstahl gehörte und dem durch die Stiftsgüter einschließlich Hochstahl Neubruchzehnt (Rodungszehnt) gezahlt werden musste. Eine *ecclesia Habstall*, wahrscheinlich eine gotische Kapelle, wird erst 1520 im Spendenverzeichnis des Abtes Kaudler im Bamberger Karmelitenkloster geführt. Erst 1789 wurde Hochstahl eine eigenständige Pfarrei und noch später, nämlich erst 1919, wurde die Pfarrkirche St. Johann der Täufer in Hochstahl gebaut. Diese besteht aus einem Saalbau aus Granitquadern mit Satteldach und einem achteckigen Chorturm, und ist u. a. mit der Madonna der örtlichen Kapelle von 1470, einem Opferstock von 1527, einer Kanzel von 1670 sowie einem Hochaltar und Seitenaltären aus dem frühen 18. Jh. ausgestattet. Die Kirche steht, wie das benachbarte Pfarrhaus aus dem 18. Jh., unter Denkmalschutz.

Der Ort wird – neben der Kirche und der im Rahmen der Dorfentwicklung neu gestalteten Dorfmitte – durch die Brauerei Reichold geprägt, die seit 1906 im Familienbesitz ist und Lagerbier, Zwickl, dunkles Bier, Weizen und gelegentlich Bock braut. Das Sudhaus wurde 1960 gebaut, neue Gär-, Lager- und Filterkeller und die Abfüllanlage, die stündlich 2600 Flaschen abfüllen kann, wurden um die Jahrtausendwende eingerichtet. Das Bier wird nicht nur vor Ort im eigenen Gasthof, sondern auch in 14 weiteren Gaststätten in Ober- und Mittelfranken ausgeschenkt. Die Brauereigaststätte zieht nicht nur viele Tagesausflügler an, es gibt auch eine Pension sowie einen Stellplatz für 38 Wohnmobile, weshalb Besucher aus dem gesamten Bundesgebiet und auch dem Ausland anreisen. Der Hintergrund ist, dass die Gesamtgemeinde Aufseß 2001 im Guinness-Buch der Rekorde als die Kommune mit der weltweit höchsten Brauereidichte – vier Brauereien bei nur 1.500 Einwohnern – gelistet wurde.

Ansonsten gibt es noch einige andere wirtschaftliche Aktivitäten in Hochstahl – landwirtschaftliche bzw. landwirtschaftsnahe Unternehmungen (Viehzucht/-handel, einen Pferdestall mit Pferdepension und Vermietung von Pferden), eine Schreinerei, einen Online-Getränkehandel und ein Freizeithaus der KHG Erlangen. Eine über 100 Jahre bestehende Bäckerei mit Gemischtwaren wurde aufgegeben.

C29 Plankenfels

Abb. 125   Schloss Plankenstein erstreckt sich in malerischer Lage auf einem Felssporn über der Wiesent

Das Dorf Plankenfels befindet sich unweit des Zusammenflusses der Wiesent und der aus O kommenden Truppach sowie der von N in die Truppach fließenden Lochau. Die Ortschaft besteht aus einem nördlich des Zusammenflusses, direkt am steil zur Wiesent abfallenden Felssporn gelegenen Dorf und einem östlich zur Lochau hin sich anschließenden neueren Ortsteil (Neuwirthshaus). Der nordöstlich der Siedlung gelegene Plankenstein (481 m) mit seinen dolomitischen Felstürmen und seiner eng mit der Geschichte von Plankenfels verknüpften Burg, ist heute als Naturdenkmal ausgewiesen, ebenso wie die Engstelle im Wiesenttal unterhalb von Plankenfels bei der Eichenmühle.

Der Ort, der an der Grenze zwischen den Territorien des Bistums Bamberg und der Kulmbach-Bayreuther Markgrafen entstanden ist, besitzt am westlichen Dorfrand ein erstmals im 13. Jh. erwähntes Schloss, das den Rittern von Plankenstein gehörte, bis heute besteht und in Privatbesitz ist.
▶ Abb. 125

Plankenfels war Bahnhof an der Lokalbahnlinie Bayreuth–Hollfeld, die 1902–1974 bestand. 1978 wurde die Gemeinde Plankenfels (mit Ortsteil Löhlitz) Mitglied der Verwaltungsgemeinschaft Hollfeld-Aufseß-Plankenfels mit Sitz in Hollfeld. Die Gemeinde umfasst ca. 858 Einwohner, in den zwölf Ortsteilen (2017), davon entfallen auf den Hauptort und Ortsteil Plankenfels 492 Personen.

Der 2018 geäußerte Plan zur Schaffung eines Freiflächen-Solarparks auf dem Gemeindegebiet stieß auf erhebliche Opposition wegen der zu erwartenden landschaftlichen Beeinträchtigungen.

C30 Wohnsgehaig

Am westlichen Fuß des Zeugenbergs der Neubürg erstreckt sich die Ortschaft Wohnsgehaig; sie ist mit 513 m ü. NHN eine der höchst gelegenen Ortschaften der Fränkischen Schweiz. Die Besiedlung wurde durch austretende Quellen aus einem kleinen Karstgrundwasservorkommen auf der benachbarten Erhebung der Neubürg begünstigt.

Der Ortsname gab in der Vergangenheit Anlass zu reichen Spekulationen, die z. B. behaupten, er sei mit Wotansgehege zu übersetzen, was ihn (übrigens zusammen mit der Neubürg) in einen mythologischen Zusammenhang mit der germanischen Götterwelt stellt. Auch wenn dies nach heutigem Kenntnisstand unzutreffend ist, kursiert immer noch eine phantasievolle Sagen- und Mythenwelt um den Ort.

Wohnsgehaig lag stets am Rand zweier rivalisierender Territorien, nämlich des Markgraftums Bayreuth und des Hochstifts Bamberg, und ist z. T. katholisch, z. T. evangelisch. Der Ort, der erst 1859 eine eigene Kapelle erhielt, pfarrt nach Nankendorf/Waischenfeld bzw. Mengersdorf.

Seine räumliche Erstreckung als Dorf hat sich seit 1850 (dem Jahr der kartographischen Uraufnahme) kaum verändert. Die Bevölkerungszahl des bis heute landwirtschaftlich geprägten Ortes ist vielmehr in den letzten 150 Jahren stark rückläufig und liegt gegenwärtig bei 194 (2018) Einwohnern. Die Dorfschule wurde 1973 eingestellt. Es gibt auch keine Geschäfte und Gaststätten mehr, wohl aber noch drei lokale Vereine. Das weitständige Dorfgebiet besitzt nichts Außergewöhnliches. Als Sehenswürdigkeit gilt ein alter Weißdorn, der angeblich tausendjährig ist.

In der Gegenwart fällt die ungewöhnlich hohe Zahl an Fotovoltaikflächen auf den Dächern der Häuser und Scheunen auf, besonders im nördlichen Dorfteil.

Wohnsgehaig wurde 1972 in die Gemeinde Mistelgau eingemeindet.

C31 Glashütten

Glashütten, eine Gemeinde mit 1.422 Einwohnern (Ende 2014), besteht nur aus dem Hauptort Glashütten und dem kleinen Weiler Altenhimmel mit ehemaligem Forst- und Gasthaus. Die Lage am südlichen Rand des Hummelgaus, einer Altsiedellandschaft im östlichen Vorland der Fränkischen Alb an der Grenze zum Ahorntal, war vielleicht für die Namensgebung des Ortes entscheidend: Denn es gab nie eine Glashütte, aber wahrscheinlich die Hütte eines *calasneo*, althochdeutsch für einen an der Grenze Niedergelassenen.

Die Siedlung war zunächst ein einfaches Bauerngut, wurde aber durch den Zuzug des Geschlechts derer von Sachsenhausen, die mit den Meraniern, den Grafen von Andechs, als deren Ministerialen in die Region kamen, und durch Bau eines Wasserschlosses um 1300 zum Burggut aufgewertet. Glashütten fiel später an die Burggrafen von Nürnberg und an die Markgrafen von Brandenburg-Bayreuth, wobei die Adelsfamilien von Wirsberg (1426–1575) und die von Lüschwitz (1575–1728) mit dem Ort belehnt wurden. Nach einem preußischen und später französischen Intermezzo kam Glashütten 1810 zu Bayern und wurde nach dem Gemeindeedikt von 1818 die heutige Gemeinde. Bis ins 19. Jh. gab es nur wenige Handwerker und selbst im 20. Jh. war Glashütten deutlich landwirtschaftlich ausgerichtet: Noch 1950 waren 40 % der Bevölkerung in der Landwirtschaft tätig, heute gibt es keinen einzigen Vollerwerbslandwirt mehr.

Prägend für das Ortsbild von Glashütten sind einige Fachwerkbauten aus dem 18. und 19. Jh. sowie die evangelisch-lutherische Filialkirche St. Bartholomäus, ein Saalbau mit eingezogenem Chor und Westbau mit drei Türmchen. Der Kern der Kirche wurde 1617/18 im Auftrag von Heinrich-Gerhard Freiherr von Lüschwitz am Standort der früheren Schlosskapelle errichtet, bereits kurz darauf im Dreißigjährigen Krieg wieder teilweise zerstört, dann aber erneut aufgebaut. 1796/97 wurde ein größerer Ausbau vorgenommen (Erhöhung von Kirche und Altar, neue Fenster, Verlegung des Türmchens). Daher und aufgrund ihrer Ausstattung mit kombiniertem Kanzelaltar, Taufengel und Patronatsloge wird die Kirche als Unikat einer Patronatskirche im Markgrafen-Stil interpretiert. Eine weitere Vergrößerung und der Bau des Westbaus erfolgten erst 1922 durch den Architekten

Hans Reissinger. Auffallend sind zahlreiche Malereien vor und im Gebäude, insbesondere die expressionistischen Emporenbilder. Der Friedhof, der die Kirche umgibt, stammt aus dem 18. Jh.

Die Stadtrand-Gemeinde, die nur 13 km von Bayreuth entfernt liegt, erlebte im Zuge der Suburbanisierung durch Ausweisung von Neubauflächen seit der ersten Hälfte der 1960er in mehreren Schritten einen Bevölkerungsanstieg. Sie hat eine große Zahl von Auspendlern, da das Arbeitsplatzangebot trotz eines Gewerbegebietes in Glashütten selbst relativ gering ist (146 SV-Beschäftigte Mitte 2014). In 18 Betrieben werden nur zwei Lehrlinge ausgebildet. Eine Trikotfabrik (ehemals Palme) musste stark verkleinert werden, einige Arbeitsplätze bieten z. B. der Landgasthof, die Metzgerei, ein Gartenbauunternehmen und die Kindertagesstätte. Hoffnung wird aufgrund der landschaftlichen Attraktivität und Wandermöglichkeiten (z. B. auf der Via Imperialis) auf den Tourismus gesetzt (Übernachtungsmöglichkeiten im Gasthof und in mehreren Ferienwohnungen).

So hat Glashütten v. a. Bedeutung als Wohnstandort, der ein angenehmes generationsübergreifendes Wohnumfeld und sportlich-kulturelles Leben bietet (Kindertagesstätte, Grundschule, Jugendclub Fun4you, Seniorenheim, Sportanlage, Mehrzweckhalle mit Schießstand und Kegelbahn, Kreislehrgarten). Gegen die erkennbaren Entwicklungsprobleme (mangelnde Arbeitsplätze vor Ort, Gebäudeleerstände in der Dorfmitte, Geschäftsaufgabe einer Bäckereifiliale) versucht die Gemeinde mit Hilfe des ausgewiesenen Mischgebiets für Gewerbe und Wohngebäude, durch die Zusammenarbeit mit Mistelgau in einer Verwaltungsgemeinschaft sowie durch die Teilnahme an der Regionalen Entwicklungsgesellschaft Rund um die Neubürg gegenzusteuern.

C32 Pittersdorf (Hummeltal)

Pittersdorf wird erstmals 1398 als *Pütrichsdorf* erwähnt. Im Landbuch A des Amtes Bayreuth von 1386 wird es als ein Weiler von vier Höfen, davon einer im Besitz von Ernfrid von Seckendorf, bezeichnet. In der Homann-Karte von 1740 findet man die Bezeichnung *Putersdorf*. Im 19. Jh. bestand das Dorf nunmehr aus „28 Häusern, einer Schule und einem Wirthshause, hat 46 Familien und 180 Einwohner" (HÜBSCH 1842, S. 72).

Ab 1971 ist Pittersdorf ein Ortsteil der mit einem neuen künstlichen Ortsnamen gegründeten Gemeinde Hummeltal, die ihrerseits zur Verwaltungsgemeinschaft Mistelbach mit Sitz in Mistelbach gehört. In der Gegenwart (2014) umfasst es 1.143 Einwohner und ist Wohnort zahlreicher Pendler nach Bayreuth.

Die vereinte Gemeinde Hummeltal besitzt, verteilt auf Pitters- und Pettendorf, eine bescheidene Zentrenversorgung mit Einzelhandelsgeschäften und Arztpraxen; seit 2012 besteht auch ein Alten- und Pflegeheim mit 70 Plätzen. Ein kleines Industriegebiet im N von Pittersdorf, Am Mailand, umfasst einige kleinere Gewerbebetriebe, darunter auch einen Anbieter für Fessel-

Abb. 126 Blick auf die Ortsteile Pittersdorf und Pettendorf der Gemeinde Hummeltal nach Südosten. Diagonal (von links unten nach rechts oben) quert die Durchgangstraße das Bild. Der vordere Teil umfasst den Ortsteil Pittersdorf; oben rechts erkennt man den Ortsteil Pettendorf. In der Bildmitte fallen einige etwas größere Gebäude auf: allen voran das L-förmige Alten- und Pflegeheim, rechts davor das Schulgebäude.

ballonflüge. Südlich des Viertels Mailand verlief übrigens die 1974 eingestellte Lokalbahnlinie Bayreuth–Hollfeld mit einem Haltepunkt Pittersdorf. ▸ Abb. 126

C33 Pettendorf

Pettendorf liegt im flachen, hochwassergefährdeten Mistelbachtal. Es wird erstmals 1108 als *Petindorf* erwähnt. Im Landbuch A des Amtes Bayreuth von 1386 wird es als ein Weiler von sechs Höfen, davon einer im Besitz von Ernfrid von Seckendorf, bezeichnet. In der Homann-Karte von 1740 findet man die Bezeichnung *Pottendorf*. Im 19. Jh. vermeldet HÜBSCH (1842, S. 71) nun schon für das Dorf „28 Häuser, darunter ein Wirtshaus, und hat 50 Familien mit 205 Seelen". Es ist aber eine unbedeutende Gemeinde geblieben – ohne Kirche, ohne Schule. Der Ort pfarrte bis 1955 nach Gesees, um erst dann eine eigene evangelische Kirche, die Friedenskirche, und 1956 eine eigene Pfarrei zu erhalten.

Ab 1971 ist Pettendorf ein Ortsteil der mit einem neuen künstlichen Ortsnamen gegründeten Gemeinde Hummeltal, die ihrerseits zur Verwaltungsgemeinschaft Mistelbach mit Sitz in Mistelbach gehört. In der Gegenwart (2014) umfasst es 877 Einwohner und ist Wohnort zahlreicher Pendler nach Bayreuth.

C34 Kainachtal

Das Kainachtal bezeichnet den Flussabschnitt zwischen der Ortschaft Kainach und der Stadt Hollfeld ab dem Zusammenfluss von Schwalbach und Kaiserbach. Das kastenförmige Tal der Schwalbach beginnt südlich von Azendorf als das Azendorfer Trockental und wird ab Schirradorf von der Schwalbach durchflossen. Bei Kainach fließt auch der Kaiserbach hinzu, der im N zunächst ein Trockental bildet, das östlich von Feulersdorf (noch nördlich der BAB 70) beginnt und sich nach S orientiert erstreckt. Kurz oberhalb von Krögelstein führt das Tal dann Wasser und wird nun Kaiserbach genannt. Der kurze, nach dem Zusammenfluss als Kainach bezeichnete Flussabschnitt zeichnet sich durch einen in dem ausgeprägten Kastental stark mäandrierenden Flussverlauf aus.

Die als Naturdenkmal ausgewiesene Käthele-Steinhöhle befindet sich auf halber Höhe am westlich Talrand. Am Ausgang des Kainachtals im nördlichen Bereich von Hollfeld sind mehrere Fischweiher und ein Naturschwimmbad angelegt. Der malerische Verlauf der Kainach durch Hollfeld kann über Fußwege bis zum Zusammenfluss mit der Wiesent begleitet werden. Die Wasserführung der Kainach ist in der Regel stärker als die der Wiesent.

C35 Truppachtal

Die Truppach ist ein Nebenfluss der Wiesent, der bei Plankenfels in sie mündet. Er entsteht durch den Zusammenfluss der Weides und des Eschenbachs nahe der Rupertuskapelle bei Obernsees. Durch die Fließrichtung von O nach W an der östlichen Flanke der Frankenalbmulde kommt es zu der ungewöhnlichen Situation, dass die Quellgebiete im Bereich des Unteren Jura liegen, der Fluss dann den Mittleren Jura durchquert und erst bei Plankenfels in den Oberen Jura übertritt. Er durchquert daher auf dem Weg bergab zunehmend jünger werdende geologische Schichten und durchbricht die Schichtstufe des Oberen Jura bei Plankenfels. Da das Einzugsgebiet aus Unterem und Mittlerem Jura aufgrund der geologischen Bedingungen einen höheren Anteil an Oberflächenabfluss hat als in den verkarsteten Kalksteinen und Dolomiten des Oberen Jura, kann die Wasserführung der Truppach bei Starkregen erheblich ansteigen und bei der Engstelle östlich von Plankenfels (zwischen Alt- und Neuwirthshaus) zu Überschwemmungen führen.

C36 Schloss Oberaufseß

Die in der Barockzeit, ab 1690 errichtete Schlossanlage unweit des Dorfes Aufseß bildet ein langgezogenes Rechteck mit Rundtürmen an den Ecken. Sie erstreckt sich in Ost-West-Richtung über dem Tal des Flüsschens Aufseß. Die Anlage wird im W durch einen Halsgraben von der angrenzenden Hochfläche abgetrennt. Die bis zu 7 m hohe Außenmauer besteht aus verputzten Bruchsteinen.

Der Name Oberaufseß ist erstmals 1326 im Zusammenhang mit einem Besitztausch erwähnt. Die Bezeichnung bezieht sich jedoch nur auf ein Wirtschaftsgut, nicht auf eine Befestigung. Anlass für die Errichtung des barocken Schlosses waren Zwistigkeiten zwischen den Brüdern Friedrich und Karl Heinrich von Aufseß. Letzterer ließ die etwa 1.000 m flussaufwärts vom Stammsitz Unteraufseß liegende Anlage sehr zügig, v. a. aber erstaunlich wehrhaft errichten. Bereits 1692 mussten belagernde Bamberger Truppen ergebnislos abziehen. Nach 1703 baute der Schlossherr bis 1711 die ungewöhnlich stattliche Fortifikation weiter aus. Dabei ließ er Baumaterialien aus seinen Liegenschaftsanteilen von Unteraufseß überführen.

Weitere umfangreiche Umbauten fanden 1779–1781 statt. Im Südbau wurden die Stallungen zur Küche umgerüstet und dem Gebäude ein zweites Stockwerk aufgesetzt. Ebenso wurde das Torhaus vergrößert. An der Ostseite des Gebäudes zog man einen neuen Anbau hoch, der wirtschaftlichen Funktionen diente. Das Brunnenhaus wurde überdacht und der Nordbau wegen Baufälligkeit abgetragen.

Die Schlossanlage weist an allen vier Ecken Rundtürme mit gedrücktem Kegeldach auf. Der Zugang zum Schloss erfolgt von der Nordseite durch ein nach außen vorspringendes Torhaus. Die an der Westseite liegende Durchfahrt wird von einem schmiedeeisernen Tor verschlossen. Innerhalb des Durchgangs hängt im Gewölbe ein hölzernes Allianzwappen der Familien Aufseß und Redwitz aus dem Jahre 1711. An das Torhaus schließt längs der Nordmauer ein eingeschossiger Stallbau an.

Das Hauptgebäude grenzt mit seiner Schmalseite an die östliche Außenmauer, die Front ist gegen den Südhang orientiert, sein heutiges Aussehen wird von einem dreigeschossigen Baukörper mit 5:2 Fensterachsen bestimmt. Im S ist heute ein attraktiver Söller vorgelagert. Ursprünglich war das Gebäude eingeschossig und besaß sieben Fensterachsen. Die Veränderungen sind Ergebnis der Baumaßnahmen von 1779–1781. Westlich des Torhauses steht eine hohe, weit in den Hof hineinspringende Scheune. Ihr gegenüber findet sich ein zweigeschossiger Bau mit Satteldach und Fachwerkobergeschoss zu fünf Achsen. An einen jüngeren Trakt mit Walmdach grenzt westlich ein 1890 im Stil des Historismus errichteter Neubau mit Turm an. Das westliche Drittel der Schlossanlage besteht aus einem ummauerten Garten. Im Schlosshof erkennt man die Steinfassung des 42 m tiefen, bis in die Talsohle des Flüsschens Aufseß hinab reichenden Brunnens.

Das Schloss wird von der Familie von Aufseß bewohnt. Bedeutendstes Familienmitglied der jüngeren Zeit war der 1993 verstorbene, über Franken hinaus bekannte Literat und Essayist Hans Max von Aufseß.

D Landkreis Forchheim

D1 Lange Meile nordöstlich von Forchheim

Die Lange Meile ist eine siedlungsleere Hochebene, die sich etwa 5 km N–S erstreckt. Die Distanz O–W beträgt nur 2 km. Eingerahmt wird die Hochfläche durch die Ortschaften Ebermannstadt, Niedermirsberg, Weilersbach, Rettern, Kauernhofen, Weigelshofen und Drosendorf (von O im Uhrzeigersinn). Die höchsten Erhebungen liegen nur geringfügig über 500 m ü. NHN. Dies sind im S der Schützenberg, im W der Rotenberg, im O der Wachknock. ▸ Abb. 127

Die landwirtschaftlich genutzten Vorlandhügel der Langen Meile liegen im Opalinuston, also dem unteren Dogger. Der folgende Steilanstieg, also der Sockel der Langen Meile, besteht im wesentlichen aus den standfesteren Sandsteinen des Doggerbeta, während das Dach des Schichtkomplexes aus den Kalken und Kalkmergeln des Weißen Jura (Malm-alpha und -beta) gebildet wird. Weiter im N sind dann noch die Schichten des Malm-gamma erhalten. Beim Wachknock und im Bereich der Burg Feuerstein findet man sogar den Malmdelta. Der zentrale Bereich der Hochfläche wird dann durch die lehmig-sandige Albüberdeckung, den so genannten Residuallehm, charakterisiert. Er besteht aus den Resten der Verwitterung jüngerer Schichten, aus Flugsanden und teils auch Fremdgeröllen, die einem ehemaligen Fluss aus dem NO kommend zugeschrieben werden.

Morphologisch geprägt wird die Lange Meile durch Prozesse der Erosion und der Denudation (eine flächenhaft wirkende Abtragung der Landfläche) im Bereich ihrer bewaldeten Hänge. Hangrutschungen, Bergstürze oder auch Schuttfließen sind an vielen Stellen an Talflanken oder auch direkt auf der Ornatenton-Terrasse zu finden. Sie sind allerdings phasenweise nur als unruhiges Relief erkennbar, dann aber wieder direkt abgrenzbar als Rutschform eines Erdgletschers, den man genau verorten kann. Einige dieser Rutschformen

Abb. 127   Blick von Südosten auf den Gebirgsrücken der Langen Meile. Die Reifenberger Vexierkapelle dominiert in ihrer majestätischen Lage das Bild. Darunter liegt die Ortschaft Weilersbach.

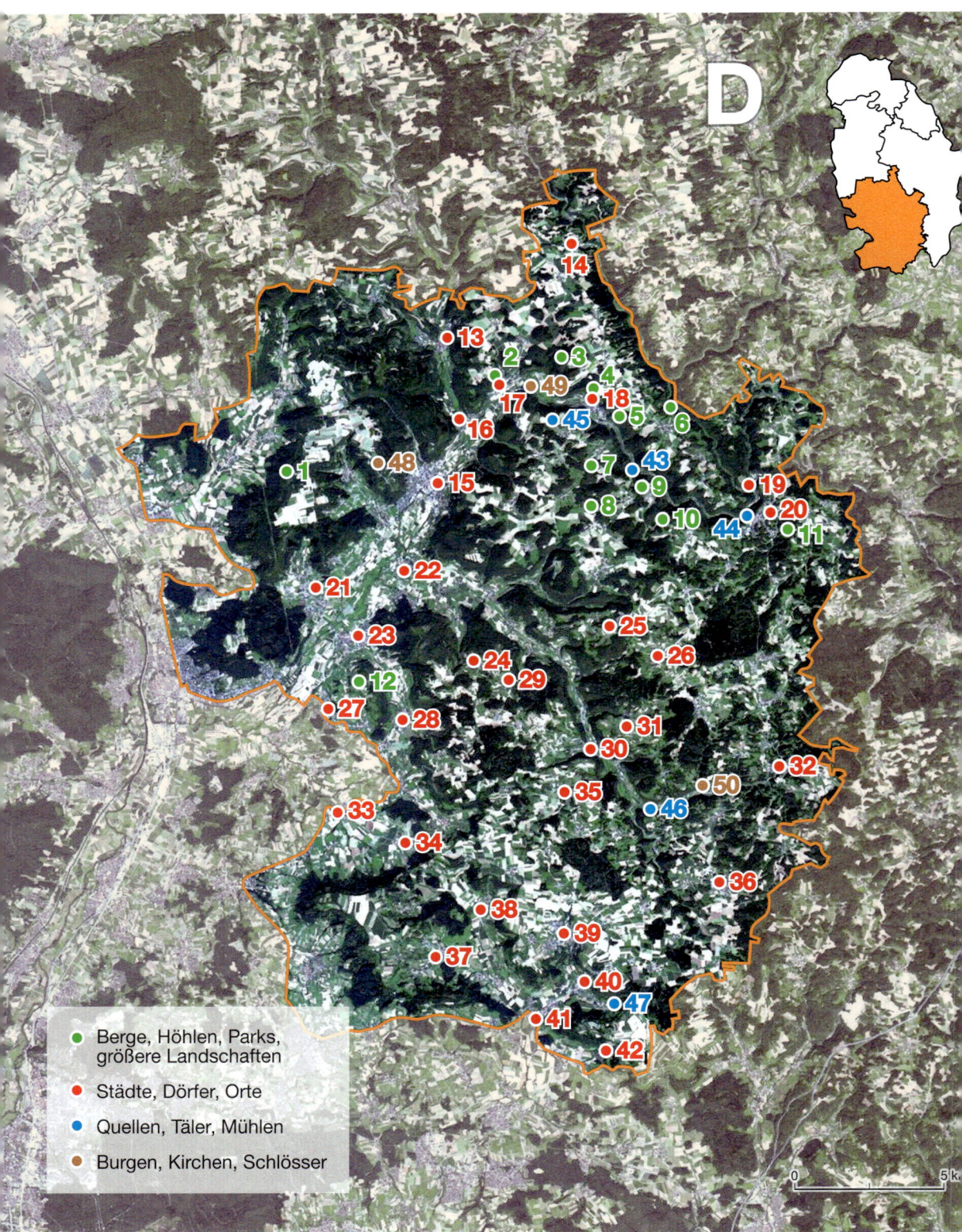

D

- ● Berge, Höhlen, Parks, größere Landschaften
- ● Städte, Dörfer, Orte
- ● Quellen, Täler, Mühlen
- ● Burgen, Kirchen, Schlösser

wurden exakt vermessen und ihre Wanderungsgeschwindigkeit errechnet (HÜTTEROTH 1994, Abb. 1). Dies kann zwar Anhaltspunkte liefern; generelle Aussagen über die Wanderungsgeschwindigkeit sind aber nicht gestattet.

Ein weiteres gestaltendes Element sind kleinere Flüsse und Gerinne, die teils in trockenen Eintiefungen auf der Hochfläche, in der Regel aber unterhalb des Malm-alpha beginnen. Von dort verlaufen die Täler meist sehr steil bergab, sodass die normalerweise gut sichtbaren zwei Doggerkanten hier kaum erkennbar sind. Auf den Spornen dagegen wird der Hang in die Länge gezogen, jede härtere Bank in den Sandsteinen wird als kleine Stufe herauspräpariert. Da Wasser nicht über die Spornspitze abfließen kann und zudem auch Quellen fehlen, erscheint der Sporn als Kanzel, wie dies beim Högelstein oder der Retterner Kanzel deutlich zu erkennen ist.

Auffallend ist, dass auf der Westseite der Langen Meile deutlich weniger Quellen auftreten als auf der Ostseite. Dies gilt v. a. im Bereich Niedermirsberg–Rüssenbach, was wohl an den leicht nach O einfallenden Schichten liegt. Quellen an der Westflanke sind damit Überlaufquellen, die im Sommer oft trocken fallen. An der Ostflanke gibt es dagegen Schichtquellen, die kontinuierlich Wasser schütten, den Untergrund permanent feucht halten und somit Rutschungen begünstigen. Vor allem bei Niedermirsberg liegen am Westhang ältere Rutsche und junge Erdschlipfe, teilweise neben- oder auch übereinander. Im Fischbachtal reichen sie sogar bis in die Talsohle. In der Regel wird ein derartiges Rutsch- und Buckelgelände von Wanderern gemieden. Denn es ist schwer zu begehen und verlangt dem Wanderer deutlich mehr ab als die gut ausgebauten Wege oder die Hohlwege an den Flanken der Sporne, über die man von allen Ortschaften rund um die Lange Meile deutlich bequemer auf die Hochfläche gelangen kann. Auf der Hochfläche selbst findet der Wanderer dann ein gut ausgebautes Wegenetz vor. Beliebt sind aber auch die Wege unmittelbar an den Malmkanten oder auch über die Kanzeln, da sie mit ihrem traumhaften Blick in die Täler und in die Ferne für die Mühsal des Aufstiegs entschädigen.

An den Hängen und auf der Hochfläche der Langen Meile selbst finden sich verschiedene Hinweise auf den einstigen Abbau von Sand- und Kalksteinen. In den Sandsteinen des Dogger-beta existieren sogar noch heute Schürfe, die auf ehemalige Abgrabungen der eisenschüssigen Sandsteine hindeuten. Allerdings haben die Schürfe hier nie größere Ausmaße erreicht. Gebrochen wurden die Sandsteine deshalb gern, weil sie als Baustein leicht zu bearbeiten und zudem von guter Qualität waren. Am Schützenberg deuten die jetzt verfallenen Steinbrüche noch immer auf den Abbau von Kalken des Malm-beta hin. Sie waren aufgrund ihrer Bankung gut zu brechen und als Baustein begehrt. Die Gewinnung von Töpferton, Kalkmergel zur Düngung oder von Sanden als Bausand oder damals Stubensand war dagegen nur von geringer Bedeutung.

In landwirtschaftlicher Sicht stellte und stellt die Lange Meile noch heute eine Ergänzung zu dem vom Opalinuston geprägten Vorland der Fränkischen Alb dar, weil sie aufgrund der Höhenlage andere Charakteristika aufweist. Die Niederschläge liegen höher, die Temperaturen sind niedriger und die Böden (Rendzinen und Kalksteinbraunlehme) sind trockener, aber gut mit Kalk (Basen) versorgt. Die Erträge fallen daher in feuchten Jahren gut aus, in regenarmen, trockenen dagegen ausgesprochen gering. Getreide wurde früher auch auf den oftmals sehr schmalen Ackerterrassen im Anstieg des Dogger-beta angebaut – und das unter extrem schwierigen Bedingungen. So kann man vielerorts heute noch alte Ackerterrassen unter Wald finden. Aufgrund der Rahmenbedingungen, aber auch wegen der sauren flachgründigen Braunerden waren auch hier die Erträge kaum ausreichend.

D2 Binghöhle

Abb. 128 Die Prinz-Ludwig-Grotte in der Binghöhle bei Streitberg

Der fast vollständig verschüttete Eingang zur Höhle wurde 1905 durch den Geheimen Kommerzienrat Ignaz Bing aus Nürnberg freigelegt. Lediglich ein Loch in der Größe eines Dachsbaues war vorhanden und für Menschen nicht passierbar. Im Rahmen der Ausgrabungen zeigte sich zunächst ein 30 m langer Gang. Dabei ließen sich fünf Feuerstellen, vorgeschichtliche Keramik, ein Mahlstein sowie menschliche Skelettreste nachweisen. Moderne Untersuchungen (LEJA 2006) der Keramiküberreste datieren diese in die frühe Bronzezeit (ca. 2000 v. Chr.) und in die Latènezeit (ca. 500–100 v. Chr.). Weitere Grabungen und Sprengarbeiten führten schließlich zur Entdeckung einer fantastischen Tropfsteingalerie.

Bereits im Winter 1905/1906 wurde die Höhle für Besucher ausgebaut und im Frühjahr begann der reguläre Führungsbetrieb. Im ersten Betriebsjahr verzeichnete die Binghöhle schon 7.000 Besucher. Zunächst erfolgten die Führungen mit Karbidlampen. Im Winter 1907/1908 wurde eine elektrische Beleuchtung installiert. Die Binghöhle entwickelte sich bald zur größten Attraktion der Gegend. Sogar Prinz Ludwig, der spätere König Ludwig III., besuchte im Juni 1908 die Binghöhle. Ihm zu Ehren wurde ein besonders schöner Raum am Ende der Höhle als Prinz-Ludwig-Grotte bezeichnet. Während des nationalsozialistischen Regimes versuchte man jegliche Erinnerung an den jüdischen Vorbesitzer Ignaz Bing auszulöschen. Die Höhle wurde fortan als Streitberger Höhle bezeichnet. Erst in den 1950er Jahren setzte sich allmählich der überkommene Name Binghöhle wieder durch. Fast prophetisch wirken die Worte Bings, die er 1915 seinem Tagebuch anvertraute: „Die von mir entdeckte und erschlossene Binghöhle bildet für den Franken-Jura das hervorragendste Naturwunder, zu dem alljährlich Tausende wandern, um sich daran zu erfreuen und zu erheben. Der Besitz dieser Höhle ist ein unveräusserlicher, und in gewissem Sinne ein unvergänglicher. Er wird meinen Namen noch den fernen Geschlechtern überliefern."

Im Vergleich zu den übrigen fränkischen Schauhöhlen zeigt die Binghöhle eine geologische Besonderheit. Sie ist im geschichteten (gebankten) Werkkalk (Malm-beta) angelegt, während sich die meisten Höhlen der Fränkischen Schweiz in den dolomitisierten und massig ausgeprägten Riffkuppen finden. Die stark zergliederten Werkkalke beherbergen in der Regel nur kleinräumige Höhlen, da der dünnbankige Werkkalk stark zum Verbruch neigt. Im Bereich der Binghöhle ist der Werkkalk jedoch in einer Mulde zwischen eng zueinanderstehenden Schwammriffkomplexen eingelagert und zeigt somit eine größere Mächtigkeit der einzelnen Schichten. Obwohl die Binghöhle von Schwammriffen umgeben wird, vollzog sich die Höhlengenese ausschließlich im Bereich des gebankten Werkkalkes. Die Binghöhle folgt gewissermaßen in ihrem heutigen Verlauf der Mulde zwischen den Schwammriffkomplexen. Der horizontal geschichtete Werkkalk ist im Vergleich zu den weitgehend ungeschichteten Massenkalken der Schwammriffe karsthydrologisch wegsamer. Dies erklärt die Tatsache, dass sich die Genese der Binghöhle vollständig im Werkkalk vollzog und nicht auf die benachbarten massigen Riffbereiche übergriff.

Entstanden ist die Binghöhle zunächst im Grundwasserbereich. In der Initialphase der Höhlengenese bahnte sich das Wasser unter hydrostatischen Druck seine Wege auf den horizontal verlaufenden Schichtfugen. Es bildeten sich zahlreiche kleine dentritisch verlaufende Röhren (Druckröhren, Anastomosen). Reste dieser Röhren lassen sich zusammen mit blinden Abzweigungen vielfach an der Höhlendecke beobachten. Dieses so genannte Druckleitungsstadium wurde im Zuge der Eintiefung der Wiesen und dem damit verbundenen Absinken des Grundwasserspiegels unterbrochen. Fortan kam es zu einem druckfreien Abfluss des Wassers. Die Raumerweiterung beschränkte sich nun nicht mehr auf geschlossene Leitungsformen. Dabei hat sich der Höhlenfluss in einer der ursprünglichen Röhren immer tiefer in die Felssohle eingeschnitten. Kleinere unbedeutende Nebenröhren fielen trocken. Während dieser aktiven Flussphase sind die zahlreichen Fließfacetten an den Höhlenwänden entstanden. Mit weiterer Eintiefung der Wiesent wurde der Abfluss des Wassers tiefer gelegt und der begehbare Höhlengang fiel trocken. Nachfolgend lagerten sich Sedimente ab und es bildete sich reicher Tropfsteinschmuck. In der Binghöhle verlief die Sinterbildung mehrphasig. Alte Tropfsteingenerationen sind z. T. in Sediment eingebettet oder von einer jüngeren Tropfsteingeneration überwachsen. Fließfacetten auf einer alten Tropfsteingeneration belegen, dass die Binghöhle offenbar auch mehrere aktive Flussphasen hatte (SCHABDACH 2006).

▶ Abb. 128 Letztendlich ist diese mehrphasige Höhlenentwicklung ein Ergebnis, das mit der Herausformung der umgebenden Landschaft und der Bildung des heutigen Wiesenttales korreliert. Der Wechsel zwischen trockenen und teilweise gefluteten Perioden in der Höhle mag auch ein Indiz für wechselnde Klimabedingungen im Laufe der Jahrtausende während der Entwicklungsgeschichte der Binghöhle sein.

D3 Schönsteinhöhle

Die Schönsteinhöhle und Brunnsteinhöhle bei Neudorf bilden ein zusammenhängendes, weit verzweigtes Höhlensystem. Mit einer Gesamtganglänge von ca. 600 m ist die Schönsteinhöhle eine der längsten Höhlen im Gebiet um Muggendorf und Streitberg. Bereits im 18. Jh. war die Höhle ein vielbesuchtes Schauobjekt. Immer wieder waren die Besucher von den fantastischen Tropfsteinbildungen der Schönsteinhöhle fasziniert. Adalbert Neischl, ein Pionier der fränkischen Höhlenforschung, fertigte 1903 einen ersten Höhlenplan an. Im Jahre 1922 erfolgten dann durch Salzburger Höhlenforscher weitere Neuentdeckungen und zugleich eine umfassende Vermessung des Höhlensystems. Der Fränkische-Schweiz-Verein nahm 1923 die Schönsteinhöhle in Pacht, um sie für den Fremdenverkehr zu erschließen. Nach einem von der Sektion Heimatforschung der Naturhistorischen Gesellschaft Nürnberg erstatteten negativen Gutachten wurde hiervon wieder Abstand genommen.

Schlagzeilen machte die Schönsteinhöhle im Jahr 1950, als sich zwei junge Mädchen aus Nürnberg beim Wandern in der Höhle verirrten. Erst nach fünf langen Tagen in absoluter Dunkelheit wurden sie durch zufällige Höhlenbesucher gerettet.

Eindrucksvoll zeigt der Grundriss und der Verlauf der Gänge in der Schönsteinhöhle eine direkte Beziehung zur lokalen Klufttektonik. Nachdem Klüfte und Risse als Eintrittspforten des Wassers in den Gesteinskörper dienen, wird die Struktur der entstehenden Höhle im Wesentlichen durch den Verlauf und die Richtung der bereits vorhandenen Klüfte bestimmt. Ein Blick auf den Grundriss der Schönsteinhöhle zeigt in eindrucksvoller Weise die Anlage an ein herzynisch und rheinisch streichendes Kluftsystem. Die Schönsteinhöhle beherbergt eine artenreiche Subterranfauna. Bisher wurden 45 verschiedene Kleintiere (Insekten, Spinnen, Krebse, Würmer) in dieser Höhle nachgewiesen. Zudem ist sie ein wichtiges Winterquartier für zahlreiche Fledermausarten und daher von Oktober bis Ende April verschlossen.

D4 Rosenmüllershöhle

Eine der bekanntesten Höhlen um Muggendorf ist ohne Zweifel die Rosenmüllershöhle. Benannt ist die Höhle nach Johann Christian Rosenmüller, der im Rahmen seines zweijährigen Aufenthalts in Erlangen zahlreiche Höhlen um Muggendorf erkundete. Bei KÖPPEL (1795) findet sich der Hinweis, die Höhle sei vom Muggendorfer Johann Ludwig Wunder, dem Sohn des legendären Höhleninspektors Johann Georg Wunder, im Jahre 1790 entdeckt worden. Köppel erwähnt, Rosenmüller sei der erste Fremde, der die Höhle befahren habe. Die Darstellung findet sich auch heute noch in neuerer Literatur. Dabei wird oft übersehen, dass ROSENMÜLLER 1796 im Vorspann seiner „Beschreibung der Höhle bey Mockas" eine Einforderung des Eigentumsanspruches bezüglich der Entdeckung der Rosenmüllershöhle verlangte. Rosenmüller beharrte darauf, dass die Höhle vor ihm noch von keinen Menschen betreten worden sei, ihm aber diese Entdeckung durch unwissentlich falsche oder absichtlich verzerrte Berichte streitig gemacht werde (SCHÖFFEL 2000). Wer tatsächlich die Erstbefahrung der Höhle durchführte, lässt sich heute kaum zweifelsfrei entscheiden.

Die Höhle konnte ursprünglich nur durch einen Schacht über die Haupthalle befahren werden. Heute betritt man die Höhle durch einen 1836 geschaffenen künstlichen Eingang. Von 1836 bis 1960 wurde sie als Schauhöhle geführt und zählt damit zu den ältesten Schauhöhlen der Fränkischen Schweiz. Als Zeichen, dass der Höhlenführer anwesend war, konnte man von Muggendorf aus eine rote Fahne sehen, die bei der Höhle aufgezogen wurde (KAULICH u. SCHAAF 1980). Die Rosenmüllershöhle hat eine Gesamtganglänge von 112 m. In der ca. 16 m hohen Haupthalle steigt der alte Führungsweg über eine versinterte Schutthalde (als Parnaß bezeichnet) hinauf. Hier zeigt der Lichteinfall von der Höhlendecke den ursprünglichen Zustieg. Am oberen Ende des Führungsweges führen einzelne niedrige Gänge in weitere Kammern (Wachskammer, Allerheiligstes, Kleines Paradies).

Bei der Entdeckung der Höhle fanden sich am Schachtgrund zwei z. T. eingesinterte menschliche Skelettreste. Schon einige Jahre später waren diese Überreste allerdings über zahlreiche Privatsammlungen verstreut. Vorgeschichtliche Keramikreste in einer Schuttbrekzie des Schachtes, lassen vermuten, dass die Skelettreste ebenfalls aus vorgeschichtlicher Zeit stammen. Karl Immermann, ein Dichter des poetischen Realismus, besuchte auf seiner Fränkischen Reise 1837 auch die Rosenmüllershöhle und gibt in sehr humorvoller Weise seine Version einer Befahrung wieder: „Ich kroch in das enge Loch, aber mein unglücklicher dicker Körper wollte nicht durch. Ich drängte mich mit aller Macht hinein, vergebens! Endlich saß ich fest, konnte nicht vor- nicht rückwärts. Schon dachte ich in meiner Noth, ich würde sitzen bleiben, würde nach und nach incrustiren, und nach Jarhunderten die größte Merkwürdigkeit der Rosenmüllers Höhle werden: ein deutscher Dichter in Tropfstein – da haspelte mich der Führer noch zum guten Glücke los und gab mich der organischen Schöpfung zurück. Ich aber entsagte dem Gedanken, zur Wachskammer, geschweige denn in das Allerheiligste vorzudringen" (IMMERMANN 1843).

D5 Oswaldhöhle

Die Oswaldhöhle liegt zusammen mit der Wundershöhle und Witzenhöhle im Hohlen Berg bei Muggendorf. Sie zählen zu den klassischen Höhlen der Fränkischen Schweiz. Ein Besuch dieser bekannten Höhlen gehörte für die Reisenden des 18. und 19. Jh. zum Pflichtprogramm, und so finden sich in rascher Folge zahlreiche Reisebeschreibungen über die Höhlen im Hohlen Berg. Oswaldhöhle, Wundershöhle und Witzenhöhle sind die Reste eines ursprünglich zusammenhängenden Höhlensystems. Die Oswaldhöhle ist eine geräumige, ca. 60 m lange Durchgangshöhle (ein Wanderweg führt durch die Höhle). Im Eingangsbereich erkennt man heute noch mit einiger Mühe Fundamentreste einer ehemaligen Vermauerung, die eine vielfältige Nutzung der Höhle in historischer Zeit belegen.

Im Dreißigjährigen Krieg diente die Höhle als Zufluchtsort, später offenbar als Bierkeller. Der Name Oswaldhöhle lässt sich auf einen Ritterroman mit dem Titel „Heinrich von Neideck" des Erlanger Juristen Andreas Georg Friedrich REBMANN zurückführen. In diesem Roman verlegt er die Klause eines Einsiedlers namens Oswald in den Hohlen Berg bei Muggendorf. Ein früher Besucher der Oswaldhöhle war auch der aus Ansbach stammende Johann Gottfried Köppel. Seine Zeichnungen zählen mit zu den ältesten Ansichten fränkischer Höhlen. Über die Oswaldhöhle schreibt Köppel: „Aus ihrem finstern Schlunde bläst eine so eiskalte Luft, daß es nöthig ist, sich vor derselben, ehe man hineingeht, zumal in heißen Sommertagen, etwas abzukühlen. Sogleich der erste Schritt führt in ein großes Gewölbe, oder eigentlich in eine Halle, die aus verschiedenen, von der Natur gesprengten Bögen unterstützt wird. Sie ist am Eingange fünf und zwanzig Schritte breit und gegen fünfzehn Fuß hoch. Zur linken zeigte uns unser Führer, den so genannten heidnischen Weihkessel, und noch zwei andere Becken am Fuße der Felswand, fast beständig mit eiskaltem Wasser angefüllt" (KÖPPEL 1795).

Das Bild der Landschaft in Drucken und Zeichnungen

Der verklärte Blick der Romantiker auf die Fränkische Schweiz ist in ihren Texten überliefert. Aber auch die Maler und Graphiker haben diese Region mit ganz eigenen Augen gesehen. Zahlreiche Stiche und Zeichnungen belegen das sehr anschaulich. An 22 Bildern aus der Zeit von Mitte bis Ende des 19. Jh. wird dies exemplarisch gezeigt. ■ lid-online.de/81105

Drucke und Zeichnungen

D6 Riesenburg

Zwischen Doos und Behringersmühle liegt oberhalb des Talrandes der Wiesent die Riesenburg, eine Höhle deren Dach eingebrochen ist; entsprechend wird sie als Versturzhöhle bezeichnet. Im Lauf der Geschichte wurde sie von zahlreichen berühmten Persönlichkeiten besucht, gezeichnet, gemalt und entsprechend ihrer Attraktivität gewürdigt. Der Patriot Ernst Moritz ARNDT (1801), der Höhlenforscher ROSENMÜLLER (1804), der Naturforscher GOLDFUSS (1810) und der Dresdner Maler Ludwig RICHTER (1837) zählten zu ihren Bewunderern in Text und Bild.

Ihre Geschichte aber ist viel älter. Sie begann vor ca. 150 Mio. Jahren in der Unterkreide, als sich das Meer zurückzog. Ein tropisches Klima löste die mächtigen Kalke und Dolomite und verkarstete sie intensiv. An der Oberfläche des Kalkkörpers entstanden dabei Lösungsdolinen mit zwischengeschalteten, steilwandigen Karstkegeln und weitgespannten Senken (Poljen), die mit Restlehmen (Residuallehm) gefüllt waren. Zusätzlich sorgte die üppige tropische Vegetation mit hohem CO_2-Partialdruck in der Bodenluft für die intensive Lösung der Karbonatgesteine, entsprechend dem tektonisch vorgezeichneten Kluft- und Schichtfugengitter. Dies war die erste Phase des Karstkegelreliefs. In einer zweiten Phase, der Oberkreidezeit (100–65 Mio. Jahre vor heute), wurde das Karstrelief durch ein von SO eindringendes Flusssystem vollständig verschüttet. Die so genannten Schutzfelsschichten füllten das gesamte Karstrelief aus. In der folgenden Tertiär-Zeit (vor 65 Mio. Jahren), der dritten Phase, wurde das Gebiet gehoben und in einer tropisch wechselfeuchten Klimaperiode wieder ausgeräumt, sodass das vorher verschüttete Karstrelief exhumiert wieder zu Tage kam. Spätestens in dieser Phase müssen die oberen Teile der Riesenburg nahezu ihre heutige Gestalt erhalten haben. In den folgenden Eiszeiten (ca. 2 Mio. Jahre vor heute) konnten sich die Flüsse – darunter wohl auch ein Vorläufer der Wiesent – tiefer einschneiden, wobei sie dem alten tektonisch vorgezeichneten Relief aus der Kreidezeit folgten. Je nach Eintiefungs- und Stillstandsphasen entstanden neue Höhlensysteme mit Ausgang an den Hängen im Talgrund oder auch bis unterhalb der Flusssohle. In dieser Zeitspanne ist der von der heutigen Wiesent durchströmte Teil weggebrochen sowie wie mit dem Rasiermesser abgeschnitten und ausgeräumt worden. Zurück blieb ein Rest als Versturzhöhle, der heute einen beeindruckend informativen Einblick in die Innenstruktur eines Karstkegels bietet. Reste des alten Höhlensystems kann man auch noch auf der gegenüberliegenden Flussseite der Wiesent finden.

Während die Riesenburg in alten Stichen aus dem 19. Jh. als Felsenmeer in einer weitgehend baumlosen Umgebung erscheint, ist sie heute durch starke Bewaldung von weitem gar nicht mehr identifizierbar, wenn man das Wiesenttal durchfährt.

D7 Druidenhain

In einem recht monotonen Fichten- und Buchenwäldchen bei Wohlmannsgesees liegt ein geologisch und kulturell hochinteressanter Ort der Hochfläche der Frankenalb, der so genannte Druidenhain. ▶ Abb. 129 Der Name suggeriert, dass hier eine ehemalige Kultstätte keltischer Priester vorzufinden sei. Betritt man den düsteren Wald wird man in der Tat überrascht von einer zerklüfteten niedrigen Felsformation mit mehreren schmalen, schluchtartigen Einschnitten, durch die man wie in einem Labyrinth hindurchwandern kann, was den Eindruck erweckt, diese Gassen seien von Menschenhand angelegt. Erklimmt man die Felsen, fällt der Blick auf kleine schüsselartige Vertiefungen auf den Felsgraten. Waren dies etwa Opferschüsseln, in denen einst Opferblut gesammelt wurde? Sind hier sogar Menschenopfer durchgeführt worden, wie es zeitweise von der nahen Jungfernhöhle bei Tiefenellern vermutet wurde? All das ist im Falle des Druidenhains nur Ausfluss purer Phantasie. Die auftretenden Oberflächenformen sind natürlich entstanden.

So fanden auch Baier u. Hochsieder (1990) durch detaillierte Bodenuntersuchungen keinerlei Hinweise auf eine kultische Nutzung in früheren Jahrhunderten. Der Druidenhain war keine Kultstätte aus heidnischer Zeit, wie einige Heimatforscher unterstellten. Die Gänge zwischen den Kalkblöcken sind Kluftlinien entlang derer das Gesteinspaket gegliedert wird. Die angeblich für Weihezwecke verwendeten wassergefüllten Becken sind eine Kleinform der Verwitterung, die man auch anderswo (z. B. im Granit) findet und für die die Bezeichnungen Tafoni oder Opferkessel gebräuchlich sind.

Auch ohne diese historischen Mythen ist der Druidenhain eine Felslandschaft von hohem ästhetischen Reiz. Sie wird von Wanderern gerne besucht.

Abb. 129 Teil der Felsformation im Druidenhain

D8 Moggaster Höhle

Verschlossen durch eine Metalltür schützt seit 1989 ein ganzjähriges Betretungsverbot die Moggaster Höhle (600 m nördlich des Ortes Moggast im Hohlberg), in die als einer der ersten 1773, begleitet vom örtlichen Schullehrer, der Erlanger Medizinstudent Johann Christian Rosenmüller (1771–1820, zuletzt Anatomieprofessor und Rektor der Universität Leipzig) vordrang. Bald danach erschien sein Bericht gedruckt: „Beschreibung der Höle bey Mockas mit zwey bunten Kupfern" (Erlangen 1796). Mit ihrem steil abfallenden Zugang und insgesamt 70 m Tiefe galt sie einem späteren Autor als die „willdeste und gefährlichste, aber auch eine der interessantesten Höhlen um Muggendorf" überhaupt, was schon Rosenmüller und 1810 Georg August Goldfuß, ein anderer Pionier der Fränkischen Schweiz, am eigenen Leib erfuhren. Nach jüngsten Vermessungen ist sie rund 2.000 m lang und rangiert damit aktuell unter den längsten Höhlen Deutschlands auf Platz 44. Genetisch handelt es sich um eine tektonischer Klüftung folgende Spaltenhöhle, die im Zuge des Verkarstungsprozesses auch schöne, ungewöhnlich rot gefärbte Tropfsteingalerien und Sinterüberzüge bekam, zugleich aber durch viel Versturzmaterial und Lehmanhäufungen verengt ist. An Fossilien fand man darin neben Kleinsäugern u. a. Schädel, Zähne und Knochen eiszeitlicher Höhlenbären und als Rarität sogar den Unterkiefer eines Höhlenlöwen. Versperrt wurde sie wegen dieses naturgeschichtlichen Inventars, mehr noch aber als Winterschlafplatz von mindestens tausend Fledermäusen.

D9 Zoolithenhöhle bei Burggaillenreuth

Die Zoolithenhöhle bei Burggaillenreuth ist eine der weltweit bedeutendsten quartärpaläontologischen Höhlenfundstellen. ▶ Abb. 130 Sie ist Typuslokalität für drei eiszeitliche Großsäuger: Höhlenbär, Höhlenlöwe und Höhlenhyäne. Ursprünglich war die Höhle unter der Bezeichnung Gaillenreuther Höhle bekannt. Eine erste Erwähnung findet sich im Anhang einer Bamberger Stadtbeschreibung von Johannes Bonius aus dem Jahre 1602. Dort werden die gewaltigen Knochenansammlungen in der Höhle erwähnt und als Überreste von Pferden interpretiert.

Am 22. September 1771 stand der Uttenreuther Pfarrer Johann Friedrich Esper erstmals vor dem Eingang der Gaillenreuther Höhle. Mit Ausdauer und Hingabe erkundete Esper diese damals noch völlig neue und rätselhafte unterirdische Welt. Seine Beobachtungen und Erkenntnisse legte er 1774 in einem ausführlichen Werk nieder. Mit Recht erregte Espers „ausführliche Nachricht von neuentdeckten Zoolithen unbekannter vierfüsiger Thiere …" erhebliches Aufsehen in der wissenschaftlichen Welt (ESPER 1774). Nach dieser Veröffentlichung wurde die Gaillenreuther Höhle fortan Zoolithenhöhle genannt. Der Begriff Zoolithen war die damals geläufige Bezeichnung für fossile Tierknochen.

Espers gewonnene Forschungsergebnisse waren, abgesehen von den zeittypischen Mängeln und Irrtümern, in vielfacher Hinsicht wegweisend, weshalb er auch als Begründer der wissenschaftlichen Höhlenforschung in Franken gilt. Wurden die in Höhlen gefundenen Knochen damals oft als Überreste von Fabelwesen interpretiert (Drachen, Einhörner), erkannte Esper als Erster, dass es sich hierbei um Knochen von Bären handelt. Dabei stellte er durchaus die morphologischen Unterschiede zum heute noch lebenden Braunbären fest und erklärte sie für Relikte des damals noch wenig bekannten Eisbären. Mit dieser Interpretation war er nie zufrieden. Er war jedoch ein Kind seiner Zeit, der Gedanke der Evolution war noch nicht ausgesprochen und so konnte sich Esper nicht durchringen, die Knochen als Reste einer längst ausgestorbenen Bärenart anzusprechen.

Es sollte noch weitere 20 Jahre dauern, bis sich mit Johann Christian Rosenmüller jemand fand, dem die endgültige Deutung der Knochenfunde aus der Zoolithenhöhle gelang. Rosenmüller war 1792 an die Universität Erlangen gewechselt, um dort mit dem Medizinstudium zu beginnen. Erlan-

Abb. 130   Die Zoolithenhöhle bei Burggaillenreuth

gen war damit auch der Ausgangspunkt für zahlreiche Wanderungen und Höhlenbefahrungen, die Rosenmüller im Gebiet um Muggendorf in den folgenden Jahren durchführte. Die Untersuchung eines vollständigen Bärenschädels aus der Zoolithenhöhle erlaubte ihm die Aufstellung einer neuen Art. Er kam zu der Erkenntnis, dass es sich um eine nicht mehr existierende Form, d. h. um eine ausgestorbene Bärenart handelt. Wegen der Funde dieser Bärenknochen in Höhlen nannte er diese neue Art Höhlenbär. Rosenmüller ist somit der wissenschaftliche Vater des Höhlenbären und die Zoolithenhöhle Typuslokalität.

In den folgenden Jahrzehnten des 18. und 19. Jh. wurden große Mengen fossiler Knochen aus der Zoolithenhöhle geborgen. Die Höhle war europaweit bekannt geworden und die großen Naturkundemuseen in Paris und London sowie zahlreiche private Naturalienkabinette wurden kistenweise mit Knochen aus der Zoolithenhöhle versorgt. Der berühmte französische Naturforscher Georges Cuvier und der englische Geologe und Paläontologie William Buckland beschäftigten sich ausgiebig mit den Funden aus der Zoolithenhöhle. BUCKLAND besuchte 1816 sogar die Höhle zusammen mit weiteren englischen Wissenschaftlern. In seinem berühmten Werk „Reliquiae Diluvianae" aus dem Jahre 1823 berichtet er ausführlich über seine Beobachtungen und interpretiert das Gesehene als Beweis für seine Überschwemmungstheorie. Die Menge der ursprünglich geborgenen Knochenfunde kann heute nicht mehr genau beziffert werden, da das Material über zu viele Sammlungen und Museen weltweit verstreut ist. Schätzungen zu den Funden aus dem 18. und 19. Jh. belaufen sich auf ca. 860 Individuen von Höhlenbär, 25 Exemplare von Höhlenlöwe und 25 Individuen von Höhlenhyäne (HILPERT 2005).

Neue Impulse zur Erforschung der Zoolithenhöhle erfolgten 1971. Bernd Niggemeyer, Dieter Schubert und Werner Richter gruben auf der Suche nach weiteren Höhlenräumen einen mit Grabungsschutt verfüllten Schacht aus. Nach mehrstündiger Arbeit wurde die Suche von Erfolg gekrönt, und bisher unbekannte Höhlenbereiche entdeckt (NIGGEMEYER u. SCHUBERT 1972). Diese sind außergewöhnlich schön versintert und enthielten mehrere intakte Knochenlager. In den folgenden Monaten wurden die Überreste von mehr als 150 Höhlenbärindividuen ausgegraben. Die Erforschung der Höhle ist noch längst nicht abgeschlossen. Laufende Untersuchungen beschäftigen sich mit der Geologie, Mineralogie und Altersdatierung der pleistozänen Sintergenerationen. So wurden erstmalig für den fränkischen Raum in der Zoolithenhöhle so genannte Kryocalcite beschrieben. Diese entstehen aus langsam gefrierenden Wasserbecken auf Eisoberflächen. Mit einem Alter von ca. 29.000 Jah-

Rezeption der Moggaster und Zoolithenhöhle im 18. Jh.

In den ersten fünf Jahrzehnten, nachdem ESPER seinen Band über die „Zoolithen" (1774) verfasste, standen vor allem die Zoolithenhöhle und die Moggaster Höhle im Zentrum des Interesses. Neben naturwissenschaftlichen Forschungs- und ökonomischen Verwertungsinteressen ließ sich ein früher Tourismus beobachten. Ebenso entwickelten sich künstlerisch-literarische Romantisierungen der Höhlenwelt. ■ lid-online.de / 81117

Moggaster und Zoolithenhöhle

ren sind diese Kristalle ein Beleg dafür, dass in der letzten Eiszeit vorübergehend der Permafrost auch die tieferen Höhlenstockwerke erreichte (RICHTER et al. 2014). Die Zoolithenhöhle ist ein bedeutendes Natur- und Bodendenkmal. Befahrungen dürfen deshalb nur zum Zweck wissenschaftlicher Untersuchungen erfolgen.

D10 Esperhöhle/Klingloch bei Leutzdorf

Die Esperhöhle zählt zu den beeindruckendsten Höhlenruinen der Fränkischen Schweiz. Es handelt sich dabei um die Reste eines ehemals größeren Höhlensystems. Im Bereich der so genannten Großen Doline finden sich die Zugänge zu mehreren kleinen Höhlen. An der Südwand öffnet sich der Einstieg zu einen 20 m tiefen Schacht. Dieser wird im Volksmund als Klingloch bezeichnet, da man hier eingeworfene Steine noch lange aufschlagen hört. Ein Durchgang im W der Großen Doline führt in die eindrucksvolle Kleine Doline, die von 20 m hohen Felswänden umsäumt wird. ▶ Abb. 131
Die Höhle wurde zu Ehren des Uttenreuther Pfarrers und Naturforschers Johann Friedrich Esper (1732–1781) benannt, der als Begründer der wissenschaftlichen Höhlenforschung in Franken gilt. Im Jahre 1810 wurde das Klingloch erstmals von Georg August Goldfuß befahren.

Schließlich entdecken im November 1934 zwei Nürnberger Höhlenforscher neue Höhlenräume am Grunde des Schachtes. Dort fanden sich zahlreiche tierische und menschliche Skelettreste. Josef Richard Erl (Naturhistorische Gesellschaft Nürnberg) untersuchte im Rahmen seiner Schachthöhlenforschungen zwischen 1936 und 1939 auch das Klingloch der Esperhöhle. Es fanden sich Skelettreste von mindestens 17 Individuen (drei Kinder, zwei Jugendliche, zwölf Erwachsene). Zusätzlich erwähnt Erl die Reste von Föten und Kleinkindern. Leider ging ein Großteil der Aufzeichnungen Erls bei Kriegsende 1945 verloren. Die Interpretation der Funde gestaltet sich somit als schwierig. Neben den Skelettresten fanden sich auch Bronzearmringe, Stöpselhohlringe und eine Eisenlanzenspitze. Diese Begleitfunde stammen aus der Späthallstatt- und Frühlatènezeit. Ob es sich bei diesem Fundkomplex um die Hinterlassenschaften kultischer Handlungen oder um Begräbnisse handelt, wurde lange kontrovers diskutiert. Die noch erhaltenen Reste belegen, dass fast ausschließlich Teile von Mensch und Tier in den Schacht gelangt sind. Es überwiegen Schädel, Schädelknochen sowie Extremitätenknochen, während Knochen des Rumpfskeletts unterrepräsentiert sind. Ob bereits vor dem Einwerfen in das so genannte Klinglochfenster eine Selektion der Skelettelemente erfolgte oder ob eine Aussonderung durch die Ausgräber entstanden ist, lässt sich auf Grund der verschollenen Grabungsdoku-

Abb. 131   Blick aus der Kleinen Doline der Esperhöhle bei Leutzdorf

Johann Friedrich Esper – Pionier der Höhlenforschung im Muggendorfer Gebirg

Fünfter Abschnitt.
Von der Entstehungsart dieser Grüfte.

Spätestens seit dem 16./17. Jh. wagten sich erste Mutige ins Dunkel der Frankenalb-Karsthöhlen hinab – Bauern, Schatzsucher, Flüchtlinge, neugierige Lehrer oder auch Stadtbürger.

Die wissenschaftliche Erforschung aber begann erst im Zeitalter der Aufklärung mit Johann Friedrich Esper (geb. 1732 in Neudrossenfeld bei Kulmbach, 1762 Dr. theol. der Universität Erlangen, gest. 1781 in Wunsiedel), der 1764–1779 Pfarrer im Dorf Uttenreuth (östlich von Erlangen) war, mit seinem Interesse an den Höhlen der Wiesentalb und dort auffindbaren Fossilien, aber durchaus schon dem großen Evolutionsbiologen Charles Darwin vorausging. Nicht Drachen und sonstige Unholde, von denen der Aberglaube redete, erwartete er in diesen Schlupflöchern. Vielmehr wollte er aus den dort entdeckten Schädeln und „Riesengebeinen", den „Zoolithen unbekannter vierfüsiger Thiere", wie er sie zugleich richtig und demütig identifizierte, „Gott aus denen Werken der Schöpfung kennen … lernen" (ESPER 1774, S. 4). In die Moggaster Höhle traute er sich 1771 wegen seiner Leibesfülle nicht hinein. ▶ Abb. 132 Dafür nahm er sich umso gründlicher die Gaillenreuther bzw. später so genannte Zoolithenhöhle vor. In einer umfangreichen und mit farbigen Bildtafeln versehenen Publikation, die zeitgleich auch ins Französische übersetzt wurde, deutete er die dort massenhaft gemachten Knochenfunde überzeugend als Überreste „antediluvianischer" (Andreas Georg Friedrich REBMANN 1792 „präadamitischer") Säugetiere, Bären größer als heutige, ohne sie freilich schon evolutiv als ältere Arten zu begreifen. Zeitlich stellte er sie noch unrichtig der Entstehung des Juragebirges selbst gleich; eine Sintflut habe sie dann in Höhlen zusammengespült. Sein Bericht lockte bald sogar englische Naturforscher in die Höhlen des oberfränkischen „Gebürgs". Ihm zu Ehren taufte man 1810 das nahe Klingloch in Esperhöhle um.

Abb. 132 Johann Friedrich Esper, evangelischer Pfarrer in Uttenreuth, war einer der ersten Höhlenforscher in der Fränkischen Schweiz

mentation nicht entscheiden (GRAF 2002). Inzwischen belegen moderne Schachthöhlengrabungen (z. B. Lichtensteinhöhle bei Osterode), dass solche Befunde durchaus als Bestattungsplätze einzelner Familien und Gruppen zu interpretieren sind.

D11 Fellnerdoline

Wenige Meter südöstlich des Ortsrandes von Gößweinstein gelegen, ist die Fellnerdoline eine karsthydrogeologisch und höhlenkundlich besonders gut untersuchte Doline in der Fränkischen Schweiz. Ein natürlicher vertikaler etwa 100 m tiefer Schacht reicht bis zur Höhe des Karstgrundwasserspiegels hinunter, der etwas über dem Niveau des Wiesenttals liegt. Eine hydraulische Verbindung zur 700 m nördlich im Wiesenttal gelegenen Quelle an der Stempfermühle mit Fließzeiten von nur wenigen Stunden konnte durch Färbeversuche nachgewiesen werden. Die Form der Doline ist durch Vegetation heute weitgehend verdeckt, der Einstieg zur Höhle ist dauerhaft verschlossen. Ein 6,5 km langer geologischer Rundwanderweg von der Fellnerdoline zur Stempfermühlquelle ist als Wanderweg mit Informationstafeln angelegt.

D12 Ehrenbürg (Walberla)

Am Ausgang des Wiesenttales liegt die Ehrenbürg, in Franken auch bekannt unter dem Namen Walberla. Dabei handelt es sich um einen Zeugenberg, der zum Wiesent-Riffzug gehört, einer Reihe von Dolomit-Riffen also, die sich entlang der Wiesent ziehen und im O bis weit im Trubachtal und auch in zahlreichen Nebentälern sichtbar sind.

Der Schichtaufbau der Ehrenbürg entspricht dem klassischen geologischen Muster der Fränkischen Alb und kann am besten bei einem Aufstieg von Schlaifhausen aus beobachtet werden. Auf die anstehenden Opalinustone mit ihren bekannt weichen Landschaftsformen folgt zunächst der steile Anstieg des Eisensandsteins, also des Dogger-beta. Er ist in einem Hohlweg gut aufgeschlossen und nach oben hin durch die Terrasse des Ornatentons begrenzt. Der anschließende Weiße Jura (Malm-alpha) weist nur im unteren Teil Kalkbänke auf, dann folgen die steilen, fast senkrechten Felswände des Rodensteins. Dabei handelt es sich um die Reste eines früheren Dolomit-Riffs, das bei Kletterern ausgesprochen beliebt ist. Über eine Einmuldung im zentralen Teil des Zeugenbergs gelangt man dann Richtung N zur Walpurgiskapelle, die wiederum in einer kleinen Senke zwischen den beiden nördlichen, größeren Riffen liegt und für viele Besucher das eigentliche Ziel der Bergbesteigung ist.

Die Ehrenbürg ist einer der drei heiligen Berge der Franken (neben dem Staffelberg und dem Hesselberg). Um 260 m überragt sie als Außenposten erhaben die Umgebung und beweist, dass die Fränkische Alb in geologischer Vergangenheit viel weiter nach W gereicht hat. Der Erosion konnte die Ehrenbürg nur trotzen, weil sie von mindestens fünf größeren und zahlreichen kleineren Riffen aus hartem Dolomit eingerahmt wird. Dabei haben HOFBAUER et al. (2007) die Kuppeln des Riffkomplexes bereits als abgetragen identifiziert und außerhalb der Ehrenbürg vermutet. Folglich ist, was man jetzt sieht, nur noch ein Rest, d. h. also eine Flanke der ursprünglichen Riffe, deren Risse sich beständig im Felskomplex vergrößern. Einzelne Felsnadeln wie die Steinerne Frau sind noch mit dem Felsturm verbunden, während die Wiesenthauer Nadel und der Zwillingsfelsen sich bereits vom Felskomplex gelöst haben. Sie werden sich in naher geologischer Zukunft neigen und zu Tal stürzen.

Eine einmalige Rundumsicht, dazu steile Felsabstürze, die ohne Hilfsmittel kaum zu bezwingen waren und schmale Eingangspforten, mit so genannten Zangentoren bestückt, waren ideale Voraussetzungen für die Anlage einer gesicherten Höhensiedlung. Eines Oppidums also, das im Ernstfall gut verteidigt werden konnte. Der verteidigungstechnischen Gunstlage entsprechend weisen archäologische Funde eine Besiedlung bereits im frühen Neolithikum (Bandkeramik 5. Jahrtausend vor Chr.) und aus dem frühen 4. Jahrtausend v. Chr. (Michelsberger Kultur) nach. Weitere Artefakte belegen eine Besiedlung, die der Glockenbecherkultur zuzurechnen ist (3000–2800 v. Chr.). Überregionale Bedeutung erlangte die Siedlungstätigkeit dann in der mittleren Bronzezeit (1400 v. Chr.). Für diese Zeitspanne sind bis zum Beginn der Urnenfelderzeit hochspezialisierte Handwerksleistungen nachgewiesen, die einen erheblichen Bedeutungsüberschuss, also eine gewisse Zentralität für die nähere Umgebung nahe legen.

Gegen Ende der Urnenfelderzeit brach die Siedlungstätigkeit ab und setzte erst nach etwa 300 Jahren zur späten Hallstattzeit (Eisenzeit) wieder ein. Grabungen im zentralen Senkenbereich der Ehrenbürg lieferten an Hand von Bodendenkmalen, wie Kellergruben und Pfostenlöchern, Indizien dafür, dass es hier eine umfangreiche Bebauung gegeben haben muss. Verständlich ist dies auch aufgrund der Lage an einer alten Handelsstraße, die durch das Regnitztal führte und von der Höhensiedlung aus gut zu kontrollieren war. Letztlich zeigen auch Funde aus der weiteren Entfernung, wie weitreichend die Handelsbeziehungen waren. Handwerkliche Erzeugnisse aus dem Mittelmeerraum, wie Glasgefäße oder auch die Nachbildung einer ästhetisch ausgesprochen hochwertigen etruskischen Schnabelkanne, können nur andeutungsweise den Umfang der damaligen intensiven Handelsbeziehungen bezeugen.

Namensgebend für den Berg ist die Sankt-Walburgis-Kapelle, die 1697 errichtet worden ist. Eine vermutlich aus Holz gefertigte Gedenkstätte wurde allerdings bereits 1350 erstmals erwähnt. Die Bronzestatue vor der heutigen Kapelle ist wesentlich jüngeren Datums. Sie wurde am 1. Mai 2000 eingeweiht.

Seit jeher besonders beliebt war das Walberla bei der Bevölkerung der näheren Umgebung, darunter auch bei Erlanger Studenten. Vor allem das Walberlafest, das alljährlich am ersten Sonntag im Mai auf dem Bergplateau um die Kapelle stattfindet, hat eine alte Tradition, die bis mindestens ins 14. Jh. zurückreicht. Ursprünglich handelte es sich um eine Wallfahrt zu Ehren der heiligen Walburga und um einen Jahrmarkt; heute ist es ein Großevent im Freien, zu dem sich Menschenmassen auf dem Berg einstellen. Man feiert dieses Patronatsfest, das

D12

Zeugenberge und ihre Vegetation

Die Zeugenberge sind als von der Schichtstufenfläche abgetrennte isolierte Berge landschaftlich besonders stark exponiert. Sie besitzen mehrere Besonderheiten in der Ausprägung ihrer Oberflächenformen, Besiedlungsgeschichte und Vegetation. Anhand der drei bedeutendsten Zeugenberge – Staffelberg, Walberla und Neubürg – werden, mit zahlreichen Schrägluftaufnahmen unterstützt, diese Spezifika aufgezeigt. ■ lid-online.de / 81113

Zeugenberge

Abb. 133   Walberlafest 1904

stets am ersten Wochenende im Mai veranstaltet wird, heute im Stil eines großen fränkischen Volksfests. Maibaum aufstellen, Bieranstich, Festreden, Festbetrieb und natürlich ein Gottesdienst gehören zum Standardprogramm des großen Fests. Bereits vor dem Jahr 1800 werden schon 6.000 bis 8.000 Besucher in Berichten erwähnt. Unter ihnen auch 200 Schuster, die damals eifrig ihre Produkte anboten und bei schuhbedingten Pannen mit ihrer Ware aushalfen. Doch v. a. seit 1891 stieg die Besucherzahl stark an, nachdem die Bahnlinie nach Ebermannstadt (mit Halt in Kirchehrenbach) auch den Nürnbergern und Erlangern eine rasche Anreise ermöglichte. ▶ Abb. 133 Inzwischen ist das Fest überregional derart bedeutend, dass bei schönem Wetter angeblich mehr als 100.000 Besucher aufs Walberla wandern. Oft ist die Wanderung auch mit einer Bierprobe gekoppelt, denn in fast jedem Zelt schenkt man beim Fest ein anderes Bier aus, sodass der Gast unter verschiedenen Sorten wählen kann.

Heute ist das Walberla v. a. ein häufig besuchtes Ziel von Wanderern und Bikern; daneben aber auch ein beliebter Berg für Drachenflieger, Gleitsegler und Kletterer. Letztere sind seit 1991 auf den Rodenstein beschränkt, wo ihnen 49 Touren zur Verfügung stehen, die bis zum Schwierigkeitsgrad 8+ reichen.

In jüngerer Vergangenheit wird auch verstärkt versucht, die ökologische Belastung des Walberla durch die zahlreichen Besucher in Grenzen zu halten.

D13 Unterleinleiter

Unterleinleiter liegt beiderseits der Leinleiter an der rechtsseitigen Einmündung des Dürrbaches, der oberhalb in der Nähe des Ortes Dürrbrunn entspringt. Unterleinleiter ist immer ein reichsritterschaftliches Dorf im Besitz verschiedener Adelsfamilien gewesen. Durch Heirat gelangte der Ort schließlich 1757 in den Besitz der Reichsfreiherren von Seckendorff-Aberdar. Mit dem Übergang an Bayern gehörte Unterleinleiter zum Landkreis Ebermannstadt, mit der Gemeindegebietsreform ab 1971 dann zum Landkreis Forchheim. Die Einwohnerzahl betrug 1840 757, erhöhte sich bis 1950 auf 1.018 und bis 2016 auf 1.239.

Oberhalb der Ortslage liegt die vierflügelige Schlossanlage. Der Westflügel stammt noch aus dem Mittelalter, während der Südflügel 1770 errichtet wurde. Bemerkenswert ist der rund 17 ha große Schlossgarten, angelegt um 1770 und in der ersten Hälfte des 19. Jh. zu einem Landschaftspark umgestaltet, der noch viele historische Elemente enthält, wie ein Heckentheater, einen Treppenberg und aus dem 19. Jh. ein Teehaus und eine neugotische Familiengruft.

Die Bartholomäuskirche (Am Schlossberg 8), eine Chorturmkirche mit einem Chorturm vom Beginn des 16. Jh. und einem neu errichteten Langhaus im neugotischen Stil aus der zweiten Hälfte des 19. Jh., war die evangelische Pfarrkirche, musste aber gleichzeitig als Simultankirche für die immer vorhandene katholische Minderheit des Dorfes genutzt werden. Erst 1841/42 wurde eine eigene katholische Pfarrkirche, St. Peter und Paul (Kirchenstraße 6), im spätklassizistischen Stil errichtet.

Unterleinleiter lag an der 10,9 km langen Eisenbahnstrecke von Ebermannstadt nach Heiligenstadt, die 1915 fertiggestellt wurde. Die zu Beginn geplante Verbindung zur Bahnstrecke von Bayreuth nach Hollfeld wurde bald wegen der schwierigen Topographie verworfen. Diese Stichstrecke war bis 1960 für den Personenverkehr und bis 1968 für den Güterverkehr in Betrieb und wurde dann stillgelegt. Auf der Trasse verläuft heute ein Radweg bis Heiligenstadt.

D14 Wüstenstein

Wüstenstein liegt an einem Prallhang in einer engen Schlinge der Aufseß. Der Ort „liegt theils im Thale, theils am Abhang des Berges" (HELLER 1829, S. 209). Im oberen Ortsteil steht u. a. das Schloss, im unteren befinden sich die Mühlen am Fluss.

Wüstenstein war schon 1327 im Besitz der Familie von Aufseß. Für den Beginn des 19. Jh. heißt es: „Der Ort hat 44 Häuser, ein gutes Wirthshaus, 278 E., eine Schloßkirche, eine Papier-, Oel- und Mahlmühle" (HELLER 1829, S. 209).

1487 wurde die Schlosskapelle gestiftet, 1525 das Schloss im Bauernkrieg zerstört. 1648 verkaufte Johann Friedrich von Aufseß die ritterschaftliche Burg an die Markgrafen von Bayreuth; diese überließen sie den Edlen von Brandenstein. 1682 wurde Wüstenstein zur Pfarrei Muggendorf geschlagen und besaß seit 1698 einen eigenen Schlossprediger. 1796 erfolgte ein Rückverkauf der von Brandensteins an die Markgrafen. Ende des 18. Jh. wurde der Ort protestantisch (BUNDSCHUH 1804, Bd. 6, Sp. 493).

Nach HELLER (1829, S. 209) hat Wüstenstein „vom Thale aus ein sehr romantisches Ansehen, besonders trägt das Schloss dazu bei, welches größtentheils in Ruinen und auf Felsenmassen gebaut ist". ▸ Abb. 134 In der Tat entspricht das Landschaftsbild dem, was z. B. im Wiesenttal von den Romantikern überschwänglich gelobt wurde. Wüstenstein lag aber abseits der Pfade der Romantiker, und es ist noch heute sehr abgelegen und zudem nur über eine kurvenreiche und steile Straße querbar.

Die frühere Brauerei Schoberth ist heute als Gasthaus-Pension in Betrieb. Im Tal liegt der Betrieb des Fischzüchters Schwegel, der

Abb. 134　Wüstenstein 1858

Zuchtteiche im Aufseßtal sowie in Trockau und Mengersdorf betreibt. Er züchtet Saiblinge, Forellen, Karpfen und Waller, die er u. a. auf den Wochenmärkten in der Umgebung (v. a. Bayreuth und Erlangen) verkauft.

Für den naturnahen Tourismus ist Wüstenstein sehr ergiebig. Von hier aus verläuft flussabwärts im verkehrsfreien Tal der Aufseß ein Wanderweg zwischen Wüstenstein und Doos.

Seit 1978 ist Wüstenstein in die neu konstruierte Gemeinde Wiesenttal (mit Muggendorf und Streitberg) eingegliedert; es weist heute ca. 200 Einwohner auf.

D15 Ebermannstadt

Ebermannstadt, das häufig als Eingangstor zur Fränkischen Schweiz bezeichnet wird, liegt im unteren Wiesenttal. Es wurde erstmals bereits 981 erwähnt, ist also ein sehr alter Ort. Er gehörte den Edlen von Schlüsselberg, die durch Ludwig den Bayer 1323 das Markt- und Stadtrecht für den Ort erhielten. Nach Erlöschen dieses Geschlechts fiel Ebermannstadt 1390 an das Hochstift Bamberg und wurde Amtssitz. War der Ort anfänglich nur eine Filialkirche von Pretzfeld, so wurde sie 1469 zur eigenen Pfarrei. Im Zweiten Markgrafenkrieg 1562 und im Dreißigjährigen Krieg litt die Stadt unter den Besatzern und fiel z. T. in Trümmer.

Naturräumlich ist Ebermannstadt begünstigt: „Die Gegend ist sehr fruchtbar, besonders reich an trefflichen Wiesengründen, welche durch die Wiesent bewässert werden." (HELLER 1829, S. 50). Das Städtchen war überwiegend landwirtschaftlich und auf Handel ausgerichtet: „Viehmastung, Hanfhandel, Bierbrauerey sind die Nahrungsquellen der Bürger. Die jährlichen 7 Waaren- und Viehmärkte werden stark von Ausländern besucht." (BUNDSCHUH 1799, Bd. 1, Sp. 670). Mit Letzterem ist wohl gemeint, dass Anbieter und Nachfrager aus benachbarten (überwiegend ritterschaftlichen) Territorien anzutreffen waren.

Die Pfarrkirche St. Nikolaus am westlichen Altstadtrand mit ihrem schlanken, hochaufragenden Turm wurde erst Mitte des 19. Jh. errichtet. Sie steht aber am Ort einer alten Wehrkirche, die schon 1308 erwähnt wurde.

Im Jahr 1891 erhielt Ebermannstadt mit einer Lokalbahnlinie, die zunächst von Forchheim kommend hier endete, einen Bahnanschluss. 1915 wurde die Linie weitergeführt bis Heiligenstadt, 1922 bis Muggendorf und 1930 bis Behringersmühle. Heute

Mit den Romantikern durch die Fränkische Schweiz

Im Rahmen einer literarischen Tour vom Walberla nach Sanspareil folgt diese Exkursion den Spuren der Romantiker und hierbei insbesondere der Pfingstreise von Tieck und Wackenroder von 1793. An den authentischen Orten werden deren Beobachtungen und Eindrücke nachvollzogen.

■ lid-online.de/81507

Unterwegs mit den Romantikern

ist wieder Ebermannstadt der Endbahnhof. Nur nostalgische Dampfbahnfahrten am Wochenende führen bis Behringersmühle. Im Jahr 1941 wurde die Burg Feuerstein oberhalb des Ortes als Tarnobjekt für ein Labor für Hochfrequenztechnik von Kriegswichtigkeit errichtet; dieses ist heute ein Jugendhaus der Katholischen Kirche.

Ein einschneidendes Ereignis für das Wirtschaftsleben von Ebermannstadt war der Wegfall seiner Funktion als Landratsamtssitz im Jahr 1972, mit dem auch die Auflösung weiterer Ämter einherging. Als Maßnahmen von staatlicher Seite zur Kompensation dieses Verlustes erhielt Ebermannstadt zusätzlich zur bereits 1954 gegründeten Realschule 1974 auch ein Gymnasium. 1973 erfolgte auch die Aufstufung zum Unterzentrum gemäß Landesentwicklungsprogramm. Nun wurde die landwirtschaftliche Prägung des Ortes immer schwächer. Mehrere Industriebetriebe entstanden.

Zahlreiche Elemente des historischen Stadtbildes von Ebermannstadt sind noch gut erhalten. Die Altstadt besitzt zwar keine Stadtmauern, sie ist aber in ihrer Umgrenzung, zwischen der Wiesent und einem Wiesentkanal gelegen, immer noch ein eigenständiges Viertel. An ihrem Ostrand wurde eines der früher zahlreichen Wasserräder erhalten, die der oben genannten Wiesenbewässerung dienten. In der Mitte der Altstadt liegt der platzartig erweiterte Marktplatz, der Mittelpunkt der Stadt. Die Straßen der Altstadt sind verkehrsberuhigt, sodass das Viertel für Fußgänger gefahrlos begehbar ist. Allerdings wird dem Pkw-Parken v. a. auf dem Marktplatz noch zu viel Raum eingeräumt, sodass er als Areal zum Verweilen, für Cafés und öffentliche Veranstaltungen, gerade auch für Tourismus, derart eingeschränkt ist. Selbst auf der nördlich der Altstadt vorbeiführenden B 470 ist mittlerweile zu Stoßzeiten der Verkehr so dicht, dass eine Ortsumgehung in der Planung ist. Eine besonders ambitiöse, aber sicherlich zu teure Lösung ist die Realisierung einer Tunnelstrecke um Ebermannstadt herum am rechten Rand des Wiesenttales. Es sind nicht zuletzt auch die häufiger im Umkreis von Ebermannstadt auftretenden Bergrutsche (zuletzt 1957, 1961 und 1979), die einen solchen Plan unrealistisch erscheinen lassen.

Städtebaulich ein Überbleibsel aus seiner Vergangenheit als Ackerbürgerstadt sind in Ebermannstadt noch zwei gut erhaltene Scheunenviertel, das sind Viertel, in denen landwirtschaftliche Lagerflächen der Bauern konzentriert angelegt wurden, um Brände in der Altstadt zu verhindern.

In der Phase der Gemeindegebietsreform wurden von 1971–1978 zahlreiche ehemals selbständige Gemeinden nach Ebermannstadt eingemeindet: Gasseldorf, Niedermirsberg, Rüssenbach, Neuses, Poxstall, Wohlmuthshüll, Buckenreuth, Moggast, Wolkenstein, Thosmühle, Burggaillenreuth, Windischgaillenreuth, Eschlipp und Kanndorf. Derart reicht das Gemeindeareal heute bis weit auf die Hochfläche hinauf. Hier wohnen heute 6.950 Einwohner (2013). Der gut ausgestattete zentrale Ort, der inzwischen als Mittelzentrum fungiert, ist heute eines der Versorgungszentren der Fränkischen Schweiz. Zumindest für Ebermannstadt selbst – nicht für viele der eingemeindeten Ortsteile – gilt aber bis heute, dass der Tourismus eine noch eher untergeordnete Rolle spielt. Beim alljährlichen Fränkische-Schweiz-Marathon im Herbst, einem Großevent in der Region, ist der Ort Start- und Zielpunkt der Aktivitäten.

D16 Gasseldorf

An der Mündung des Leinleitertals in das Wiesenttals befindet sich die Ortschaft Gasseldorf, früher auch zuweilen *Gösseldorf* oder *Geisseldorf* genannt. HELLER (1829, S. 70) berichtet davon, dass es hier „gute Viehzucht und berühmten Rübenbau" gebe.

Gasseldorf ist auch der Ort, an dem bis 1968 die Bahnlinie nach Heiligenstadt ins Leinleitertal abzweigte.

Die Ortschaft befindet sich im Talgrund und liegt bereits auf Schichten des Opalinustons. Am westlich der Ortschaft gelegenen Hang sind die Reste des Bergrutsches an der Trudenleite zwischen Ebermannstadt und Gasseldorf zu sehen, der sich am 21. Februar 1625 ereignete, und der als göttliche Willensäußerung und Warnung die Zeitgenossen tief beeindruckte und erschreckte. Als Ursache für den Bergrutsch wird von manchen Autoren ein Erdbeben angeführt. Die Jahreszeit, in der der Rutsch stattfand, legt jedoch eher nahe, dass es, wie auch bei den jüngeren Hangrutschen im Bereich Ebermannstadt, eine Folge von Niederschlägen mit starker Durchfeuchtung des Bodens war, die das Ereignis auslöste. Der Rutsch selber wurde von den Anwesenden vermutlich als Erdstoß wahrgenommen und irrtümlich als Erdbeben interpretiert.

Oberhalb des Ortes ragt der Komplex von Dolomitfelsen des Hummersteins hervor. Er wird im Volksmund auch *Hunnenstein* genannt. Hier befand sich im 10. Jh. eine ottonische Burg zum Schutz vor Reiterangriffen, die in eine Vor- und Hauptburg gegliedert war. Es sind nur bescheidene Wall- und Grabenreste erhalten.

Johann Georg Lahner, der Erfinder der Wiener Würstchen, wurde 1774 in Gasseldorf geboren.

D17 Streitberg

Unterhalb der Ruine Streitburg (vor 1120, intakt bis 1811, dann als Steinbruch ausgebeutet) hoch oben auf einem Dolomitfelsen (403 m ü. NHN) und gegenüber der ebenso verfallenen Burg Neideck (ca. 12. Jh., zerstört im Zweiten Markgrafenkrieg 1553), die einst gemeinsam so gut den Verkehr längs der Wiesent überwachen konnten, liegt der Talort Streitberg. ▶ Abb. 135 Im Zentrum, wo u. a. der schon 1507 aktenkundige Gasthof zum Schwarzen Adler und Ignaz Bings Villa Marie auffallen, gabelt sich sein dreieckiger Dorfplatz bei einem schönen gusseisernen und bayernwappengezierten Brunnentrog von 1900. Er ist Ausgangspunkt vieler markierter Wanderwege, darunter auch empor zur Binghöhle ▶ D 2 oder ostwärts zur Muschelquelle, die kalktuffreich auf Mergelschichten des Oberjura entspringt. Am oberen Ende jener Nebenstraße, die ab der evangelisch-lutherischen Kirche (Streitberg gehörte bis 1806 zum Markgraftum Brandenburg-Bayreuth) hinaufführt zur Albhochfläche, wartet ein historisierendes Lokal mit Verkauf von Obstschnäpsen, wie sie vielerorts in den Dörfern ringsum gebrannt werden. Vorgeblich hier schrieb Hans Max von AUFSESS (1906–1993), der feinsinnig poetische Essayist der jüngeren Fränkischen Schweiz und Spross hiesigen Uradels (vgl. Hans von Aufseß, 1852 Gründer des Germanischen Nationalmuseums in Nürnberg), seine gern gelesenen „Briefe aus der Pilgerstube" (1974).

Schräg gegenüber im Kurhaus trank man dagegen seit der Mitte des 19. Jh. etwas ganz anderes, nämlich Molke oder Käswasser aus Ziegenmilch – am besten von Ziegen, die zuvor auf kräuterreichen Bergwiesen geweidet hatten. Molke entsteht, wenn man aus sol-

Abb. 135   Postkarte von Streitberg aus dem Jahr 1904

cher Milch das Fett und das Kasein abscheidet. Molkentrinkkuren waren eine Schweizer Erfindung des späten 18. Jh.: Im Verein mit Ruhe, reiner Luft und dem „erhebenden Eindruck der Anschauung der Natur auf dem Lande" helfe diese Heilmethode, so die Ärzte, durch Stickstoffanreicherung im Blut u. a. gegen Lungenknoten (TBC), Rheuma, Verstopfung, Hämorrhoiden und sogar Hyperchondrie. Auch in Deutschland wurden nun überall solche Molkenkuranstalten eröffnet. Quartier fanden die anreisenden Fremden in der Schweiz meist in kleinen Chalets; in Streitberg gründete Dr. Weber sein „Logierhaus zur Molkenkur" 1849 in einem großen Fachwerkbau, der mit seinem spätmittelalterlichen Kern zuvor markgräflicher Amtssitz gewesen war (Pfosten im Gebäude mit der Jahreszahl 1706) und noch heute als gehobenes Restaurant fortbesteht. Im dortigen Saal wurden dem Kurgast täglich um 6 Uhr früh zwei bis vier Gläser warme Molke serviert, dann nahm er für die Haut ein Fichtennadelbad und bekam schließlich um 10 Uhr vor der Morgenpromenade noch frisch gepressten Kräutersaft gereicht. An letzteren knüpft bis heute der weithin beliebte Kräuterlikör Streitberger Bitter an, den seit 1898 die Firma Hertlein produziert. Um 1850 zählte die Molkenkuranstalt pro Saison, d. h. von Mai bis Oktober, bis zu 400 Gäste jährlich. Ab etwa 1920 kam sie allmählich aus der Mode. Als staatlich anerkannter Luftkurort firmiert Streitberg aber noch immer (KÜTTLINGER 1856, S. 7–21).

Den Romantikern des 19. Jh. waren in der Fränkischen Schweiz v. a. Streitberg und Muggendorf bekannt. Zur Gegenwart hin konnten beide aber diese Führungsrolle nicht halten, was man u. a. am geringen Übernachtungs- und Verpflegungsangebot merkt. Andere Orte haben aufgeholt. Seit 1972 ist Streitberg Ortsteil der neu geschaffenen Gemeinde Markt Wiesenttal.

D18 Muggendorf

Muggendorf, dessen Einwohner aufgrund von Feuersbrünsten 1601 (zehn Häuser), 1661 (24 Häuser, elf Scheunen) und 1726 mehrfach zur Erneuerung ihrer Gebäude gezwungen waren (MAYER 1857, S. 48), ragt aus der Summe aller Ortschaften der Fränkischen Schweiz besonders hervor. Denn es war zumindest im Höhlenboom des 18./19. Jh. namengebend für die ganze Region, die man damals das Muggendorfer Gebirg im Bayreuther Oberland nannte. Hier fungierten der vom letzten Markgrafen gegen Plünderer bestellte Höhleninspektor Wunder und ab 1810 der von Streitberg abgezogene bayerische Amtmann. 17 Gasthäuser und viele Privatquartiere nennt ein Reiseführer von 1857; nach wie vor sei Muggendorf „einer der besuchtesten Orte im Ländchen" (MAYER 1857, S. 48 u. 174). Richard Wagner und Jean Paul schwärmen von der Qualität des Muggendorfer Bieres und der verspeisten Forellen. Jedoch wurde der 1836 begonnene Schauführungsbetrieb in der nahen Rosenmüllershöhle 1960 wieder beendet (Teufels- und Binghöhle waren zugkräftigere Konkurrenten geworden), ihr Tropfsteinschmuck hernach sogar weitgehend gestohlen. Und auch das gastronomische Angebot sank ab (trotz Nobelhotel Feiler und der Wolfsschlucht), obwohl

Abb. 136 Blick auf Muggendorf, das inzwischen durch die Umgehungsstraße der B 470 deutlich entlastet worden ist.

Verbreitung und Entstehung der Dolomitfelsen

In der Malm-Zeitspanne (ca. 163–145 Mio. Jahre vor heute) herrschte in Süddeutschland ein tropisches Klima. Ein warmes Flachmeer breitete sich dort aus, wo heute die Fränkische Schweiz liegt. Das Vindelizische Land, das die bisherige Begrenzung zum Tethysmeer bildete, wurde überflutet und die Böhmische Insel schrumpfte. Festländische Sedimente in Form feiner Tontrübe gelangten von den umgebenden Hochländern in das Flachmeer. Zusammen mit der Kalkausfällung entstand jenes Schichtungsbild, das noch heute in Steinbrüchen und anderen Aufschlüssen dieses Gebietes zu finden ist.

Die Wiesent-Riff-Schranke

Der Obere Jura (Malm) ist in vielen Steinbrüchen um Ebermannstadt aufgeschlossen. Man erkennt eine gebankte Abfolge von Kalksteinen mit zwischengeschalteten Mergellagen, die so genannte Normalfazies. Weiter östlich dagegen finden sich bereits im Malm-apha, -beta und -gamma nur undeutlich geschichtete, oft auch strukturlose massige Kalk- oder Dolomitgesteine, die Massenkalk-Fazies. Aus derartigen Massenkalken ist die sog. Wiesent-Riff-Schranke ▶ Abb. 137, der nördliche Teil des Haupt-Riffzugs von Rupprechtstegen, aufgebaut. Dieser Riffzug, bzw. diese Riffschranke, ist nicht als eine undurchlässige Mauer zu verstehen, die jegliche Kommunikation mit dem östlich liegenden Faziesbereich verhinderte. Dies gilt speziell für die Ablagerung von Tonen, die von NW in das Flachmeer eingetragen wurden. Denn bei zahlreichen Dolomitfelsen östlich der Riffschranke sind noch die Fugen zu sehen, aus denen die tonigen Zwischenlagen ausgewittert sind. D. h. auch im Bereich der Massenkalke hat es phasenweise tonige Zwischensedimentation gegeben. Einige tonige Leithorizonte kann man sogar bis in die Riffe hinein verfolgen, z. B. die Crussoliensis-Mergel oder auch die Platynota-Zone.

Neuere Ergebnisse zur Genese der Riffe

Nach den jüngsten Ergebnissen der Riff-Forschung kann davon ausgegangen werden, dass es sich bei einem Teil der Riffe – entsprechend der klassischen Vorstellung der Riff-Genese – um Schwammriffe, Schwamm-Algen-Riffe oder auch Mikroben-Schwamm-Riffe handelt. Der weit größere Teil der Riffe muss aber anders verstanden werden. Nur ca. 30 % der Riffmasse besteht bei ihnen aus vormals organischem Material wie Schwämmen, Armfüßlern oder anderen Individuen. Die übrigen 70 % der Riffmasse setzen sich zusammen aus submarinen Rutschmassen, v. a. aber aus Kalksanden unterschiedlicher Körnung. In der Vertikalen erreichen sie bis zu 200 m und erstrecken sich damit bis in den oberen Malm. Die Breite dieser submarinen Kalksandrücken kann bis zu 15 km betragen. Koch (2011) beschreibt die Karbonatsande als eine Abfolge zahlreicher, schräggeschichteter Kalksandlagen unterschiedlicher Körnung, die durch höhere Wasserenergie in der Flachsee gebildet worden sind. Dabei geht er von einem stark bewegten – hochenergetischen – Meer im Oberjura aus. In diesem Meer entstehen die einzelnen Kalksandkörner durch lagenweise Kalkanlagerung im Mikrobereich, so genannte Ooide. Dies sind kugelförmige Körper aus Kalk, um die sich im bewegten Flachwasser konzentrische Kalkschalen gebildet haben. Verfestigt wurden die aus Ooiden bestehenden submarinen Sandbarren durch Karbonatminerale (Zemente), die aus dem Meerwasser ausgefällt worden sind. Diese Verfestigung muss in Zeitspannen reduzierter Sedimentation erfolgt sein, denn die Genese der Ooide und ihre Verfestigung setzen verschiedene submarine Milieus voraus. Auf jeden Fall ist durch die Verfestigung Kalkstein entstanden, ohne dass die deutlich länger dauernden Prozesse der klassischen Riffgenese angenommen werden müssen.

Die Dolomitisierung, d. h. der Austausch von Kalzium gegen Magnesium – $CaCO_3$ wird zu $(Ca Mg(CO_3)_2)$ –, ist zeitlich und räumlich noch nicht vollständig geklärt. Ammoniten und andere Fossilien, die für die zeitliche Einordnung der jeweiligen Ablagerung wichtig sind, findet man in den dolomitisierten Massenkalken nicht. Sie wurden beim Prozess der Dolomitisierung vollständig zerstört.

Generell sind die dolomitisierten Massenkalk-Riff-Stotzen resistenter gegenüber der Verwitterung als die Kalke in der Normalfazies. Sie bestimmen über weite Bereiche das so einzigartige Landschaftsbild der Fränkischen Schweiz. Sie waren in der Vergangenheit die bevorzugten Standorte für den Bau von Burgen, und sie werden heute von den Kletterern besucht. Ihre Herausmodellierung aus dem gesamten Kalkkörper begann unmittelbar nach dem Ende der Unterkreide, ist also ein geologisch weit zurückreichender Prozess, der vor ca. 140 Mio. Jahren begann und in verschiedenen Zyklen ablief.

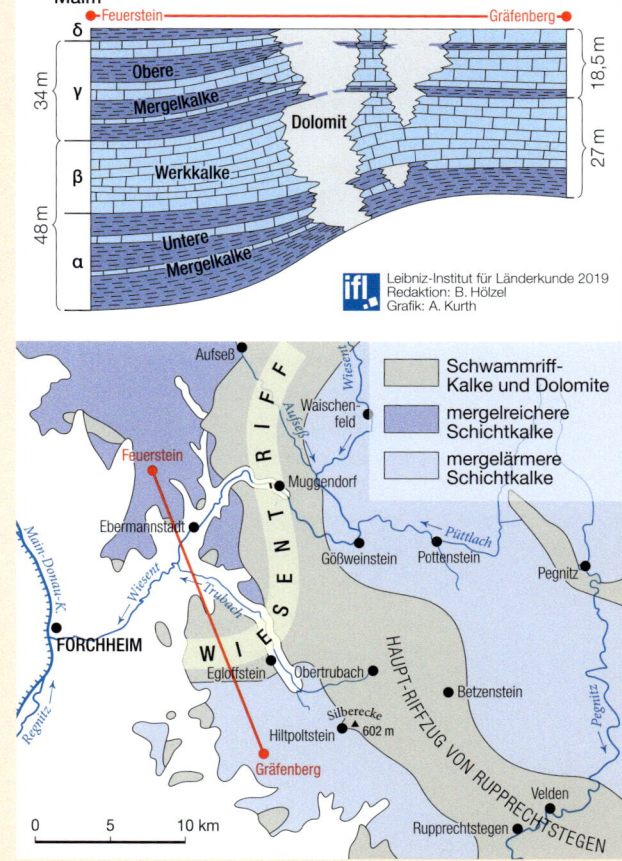

Abb. 137   Das Wiesent-Riff, das etwa von Mittelehrenbach über Egloffstein, Muggendorf und Aufseß verläuft und die Zone der Kieselschwamm-/Dolomitgesteine markiert

Muggendorf seit der bayerischen Gebietsreform von 1972 nun sogar Verwaltungszentrum der neuen Großgemeinde Wiesenttal ist (Rathaus im ehemaligen Parkhotel). Diese greift mit 21 Ortsteilen, darunter auch Streitberg, und insgesamt 2.464 Einwohnern (2015) bis hinauf zur Albhochfläche, dort z. B. Engelhardsberg, Oberfellendorf sowie Birkenreuth, und trägt insofern wohl einen etwas unglücklichen Kunstnamen. Ein neuer Schwenk der B 470 hinüber auf die andere Wiesentseite befreite das Ortsinnere deutlich vom Durchgangsverkehr. ▶ Abb. 136

Einen besonderen Brauch pflegt Muggendorf mit seinem Erntedank-Kürbisumzug am ersten Oktobersonntag. Die Erzgebirgische Volkskunst-Werkstatt am westlichen Ortseingang geht auf eine 1978 aus der DDR geflohene Schnitzerfamilie zurück.

D19 Behringersmühle

Der Ort liegt im Wiesenttal an der Stelle, wo sich Wiesent-, Püttlach- und Ailsbachtal vereinigen, und geht auf eine Getreide- und Sägemühle als Namensgeberin zurück, möglicherweise auch auf einen früheren Eisenhammer, in dem lokale Eisenerzknollen des Jura verarbeitet wurden. ▶ Abb. 138 In der ersten Hälfte des 19. Jh. lebten hier 94 Einwohner; neben der Mühle gab es auch eine Ziegelei (HELLER 1829, S. 40). 1850 kam ein Wirtshaus hinzu, dessen Betreiberin um 1900 aufgrund ihrer Persönlichkeit den Ort zu einem Magneten für Erlanger Studenten machte. Hierdurch gelang es Behringersmühle, neben Muggendorf und Streitberg, in deren Schatten der Ort zuvor gestanden hatte, am romantischen Image der Fränkischen Schweiz zu partizipieren, wenn auch mit deutlicher Verspätung.

Heute schreibt man den touristischen Entwicklungspfad mit neuer Akzentsetzung fort. Man setzt nicht mehr nur auf Gaststätten, das Beherbergungsgewerbe mit Hotels und Privatunterkünften sowie auf Freizeitaktivitäten wie Wandern, Radfahren, Fliegenfischen, Kneippen, Tennis oder Bootstouren, sondern auch auf so genannte Top-Events, von denen alle Altersschichten angezogen werden. Zu letzteren inszeniert man seit Jahren die Museumseisenbahn, deren Endpunkt der örtliche Bahnhof bildet. Vor allem der Dampfzugbetrieb an Sonn- und Feiertagen zwischen Mai und Ende Oktober zieht viele Zuschauer und Fahrgäste an. Die Fahrten stehen mal unter dem Motto „Geschichte erleben – Kinder begeistern", mal werden sie als „rollende Bierprobe" vermarktet.

Dabei hätte es leicht anders kommen können. Erst 1891 wurde die Bahnstrecke von Forchheim nach Ebermannstadt als Stich- und Nebenbahn errichtet; 1922 erfolgte die Verlängerung bis Muggendorf und 1930 bis Behringersmühle – der weitere Ausbau über Pottenstein nach Pegnitz wurde nie realisiert. Als 1976 der Betrieb ab Ebermannstadt stillgelegt wurde, konnte der Abbau der Strecke durch einen Verein verhindert werden.

Es wird von der Flexibilität und Findigkeit des Tourismusmanagements abhängen, wie gut sich der Ort den häufig wechselnden Profilen des Freizeitsektors anpassen und sich immer wieder neu erfinden kann.

Abb. 138   Behringersmühle, ein Ortsteil von Gößweinstein, liegt im Tal der Wiesent.

D20 Gößweinstein

Gößweinstein ist der einzige größere Ort der Fränkischen Schweiz, der nicht im Tal, sondern auf der Hochfläche, umrahmt von mehreren Dolomitfelsen, auf 457 m ü. NHN liegt. Derart hat man von der Burg des Ortes aus einen prächtigen Fernblick in alle Himmelsrichtungen. HELLER (1829, S. 72) beschreibt die Lage recht treffend: „Er liegt sehr hoch in einer höchst romantischen Felsengegend. Man hat hier an vielen Punkten herrliche Aussichten, vorzüglich von dem Schlosse aus, welches auf einem hohen Felsen liegt und aus mehreren noch im alterthümlichen Zustand erhaltenen Gebäuden besteht." Der Preis dieser Lage für das Alltagsleben im Ort war in der Vergangenheit aber das fehlende fließende Trinkwasser. Die Häuser mussten sich über Zisternen mit Wasser versorgen oder es aus der zwar reich schüttenden, aber über 100 m tiefer im Wiesenttal gelegenen Stempfermühlquelle mühsam mit Butten antransportieren. Man kann feststellen, dass dieses Manko in der Vergangenheit ein Hindernis für eine dynamische Siedlungsentwicklung hin zu einem touristischen Zentrum war.

Gößweinstein wird überragt von der soeben erwähnten Burg und von der majestätisch den Ort dominierenden Wallfahrtsbasilika. Die Burg wurde wohl im 11. Jh. angelegt und als *Goswinesteyn* erwähnt; sie kam spätestens 1102 an das Hochstift Bamberg, für das es Amtssitz wurde. 1243 verpfändete sie der Bischof an die Schüsselberger, sie fiel aber an Bamberg zurück. Im Bauernkrieg und im Zweiten Markgrafenkrieg brannte sie aus, wurde aber 1605 durch den Bischof restauriert. Nach erneuten Renovierungsarbeiten diente die Burg ab 1810 als Rentamt. 1875 verkaufte der Bayerische Staat sie an die Freiherren von Sohlern. Die derzeitigen Eigentümer sind Familie Layritz aus Gößweinstein.

Bereits seit dem Spätmittelalter gibt es wohl eine Wallfahrt nach Gößweinstein, über die nichts Näheres bekannt ist. Sie war jedenfalls als Wallfahrtskirche der Dreifaltigkeitsverehrung so lebhaft nachgefragt, dass der lokale Pfarrer sich mit der Bitte zur Bewältigung des großen Andrangs an den Bischof von Bamberg wandte. Die Reaktion war überraschend großzügig. Der Bischof Friedrich Karl von Schönborn ließ 1730–1739 die sehr große und prächtig ausgestattete neue Wallfahrtsbasilika nach Plänen von Balthasar Neumann errichten. Sein Vorgänger stiftete bereits 1723 ein Kapuzinerkloster (seit 1828 Franziskanerkloster), das für die Betreuung der Wallfahrten zuständig war. Die unzweifelhaft prächtige Basilika wirkt in ihrer dörflichen Umgebung fast überdimensioniert. 1948 erklärte Papst Pius XII. die Dreifaltigkeitsbasilika zur *Basilica minor*.

Wallfahrtsorte

Da der größere Flächenanteil der Fränkischen Schweiz zum ehemals geistlichen Territorium des Bistums Bamberg gehört und die ländliche Bevölkerung in ihm eine katholische Frömmigkeit an den Tag legte, spielten Wallfahrten stets eine große Rolle. Sie haben sich bis heute halten können, sodass alljährlich Tausende von Pilgern zu sehen sind, die zu den Wallfahrtsstätten Gößweinstein und Vierzehnheiligen pilgern. ■ lid-online.de/81130

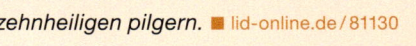
Wallfahrten

Die Dreifaltigkeits-Wallfahrten nach Gößweinstein sind noch bis heute von Gläubigen stark nachgefragt. Sie ist hinsichtlich der Besucherzahl sogar die größte Dreifaltigkeits-Wallfahrt in Deutschland. Jährlich pilgern ca. 120 Wallfahrergruppen von Mai bis Oktober nach Gößweinstein, vielfach zu Fuß aus der Umgebung.

Die Wallfahrt war stets ein wichtiger Wirtschaftszweig für den Ort. Schon um 1800 heißt es: „Die Wallfahrt wird jährlich von vielen tausend Menschen besucht, und macht den größten Nahrungszweig des Ortes aus." (BUNDSCHUH 1800, Bd. 2, Sp. 354). Auch im gegenwärtigen Ortsbild fällt die große Zahl von Gaststätten, Geschäften für Devotionalien und seit 2008 das Wallfahrtsmuseum auf. Außer für den Wallfahrtstourismus war Gößweinstein bereits in der zweiten Hälfte des 19. Jh. ein beliebtes Ziel für Molkenkurgäste und Sommerfrischler. Als 1865 die erste Pumpstation die Wasserversorgung des Ortes verbesserte, war dies eine bedeutende Verbesserung der Infrastruktur. Bereits 1863 entstand in Gößweinstein eine Molkenkuranstalt, die gut besucht war. Bis in die 1940er Jahre war Gößweinstein der mit deutlichem Abstand übernachtungsstärkste Ort der Fränkischen Schweiz. Seit 1958 ist er Luftkurort; das bedeutet: Klima und Luftqualität sind günstig, Einrichtungen zur Anwendung des Klimas in Form von Kuren sind vorhanden. Immer noch der Besuchermagnet Nummer 1 für Kurzzeitbesucher ist die Basilika, die als bauliche Sehenswürdigkeit ein Muss in der Region ist.

1972–1978 erfolgte die Eingemeindung der ehemals selbständigen Gemeinden Behringersmühle, Kleingesee, Stadelhofen, Unterailsfeld, Teile von Tüchersfeld, Leutzdorf, Morschreuth und Teile von Wichsenstein nach Gößweinstein. Die neue Großgemeinde umfasst nicht weniger als 30 Ortsteile. Sie hatte zum 1. Juli 2018 4.181 Einwohner.

D21 Weilersbach

Die heutige Gemeinde Weilersbach wurde in der Gemeindegebietsreform 1970 aus den Ortsteilen Unterweilersbach, wo sich der Gemeindesitz befindet, Oberweilersbach (mit den Gemeindeteilen Oberndorf, Ehrlersheim, Mittlerweilersbach) und Reifenberg gebildet. Während die Ortsteile von Ober-, Mittler und Unterweilersbach im Tal des Weilersbaches liegen und baulich zusammengewachsen sind, liegt Reifenberg etwas abseits in östlicher Richtung am rechten Talhang der Wiesent unterhalb des Steinbergs (506 m ü. NHN). Weilersbach bildet seit 1978 eine Verwaltungsgemeinschaft mit Kirchehrenbach und Leutenbach mit Sitz in Kirchehrenbach. In der Gemeinde wohnten 2016 2.032 Einwohner.

Frühe Belege des Ortsnamens sind für 1109 als *Wielspach* und *Wilisbach* belegt. Grundwort ist das althochdeutsche *-bach, -pach* als Bach, Fließgewässer, das Bestimmungswort ist *wīlāri, wīllar*, ‚der Weiler'.

Typisch für reichsritterschaftlich geprägte Gebiete ist die große Zahl an Adelssitzen und kleinen Schlössern. So gab es in Mittlerweilersbach ein Schloss, vermutlich nur ein bescheidener Fachwerkbau, der im Laufe der Jahrhunderte in der Hand verschiedener adeliger Familien war und schließlich im 18. Jh. der Familie Karg zu Bebensburg gehörte. Wegen der schlechten wirtschaftlichen Situation siedelte man Ende des 17. Jh. um die 30 Juden in Mittlerweilersbach an, die man in Nebengebäuden des Schlosses und im Schloss selbst unterbrachte. Nachdem das Gut und die Schlossanlage in den Besitz des Hochstiftes Bamberg übergegangen waren, riss man die Gebäude ab und errichtete einen Judenhof, der aus acht Wohngebäuden bestand, die ringförmig um den Schlossplatz errichtet wurden. In einem der Gebäude war ab 1720 die Schule untergebracht, im Schloss eine Synagoge. Die jüdische Gemeinde existierte hier bis 1876.

In Unterweilersbach existierte ebenfalls ein Schloss, dessen Bau 1934 abgebrochen wurde. Hier hatten die Herren von Hetzelsdorf ihren Sitz. Der Besitz wechselte in der Frühen Neuzeit mehrmals und kam 1710 ebenfalls an die Familie Karg von Bebensburg, den diese dann 1751 an das Hochstift Bamberg verkauften.

Weithin sichtbar liegt auf der gegenüberliegenden Talseite der Ehrenbürg auf dem Bergsporn Reifenberg (453,6 m ü. NHN) die Vexierkapelle St. Nikolaus. Die Herkunft des Begriffs Vexierkapelle ist unklar und auch sonst ungebräuchlich. Er hat keinen theologischen Hintergrund und ist vermutlich an den Begriff des Vexierbildes angelehnt, ein Rätselbild, das sich erst von einem bestimmten Beobachtungsstandort aus auflöst. An der Stelle befand sich im Hohen Mittelalter eine Burganlage, die mit einer adeligen Familie von Reifenberg verbunden ist, die erstmals 1140 Erwähnung fand. Bereits früh kam die Burg in hochstiftisch-bambergischen Besitz und verfiel im 15. Jh. Wohl auf den Ruinen einer Burgkapelle wurde 1607 eine Kapelle neu errichtet, die 1706 mit einem Langhaus Richtung Osten erweitert wurde.

Ebenfalls von überregionaler Bedeutung ist die in Unterweilersbach liegende Wallfahrtskirche St. Anna, ein Bau aus Sandstein, der in Teilen noch mittelalterlich ist, überwiegend aber aus dem 17. Jh. stammt. Die Kirche wurde 1868–1869 im neuromanischen Stil umgebaut. 1972 wurde ein sechseckiger Ergänzungsbau mit einem Zeltdach neben die Kirche gesetzt. Die Wallfahrt zur heiligen Anna datiert wohl schon aus dem 16. Jh., nahm dann aber nach dem Dreißigjährigen Krieg vor allem aus Forchheim einen großen Aufschwung und ist bis heute lebendig.

Unterweilersbach hat mit seiner Gemarkung einen Anteil am Talboden der unteren Wiesent. Hier wie auch in vielen Seitentälern der Wiesent wurde bis ins 20. Jh. hinein die Wiesenbewässerung intensiv betrieben. Unterhalten wurden die Anlagen von Wiesenbewässerungsgenossenschaften, von denen es Ende des 19. Jh. an der unteren Wiesent alleine 35 gab. Das Wasser wurde über ein Wehr aus dem Fluss entnommen und dann durch ein System von Haupt- und Nebengräben auf die Wiesen geleitet. Das hier bewässerte zusammenhängende Gebiet, die Schäffertwiesen auf Kirchehrenbacher und die Auerbergwiesen auf Weilersbacher Gemarkung, beträgt ca. 50 ha. Nachgewiesen ist eine Bewässerung in Teilbereichen seit 1752. Die Anlagen verfielen mit dem landwirtschaftlichen Strukturwandel seit den 1950er Jahren zusehends. Hervorzuheben ist, dass man Anfang der 1990er Jahre im Laufe des Flurbereinigungsverfahrens diese Anlagen nicht beseitigte, sondern sie dokumentiert und auch saniert hat. So wurden in den Jahren 1991/92 die Anlagen wieder instandgesetzt. Hierbei handelt es sich um ein frühes Beispiel für die gezielte Rücksichtnahme auf historische Kulturlandschaftselemente in Flurbereinigungsverfahren.

D22 Pretzfeld

Pretzfeld, früher häufiger auch Pretsfeld geschrieben, liegt an der Einmündung der Trubach in die Wiesent. Bereits 1182 wird das Schloss des Ortes als Ansitz des Bamberger Ministerialen Hademar de Bretevelt (= breites Feld) erwähnt. Dieses Geschlecht wurde abgelöst von den Freiherren von Wiesenthau. 1552 wurde das Gut an den Reichsritter Endres Stiebar verkauft, später folgten ihnen die Grafen von Seinsheim nach. 1852 verkaufte der Besitzer das Schloss an den jüdischen Händler Joseph Cohn aus Nürnberg; das Schloss ist bis heute in Privatbesitz.

Pretzfeld, eine sehr frühe Ortsgründung, profitierte von der naturräumlichen Gunst seiner Umgebung. Zwar erwähnt BUND-

D22

Abb. 139   Mostobstabnahme in Pretzfeld

SCHUH (1801, Bd. 4, Sp. 394) nur die üblichen landwirtschaftlichen Produkte „Hanf und Getreidebau, […] Viehmästung", aber auch seit spätestens dem 16. Jh. spielte bereits der Obstbau, speziell die Kultur der Süßkirsche, eine wichtige Rolle. Es war üblich, Hochstämme zu halten, die mit Unterkulturen bestellt wurden (Streuobstwiesen).

Die Pfarrkirche St. Kilian von Pretzfeld, die Mitte des 18. Jh. errichtet wurde, lässt nicht erkennen, dass hier vermutlich bereits im 9. Jh. eine Urpfarrei existierte. Der Vorgänger der derzeitigen Kirche lag noch in einem befestigten Kirchhof. Nach Einsturz wurde die jetzige spätbarocke Kirche errichtet.

Durch Peuplierung wurden seit dem Spätmittelalter durch die Grundherrschaft Landjuden angesiedelt, die gegen Abgabe den Schutz des Landesherrn genossen. Um 1625 gab es 190 Juden in Pretzfeld, 1824 87 Juden, das waren 11 % der Bevölkerung. Pretzfeld besaß ein eigenes Judenviertel (um die heutige Judengasse), eine Synagoge mit Mikwe und einen Judenfriedhof. Schon Ende des 19. Jh. waren fast alle Juden abgewandert. Heute findet man noch die gut restaurierte Mikwe und den Judenfriedhof außerhalb des Ortes als Zeugen jüdischer Präsenz in der Vergangenheit.

Bis in die Gegenwart sind die landwirtschaftlichen Erzeugnisse, v. a. aber ihre Veredlungsprodukte, und zunehmend der Tourismus ein wichtiger Einkommenszweig der Pretzfelder. Gastronomisch dominieren die Brauerei Nikl und die Brennerei Haas das Angebot des Ortes.

Pretzfeld ist eines der Zentren des Süßkirschenanbaus im Forchheimer Land. Die Obstbauern haben sich hier zu einer Genossenschaft zusammengeschlossen. Im Obstmarkt Pretzfeld werden Früchte – neben Kirschen sind dies auch Äpfel, Birnen und Trauben – zu Bio-Direktsäften, Fruchtsäften, Fruchtnektar, Mischsäften, Apfel- und Glühweinen sowie Schorlen verarbeitet. ▶ Abb. 139 Für die Süßkirschen gibt es das Prinzip der Selbstvermarktung oder (dominierend) über die genossenschaftliche Absatz- und Verwertungsgemeinschaft Pretzfeld. Die ab 1891 eröffnete Bahnstrecke nach Forchheim erleichterte die Vermarktung der Süßkirschen. Seit 50 Jahren gibt es auch alljährlich das gutbesuchte Pretzfelder Kirschenfest am Pretzfelder Keller (2006: 5.000 Besucher) während der Haupterntezeit. Der Ort ist besonders zur Zeit der Kirschblüte attraktiv, das ist jeweils um Ostern, und in der Phase der Kirschenernte, das ist im Monat Juli. Man kann sich gegen reduzierte Gebühr als Selbsternter auf die Leitern wagen oder aber die am Straßenrand ambulant angebotenen Frischkirschen direkt vom Feld kaufen. Auch in verarbeiteter Form werden Kirschen in Pretzfeld angeboten, und zwar insbesondere als Geiste oder Brände, die die überregional bekannte Brennerei Haas anbietet. Natürlich geht das Spirituosenangebot weit über die Kirschen hinaus.

Im Zeitraum 1972–1978 wurden nach Pretzfeld die ehemals selbständigen Gemeinden Hagenbach, Hetzelsbach, Lützelsdorf, Wannbach sowie die Ortsteile Urspring, Oberzaunsbach und Unterzaunsbach eingegliedert. Heute hat die Gemeinde ca. 2.500 Einwohner.

D23 Kirchehrenbach

Die ortsnamenstiftende katholische St. Bartholomäuskirche präsentiert sich leicht erhöht und fast übermächtig groß, wo der Ehrenbach (1089 *Arinbach*) der Wiesent zufließt. Wie der Turm steht auch ihr 1776 geweihtes barockes Langhaus (Altäre des Bamberger Schnitzers Mutschele, 1772) auf gotischen Vorläuferresten; die Kirchhofummauerung kam 1770 dazu, die Freitreppe erst 1862. Es ist ein schmucker großer Ort (2015: 2.266 Einwohner) mit noch viel Fachwerk, z. T. Satteldächern mit Krüppelwalm, frontal oft auch Klebdächlein; 25 Wohnhäuser und Stadel, alle aus dem 18. Jh., stehen auf der Denkmalliste. Die Brauerei des Gasthofs Sponsel schloss 1967; heute wirbt das Gasthaus mit Produkten aus der eigenen Brennerei. Albrecht DÜRERS surreale Radierung „Landschaft mit Kanone" (1518, im Vordergrund mit Türken – beim Augsburger Reichstag 1518 hatte Dürer viel zur Türkengefahr reden hören) zeigte Kirchehrenbach noch mit tief herabgezogenen strohgedeckten Vollwalmdächern. ▶ Abb. 140 Er hatte hier wohl seinen Freund Joh. Schöner (wegen Unzucht hierher strafversetzter Priester, auch bedeutender Astronom, Globusmacher, später Rektor des Nürnberger Egidiengymnasiums) besucht. Den Obstbau regte um 1780 Pfarrer von Karch an; vorangegangener Weinbau ist seit dem 15. Jh. belegt.

Heute steigen in großer Zahl Wochenend-Wanderer ab der Kirche zum Walberla (offiziell Ehrenbürg) hinauf, dem bekannten Hausberg der Franken (532 m ü. NHN), der seinen Höhepunkt alljährlich am ersten Maisonntag erlebt, wenn mit Bierausschank und Jahrmarktbuden tausende Besucher das Walberlafest feiern. Dieses ging aus Pilgerprozessionen zu der am Rand des 1.500 × 300 m großen Plateaus erbauten Walburgiskapelle (vor 1350, neu 1697 durch Herren von Wiesenthau) hervor und war im 18./19. Jh. auch beliebt bei Erlanger Studenten; viele Schuster boten dort Schuhwaren feil, als Souvenir kaufte man gern Bamber-

Abb. 140   Albrecht DÜRERS „Landschaft mit Kanone" (1518) ist nicht zuletzt deshalb ein unschätzbares Dokument, weil es einen Blick in Richtung S über das Dorf Kirchehrenbach zum Walberla festhält.

ger Süßholzringe. Prähistorisch Interessierte finden dort außerdem Wallreste eines keltischen Oppidums (5. Jh. v. Chr.), Kletterer Herausforderung an den Kalkfelsen des Rodensteins, Gleitschirmflieger gute Thermik für Absprünge in Richtung Wiesenttal – und Schafherden nutzen immer noch ein paar Gräslein auf verbliebenen Magerwiesen.

D24 Hetzelsdorf

In die Schlagzeilen kam Pretzfelds schon 1007 als *Hezilsdorf* erwähnter Ortsteil Hetzelsdorf, am Weg nach Hundshaupten gelegen, im Jahr 1979 durch seine neugotische Kirche St. Matthäus, auch der „Juradom" genannt. Erst 1901 ziemlich überdimensioniert – gedacht für alle in diesem katholischen Raum lebenden Protestanten – auf abschüssigem Grund erbaut, drohte er nun plötzlich abzurutschen und einzustürzen. Die Sanierung kostete umgerechnet 1,2 Mio. Euro. Als zweites lockt, beworben als Teil von „Bierland Franken", der private Brauereigaststätte Penning-Zeissler (seit 1820) viele Besucher an.

D25 Wichsenstein

Der Ort liegt auf der Hochfläche der Fränkischen Alb nordöstlich des Trubachtales, 6 km südwestlich von Gößweinstein und 14 km östlich von Forchheim. Die selbständige Gemeinde Wichsenstein wurde am 1. Mai 1978 aufgelöst. Der Hauptteil der damals mehr als 500 Einwohner mit den Orten Wichsenstein, Altenthal, Hardt, Sattelmannsburg und Ühleinshof umfasste, kam zum Markt Gößweinstein. Die Orte Eberhardstein, Pfaffenloh und Ursprung hingegen wurden mit ca. 50 Einwohnern dem Markt Pretzfeld eingegliedert.

Im Zentrum des Ortes liegt der Wichsensteiner Fels mit einer Höhe von 588 m ü. NHN und er gilt als die dritthöchste Erhebung der Gegend. Der beliebte Aussichtspunkt kann mittels einer Treppe erstiegen werden; in der Höhe bietet sich ein Panoramablick über die gesamte Fränkische Schweiz.

Der Ort taucht erstmals im Jahre 846 in einer Urkunde Ludwigs des Deutschen als in der *terra slavorum* gelegen auf. Von der ehemaligen Burg derer von Wichsenstein ist heute so gut wie nichts mehr zu sehen. Diese wird 1122 unter der Bezeichnung *Wickerisstein* erstmals erwähnt. Den Rittern von Wichsenstein wird nachgesagt, dass sie sich – wohl auf Grund schwieriger wirtschaftlicher Verhältnisse – vielfach als Raubritter betätigt hätte. Ihre Burg wurde 1525 im Bauernkrieg zerstört. Sie wurde aber anschließend wieder aufgebaut. Im Dreißigjährigen Krieg wurde aber die Anlage neuerlich zerstört. Seither gilt die Burg als abgängig. Georg von Wichsenstein – Amtmann in Schlüsselfeld, würzburgisch-bischöflicher Rat und später Vicedom der bambergischen Besitzungen zu Wolfsberg in Kärnten – starb 1606 als Letzter im Mannesstamme seines Geschlechtes.

Die Kirche St. Erhard ging aus einer im Jahre 1372 von den Wichsensteinern gestifteten Burgkapelle hervor. Im Jahre 1627 wird die Kirche durch Johann (Giovanni) Bonalino (1575–1633) komplett neu gebaut. Bonalino war ein Baumeister aus Graubünden, der ab 1614 im Hochstift Bamberg nachweisbar ist, aber auch in den Herzogtümern Sachsen-Coburg, Sachsen-Weimar und möglicherweise auch im Markgraftum Brandenburg-Bayreuth tätig war. Er baute in vielen Orten der Region z. B. in Scheßlitz, Weismain, Coburg, Weimar, Marienweiher, Bamberg und Untertrubach.

Der Altar in der Kirche St. Erhard von 1723 stammt von dem Auerbacher Bildschnitzer Johann Michael Doser. 1777 wurde die Fassade der Kirche erneuert. Nach dem Anbau der Sakristei 1848 wurde der heutige Turm zwischen 1874 und 1875 um ein weiteres Stockwerk erhöht. 1922 wurde das Langhaus um 3 m nach W verlängert und erhielt das heutige Aussehen. Im Jahre 1980 erfolgte die Innensanierung der Kirche, im Jahre 2014 konnte die Turmsanierung abgeschlossen werden. In der Kirche befindet sich ein Kreuzigungsrelief vom Ende des 14. Jh. Die Kirche wird heute vom Pfarramt Gößweinstein aus betreut.

Eine Brauchtumsbesonderheit in Wichsenstein ist die Segnung der Erhardibrötchen. Der Brauch ist wohl weithin einzigartig. Zum Patronatsfest backen die Frauen Brötchen, die nur so groß sind wie ein Zwei-Euro-Stück. Sie tragen einen Stempel, auf dem die Inschrift „St. Erhard ora pro nobis" steht und der hl. Erhard abgebildet ist. Auch dieser Stempel soll schon sehr alt sein. Die Brötchen bestehen nur aus Wasser und Mehl und sind steinhart. Sie halten gut und gerne ein Jahr bis zum nächsten Patronatsfest. Der Überlieferung nach sollen sie gegen Halsschmerzen und Augenleiden helfen – vorausgesetzt, man betet ein Vaterunser während man sie isst. Zuvor müssen sie gesegnet und mit Weihwasser besprengt werden.

In der Ortsmitte befindet sich eine uralte Tanzlinde, die als stattlicher Baum noch existiert, wo aber der Tanzbrauch nicht mehr praktiziert wird.

D26 Bieberbach

Bieberbach – ca. 560 m ü. NHN – ist einer der 16 Ortsteile der Gemeinde Egloffstein. Die Entfernung nach Egloffstein beträgt 8 km, nach Gößweinstein 6 km.

Der Ort auf der Hochfläche wird erstmals 1225 urkundlich erwähnt. Im südlichen Ortsbereich bezeichnet man mit Burgstall Bieberbach eine abgegangene mittelalterliche Spornburg. Erbaut haben sie wohl um 1225 die Herren von Dachstetten, die hier bis 1375 nachgewiesen sind. Im 14. Jh., genauer 1348 war ein Teil Schlüsselberger Besitz, den Günther von Schwarzburg, der Schwiegersohn des 1347 auf der Neideck gefallenen letzten Schlüsselbergers Konrad II., an das Bistum Bamberg abtrat. Durch den Vertrag von Iphofen (1349) gelangte der Besitz an den Burggrafen Friedrich V. Nachdem 1390 Hermann von Wichsenstein die Burg vom Burggrafen zum Lehen empfangen hatte, bildeten die Wichsenstein zu Bieberbach eine eigene Linie aus, die mit Liborius von Wichsenstein, dem Sohn und Nachfolger des Ernst von Wichsenstein, bis 1585 bestand.

Die Burg wurde zunächst im Bauernkrieg 1525 zerstört und sehr langsam von Ernst von Wichsenstein wieder errichtet. Wohl auf Grund finanzieller Probleme erlaubt der Markgraf Georg Friedrich die Weitervergabe der Güter auf Wiedereinlösung an die Egloffstein. Nach dem gewaltsamen Tod des Liborius zog der Markgraf das Gut ein und übertrug die Verwaltung dem Amt Streitberg bis 1590. 1615 gelangte das Rittergut an den markgräflichen Geheimrat Johann Kasimir Graf von Lynar, der alles 1618 an Hans von und zu Egloffstein aus der Gaillenreuther Linie weiterverkaufte. Im Gefolge des Dreißigjährigen Krieges wurde

Abb. 141   Der Bieberbacher Osterbrunnen ist einer der größten und schönsten in der Fränkischen Schweiz.

die Burg zerstört und nicht wieder aufgebaut. Mit Johann Philipp erlosch die Gaillenreuther Linie derer von Egloffstein und die Burg – bzw. ihre Überreste – übernahm das Egloffsteiner Gesamtgeschlecht.

1707 wurde die ehemalige Anlage nur noch als „ein bloßer Steinhaufen" bezeichnet und für 1727 ist überliefert: „Das ganze Schloß Bieberbach mit einer Kemenate, dessen Zwingern, Mauern und Graben, so aber in ehevorigen Kriegszeiten ruiniert worden …". Anfang des 19. Jh. wurden verbliebene Reste bis auf ein Gewölbe und einen Keller abgetragen und die Steine anderweitig verwendet.

Berühmtheit erlangte der Ort in jüngerer Vergangenheit durch seinen Osterbrunnen. In der Zeit um Ostern können hier über 11.100 handbemalte Eier bewundert werden. Dies brachte dem Osterbrunnen einen Eintrag im Guinness-Buch der Rekorde. Im Jahre 2005 musste aber der Ort den Titel „Größter Osterbrunnen der Welt" an Sulzbach-Rosenberg abgeben. Dennoch gehört Bieberbach alljährlich um Ostern zu denjenigen Orten, die von Besucher der Umgebung in großer Zahl besucht werden. Ergänzend zum Osterbrunnen findet man ein reiches Angebot an Verköstigungen und Spirituosen. ▶ Abb. 141

D27 Wiesenthau

Der Ort liegt am Fuße der Ehrenbürg (des Walberla) auf einer überschwemmungsfreien Terrasse über dem Wiesenttal, die nach N und W steil abfällt. Im Zuge der ersten Verwaltungsreform in Bayern entstand mit dem Gemeindeedikt von 1818 die Gemeinde Wiesenthau. Mit der Gebietsreform der 1970er Jahre wurde 1978 die bisher selbständige Gemeinde Schlaifhausen in die Gemeinde Wiesenthau eingegliedert. Die Gemeinde Wiesenthau ist Mitglied einer Verwaltungsgemeinschaft mit Sitz in Gosberg. Heute zählt der Ort etwa 1.200 Einwohner. Die Gemeinde hat einen Haltepunkt an der Bahnstrecke Forchheim – Ebermannstadt und ist in das Tarifgebiet des VGN integriert.

Der Ort wurde im Jahr 1062 erstmals in einer kaiserlichen Urkunde erwähnt. Seine Geschichte ist eng mit den Freiherrn von Wiesenthau verbunden. Erst 1128 wird ein *B(P)ero* von Wiesenthau als Angehöriger benannt, dessen Familie sich offenbar nach dem Ort benannt hat, in dem sich wohl auch ihr Stammsitz befand. Von 1128 bis zu ihrem Aussterben im Mannesstamm im Jahre 1814 hatten die Herren von Wiesenthau die Ortsherrschaft inne. Zweiglinien dieser beachtlich großen Familie finden sich in den folgenden Jahrhunderten namentlich in Forchheim, Hundshaupten, Kersbach, Kirchehrenbach, Kolmreuth, Leupoldstein, Pinzberg, Pretzfeld, Reifenberg, Reuth, Rüssenbach und Weilersbach. Unter dem Schutz der Herren von Wiesenthau entstand in dem Ort auch eine kleine jüdische Gemeinde.

Die Landesherrschaft lag bei den Grafen von Schönborn, die 1806 mediatisiert wurden. Sie traten diese im Zuge der Grenzbereinigungen an das Großherzogtum Würzburg des Erzherzogs Ferdinand von Toskana ab, mit dem es mit den Verträgen von Paris im Jahre 1814 endgültig an das Königreich Bayern zurückfiel.

Die Burg selbst wurde relativ spät, nämlich erst 1379 genannt, als Volland von Wiesenthau einen Anteil an der Veste an das Hochstift Bamberg veräußerte. Später ist immer wieder von Kemenaten die Rede, die wohl – mindestens z. T. – beim Durchzug der Hussiten 1430 zerstört wurden.

In späteren Belehnungsurkunden ist dann häufig von dem Schloss zu Wiesenthau die Rede. Dieses frühe Schloss wurde 1525 durch aufständische Bauern zerstört. Die Jahreszahlen 1529 im zweiten Obergeschoss weisen auf den Wiederaufbau hin. Unter Wolf Dietrich von Wiesenthau erhielt das Schloss durch neuerlichen Umbau sein heutiges Aussehen. Dieses ist nun seit 1564 statt mit einem Graben mit einer Mauer umgeben. Dieses Renaissanceschloss der Freiherrnfamilie neben der barocken Pfarrkirche dominiert in der Gegenwart das Ortsbild und ist weithin sichtbar.

Die Familie derer von Wiesenthau musste zu dieser Zeit eine große Schuldenlast tragen; dazu kommt, dass im Dreißigjährigen Krieg das Schloss schwere Beschädigungen erlitt. Nachdem die letzten Mitglieder der Linie von Wiesenthau ohne Erben geblieben sind, konnte Hans von Wiesenthau zu Reckendorf (Ufr.) die Belehnung mit dem Rittergut Wiesenthau erreichen. Aber auch er konnte die Verschuldung nicht abtragen.

Der 1814 an das Königreich Bayern heimgefallene Besitz wurde an den Freiherrn von Horneck zu Thurn veräußert. Im Besitz dieser Familie blieb es bis 1921. In den 1920er Jahren beherbergte das Schloss ein privates Kinderheim. Während des Zweiten Weltkrieges diente das Schloss als Depot für Kunstschätze aus Nürnberg. Von 1944 bis 1957 erhielten hier Bewohner des zerbombten Heilig-Geist-Spitals aus Nürnberg Unterkunft. Seit den 1970er Jahren verfällt das Schloss und wurde erst zwischen 1985 und 1992 grundlegend saniert. Seither befindet sich das Schloss in Privathand und wird kulturell und als Hotel mit Restaurant und Biergarten genutzt.

D28 Leutenbach

Das Dorf Leutenbach liegt am Südostabhang des Zeugenbergs der Ehrenbürg im Tal des Ehrenbaches, einem 10,9 km langen Bach, der in Kirchehrenbach linksseitig in die Wiesent mündet.

Der Siedlungsname ist erstmals 1112 als *Lvdunbach,* 1114 als *Lyutenbach* belegt. Grundwort ist das mittelhochdeutsche *-bach,* als Bach, als Gewässer. Als Bestimmungswort kommt zum einen das Adjektiv *lût,* als ‚hell tönen, laut' oder ein Personenname in Betracht.

Leutenbach gehörte als bambergisches Pfarrdorf in der Zeit des Alten Reiches zur Verwaltung des Amtes Forchheim. Im Zuge der bayerischen Gemeindegebietsreform wurde 1978 aus den bis dahin selbständigen Gemeinden Dietzhof, Leutenbach, Mittelehrenbach, Oberehrenbach, Ortspitz und Seidmar die heutige Gemeinde Leutenbach gebildet. Die Einwohnerzahl der Gemeinde betrug 2016 1.611.

Eine Bedeutung als Pfarrkirche hatte zunächst die heutige Filialkirche St. Moritz, die isoliert im Tal des Moritzbaches südöstlich der Ortslage liegt. Ihr Chor stammt aus dem 15. Jh., Langhaus und Turm aus der ersten Hälfte des 17. Jh. Die Kirche ist von einem ummauerten Kirchhof umgeben. Zusammen mit einem um 1750 errichteten Wohnhaus wurde die Anlage lange Zeit als Einsiedelei genutzt. Südöstlich davon befindet sich der Burgstein, eine Bergkuppe mit einer Höhe von 503 m ü. NHN, die mit einem 3 m tiefen und 15 m breiten Graben-Wallsystem halbkreisförmig umgeben ist. Zu der Burganlage gibt es keine archivalische Überliefe-

Abb. 142 Blick auf Leutenbach von Südwesten

rung. Jüngere Untersuchungen datieren die Anlage in die zweite Hälfte des 11. Jh. Vermutlich war die Burg Sitz einer Adelsfamilie von Leutenbach, deren Vertreter in Urkunden genannt werden. Die Spur der Familie verliert sich aber seit dem frühen 13. Jh.

Seit 1620 war Leutenbach katholischer Pfarrort und hatte als solcher im Ehrenbachtal eine gewisse Zentralität. Die Pfarrkirche St. Jakobus, gelegen am Nordende des Dorfes, besteht aus einem Chorturm mit Spitzhelm und Eckturmchen aus dem 15. Jh. und einem 1884–1886 im neugotischen Stil von Friedrich Kratzer und Franz Joseph Ritter von Denzinger neu erbauten Langhaus.

Die Flur der heutigen Ortsteile von Leutenbach ist immer noch vom Süßkirschenanbau geprägt. Auf dem Urblatt von 1848 ist die sehr kleinparzellierte Obstbauflur um Leutenbach vor allem an den Talhängen der Ehrenbürg erkennbar. Süßkirschen wurden hier vor allem als Hochstammobst auf Grünland und im Stockfeldbau, d. h. auf Ackerflächen, gezogen. Die Süßkirschen von Leutenbach hatten einen guten Ruf, wie Johann Baptist Roppelt (1801) in seiner Topographie des Hochstifts Bamberg extra erwähnt. Die Agrarstruktur ist auch heute noch kleinbetrieblich strukturiert. 2010 waren von 58 gemeldeten landwirtschaftlichen Betrieben 22 unter 5 ha groß, insgesamt 41 unter 10 ha. Hinter diesen Zahlen verbergen sich viele Obstbaubetriebe, die häufig im Nebenerwerb geführt werden. ▶ Abb. 142

D29 Hundshaupten

Der seltsame Ortsname Hundshaupten bleibt unklar: „Hund" könnte eventuell von *Hunno,* dem Anführer einer militärischen Hundertschaft kommen, während -*haupten* vielleicht den Bergsporn meint, dem die Burg Hundshaupten aufsitzt (ersterwähnt 1369, mehrfach zerstört, u. a. im Bauernkrieg 1525). Von der schwierigen Wasserversorgung zeugen die (inzwischen verfüllten) alten Dorf-Hülen. Seit dem Kauf 1661 bis heute wohnt hier die katholische Linie der aus dem Vogtland gebürtigen Adelsfamilie von Pölnitz, die anderswo in Franken weitere Güter hat. Der Ortsname passt auch gut zu dem wunderbar naturumgebenen Wildpark Hundshaupten, den Freifrau Gudila von Pölnitz 1971 auf steilen Waldgrundstücken ihres hiesigen Besitzes einzurichten begann (40 ha). Die Wege schlängeln sich vorbei an großzügigen Gehegen mit Mangalica-Wildschweinen, Waldeseln, Rot- und Damwild, Wisenten, Elchen, Steinböcken, Luchsen, Wölfen und anderen bewusst nur mitteleuropäischen Tierarten. Vor allem Eltern mit Kindern kommen gern hierher, sodass sich alljährlich ansehnliche Besucherzahlen (2016 über 100.000) errechnen. 1991 vererbte die kinderlose (und zunächst in Göttingen aufgewachsene) Baronin, die lange für die Region bayerische Landtagsabgeordnete und auch sonst Führungsfigur gewesen war, dieses Areal großherzig dem Landkreis Forchheim. Als prominentes Mitglied des Fränkische-Schweiz-Vereins setzte sie sich in diesen nostalgisch denkmalpflegerischen 1970er Jahren außerdem stark für die Wiederauferstehung einer selbst nach modernen Bequemlichkeitsansprüchen gut tragbaren oberfränkischen Frauen- und Männertracht ein.

D30 Egloffstein

Der Ort im Trubachtal liegt in Hanglage und wird von der Burg hoch über dem Talgrund überragt. Die Gemeinde besteht aus 16 Ortsteilen und hat insgesamt 2.054 Einwohner. Von diesem am Fuße der Burg gelegenen Ort ist urkundlich überliefert, dass er 1450 im Ersten Markgrafenkrieg durch Nürnberger Truppen niedergebrannt worden ist. Nürnberger Reisige (Reiter) hatten damals vergeblich die Burg belagert und stattdessen den Ort verwüstet und das Vieh geraubt. Im Dreißigjährigen Krieg ging das Dorf 1632 und 1645 in Flammen auf. Das Patrimonialgericht derer von Egloffstein bestand bis 1848 – dann ging dessen Funktion an das königlich-bayerische Landgericht über. Staatlich anerkannter Luftkurort ist Egloffstein seit 1956. 1959 erfolgte die Erhebung zum Markt. Das Wappen zeigt in Schwarz einen silbernen, rotgezungten, abgeschnittenen Bärenkopf. 1978 wurden im Zuge der Gemeindegebietsreform die Gemeinden Affalterthal, Bieberbach und Hundshaupten in Markt Egloffstein eingegliedert. Der Ortsteil Schweinthal, der zuvor zur Gemeinde Zaunsbach gehörte, wurde ebenfalls zu Egloffstein gelegt. So hat die Gemeinde Egloffstein heute insgesamt 16 Ortsteile.

Die Egloffsteiner Burg liegt auf einer steilen felsigen Bergnase, die nach O vorspringt. ▶ Abb. 143 1180 und 1184 wurde erstmals eine *Egloffsveste* urkundlich erwähnt. Damit ist der Name eines hier früher ansässigen Geschlechtes dokumentiert. Denn er verweist auf einen *Agilolf* oder *Egilolf* oder auch *Hegelof,* der aber im Dunkel der Geschichte verschwunden ist. Um 1180 erscheint ein *Henricus de Hegelofuesten* bzw. *Henricus de Agilufi Lapide* (= Heinrich vom Stein des Agilufs) in den Quellen. Die Freiherren von Egloffstein waren ursprünglich Bamberger Ministeriale.

Die heutige Burg wurde erst 1358 urkundlich genannt: In diesem Jahr stiftete Albrecht II. von Egloffstein mit seinen Brüdern und Vettern eine Kaplanei in der Burgkapelle. Die Burg selbst befand sich damals in Form eines Ganerbensitzes im Besitz der Gesamtfamilie derer von Egloffstein. Dies blieb auch so, nachdem die Burg 1509 zu einem Lehen der Bischöfe von Bamberg geworden war. Zwischen 1482 und 1493 wurde die Burg erheblich umgebaut. Im Landshuter Erbfolgekrieg von 1504 wurde ein Teil der Anlage niedergebrannt, doch später wieder neu errichtet. Im Bauernkrieg 1525 wurde die Burg wiederum heimgesucht und durch Brand beschädigt. Mittels der Entschädigungsgelder konnte die Burg aber wieder notdürftig instandgesetzt werden. 1561 fasste die Reformation Fuß in Egloffstein.

Im Dreißigjährigen Krieg wurde die Burg zusammen mit dem unter ihr liegenden Dorf durch Brand zerstört. Wahrscheinlich blieb nur ein Trümmerhaufen übrig. Der Wiederaufbau, der 1669 abgeschlossen war, fiel kleiner aus als der ursprüngliche Bau. Wesentlich war aber, dass im hinteren Vorhof eine Artilleriestellung mit einem

Abb. 143   Burg Egloffstein

Kanonenturm eingerichtet wurde. Dieser Turm stürzte um 1800 ein. Die Besetzung im Spanischen Erbfolgekrieg 1703 konnte die Burg ohne maßgebliche Beschädigungen überstehen. 1750 wurden die Untere Kemenate und die alte Burgkapelle abgerissen und dafür die jetzige Pfarrkirche nach Plänen des Ansbacher Hofbaumeisters Johann David Steingruber errichtet. 1824 entstand das Treppenhaus, das die Alte und die Neue Kemenate miteinander verband.

D31 Affalterthal

Affalterthal liegt genau am Beginn der Talsenke des Mostvieler Tales, also am Rande des Hochplateaus zwischen Bieberbach und Egloffstein. Die unmittelbare Umgebung von Affalterthal selbst ist heute von vielen Kirschbäumen geprägt. Seit 1. Mai 1978 gehört der Ort zur Gemeinde Egloffstein. Er hat derzeit etwa 450 Einwohner. Der Name des Ortes leitet sich ab von *afaltere,* was so viel wie Anbau von Äpfeln bedeutet. Das seit 1971 gültige Wappen von Affalterthal verweist auf wesentliche Elemente dieses Ortes: Die Farben Schwarz und Silber sind dem Wappen derer von Egloffstein entnommen, während die Farben Rot und Silber an das Hochstift Bamberg erinnern: Die beiden Äpfel schließlich symbolisieren das „Tal, in dem es viele Äpfel gibt".

Das Ortsensemble ist eingerahmt von Wäldern. Hier finden sich noch Wälle und Erdaufschüttungen. Sie verweisen auf Hügelgräber aus der Hallstattzeit. Der Ort wird erstmals im Jahre 1113 mit Otto von Affalter urkundlich erwähnt. 1290 wird er als im Besitz derer von Egloffstein bezeichnet; die hohe Gerichtsbarkeit hingegen lag beim Hochstift Bamberg. Dabei blieb es bis zur Mediatisierung/Säkularisation im Jahre 1803. In den 1970er Jahren zogen zahlreiche Städter in das unweit gelegene Brunnleitenthal und errichten dort Wochenendhäuser. Viele dieser ersten Ansiedlungen sind mittlerweile in Erstwohnsitze umgewandelt.

Ob sich in der Flur Altes Schloss – ca. 750 m nordwestlich des Ortes – ein Adelssitz derer von Egloffstein befand, kann nicht genau geklärt werden, denn die letzten Spuren lassen kaum mehr genauere Details erkennen. Als Erbauer können sowohl die Herren von Egloffstein, als auch ein 1130 urkundlich genannter Otto von Affalter in Frage kommen.

Laut Familienchronik derer von Egloffstein soll es schon 1071 eine herrschaftliche Kapelle in Affalterthal gegeben haben. Vom 13. Jh. an bis zum Ende des Alten Reiches sind die von Egloffstein mit Sicherheit Patronatsherrn. Aus dieser Zeit vermutet man einen Chorturm. Die Kirche selbst wird erst 1375 urkundlich erwähnt. 1544 ist nach der Einführung der Reformation die Kirche zu klein geworden. Man nimmt an, dass zu dieser Zeit die beiden Emporen eingebaut wurden. Nach diversen Schwankungen erklärt im Jahre 1638 Hieronymus von Egloffstein mit gewisser Zufriedenheit, dass er „[…] in seinen Pfarreyen Egloffstein, Cunreuth und Affalterthal nunmehr mit vollem recht lutherische Pfarrer eingesetzt" habe. Besondere Probleme scheint der Kirchturm bereitet zu haben. 1668 wurde er neu gedeckt und repariert, 50 Jahre später wegen Baufälligkeit abgerissen. 1737 und 1774 waren schon wieder umfangreiche Sanierungsarbeiten erforderlich.

In den Jahren 1779 und 1866 schlug der Blitz in dieses höchste Bauwerk des Dorfes und zerstörte es; jedes Mal wird der Turm wieder aufgebaut. Bei der Renovierung 1966 veränderte man den Standort des Abendmahltisches und versetzte ihn in das Kirchenschiff. Der mittelalterliche Chorturm wurde nun neuer Taufort. Die evangelische Pfarrkirche bildet heute den markanten Mittelpunkt des Ortes.

Affalterthal ist einer der zahlreichen Orte, die um die Osterzeit ihren Ortsbrunnen reich mit farbigen Eiern schmücken.

D32 Obertrubach

Im Ort entspringt aus einer Karstquelle die Trubach, die den Ortsnamen gegeben hat. Ursprünglich lag die Quelle bei der Kirche; inzwischen ist sie einige hundert Meter talabwärts fast bis an den Ortsrand gewandert. Die Trubach fließt bei Pretzfeld in die Wiesent. 1972 schloss sich die damalige Gemeinde Wolfsberg mit Untertrubach, Dörfles, Sorg und Hundsdorf der Gemeinde Obertrubach an. Im Zuge der Gebietsreform wurden am 1. Mai 1978 die Gemeinden Bärnfels und am 1. Januar (1979) Geschwand sowie der Ort Haselstauden der aufgelösten Gemeinde Thuisbrunn angeschlossen. Am 1. Mai 1978 wurde der Gemeindeteil Möchs mit seinen mehr als 50 Einwohnern in den Markt Hiltpoltstein ausgegliedert. Die heutige Gemeinde Obertrubach gliedert sich in 16 Ortsteile mit insgesamt 2.204 Einwohnern.

Aus karolingischer Zeit gibt es nur sehr spärliche Nachrichten. 794 tauchen erstmals Ortsnamen wie *Trobach* und *Herzowin* (Herzogwind) auf. Die erste urkundliche Erwähnung von (Ober- bzw. Unter-) Trubach geht auf das Jahr 1007 im Zusammenhang mit der Gründung des Bistums Bamberg zurück. Damals schenkte der Bistumsgründer Kaiser Heinrich II. seiner neuen Gründung den Königshof *Vorchheim* mit allem Zubehör und allen Hörigen – darunter auch *Truobaha*. 1290 verlieht der Bischof von Würzburg Altzehnten an die Herren von Egloffstein. 1303 wurde erstmals eine Burg der Egloffsteiner in Obertrubach erwähnt.

1502 übergaben die Egloffsteiner einen Teil ihrer Besitzungen in Obertrubach an das Bistum Bamberg. Schon im Jahr darauf bekam die Reichsstadt Nürnberg die Ämter Betzenstein und Stierberg zugesprochen. Das bedeutete nun, dass in Obertrubach das Bamberger und das Nürnberger Gebiet aneinandergrenzten – die Grenze bildete die Trubach. Ab 1525 ist diese Grenze zugleich auch eine Konfessionsgrenze, was die Situation nicht gerade erleichtert. Diese Tatsache war im folgenden Jahrhundert die Quelle zahlreicher Grenzprobleme. Erst durch den Silbernen Vertrag trat eine definitive Festlegung des Grenzverlaufes zwischen Obertrubach und Bronn (wo die Grenze in der Schön an das Markgraftum Bayreuth stößt) in Kraft. Trotzdem traten aber auch weiterhin immer weder Zwischenfälle auf. Der Dreißigjährige Krieg bedeutete für Obertrubach immer wieder Not und Unglück. Besonders im Jahre 1632, als die kaiserlichen und schwedischen Truppen

Abb. 144   Fest der Ewigen Anbetung über Obertrubach am 3. Januar

um Nürnberg und Zirndorf lagern, wurde auch Obertrubach – wie die gesamte weitere Region um die Lagerplätze – von marodierenden Soldaten heimgesucht. Der Bevölkerung blieb nichts anderes übrig, als sich im Dickicht der Wälder und in Höhlen zu verstecken. Im gleichen Jahr begann die Pest, die schon erstmals 1628 ausgebrochen war, immer stärker zu wüten, und sie dauerte in den darauffolgenden Jahren an. Zur Zeit Napoleons wurden in der Säkularisation und Mediatisierung die Herrschaftsverhältnisse neu geordnet. Obertrubach fiel nun an das am 1. Januar 1806 begründete Königreich Bayern. In der zweiten Hälfte des 19. Jh. wird mit der Einrichtung der Post der Sprung in die neue Zeit vollzogen. Diese Aktivitäten setzen sich im 20. Jh. fort mit der teilweisen Kanalisation (1912), der Ankunft des elektrischen Stroms (1922) und mit dem Anschluss an die Wasserversorgung der Betzenstein-Gruppe (1924).

Begünstigt durch die zahlreichen Felstürme und Dolomitwände entlang des Trubachtales wurde Obertrubach im 20. Jh. zu einem der Zentren des Klettertourismus in der Fränkischen Schweiz. Hier bestieg Wolfgang Güllich die Amadeus-Schwarzenegger-Route am Richard-Wagner-Felsen, eine der schwierigsten in der gesamten Fränkischen Schweiz (10-). Inzwischen gibt es unweit von Obertrubach auch das Kletterinformationszentrum, in dem vielfältige Informationen rund um das Klettern vermittelt werden.

In seinen Anfängen besteht das Bildungshaus Obertrubach seit 1951, ab 1999 ausgebaut als Arbeitnehmerbildungs- und -begegnungsstätte der Katholischen Kirche mit 107 Betten. Hier verbringen ganzjährig Gruppen Zeit in Fortbildungskursen, was zu einer hohen Übernachtungszahl in der Gemeinde führt (HEID 2002).

Alljährlich am 2./3. Januar findet das Fest der Ewigen Anbetung statt, bei dem – ähnlich wie in Pottenstein und Nankendorf – ein Lichterfest zahlreiche Touristen aus der näheren Umgebung anzieht. ▶ Abb. 144

D33 Kunreuth

Abb. 145   Wasserschloss von Kunreuth

Das idyllische, von historischem Fachwerk geprägte Dorf im nördlichen Vorland des Hetzleser Berges entstand als Rodungssiedlung des hohen Mittelalters. 1120 wurde der Zehnt der Siedlung *Chunenreuth* von Bischof Otto I. von Bamberg dem neu gegründeten Aegidienspital zu Bamberg geschenkt. Ab Mitte des 14. Jh. wurde Kunreuth zum ritterschaftlichen Herrschaftssitz der Herren von Egloffstein ausgebaut. Bis heute zeugt die eindrucksvolle Wasserburg von der Präsenz des Adelsgeschlechts im Ort. ▶ Abb. 145 Die evangelisch-lutherische Lukaskirche wurde 1426 geweiht. Neben den Resten einer spätgotischen Freskenausmalung ist der Innenraum barock ausgestaltet, ebenso die Sandsteinfassade und der prägende Zwiebelturm.

Katastrophal war die Zerstörung Kunreuths im Jahre 1553 durch den Markgrafen

Albrecht Alcibiades von Brandenburg-Kulmbach: Dorf und Schloss wurden geplündert und niedergebrannt, die Verteidiger, 39 Bauern samt Pfarrer und einigen Knaben, im Baumgarten neben dem Schloss erhängt. Im 18. Jh. war Kunreuth zeitweise ein wichtiger Ort der fränkischen Reichsritterschaft. Carl Maximilian von und zu Egloffstein, seit 1721 Ritterhauptmann des Ritterkantons Gebürg, verlegte die Kanzlei des Kantons für einige Jahre nach Kunreuth. Das barocke Kanzleigebäude dient heute als Rathaus und Gemeindezentrum. Es ist das Geburtshaus von Friedrich von Müller (1779–1849), großherzoglich-sächsischer Kanzler in Weimar sowie einer der engsten Vertrauten und Testamentsvollstrecker Johann Wolfgang von Goethes. Besonders ab dem Dreißigjährigen Krieg spielte die Ansiedlung jüdischer Bevölkerung durch den reichsritterschaftlichen Landesherren eine wichtige Rolle. Über die Jahrhunderte entwickelte sich eine stattliche jüdische Kultusgemeinde, die bis ins ausgehende 19. Jh. Bestand hatte.

Seit der zweiten Hälfte des 20. Jh. konnte Kunreuth einerseits von der räumlichen Nähe zu den Zentren des Verdichtungsraums Nürnberg/Fürth/Erlangen profitieren, andererseits von seiner landschaftlich reizvollen Lage als Wohnstandort am Südwestrand der Fränkischen Schweiz. Diese attraktive Situation, verbunden mit einer guten Grundversorgung vor Ort (Lebensmitteleinzelhandel, Allgemeinärzte, Zahnarzt, Apotheke, Banken, Gastronomie), hatte ein moderates, aber kontinuierliches Siedlungs- und Bevölkerungswachstum zur Folge (ULM 2008).

D34 Weingarts

Den schönsten Blick auf das Dorf Weingarts hat man vom Albrandhotel Hötzelein in Regensberg her. Während die Schatthänge dicht bewaldet zur Jura-Schichtstufe hochziehen, ist die westexponierte Hügelzone davor fast flächig besetzt mit Obstbäumen, vornehmlich Kirschen – alles wunderbar weiß, wenn im Frühjahr Blütezeit ist und deswegen noch mehr Ausflügler als sonst die Gegend besuchen. ▶ Abb. 146 Man sieht Mischbestände über Ackerfluren und so genannte Streuobstwiesen, bei Neupflanzungen, die überalterte Bestände ersetzen, auch reine Halbstammkulturen, die u. a. das Pflücken erleichtern und gegen Mundraub oder Wildverbiss oft auch umzäunt werden. Wer sich agrargeschichtlich etwas auskennt, weiß, dass früher bis Ostfranken Weinbau betrieben wurde, Bewirtschafter klimamarginaler Gebiete im 19. und frühen 20. Jh. aber die alten und z. T. kränkelnden Rebstöcke rodeten und durch vorteilhafte Nachfolgekulturen ersetzten, eben v. a. Obstbäume. So geschah es auch im Forchheimer Hinterland. Der Ortsname Weingarts scheint genau auf diesen Wandel hinzuweisen, tut es aber dennoch nicht; denn im Volksmund sagt man bis heute anders, nämlich *Meingisch,* das von einem u. a. 1243 bezeugten Personengenitiv *Meingers* herrührte. Wie es zu diesem Tausch kam, ist unklar. Werbewirksam darf sich das Forchheimer Albvorland heute

Abb. 146   Blick von Regensberg auf Weingarts zur Kirschblüte

nach statistischen Zahlen sogar „größtes zusammenhängendes Kirschenbaugebiet Mitteleuropas" überhaupt nennen. Administrativ wurde der mehrheitlich katholische Ort (lange der 1707 erloschenen bambergischen Burgherrschaft Regensberg zugehörig; noch existent deren Kapelle mit rebstockartigem Nothelferaltar 1716), das sonst nur normal ist, 1978 dem evangelischen Nachbardorf Kunreuth zugeschlagen.

D35 Thuisbrunn

Das Hochflächendorf Thuisbrunn (525 Einwohner) kennt man durch einen dort markant aufragenden großen Dolomitfelsen, der bis heute Ruinenteile einer im Zweiten Markgrafenkrieg 1553 zerstörten Burg trägt, sowie durch gutes Bier bzw. Edelbrände aus der örtlichen Elchbräu oder der Brauerei Hofmann im benachbarten Hohenschwärz, beide seit 1978 Gemeindeteile Gräfenbergs. Ersterwähnt ist *Thuisbrunn* 1007 als *Tuosibrunno*; der darin benannte ‚tosende Brunnen' meinte wohl eine starke Karstquelle. Bevor das Dorf 1803 bayerisch wurde, gehörte es ab 1403 den Kulmbacher Markgrafen und wurde so in der Reformation evangelisch. Aber erst 1857 ersetzte ein Kirchenneubau die längst ungenügende Burgkapelle. Man weiß durch die Jahre auch viel von Missernten durch Frost, Hagel, Dürren, Dauerregen, dazu Feuersnöten, die immer wieder das Ortsbild veränderten und im 19. Jh. nicht wenige nach Amerika auswandern ließen.

D36 Hiltpoltstein

Abb. 147   Der Hauptort von Hiltpoltstein mit der Burg (rechts) und der Pfarrkirche St. Matthäus (links)

Der Markt liegt am Fuß mehrerer Dolomitkuppen auf der Albhochfläche, rund 25 km nordöstlich von Nürnberg. Er erstreckt sich auf einer Fläche von 2.562 ha und umfasst zwölf Ortsteile mit insgesamt 1.527 Einwohnern; im Hauptort wohnen 771 Einwohner. Das Gemeindegebiet ist ein Ergebnis der Gebietsreform und besteht in jetziger Form seit 1978; Hiltpoltstein gehört zur Verwaltungsgemeinschaft Gräfenberg.

Mit einer Höhenlage zwischen 484 und 515 m ü. NHN gehört Hiltpoltstein zu den höchstgelegenen Dörfern im Landkreis Forchheim. ▶ Abb. 147 Der Altort wird von einigen exponierten Schwammriffen überragt. Der höchste dieser Dolomitfelsen ist das Naturdenkmal Silberecke mit 602 m ü. NHN am Nordostrand der Siedlung. Zwischen Hiltpoltstein und Kappel dominieren Alblehme; dies gilt auch für Kemmathen und die anschließende Hochfläche. Östlich des Hauptortes gibt es noch Reste aus der Oberkreide, v. a. in Gestalt von Kallmünzern; hierbei handelt es sich um Findlinge aus verkieseltem Sandstein. Auf dem Gemeindegebiet gibt es eine Reihe von archäologischen Fundplätzen. Die ältesten Fundobjekte sind mesolithische Hornsteinklingen bei Erlastruth (südlich des Hauptortes), die etwa auf 6500 v. Chr. datiert werden können.

Die Herren von Hiltpoltstein-Rothenberg stellten als Ministerialen im Heiligen

Römischen Reich den Burgvogt. Seit 1198 stand die Burg Hiltpoltstein unter Lehensherrschaft der Staufer, die 1205 dem Kloster Weißenohe die Vogtwahl überließen. Der Leitname *Hiltpold* blieb während der ganzen staufischen Zeit erhalten. Vom letzten Staufer Konradin gingen die Lehens- und Erbgüter im Nordgau 1268 an den bayerischen Herzog Ludwig den Strengen. Als Kaiser Ludwig der Bayer 1329 im Hausvertrag von Pavia das Wittelsbacher Gut mit den Erben seines Bruders teilte, fiel die Burg Hiltpoltstein an die Kurpfalz. Pfalzgraf Ruprecht verkaufte sie mit anderen Orten im Rahmen des so genannten Hagenauer Kaufvertrages vom 29. Oktober 1353 an den böhmischen König und späteren römisch-deutschen Kaiser Karl IV. Noch in böhmischer Zeit geriet der Ort mehr und mehr in die Interessensphäre der Reichsstadt Nürnberg. Zunächst gelangte die Familie der Valzner, die später in das reichsstädtische Patriziat aufgenommen wurde, in dessen Besitz und 1408 durch die Heirat zwischen Regina Valzner und Friedrich von Seckendorff in den Pfandbesitz der Familie des jungen Ehemannes. Am 21. September 1417 erhielt Friedrichs Vater und Hofmeister des Burggrafen von Nürnberg das Marktrecht für das Dorf *zum Hipoltzstein* und das Privileg zur Befestigung. Von den damals erbauten zwei Toren im O und W ist heute nur mehr das östliche, 1527 zu einem Wächterhaus ausgebaute Obere Tor erhalten. Dennoch blieb Hiltpoltstein böhmisches Lehen, und erst im Jahre 1624 übertrug Kaiser Ferdinand II. den Pfandbesitz über Markt und Burg Hiltpoltstein der Reichsstadt Nürnberg. 1806 wurde Hiltpoltstein im Zuge der Mediatisierung durch die Rheinbundakte dem Königsreich Bayern angegliedert.

Die Burg Hiltpoltstein wurde im Jahr 1109 als *Hiltboldesdorf cum castro* als Besitz des Klosters Weißenohe erstmals urkundlich erwähnt. Über die Kurpfalz kam die Burg an das Königreich Böhmen und wurde eine der nordwestlichen Exklaven des als Neuböhmen bezeichneten Territoriums. In böhmischer Zeit entstand auf der Burg ein Pflegamt mit Hochgericht. Karls Sohn und Nachfolger verpfändete die Burg 1397 an die böhmischen Unternehmer Herdegen und Peter Valzner, die bald darauf in den Nürnberger Patrizierstand aufgenommen wurden.

In Voraussicht bayerisch-pfälzischer Erbstreitigkeiten löste Puta von Schwihau, höchster Richter des Königsreichs Böhmen, im Jahre 1503 mit Zustimmung seines Königs die Burg für 3.600 Gulden von den Seckendorffs aus und verhandelte mit der Reichsstadt Nürnberg, das an der Arrondierung seines Landgebietes interessiert war. Noch im selben Jahr kam der Verkauf zustande und die Reichsstadt Nürnberg richtete auf der Burg ein Pflegamt ein. Nach fast genau 300 Jahren endete für Hiltpoltstein die reichsstädtische Zeit – das Pflegamt wurde zusammen mit dem Pflegamt Betzenstein Teil des Königreiches Bayern. Mit der Bildung von Landgerichten im neuen Königreich wurden die Pflegeämter abgelöst. Ab 1818 war die Burg Hiltpoltstein somit nicht mehr Amtssitz. Der Staat verkaufte die nunmehr verwaiste Oberburg an Privatpersonen. Hierdurch verwahrloste das Anwesen. Allerdings verhinderte König Ludwig I. im Jahre 1841 den vorgesehenen Abriss der baufälligen Burg. Nach der Rückführung in königlich-bayerischen Besitz wurde sie 1843 saniert und Sitz der lokalen Forstverwaltung. Seit 1966 befindet sich die Burg wieder in wechselndem Privatbesitz.

Nach der Einführung der Reformation (zusammen mit der Reichsstadt Nürnberg im Jahre 1525) wurde zwischen 1617 und 1626 über den Fundamenten einer Kapelle eine Saalkirche mit Satteldach errichtet, die Pfarrkirche St. Matthäus. Da die Kirche im Dreißigjährigen Krieg stark in Mitleidenschaft gezogen wurde, musste sie zwischen 1644 und 1651 grundlegend wiederhergestellt werden. Der Turm wurde 1680 errichtet, die Zwiebelhaube erhielt er allerdings erst 1754. Zwischen 1699 und 1706 wurde das Langhaus der Kirche erhöht und 1754 nach S erweitert.

D37 Ermreuth

Signum des Kleinlandwirte- und Pendlerdorfes Ermreuth blieb über viele Besitzerwechsel hinweg (von Egloffstein, Muffel, von Stiebar, von Wildenstein, 1632–1858 von Künßberg) das bis 1806 der reichsfreien Ritterschaft zu Franken inkorporierte Schlossgut (erbaut um 1600), das interessante, auch allgemeine ethnisch-politische Verwerfungen verschiedener Zeiten aufscheinen lässt: Seit 1978 gehört(e) es dem Gründer der ca. 400 Mann starken „Wehrsportgruppe Hoffmann", die dort auch Waffen lagerte und 1980 als gefährlich rechtsextrem verboten wurde. Zuvor war es ab 1945 Flüchtlingsheim. 1935 und in den Jahren danach diente es als Gauführerschule der NSDAP, oft auch besucht von Julius Streicher, dem Gauleiter in Franken, und von Erich Ludendorff, zuvor im Ersten Weltkrieg zweiter Mann der Obersten Heeresleitung. Bürgermeister war damals Johann Oßmann, der als überzeugter Nationalsozialist galt. Sein Name verweist vermutlich auf die Türkenkriege, als ein Künßberg von dort drei Gefangene mitbrachte und 1691 in seiner gotischen Kirche evangelisch taufen ließ. Einer dieser Männer hieß Mustaph, nach der Taufe Georg Stephan. Am stärksten aber beeinflusste den Ort, dass schon ab 1500 die Schlossherrschaft, weil es finanziell nützte, auch Juden aufgenommen hatte. 1811 zählte man 44 Judenfamilien; 1840 waren von gesamt 600 Einwohnern 220 jüdisch, beruflich z. B. Metzger, Hopfenhändler, Hausierer mit Blechgeschirr (so genannte Schepperjuden) oder Textilien. Und selbst noch in den Terrorjahren ab 1933 verhielten sich viele christliche Ermreuther rühmenswert solidarisch zu ihren jüdischen Nachbarn. Sechs der letzten 21 Familien konnten noch fliehen, die anderen wurden 1942 deportiert. Zurück blieben nur der seinerzeit arg geschändete Judenfriedhof, begonnen 1711, die Synagoge (Neubau 1822), die ihre Lage mitten im Ort vor Brandstiftung schützte, und gleich dabei das große Wohn-/Geschäftshaus der Stoffhändler Schwarzhaupt (1794), das soeben privat saniert wird. Respekt verdient es, wie sehr sich die zuständige Gemeinde Neunkirchen schon seit 1989 engagiert, die ehemalige Synagoge jetzt als Museum und Begegnungsstätte offen zu halten.

Baumriesen mit historischer und symbolischer Bedeutung

In der Fränkischen Schweiz gibt es zahlreiche alte und stattliche Bäume, meist Linden und meist in der Dorfmitte stehend, die nicht nur hinsichtlich ihrer äußeren Erscheinung beeindrucken, sondern die auch in historischer, kultureller und symbolischer Weise eine hervorstechende Funktion besaßen. Einige von ihnen sind noch immer „in Funktion", so z. B. die Tanzlinde von Limmersdorf. Die wechselvolle Geschichte von 20 bemerkenswerten Baumriesen in diesem Landstrich wird hier erzählt. ■ lid-online.de / 81115

Baumriesen

D38 Walkersbrunn

Das sonst eher unauffällige Dorf Walkersbrunn, das eine Straßengabel im obersten Drittel des Albanstiegs säumt, verdient zum einen durch seine frühe Erwähnung Aufmerksamkeit: Unter dem Namen *Uualtgeresbrunnun* (Waltersbrunnen) taucht es früh schon 1021 auf als Schenkung Kaiser Heinrich II. für sein neu gegründetes Bistum Bamberg (1007) im so genannten Nordgau. Zum anderen ist es auf der Hochfläche die am Eingang des zugehörigen Ortsteils Kasberg stehende alte Linde, die man auf eher 600 als legendär 1.000 Jahre schätzt. Brüchig geworden und seit 1913 balkengestützt, droht sie bald endgültig einzustürzen (Stammumfang 2009 noch 8 m, Krone 16 m). Doch wächst daneben bereits Ersatz heran. Funktional wird sie als ehemalige Gerichtslinde gedeutet: Im Mittelalter habe der zuständige Landrichter von Auerbach hier von Zeit zu Zeit anstehende Streitfälle abgeurteilt. Auch als Tanzlinde habe sie gedient. In anderen Versionen heißt sie zudem nach ihrer angeblichen Stifterin (Kaiserin-)Kunigundenlinde bzw. nach einem Kriegsereignis 1798 Franzosenlinde. Seit 1976 sind Walkersbrunn und Kasberg, beider Einwohner sind heute zumeist Arbeitspendler, zur Stadt Gräfenberg eingemeindet.

D39 Gräfenberg

Das Städtchen gilt als das südliche Eingangstor zur Fränkischen Schweiz. Es liegt mit seinen Ortsteilen teilweise am Fuß der Schichtstufe, die den Geländeanstieg vom flachwelligen Albvorland zur Hochfläche und den Dolomitkuppen und Felsen des Weißen Jura markiert, teilweise zieht es sich (wie der Hauptort) den Hang des Gebirgsrandes (Albtrauf) hinauf. ▶ Abb. 148 Das Ortsgebiet weist erhebliche Höhenunterschiede zwischen 400 und 550 m ü. NHN auf. Die Kalkach durchfließt die Westseite der Altstadt und mündet weiter südlich in die Schwabach. Das reichlich vorhandene Wasser aus Quellen, die die Kalkach speisen, dürfte mit ein Grund für die dauerhafte Siedlung von Menschen gewesen sein.

Das heutige Rathaus, der Sitz der Verwaltungsgemeinschaft Gräfenberg zusammen mit den selbständigen Gemeinden Hiltpoltstein und Weißenohe, war früher das Schloss der Patrizierfamilie Haller. Der weitläufige Garten um dieses Schloss wurde zu Beginn des 20. Jh. zugunsten des Gesteinsabbaus aufgelöst. Die Stadt liegt heute im Landkreis Forchheim und hat 15 Stadtteile mit 4.071 Einwohnern. Gräfenberg ist durch eine Stichbahn mit dem Ostbahnhof von Nürnberg verbunden.

Gräfenberg wurde erstmals 1172 urkundlich erwähnt. Der mittelhochdeutsche Dichter *Wirnt von Grafenberc* stammt wohl von hier. Sein Stammsitz dürfte an der Westseite der Altstadt über dem Bacheinschnitt der Kalkach gelegen haben. Als sich dieses Ministerialengeschlecht, das sich wie die Siedlung nannte (allerdings in unterschiedlicher Schreibweise: *Gravenberc, von Grefenberg* usw.), in den Bürgerstand der nahen freien Reichsstadt Nürnberg begab, gelangte die Grundherrschaft durch Heirat an die Patrizierfamilie der Haller. Die Familie Haller hatte seit 1333 die Herrschaft im Ort inne – zugleich erhielt Gräfenberg das Marktrecht. 1371 verlieh Kaiser Karl IV. dem Ort Gräfenberg die Stadtrechte. Vier Tore und große Teile der südlichen und westlichen Stadtmauer schützen die Keimzelle – etwa 50 Anwesen – der Bürgersiedlung um die Pfarrkirche.

Im 16. Jh. erwarb die Reichsstadt Nürnberg Zug um Zug die Stadt. An der Kirche

Abb. 148 Gräfenberg liegt in einem Kerbtal im Bereich des Albanstiegs. In der Mitte des Bildes ist die historische Altstadt zu erkennen; im Vordergrund sieht man die Bahnlinie, die hier in Gräfenberg endet, und die nach Nürnberg-Nordostbahnhof führt.

errichtete die Reichsstadt 1537 den Verwaltungssitz für das nähere Umland, das Pflegamt; im Hofe des Amtes befand sich der Schlossbrunnen, der den Pflegern nebst Personal und Vieh vorbehalten war. Die jeweiligen Pfleger kamen in der Folgezeit aus namhaften Nürnberger Patrizierfamilien – z. B. der von Haller, Geuder, Löffelholz, Imhof, Behaim oder Kreß. Mit der Reichsstadt Nürnberg zusammen wurde in Gräfenberg 1525 – als einer der ersten Städte in Deutschland – die Reformation eingeführt. Letzter katholischer und erster evangelischer Pfarrer ist Johann Dorn, der von 1528 bis 1542 im Amt war.

1567 vernichtete ein großer Stadtbrand alle Häuser – samt Kirche mit allen Kirchenbüchern und Registern – innerhalb der Stadtmauern. 1689 wurde das historische Rathaus am Marktplatz errichtet; Baumeister war Conrad Kramer. Der Sitz des Stadtrates war aber ursprünglich im Rathaus in der Mitte des Marktplatzes; hier befand sich auch der Marktbrunnen, der die Haushalte der Bürger zu versorgen hatte. Dieses Rathaus wurde 1870 abgerissen.

Seit dem 17. Jh. brauten die berechtigten Bürger ihr eigenes Bier. Das Braurecht vergaben die Grundherren; allerdings war es nicht billig zu haben. So musste z. B. der Erbauer des Hauses Bahnhofstraße 18 im Jahre 1648 für den Grund, auf dem das Anwesen liegt, 30 Gulden, aber für das Braurecht immerhin 50 Gulden bezahlen. Auch der Bierpreis wurde stets obrigkeitlich festgesetzt. Über Jahrhunderte bewegte er sich zwischen sechs und zwölf Pfennig pro Maß (das entspricht etwa dem Stundenlohn eines Maurers).

Infolge der Mediatisierung verlor die Reichsstadt Nürnberg ihre Reichsunmittelbarkeit und so kam Gräfenberg 1806 an das neue Königreich Bayern. Während des Deutschen Bruderkrieges war es am 30. und 31. Juli 1866 Hauptquartier der gegen Nürnberg vorrückenden Preußen. Im früheren Hotel Post wurden die Bedingungen für einen späteren Waffenstillstand ausgehandelt.

Eine Entwicklungsachse, von Nürnberg ausgehend entlang der B 2 und der 1866 nach Erlangen (die so genannte Seku), und 1908 nach Nürnberg-NO eröffneten Gräfenberg-Bahn hielt die Anbindung an die ehemalige Reichsstadt aufrecht. Erst 1934 fasste die Stadt die zuvor gekaufte Sperberquelle an der Egloffsteiner Straße, errichtet dort ein Pumpwerk und ließ dank des bereits 1921 erfolgten Anschlusses an die allgemeine Stromversorgung mit einer elektrischen Pumpe den am Schießberg angelegten

Hochbehälter füllen. Seitdem verfügen nun alle Haushalte über Wasser in ausreichendem Druck.

Die älteste Kirche des Ortes stand als Michaelskapelle auf dem Michaelsberg auf der Anhöhe östlich der Altstadt. Diese Kirche war schon in der Reformationszeit z. T. verfallen – nur ein Turm stand noch. Seit 1890 steht auf dem Michaelsberg ein kleiner Aussichtsturm und ein Ehrenmal für die Gefallenen der Stadt.

Die Stadtkirche von Gräfenberg, die Dreieinigkeitskirche, war ursprünglich dem Hl. Nikolaus geweiht. Ihre Ursprünge stammen aus Mitte des 13. Jh. Bei den Stadtbränden 1388, 1448, 1552, 1567 und 1632 wurde sie ganz oder z. T. ein Raub der Flammen. In der heutigen Kirche sind verschiedene Baustile vereinigt: Der Turm ist romanisch, der Chor gotisch, das Kirchenschiff barock.

Der große Umbau erfolgte in den Jahren 1699–1702. 1701 wurde der alte Altar eingelegt und durch den neuen, von dem Pfleger Jacob Gottfried Scheurl aus der reichen Nürnberger Patrizier-Familie Scheurl von Defersdorf gestifteten, ersetzt.

Die Gestaltung dieses neuen Altars wird von Hans ACKERMANN (1973, S. 182) so beschrieben: „Hinter der steinernen mensa erhebt sich ein barockes Gebäu mit gedrechselten Säulen, die mit reich vergoldetem Blattwerk verziert sind. Der Altar endet in barocken Muscheln, von denen 2 Halbbögen ausgehen. Er wird gekrönt von einem Medaillon, das von einem Strahlenkranz umgeben ist. […] Auch ist er mit dem Scheuerlschen Wappen verziert. Die Namen sämtlicher in Nürnberg wohnender männlichen Angehörigen der von Scheuerlschen Familie […] besagen, daß alle mit der Stiftung einverstanden waren." In der Folgezeit waren immer wieder mehr oder weniger umfangreiche Renovierungen der Kirche in Gräfenberg erforderlich.

Oberhalb der Stadt werden in zwei Kalkschotterwerken, ab 1930 im Steinbruch Endress, ab 1953 im Steinbruch Bärnreuther + Deuerlein, überwiegend Schotter und Splitt abgebaut. Diese Steinbrüche werden einerseits kritisch gesehen, da sie landschaftsdegradierend sind; andererseits sind sie Produktionsstäten, die auch Arbeitsplätze bereitstellen.

Gräfenberg besitzt eine Altstadt, die noch sehr gut baulich erhalten ist und ein mittelalterliches Ambiente vermittelt, eine Dimension, die auch touristisch noch stärker als bisher genutzt werden könnte. Vor allem für Ausflügler aus dem Nürnberger Raum ist Gräfenberg, nicht zuletzt dank seiner Bahnverbindung des VGN, beliebter Ausgangspunkt für Wanderungen. Ein besonders stark nachgefragtes aber zugleich sehr umstrittenes Angebot ist die Ausweisung des Fünf-Seidla-Steiges (ein Seidla ist ein halber Liter Bier) von Gräfenberg nach Thuisbrunn und zurück, der an fünf Brauereien vorbeiführt. Der VGN macht sehr viel Werbung für dieses Angebot und bietet die An- und Abfahrt ab/nach Nürnberg mit dem Zug an. Konflikte um dieses Projekt herum sind natürlich nicht ausgeblieben, geht es doch etwas zu sehr um die Aufforderung zum Alkoholgenuss.

Der Bahnanschluss an Nürnberg hat auch Gräfenbergs Attraktivität als Wohnort für Personen, die im Ballungsraum Nürnberg arbeiten, erhöht, bildet doch die Bahnverbindung eine Art S-Bahn-Linie. Derart verlegen zahlreiche Personen ihren Wohnsitz nach Gräfenberg und pendeln mit der Bahn nach Nürnberg.

D40 Weißenohe

Gelegen an der B 2 wird die Siedlung Weißenohe, deren jüngste Spitzen sich fingerförmig schon fast bis zur Albkante hochtasten (2016 knapp 1.000 Einwohner), noch immer voll dominiert von dem post 1053 am Hangfuß gegründeten ehemaligen

Benediktinerkloster, das im Hin und Her wittelsbachisch-pfälzischer Konfessionspolitik von 1556 bis 1661 schon einmal Pause hatte und 1802 endgültig säkularisiert wurde. Im Zentrum steht die Barockkirche von 1690 bzw. 1707, die wohl auch Quirin Asam mit ausstattete. Die Gesamtanlage entstand nach Plänen Wolfgang Dientzenhofers 1692 zunächst als Geviert, dessen Süd- und Ostflügel aber im 19. Jh. durch Brand verloren gingen; manchen Quader hat man im Ort weiterverwendet. Den verbliebenen langen Westtrakt wird nach desolatem Leerstand künftig die Singakademie des Fränkischen Sängerbundes e. V. beziehen, u. a. zur Nachwuchsschulung. Drittes Glied schließlich ist die mittelgroße Klosterbrauerei, seit 1827 in Familienbesitz, die sich mit zwölf verschiedenen Biersorten, so z. B. Classic Bioland, Barrique Klostersud, Bonator Doppelbock oder green monkey (Stand 2017) betont experimentierfreudig gibt, während das Biergartenlokal im Klosterhof im Internet bisweilen kritisiert wird. Darüber hinaus zeigt der Ort nur ein kleines Gewerbegebiet am Bahnhof; man kann von hier schließlich leicht nach Nürnberg pendeln.

D41 Igensdorf

1109 wird der Ort als *Diedungsdorf* erwähnt. Die evangelisch-lutherische St. Georgskirche wurde 1687 erbaut. Heute gibt es noch einige Läden, Gasthäuser und Fachwerkgebäude. Die dynamisch gewachsene Gesamtgemeinde ist seit 1980 von ca. 1.800 auf jetzt 4.750 Einwohner (2016) angewachsen. Die Baulandpreise sind mittlerweile relativ hoch.

Durch seine Markthalle und viel morgendlichen Verkehr, wenn im Frühsommer von nah und fern Bauern ihre Steinobsternten antransportieren, bekam Igensdorf, das als Gemeinde 25 Ortsteile hat, in besonderer Weise eine Mittelpunktsfunktion in der Region. Der alten Fernhandelsstraße Nürnberg-Bayreuth folgend (B 2) war Igensdorf an den Nebenstrecken Erlangen-Gräfen-

Abb. 149 Blick auf Igensdorf in Richtung Norden

berg bzw. Nürnberg-Eschenau schon 1886 bzw. 1908 auch Eisenbahnstation geworden, sodass die Obstbauern fortan ihr Pflückgut nicht mehr mit Handkarren direkt zu den Konsumenten in den nahen Städten bringen mussten. Die 1930 genossenschaftlich erbaute Versteigerungshalle (Forchheimer Str. 4a), die 1980 modernisiert und 1984 um ein Kühlhaus sowie Verpackungsanlagen ergänzt wurde, verbesserte ihre Lage weiter. Noch immer rund 1.000 aktive Erzeuger (Mitgliederzahl 1930: 2.287), meist Nebenerwerbslandwirte, gehören heute dieser Absatz- und Verwertungsgenossenschaft für Obst und Gemüse an. Vom Seenland an der Altmühl über die Hersbrucker Alb bis zur Fränkischen Schweiz reicht das Einzugsgebiet, von wo täglich Ware über lokale Sammelstellen nach Igensdorf gelangt. Mengenmäßig erbringen zusammen 1.461 ha Anbaufläche (davon 791 ha intensiv) pro Jahr 2.500–3.000 t Süßkirschen, 2.000–3.000 t fränkische Hauszwetschgen und 20 t rote Johannisbeeren. Für Süßkirschen ist Igensdorf sogar der größte Umschlagplatz im gesamten EU-Raum. ▶ Abb. 149

D42 Kirchrüsselbach

Perlschnurartig fährt man im Rüsselbachtal über die Filialdörfer Unter-, Mittel- und Oberrüsselbach hoch zur Urpfarrei Kirchrüsselbach, die steil am Albtrauf hängt. Von deren Wehrkirche St. Jakobus her (erstbezeugt 1010, als Eichstätts Bischof sie an Bamberg übertrug) wurde einst der ganze obere Schwabachgrund bis Walkersbrunn und Igensdorf christianisiert. Fresken im Chor datieren noch vor 1200. 1503 an die Reichsstadt Nürnberg verkauft – daher auch Patrizierwappen der Ebner, Zollner, Harsdorfer, Haller und Pfinzing im 1776–1779 erneuerten Langhaus – wurde der Ort 1524 lutherisch. Er ist klein; von derzeit 152 Einwohnern arbeiten die meisten als Pendler auswärts, dazu aber auch noch als Nebenerwerbslandwirte. Trotzdem gibt es reges Vereinsleben (Männergesangverein gegr. 1867, Freiwillige Feuerwehr 1897, Kriegerverein 1919, Posaunenchor 1927, Frauensingkreis 1971, Schützenverein 1973, Sportverein 1978, Dorfverschönerungsverein 1980), leider aber keine Gastronomie mehr, seit der Aussichtsgasthof Koppenwirt kürzlich familienbedingt schloss. Geblieben sind herrliche Blicke nach W ins tiefere Albvorland und schöne Wanderstrecken zwischen Kirschbaumfluren (und einem Solarpark) auf der Hochfläche. 1790 begonnener Hopfenbau verschwand wieder.

D43 Tal der Wiesent

Als längster Fluss in der Fränkischen Schweiz entspringt die Wiesent an einer Karstquelle in Steinfeld in der nördlichen Fränkischen Schweiz und mündet nach 78 km bei Forchheim in die Regnitz. In ihrem Lauf folgt die Wiesent der NW–SO streichenden Achse der Frankenalbmulde und biegt bei Behringersmühle in einer unerwarteten Kurve fast 180° wieder nach NW. Der überwiegende Teil des Flusslaufs wirkt als Vorfluter für den Karstaquifer des oberen Malm (tiefer Karst). Ab Muggendorf liegt das Wiesenttal bereits in Schichten des mittleren Dogger, wo die Bedingungen des seichten Karsts gelten und ein Zustrom aus Quellen in den Sandsteinen des Dogger hinzukommt. In seinem Verlauf ändert sich der landschaftliche Charakter des Tales mehrfach. ▶ Abb. 150

Im Bereich nach der Quelle bei Steinfeld ist die Talmorphologie zunächst vergleichsweise sanft, erst ab Hopfenmühle werden die Talhänge zunehmend steiler. Im Ab-

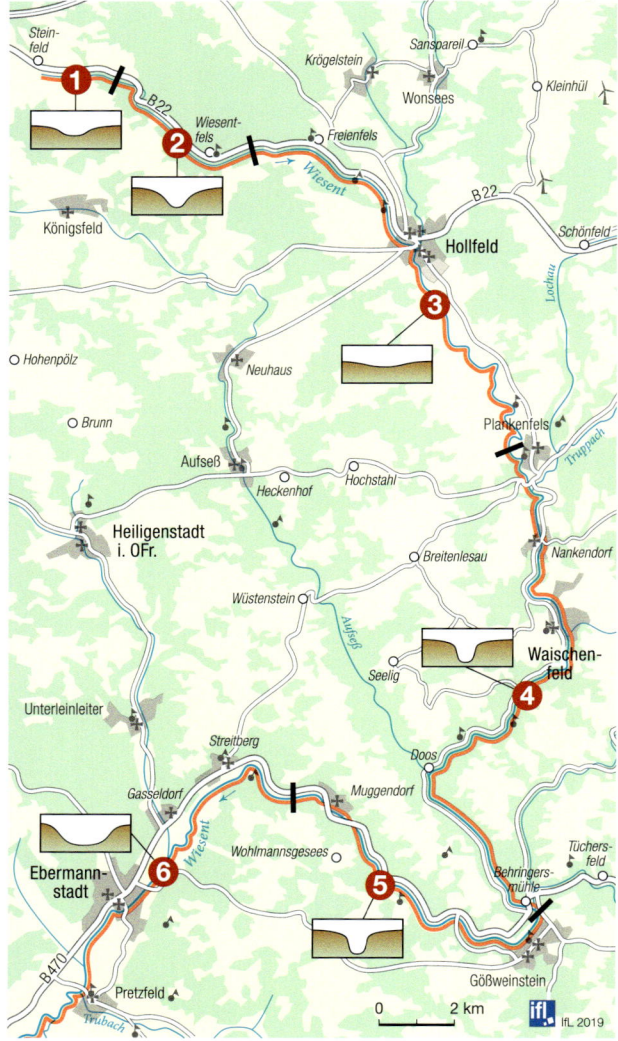

① *nach der Quelle:* sanfter, flacher Talverlauf

② *Hopfenmühle bis Wiesentfels:* enges, teilweise canyonartiges Tal

③ *Loch bis Plankenfels:* weites Tal mit flachen Talhängen

④ *Plankenfels bis Behringersmühle:* steile Talhänge mit starker Eintiefung, teilweise canyonartige Abschnitte

⑤ *Behringersmühle bis Muggendorf:* nach 180°-Richtungsänderung erneut steile Talhänge, der „seichte Karst" macht sich bemerkbar

⑥ *Muggendorf bis Pretzfeld (und weiter flussabwärts):* zunehmende Weitung des Tales, Abflachung der Talhänge, Talboden wird breiter und flacher

Abb. 150 Charakteristik des Tals der Wiesent im Längsverlauf

schnitt von der Einmündung des Trockentals des Paradiestales bis Wiesentfels wird das Tal eng mit teilweise canyonartigen Bereichen. Mit zunehmender Annäherung an die Hollfelder Mulde verschwindet dieser Eindruck. Ab Loch weitet sich das Tal und die Talhänge werden flacher. In Hollfeld mündet die Kainach in die Wiesent, die im darauf folgenden Talbereich bis Wadendorf in einem betont breiten Tal mit flachen Talhängen fließt. Der Abschnitt von Plankenfels über Waischenfeld bis Behringersmühle ist gekennzeichnet von zunehmend steilen Talhängen und zunehmender Eintiefung, die im Bereich der Stempfermühle wieder zu canyonartigen Abschnitten führt. Dies wird auch durch den Zufluss der Aufseß bewirkt, die bei Doos in die Wiesent mündet und die Wasserführung deutlich erhöht. Ab Behringersmühle macht sich die Nähe zum seichten Karst bemerkbar, der ab Muggendorf mit einer zunehmenden Weitung des Tals und einem breiter werdenden flachen Talboden einhergeht. Aus heutiger Sicht ist es irritierend, dass eine Gemeinde nach der Gebietsreform der 1970 Jahre den Namen Wiesenttal (das sind Streitberg und Muggendorf mit weiteren Dörfern) gewählt hat.

Der Höhenunterschied von 205 m zwischen Quelle und Mündung führt in einigen Abschnitten des Flusslaufs zu starker Strömung. Der obere Bereich auf der Hochfläche mit geringerer Schüttung ist von geringer Wasserenergie geprägt. Durch die geringe Transportenergie des Fließgewässers in diesen Bereichen kommt es in Verbindung mit der landwirtschaftlichen Nutzung in manchen Abschnitten zur Verschlammung des Bettes, was sich negativ auf die Laichplätze der Bachforellen und Äschen auswirkt. Im Bereich ab Waischenfeld nehmen Wasserführung und Strömungsenergie zu. Der Abschnitt im seichten Karst ab Ebermannstadt ist wieder von geringerem Gefälle und niedrigerer Strömungsenergie geprägt.

Trotz des Vorteils der Wasserverfügbarkeit sind im Wiesenttal nur wenige Siedlungen im Tal entstanden, meist an solchen Stellen, wo der Talgrund etwas geweitet ist (Hollfeld, Waischenfeld) und Siedlungs-

und Anbauflächen verfügbar waren. Auf der Hochfläche der Alb befinden sich dagegen trotz Wasserarmut zahlreiche kleine Siedlungspunkte. Die im Wiesenttal gelegenen Flächen waren vermutlich zu klein, überschwemmungsgefährdet und unzureichend für eine landwirtschaftliche Nutzung.

Das Wiesenttal ist v. a. durch die Romantiker sehr bekannt und in seinem landschaftlichen Reiz gerühmt worden. Allerdings spielt für das Bild des Wiesenttales durch die Romantiker nur der untere Talabschnitt zwischen Behringersmühle und Ebermannstadt eine Rolle.

D44 Stempfermühle

Die Alleinlage an einer Engstelle des Wiesenttals zwischen Behringersmühle und Muggendorf machte die Mühle schon für die Romantiker des 19. Jh. interessant. Das hat sich bis zum heutigen Wander- und Bootstourismus nicht geändert.

HELLER (1829, S. 167) bringt es in der Sprache seiner Zeit auf den Punkt: Die Mühle „hat die Merkwürdigkeit, daß sie nicht vom Flusse, sondern von 3 aus dem Berg hervorbrechenden starken Quellen getrieben wird." ▶ Abb. 151 Dieses war Anlass genug, um die Aufmerksamkeit auf diese Lokalität zu lenken. Dass nämlich bereits nach wenigen Zehner von Metern eine Mühle mit Wasserkraft betrieben werden kann, entsprach nicht der Alltagserfahrung der Zeitgenossen. Es handelt sich hierbei um ein Spezifikum der Karsthydrologie, dass einerseits im Bereich des wasserlöslichen Kalkgesteins – v. a. in den dolomitischen Bereichen (so genannter Frankendolomit) – die Niederschläge rasch versickern, entlang der Klüfte in den Grundwasserkörper gelangen und Quellen selten sind, andererseits aber die wenigen Quellen ergiebig und gleichmäßig schütten, solange sie tiefer als der Karstwasserspiegel liegen. Während in nicht verkarsteten Regionen die quellnahen Mühlen das geringe Wasserdargebot durch hohes Gefälle kompensieren und mit oberschlächtigen Mühlrädern nutzen, kann im Falle der Stempfermühle bei durchgehend starker Schüttung (700 Liter pro Sekunde) ein unterschlächtiges Wasserrad installiert sein. Hellers ‚Merkwürdigkeit' ist also ein karsthydrologischer Regelfall.

Abb. 151 Drei reiche Karstquellen entspringen unmittelbar oberhalb der Stempfermühle, die heute ein Gasthof ist.

Nur scheinbar ist an der Stempfermühle die Zeit stehen geblieben. Die Getreidemühle ist bereits seit 1924 stillgelegt. Ein Gasthaus als Nachfolgenutzung führt die Tradition des Standorts fort und hält die Erinnerung im Namen wach. In der ersten Hälfte des 20. Jh. war die Stempfermühle ein beliebter Zielort für Erlanger Studentenkneipen, die mit der Eisenbahn hierherkamen. Die Mühle hat Anteil an der allgemeinen touristischen Entwicklung des Wiesenttals und der Fränkischen Schweiz. Neben dem Wander- ist es das Segment des Bootstourismus, das hier bedient wird. Die im Umkreis der Mühle lange Passage der Wiesent mit ruhiger Strömung, mit offenen und engen Abschnitten sowie mit abwechslungsreicher Kulisse macht den Einstieg auch für weniger geübte Boot- und Kanufahrer problemlos. Ein Problem bildet allerdings die un-

Fliegenfischen oder die Geschichte von der „Sprungfischerey"

In der Zeit von Mai bis Oktober fallen den Besuchern der Fränkischen Schweiz zahlreiche Fischer auf, die an den Bach- und Flussufern ihre Ruten schwingen. Das Flusssystem der Wiesent gilt nämlich in ganz Mitteleuropa als Eldorado der Fliegenfischer.

Das Fliegenfischen oder auch Flugangeln ist eine Methode der Fischerei, die sich von den anderen Arten, Fische zu fangen, grundsätzlich unterscheidet. Als Köder dient bei der Fliegenfischerei eine künstlich hergestellte, auf einen Haken gebundene Insektenimitation, die mittels einer spezifischen Wurftechnik zum Fisch transportiert werden muss. Diese Nachbildungen werden primär aus Federn und Haaren hergestellt und haben nur wenig Eigengewicht. Zielfische sind in aller Regel Salmoniden, also Forellen und Äschen. Dadurch bedingt, dass eine spezielle, kalibrierte Schnur das fehlende Wurfgewicht ersetzt, ist eine besonders elegante und charakteristische Wurftechnik des Fischers erforderlich. Das Erlernen dieser Technik erfordert reichlich Training und Anleitung. Es gibt sogar einige Fliegenfischerschulen in der Fränkischen Schweiz.

Die Bäche und Flüsse der Fränkischen Schweiz weisen nach wie vor einen recht guten Salmonidenbestand auf; natürliche Voraussetzung für diesen Bestand sind die durch den Weißen Jura bestimmten geologischen Verhältnisse. Das verkarstete Kalkgestein lässt die Niederschläge rasch bis zu den meist auf Talniveau liegenden Quellhorizonten durchsickern, wo das Wasser durch zahlreiche Quellen den Flüssen kühl und sehr sauerstoffreich zugeführt wird. Dadurch bleibt die Wassertemperatur sommers wie winters relativ konstant. Durch einen im Gegensatz zu Gebirgsbächen höheren Nährstoffgehalt sind somit ideale Lebensbedingungen für Salmoniden geschaffen, die bevorzugt Insekten nachstellen. ▶ Abb. 152

Diese Tatsache haben sich die Menschen in der Fränkischen Schweiz seit Jahrhunderten zu Nutze gemacht, indem sie Forellen und Äschen mit Insektenimitaten gefischt haben. Der Wert der forellenreichen Fischwässer war bereits im Mittelalter beträchtlich. In der zweiten Hälfte des 18. Jh. wird in einer „Encyclopädie" berichtet, dass es an dem „Wiesentflusse in Franken" eine Besonderheit, die so genannte Sprungfischerey gebe: „[…] die Angel, dem die Mundart des Landvolkes auch den Namen Sprang oder Sprung beygelegt hat, wird an dem Eisen mit Fäden von der Farbe bewickelt, dass eine Aehnlichkeit des Leibes, und mit Federn maskiret, dass eine Gleichheit mit den Flügeln der Schnaken heraus kommt." ▶ Abb. 153

Dieses Zitat stellt eine über 250 Jahre alte, aber recht treffende Beschreibung der heutigen Fliegenfischerei dar, deren Methode seit Jahrhunderten unverändert geblieben ist. Lediglich die Ausrüstung der Fliegenfischer hat sich in den letzten Jahrzehnten

Abb. 152   Die knapp über der Wasseroberfläche schwärmende, von den Fischen erhaschte Fliege, wird im Volksmund auch Maifliege genannt.

Abb. 153   Dieser für das Fliegenfischen verwendete Köder ähnelt der Maifliege, weist aber natürlich auch einen Angelhaken auf.

grundlegend geändert. Einen tiefgreifenden Wandel hat auch die Motivation für das Fischen durchlaufen. Diente die Fischerei bis in die 1960er Jahre primär dem Nahrungserwerb, wird heute überwiegend zur Freizeitgestaltung gefischt.

Will man diese spektakuläre und anspruchsvolle Fischerei ausüben, ist selbstverständlich ein gültiger Fischereischein Erstvoraussetzung. Zweite, meist schwierigere Bedingung ist der Besitz einer Fischereierlaubnis. Da fast alle Fischereirechte in der Fränkischen Schweiz in privater Hand sind, muss man sich dort um Erlaubnisscheine bemühen. Touristen, die auf diese Art fischen wollen, ist anzuraten, sich in Gasthöfen einzuquartieren, die über ein Fischereirecht verfügen. Jährlich besuchen etwa 2.000 Fliegenfischer aus dem In- und benachbarten Ausland die Wiesent und ihre Nebenflüsse, was einen erheblichen wirtschaftlichen Faktor darstellt.

Wackenroder, einer der Protagonisten der deutschen Romantik, hat das Phänomen der fischreichen Wiesent schon 1793 beschrieben: „[…] durch das Tal schlängelt sich die Wiesent, von kleinen Büschen eingefaßt und von frischen Wiesen umgeben. Der kleine Fluß ist merkwürdig, weil er die größesten und wohlschmeckendsten Forellen gibt, die man hier beständig haben kann" (TIECK u. WACKENRODER 1970).

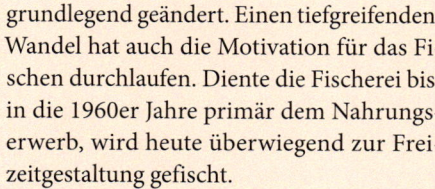

Erste Beschreibungen des Fliegenfischens in der Fränkischen Schweiz

Bereits Pfarrer Michael FÜSSEL (1788, S. 170) hat im zweiten Band seines „Tagebuch eines Hofmeisters" das Fliegenfischen beschrieben: „Sie [die Forellen] werden mit einem von Federn umwickelten Eisen, welches ein Insect vorstellt, gefangen."

Wesentlich ausführlicher und präziser beschreibt Georg August GOLDFUSS in seiner Reisebeschreibung von 1810 (S. 300) das Fliegenfischen: „Der Fisch suchet dieselben [gemeint sind unmittelbar über dem Wasser schwärmende Fliegen] durch einen Sprung zu erhaschen, und fährt dabei öfters einen Fuß hoch über die Fläche des Wassers heraus. Dieß gab zur Erfindung eines anmuthigen Fanges mit der Angel Anlaß, den den man hier die Sprungfischerei nennt. Man umwickelt zwey Angeln mit farbigen Fäden um die Gestalt des Leibes jener Insecten nachzuahmen und bindet Huhn- oder Eulenfedern hinzu, um die Flügel derselben darzustellen. Diese werden nun ungefähr einen Fuß voneinander, an eine lange Angelschnür befestigt, und auf dem Wasser so hin und hergezogen, dass sie, gleich jenen Insecten auf der Oberfläche des Wassers herum zu hüpfen scheinen. Der Fisch wird dadurch herbeygelockt und beißt an."

zureichende Erreichbarkeit des Gasthauses: Man kann zu ihm von der Bundesstraße nur über eine Holzbrücke gelangen, die Zahl der Parkplätze entlang der B 470 ist gering; der Aufstieg nach Gößweinstein erfolgt über einen steilen Fußweg.

D45 Trainmeuseler Brunnen

Der seltene Fall eines Quellaustritts auf der Albhochfläche ist etwa 500 m nordwestlich der Ortschaft Trainmeusel zu beobachten. Es handelt sich hier um einen Grundwasseraustritt auf 421 m ü. NHN im Malm-delta. Die Schüttung ist gering, in Trockenzeiten musste das Wasser rationiert werden. Aus diesem Grund ist der Zugang zum Brunnen vergittert. Ursache des Quellaustritts ist ein schwebender Grundwasserleiter im Malm-delta, der nach unten durch geringdurchlässige mergelige Schichten des Malm-gamma abgedichtet ist und ein Versickern in die tiefer liegenden verkarsteten Schichten des Malm-beta verhindert. Heute ist die Quelle als Naturdenkmal klassifiziert.

Diese Wasserverfügbarkeit in Dorfnähe machte Trainmeusel in der Vergangenheit zu einem privilegierten Ort auf der Albhochfläche, war doch der Trinkwassertransport nur über kurze Distanz mit Butten nötig. Es wird vermutet, dass auch die Burg Neideck mit einer 1.300 m langen Wasserleitung in Holzröhren von dieser Quelle aus versorgt worden ist.

Mehr Sage als historische Information ist die Behauptung, die Burg Dramaus bei Draynmeusel des fränkischen Raubritters Eppelein von Gailingen (14. Jh.) habe hier neben dem Trainmeuseler Brunnen gestanden.

D46 Trubachtal

Das Trubachtal ist mit 21 km Länge bei einem Gefälle von 153 m das größte Fließgewässer in der südlichen Fränkischen Schweiz. Die Trubach entsprang ursprünglich bei Obertrubach in einer Karsthöhle; heute ist die weiter talabwärts liegende Quelle gefasst. Der Fluss Trubach führt an Wolfsberg vorbei nach Untertrubach, wo sich der Talgrund bereits in Schichten des Mittleren Jura befindet und somit Bedingungen des seichten Karsts gelten. Kurz nach Untertrubach biegt die Trubach nach dem Zusammenfluss mit dem Großenoher Bach in einer weiten Kurve von südwestlicher Richtung nach NW, um in dieser Richtung an Egloffstein, Apfelbach, Schweinthal, Oberzaunsbach, Unterzaunsbach, Wannbach, Lützelsdorf und Hagenbach vorbei nach Pretzfeld in die Wiesent zu münden. Das überwiegend im seichten Karst entwickelte Tal hat sanfte Oberflächenformen; canyonartige Abschnitte fehlen. Das Gefälle der Trubach und die zahlreichen randlichen Zuflüsse erlaubten den Bau vieler, übrigens noch gut erhaltener Mühlen im Trubachtal.

D47 Lillachtal

Südlich von Lilling befindet sich die Quelle der Lillach, die auf 460 m Höhe ü. NHN an der Grenze zwischen Malm-alpha und Malm-beta (Werkkalke) entspringt. Die Schüttung liegt in der Regel um 40 l/s und kann bei Schneeschmelze mehr als 100 l/s erreichen. Abstromig treten in der nach W abfließenden Lillach Sinterterrassen auf, die in der Größe ungewöhnlich und im Bereich der Fränkischen Schweiz einzigartig sind. Die Quelle kann von Lilling aus erreicht werden, die Sinterterrassen werden am besten über den von Weißenohe angelegten Weg erreicht. ▶ Abb. 154

Nicht nur die Sinterterrassen sind als Naturdenkmal und Geotop sehenswert, auch als Biotop ist das Lillachtal von herausragender Bedeutung. Zahlreiche Insektenarten und bedrohte Tier- und Pflanzenarten leben in der nährstoffarmen Umgebung.

Abb. 154 Die Lillach-Sinterterrassen sind ein eindrucksvolles Naturdenkmal.

D48 Burg Feuerstein

Die Burg Feuerstein liegt auf der Hochfläche der so genannten Langen Meile, die sich oberhalb von Ebermannstadt auf einer Höhe bis 517 m ü. NHN erstreckt. Die aus Bruchsteinmauerwerk errichtete Anlage bestand ursprünglich aus einem Turm, einem viergeschossigen Haupthaus sowie ein- bis dreigeschossigen Anbauten mit unterschiedlichen Dachformen. Nach 1945 wurden weitere Anbauten hinzugefügt. Was sich wie ein historisches Bauwerk in die Burgenlandschaft der Fränkischen Schweiz einzufügen scheint, ist in Wahrheit eine Camouflage-Architektur, die mit der Geschichte des mittelalterlichen Burgenbaues nichts zu tun hat. ▶ Abb. 155

Die Gebäude wurden bis 1941 auf Veranlassung von Oskar Vierling, einem Physiker und Erfinder, errichtet. Getarnt als Burganlage und als Lazarett wurde die Anlage als geheimes Forschungslabor des nationalsozialistischen Regimes für vielfältige Fragen der Nachrichten- und Verschlüsselungstechnik genutzt. Diese Arbeiten fanden im Auftrag der Wehrmacht statt. So wurde z. B. eine erste Richtfunkstrecke betrieben, die vom Hauptgebäude der Burg zum 1,5 km nördlich liegenden heutigen Pfadfinderhaus Lindersberg reichte, das eigens für diese Versuchszwecke errichtet worden war. Oskar Vierling (1904–1986) stammte aus Straubing. Nach einem Studium in Nürnberg am Ohm Polytechnikum und an der Technischen Hochschule in Berlin promovierte und habilitierte er sich schließlich 1931 in Physik. Er trat als vielfältiger Erfinder u. a. von Musikinstrumenten hervor, wie dem Elektrochord und der Groß-

Die Zeit des Nationalsozialismus

Zwischen 1933 und 1945 gab es zahlreiche Projekte und Aktivitäten, die nicht nur Ferienaufenthalte im Rahmen von „Kraft durch Freude", sondern auch Zwangsarbeit und geheime, kriegswichtige Produktionsstätten betrafen. Auf diese Weise ist die Fränkische Schweiz auch eine zeitgeschichtlich bedeutsame Erinnerungslandschaft. ■ lid-online.de / 81122

Nationalsozialismus

Abb. 155   Die Burg Feuerstein liegt, umgeben von Waldflächen, gut getarnt wie eine „echte" Burg.

tonorgel, die er zusammen mit Karl Willy Wagner und dem amerikanischen Ingenieur Winston E. Kock entwickelte und die 1936 bei den Olympischen Spielen in Berlin zum Einsatz kam. 1938 wurde er als Professor für Hochfrequenztechnik und Elektroakustik an die Technische Hochschule Hannover berufen, wo er ein Institut gründete. Schon bereits vorher hatte er zusätzlich ein privates Labor gegründet, das an ähnlichen Aufgaben arbeitete und in der Burg Feuerstein untergebracht war.

Einer alliierten Spezialeinheit, TICOM, gelang es bereits kurz vor Kriegsende, am 6. Mai 1945, Feuerstein zu erreichen und die dortigen Einrichtungen und Unterlagen sicherzustellen und auszuwerten. Vierling arbeitete nach dem Zweiten Weltkrieg auf seinen Forschungsgebieten weiter und entwickelte Abhörtechnik u. a. für die Organisation Gehlen und den späteren Bundesnachrichtendienst. Aus dem von ihm gegründeten Labor hat sich ein Unternehmen der Elektronikindustrie entwickelt. Die Vierling Production GmbH befindet sich heute in Ebermannstadt und produziert elektronische Bauteile.

Die Burg selbst wurde nach Kriegsende anders genutzt: Auf Initiative des ersten Diözesanjugendseelsorgers des Erzbistums Bamberg, Domkapitular Josef (Jupp) Schneider (1903–1975) wurde die Anlage 1946 für das Erzbistum gepachtet, 1949 schließlich gekauft und als Jugendburg ausgebaut. Sie lässt sich somit in eine Reihe anderer Jugendburgen stellen, ein Bautyp, der sich aus Ideen des Wandervogels und anderer Reformbewegungen heraus entwickelte. Zur baulichen Erweiterung gehörte v. a. die 1958–1960 errichtete Kirche Verklärung Christi (Architekten Hans Schädel und Gustav Heinzmann), die über drei Kirchenräume, Krypta, Unter- und Oberkirche, verfügt. Bedeutsam ist die bauliche Vorwegnahme der liturgischen Reformen, die vom Zweiten Vatikanischen Konzil ab 1962 beschlossen wurden. Besonders zu erwähnen ist die große Glaswand des Malers Georg Meistermann (1911–1990), der in der Nachkriegszeit ein gesuchter Gestalter von Kirchenfenstern war.

D49 Ruine Neideck

Neideck war die größte Burg der Region, ihre gewaltige Ruine ist heute ein Wahrzeichen der Fränkischen Schweiz. Der Name drückt als Trutzname die Wehrhaftigkeit der Anlage aus. Das Grundwort -eck bedeutet Spitze oder Ecke, womit der riesige, 100 m über das Tal ragende Dolomitfelsen als Spornspitze angesprochen ist. Das

Bestimmungswort Neid ist mit mittelhochdeutsch nit etwa als ‚Kampfgrimm', ‚Kampfeswut' zu erklären. Der mächtige, knapp 400 m ü. NHN liegende Sporn, auf dem die Ruine liegt, schiebt sich 200 m nordwärts in das Wiesenttal vor, wobei er an der Wurzel eine Breite von 100 m aufweist. Nach N und W sowie gegen O fällt das Gelände bis auf Talniveau ab. Im S schützt ein mächtiger, am Oberrand durchschnittlich 22 m breiter Abschnittsgraben die Burg.

Bereits in vor- und frühgeschichtlicher Zeit war der Bergsporn besiedelt. Archäologische Funde aus der Karolingerzeit belegen, dass der Bergsporn auch in dieser Epoche besiedelt war. Neben einzelnen Keramikscherben sind es kleine Fibeln, die eine Nutzung des Berges als Wohnort belegen. Pfostenlöcher eines Hauses in der inneren Vorburg beweisen, dass hier ein größeres Haus aus dem 8./9. Jh. stand. Die Nutzung des Berges in dieser Zeit ist auf jeden Fall im Zusammenhang mit der Forchheimer Pfalz und der dortigen Zollstelle zu sehen. Im 11. Jh., der Zeit der Salier, entstand in der inneren Vorburg ein mächtiger, runder Wohnturm von 10 m Durchmesser.

Mit Beginn der Stauferzeit, in der zweiten Hälfte des 12. Jh., wird erstmals die Spornspitze der wichtigste Teil der Burg. Hier wird ein langgestreckter Wohnturm errichtet, dessen unterste Mauerpartien heute noch stehen. In der ersten Hälfte des 13. Jh. entsteht an der Südseite ein fast quadratischer Bergfried. Ebenso erfolgt die Anlage einer Ringmauer und des Grabens zur Hauptburg. In der inneren Vorburg standen die Kemenaten der Burghüter, in der äußeren Vorburg befanden sich die Wirtschaftsgebäude. Als letzte Baumaßnahme wurden kurz nach 1500 noch die beiden Artillerietürme der inneren Vorburg errichtet.

Bereits im Hochmittelalter muss Burg Neideck, auf Grund der Größe der Anlage, von mächtigen Herren bewohnt worden sein, über deren Identität nichts bekannt ist. Für das Jahr 1219 liegt mit Heinrich von Neideck erstmals ein personenbezogener Nachweis für einen Burgbewohner vor. Mitte des 13. Jh. übernahm das mächtige Geschlecht der Schlüsselberger die Burg. Seit 1312 war die Anlage alleiniges Eigentum des bedeutendsten Familienmitglieds Konrad II. Er war Reiterführer und Berater Kaiser Ludwigs IV., genannt der Bayer. In der letzten großen Ritterschlacht auf deutschem Boden bei Mühldorf am Inn trug er am 28. September 1322 die Sturmfahne des Reiches. Ihm haben die Orte Waischenfeld, Ebermannstadt und Schlüsselfeld die Stadterhebung durch den König zu verdanken. Am 14. September 1347 wurde er von der Steinkugel eines mittelalterlichen Katapultgeschützes (Blide) in der von den Truppen der Nürnberger Burggrafen belagerten Hauptburg tödlich getroffen.

Seit 1348, Konrad II. hatte keine männlichen Nachfahren, war die Burg bambergi-

Die Burgen und Schlösser

Die Zahl der Burgen und Schlösser in der Fränkischen Schweiz ist, territorial bedingt, außerordentlich hoch. Ihr Thronen auf Dolomitfelsen hat die Romantiker begeistert und inspiriert. Was ist von diesen Burgen heute noch erhalten? Wie werden sie gegenwärtig genutzt? In einem Inventar werden diese Fragen für 57 Burgen und Schlösser detailliert beantwortet. ■ lid-online.de/81120

Burgen und Schlösser

scher Amtssitz. Sie blieb es bis zu ihrer Zerstörung im Zweiten Markgrafenkrieg 1553, als deren Folge der Sitz des Amtes Neideck nach Ebermannstadt verlegt wurde.

Belege über die Stärke der Burgbesatzung gibt es nur für die bambergische Phase. Im Jahr 1348 hatte die Burg drei Wächter, einen Geschützmeister und fünf Burgmannen mit ihren reisigen Knechten, also insgesamt etwa zwanzig militärisch ausgebildete Verteidiger. Während des 15. und 16. Jh. verringerte sich die Zahl der Verteidiger in Friedenszeiten phasenweise auf fünf Mann. Während des Bauernkriegs betrug die Besatzung 13 und während des Zweiten Markgrafenkriegs 37 Mann. Diese übergaben die Wehranlage, weil sie militärisch chancenlos waren, den markgräflichen Truppen, die mit 500 Hakenschützen und sieben Stück Artillerie angerückt waren.

Auf Burg Neideck lebten in den drei bis vier Kemenaten der inneren Vorburg zu Beginn des Spätmittelalters bis zu fünf Adelsfamilien, die für die Schlüsselberger Burghutdienste verrichteten. Die Hauptburg blieb den Burgherren selbst vorbehalten. In den Wirtschaftsgebäuden und Stallungen der äußeren Vorburg waren die für die Versorgung der Burg zuständigen Bediensteten untergebracht.

Die geistesgeschichtliche Epoche der deutschen Romantik nahm mit der Pfingstreise von Ludwig Tieck und Wilhelm Heinrich Wackenroder im Jahr 1793 in die Fränkische Schweiz ihren Anfang. Das Mittelalter wurde als große Epoche der deutschen Geschichte verklärt und idealisiert. Zahlreiche vorhandene Denkmäler und Zeugnisse der Vergangenheit, allen voran Burg Neideck, haben viele herausragende Vertreter dieser Epoche in die Burgenlandschaft Fränkische Schweiz geführt.

In den Jahren 1996–2002 führte der Landkreis Forchheim eine umfassende Sanierung der Hauptburg durch. Diese konservatorische Maßnahme wurde von umfangreichen Grabungskampagnen begleitet. Zur umfassenden Besucherinformation wurde ein archäologischer Park errichtet.

D50 Burgruine Wolfsberg

Die Siedlung gleichen Namens wie die darüber befindliche Burg liegt 2 km östlich von Untertrubach inmitten von Dolomitfelsen im Tal der Trubach. Das Dorf erstreckt sich auf einer Höhe von 390 m und steigt nördlich bis auf 513 m an. Die Gegend um den Ort war schon in der Urnenfelderzeit, in der Hallstatt- und Latène-Zeit besiedelt, wie Funde in Höhlen der näheren Umgebung beweisen. Der Ort Wolfsberg wurde im Jahre 1150 erstmals urkundlich erwähnt. Wichtigstes Denkmal des Ortes ist die einstige Burg oberhalb der Ortschaft.

Die Ruine dieser Spornburg liegt auf einem sich nach O erstreckenden Bergsporn in 436 m Höhe, der durch eine natürliche Einsattelung von der Hochfläche im W abgetrennt ist. ▶ Abb. 156 Die Burg Wolfsberg wurde wahrscheinlich um 1150 von den Edelfreien von Wolfsberg erbaut. Diese Familie ist seit 1169 mit einem *Gozpold de Wolvesperch* urkundlich nachweisbar. Es kann wohl davon ausgegangen werden, dass diese Familie denen von Schönfeld-Gößweinstein entstammt. Mit dem Aussterben derer von Wolfsberg um 1204 beim 4. Kreuzzug kam die Burg an die Herren von Stein, die Ministerialen des Bischofs von Bamberg waren. Seit 1244 nennen sie sich nach der Burg Wolfsberg.

Um 1333 kam die Burg Wolfsberg durch Kauf an die Familie derer von Egloffstein. Urkundlich ist 1358 ein Siboto von Egloffstein als Besitzer der Burg nachweisbar. 1383 wird die Burg unter den Besitzungen des Bamberger Hochstiftes erwähnt; unklar ist, wie es dazu kam. Nun ist die Burg Sitz eines bischöflichen Amtes und wurde vom 15. bis zum 17. Jh. immer wieder verpfändet. Im Süddeutschen Städtekrieg wurde die Burg im Jahre 1388 zerstört; erst 1408 erfolgte unter dem Amtmann Albrecht von Egloffstein der Wiederaufbau. Auch im Bauernkrieg 1525 wurde die Burg zerstört; nun erfolgte der Wiederaufbau erst ab 1547 unter Philipp von Egloffstein. Letzter Pfandinhaber der Burg war ab 1568 Wilhelm von Wiesenthau. Er vernachlässigte das Anwesen, sodass es beim Heimfall an das Hochstift im Jahre 1609 verwahrlost und unbewohnbar war. Im Dreißigjährigen Krieg setzten schlimme Zeiten der Heimsuchung ein; 1632 geschah dies besonders durch Truppen der Schweden und Kaiserlichen, die um Nürnberg versammelt waren. 1632 und 1634 wütete die Pest. 1648 suchten Franzosen und Schweden die Region heim. Im Jahre 1641 wird das Amt Leienfels mit dem Amt Wolfsberg zusammengelegt. Die Anlage ist ab dem 17. Jh. geteilt in Ober- und Unterburg. Die Oberburg liegt auf dem langgestreckten, schmalen Felsrücken. Die Unterburg befindet sich auf der westlich anschließenden, wesentlich tiefer gelegenen Einsattelung.

Oberburg

Ab 1657/58 wird aus dem Hauptgebäude der Oberburg ein Getreidespeicher. Hier dürfte sich auch die später erwähnte Zisterne befunden haben. Im Jahre 1690 war der Torturm der Oberen Burg unbedacht, ab 1741/42 galt er als eingestürzt. Ab 1809 wurde das Schlossgebäude auf der Oberburg als Getreidespeicher benützt. Im Jahre 1823 wurden die Reste der Oberburg für 50 Gulden an den Steinmetz Müller aus Brunn verkauft. Dieser schenkte sie seinem Schwiegersohn, der sie teilweise abriss, bzw. Teil für Teil verkaufte. Als im Jahre 1883 verschiedene Mauerteile einzustürzen drohten, trug man sie ab. Trotzdem mussten auch in der Folgezeit immer wieder Sanierungsarbeiten durchgeführt werden, da Regen und Frost Steinquader lösten und diese so zur Gefahr für die Bewohner des Ortes werden konnten.

Abb. 156 Blick vom Trubachtal auf die Ruine Wolfsberg

Unterburg

Um 1657/58 erfolgten umfangreiche Baumaßnahmen auf der Geländeterrasse westlich des Burgfelsens im Bereich der späteren Unterburg. Auch ein neues Vogteigebäude entstand. 1659 wurde zum ersten Mal im bischöflichen Urbar und Zinsbuch des Amtes Wolfsberg das Untere Schloß erwähnt. 1770 wurde die Vogtei Wolfsberg aufgelöst – das Gebäude der Unteren Burg diente nun als Wohnung für den Förster. Im Jahre 1803 fiel die Burganlage mit Pottenstein und Leienfels im Zuge der Säkularisation an das Königreich Bayern. Die neuen Herren ließen die Burg leer stehen. 1806 wurde an der Stelle des ehemaligen Vogteigebäudes ein Schulhaus errichte, in dem die Kinder aus Wolfsberg, Untertrubach, Dörfles, Sorg, Geschwand und Linden unterrichtet werden. Die Schule umfasste nur zwei Klassen. Zwischen 1985 und 1987 fand eine aufwändige Sanierung des Burgareals statt. In den Jahren 1993/94 kaufte eine private Schule für Sprachbehinderte das ehemalige Wolfsberger Schulhaus. Heute ist die Oberburg frei erreichbar. Die Unterburg befindet sich teilweise in Privatbesitz und ist nicht zugänglich. Unmittelbar an der Straße von der Burg hinab nach Wolfsberg befinden sich zwei weitere Gebäudeteile – der Burgkeller sowie der Burgbrunnen, in dessen Brunnenstube sich immer noch nach lang anhaltendem Regen Wasser sammeln kann.

E Landkreis Bayreuth (Süd)

E1 Sophienhöhle und Klaussteinkapelle im Ailsbachtal

Im Jahr 1490 wird die Sophienhöhle, damals noch als Ahornloch bezeichnet, erstmals urkundlich erwähnt. In der Urkunde erhielt ein Hans Breu aus Bayreuth die Genehmigung, in der Höhle Salpeter abzubauen. Salpeter diente als Bestandteil zur Schwarzpulverherstellung. Nachdem diese Unternehmung scheiterte, blieb es lange still um das Ahornloch. Als im Februar des Jahres 1833 der gräflich von Schönbornsche Kunstgärtner Michael Koch im SO des Ahornlochs mit Erweiterungsarbeiten beschäftigt war, bemerkte er einen heftigen Luftzug, der aus einer schmalen Felsspalte entgegenwehte. Mit Gutsarbeitern wurde die Felsspalte erweitert und am 18. Februar unternahm Koch eine erste Befahrung der neu entdeckten, tropfsteingeschmückten Höhlenräume. Koch erteilte dem Besitzer der Höhle, dem Reichsrat Grafen Franz Erwein von Schönborn-Wiesentheid, sofort einen ausführlichen Bericht über seine Entdeckung. Der Graf ordnete zum Schutz der Höhle ihren sofortigen Verschluss an. Diesem Umstand ist es auch zu verdanken, dass sich die Sophienhöhle auch heute noch weitgehend in ihrem ursprünglichen Zustand präsentiert.

Am 21. Juni 1833 besuchte der Graf zusammen mit seinem ältesten Sohn Erwein und dessen Gattin Sophie (geb. Gräfin zu Eltz) die Höhle und nannte sie, seiner Schwiegertochter zu Ehren, Sophienhöhle. Johann Wilhelm Holle verfasste wenige Wochen nach der Entdeckung einen ersten schwärmerischen Bericht über die neu entdeckten Räume: „Hier scheint die Natur ein ganzes Füllhorn von Schönheit ausgegossen zu haben. Die Wände sind blendend weiß, wie vom feinsten Alabaster überzogen; in der Mitte der Decke herab haben sich Vorhänge von Tropfsteinen gebildet, von welchen die Rände gesäumt zu seyn scheinen. Wasserfälle von 30–36 Fuß entladen sich auf der rechten Seite; auf dem Boden liegen unzählbare, kegelförmige, schwarzgraue Tropfsteine und ganz versteinerte Thiere, z. B. Eisbären und Elenthiere, auch Knochen von anderen Thieren der Urwelt […]" (HOLLE 1833). ▶ Abb. 157

Neben der Zoolithenhöhle verdient auch die Sophienhöhle aufgrund ihres reichen eiszeitlichen Knocheninventars zu Recht den Begriff Knochenhöhle. Im Jahre 1835 beschreibt Kaspar von Sternberg, der Präsident des Böhmischen Nationalmuseums in Prag, die reichen Knochenlager der Sophienhöhle: „Bei dem Herabgehen in die Höhle gelangt

Abb. 157 Sinterfahnen (Adler) in der Sophienhöhle im Ailsbachtal

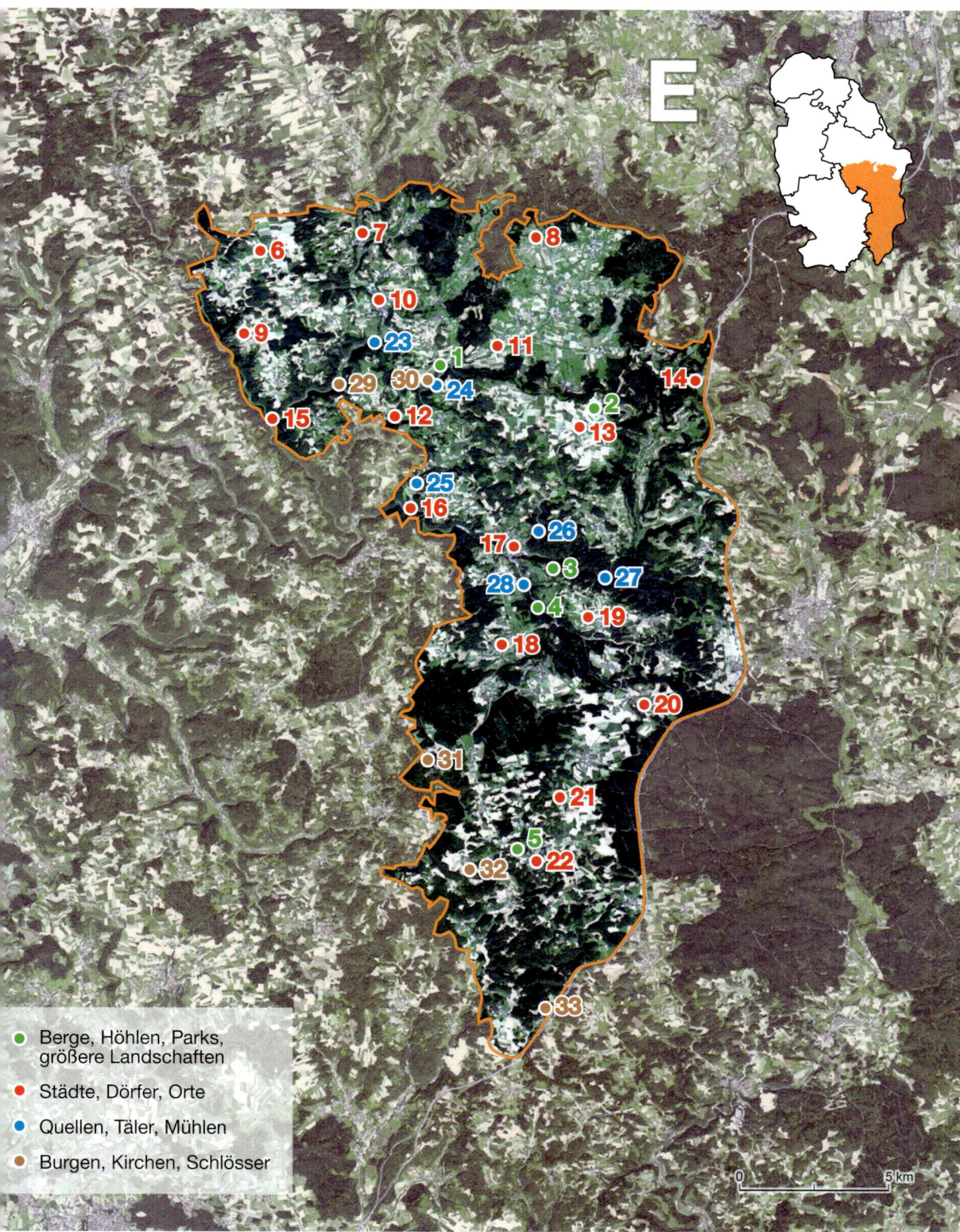

man in eine geräumige Kammer, in deren Mitte Stalagmite sich angehäuft haben, und stößt zuerst auf ein aufrecht stehendes stattliches Rennthiergeweih, welches den Geweihen der noch lebenden Rennthiere sehr nahe steht; der Kopf mit dem unteren Theile der beiden Stangen des Geweihes ist mit Stalagmiten übergossen, wodurch es aufrecht erhalten wird, mehrere Sprossen sind ganz erhalten. Wenige Fuß tiefer liegt ein ungeheures Becken von einem Mammuth in eben diesem Stalagmit eingebettet; und noch mehrere Fuß tiefer ragen drei Höhlenbärenköpfe aus dem Stalagmite hervor, die Zähne bleckend, als wollen sie ihre Beute erfassen [...]" (STERNBERG 1835). Schenkt man den alten Berichten Glauben, so muss die Sophienhöhle hinsichtlich ihrer zahlreichen Rentierüberreste als einzigartig in der Frankenalb angesehen werden. Dies gilt umso mehr, als es sich hierbei um Höhlenfunde handelt; denn ein Großteil der in Deutschland gefundenen Rentierfossilien sind Freilandfunde, die oft im engen Zusammenhang mit der Jagdtätigkeit eiszeitlicher Jäger stehen. Die Ursache der gehäuften Rentierfunde in der Sophienhöhle bleibt rätselhaft, da ein menschlicher Einfluss aufgrund fehlender Begleitfunde ausgeschlossen werden muss (SCHABDACH 1998).

Eine erste Vermessung der Sophienhöhle erfolgte durch den fränkischen Höhlenforscher-Pionier Adalbert Neischl. Damals wurde eine Gesamtganglänge von 280 m ermittelt. Eine Neuvermessung des Höhlensystems im Jahr 1996 erbrachte eine Gesamtganglänge von ca. 900 m, wobei der Führungsweg im Schauhöhlenbereich etwa 200 m umfasst. Die Sophienhöhle ist mit einer weiteren Höhle, der Höschhöhle, verbunden. Herausragend in der Sophienhöhle ist die Anlage großer Hallen im Bereich der Schichtfugen eines fossilen Schwammriffes. Die so genannte dritte Abteilung zählt mit 42 × 25 × 11 m zu den größten Höhlenräumen der Frankischen Schweiz. Der Boden dieser gewaltigen Halle ist mit zahlreichen Verbruchblöcken, die sich entlang der Schichtfugen an der Höhlendecke ablösten, bedeckt. Die Sophienhöhle zählt mit bisher 35 nachgewiesenen Taxa zu den faunenreichsten Höhlen der Frankischen Schweiz. Ein herausragender Fund war die Wiederentdeckung von *Phagocatta vitta*. Dieser pigmentlose und eutroglobionte Strudelwurm wurde erstmals 1906 in der Sophienhöhle nachgewiesen und galt lange Zeit in der Höhle als ausgestorben (SCHABDACH 2011).

Oberhalb der Höhle erstreckt sich die Klaussteinkapelle. Sie befindet sich am Standort der ehemaligen Burg Ahorn. 1139 wird erstmals die Kapelle mit einem Nikolausaltar erwähnt. Ihre Seitenmauern sind noch romanischen Ursprungs; der Chorraum ist spätgotisch (um 1450). 1566 haben die Rabensteiner, die Besitzer der Burgkapelle, den evangelischen Glauben angenommen. Die Kapelle wurde 1723 grundlegend renoviert. Ihr barockes Interieur entspricht dem der Markgrafenkirchen.

E2 Hohenmirsberger Platte

Das Creußener Gewölbe bildet eine im rechten Winkel zur Muldenachse der Frankenalb verlaufende Oberflächenstruktur, die an ihrer Südflanke ein markantes Relief an der Hohenmirsberger Platte bewirkt. Im nördlich anschließenden Ahorntal hat die Erosion das Relief bereits auf die Höhe der Schichten des Mittleren und Unteren Jura eingetieft und im Anstieg an die aus Kalksteinen des Malm bestehenden Platte eine eindrucksvolle Schichtstufe geschaffen. Bedingt durch die tektonische Aufwölbung des Creußener Gewölbes kommt es bei der Hohenmirsberger Platte zur einer flach nach SW einfallenden Schichtlagerung. Der Kamm der Schichtstufe erreicht hier eine Höhe von 614 m ü. NHN. Der dort befindliche Aussichtsturm erlaubt einen beeindruckenden Blick über den östlichen Rand der Albhochfläche mit einem bei gutem Wetter weit nach W reichenden Blick. Neben einem unmittelbar nördlich davon gelegenen Kalksteinbruch besteht die Möglichkeit zur Suche nach Fossilien. Ein Geo-Rundwanderweg mit Schautafeln erläutert die Geologie und Landschaftsgeschichte des Raumes. Nach SW geht die Hohenmirsberger Platte in ein durch die Püttlach und Nebenbäche teilweise stark eingetieftes Talsystem über, in dem die Nähe zum Seichten Karst bereits spürbar ist.

E3 Großes Hasenloch bei Pottenstein

Die ca. 30 m lange Höhle liegt nahe der Albhochfläche in einem linken Seitental hoch über der Püttlach. Das Große Hasenloch bei Pottenstein war ein Ort zahlreicher Ausgrabungen. Überwiegend lag die Arbeit hierbei in den Händen von Laien. Die Grabungen von C. Heitgen (1876), H. Hösch (1881–1882), F. Birkner und M. Näbe (1930), F. Mühlhofer (1937) und schließlich A. STUHLFAUTH (1950) lieferten ein sehr umfangreiches Artefaktmaterial und zeigen eine immer wiederkehrende jeweils kurzzeitige Nutzung der Höhle über viele Jahrtausende (STUHLFAUTH 1953). Neben den Funden aus der Jungsteinzeit, der Bronzezeit und v. a. der Hallstatt- und Latènezeit kamen zahlreiche altsteinzeitliche Artefakte zusammen, die heute im Fränkische Schweiz-Museum Tüchersfeld und der Archäologischen Staatssammlung in München liegen. Eine Beurteilung dieses Artefakt-Ensembles, das heute auf Grund der unzureichenden Grabungsdokumentation nur noch Lesefundcharakter besitzt, ist schwierig. Zumindest ein Teil der Steinartefakte lässt sich dem Moustérien zuweisen (ZÜCHNER 1990). Träger dieser Kulturstufe sind die Neandertaler, die sich somit zeitweise im Hasenloch aufgehalten haben.

E4 Teufelshöhle bei Pottenstein

Am Westhang des Weiherbachtales öffnet sich der imposante Eingang zur Großen Teufelshöhle. Von jeher hat dieses dunkle und geheimnisvolle Portal die Fantasie der Menschen bewegt. So ranken sich zahlreiche Schauergeschichten und Sagen um die Höhle. Im Volksmund hieß es, dass der Teufel die Höhle als Eingang zur Hölle gebrauche. Die Teufelshöhle soll auch der Unterschlupf des Raubritters Udo von Wichsenstein gewesen sein. Von ihm erzählte man sich, er habe in der Höhle mit dem Teufel einen Pakt geschlossen. Bereits der altsteinzeitliche Mensch hat sich wiederholt im Bereich der Teufelshöhle aufgehalten. Herausragend sind Funde in der benachbarten Kleinen Teufelshöhle.

Im Jahre 1876 wurde hier von Carl Heitgen eine Geschoßspitze aus Jurahornstein vom Typ Jerzmanowice entdeckt. Dieser bisher für die Fränkische Schweiz einmalige Fund gehört einem Kulturmilieu an, das vom Neandertaler zum heutigen modernen Menschen überleitet (ZÜCHNER 1990). Lange

Abb. 158   Der Kerzensaal in der Teufelshöhle

Zeit behielt die ursprünglich nur 80 m lange Teufelshöhle ihre verborgenen Geheimnisse für sich. Erst 1922 suchte der Bergbauingenieur Hans Brand nach einer Fortsetzung. Er durchstieß einen Versturz und erschloss bis zum Jahre 1923 einen Teil der heute bekannten Höhle. In einer weiteren Ausbaustufe wurde dann im Laufe von acht Jahren die Teufelshöhle zu ihrer heutigen Länge von ca. 1.500 m erschlossen. Schon nach der ersten Teilerschließung im August 1923 setze ein Massenbesuch der Teufelshöhle ein. Gleichzeitig damit verbunden war ein enormer Aufschwung des Fremdenverkehrs in Pottenstein.

Die Teufelshöhle ist im tafelbankigen Dolomit des Malm-delta (neuere Bezeichnung: Pottenstein-Formation) angelegt. Sie gliedert sich in mehrere große Hallen, die durch Laugung im stehenden Grundwasserkörper entstanden sind. Die Raumstrukturen und der hydromorphe Formenschatz (Laugungskolke und Stillwasserfacetten) zeigen keinerlei Hinweise auf ein ehemaliges unterirdisches Bachbett, wie es Hans Brand ursprünglich angenommen hatte (SCHABDACH 2000). Schöne Tropfsteinformationen finden sich v. a. im Barbarossadom und im Riesensaal. Bemerkenswert sind hier zahlreiche Kerzenstalagmiten, die vermutlich einer nacheiszeitlichen Tropfsteingeneration angehören. ▶ Abb. 158 Im gesamten Sinterinventar der Teufelshöhle finden sich, im Gegensatz zu den meisten fränkischen Tropfsteinhöhlen, kaum Spuren einer natürlichen Sinterzerstörung. Dies darf als zusätzliches Indiz für ein überwiegend nacheiszeitliches Alter des Sinterschmuckes interpretiert werden. Im Zuge der Erschließungsarbeiten stieß man auf die Knochenreste von ca. 80 Höhlenbärindividuen. Der Münchner Paläontologe Max Schlosser setzte Ende der 1950er Jahre aus Einzelteilen ein nahezu vollständiges Bärenskelett zusammen, das seit 1959 in der Höhle ausgestellt ist.

In den 1930er und 1940er Jahren wurde ein Teil des Höhlenlehms abgebaut und als Teufelshöhlen-Fango verkauft. Ein Internist bescheinigte dem Produkt erstaunliche Heilkräfte „bei der Schmerzlinderung und Heilung bei fieberhaften Entzündungen, bei Schwellungen an Gelenken und Weichteilen, bei Entzündungen des Mittelohrs und der Gallenblase" (SIEGHARDT 1931). Der kommerzielle Erfolg mit dem Höhlenfango blieben ebenso wie die vermeintlichen Wunderkräfte sehr bescheiden. In einem Seitenstollen der Teufelshöhle stehen 50 Therapieplätze zur Behandlung von Atemwegserkrankungen im Rahmen der so genannten Speläotherapie zur Verfügung. Diese natürliche Behandlungsform bei Asthma bronchiale, chronischer Bronchitis, Heuschnupfen und chronischer Nasennebenhöhlenentzündungen wurde in Ungarn schon seit Beginn des 19. Jh. in der Volksmedizin eingesetzt. Als im Zweiten Weltkrieg in Deutschland bei den Bombenangriffen vielfach Asthmatiker in Höhlen und Stollen Zuflucht suchten und sich dabei eine deutliche Linderung ihrer Beschwerden einstellte, fand die Untertagetherapie auch in Deutschland eine zunehmende Verbreitung.

Die Teufelshöhle zählt mit jährlich über 140.000 Besuchern zu den am stärksten touristisch frequentierten Schauhöhlen Süddeutschlands. In einem Seitenteil der Höhle, der Kleinen Teufelshöhle, befindet sich das einzige Höhlenlabor Deutschlands. Dieses Forschungslabor wurde 1971 von der „Forschungsgruppe Höhle und Karst Franken" eingerichtet. Dort werden Untersuchungen zum Thema Hydrologie und Höhlenklima durchgeführt.

E5 Klauskirche bei Betzenstein

Die Klauskirche ist eine 32 m lange Durchgangshöhle bei Betzenstein. Durch die Höhle verläuft ein Wanderweg. ▶ Abb. 159 Der Name Klauskirche leitet sich vom Klauskirchenberg ab, in dem die Höhle liegt. Dort soll sich früher die abgegangene St.-Nikolaus-Kapelle befunden haben, die der ganzen Flur ihren Namen gab. In der Literatur (z. B. ZÜRLICK 1959) findet sich mehrfach der Hinweis, dass die Höhle als Überrest einer kreidezeitlichen Meeresstrandhöhle anzusehen ist. In der Umgebung stößt man vereinzelt auf die so genannten Betzensteiner Kreidekalke, die in der nördlichen Frankenalb durchaus als Besonderheit gelten. Diese Kalksteine wurden in einem flachen, lichtdurchfluteten Meeresbecken abgelagert. Die Hypothese, dass es sich um eine Brandungshöhle handelt, ist aus heutiger Sicht jedoch nicht mehr haltbar.

Die Klauskirche ist eine typische kluftgebundene Spaltenhöhle im Frankendolomit, entlang der sich eine senkrecht einfallende Kluft (gut sichtbar an der Höhlendecke) zieht. Durch diese sickerte kohlensäurehaltiges Oberflächenwasser in den Gesteinskörper. Durch chemische Auflösung (Korrosion) wurde diese Kluft allmählich zur heutigen Höhle erweitert. Nachfolgend schuf die Verwitterung und das Abgrusen des Dolomitgesteins das schön geschwungene Raumprofil der Klauskirche.

Abb. 159   Die Klauskirche bei Betzenstein

E6 Breitenlesau

Breitenlesau liegt auf der Albhochfläche in 420 m Höhe auf dem so genannten Aufseßer Gebirge. Der Ortsname wurde erstmals 1309 anlässlich einer Steuerangelegenheit urkundlich erwähnt. Der Ort gehörte zum Patrimonialgericht Aufseß. Zu Beginn des 19. Jh. fasste eine erste bayerische Verwaltungsreform Breitenlesau mit Rauhenberg und Siegritzberg zu einer selbständigen Gemeinde zusammen. Im Rahmen der kommunalen Gebietsreform der 1970er Jahre folgte dann die Eingemeindung nach Waischenfeld. Mit knapp 350 Einwohnern (Altgemeinde) bzw. 260 Einwohnern (Dorf) ist Breitenlesau derzeit ein Ortsteil von Waischenfeld. Aufmerksamkeit verdienen mehrere denkmalgeschützte Häuser (v. a. das der Brauerei Krug aus dem 16. Jh.). Eine Kapelle von Ende des 19. Jh. besitzt im Inneren ein barockes Altarbild.

Ein ganz besonderer und interessanter Anlaufpunkt für Besucher ist die Brauerei Krug, die ihr Braurecht im Jahr 1834 bekommen hat und bereits in der fünften Generation Bier braut. Während der ersten vier Generationen hatte man sich auf nur geringe Mengen beschränkt. Schließlich war nur die örtliche Bevölkerung der Abnehmer. Erst als allmählich Flaschenbier auf den Markt kam, erkannte man die Chance, den Gerstensaft abzufüllen. So begann mit der Zeit der Absatz in der näheren Umgebung. Erst in jüngster Vergangenheit sind die Menge und der außerlokale Absatz dann erheblich gestiegen. Dazu beigetragen haben v. a. auch neue, ausgesprochen süffige

Abb. 160　Gasthaus-Brauerei Krug in Breitenlesau

Biersorten und eine geschickte Vermarktung. Die Brauerei mit Gastwirtschaft und Biergarten ist ein beliebtes und vielbesuchtes Ziel in der Region. ▸ Abb. 160 Erwähnenswert sind weiterhin die, wie in alten Zeiten, angebotenen traditionellen Tanzveranstaltungen mit themenbezogenen Abenden. Damit ist die Brauerei Krug auch ein interessanter Anlaufpunkt für die ländliche Jugend bis hin nach Bayreuth. Von Oktober bis April trifft man sich bei Krug zu Tanz und Unterhaltung.

Hohe Bekanntheit genießt auch ein Naturdenkmal im Ort, eine Linde, unweit des nördlichen Ortsrands von Breitenlesau. Dort steht die mächtige Russenlinde, um die sich allerlei Mythen ranken. So soll sie ein Alter von etwa 400 Jahren aufweisen; während der Befreiungskriege kam hier ein russischer Offizier beim Durchmarsch der Truppen ums Leben und wurde unter dem Baum bestattet. So kam es zu dem Namen des Baumes.

E7 Nankendorf

Am Oberlauf der Wiesent sticht Nankendorf, dessen Kern die Barockkirche St. Jakob und Martin ist (erbaut 1748 anstelle einer wohl sehr alten Wehrkirche), als besonders brauchtumsfreudig hervor. Organisatorisch ist es v. a. die Freiwillige Feuerwehr, die zur Silvesterprozession am Ende der Woche der Ewigen Anbetung bzw. zu Johannisfeuern im Juni am Berghang die Holzstöße aufschichtet, bengalische Lichter anzündet, all dies Lodern bewacht und den Verkehr regelt, zu Fronleichnam die vier Feldaltäre aufbaut und beim Brühtrogrennen im August (seit 1991) Gekenterte aus dem Fluss rettet. Von echten Nöten sprechen etliche Hochwassermarken an der noch bis 1992 aktiven Sebaldmühle.

Zu Beginn des 19. Jh. wurde Nankendorf eine eigene Landgemeinde, in den 1970er Jahren kam es im Rahmen der Eingemeindungen als Ortsteil zu Waischenfeld. Heute besteht noch eine Brauerei im Ort.

E8 Volsbach

Der Ort liegt am Fuße des Glashüttener Waldes unterhalb des Talschlusses des Vogelsbaches, einem Zubringerbach des Ahorntales. Seine Kirche steht erhöht am nördlichen Rand des Dorfes im ummauerten Friedhof. Der spitze, viergeschossige Turm dominiert weithin sichtbar den oberen Talbereich.

Das Geschlecht der Volsbacher war hier von 1119 bis 1178 ansässig. Die Burg des Geschlechtes lässt sich topographisch kaum mehr genau festlegen; sie soll nordöstlich der Kirche in der Flur Burggarten gestanden sein. Erstes sicheres Zeugnis des Geschlechtes liefert die Stiftungsurkunde des Klosters Michelfeld von 1119. Ein freier *Hermann de Volspach* erscheint 1142. Der letzte des Geschlechtes, Engilmar (II.), wird als *de Vogelsbach* übermittelt.

Die Volsbacher Kirche Mariä Geburt ist eine Tochterkirche von St. Martin in Nankendorf. Sie wird erstmals um 1130 erwähnt. Wahrscheinlich war sie Eigenkirche der Edelfreien von Volsbach. Als Pfarrei wird sie um 1421 bezeichnet – als ihre Gründer werden die Freiherrn Groß von Trockau angenommen. Von der früheren spätgotischen Kirche sind noch Teile des Turmes erhalten. Das heutige Kirchenschiff stammt wohl von 1474. An der Südseite erkennt man die Wappen derer von Wichsenstein und Groß von Trockau. Der Neubau des Chores und der Sakristei ist für die Zeit um 1510 zu belegen.

Aus spätgotischer Zeit stammt die Strahlenmadonna am Hauptaltar.

Johannes Tremel, der als Gründer des Fränkische-Schweiz-Vereins bezeichnet werden kann, war von 1899–1909 Pfarrer von Volsbach. 1901 (19. August) rief er bei der Amtseinführung des Bezirksamtmannes Brinz in Pegnitz spontan zur Begründung eines solchen Heimatvereines auf.

Am Vorabend der Heiligen Abends wird alljährlich seit 1950 die Tradition der Lichterprozession mit über 2.100 Lichtern durchgeführt – ähnlich, wenn auch bescheidener, wie in Pottenstein.

E9 Seelig

Seelig gehört seit 1971 zur Stadt Waischenfeld und ist einer der 29 Ortsteile. Am 1. Juli 1972 wurde die Stadt Waischenfeld nach der Auflösung des Landkreises Ebermannstadt dem Landkreis Bayreuth angeschlossen. Ursprünglich heißt der Ort *Saiheck*. Damit ist ein Platz gemeint, an dem viele Salweiden stehen.

Funde aus der Steinzeit beweisen, dass auch dieser Teil der Fränkischen Schweiz schon in sehr alten Zeiten vorübergehend von Menschen aufgesucht wurde. Sie dürften wohl, solange die Nahrungsquellen ausreichten, in Höhlen gewohnt haben.

Es wird vermutet, dass Seelig selbst erst eine fränkische Gründung ist. Der Ort bestand wohl schon vor der Gründung des Bistums Bamberg – da gehörte er noch zum Bistum Würzburg. Dieses Bistum hatte in Seelig Zehntrechte, die urkundlich nachweisbar sind. Seelig bzw. Saiheck lag damals im Sprengel der Urkirche von Nankendorf. Die Schlüsselberger, die um 1216 die Herrschaft in und um Waischenfeld antreten, übertrugen die Zehntrechte von Seelig an die Ritter von Rotenstein. Als Konrad II. von Schlüsselberg im Jahre 1347 ohne männlichen Erben auf seiner Burg Neideck verstarb, kam Seelig in den Besitz der Herren von Streitberg und damit in den Einflussbereich der Burggrafen von Nürnberg. Mit der Übernahme der Reformation durch die Herren von Streitberg wurde auch Seelig evangelisch. Nach dem Aussterben derer von Streitberg fiel Seelig an den Bamberger Bischof, damals Marquard Sebastian Schenk von Stauffenberg, der den Ort an seine Verwandten auf der Burg Greifenstein übertrug.

Es ist unbekannt, wann die erste Kirche in Seelig errichtet wurde. Da sie im Laufe der Zeit zu klein geworden war, schlossen sich die Einwohner nach dem Ersten Weltkrieg zu einem Kirchenbauverein zusammen. Der Erfolg all dieser Bemühungen war aber erst nach dem Zweiten Weltkrieg möglich und zwischen 1949 und 1951 entstand ein würdiges Gotteshaus.

E10 Waischenfeld

In einem Bereich des Wiesenttals, in dem dessen Hänge schroff ansteigen, befindet sich Waischenfeld. Seine Geschichte ist eng verknüpft mit der über dem Ort auf einem

Dolomitfelsen thronenden Burg, die erstmals 1122 erwähnt wird. Der nach 1216 Schlüsselbergische Besitz erhielt 1315 von König Ludwig dem Bayern Stadtrechte. 1348 wurde der Ort bambergisch und als solcher ein Grenzposten zu den Nachbarterritorien. Die Siedlung wurde mit einer Stadtmauer umgeben, deren Reste noch heute erkennbar sind. In die vom letzten Schlüsselberger als Stammsitz ausgebaute Burg zog der bischöfliche Oberamtmann ein, war doch Waischenfeld mit einem Zehntamt, Vogteiamt und Kastenamt ausgestattet worden. Die Burg und der Ort blieben im Bauernkrieg verschont, wurden aber im Markgrafenkrieg von Albrecht Alcibiades und im Dreißigjährigen Krieg gebrandschatzt und geplündert. Von der Burganlage sind nur noch Reste erhalten, insbesondere der so genannte Steinerne Beutel. „Der runde Warthurm ist noch in seiner ursprünglichen Gestalt; er ist 30 Schuh hoch, und steht auf einem 40 Fuß hohen isolirten Felsen; nur mit einer Leiter gelangt man dahin", beschreibt HELLER (1829, S. 194) diese Burgruine.

Neben diesem Steinernen Beutel sind in Waischenfeld die Stadtpfarrkirche, die St.-Anna-Kapelle und die Stadtkapelle wichtige historische Gebäude. ▶ Abb. 161 Das Amtsgebäude des Rentamts, nach Plänen von Leonhard Dientzenhofer kurz nach 1700 errichtet, wurde 1969 leider abgerissen. Die Hauptstraße ist in der Gegenwart sehr ansprechend durch ihre hohe Konzentration an ansehnlichen Fachwerkhäusern.

In Waischenfeld entwickelte sich ein reges Gewerbe und Handwerk. Zahlreiche Mühlen (darunter mehrere Eisenhämmer) wurden betrieben. Unter den Handwerkern lassen sich besonders die Müller, Fischer, Büttner, Gerber, Färber und Hafner erwähnen. Waischenfeld besaß mehrere Brauereien und Gaststätten, was auch die Romantiker bei ihren Besuchern (besonders Ernst Moritz Arndt) anerkennend berichten. Fast schon schwärmerisch behauptet HELLER (1829, S. 193): „Jeder Freund der schönen Natur wird hier einige Tage mit Vergnügen verweilen." Die landwirtschaftliche Produktion des Städtchens beschreibt BUNDSCHUH (1804, Sp. 134) mit: „Die Erzeugnisse des Bodens, als Korn, Waizen, Gerste, Hafer, Haidel, Schrotgetraid und Erdäpfel sind für das heimische Bedürfniß […] hinreichend."

Im Rahmen des durch die Höhlenforscher und Romantiker im 18. Jh. ausgelösten touristischen Interesses an der Fränkischen Schweiz war Waischenfeld zwar kein prioritäres Ziel, aber es wurde durchaus von mehreren Gästen besucht, v. a. im Zusammenhang mit der benachbarten Försterhöhle. Der Tourismus in der zweiten Hälfte des 19. Jh. und bis zum Zweiten Weltkrieg betraf dann Waischenfeld kaum mehr. Erst in der Nachkriegszeit etablierte sich ein bescheidener Tourismus, dessen wichtigstes Charakteristikum der extrem hohe Anteil der Gästewohnungen an den Übernachtungsstätten ist (d. h. Betriebe mit weniger als zehn Betten). Direkt an der Wiesent gelegen, gibt es auch den Campingplatz Steinerner Beutel mit 80 Dauerstellplätzen, weiteren Stellplätzen und dem speziellen Service an Tageskarten für das Fliegenfischen in der Wiesent.

Abb. 161 St.-Anna-Kapelle und Steinerner Beutel – zwei Landmarken der Waischenfelder Stadtlandschaft

Seit dem 19. Jh. erlebte Waischenfeld keine einschneidenden wirtschaftlichen Impulse. Parallel zu dem Verlust seiner Ämterfunktionen entwickelte es sich zu einer Ackerbürgerstadt zurück. Ein zweifelhafter neuer (nur kurz währender) Impuls war die Etablierung eines nationalsozialistischen Forschungsinstituts in Waischenfeld. Dazu kaufte 1934 die SS das ehemalige Rentamtsgebäude und nutzte es als SS-Hilfswerklager der Österreichischen Legion. Nach Konflikten mit der Lokalbevölkerung wurde das Lager Ende der 1930er Jahre aufgelöst. 1943 wurde in das Gebäude die Hauptverwaltung der Forschungsgemeinschaft Deutsches Ahnenerbe, einer pseudowissenschaftlichen Forschungseinrichtung der SS, infolge zunehmender Luftangriffe aus Berlin nach Waischenfeld mit 40 Mitarbeitern verlegt. Sie blieb im Ort isoliert und ihre Präsenz währte nur kurze Zeit.

2015 entstand in Waischenfeld mit einer Investition von 7,5 Mio. Euro ein Forschungscampus des Fraunhofer-Instituts für Integrierte Schaltungen (mit Sitz in Erlangen). Hier, an diesem ruhigen und isolierten Ort, sollen sich junge Wissenschaftler und Mitarbeiter des Instituts mit Kunden, Kooperationspartnern und als Team in inspirierender Arbeitsumgebung treffen und austauschen können. Dass die Standortwahl für diesen Forschungscampus gerade auf Waischenfeld fiel, hat mit dem langjährigen Leiter des Fraunhofer-Instituts, Heinz Gerhäuser, zu tun, der in Waischenfeld wohnt und sich für diesen Standort stark machte.

Zwar hat sich Waischenfeld inzwischen zu einer Gemeinde entwickelt, in der der Tourismus eine nennenswerte Rolle spielt. Es wurde 1975 zum staatlich anerkannten Luftkurort ernannt, bietet ein breites Spektrum an naturnahen Freizeitaktivitäten wie z. B. Wandern, Klettern und Radfahren und kann mittlerweile 83.800 Übernachtungen (2016) verzeichnen, davon 51.800 in Beherbergungsbetrieben mit weniger als zehn Betten.

Das Arbeitsplätzeangebot in Waischenfeld ist indes unzureichend, sodass der Ort einen hohen Anteil von Berufspendlern in die umliegenden Zentren aufweist, der mehr als die Hälfte aller Beschäftigten ausmacht.

Im Rahmen der Gemeindegebietsreform in Bayern hat sich die Gemeinde Waischenfeld seit 1971 mehrfach vergrößert. Durch die Eingemeindung von Gösseldorf und Seelig (1971), Nankendorf, Hannberg, Langenloh, Rabeneck (1972), Breitenlesau (1977) und Teilen von Plankenfels (1978) umfasst das Gemeindegebiet derzeit 57,3 km^2 mit 3.074 Einwohnern (2017). Sie alle gehören nunmehr zur Stadt Waischenfeld.

E11 Kirchahorn (Gemeinde Ahorntal)

Die Gemeinde Ahorntal mit dem Hauptort Kirchahorn umfasst die ehemaligen Gemeinden Adlitz, Freiahorn, Kirchahorn (mit dem 1971 eingegliederten Ort Christanz), Körzendorf, Oberailsfeld, Reizendorf und Volsbach. 1978 wurde die bis dahin selbständige Gemeinde Poppendorf eingegliedert. Seither hat die Gemeinde etwa 2.175 Einwohner.

Der landwirtschaftlich geprägte Ortsteil Kirchahorn liegt etwa 14 km südwestlich von Bayreuth in einem weitläufigen Becken, in dem verschiedene Bachläufe zusammenkommen. Sie bilden dann den Ailsbach, der sich weiter unterhalb ab der Schweinsmühle zu einem schroffen Felsental verengt und sich von dort ab durch Weißjuraschichten bis nach Behringersmühle schlängelt.

Größte Bedeutung für Kirchahorn hatte die Familie derer von Rabenstein, die 1557 mit Wolf von Rabenstein die Burg Rabenstein übernahmen und den Hauptsitz der Familie nun hierhin verlegten. ▶ E 30 Sie waren die Patronatsherren in Kirchahorn und besaßen außer den Burgen Rabenstein und Rabeneck Ansitze in Weiher, Adlitz und Kirchahorn. Der letzte Rabensteiner Johann

Albrecht von Rabenstein starb 1742. Das ehemalige Wasserschloss der Rabensteiner wurde im 18. Jh. abgebrochen.

Kirchahorn besitzt eine Evangelische Kirche. Schon beim Betreten fällt das sehenswerte steinerne Barock-Westportal an der Außenmauer auf. Um 1450 war mit dem Bau der Kirche begonnen worden. Aus dieser Zeit sind heute nur noch das Untergeschoss des Turmes und der Chor erhalten. 1731–1739 wurde das Langhaus erweitert und der Turm um ein Geschoss erhöht. Er erhielt eine welsche Haube. Seither stellt sich die Kirche als Saalbau mit Walmdach dar. Der Hauptaltar zeigt den schwarzen Raben, das Wappentier derer von Rabenstein. Unter dem Fußboden der Kirche befindet sich eine nichtzugängliche Gruft der Rabensteiner, in der auch Johann Albrecht von Rabenstein beigesetzt wurde.

E12 Oberailsfeld

Die beiden maßgeblichen Orte der Gemeinde – Kirchahorn ▶ E 11 und Oberailsfeld – haben ihre je eigene Geschichte. Als der älteste Ort der Gemeinde gilt Oberailsfeld, das wohl um 850 durch einen *Agil* oder *Egil* im Auftrag des Würzburger Bischofs begründet wurde. Die Edelfreien von Ahorn, mit dem späteren Sitz an der Stelle der heutigen Klaussteinkapelle ▶ E 1, bauten im Talgrund bei Kirchahorn ein Wasserschloss, von dem nurmehr spärliche Reste vorhanden sind. Verschiedene Geschlechter wirkten in der Tallandschaft.

Das Dorf Oberailsfeld liegt flussabwärts bereits im Engtalbereich des Ailsbachtals. Hier befindet sich die katholische Kirche St. Burkard. Das Kirchenpatronat mit dem ersten Würzburger Bischof Burkard bringt zum Ausdruck, dass der Ort und seine Kirche zum Bistum Würzburg gehörten. Noch im 12. Jh. entrichtete der Ort den Zehnt nach Würzburg. 1474 wurde Oberailsfeld selbständige Pfarrei innerhalb des Bistums Bamberg unter dem weltlichen Patronat der Herren von Rabenstein, denen auch Burg Rabeneck gehört. ▶ E 29 1608 verzichteten diese auf das Patronat, doch blieb die Verbindung erhalten; denn noch im 18. Jh. wurde die inzwischen neue Kirche aus der Rabeneck'schen Stiftung finanziert. Die heutige Pfarrkirche wurde 1769/70 an der Stelle der alten gotischen Kirche (an der Stelle des heutigen Pfarrzentrums) außerhalb der Kirchmauer gebaut. Der spätbarocke Altar lässt Bezüge zur hl. Dreifaltigkeit und damit zur Basilika in Gößweinstein erkennen. Im Zentrum des Altarbildes steht der Bischof Burkhard von Würzburg. Die beiden Heiligen neben dem Altar sind die Gründer des Bistums Bamberg, Kaiser Heinrich II. und seine Gattin, die hl. Kunigunde. Dadurch wird den beiden für diese Kirche so wichtigen Bistümern sichtbar Rechnung getragen. Die Orgel von St. Bernhard in Oberailsfeld – heute noch weitgehend im Originalzustand – gehört zu den schönsten ihrer Art in der Gegend und ist weit darüber hinaus. Sie wurde in den Jahren 1834–1837 vom Orgelbauer Engelhardt Herrmann aus Stockach bei Haßfurt gebaut.

Oberailsfeld ist heute ein beliebtes Ziel für Besucher der Gaststätte und Brauerei Held, deren Bier überregional bekannt und beliebt ist.

E13 Hohenmirsberg

Mit 538 m Höhe ü. NHN ist Hohenmirsberg eine der am höchsten gelegenen Ortschaften der Fränkischen Schweiz. Infolge der Höhenlage und der weitgehenden Waldfreiheit ist der Ort mit seinem Kirchturm von weither gut sichtbar. ▶ Abb. 162 Die Katholische Pfarrkirche St. Martin besitzt einen unverputzten, mächtigen Turm aus dem Jahr 1472. Im Albrechtinischen Krieg wurde der Ort 1552 weitgehend abgebrannt. Die jetzige, um 1720 errichtete Kirche steht seitlich neben dem Turm.

HELLER (1829, S. 84f.) äußert sich verwundert darüber, „daß dieser Ort keinen Mangel an Wasser hat, da es doch vielen tiefer liegenden Orten in seiner Nähe an Quellwasser gebricht." Es ist die tonige Stauschicht des Ornatentons, unterhalb von Malm-alpha gelegen, die das Grundwasser an Quellen im Ortsbereich zum Austritt bringt; davon profitiert Hohenmirsberg. In zwei Steinbrüchen nördlich und südlich der Ortschaft werden Kalksteine des Oberen Jura abgebaut.

Abb. 162   Das stattliche Dorf Hohenmirsberg ist aufgrund seiner Höhenlage von weither sichtbar.

Der heute 224 Einwohner zählende Ort ist 1978 nach Pottenstein eingemeindet worden.

E14 Trockau

Der Marktort Trockau wird seit seinen Anfängen geprägt von seiner Burg. Sie wird 1273 erstmals erwähnt (Burg *de Trogave*) und gelangte im 14. Jh. in den Besitz der Herren von Trockau (die 1737 reichsunmittelbar wurden) und blieb deren Eigentum auch bis zum Ende des Alten Reiches. Die Burg wurde im 15. Jh. mehrfach zerstört und schließlich 1769–1778 auf dem alten Burgareal völlig neu errichtet als Schloss, das bis heute besteht. Mit dem Landesherren wechselte Trockau mehrfach die Konfession; heute ist es überwiegend katholisch. Trockau war als reichsritterschaftliches Dorf stark gewerblich geprägt. So wurden etwa jährlich vier Märkte hier abgehalten.

Das Handbuch von GÖTZ (1898, S. 212) beschreibt den Ort so, dass er „von der im S-W ansteigenden Erhebung aus übersehen, im Zusammenhalt mit den von Mühlen und Teichen belebten Thalgrunde ein sehr anmutiges Bild" biete. Hier lobt er aber mehr die umgebende Landschaft als das Dorf. Denn der verheerende Brand von 1798 zerstörte fast alle Häuer des Dorfes, er verschonte aber das Schloss.

Eine einschneidende Veränderung brachte 1937 die Fertigstellung der Reichsautobahn Berlin–Nürnberg (heute BAB 9), die nun die Erreichbarkeit des Orts entscheidend verbesserte. Es wurde eine eigene Autobahnausfahrt angelegt. Nach der deutschen Vereinigung wurde aufwändig die Talbrücke Trockau der BAB 9 errichtet, die den kurvenreichen Trassenverlauf der 1930er Jahre ablöste. Trockau besitzt auch

Abb. 163   Die Autobahn-Talbrücke ist heute ortsbilddominierend. Im Vordergrund ist das Schloss erkennbar.

seit 1937 eine Autobahnmeisterei. Die sehr nahe am Dorf vorbeiführende Autobahntrasse (und ebenfalls die Talbrücke) hat die Lärmbelästigung zu einem merklichen Negativposten werden lassen. ▶ Abb. 163

Erst 1950 wurde eine Kirche erbaut, die 2010 zur Autobahnkirche ernannt wurde. Bekannt und beliebt bei Jugendlichen ist das Musik Center am östlichen Ortsrand, wo Disco-Veranstaltungen stattfinden.

Da das Schloss in Privatbesitz und nicht für Besuche freigegeben ist, bietet Trockau heute keine touristischen Attraktionen. Bis um 1990 gab es einen durchaus lebhaften Tourismus, was an dem Bestehen von sechs Gaststätten, die heute bis auf den Gasthof Stöckel alle aufgegeben haben, deutlich wird.

Trockau wurde 1978 eingemeindet in die Stadt Pegnitz und hat heute 470 Einwohner (2015).

E15 Doos

Der Weiler Doos (ca. 30 Einwohner) liegt etwa 5 km südwestlich der Stadt Waischenfeld am Zusammenfluss von Wiesent und Aufseß. Dabei nimmt ab Doos die Wiesent die Fließrichtung der Aufseß an, obwohl sie der größere Fluss ist. Früher mündete die Aufseß über einen 4 m hohen Wasserfall in die Wiesent, der aufgrund seines spektakulären Wassergetöses namensgebend für den Weiler war (ehemals *Toos,* jetzt Doos). Leider haben Hochwässer 1793 den aus Tuffgestein bestehenden Wasserfall zerstört, sodass heute nur noch ein kleinerer Rest zu sehen ist. Bauern haben dann den freiliegenden Tuffstein 1860 abgebaut und als Baustein für Gewölbedecken in den Kuhställen verwendet. Etliche Wasserableitungen und kleinere Laufkorrekturen ließen nur noch ein paar Stromschnellen und kümmerliche Reste des einst so attraktiven Wasserfalls übrig. ▶ Abb. 164

Ungeachtet dessen war Doos schon in der Kaiserzeit im 19. Jh. ein für Sommerfrischler beliebter Ort, der über ein überörtlich bekanntes Gasthaus, Fremdenzimmer (ab 1880), eine eigene Stromversorgung (1920) und ab 1936 sogar ein beheiztes Schwimmbad verfügte. Inzwischen wird das ehemalige Gasthaus am Rand eines malerischen Wiesengeländes von einer Suchthilfeeinrichtung Therapeutische Gemeinschaft, Haus Aufseßtal, genutzt, die vom Deutschen Orden getragen wird. Noch heute können Gäste und Wanderer im Gastgarten bei Brotzeit oder Kaffee Rast machen.

Um 1920 gab es Pläne, die Wässer von Wiesent und Aufseß zur Stromerzeugung zu nutzen. Staubecken mit einem Fassungsvermögen von fast 300.000 m³ Wasser sollten unterhalb von Doos angelegt werden. Dazu wollte man Stollen durch den Berg bis Muggendorf treiben, um durch das Gefälle Energie erzeugen zu können. Naturschützer und betroffene Gemeinden brachten die Pläne zu Fall.

Heutzutage wird Doos v. a. von Liebhabern des sanften Wassersports geschätzt. In den Monaten Mai bis September werden vom Zentrum Doos aus Kanu- und Kajak-Touren auf einer Strecke von 28 km bis nach Muggendorf angeboten. Dabei kann zwischen längeren und kürzeren, spritzigeren und ruhigeren Strecken gewählt werden. Alternativ bzw. ergänzend kommen Bogenschießen und Barbecue-Veranstaltungen

Abb. 164 Der Wasserfall der Aufseß an der Mündung in die Wiesent

im malerischen Höhlenambiente dazu. Bei Wanderern beliebt ist das Aufseßtal oberhalb von Doos (bis nach Wüstenstein), da es naturnah ohne begleitende Straße verläuft.

E16 Tüchersfeld

Der Ort im Püttlachtal liegt etwa 337 m ü. NHN. Er ist hervorgehoben durch die markanten Felsformationen eines Umlaufberges: Schwammriffe in Kegelkarstform. Sie entstanden durch eine Hebung der Frankenalb im Jungtertiär und der Abtragung der mächtigen Sanddecke aus der Oberkreide.

Die Fachwerkhäuser des Dorfes scheinen teilweise an die Felsen geklebt. Dieses Motiv dürfte das meistfotografierte der Fränkischen Schweiz sein. Es gilt als ein Symbol der Fränkischen Schweiz. Vom LfU wurde der Ort als geowissenschaftlich wertvolles Geotop ausgewiesen und mit offiziellem Gütesiegel in die Reihe „Bayerns schönste Geotope" aufgenommen.

Die ehemalige Gemeinde Tüchersfeld gehört seit 1972 größtenteils zur Stadt Pottenstein; die Ortsteile Hühnerloh und Kohlstein fielen an den Markt Gößweinstein. Bis in den Dreißigjährigen Krieg existierten in Tüchersfeld zwei Burgen, die Obere Burg (Oberntüchersfeld) und die Untere Burg.

▶ Abb. 165

Die Obere Burg (Oberntüchersfeld)

Der Ritter Eberhard Groß hatte auf der Oberen Burg ein halbes Burggut inne. Im Jahre 1430 wurde diese Burg von durchziehenden Hussiten zerstört. Bereits 1442 wurde die Burg als Burg Oberntüchersfeld wieder errichtet und damit der Amtmann Heinrich Gareis belehnt. Seine Witwe, Veronica, vernachlässigte die bischöfliche Amtsburg, sodass diese und die damit verbundenen Güter in den Fürstenkriegen zwischen 1460 und 1462 schweren Schaden erleiden. Deswegen kam es zu einem Streit zwischen Veronicas zweitem Mann, Hans Wolfskeel, und dem Bischof von Bamberg. In der Klageschrift von 1468 wird die Burganlage genau beschrieben. Demnach muss sie ursprünglich sehr umfangreich gewesen sein. In den Jahren 1490/91 taucht der letzte Nachweis eines Amtmanns auf Oberntüchersfeld auf. Danach wurde die Anlage offenbar aufgelassen. 1506 wird diese Amtsburg dann nur mehr Burgstall genannt. Angeblich sollte 1506 der Amtmann von Gößweinstein die Burg nochmals aufrichten, was indes nicht geschah. Heute sind von der einstigen Burganlage im Gelände nur sehr spärliche Reste zu sehen. Beim Aufstieg zum Fahnenstein stößt man bspw. auf den letzten Metern auf ziemlich ausgewaschene, in den Stein gearbeitete Stufen.

Die „schönsten Geotope" und Naturdenkmale

Das Bayerische Landesamt für Umwelt veröffentlichte 2011 einen „Bestseller" mit den „100 schönsten Geotopen" Bayerns. Die vier hiervon in der Fränkischen Schweiz gelegenen, ergänzt durch einige weitere spektakuläre Naturdenkmale, werden im Rahmen dieser Exkursion erkundet.

■ lid-online.de / 81501

Die Untere Burg

1243 wurde erstmals eine Person mit Namen *Fridericus quondam de Thvchersveld* genannt. Bereits im Jahre 1269 wurde dessen Burg als schon länger bestehende Veste erwähnt. Die eigentliche Burg lag talwärts hinter den beiden markanten, die gesamte Anlage dominierenden Felsentürmen. Heute sieht man davon nur mehr bis zu 6,5 m hohe Mauern eines mehrgeschossigen trapezförmigen Gebäudes, dessen eine Seite dem Verlauf des Felsen angepasst ist. Die Felsbearbeitungen geben einigen Aufschluss

Abb. 165   In Tüchersfeld sind am bewaldeten Umlaufberg links die Felsen mit der Ruine der Oberen Burg sowie rechts anschließend die Untere Burg auf einem Felssporn zu erkennen.

über die Dimensionen des wohl einstmals drei- oder viergeschossigen Gebäudes.

Auch diese Burg wurde 1430 beim Durchzug der Hussiten zerstört. Die Neuerrichtung besorgte der Lehensinhaber von Groß. Bis zum Jahre 1507 gehörte die Burg, nach und nach auch Schloss genannt, verschiedenen Zweigen der Familie Groß von Trockau. Im Jahre 1515 wurde sie im Bauernkrieg erneut zerstört.

1607 kam sie zusammen mit der Burg Kohlstein in den Besitz des Dompropstes und Domkapitulars von Bamberg und Würzburg, Otto Philipp Freiherr von Guttenberg. Im Dreißigjährigen Krieg (1636) wurde die Burg endgültig zerstört. Im Jahre 1691 wird der Burgstall in der Ämterbeschreibung als „ganz öde" bezeichnet. Etwa um 1700 dürfte dann wohl in der ruinösen Vorburg der Unteren Burg eine Unterkunft für Juden eingerichtet worden sein.

Judenhof

In einem Schreiben des damaligen Barons von Aufseß werden im Jahre 1736 erstmals Juden in Tüchersfeld genannt. 1739 stellte der Pfleger von Schnaittach dem Juden Löw Samuel aus Dingersfeld ein Attest über dessen ehrbaren und tadellosen Lebenswandel aus. Bis 1755 sollen in den Gebäuden der Vorburg der Unteren Burg 44 Juden gewohnt haben. Im Jahre 1758 brannten die Gebäude dieses Teiles der ehemaligen Unteren Burg ab; sie wurden bis 1762 wieder errichtet.

Die Anlage wurde nach dem Wiederaufbau im Volksmund Judenhof genannt. Bemerkenswert ist die Synagoge, die um 1763 in dem Gebäudekomplex untergebracht wurde. Äußerlich erkennbar ist sie heute durch die gebogenen oberen Fensterbalken. Im Inneren ist sie schlicht gehalten und weist lediglich eine gewölbte Decke mit einfachen barocken Stuckrahmen auf. Um Platz für weitere Wohnungen zu erhalten, zog man damals wohl auch vor dem eigentlichen Burgfelsen eine Mauer hoch, um die Anlage zu erweitern.

Der Judenhof diente bis 1871/72 jüdischen Familien als recht beengte und z. T. nach und nach verkommende Wohnstätte. Zuletzt sollen dort noch 18 jüdische Familien gehaust haben. Auch diese zogen allmählich vom Ort ab – über ihr weiteres Schicksal ist so gut wie nichts bekannt.

Neue Nutzung als Fränkische-Schweiz-Museum

1959 verkaufte die Familie Groß die letzten Anteile der kleinparzellierten Anlage an Privatpersonen. Nachdem die Entscheidung getroffen wurde, dass der Judenhof in ein regionales Museum umgebaut werden solle, wurde die insgesamt sehr baufällige Anlage zwischen 1978 und 1982 umfassend restauriert. Bei den Bauarbeiten stieß man wieder auf den auffälligen Raum mit gewölbter Decke und gebogenen oberen Fensterbalken. Man erkannte die ehemalige Synagoge wieder und ließ ihr eine besondere Rekonstruktion zukommen. Im Jahre 1985 wurde das Fränkische-Schweiz-Museum im Judenhof auf dem Areal der Unteren Burg feierlich eröffnet. Seither konnte dieses Museum eine beachtliche Sammlung von regional bedeutsamen Exponaten aufbauen.

E17 Pottenstein

Keimzelle des Ortes Pottenstein ist seine über den darunter liegenden Tälern majestätisch die Landschaft auf einem Dolomitfelsen dominierende Burg. Sie entstand bereits vor 1100 durch den bayerischen Grafen Botho (woraus sich der Ortsname Pottenstein ableitet). 1112 erfolgte eine Schenkung an das Bistum Bamberg, bei dem Pottenstein bis zum Ende des Alten Reiches verblieb. Besonders stark in Erinnerung geblieben ist der (nur mehrmonatige) Aufenthalt der Heiligen Elisabeth von Thüringen, einer Nichte des Bischofs Egbert, auf der Burg im Jahr 1228. An diesen Aufenthalt knüpfen sich bis heute Legenden bei der Bevölkerung.

Am Fuß der Burg entwickelte sich der Ort Pottenstein, der infolge des Wasserreichtums und des starken Fließgefälles der Püttlach acht leistungsfähige Mühlen aufwies, die wirtschaftlich von großer Bedeutung waren. 1323 erhielt der Ort vom Hochstift Bamberg das Stadtrecht, und er wurde zu einem bedeutenden Amtssitz des Bamberger Bischofs. Die kleine ummauerte Stadtanlage am Fuß der Burg an der Püttlach umfasste drei Stadttore (Oberes, Unteres und Pfistertor), die nicht mehr erhalten sind; es bestehen indes noch Teile der Stadtmauer. Stadtbildprägend sind neben der Burg die Pfarrkirche St. Bartholomäus, Kunigundenkirche, Bürgerspital und Bürgerhaus.

Über die landwirtschaftliche Erwerbsbasis in der Vergangenheit schreibt BUNDSCHUH (1801, 4. Bd., Sp. 387/388) sehr anschaulich: „Nebst den übrigen Getreidearten baut es ziemlich viel Schrotgetreide […]. Es hat etwas Rindviehzucht; ansehnlicher aber ist die Schaafzucht und lebhaft der Handel mit Schaafen ins Nürnbergische. […] Aus seinen Bächen zieht es viele schmackhafte Forellen und treibt damit auch einigen Handel nach Bamberg und Bayreuth."

In der Phase der Entdeckung der Fränkischen Schweiz durch die Höhlenforscher und Romantiker des 19. Jh. war Pottenstein noch weitgehend unberücksichtigt geblieben. Für die aus Erlangen und dem Regnitztal anreisenden Fremden lag das Städtchen offenbar schon zu weit entfernt. Bleibt im Führer von GOLDFUSS (1810) Pottenstein noch völlig unberücksichtigt und wird es bei KRAUSSOLD u. BROCK (1837, S. 189) lediglich mit einem Nebensatz erwähnt („Pottenstein, malerisch am Schloßberge hingebaut" (S. 189) taucht es bei KÄPPEL, ROTHBARTH u. SCHULTHEIS (1840) zwar auch nur kurz, aber durchaus in schwärmerischer Sprache auf: „Nicht leicht zeigt ein Ort so viele interessante Punkte als Pottenstein, überall wird man durch besondere Naturschönheiten überrascht." (S. 25). Auch bei KÜTTLINGER (1856, S. 57/58) wird Pottenstein zwar erwähnt, aber nicht näher beschrieben und gewürdigt.

Dann allerdings begann Pottenstein schon im frühen 20. Jh. sich zu einem touristisch geprägten Ort zu entwickeln. Lag es hinsichtlich der Übernachtungszahlen 1924 noch auf Platz 5 in der Fränkischen Schweiz mit 4.832 Übernachtungen, nahm es 1930 bereits den zweiten Platz mit 27.589 Übernachtungen ein und wurde dann in der Nachkriegszeit (und bis heute) der Spitzenreiter (1956: 49.856, 1966: 68.802 und 2016: 252.430 Übernachtungen). Ein wichtiges Charakteristikum des Tourismus in Pottenstein ist der hohe Anteil an Übernach-

Abb. 166 Blick auf Pottenstein mit seiner Burg

Auf den Spuren der Heiligen Elisabeth

Im 13. Jh. weilte die Heilige Elisabeth, die spätere Landgräfin von Thüringen, nur wenige Wochen in Pottenstein. Die Erinnerung an sie ist aber bei der Bevölkerung noch erstaunlich wach. Diese im Volksglauben verwurzelte Tradition ist das Thema einer Exkursion, die zu Fuß an all jenen Standorten vorbeiführt, an denen Elisabeth während ihres Besuchs in Pottenstein gewirkt haben soll. ■ lid-online.de / 81511

Auf den Spuren der Heiligen Elisabeth

tungen in Kleinbetrieben mit weniger als zehn Betten, also in Ferienwohnungen und Pensionen.

Pottenstein besitzt eine reiche Zahl und Auswahl an Hotels und Gaststätten, attraktive öffentliche Infrastruktureinrichtungen für den Freizeitsuchenden (Hallenbad Juramar, Freibad) und für Touristen wie auch Naherholungssuchende gleichermaßen geschätzte Standorte zu Besichtigungen (Teufelshöhle, Burg), Unterhaltung (Sommerrodelbahn) und sportliche Aktivität (Golf, Rudern am Schöngrundsee, Klettergarten). ▶ E 28

Ein kirchlicher Brauch, der heute auch überregional sehr bekannt ist, auch wenn er erst 1759, und in seiner derzeitigen Form sogar erst 1905 ins Leben gerufen wurde, ist die Prozession der Ewigen Anbetung alljährlich am 6. Januar. Bei Einbruch der Dunkelheit beginnt die Prozession durch den Ort, die durch zahlreiche Feuer auf den umliegenden Felskuppen eingerahmt wird. Das optische Spektakel zieht inzwischen auch viele Schaulustige an, die mit dem religiösen Akt überhaupt nichts zu tun haben, sich aber an dem Event ergötzen. Auch der alljährliche Brauch des Schmückens eines Osterbrunnens findet am Marktplatz des Ortes einen besonders ansehnlichen und touristisch vielbesuchten Vertreter. Lokale Tradition vermischt sich in diesen Beispielen mit touristischer Nachfrage.

In der zweiten Hälfte des Zweiten Weltkrieges (1942–1945) befand sich in Pottenstein eine Außenstelle des KZ Flossenbürg. Hier mussten ca. 750 Häftlinge Zwangsarbeit zur Errichtung des Schöngrundsees für die SS-Karstwehr und die weitere Erschließung der Teufelshöhle leisten. Sie waren in einer Scheune der Brauerei Mager untergebracht.

Pottenstein ist der Sitz des Naturparks Fränkische Schweiz-Frankenjura und als zentraler Ort durch die Regionalplanung als Kleinzentrum (mit Mittelpunktsfunktion) ausgewiesen. Im Rahmen der Gemeindegebietsreform wurden 1972–1978 zu Pottenstein die ehemals selbständigen Gemeinden Haßlach, Kirchenbirkig, Tüchersfeld (in Teilen), Püttlach, Vorderkleebach, Kühlenfels, Leienfels, Regenthal und Elbersberg (in Teilen) eingemeindet. Auch alle diese neu hinzugekommenen Orte gehören nun zur Stadt Pottenstein. Pottenstein hat sich dadurch von einer Gemeindefläche von 6,8 km² mit 1.361 Einwohnern (1970) auf 73,6 km² mit einer Einwohnerzahl von 5.224 (2017) vergrößert. ▶ Abb. 166

E18 Kirchenbirkig

Der Name Kirchenbirkig bedeutet soviel wie ‚Kirchdorf im Birkenwald'. In der Tat besitzt der Ort schon früh eine Kirche, was urkundlich aber erst spät, nämlich für 1520 bezeugt ist. Es gibt allerdings bereits Hinweise auf den Ort aus dem 10. Jh.; 1303 wird er erstmals urkundlich erwähnt.

Das auf der Hochfläche liegende, landwirtschaftlich geprägte Dorf hatte die auch anderswo anzutreffenden Wasserversorgungsprobleme ohne Fließgewässer; entsprechend gab es mehrere Hülen im Ort, die indes heute nicht mehr im Ortsbild zu erkennen sind.

Seit dem 14. Jh. gehörte Kirchenbirkig zum bambergischen Amt Tüchersfeld. Die heutige Pfarrkirche St. Johannes der Täufer entstand wohl um 1500; sie wurde 1851 grundlegend renoviert und dominiert bis heute das Ortsbild.

Anknüpfend an alte Traditionen wird heute jeden zweiten Donnerstag im Monat der dorfeigene Backofen befeuert. Das öffentliche Backen und Verkaufen von Zwiebelkuchen und Brot ist eine Attraktion für Touristen. Weitere touristische Standorte befinden sich in unmittelbarer Umgebung des Dorfes – der Golfplatz, die Teufelshöhle und der Kletterwald. Mit dem Gasthaus-Hotel Bauernschmitt besitzt Kirchenbirkig einen der beliebtesten und leistungsfähigsten Gastronomie- und Beherbergungsbetriebe der Region.

1972 wurde die bis dahin selbständige Gemeinde nach Pottenstein eingegliedert. Der Ort umfasst heute ca. 430 Einwohner.

E19 Elbersberg

Der Ort Elbersberg wird bereits 1090 urkundlich erwähnt als *Albuinsberg*. Er wurde schon früh bambergisch, dann an die Schlüsselberger verpfändet und fiel 1358 im Tausch wieder an den Bischof von Bamberg zurück. Seit 1548 ist Elbersberg Pfarrei, von 1552–1557 war der Ort kurzzeitig protestantisch, 1848 wurde die wegen Baufälligkeit neu errichtete Kirche St. Jakobus geweiht. Als Ort auf der Hochfläche besaß das Dorf zwei größere Hülen in der Ortsmitte zur Brauchwasserbereitstellung.

Am Ortsrand liegt auch eine Feldkapelle am Jakobsweg zwischen Pegnitz und Hiltpoltstein aus dem 18. Jh. Diese ist heute beliebte Etappenstation für Wanderer.

Ein größeres Projekt existiert in Elbersberg erst seit wenigen Jahren, die Siedlung Lindenhöfe Elbersberg. Dabei handelt es sich um eine parkartige Wohnanlage von 46 eingeschossigen, barrierefreien Häusern in verkehrsberuhigter Umgebung mit Gemeinschaftshaus. Die Anlage Zukunftshäuser für Senioren stellt ein (staatlich gefördertes) Pilotprojekt für altersgerechtes, attraktives Wohnen dar, sei es als betreutes Wohnen, sei es in individueller Betreuung. Ein kulturelles und medizinisches Angebot wird vor Ort erbracht und kann bei Bedarf nachgefragt werden.

Elbersberg ist unter Wanderern beliebt wegen der oben erwähnten Feldkapelle, aber auch als Einkehrmöglichkeit in der Gaststätte Kapellenhof.

Der Ort wurde 1978 eingemeindet nach Pottenstein. Er hat gegenwärtig 438 Einwohner (2017).

E20 Bronn

Bronn gehört heute mit seinen 564 Einwohnern zu Pegnitz; es ist westlich dieser Stadt an der B 2 und unmittelbar neben der BAB 9 gelegen. Das Leben des Ortes wird bis heute maßgeblich von der Landwirtschaft bestimmt. Viele Bürger fahren als Pendler zu Betrieben in der Umgebung.

Hauptsehenswürdigkeit des Dorfes ist die mitten im Ort gelegene barocke Evangelische Pfarrkirche. Von der ursprünglichen Kirche ist nicht mehr viel zu sehen. Besonders auffallend ist jedoch beim Haupteingang das relativ seltene Zackenportal. Es erinnert an normannische Vorgaben, wie sie sich aus dem 12. Jh. auch am Bamberger Dom bei der Adamspforte finden. Ob hier Bamberger Baumeister tätig waren, ist nicht erwiesen. Mit der Einführung der Reformation im Markgraftum Brandenburg-Bayreuth wurde die Kirche evangelisch. Bei der Kirchenrenovierung im Jahre 1749 wurde das Langhaus um sechs Schuh erhöht. Auch eine Stuckdecke wurde damals eingezogen. Die große Mittelkartusche zeigt das Auge Gottes im Strahlenkranz; die ovalen Eckkartuschen sind mit Muschel- und Bandelwerk verziert. Auch die Empore wurde 1749 eingebaut. Die damals eingebrachte Kanzel lieferte der Pottensteiner Bildhauer Conrad Schleunig; 1866 wurde diese Kanzel aber ersetzt.

E21 Hüll

Abb. 167   Blick von Osten auf das Dorf Hüll

Der Ort liegt etwa 2,2 km nordöstlich von Betzenstein an der Kreisstraße zwischen Weidensees und Betzenstein. Sein Name leitet sich von dem Wort Hüle ab, womit eine mit Regenwasser gefüllte Vertiefung gemeint ist. Hüll ist heute einer der 22 Ortsteile der Stadt Betzenstein im Landkreis Bayreuth. Der Ort wurde vermutlich 1140 erstmals urkundlich erwähnt. 1196 wird er als eine der Forsthuben genannt, die dem Förster von Weidensees unterstanden. Die erste urkundliche Erwähnung als *Hul* datiert von

1348. 1839 hieß der Ort zuweilen auch noch Betzensteinerhüll. Bedeutsam in dem Dorf ist seine (Wallfahrts-) Kirche. Ihre Geschichte reicht bis ins 11. Jh. zurück. Die heutige Kirche wurde wohl um 1400 errichtet. 1421 wird sie als alte Wallfahrtskirche mit dem Patrozinium St. Laurentius und St. Martin bezeichnet. Im gleichen Jahr wird urkundlich erstmals eine Frühmessnerei erwähnt.

Da Hüll 1504 an die Reichsstadt Nürnberg fiel, sollte hier auch nach der Übernahme der reformatorischen Ideen um 1525/26 der Wallfahrtbetrieb eingestellt werden. Trotzdem fanden weiterhin Wallfahrten nach Hüll statt. Daher wurden 1561 die Bilder Marias und Martins entfernt. Trotzdem gehen die Wallfahrten weiter – nun zum Bild einer noch dort befindlichen „Madonna von Hüll". Heute wird der Ort optisch dominiert von einer Windkraftanlage, die sich in etwa 1 km Entfernung östlich des Dorfes befindet. ▶ Abb. 167

E22 Betzenstein

Betzenstein (oft auch „Petzenstein" geschrieben) besitzt eine günstige Lage am Handelsweg zwischen Nürnberg und Bayreuth. Auf der Albhochfläche gelegen, ist es jedoch gehandicapt hinsichtlich seiner Wasserversorgung, gibt es doch weder Täler noch Quellen in unmittelbarer Umgebung.

Auf dem Felsen über dem Ort entstand bereits im 12. Jh. die Burg der Ministerialen von Betzenstein. Sie ging 1311 in den Besitz der Schlüsselberger über; 1327 wurde sie geteilt in den Nordteil der Burg, der an die Leuchtenberger ging, und den Südteil, der bei den Schlüsselbergern verblieb. Diese Zweiteilung der Burg hielt sich bis in die Gegenwart. 1347 ging der Schlüsselberger Besitz an die Burggrafen von Nürnberg über, doch wenig später waren die Leuchtenberger die Besitzer auch dieses Teils. Im Rahmen der Bemühungen des Kaisers Karl IV., die Verbindung des Reichslandes mit Böhmen zu sichern und zu stärken, verlieh er dem Ort 1359 das Markt- und Stadtrecht. Es waren somit geostrategische Überlegungen, die die naturräumliche Benachteiligung Betzensteins als von geringerem Rang erscheinen ließen. 1505 kam Betzenstein dann zur Freien Reichsstadt Nürnberg. Sie setzte einen Vogt in Betzenstein ein, veranlasste den Bau einer Stadtmauer und – von enormer Wichtigkeit für das Alltagsleben in der Stadt – das Graben eines 84 m tiefen Ziehbrunnens zur Trinkwasserversorgung (1543–1549).

Ursprünglich pfarrte die Bevölkerung von Betzenstein nach Velten. Erst 1735 wurde die alte, baufällig gewordene Filialkirche ersetzt durch eine im Barockstil neu errichtete Pfarrkirche und 1748 die Kirche eingeweiht. Sie ist ein Vertreter des typischen Stils der protestantischen Barockkirchen der so genannten Markgrafenkirchen, allerdings mit dem Unterschied, dass Altar und Kanzel getrennt sind, was sie als Vertreter der „Nürnberger Landpflege" ausweist.

HELLER (1829, S. 41) beschreibt Betzenstein als „nicht unbedeutender Marktflecken mit 106 Häusern und darunter 5 Gasthäusern". Bis ins 20. Jh. gab es einen merklichen Hopfenanbau (Betzensteiner Gebirgshopfen), bei dem Johann Barth von besonderer Bedeutung war. Er zog 1794 nach Betzenstein, sein Sohn Georg betrieb einen regen Handel mit Hopfen, den er direkt von den Hopfenbauern der Umgebung aufkaufte; die Familie Barth besaß auch das stattliche Hopfenhaus im Ort (erkennbar an den seitlich ins Dach integrierten Darren), das ihr Stammhaus war. 1759 verlegte die Firma ihren Sitz nach Nürnberg. Die sonstigen landwirtschaftlichen Aktivitäten über die Sonderkultur des Hopfens hinaus waren sehr bescheiden bei ebenso bescheidenen naturräumlichen Voraussetzungen.

Bis Ende des 19. Jh. gab es um Betzenstein auch einen nennenswerten Bergbau von Eisenerz. Dieser Erwerbszweig wird sogar als in engem Zusammenhang mit der Berggerechtigkeit der Freien Reichsstadt Nürnberg stehend genannt: „Bey dem Nürnbergischen Städtchen Betzenstein wird bemerkt, daß aus den dortigen Eisengruben viel Eisenerz gezogen wird; man habe also nicht Ursache über die vom Kaiser Karl V. der Reichstadt Nürnberg verliehene und von jedem neuen Kaiser bestätigte Bergwerksgerechtigkeit zu spotten." (o. V. 1796, S. 470).

Die Eisenhaltigkeit der Sedimente wurde auch für die Gewinnung von Farberde, dem so genannten Betzensteiner Rot, aus Mergners (östlich von Betzenstein) genutzt. Mit dieser Farbe wurde z. B. 1690 die Nürnberger Lorenzkirche angestrichen. Beim Weiler Eckenreuth (südlich von Betzenstein) konnten 1937 sogar alte Schlackenhalden gefunden werden, die auf eine spätkeltische Zeit (also bis lang vor der Gründung Betzensteins) hindeuten.

Insgesamt waren sowohl die wirtschaftliche Basis als auch die Siedlungsentwicklung in Betzenstein im 20. Jh. weitgehend durch Stagnation gekennzeichnet. Zwar war die bauliche Dynamik gering, aber dementsprechend blieben auch viele Elemente aus der Vergangenheit bestehen, sie wurden nicht abgerissen, und sie machen Betzenstein zu einem kleinen Rothenburg: Die Stadtmauer ist noch fast vollständig erhalten; zwei der drei Stadttore (Unteres und Hinteres Tor) sind noch vorhanden; zwei Scheunenviertel (vor der Stadtmauer am Hinteren Tor und innerhalb der Stadtmauer am Schmidberg, z. T. sogar mit Fachwerkverzierung) bestehen noch; der immer noch funktionstüchtige, wenn auch nicht mehr genutzte Tiefe Brunnen mit Brunnenhaus ist ein historisches und technisches Denkmal höchster Bedeutung; und natürlich sind auch bemerkenswerte historische Bauwerke in der Altstadt hier zu erwähnen – so z. B. die Stadtpfarrkirche, das Pflegeamtsschloss, das Maasenhaus (übrigens beide mit Betzensteiner Rot getüncht) und das Stammhaus des Hopfenhändlers Barth. Solche Elemente sind in der Gegenwart längst zu einem Kapital für eine touristische Nutzung geworden. Betzenstein kokettiert mit seiner städtischen Vergangenheit, indem es sich (nicht ganz zutreffend) als Frankens kleinste Stadt präsentiert.

Die touristische Prägung ist zwar noch relativ bescheiden, aber der Ort verfügt bereits über ein eigenes Tourismusbüro mit Heimatmuseum im Maasenhaus und kann jährlich immerhin 21.560 Übernachtungen in größeren und 7.670 in kleineren Beherbergungsbetrieben (unter zehn Betten) verzeichnen (2016). Das ist eine Steigerung von 2013 auf 2016 von 25.900 auf 29.200 Übernachtungen, und damit eine Zunahme von um 13 %. Der Ort verfügt über ein beheiztes Freibad und einen Campingplatz mit 90 Stellplätzen für Dauercamper, 75 weiteren Stellplätzen sowie einen separaten Zeltplatz. Das Pflegamtsschloss wurde in ein luxuriöses Schlosshotel umgewandelt.

1972 wurden in die Stadt Betzenstein die Gemeinden Leupoldstein, Ottenberg, Spies, Stierberg und Weidensees eingemeindet. Die Bevölkerung der Gemeinde beträgt 2.485 (2016), davon entfallen auf den Kernort der Stadt ca. 900 Einwohner.

E23 Pulvermühle

Pulvermühle ist der Name einer Einöde in der Gemeinde Waischenfeld, die idyllisch am Ufer der Wiesent am Waldrand unterhalb der früheren Schlüsselburg gelegen ist. Die Bezeichnung Pulvermühle geht darauf zurück, dass dort mit Wasserkraft Schwarzpulver gemahlen wurde. Als die Betreiber der Mühle sich 1806 weigerten, die in der Nähe lagernden napoleonischen Truppen mit Pulver zu versorgen, wurde sie von diesen angezündet. Nach der Explosion lag das Anwesen lange brach, bis auf dem Gelände 1875 von Lorenz

Abb. 168   Treffen der Gruppe 47 in der Pulvermühle 1967. Auf dem Bild sind von links nach rechts u. a. zu sehen: Rolf Haufs, Friedrich Christian Delius, Hille und Reinhard Baumgart, Günter Grass, Walter Höllerer, Roland H. Wiegenstein, Harald Hartung, Franz Josef Schneider, Minka Schneider, Horst Münnich, Burkhard Nadolny, Barbara König (mit dem Rücken zum Betrachter).

Schatz eine Flaschenbierwirtschaft eingerichtet wurde. Der gastronomische Betrieb wurde von seiner Tochter und ihrem Mann Johann Bezold und deren Nachkommen weitergeführt, die die Pulvermühle mehrmals ausbauten und zum Hotelbetrieb erweiterten. So entstanden z. B. ein großer Saalbau (durch den kurioserweise die damalige Landkreisgrenze verlief), mehrere Gästezimmer und ein großer Bier- und Kaffeegarten.

Überregional bekannt wurde die Pulvermühle als letzter Tagungsort der Gruppe 47, die eine wichtige Rolle bei der Erneuerung der deutschsprachigen Literatur in der Zeit nach dem Zweiten Weltkrieg spielte. Auf Einladung des Schriftstellers Hans Werner Richter (1908–1993) trafen sich zwei Jahrzehnte lang Autoren, Kritiker, Publizisten und andere Gäste an wechselnden Orten ein- bis zweimal pro Jahr zu Diskussionen über neue Werke und aktuelle kulturell-politische Fragen. Das Treffen in der Pulvermühle vom 5. bis 9. Oktober 1967, bei dem u. a. Günter Grass, Martin Walser, Peter Rühmkorf, Peter Härtling, Erich Fried und Marcel Reich-Ranicki anwesend waren, wurde durch protestierende Mitglieder des SDS gestört, die eine deutlichere politische Stellungnahme der Literaturschaffenden gegenüber der mächtigen Springer-Presse forderten, was die bereits vorhandenen internen Spannungen der sehr heterogenen Gruppe verstärkte. ▶ Abb. 168 Ein weiteres Treffen auf Einladung von Richter fand nicht mehr statt, dafür aber Jubiläumstreffen, das vorläufig letzte im Oktober 2017 in der Pulvermühle und an anderen Orten Waischenfelds.

1972 vernichtete ein Großbrand Teile des Gebäudekomplexes, die aber rasch wieder aufgebaut wurden. So konnte sich die Pulvermühle zum Treffpunkt von Fliegenfischern und regionalen, nationalen und sogar internationalen Schachgrößen (auch Weltmeistern wie Michail Botwinnik und Tigran Petrosjan) entwickeln. Besonderes Aufsehen erregte die Pulvermühle, als sich Robert James (Bobby) Fischer, der Schachweltmeister von 1972 bis 1975, Ende 1990 dort drei Monate vor der Öffentlichkeit versteckt hatte, bis ihn die Presse fand.

2012 stellte Familie Bezold, die Generationen lang die Pulvermühle bewirtschaftet hatte, ihre Tätigkeit ein. Nach einer Renovierung wird die Pulvermühle seit 2014 von einem neuen Betreiber zwar weiter als Hotel Garni betrieben, bleibt aber in den Wintermonaten geschlossen.

E24 Ailsbachtal

Aktuelle Nutzung von Mühlen

Die Vorstellung von den „Mühlen am klappernden Bach" gehört zu den romantisch vermittelten Mythen der Fränkischen Schweiz. Die wenigsten von ihnen bestehen heute noch. Was ist eigentlich aus diesen vielbesungenen Mühlen geworden? Ihre Folgenutzungen und insbesondere die bei einigen Standorten gegebene touristische Funktion werden hier beschrieben.

■ lid-online.de / 81127   Mühlen heute

Das Ailsbachtal erstreckt sich vom Glashüttener Forst über Kirchahorn, Ober- und Unterailsfeld bis nach Behringersmühle, wo es in das Püttlachtal mündet. Von oberhalb der Burg Rabenstein bis zur Mündung ist das Tal stark eingetieft, die Wände sind mit Kalkfelsen besetzt und teils bewaldet, teils von Trockenrasen eingenommen, während der Talgrund Wiesen trägt. Das Gewässer und die Straße folgen mit vielen Windungen der Tiefenlinie. Dagegen verbindet der so genannte Promenadenweg die Sehenswürdigkeiten des Tals (Mühlen, Gaststätten, Dörfer) mit denen auf halber Höhe (Höhlen, Felsformationen) und denen an der oberen Talkante (Burgen, Burgställe).

Von den einst fünf Mühlen arbeitet keine mehr. Die Neumühle unterhalb der Burg Rabenstein ist bereits seit 1829 ein Gasthof, zu dem auch eine Pension gehört und der noch heute besteht. Eine Besonderheit war die Windmühle bei Kirchahorn, die auf einer Altkarte von 1718 als Bockwindmühle auf einer Kuppe verzeichnet ist (HAVERSATH 1993, S. 85); seit ca. 1800 ist sie abgebaut.

Die wechselvolle Geschichte der Burg Rabenstein beginnt um 1180 (VOIT, KAULICH u. RÜFER 1992, S. 143–145; ▶ E 30). Nach vielen Zerstörungen, nach Verfall und Wiederaufbau wurde sie 1977 in ihrer jetzigen Form errichtet – als historisierender Burgenbau mit Zinnen, welche die Burg nie besessen hatte. Sie beherbergt einen Hotelbetrieb, für den das vordergründig historische Ambiente vorteilhaft zu sein scheint.

E25 Tiefer Grund (bei Tüchersfeld)

Etwa 1 km nördlich von Tüchersfeld erstreckt sich in nordöstlicher Richtung ein gerinneloses Tal, ein Trockental, welches sich bis etwa Kleinlesau fortsetzt und sich vor allem in unteren Bereich durch das starke Einschneiden in die Kalksteintafel des

Oberen Jura auszeichnet. Karsterscheinungen wie Felstürme aus Riffkalken und Höhlen befinden sich im Tal. Unter den Höhlen die bekannteste und größte ist das Kühloch, eine Höhle mit einer etwa 10 × 10 m umfassenden, 5 m hohen Halle sowie rückwärts liegenden Gängen und Kammern, in denen reiche Tropfsteinverzierungen zu finden sind. Umstritten ist die Frage, ob diese Höhle früher als Opferstätte diente. Daneben findet man in dem Tal noch als bemerkenswerte Naturerscheinung eine 12 m lange Durchgangshöhle, das Pferdslochs, durch die ein Fußweg führt.

Wegen seiner Lage abseits von befahrenen Straßen ist das Tal für Wanderer ein ideales Gebiet. Während der untere Bereich des Trockentals weitgehend waldfrei ist, wird im oberen Talbereich der Waldbestand dichter. Diese Bewaldung ist erst ein Resultat der vergangenen Jahrzehnte; noch Mitte des 19. Jh. war (wie man aus der Uraufnahmekarte erkennen kann) das Tal unbewaldet. Mit der gegenwärtigen Bewaldung ist auch ein Gutteil der bizarren Dolomitfelstürme beim Durchlaufen kaum mehr sichtbar, wodurch das Tal für den heutigen Besucher etwas an Attraktion verloren hat.

E26 Urspring

Am Südrand der Hohenmirsberger Platte und nordöstlich von Haselbrunn gelegen, bezeichnet die Lokalität Urspring einen Wiesenbereich, aus dem die nur periodisch auftretenden Wässer über die Frohnwiese in Richtung zum Haselbrunner Tal (oder auch Totental genannt) abfließen. Diese wenig spektakuläre Situation ändert sich allerdings bei Starkregen und Schneeschmelze urplötzlich, tritt hier doch einer der am höchsten als Wasserfontäne („Geysir") aufquellenden Tummler in der ganzen Fränkischen Schweiz auf, der nach dem Austritt dieses Hungerbrunnens eine weitflächige Überschwemmung des Tales bewirkt. Dieses Ereignis lässt sich, wie angedeutet, nur selten beobachten; aber wenn es erfolgt, lohnt sich ein Besuch der Quelllokalität, was aber unbedingt das Tragen von Gummistiefeln erforderlich macht.

E27 Püttlachtal

Die Püttlach entspringt bei Muthmannsreuth, fließt in südlicher Richtung am Dorf Püttlach vorbei, wendet den Lauf bei Willenreuth nach W, passiert Pottenstein und erreicht in Behringersmühle das Wiesenttal. Um 1900 nutzten noch 17 Mühlen die Wasserkraft: 16 von diesen waren Getreidemühlen, von denen sechs über einen zusätzlichen Sägebetrieb verfügten. Bei der Erhebung von 1980 (HAVERSATH 1993) arbeiteten noch drei Getreidemühlen, heute sind alle stillgelegt. Das natürliche Potenzial einer Karstlandschaft mit dem windungsreichen Flusstal, das tief eingeschnitten ist, mit einem offenen Talgrund, mit hoch aufragenden Felsen wie in Tüchersfeld, mit Höhlen (Teufelshöh-

Abb. 169 Im engen und landschaftllich reizvollen Püttlachtal zwischen Pottenstein und Behringersmühle befindet sich direkt neben der B 470 der viel frequentierte Campingplatz Bärenschlucht.

le, Dohlenlochhöhle, Adamsfelshöhle), einmündenden Trockentälern und von Wacholder bewachsenen Hängen dient als Kulisse für einen landschaftlich attraktiven Flusslauf.

Dennoch wurde das Püttlachtal mit seinen Siedlungen erst mit Verzögerung von den Romantikern des 19. Jh. wahrgenommen. Dann wurde es aber in Superlativen gelobt. KÜTTLINGER behauptete, die Strecke zwischen Behringersmühle und Pottenstein sei „unstreitig die reizvollste Partie der ganzen fränkischen Schweiz" (1856, S. 52). So blieben die generell ländlich-bäuerliche Prägung des Püttlachtals und das ackerbürgerliche Profil Pottensteins, des wichtigsten Ortes am Fluss, bis nach dem Zweiten Weltkrieg erhalten. Erst mit dem Zustrom von Vertriebenen nach 1945 und dem stärker werdenden Tourismus erwachte der Ort aus seinem Dornröschenschlaf.

Das Tal bildet heute eine Projektionsfläche für die Vorstellungen und Wünsche der Touristen, aber auch für die Strategien der Fremdenverkehrsplanung. Für Wanderer ist der Abschnitt östlich von Pottenstein besonders attraktiv, weil es in diesem engen Talbereich keinen Durchgangsverkehr gibt und die Gegensätze des Reliefs aufeinanderstoßen. Die Passage weiter flussabwärts zwischen Pottenstein und Behringersmühle wird dagegen von der Bundesstraße (B 470) genutzt und weist diese Qualitäten nicht auf. An ihr liegen die zwei beliebten Campingplätze Bärenschlucht und Fränkische Schweiz. ▶ Abb. 169

In dem besonders naturnahen und verkehrsarmen obersten Talbereich nördlich von Püttlach gab es ab Ende der 1970er Jahre Pläne zur Errichtung eines Speichersees, der zur Hochwasserregulierung Pottensteins, aber auch für Freizeitzwecke dienen sollte. Erfreulicherweise kam das Projekt nicht zur Anwendung.

E28 Weihersbachtal – Erlebnismeile

Das Weihersbachtal (manchmal auch Weiherstal oder Schütterstal genannt) mündet unterhalb der Burg von Pottenstein, von SO kommend, in die Püttlach. Folgt man diesem Tal flussaufwärts, dann mündet nach 4 km rechterhand ein breites Seitental, das Klumpertal. Dieses ist weiter flussaufwärts oberhalb der Klumpermühle und bis zu seiner Quelle bei Bronn ein Trockental mit nur temporärem Flusslauf. Ebenso ist das Weihersbachtal oberhalb der Einmündung auf der Höhe der Schüttersmühle ein Trockental und trägt den Namen Lange Leite.

Das Tal hat zwischen der Schüttersmühle und Pottenstein einen breiten Talboden, der mit Feuchtwiesen und einigen Fischteichen bedeckt ist. Die Talhänge steigen schroff an und sind als Dolomitfelsen aus Riffkalken ausgebildet. Der spektakulärste von diesen ist das Weihersbacher Männchen, ein bizarrer Felsturm, der sich nach oben verbreitert.

Das Tal war bereits in den vergangenen Jahrhunderten von der Poststaße zwischen Pottenstein und Pegnitz durchzogen. Die später als Distriktstraße bezeichnete Verkehrslinie war in der Zeit des Nationalsozia-

Abb. 170   Weihersbachtal mit dem Schöngrundsee und der Sommerrodelbahn vor der Erweiterung 2018

lismus noch keine Reichsstraße. Erst in den 1960er Jahren wurde sie zur Bundesstraße aufgewertet (alle B-Straßen ab B 399 entstanden erst nach dem Krieg). Damit wurde die Straße zu einer vielbefahrenen Verkehrsachse, und das trifft noch bis heute zu.

Nur infolge der erst recht späten Verkehrsverdichtung wird verständlich, dass in Reiseführern nach 1900 das Weihersbachtal als beschaulich und romantisch gekennzeichnet wird. Nach 1900 gab es an der Poststraße lediglich die hochgelobte Schüttersmühle, von der behauptet wird, sie „zählt zu den schönsten Punkten der Fränkischen Schweiz" (BRÜCKNER 1904, S. 64) und an die ein vornehmes Hotel und Restaurant angeschlossen war, sowie das Teufelsloch (die heutige Vorhöhle der Teufelshöhle).

Im 20. Jh. erfolgten mehrere Erschließungsmaßnahmen für den Tourismus, und zwar von Pottenstein talaufwärts: (a) das 1926 fertiggestellte Felsenfreibad Pottenstein in einer gelungenen Kombination aus Felslandschaft, Schwimmbecken und Jugendstilgebäuden; (b) die Sommerrodelbahn, die 1996 eröffnet, 2003 erweitert und 2018 erneut erweitert wurde. Sie nennt sich nunmehr Erlebnisfelsen Pottenstein und umfasst eine Rodelbahn (in einer Edelstahlmulde, „die Rote"), eine Bobbahn (als Schienenstrecke, „die Gelbe") und seit 2018 einen Hexenbesen (Zweisitzergondeln, „die Grüne") sowie einen 130 m langen Skywalk, der weit ins Tal hineinragt; (c) die Teufelshöhle, die 1923 über einen Durchbruch des Teufelsloches verlängert wurde, wobei ausgedehnte Höhlensysteme neu entdeckt und erschlossen wurden. Die Teufelshöhle ist gegenwärtig eine der meistbesuchten Tropfsteinhöhlen in Deutschland mit jährlich ca. 140.000 Besuchern und (d) die Gaststätte Schüttersmühle, die allerdings viel von ihrem Glanz der Vergangenheit verloren hat.

Zwischen Rodelbahn und Teufelshöhle gelegen, ist der Schöngrundsee, ein kleiner Stausee, heute ein beliebter Rastort zum Verweilen und zum Bootfahren. ▶ Abb. 170 Der See wurde allerdings nicht für touris-

Abb. 171   Erlebnismeile Pottenstein (Weihersbachtal)

tische Nutzungen, sondern als Wasserversorgungsspeicher für die oberhalb, auf der Hochfläche gelegene SS-Karstwehr-Division angelegt. Zwangsarbeiter wurden zum Bau des Schöngrundsees eingesetzt. Erst nach dem Krieg erlangte der See Freizeitbedeutung.

Die Konzentration mehrerer freizeitbezogener Einrichtungen auf engstem Raum entlang einer Linie regte die Pottensteiner Tourismusplaner dazu an, von einer Erlebnismeile zu sprechen und mit diesem Begriff zu werben (GREEF 2003). ▶ Abb. 171 Das Weihersbachtal ist heute in der Tat eine touristisch extrem stark nachgefragte Agglomeration. Eine der Folgen der Attraktivität ist das hohe Pkw-Aufkommen und die Suche nach Parkplätzen. Verkehrsengpässe bleiben naturgemäß nicht aus; insbesondere an sonnigen Sommerwochenenden ist die B 470 permanent von Staus geplagt. Der Verkehr geht nur im Schritttempo voran. Das Weihersbachtal ist heute an seiner Belastungsgrenze angelangt.

Insofern ist es zu begrüßen, dass mit der Erweiterung der Sommerrodelbahn der Betreiber nunmehr die Zufahrt und den Parkplatz aus dem Tal abgezogen hat und den Besucher auf die Hochfläche lenkt. Das wirkt in der Tat entlastend. Kritisch zu sehen ist allerdings, dass angesichts der Größe der Anlage, verbunden mit dem Spektakel eines Freizeitzentrums, das Freizeitangebot in der Fränkischen Schweiz durch ein Element „bereichert" wird, das die übrigen Dimensionen an touristischen Angeboten in der Region sprengt. Auch die landschaftsbeeinträchtigende Wirkung der erweiterten Sommerrodelbahn in einem ehemals naturnahen Karsttal muss kritisch gesehen werden.

E29 Burg Rabeneck

Die 85 m oberhalb der Rabenecker Mühle thronende Burg ist auf einem schmalen, westwärts gegen das Wiesenttal vorspringenden Bergsporn errichtet. Ihre Vorburg bildete ein langgezogenes Rechteck, das gegen die Hochfläche einstmals durch einen Graben geschützt wurde. Die mittelalterliche Bewehrung der Südseite ist nur noch rudimentär vorhanden. Allerdings finden sich vor dem inneren Halsgraben am Südhang stattliche Reste der 1525–1535 errichteten Kasematten. Der heute von einer steinernen Bogenbrücke überspannte, teilweise in den Fels gehauene Graben zwischen Vor- und Hauptburg ist 10 m breit und 5 m tief. Hinter ihm erhebt sich eine massive, 3 m dicke Schildmauer aus dem 13. Jh. Auf diese Mauer wurde im späten 15. Jh. eine Kemenate aufgesetzt.

Der Zugang zur Burg erfolgt heute durch einen kleinen viergeschossigen quadratischen Torturm, der im 15. Jh. in den Halsgraben vorgeschoben wurde. Oberhalb des Eingangs findet sich das Wappen der Rabensteiner. Die Wehrhaftigkeit des Turmes im Mittelalter verdeutlichen die die Öffnung flankierenden Hantelscharten mit dahinterliegenden Schießkammern, das innere Fallgitter sowie das Mordloch in der Halbtonne. Von einem hinter dem Torhaus gelegenen kleinen Zwinger gelangt man durch ein Spitzbogentor in den Innenhof der Anlage mit einem dreigeschossigen Wohnbau mit Walmdach in der Südwestecke, der dem späten Mittelalter entstammt. Außerdem findet sich ein viergeschossiger Trakt mit Satteldach, dessen kleine Fenster auf eine ehemalige Nutzung als Schütte hinweisen. Durch einen Gang zwischen den beiden Gebäuden gelangt man zu einem hinteren Innenhof mit einer 6 m tief ausgemauerten Zisterne.

Auf einem nach N gerichteten Felssporn unterhalb der Burg liegt eine Anfang des 15. Jh. erbaute eingeschossige Kapelle. Ihre barocken Rundbogenfenster sowie die welsche Haube belegen einen Umbau zwischen 1733 und 1737. Dieser Zeit entstammt auch ihre Ausstattung. ▶ Abb. 172

Abb. 172   Burg Rabeneck in einem Stahlstich von 1850

Das 1257 urkundlich bezeugte Geschlecht der Rabeneck ist wahrscheinlich identisch mit den unmittelbar benachbarten von Rabenstein, worauf auch der Name hinweist. Die Burg war ursprünglich freies Eigen mit geringen Besitzanteilen der Edelfreien von Schlüsselberg. Mit dem Vertrag von Iphofen gingen nach dem Tod Konrads II. von Schlüsselberg dessen Anteile an das Hochstift Bamberg. Von 1388 bis 1530 hielten die ehemals schlüsselbergischen Ministerialen von Stiebar die Burg als freies Eigen. Die Burggrafen von Nürnberg hatten allerdings ein Öffnungsrecht. 1525 wurde die Burg im Bauernkrieg zerstört. Mit der stattlichen Entschädigungssumme von 485 Gulden konnte die Anlage jedoch in kurzer Zeit wiedererrichtet werden. Mitte des 16. Jh. erfolgten Lehensauftragungen der Stiebar an das Hochstift Bamberg mit der Folge, dass die Rabenstein die Burg erneut vom Hochstift erwerben konnten, um sie nach Beginn des Dreißigjährigen Krieges wieder an den Bischof zurückgeben zu müssen. Nach einem langen Prozess mit dem Hochstift konnten die Herren von Rabenstein die Burg 1717 wieder in Besitz nehmen. Nach dem Aussterben der Rabensteiner 1742 gelangte Rabeneck an die Grafen von Schönborn. Seit 1976 ist die Burg in Privatbesitz.

E30 Burg Rabenstein

Burg Rabenstein ist auf einem langgestreckten Bergsporn errichtet. Von der Bewehrung sind im N und W noch wenige Mauerreste sichtbar. Der Vorhof wird von der Burganlage durch einen 18 m breiten, jetzt noch 4 m tiefen Graben getrennt. Über eine steinerne Brücke gelangt man zum Burgtor, welches links von einem flankierenden Rundturm geschützt wird. Die im oberen Teil original erhaltene spätgotische Türöffnung weist mit der Jahreszahl 1495 auf die Beendigung des Wiederaufbaus nach den Zerstörungen von 1460–1462 hin. Beidseits des Tores sind noch die Rollen für die Ketten der ehemaligen Zugbrücke sichtbar, die in hochgezogenem Zustand in der rechteckigen Torblende einrastete. Die beiderseits des Tores befindlichen Schießscharten dienten der Verteidigung. Oberhalb des Tores sticht das Renaissance-Wappen Daniel von Rabensteins und seiner Gemahlin Margarethe von Kerppen mit der Jahreszahl 1570 ins Auge. Durch das Tor gelangt man in das Hauptgebäude, bestehend aus dem Tortrakt im N, einem Zwischenbau und einem turmartigen Abschluss im S mit Walmdach, der den Zugang zu den südlich angrenzenden Gebäuden bildet. Der Bau gehört im Mittelabschnitt komplett der Modernisierung von 1970–1971 an. Ein Landschaftsgarten mit Promenadeweg, der die Umgebung der Burg mit einbezog, ist heute weitgehend verwachsen.

Burg Rabenstein dürfte vermutlich von den Edelfreien von Waischenfeld erbaut worden sein. Die Rabensteiner waren Dienstleute der Waischenfeld, als erster Vertreter ist 1188 *Eschwin de Rabenstein* urkundlich belegt. Nach dem Erlöschen der Edelfreien von Waischenfeld traten sie 1216/19 in den Dienst für die Schlüsselberg. Im Jahr 1307 belehnte Konrad II. von Schlüsselberg verschiedene Mitglieder der Familie von Groß mit der *purch ze dem Rabenstein*. Nach dem Tode Konrads fiel 1349 die Anlage an die Burggrafen von Nürnberg. Im Städtekrieg 1388 muss Rabenstein wohl schwer beschädigt worden sein, denn 1400 veräußerte der Burggraf die Befestigung an Konrad von Aufseß unter der Auflage, dort umfangreiche Bautätigkeiten vorzunehmen. Nach dessen Tod fiel die Anlage an die Burggrafen zurück, die nun in rascher Folge verdiente Adelige damit belehnten. Schon 1460–1462 wurde Rabenstein im Städtekrieg offenbar erneut zerstört, denn 1489 erhielt Konz von Wirsberg die Ruine unter der Bedingung des Wiederaufbaus verliehen, der bereits 1495 abgeschlossen

Abb. 173 Stahlstich der Burg Rabenstein von Mitte des 19. Jh. Im Hintergrund rechts erkennt man die Klaussteinkapelle.

war. Im Bauernkrieg 1525 blieb die Burg verschont, da sie auf markgräflichem Grund stand. 1558 kaufte Wolf von Rabenstein zu Kirchahorn die Burg. Sein Nachkomme Daniel von Rabenstein ließ 1570 umfangreiche Umbauten durchführen, wobei er Vor- und Hauptburg zu einer dreiflügeligen Renaissanceanlage zusammenfasste.

Im Dreißigjährigen Krieg wurde 1634 die Burg von den Waischenfeldern eingeäschert. Nach mehreren Besitzerwechseln gelang es erst Peter Johann Albrecht von Rabenstein, der 1692 mit dem Besitz belehnt wurde, die Anlage wiederherzustellen und die dazugehörige Burgkapelle Klausstein zu barockisieren. 1742 nach dem Ableben dieses letzten Vertreters seines Geschlechts erwarben die Grafen von Schönborn Burg Rabenstein. Im Zuge von Renovierungsarbeiten für einen beabsichtigten Besuch des bayerischen Königs Ludwig I. wurden 1829 störende Mauerteile abgebrochen und umfangreiche Umbauten durchgeführt. So wurde bspw. der Zwischentrakt aufgestockt und der Promenadeweg zur Ludwigshöhe angelegt. ▶ Abb. 173 Damals wurde auch ein Burggarten im Rokokostil angelegt, der bis 1975 Bestand hatte. Das heutige Aussehen der Burg wird weitgehend von den im 19. und 20. Jh. durchgeführten baulichen Veränderungen verfälscht.

Durch den Einbau eines Hotels mit Restaurant und Tagungsstätte in den Jahren 1970–1971 erfolgten weitere schwerwiegende Eingriffe in die ursprüngliche Substanz. 1976 wurde die Burg von den Grafen von Schönborn an einen Reiseunternehmer veräußert. Der neue Käufer begann unmittelbar nach dem Erwerb die Anlage in historisierendem Stil umzugestalten. Die Burg wurde dann 2004 von der Rabenstein Event GmbH erworben, die die begonnenen Ausbaumaßnahmen weiterführte und die Anlage heute als Hotel sowie als Veranstaltungsort für Events mit Mittelalterfolkore vielfältig nutzt.

E31 Burgruine Leienfels

Die Burg Leienfels ist eine imponierende Anlage auf einem hohen, weithin erkennbaren Dolomitsporn mit umfangreichem natürlichem Schutz durch steil abfallendes Gelände. Lediglich an der Südseite musste sie zusätzlich durch einen Graben gesichert werden. Die mittelalterliche Wehranlage war in Vor- und Hauptburg zweigeteilt. Von der Hauptburg sind, trotz Zerstörungen und Raubbau, stattliche Gebäudereste und Mauerwerk mit Schießscharten und frühneuzeitlichen Schießkammern erhalten. So sind ein 30 m langer Rest der westlichen Umfassungsmauer und ein 6 m hohes Mauerwerk des Hauptgebäudes mit einem beeindruckenden Rundturmstumpf an der Südostkante zu sehen. Außerdem sind Ruinenreste von einem Nebengebäude und Fundamente eines zweiten Rundturmes an der Nordwestecke zu erkennen.

Der Name der Burg wird erstmals 1372 als *Lewenfels* im Besitz der von Egloffstein tradiert. Eigentümer war Götz von Egloffstein, gegen den Karl IV. die Reichsacht wegen Falschmünzerei verhängt hatte, da er in der Burg eine Münzprägestätte betrieb. Dies löste eine schwere Fehde u. a. mit den Zollern aus, die erst acht Jahre später beendet war. Ursache für diese langjährige Auseinandersetzung war wohl die Aneignung landesherrschaftlicher Rechte. 1502 verkauften die von Egloffstein die damals stattliche Anlage an den Bischof von Bamberg. Leienfels wurde nunmehr bischöfliche Amtsburg. Die Anlage war in dieser Zeit sehr umfänglich, sie umfasste drei Kemenaten, einen Bau an der Spornspitze, ein Gefängnis, mehrere Stallungen und Wirtschaftsgebäude sowie eine Zisterne. Sowohl im Bauernkrieg als auch im Zweiten Markgrafenkrieg war die Bambergische Burg Ziel feindlicher Attacken mit schweren Zerstörungen. Die Wiederinstandsetzungsarbeiten konnten durch jeweilige Reparationszahlungen prompt erfolgen. Sie konzentrierten sich auf die Bauten der Hauptburg und auf die Stallungen.

1594 wurde das bischöfliche Amt Leienfels mit dem Pottensteiner Amt vereinigt. Gemeinsamer Amtssitz war nunmehr die Burg Pottenstein. Das Schloss Leienfels bewohnte nur noch ein Vogt, der nach dem weiteren Verfall der Anlage in das unterhalb der Burg errichtete Vogteihaus umzog. Der letzte Vogt auf Leienfels übte dieses Amt gleichzeitig auf Burg Wolfsberg aus, wo er auch wohnte. Nach 1600 verfiel die

Abb. 174   Burgruine Leienfels

vom Hochstift vernachlässigte Burg trotz gelegentlicher Instandhaltungsmaßnahmen mehr und mehr zur Ruine. Ihre Funktion während des Dreißigjährigen Krieges ist weitgehend unbekannt. Im Jahr 1646 wurden die Dachziegel abgetragen und auf die Burg Pottenstein verbracht, zusätzlich dienten die Gebäude der einheimischen Bevölkerung als Steinbruch. Mit dem Reichsdeputationshauptschluss 1803 fiel die Ruine Leienfels an das Königreich Bayern. Auf den Rundturmrest der nördlichen Spitze des Burgplateaus wurde 1953 eine Aussichtsplattform aufgesetzt, die dem heutigen Besucher eine umfassende Fernsicht bietet. ▶ Abb. 174

E32 Burgruine Stierberg

Stierberg war im Mittelalter Knotenpunkt zweier wichtiger Altstraßen. Die eine führte in westlicher Richtung über Obertrubach nach Gößweinstein, in östlicher Richtung verlief sie über Betzenstein nach Plech und Neuhaus an der Pegnitz. Die zweite große Verkehrsader war die hohe Straße von Nürnberg nach Bayreuth und weiter nach Leipzig. Die mittelalterliche Burg von Stierberg konnte die natürlichen Vorgaben ihrer Lage auf einem schmalen, steil nach drei Seiten abfallenden Dolomitfelsriff, das durch einen sattelförmigen Einschnitt vom übrigen Berg getrennt ist, zu ihren Gunsten nutzen.

Auf der Höhe befand sich die Oberburg bestehend aus einer großen Kemenate auf der Zugangsseite und dem rechteckigen Hauptturm, welcher der Kemenate vorgelagert war. In diesem Turm befand sich auch das Verlies. Die Oberburg war von einer Ringmauer umgeben und verfügte über eine Zisterne. In der Unterburg lagen an der Stelle des jetzt noch bestehenden Vogteigebäudes von 1778/79 die zum Burggut gehörende Behausung sowie ein Stadel, eine noch erhaltene Zisterne und der Kasten nebst zwei Kellern. Besondere Bedeutung kam dabei der zum Keller erweiterten Höhle mit ihren drei Ausgängen zu. Über sie konnte sich die Besatzung von außen unsichtbar in die Oberburg zurückziehen. Keine Burg auf dem Jura verfügte über derartige natürliche Vorteile.

Die Ersterwähnung des Namens *de Stierberc* erfolgt im Jahr 1187. Ende des 13. Jh. geht die Burg nach dem Erlöschen des Geschlechtes von Stierberg an das Hochstift Bamberg über. Die Burg findet ihre erste schriftliche Erwähnung im Testament Gottfrieds von Schlüsselberg im Jahr 1308. Stierberg befand sich 1316 im freieigenen Besitz des Landgrafen Ulrich von Leuchtenberg, der sie an den Erzbischof von Trier übertrug. Durch einen Tausch mit Trier erlangte Kaiser Karl IV. am 5. Januar 1356 die Lehensherrschaft über die Burg. Bereits zehn Jahre später war sie allerdings wieder im Besitz der Leuchtenberger Landgrafen. Im Jahr 1417 verkaufte der Landgraf schließlich die Veste an Herzog Johann III. von Bayern. Im Landshuter Erbfolgekrieg 1504 erhielt die Reichsstadt Nürnberg durch einen Schiedsspruch Kaiser Maximilians neben anderen Liegenschaften auch die Burg Stierberg zuerkannt. Im Zuge der damaligen Kämpfe dürfte die Burg auch zerstört worden sein. Am 21. Mai 1553 wurde die Burg unter persönlicher Führung des Markgrafen Albrecht Alcibiades beschossen, in Brand gesetzt und erneut zerstört. Die Oberburg ist seitdem Ruine. Elf Jahre später wurden die Außenmauern der unteren Burganlage wieder aufgebaut. Der Sitz des reichsstädtischen Pflegers wurde nach Betzenstein verlegt. In Stierberg verblieb nur die Vogtei. Während des Dreißigjährigen Krieges wurde Stierberg durch markgräfliche Soldaten stark beschädigt. Von 1632 bis 1669 wurden die Wirtschaftsgebäude neu errichtet. Nach außen hin schützte ein Torhaus mit Wächtererker, Wachstube und Wehrgang die schwächste Stelle der Vorburg. Die Tore wurden in sehr gutem Zustand gehalten, sodass die Unterburg in Stierberg bis ins 18. Jh. intakt erhalten blieb. Die Ruine des Rundturms der Unterburg verkündet heute weithin sichtbar die einstige Lage der Veste. ▶ Abb. 175

Abb. 175   Nur noch der Turm in der Vorburg der Burgruine Stierberg ist erhalten.

E33 Burgstall Riegelstein

Der Burgstall Riegelstein liegt auf dem nordwestlichen Gipfel des 618 m hoch gelegenen Schweinsberges in unmittelbarer Nachbarschaft zur BAB 9 Nürnberg–Berlin. Die Anlage wurde auf einem nach N vorspringenden Dolomitsporn errichtet. Der Bauplatz und die Lage der Burg machen die Entstehung der Wehranlage in der zweiten Hälfte des 12. Jh. wahrscheinlich. Die ältesten Keramikfunde werden auf etwa 1200 datiert.

Die Burg war nach den meisten Richtungen durch steilen Felsabfall gesichert. Lediglich gegen S mussten Abschnittsgräben von etwa 50 m Länge und 7 m Breite in den Fels gezogen werden. Der sich dadurch formierte Innenraum gliedert sich in eine auf deutlich höherem Felsniveau gelegene Hauptburg und eine tiefer gelegene Vorburg. In beiden Burgabschnitten sind noch immer Gebäude- und Mauerreste erkennbar. Innerhalb der Vorburg auf dem westlichen Plateau sind die Grundmauerreste eines rechteckigen Gebäudes erkennbar, nördlich des Grabens die Reste eines ehemaligen Torhauses. Neben dem rechteckigen Gebäude findet sich zudem eine Zisterne zur Wasserversorgung der ehemaligen Burgbewohner, die den Bewohnern von Riegelstein noch im 19. Jh. zur Wasserentnahme diente. ▶ Abb. 176

Möglicherweise wurde der Adelssitz von den Edlen von Gotzmann errichtet und später von den 1260 erstmals erwähnten Türriegel, die für die Anlage namengebend wurden, übernommen. Urkundlich ersterwähnt ist die Veste schließlich erst 1502 durch die Lehensauftragung der Türriegel von Riegelstein an den zollerischen Markgrafen von Bayreuth. Bis dahin war der Besitz folglich freies Eigen der Türriegel. Nach dem Erlöschen dieses Geschlechtes 1619 und einem knapp 100-jährigen Besitz durch die Familien von Wilmersdorf und von Varell ging die Liegenschaft 1714 an die Lochner von Hüttenbach über. Letzte Eigentümer waren seit 1870 die Freiherren von Harsdorf. Die Burg selbst ist bereits gegen Ende des Dreißigjährigen Krieges untergegangen, als sie von kurpfälzischen Truppen zerstört wurde.

Abb. 176   Der Felsen, auf dem sich der Burgstall von Riegelstein befindet, ist heutzutage bei Kletterern sehr beliebt.

ANHANG

Abkürzungsverzeichnis

Alle hier nicht aufgeführten Abkürzungen sind im DUDEN nachzuschlagen.

AEG	Allgemeine Elektricitätsgesellschaft
Aufl.	Auflage
B	Bundesstraße
BA	Bundesagentur für Arbeit
BA	Kreisstraße im Landkreis Bamberg
BAB	Bundesautobahn
BayFORKLIM	Bayerischer Klimaforschungsverbund
BGL	Bayerisches Geologisches Landesamt
BKG	Bundesamt für Kartographie und Geodäsie
BLH	Bayerischer Landesverein für Heimatpflege
BLSt	Bayerisches Landesamt für Statistik
BLV	Bayerisches Landesvermessungsamt
BStL	Bayerisches Statistisches Landesamt
BSV	Bayerische Verwaltung der staatlichen Schlösser, Gärten und Seen
BT	Kreisstraße im Landkreis Bayreuth
DLM 250	Digitales Landschaftsmodell 1:250.000
DLR	Deutsches Zentrum für Luft- und Raumfahrt
DM	Deutsche Mark
DPSG	Deutsche Pfadfinderschaft St. Georg
dwif	Deutsches Wirtschaftswissenschaftliches Institut für Fremdenverkehr
E.	Einwohner
ELER	Europäische Landwirtschaftsfond für die Entwicklung des ländlichen Raumes
EOC	Earth Oberservation Center
ERT	Electrical resistivity tomography (geoelektrische Tomographie)
evang.	evangelisch
evtl.	eventuell
FFH	Flora-Fauna-Habitat
FSV	Fränkische Schweiz Verein e. V.
FFW	Freiwillige Feuerwehr
geb.	geboren
gest.	gestorben
GDGH	Geowissenschaften Dr. Gottfried Hofbauer
HWK	Handwerkskammer
IHK	Industrie- und Handelskammer
IAB	Institut für Arbeitsmarkt- und Berufsforschung der Bundesagentur für Arbeit
INS	Interessengemeinschaft Nordbayerische Schauhöhlen
Jh.	Jahrhundert
kath.	katholisch
KdF	Kraft durch Freude
KHG	Katholische Hochschulgemeinde
KG	Kommanditgesellschaft
KU	Kreisstraße im Landkreis Kulmbach
KZ	Konzentrationslager
LED	light-emitting diode
LfU	Bayerisches Landesamt für Umwelt(-schutz)

LK/Lkr.	Landkreis	SDS	Sozialistischer Deutscher Studentenbund
LIF	Kreisstraße im Landkreis Lichtenfels		
MIM	Mittelstreckenraketensystem	SO	Südosten
Mio.	Millionen	SS	Schutzstaffel
Mrd.	Milliarden	SSO	Südsüdost
N	Norden	SW	Südwesten
NASA	National Aeronautics and Space Administration	St	Staatsstraße
		SV	Sozialversicherung (sozialversicherungspflichtig)
NATO	North Atlantic Treaty Organization		
NHN	Normalhöhennull	TB	Tourismusbüro
NNO	Nordnordost	TK 25	Topographische Karte 1:25.000
NO	Nordosten	TICOM	Target Intelligence Committee
NS	Nationalsozialismus	TZFS	Tourismuszentrale Fränkische Schweiz
NSDAP	Nationalsozialistische Deutsche Arbeiterpartei		
		USA	United States of America
NW	Nordwesten	USGS	United States Geological Survey
O	Osten	VGN	Verkehrsverbund Großraum Nürnberg
OFr.	Oberfranken		
OPf.	Oberpfalz	W	Westen
Pf.	Pfund	WZ	Wirtschaftszweige
RAD	Reichsarbeitsdienst	ZVFSM	Zweckverband Fränkische Schweiz-Museum
S	Süden		

Autorenverzeichnis

PD Dr. Gregor Aas, Bayreuth (Vegetation; Online-Vertiefung: Baumriesen)

Dr. Albrecht Bald, Selb (Online-Vertiefung: Die Zeit des Nationalsozialismus)

Dipl.-Geogr. Thomas Bernard, Pottenstein (Motorradtourismus – ein wichtiger Trend; Thema: Wanderwegenetz; Online-Vertiefung: Geschichte der Tourismuswerbung der Stadt Pottenstein; Exkursionen: Biertourismus – ein zwiespältiger Trend; Auf den Spuren der Heiligen Elisabeth)

Prof. Dr. Klaus Bitzer, Hollfeld (Geologische Verhältnisse; Oberflächenformen und Karsterscheinungen; Hydrogeologie; A18; B4, B7, B8, B11, B16, B29, B30, B31, B32; C12, C13, C14, C16, C20, C21, C29, C34, C35, C36; D11, D16, D43, D45, D46, D47; E2, E25, E26; Online-Vertiefungen: Genese und Verbreitung der Trockentäler; Hangrutsche als Massenbewegungen; Hungerbrunnen; Stichbahnen; Wasserversorgung auf der Hochfläche; Exkursionen: Karstformen und Ökotourismus; Natur- und Kulturlandschaft um die Neubürg)

Julia Böhm, Bamberg (Exkursion: Fahrradexkursion im Wiesent- und Leinleitertal)

Prof. Dr. Erik Borg, Joachimsthal (Thema: Die Fränkische Schweiz im Satellitenbild)

Prof. Dr. Günter Dippold, Lichtenfels (Online-Vertiefung: Wallfahrten)

Prof. Dr. Andreas Dix, Bamberg (Territioriale und konfessionelle Zersplitterung bis zum Ende des Alten Reiches; B3, B5, B6, B9, B10, B12, B13, B15, B17, B18, B19, B20, B21, B22, B23, B24, B25, B33, B34, B35; D13, D21, D28, D48; Exkursion: Rund um die Giechburg; Online-Vertiefung: Die Anfänge des Fahrradtourismus)

Toni Eckert, Leutenbach (C37; D49; E29, E30, E31, E32, E33; Thema: Fliegenfischen – oder die Geschichte von der „Sprungfischerey"; Online-Vertiefung: Burgen und Schlösser)

Dr. Martin Feulner, Eckersdorf (Vegetation; Egertenwirtschaft und Beweidung; Fragen des

Kulturlandschaftserhalts und der Kulturlandschaftspflege; A2, A4; C1, C6, C9; D7; Themen: Konflikte mit naturnahen Formen des Tourismus; Schafhaltung, Wacholderheiden und Naturschutzgebiete; Online-Vertiefungen: Süßkirschenanbaugebiet; Zeugenberge und ihre Vegetation; Baumriesen)

Dr. Bernd Fichtelmann, Neustrelitz (Thema: Die Fränkische Schweiz im Satellitenbild)

Marina Fischer, Bamberg (Exkursion: Fahrradexkursion im Wiesent- und Leinleitertal)

Andrea Göldner M.A., Weismain (A5, A7, A8, A9, A10, A11, A12, A13, A14, A15, A16, A17, A21; Exkursionen: Von Weismain durchs Bärental zum Görauer Anger; Die Stadt Weismain und der Kordigast)

Dipl.-Geogr. Andreas Grosch, Neustadt bei Coburg (Thema: Wanderwegenetz)

Prof. Dr. Johann-Bernhard Haversath, Fürstenzell (Themen: Mühlen – vom Mythos der Romantik zum Ausflugsziel der Gegenwart; Die Burgen – Zeugen einer bewegten Geschichte; D19, D44; E24, E27)

Prof. Dr. Dr. h. c. Günter Heinritz, Dachau (Begriff, räumliche Entwicklung und inhaltliche Assoziationen; Früher Wissenschafts- und Bildungstourismus; Der touristische Aufschwung in der Romantik; Ansätze zu einem Kurtourismus; Thema: Was gehört zur Fränkischen Schweiz?)

Prof. Dr. Hartmut Heller, Erlangen (Die Attraktion der Karstschauhöhlen; Traditionelles Brauchtum als Zugpferd des Tourismus?; D8, D17, D18, D23, D24, D29, D34, D35, D37, D38, D40, D41, D42; E7; Thema: Johann Friedrich Esper, der Pionier der Höhlenforschung im Muggendorfer Gebirg; Online-Vertiefungen: Brauchtum in älteren und jüngeren Fotos; Rezeption der Moggaster und Zoolithenhöhle im 18. Jh.; Exkursion: Kulturlandschaftliche Relikte jüdischen Lebens)

Prof. Dr. Eduard Hertel, Bayreuth (Vegetation; Kulturlandschaftserhalt und Kulturlandschaftspflege; C1, C5; Themen: Schafhaltung, Wacholderheiden und Naturschutzgebiete; Konflikte mit naturnahen Formen des Tourismus; Online-Vertiefung: Baumriesen)

Prof. Dr. Eckhardt Jungfer, Weisendorf (A1; B2, B14, B26, B27, B28,; D1, D6, D12; E6, E15; Themen: Das Süddeutsche Schichtstufenland; Die Dolomitfelsen der Fränkischen Schweiz: Verbreitung und Entstehung; Online-Vertiefung: Zeugenberge und ihre Vegetation; Exkursion: Karstformen und Ökotourismus)

Dr. Jürgen Kollert, Nürnberg (Online-Vertiefung: Klettern im Frankenjura)

Sarah Leuders, Bamberg (Exkursion: Fahrradexkursion im Wiesent- und Leinleitertal)

Reinhard Löwisch, Egloffstein (Online-Vertiefung: Gebietsausschuss und Tourismuszentrale)

Nils Loth B.A., Bamberg (Online-Vertiefung: Die Anfänge des Fahrradtourismus)

Lisa Merkel M.A., Leipzig (Orts-, Personen- und Sachregister)

Johannes Müller B.A., Bamberg (Exkursion: Fahrradexkursion im Wiesent- und Leinleitertal)

Robert Pawelczak, Bamberg (Online-Vertiefung: Land der Brauereien)

Dr. Andreas Peterek, Bayreuth (Exkursion: Die schönsten Geotope und Naturdenkmale)

Dr. Frank Piontek, Bayreuth (Thema: Das verklärte Bild der Romantiker; Online-Vertiefung: Das Bild der Landschaft und Drucken und Zeichnungen; Exkursion: Unterwegs mit den Romantikern)

Prof. Dr. Herbert Popp, Gesees (Begriff, räumliche Entwicklung und inhaltliche Assoziationen; Naturräumlich begünstigte kulturlandschaftliche Prägungen; Kulturräumliche Besonderheiten; Egertenwirtschaft und Beweidung; Früher Wissenschafts- und Bildungstourismus; Der touristische Aufschwung in der Romantik; Ansätze zu einem Kurtourismus; Veränderungen von Landwirtschaft, Fischzucht und Handwerksgewerbe; Verkehrsinfrastruktur und ihre Erreichbarkeitsdefizite; Kulturlandschaftserhalts und der Kulturlandschaftspflege; Kontinuität und Brüche; Krise des Übernachtungstourismus; Die Attraktion der Karstschauhöhlen; Ein Idyll für Wanderer; Traditionelles Brauchtum als Zugpferd des Tourismus?; Sportorientierte Freizeit; Touristische Events und Attraktionen; Künstliche Erlebniswelten; Kultureinrichtungen und -veranstaltungen; Kulinarisches Paradies zu moderaten Preisen; Freizeitregion in der Krise oder Modellfall für nachhaltigen Tourismus?; A3, A4, A19;

B7, B8, B16; C2, C4, C7, C8, C14, C15, C16, C17, C18, C21, C23, C25, C27, C28, C29, C30, C32, C33; D14, D15, D20, D22; E10, E13, E14, E17, E18, E19, E22, E28; Themen: Was gehört zur Fränkischen Schweiz?; Zur klimatischen Situation; Die Fränkische Schweiz im Satellitenbild; Die Auswirkung der Egertenwirtschaft auf das Landschaftsbild; Konflikte mit naturnahen Formen des Tourismus; Online-Vertiefungen: Bauliches Erscheinungsbild der Städte; Süßkirschenanbaugebiet; Nicht realisierte Verkehrsprojekte; Windmaschinen, Fotovoltaikparks und Biogasanlagen; Der Westen der Fränkischen Schweiz – ein Bierkellerland; Wasserversorgung auf der Hochfläche; Therme und Feriensiedlung Obernsees; Aufseß und der Biertourismus; Baumriesen; Aktuelle Nutzung von Mühlen; Exkursionen: Kulturlandschaftliche Relikte jüdischen Lebens; Biertourismus – ein zwiespältiger Trend; Karstformen und Ökotourismus; Natur- und Kulturlandschaft um die Neubürg; Sachregister)

Dr. Haik Thomas Porada, Leipzig (Orts-, Personen- und Sachregister)

Prof. Dr. Klaus Raschzok, Ansbach (Exkursion: Barockkirchen)

Dr. Hardy Schabdach, Bad Berneck (B1; D2, D3, D4, D5, D9, D10; E1, E3, E4, E5; Online-Vertiefung: Höhlenforschung – Faszinierende Welten unter Tage)

Philipp Scheitenberger M.A. M.A., Ravensburg und München (Online-Vertiefung: Die Anfänge des Fahrradtourismus)

apl. Prof. Dr. Doris Schmied, Bayreuth (Bevölkerung; Wirtschaftliche Situation; C3, C10, C11, C19, C22, C24, C31; E23; Online-Vertiefung: Bevölkerungsentwicklung)

Dipl.-Geogr. Sandra Schneider, Forchheim (Online-Vertiefung: Gebietsausschuss und Tourismuszentrale)

StD i. R. Walter Tausendpfund, Pegnitz (C26; D25, D26, D27, D30, D31, D32, D36, D39, D50; E8, E9, E11, E12, E16, E20, E21)

Dr. Hermann Ulm, Kunreuth (D33)

Dr. Gabriele Wiesemann, Bamberg (A6, A20; Online-Vertiefung: Kloster Langheim – Kolonisationskern und Kulturerbe)

Material und Hinweise verdanken die Autoren und Herausgeber

Bayerisches Landesamt für Breitband, Digitalisierung und Vermessung, München

Bayerisches Landesamt für Statistik und Datenverarbeitung, Fürth

Bayerisches Landesamt für Umwelt, Augsburg

European Space Imaging GmbH (EUSI), München

Tourismuszentrale Fränkische Schweiz

U. S. Geological Survey

Philipp Herrmann M.Sc., Mistelgau

Georg Knörlein, Kirchehrenbach

Richard Regner, Bayreuth

Christiana Scharfenberg, Hollfeld

Dr. Hans Weisel, Ebermannstadt

Brigitte Wittmann, Bayreuth

Redaktionelle Bearbeitung

Dipl.-Ing. Birgit Hölzel, Leipzig; Lisa Merkel M.A., Leipzig; Prof. Dr. Herbert Popp, Gesees; Dr. Haik Thomas Porada, Leipzig

Abschluss des Manuskripts

15. Mai 2019

Abbildungsverzeichnis und Bildquellennachweis

Titelskizze (S. 10): Die Fränkische Schweiz (Entwurf / Kartenredaktion/Kartographie: Birgit Hölzel)

Übersichtskarte (gefaltet in Rückentasche) (Quelle: BKG, DLM 250; Kartenredaktion: Birgit Hölzel, Kartographie: Anja Kurth)

Landeskundliche Übersichtskarte (gefaltet in Rückentasche) (Quelle: BKG, DLM 250; Kartenredaktion: Birgit Hölzel, Kartographie: Anja Kurth)

Faltblatt in Rückentasche: Zusammenstellung von Landsat-Daten:

Abb. A   Landsat-Satellitenszene vom 18. April 2018 in RGB-Darstellung (R: Rot, G: Grün, B: Blau) der Kanäle 5, 6, und 4 (Falschfarbdarstellung). (Entwurf: Bernd Fichtelmann u. Erik Borg, DLR; Quelle: NASA Landsat-Programm, 2018, Landsat 8 Szene USGS, Sioux Falls, 18/04/2018). Mit freundlicher Genehmigung durch den USGS, Sioux Falls und das DLR, EOC; editiert: Birgit Hölzel)

Abb. B   Dreidimensionale Darstellung der Fränkischen Schweiz entsprechend Abb. A mit Blick aus Richtung Nordwesten (Bamberg) unter Verwendung des Geländemodells des DLR. Die Höhen sind gegenüber den Distanzen in der Ebene mit vierfacher Überhöhung dargestellt (Entwurf: Bernd Fichtelmann u. Erik Borg, DLR; Quelle: NASA Landsat-Programm, 2018, Landsat 8 Szene USGS, Sioux Falls, 18/04/2018). Mit freundlicher Genehmigung durch den USGS, Sioux Falls und das DLR, EOC; editiert: Birgit Hölzel)

Einstiegsbild in den Landeskundlichen Überblick: Gößweinstein im Luftbild (Foto: Herbert Popp)

Einstiegsbild in die Einzeldarstellungen: Das Hochplateau des Staffelberges mit Blick in Richtung Norden ins Obermaintal. (Foto: Herbert Popp)

Einstiegsbild in die Verzeichnisse: Blick nach Nordosten zum Schobertsberg (Foto: Herbert Popp)

Abbildungen im Landeskundlichen Überblick und in den Einzeldarstellungen

Abb. 1   Titelblatt des Werkes von Johann Friedrich Esper (1774) (Esper, 1774)

Abb. 2   Titelblatt eines der ersten Bände mit dem Titel „Fränkische Schweiz" (Kraussold u. Brock 1837)

Abb. 3   Das Gebiet der Fränkischen Schweiz in Reiseführern des 19. Jahrhunderts (Entwurf: Herbert Popp, Quelle: Heller 1829, Kraussold u. Brock 1837, Küttlinger 1856, Kartenredaktion: Birgit Hölzel, Kartographie: Anja Kurth)

Abb. 4   Amtliche Karten mit unterschiedlichen Erstreckungsbereichen für die Fränkische Schweiz (Entwurf: Günter Heinritz u. Herbert Popp, Quelle: BKG 2014; BLV 2004, editiert: Birgit Hölzel)

Abb. 5   Die zur Fränkischen Schweiz gehörigen Orte, wie sie von Probanden in einer Befragung geäußert worden sind (2016). (Entwurf: Günter Heinritz, Quelle: eigene Erhebung, Kartenredaktion: Birgit Hölzel, Kartographie: Anja Kurth)

Abb. 6   Antworten zur Gebietsabgrenzung in acht Befragungsorten (Entwurf: Günter Heinritz, Quelle: eigene Erhebung)

Abb. 7   Das zur Fränkischen Schweiz gehörige Gebiet gemäß (a) dem Naturpark Fränkische Schweiz-Veldensteiner Forst, (b) den Gemeinden mit einer Ortsgruppe des Fränkische-Schweiz-Vereins und (c) den Mitgliedsgemeinden des Tourismusverbandes Fränkische Schweiz. (Entwurf: Herbert Popp, Quelle: Unterlagen der drei Institutionen, Kartenredaktion: Birgit Hölzel, Kartographie: Anja Kurth)

Abb. 8   Die Abgrenzung und die Prinzipien der Abgrenzung der Fränkischen Schweiz für die Darstellung in diesem Band. (Entwurf: Herbert Popp, Quelle: eigene Erhebung, Kartenredaktion: Birgit Hölzel, Kartographie: Anja Kurth)

Abb. 9   Schematisches Blockbild zur Paläogeographie im Erdzeitalter des Dogger (Entwurf: Klaus Bitzer, Quelle: eigene Erhebung, editiert: Anja Kurth)

Abb. 10   Geologische Karte der Fränkischen Schweiz und Umgebung (Entwurf: Klaus Bitzer, Quelle: Modifizierung der amtlichen Geologischen Karten, Kartenredaktion: Birgit Hölzel, Kartographie: Anja Kurth)

Abb. 11   Geologischer West-Ost-Schnitt durch die zentrale Fränkische Schweiz (Entwurf: Klaus Bitzer, Quelle: verändert nach Meyer u. Schmidt-Kaler 1992, Kartenredaktion: Birgit Hölzel, Kartographie: Anja Kurth)

Abb. 12   Skizzen zur geoelektrischen Tomographie (ERT) am Basaltvorkommen nördlich Leinleiter. (a) Im oberen Vertikalschnitt zeigen die blauen Bereiche mit geringem elektrischen Widerstand die Verbreitung der Basalte an. Deutlich zu erkennen ist der nach unten schmaler werdende Förderkanal des Basalts und die randliche Begrenzung des Basaltkörpers durch Malmkalke mit hohem elektrischen Widerstand (rot). (b) Der untere Vertikalschnitt gibt diesen Befund in vereinfachter Form wieder. (Entwurf: Klaus Bitzer, Quelle: Messung der Abteilung Geologie, Universität Bayreuth, 2010, Kartenredaktion: Birgit Hölzel, Kartographie: Anja Kurth)

Abb. 13 Blockbild zur Verbreitung von seichtem und tiefem Karst im Bereich des mittleren und unteren Wiesenttals (Entwurf: Klaus Bitzer, Quelle: eigene Erhebung, editiert: Anja Kurth)

Abb. 14 Verbreitung der Dolinen und Höhlen in der Fränkischen Schweiz (Entwurf: Klaus Bitzer, Quelle: Auswertung der TK 25, eigene Erhebung, Kartenredaktion: Birgit Hölzel, Kartographie: Anja Kurth)

Abb. 15 Das Netz der Trockentäler in der Fränkischen Schweiz (Entwurf: Klaus Bitzer, Quelle: eigene Erhebung, Kartenredaktion: Birgit Hölzel, Kartographie: Anja Kurth)

Abb. 16 Hydrogeologischer Schnitt vom westlichen Albrand zur Hollfelder Mulde (Entwurf: Klaus Bitzer, Quelle: Kus et al. 2007, Wagner et al. 2009, Kartenredaktion: Birgit Hölzel, Kartographie: Anja Kurth)

Abb. 17 Klimadiagramme (mit den Monatsmitteln der Temperatur und des Niederschlags) der Stationen Ebermannstadt, Hollfeld, Pottenstein und Gößweinstein (Entwurf: Herbert Popp, Quelle: Merkel 2018, Kartenredaktion: Birgit Hölzel, Kartographie: Nicole Amberg, Romana Schwarz)

Abb. 18 Grundwassergleichen des Karstgrundwasserleiters (Entwurf: Klaus Bitzer, Quelle: Kus et al. 2007, Wagner et al. 2009, Kartenredaktion: Birgit Hölzel, Kartographie: Romana Schwarz)

Abb. 19 Hydrogeologischer West-Ost-Schnitt durch den nördlichen Teil der Nördlichen Frankenalb (Entwurf: Klaus Bitzer, Quelle: verändert nach Schirmer 1967, Wagner et al. 2009, Kartenredaktion: Birgit Hölzel, Kartographie: Anja Kurth)

Abb. 20 Blick ins Wiesenttal zwischen Waischenfeld und Doos von einem der unzähligen Felsköpfe am Talrand. (Foto: Martin Feulner)

Abb. 21 Potentielle Natürliche Vegetation der Frankenalb (Entwurf: Martin Feulner, Quelle: verändert nach LfU 2012, Kartenredaktion: Birgit Hölzel, Kartographie: Anja Kurth)

Abb. 22 Lichter Kiefernbestand östlich des Staffelberges (Foto: Martin Feulner)

Abb. 23 Blauer Steinsame am westlichen Albtrauf im LandkreisLichtenfels (Foto: Martin Feulner)

Abb. 24 Eindrucksvolle Felswand mit Überhang (Balme) im Azendorfer Trockental (Foto: Martin Feulner)

Abb. 25 Landsat-Satellitenszene der Fränkischen Schweiz vom 18. April 2018 in RGB-Darstellung (R: Rot, G: Grün, B: Blau) der Kanäle 3, 2, 1 (Echtfarbdarstellung). (Entwurf: Bernd Fichtelmann u. Erik Borg, DLR, Quelle: NASA Landsat-Programm, Landsat 8-Szene USGS, Sioux Falls, 18/04/2018; editiert: Birgit Hölzel)

Abb. 26 Burg Egloffstein wurde auf einem markant aufragenden Dolomitfelsen errichtet (Quelle: Käppel, Rothbarth u. Schultheis 1840)

Abb. 27 Hülweiher von Kleinhüll (Landkreis Kulmbach) (Foto: Herbert Popp)

Abb. 28 Die territoriale Differenzierung der Fränkischen Schweiz am Ende des Alten Reiches (1792) (Entwurf: Andreas Dix, Quelle: verändert nach Hofmann 1954, Kartenredaktion: Birgit Hölzel, Kartographie: Anja Kurth)

Abb. 29 Separiert vom Gebiet der Altstadt (rechts) liegt in Ebermannstadt aus Brandschutzgründen eines der Scheunenviertel, die Peunt (links). (Foto: Herbert Popp)

Abb. 30a Bildstock bei Köttel (Landkreis Lichtenfels), links, mit der Aufschrift „IOHANNES WIL IN KÖDEL HAD DIESES DENK MACHEN LASEN ZV GRÖSERE EHR GODDES" (1761) (Foto: Herbert Popp)

Abb. 30b Kruzifix auf der Burg Niesten (Landkreis Lichtenfels), rechts (Foto: Herbert Popp)

Abb. 31 Judenfriedhof in Zeckendorf, der größte israelitische Friedhof in der Fränkischen Schweiz (Foto: Herbert Popp)

Abb. 32 Gebietsausschnitt in der Fränkischen Schweiz entlang des Wiesenttales zwischen Muggendorf und Streitberg mit der jeweiligen Waldbedeckung im Vergleich ca. 1830 (Positionsblätter 1:25.000) mit 2017 (TK 25) (Entwurf: Herbert Popp, Quelle: Positionsblätter 181 Ebermannstadt und 182 Waischenfeld im Maßstab 1:25.000 und TK 25, eigene Erhebung, Kartenredaktion: Birgit Hölzel, Kartographie: Romana Schwarz)

Abb. 33a Bilderserie der Burg Rabeneck im Wiesenttal. Die drei abgebildeten Motive sind weitgehend identisch, aber sie resultieren aus unterschiedlichen Zeitpunkten. (a) Der Stahlstich um 1840 (auf der linken Seite) gibt die waldarme bis waldleere Landschaft wieder, wie sie als Folge der Egertenwirtschaft bestand. (Quelle: ALBUM 1840, gezeichnet von L. RICHTER, Stich und Druck von E. GRÜNEWALD)

Abb. 33b Im Foto oben von heute (2017) sieht man den gerahmten Ausschnitt aus dem Stich auf der linken Seite. Das Foto wurde noch vom Talboden aufgenommen. Bereits dieser Ausschnitt macht deutlich, dass der gegenüberliegende Talhang der Wiesent heute viel stärker bewaldet ist. (Foto: Herbert Popp)

Abb. 33c Geht man im gegenüberliegenden Seitental aufwärts, um etwa bis an die Stelle zu gelangen, von der aus der Stahlstich aufgenommen wurde (Foto unten rechts), kann man das gegenüberliegende Motiv der Burg kaum mehr erkennen, weil der dichte Waldbestand die Sicht versperrt. (Foto: Herbert Popp)

Abb. 34 Eintrag ins Gästebuch des Gasthauses Rotes Ross in Waischenfeld vom 22. Juni 1798 durch Ernst Moritz Arndt: „Den 22. Juni 1798 habe ich die be-/wunderungswürdige Förstershöhle/befahren und einen kleinen/Absprung gemacht./Ernst Moritz Arndt aus der/Insel Rügen in der Ostsee." Die Anspielung betrifft einen kleinen Unfall, den Arndt beim Besuch der Höhle erleiden musste. Er war von der Leiter gefallen und hatte sich leicht verletzt. (Foto: Reinhard Löwisch, Quelle: Gästebuch des Gasthauses Rotes Ross in Waischenfeld)

Abb. 35 Blick über die Wiesent auf das Städtchen Waischenfeld mit seiner Burg. Das vielgelobte Gasthaus Rotes Ross ist auf dem Kupferstich jenseits des Flusses nicht direkt zu sehen, es befindet sich aber direkt hinter dem zweiten Haus rechts jenseits der Brücke. (Quelle: KÄPPEL, ROTHBARTH u. SCHULTHEIS 1840)

Abb. 36 Die Burg Streitberg als Sinnbild der romantischen Fränkischen Schweiz (Quelle: KÄPPEL, ROTHBARTH u. SCHULTHEIS 1840)

Abb. 37 Romantische Szene mit Felsen, Siedlung und Flusslandschaft bei Tüchersfeld (Quelle: ALBUM 1840, gezeichnet und gestochen von C. WIESSNER)

Abb. 38 Das Kurhaus Faust in Gößweinstein auf einer Postkarte um 1905 (Quelle: Archiv Herbert Popp)

Abb. 39 Fertiggestellter erster Abschnitt der großflächigen Gewächshauslage zur Gemüseproduktion in Feulersdorf (Gemeinde Wonsees), Blick nach Nordosten. Im Vordergrund rechts verlaufen die BAB 70 und parallel dazu Fotovoltaikflächen. (Foto: Herbert Popp)

Abb. 40 Die Autobahnen und Bundesstraßen in der und um die Fränkische Schweiz (Entwurf: Herbert Popp, Quelle: Informationen der Autobahndirektion Nordbayern, Kartenredaktion: Birgit Hölzel, Kartographie: Romana Schwarz)

Abb. 41 Bevölkerungsentwicklung in der Fränkischen Schweiz (in Prozent, Zahlen in Klammern: unvollständig aufgrund von fehlenden bzw. fehlerhaften Daten für Egloffstein und Gößweinstein) (Entwurf: Herbert Popp, Quelle: BLSt)

Abb. 42 Bevölkerungsentwicklung (in Prozent) 1840–2011 auf Gemeindebasis (Entwurf: Doris Schmied, Quelle: Amtliche Daten des BLSt, Kartenredaktion/Kartographie: Birgit Hölzel)

Abb. 43 Verhältnis von weiblichen zu männlichen SV-Arbeitskräften nach dem Arbeitsortprinzip (Entwurf: Doris Schmied, Quelle: Amtliche Daten des BLSt, Kartenredaktion/Kartographie: Birgit Hölzel)

Abb. 44 Auspendlerquote (Entwurf: Doris Schmied, Quelle: Amtliche Daten des BLSt, Kartenredaktion/Kartographie: Birgit Hölzel)

Abb. 45 Einpendlerquote (Entwurf: Doris Schmied, Quelle: Amtliche Daten des BLSt, Kartenredaktion/Kartographie: Birgit Hölzel)

Abb. 46 Dorfplatz mit ehemaliger Hüle in Trägweis (Landkreis Bayreuth), der zum Dorfpark umgewandelt worden ist. (Foto: Herbert Popp)

Abb. 47 Kalksteinbruch bei Hohenmirsberg. Im Vordergrund erkennbar ist der Aussichtsturm auf der Platte. (Foto: Herbert Popp)

Abb. 48 380-kV-Trasse bei Drosendorf, die als

Schneise die gesamte Hochfläche der Fränkischen Schweiz quert (Foto: Herbert Popp)

Abb. 49 Fremdenverkehr in Gößweinstein im Jahr 1913 (Quelle: BStL 1933, 75)

Abb. 50 Daten zur amtlichen Fremdenverkehrsstatistik für das Jahr 1924 (berücksichtigt sind nur die sechs übernachtungsstärksten Gemeinden) (Quelle: Schick 1925, S. 91–116)

Abb. 51 Zahl der Übernachtungen nach Herkunft und Staatsangehörigkeit der touristischen Gäste für 1924 (Quelle: Schick 1925, S. 101–102)

Abb. 52 Jährliche Übernachtungen in den wichtigsten Orten der Fränkischen Schweiz 1924–1966 (Quelle: Schick 1925, S. 91–116, Lang 1931, S. 177–212, Lang 1935a, S. 322–339, Lang 1935b, S. 515–545, Buck 1941a, S. 191–228, Buck 1941b, S. 374–411, BStL 1977)

Abb. 53 Jährliche Übernachtungszahlen 1970–2015 in den wichtigsten Gemeinden der Fränkischen Schweiz (Entwurf: Herbert Popp, Quelle: BLSt 2015, Kartenredaktion: Birgit Hölzel, Kartographie: Stefan Baumgarten)

Abb. 54 Touristische Übernachtungen 2016 in den Gemeinden der Fränkischen Schweiz, differenziert nach den offiziellen Beherbergungsbetrieben und Kleinbetrieben in Prädikatsgemeinden. (Entwurf: Herbert Popp, Quelle: BLSt, Kartenredaktion: Birgit Hölzel, Kartographie: Romana Schwarz)

Abb. 55 Übernachtungszahlen in den Gemeinden der Fränkischen Schweiz (ab mindestens drei Übernachtungsbetrieben; Entwurf: Herbert Popp, Quelle: BLSt)

Abb. 56 Campingplätze (flächendeckend erfasst) und Betriebe mit einem Übernachtungsangebot des Typs Ferien auf dem Bauernhof (hier nur in der Fränkischen Schweiz erfasst) (Entwurf: Herbert Popp, Quelle: eigene Erhebung, Kartenredaktion: Birgit Hölzel, Kartographie: Romana Schwarz)

Abb. 57 Binghöhle (Gemeinde Wiesenttal), Stalagmiten Drei Zinnen in der Prinz-Ludwig-Grotte (Foto: Herbert Popp)

Abb. 58 Der Eingang zur Teufelshöhle ist auf dem Foto rechts oben zu erkennen, wo sich auch ein Terrassenrestaurant anschließt. Der große Parkplatz und eine Gaststätte mit Fischräucherei und Fischteichen im zentralen und linken Bildteil weisen auf die touristische Nachfrage des Standorts entlang der B470 im Weihersbachtal hin. (Foto: Herbert Popp)

Abb. 59 Die Besucherzahlen von 2004 bis 2017 in den nordbayerischen Schauhöhlen (Quelle: Mitteilung von Mitgliedern der INS von 2018, Kartenredaktion: Birgit Hölzel, Kartographie: Romana Schwarz)

Abb. 60 Collage aus Wegmarkierungen (Quellen: www.fraenkischer-gebirgsweg.de, www.dieromantischendrei.de, www.fsv-muggendorf.de, www.fsv-muggendorf.de, www.fsv-muggendorf.de, www.dieromantischendrei.de, www.fsv-pretzfeld.de, www.fraenkische-toskana.com, www.fraenkische-schweiz.com)

Abb. 61 Informationstafel am Wanderweg, hier bei Tüchersfeld an der Abzweigung nach Kohlstein (Foto: Thomas Bernard)

Abb. 62 Der von zahlreichen Schaulustigen besuchte Osterbrunnen von Bieberbach (2016). (Foto: Herbert Popp)

Abb. 63 Problemstrecken des Motorradtourismus (Entwurf: Thomas Bernard, Quelle: eigene Erhebung, Kartenredaktion: Birgit Hölzel, Kartographie: Romana Schwarz)

Abb. 64 Der Biker-Parkplatz bei Kathi in Heckenhof an einem sonnigen Sonntag im April 2018 (Foto: Herbert Popp)

Abb. 65 Bootsfahrt in Kanu (hinten) und Kajak (vorne) auf der Wiesent bei der Stempfermühle (Foto: Herbert Popp)

Abb. 66 Kletterfelsen Neuhauser Wand, ein belebter Ort mit Beeinträchtigung für die Tier- und Pflanzenwelt (Foto: Herbert Popp)

Abb. 67 Wiesenttal bei Nankendorf mit Straße und fast ebenso breitem Fahrradweg, der direkt entlang des Wiesentufers führt und die Uferökologie beeinträchtigt. (Foto: Martin Feulner)

Abb. 68 Eine Gruppe von Kajakfahrern lässt die Boote zu Wasser, wodurch die Ufervegetation beeinträchtigt und eine Bootsfahrt in Kolonne praktiziert wird. (Foto: Herbert Popp)

Abb. 69 Zahlreiche Fahrgäste erwarten die Ankunft der Dampflokbahn im Bahnhof Behringersmühle zur Rückfahrt nach Ebermannstadt. (Foto: Herbert Popp)

Abb. 70 Sommerrodelbahn Pottenstein mit dem Hexenbesen (grünes Areal). Vorne der Rücktransport der Rodelschlitten (mit dem Fahrer) auf die Hochfläche nach erfolgter Abfahrt. (Foto: Herbert Popp)

Abb. 71 Museen, einschließlich Freilichtmuseen sowie Schlösser und Burgen mit Führungen (Entwurf: Herbert Popp, Quelle: Angaben der Institutionen, Kartenredaktion: Birgit Hölzel, Kartographie: Romana Schwarz)

Abb. 72 Das Ruinentheater im Felsengarten von Sanspareil (Foto: Herbert Popp)

Abb. 73 Bieridylle am Senftenberger Keller (Foto: VGN GmbH)

Abb. 74 Schäuferla: typisches fränkisches Kultgericht – auch in der Fränkischen Schweiz (Foto: Herbert Popp)

Abb. 75 Die Kordigast-Mehlbeere kommt nur auf dem namengebenden Zeugenberg vor. (Foto: Gregor Aas)

Abb. 76 Auf dem Gipfel des Ansberges/Veitsberges steht in einem Ring aus Linden die Kapelle St. Veit (Foto: Herbert Popp)

Abb. 77 Der heutige Ort Klosterlangheim wird immer noch dominiert durch die ehemalige Klosteranlage der Zisterzienser. Blick von Süden auf die stattlichen Gebäude des Klosters mit dem quadratischen Komplex des Ökonomiehofes (links) und dem Konventbau (rechts). (Foto: Herbert Popp)

Abb. 78 Überreste des RAD-Lagers von Frauendorf aus der Zeit des Nationalsozialismus (Foto: Herbert Popp)

Abb. 79 Das ehemalige Neydecker Haus, das 1543 gebaut wurde, wurde durch die Stadt 1765 vom Kloster Langheim erworben und zum Rathaus umfunktioniert. Seine reiche Pracht ist ein Beleg für die Blütezeit der Stadt in jener Zeit. (Foto: Andrea Göldner)

Abb. 80 Apollofalter – ein Schmetterling, der um Arnstein noch vorkommt (Foto: Andrea Göldner)

Abb. 81 Wallersberg befindet sich oberhalb des Weismaintales in einer Adlerhorstlage (Quelle: Ingo Bäuerlein, www.frankenair.de)

Abb. 82 Schulmühle bei Veilbronn im Werntal (Foto: Johann-Bernhard Haversath)

Abb. 83 Claudius der Radfahrer – ein Wahrzeichen von Kleinziegenfeld (Foto: Andrea Göldner)

Abb. 84 Das Kleinziegenfelder Tal ist oberhalb der Quelle ein ausgeprägtes Trockental. (Foto: Herbert Popp)

Abb. 85 Wallfahrtskirche Vierzehnheiligen (Foto: Herbert Popp)

Abb. 86 Auf einem markanten Dolomitsporn liegt oberhalb von Niesten die gleichnamige Burgruine (Foto: Herbert Popp)

Abb. 87 Blick nach Osten zum Albanstieg im Bereich des Würgauer Berges. Im Vordergrund sieht man das Kerbtal des Würgauer Baches mit dem Ort Würgau. Links erklimmt die BAB 70 den Hang. (Foto: Herbert Popp)

Abb. 88 Geologisches West-Ost-Profil durch das Süddeutsche Schichtstufenland. In blauer Farbe sind die Ablagerungen des Jura dargestellt, die sowohl im W als auch – bedingt durch die muldenartige Struktur der Schichten – im Osten Schichtstufen ausbilden. (Entwurf: Eckhardt Jungfer, Quelle: verändert nach KNETSCH 1963, Kartenredaktion/Kartographie: Birgit Hölzel)

Abb. 89 Am oberen Ende der kurvigen Strecke des Würgauer Berges treffen sich oft Gruppen von Motorradfahrern (Foto: Eckhardt Jungfer)

Abb. 90 Im Luftbild ist immer noch die vergangene Funktion des Schönstatt-Zentrums als militärische Einrichtung erkennbar; oben links steht die Marienkapelle. (Foto: Herbert Popp)

Abb. 91 Wattendorf von Westen mit seiner Pfarrkirche St. Barbara, einer ehemaligen Wehrkirche (Foto: Herbert Popp)

Abb. 92 Blick auf Ludwag von Nordwesten (Foto: Herbert Popp)

Abb. 93 Lohndorf im Ellerbachtal. Blick nach Osten (Foto: Herbert Popp)

Abb. 94 Im Biergarten der Gaststätte-Brauerei Hönig in Tiefenellern (Foto: Herbert Popp)

Abb. 95 Blick auf Hohenpölz in Richtung Nordosten (Foto: Herbert Popp)

Abb. 96 Blick von Südosten auf das Dorf Oberleinleiter. Die bewaldete Kuppe links oben ist der Kühmetzenknock. (Foto: Herbert Popp)

Abb. 97 Blick von Südosten auf Burggrub (Foto: Herbert Popp)

Abb. 98 Blick von Südwesten auf den Ortskern von Heiligenstadt (Foto: Herbert Popp)

Abb. 99 Blick auf Buttenheim von Süden (Foto: Herbert Popp)

Abb. 100 An der Steinernen Rinne ist der Wasserlauf am höchsten Punkt der Akkumulationsrinne vegetationsfrei. (Foto: Eckhardt Jungfer)

Abb. 101   Kalksinterterrassen von Tiefenellern (Foto: Eckhardt Jungfer)

Abb. 102   Das Burginnere der Giechburg (Foto: Herbert Popp)

Abb. 103   Blick auf die mitten im Wald solitär gelegene Wallfahrtskirche Gügel von Nordwesten (Foto: Herbert Popp)

Abb. 104   Burg Unteraufseß (Quelle: ALBUM 1840, gestochen von Johannes POPPEL)

Abb. 105   Die Burg Pottenstein, eine der ältesten Burgen in der Fränkischen Schweiz, thront immer noch majestätisch auf Dolomitfelsen über dem Städtchen am Zusammenfluss von Püttlach und Weiherbach. (Foto: Herbert Popp)

Abb. 106   Die mitten in einem Waldareal gelegene Burg Greifenstein von Nordosten (Foto: Herbert Popp)

Abb. 107   Blick vom Küchenbau über die Borderieparterre auf dem Morgenländischen Bau mit den seitlich platzierten Häuschen für das Markgrafenehepaar. Hinter dem Morgenländischen Bau erstreckt sich der Park von Sanspareil. (Quelle: KÖPPEL 1793, Stich von Johann Thomas KÖPPEL 1748)

Abb. 108   Blick von Süden auf Thurnau. Im Zentrum des Bildes erkennt man den Schlossweiher, hinter dem sich das Schloss und rechts von diesem die Pfarrkirche St. Laurentius erstreckt. Rechts vom Schlossweiher ist eine parkartige Anlage zu erkennen, die früher den Schlossgarten bildete. Links oben befand sich der Bahnhof von Thurnau; eine geschwungene Baumzeile markiert noch den Verlauf der Bahntrasse. Im Ortszentrum wird sogar von ferne der Baustoff Sandstein dadurch erkennbar, dass das Gebäudeensemble etwas dunkler ausfällt als die Randgebiete. Ganz im Vordergrund liegt das Gebäude der Grundschule. (Foto: Herbert Popp)

Abb. 109   Pfarrkirche von Berndorf (Foto: Eduard Hertel)

Abb. 110   Wonsees, Blick nach Nordosten (Foto: Herbert Popp)

Abb. 111   Der Ort Sanspareil wird überragt von der Burg Zwernitz mit ihrem Bergfried, die hier rechts im Bild zu sehen ist. (Foto: Herbert Popp)

Abb. 112   Drei Holzfiguren aus einem früheren Altar, um 1500, in der Pfarrkirche St. Nikolaus in Alladorf (Foto: Herbert Popp)

Abb. 113   Quelltopf der Friesenquelle: Im Vordergrund tritt das Karstwasser an die Oberfläche, das nach kurzer Strecke bereits als Bach weiterläuft. (Foto: Herbert Popp)

Abb. 114   Das Trockental des Wacholdertals (Foto: Herbert Popp)

Abb. 115   Die Erstreckung und Abgrenzung des Hummelgaus (Entwurf: Herbert Popp, Quelle: PFAFFENBERGER 1995, S. 8, Kartenredaktion/Kartographie: Birgit Hölzel)

Abb. 116   Wacholderheide am Hang des Marientals am Ortsausgang von Pottenstein (Foto: Martin: Feulner)

Abb. 117   Blick über den Hummelgau in nordwestlicher Richtung: Im zentralen Vordergrund erkennt man (bewaldet) den Sophienberg, hinter dem sich die waldarmen Liasflächen des Hummelgaus bis zu den erneut bewaldeten Schichtstufen im Bildhintergrund erstrecken. An Ortschaften erkennt man von links nach rechts: Hummeltal, dahinter Mistelgau, Gesees, Mistelbach und Forkendorf (Foto: Herbert Popp)

Abb. 118   Geologisches West-Ost-Profil durch die Neubürg (Quelle: SCHERZER 1941, S. 12)

Abb. 119   Der Sophienberg auf dem Urkataster von 1850 (links) und in einer aktuellen Luftaufnahme, Blick nach Süden (rechts) (Quelle: BLV, BAYERISCHE URAUFNAHME, Ausschnitt aus Blatt NW.84.1, Geobasisdaten: Bayerische Vermessungsverwaltung 054/19, Foto: Herbert Popp)

Abb. 120   Blick von der Wiesent auf die Burg Freienfels, die den Ort überragt (Foto: Herbert Popp)

Abb. 121   Die Fassaden des Ideenhauses mit seinem Blauen Turm (links) und der alten Brauerei Weiße Taube mit einem Wandbild der Mona Lisa (rechts) in der Eiergasse markieren das Hollfelder Künstlerviertel auch sichtbar von außen. (Foto: Herbert Popp)

Abb. 122   Blick von Süden auf Mistelgau. Gut erkennbar sind die ehemalige Tongrube (unten rechts), großflächige Gewerbeflächen (oben rechts), ein großer Flächenanteil an jüngeren Einfamilienhäusern und der kompakte Ortskern im Zentrum der Siedlung mit der Pfarrkirche. Im Hintergrund rechts liegt der Ort Eckersdorf. (Foto: Herbert Popp)

Abb. 123   Schloss Unteraufseß (Quelle: Staatsbibliothek Bamberg, V C 3/1, Foto: Gerald Raab)

Abb. 124   Das ehemalige Rittergut Heckenhof, heute Brauereigaststätte Kathi-Bräu (Foto: Herbert Popp)

Abb. 125   Schloss Plankenstein erstreckt sich in malerischer Lage auf einem Felssporn über der Wiesent (Foto: Herbert Popp)

Abb. 126   Blick auf die Ortsteile Pittersdorf und Pettendorf der Gemeinde Hummeltal nach Südosten. Diagonal (von links unten nach rechts oben) quert die Durchgangstraße das Bild. Der vordere Teil umfasst den Ortsteil Pittersdorf; oben rechts erkennt man den Ortsteil Pettendorf. In der Bildmitte fallen einige etwas größere Gebäude auf: allen voran das L-förmige Alten- und Pflegeheim, rechts davor das Schulgebäude. (Foto: Herbert Popp)

Abb. 127   Blick von Südosten auf den Gebirgsrücken der Langen Meile. Die Reifenberger Vexierkapelle dominiert in ihrer majestätischen Lage das Bild. Darunter liegt die Ortschaft Weilersbach. (Foto: Herbert Popp)

Abb. 128   Die Prinz-Ludwig-Grotte in der Binghöhle bei Streitberg (Foto: Hardy Schabdach)

Abb. 129   Teil der Felsformation im Druidenhain (Foto: Herbert Popp)

Abb. 130   Die Zoolithenhöhle bei Burggaillenreuth (Foto: Hardy Schabdach)

Abb. 131   Blick aus der Kleinen Doline der Esperhöhle bei Leutzdorf (Foto: Hardy Schabdach)

Abb. 132   Johann Friedrich Esper, evangelischer Pfarrer in Uttenreuth, war einer der ersten Höhlenforscher in der Fränkischen Schweiz. (Quelle: Kirchengemeinde Uttenreuth)

Abb. 133   Walberlafest 1904 (Quelle: Archiv Herbert Popp)

Abb. 134   Wüstenstein 1858 (Quelle: Mayer 1858)

Abb. 135   Postkarte von Streitberg aus dem Jahr 1904 (Quelle: Archiv Herbert Popp)

Abb. 136   Blick auf Muggendorf, das inzwischen durch die Umgehungsstraße der B 470 deutlich entlastet worden ist. (Foto: Herbert Popp)

Abb. 137   Das Wiesentriff, das etwa von Mittelehrenbach über Egloffstein, Muggendorf und Aufseß verläuft und die Zone der Kieselschwamm-/Dolomitgesteine markiert. (Entwurf: Eckhardt Jungfer, Quelle: verändert nach Bram u. Koch 2011, Kartenredaktion/Kartographie: Birgit Hölzel)

Abb. 138   Behringersmühle, ein Ortsteil von Gößweinstein, liegt im Tal der Wiesent (Foto: Herbert Popp)

Abb. 139   Mostobstabnahme in Pretzfeld (Foto: Grundschule Dormitz)

Abb. 140   Albrecht Dürers „Landschaft mit Kanone" (1518) ist nicht zuletzt deshalb ein unschätzbares Dokument, weil es einen Blick in Richtung Süden über das Dorf Kirchehrenbach zum Walberla festhält. (Quelle: Graphische Sammlung, Städel Museum Frankfurt am Main, (Foto: © Städel Museum – Artothek))

Abb. 141   Der Bieberbacher Osterbrunnen – einer der größten und schönsten in der Fränkischen Schweiz (Foto: Herbert Popp)

Abb. 142   Blick auf Leutenbach von Südwesten (Foto: Herbert Popp)

Abb. 143   Burg Egloffstein (Foto: Herbert Popp)

Abb. 144   Fest der Ewigen Anbetung über Obertrubach am 3. Januar (Foto: Tourist-Info Obertrubach)

Abb. 145   Wasserschloss von Kunreuth (Foto: Roland Lindacher)

Abb. 146   Blick von Regensberg auf Weingarts zur Kirschblüte (Foto: Herbert Popp)

Abb. 147   Der Hauptort von Hiltpoltstein mit der Burg (rechts) und der Pfarrkirche St. Matthäus (links) (Foto: Herbert Popp)

Abb. 148   Gräfenberg liegt in einem Kerbtal im Bereich des Albanstiegs. In der Mitte des Bildes ist die historische Altstadt zu erkennen, im Vordergrund sieht man die Bahnlinie, die hier in Gräfenberg endet, und die nach Nürnberg-Nordostbahnhof führt. (Foto: Herbert Popp)

Abb. 149   Blick auf Igensdorf in Richtung Norden (Foto: Herbert Popp)

Abb. 150   Charakteristika des Tals der Wiesent im Längsverlauf (Entwurf: Klaus Bitzer, Quelle: eigene Erhebung, Kartenredaktion/Kartographie: Birgit Hölzel)

Abb. 151   Drei reiche Karstquellen entspringen unmittelbar oberhalb der Stempfermühle, die heute ein Gasthof ist. (Foto: Herbert Popp)

Abb. 152   Die knapp über der Wasseroberfläche schwärmende, von den Fischen erhaschte Fliege, die im Volksmund auch Maifliege genannte wird. (Foto: Toni Eckert)

Abb. 153   Dieser für das Fliegenfischen verwendeter Köderähnelt der Maifliege, weist aber natürlich auch einen Angelhaken auf. (Foto: Toni Eckert)

Abb. 154   Die Lillach-Sinterterrassen sind ein eindrucksvolles Naturdenkmal. (Foto: Herbert Popp)

Abb. 155   Die Burg Feuerstein liegt, umgeben von Waldflächen, gut getarnt wie eine „echte" Burg. (Foto: Herbert Popp)

Abb. 156   Blick vom Trubachtal auf die Ruine Wolfsberg (Foto: Herbert Popp)

Abb. 157   Sinterfahnen (Adler) in der Sophienhöhle im Ailsbachtal (Foto: Hardy Schabdach)

Abb. 158   Der Kerzensaal in der Teufelshöhle (Foto: Hardy Schabdach)

Abb. 159   Die Klauskirche bei Betzenstein (Foto: Hardy Schabdach)

Abb. 160   Gasthaus-Brauerei Krug in Breitenlesau (Foto: Herbert Popp)

Abb. 161   St.-Anna-Kapelle und Steinerner Beutel – zwei Landmarken der Waischenfelder Stadtlandschaft (Foto: Herbert Popp)

Abb. 162   Das stattliche Dorf Hohenmirsberg ist aufgrund seiner Höhenlage von weither sichtbar. (Foto: Herbert Popp)

Abb. 163   Die Autobahn-Talbrücke ist heute ortsbilddominierend. Im Vordergrund ist das Schloss erkennbar. (Foto: Herbert Popp)

Abb. 164   Der Wasserfall der Aufseß an der Mündung in die Wiesent (Foto: Herbert Popp)

Abb. 165   Am bewaldeten Umlaufberg sind links die Felsen mit der Ruine der Oberen Burg sowie rechts anschließend die Untere Burg auf einem Felssporn zu erkennen. (Foto: Herbert Popp)

Abb. 166   Blick auf Pottenstein mit seiner Burg (Foto: Tourismusbüro Pottenstein)

Abb. 167   Blick von Osten auf das Dorf Hüll (Foto: Herbert Popp)

Abb. 168   Treffen der Gruppe 47 in der Pulvermühle 1967. Auf dem Bild sind von links nach rechts u. a. zu sehen: Rolf Haufs, F. C. Delius, Hille und Reinhard Baumgart, Günter Grass, Walter Höllerer, Roland H. Wiegenstein, Harald Hartung, Franz Josef Schneider, Minka Schneider, Horst Münnich, Burkhard Nadolny, Barbara König (mit dem Rücken zum Betrachter). (Quelle: Akademie der Künste zu Berlin, Literaturarchiv, Hans-Werner-Richter-Archiv, Nr. 917_28, Foto: Toni Richter)

Abb. 169   Im engen und landschaftllich reizvollen Püttlachtal zwischen Pottenstein und Behringersmühle befindet sich direkt neben der B 470 der viel frequentierte Campingplatz Bärenschlucht. (Foto: Herbert Popp)

Abb. 170   Weihersbachtal mit dem Schöngrundsee und der Sommerrodelbahn vor der Erweiterung 2018 (Foto: Herbert Popp)

Abb. 171   Erlebnismeile (Weihersbachtal) Pottenstein (Entwurf: Herbert Popp, Quelle: eigene Erhebung, Kartenredaktion/Kartographie: Birgit Hölzel)

Abb. 172   Burg Rabeneck in einem Stahlstich von 1850 (Quelle: Käppel, Rothbarth u. Schultheis 1840, Postkartenarchiv Herbert Popp)

Abb. 173   Stahlstich der Burg Rabenstein von Mitte des 19. Jh. Im Hintergrund rechts erkennt man die Klaussteinkapelle. (Quelle: Mayer 1858)

Abb. 174   Burgruine Leienfels (Foto: Herbert Popp)

Abb. 175   Nur noch der Turm in der Vorburg der Burgruine Stierberg ist erhalten. (Foto: Herbert Popp)

Abb. 176   Der Felsen, auf dem sich der Burgstall von Riegelstein befindet, ist heutzutage bei Kletterern sehr beliebt. (Foto: Herbert Popp)

Startbilder der Themen

Was gehört zur Fränkischen Schweiz?: Fränkische Schweiz 1856 (Küttlinger 1856)
Zur klimatischen Situation: Streuobstwiese mit Kirschbäumen oberhalb von Pretzfeld (Foto: Herbert Popp)

Die Fränkische Schweiz im Satellitenbild (Landsat-Satellitenszene vom 18. April 2018 in RGB-Darstellung (R: Rot, G: Grün, B: Blau) der Kanäle 3, 2, 1 (Echtfarbdarstellung). (Entwurf: Erik Borg u. Bernd Fichtelmann, DLR, Quelle:

NASA Landsat-Programm, Landsat 8-Szene USGS, Sioux Falls, 18/04/2018; editiert: Birgit Hölzel)

Die Auswirkung der Egertenwirtschaft auf das Landschaftsbild: Weismaintal Weihersmühle 1927 (Quelle: Postkartenarchiv Herbert Popp)

Das verklärte Bild der Romantiker: Gößweinstein (MAYER 1858)

Wanderwegenetz: Wegmarkierungen (Foto: Herbert Popp)

Konflikte mit naturnahen Formen des Tourismus: Kletterkurs Frankenjura (Foto: Tourismuszentrale Fränkische Schweiz/Trykowski)

Mühlen – vom Mythos der Romantik zum Ausflugsziel der Gegenwart: Ansicht von Pottenstein um 1840 (Quelle: ALBUM 1840, gezeichnet und gestochen von C. WIESSNER)

Das Süddeutsche Schichtstufenland: Schichtstufe des Albanstiegs bei Hirschaid (Foto: Herbert Popp)

Die Burgen – Zeugen einer bewegten Geschichte: Rabenstein (Quelle: ALBUM 1840, gezeichnet und gestochen von C. WIESSNER)

Schafhaltung, Wacholderheiden und Naturschutzgebiete: Kleinziegenfelder (Quelle: Reinhold Möller, Freigabe nach cc-by-sa 3.0)

Johann Friedrich Esper, der Pionier der Höhlenforschung im Muggendorfer Gebirg: Kapitelüberschrift aus dem Werk von Johann Friedrich Esper (1774) (Quelle: ESPER 1774)

Die Dolomitfelsen der Fränkischen Schweiz: Verbreitung und Entstehung: Müllersfelsen (Foto: Herbert Popp)

Fliegenfischen – oder die Geschichte von der „Sprungfischerey": Fliegenfischerei (Foto: Luis Küspert)

Abbildungen in den Kästen

Thematische Vertiefungen

Genese und Verbreitung der Trockentäler: Das Trockental der Weismain oberhalb von Kleinziegenfeld (Foto: Herbert Popp)

Höhlenforschung – Faszinierende Welten unter Tage: Höhlenforscherin in der Schönsteinhöhle (Foto: Hardy Schabdach)

Hangrutsche als Massenbewegungen: Skizze der Bergrutschfläche am Hasenberg, Rutschungsfläche farbig hervorgehoben (MÜLLER 1957, Tafel 3)

Hungerbrunnen: Ursprung-Hungerbrunnen bei Haselbrunn nach der Schneeschmelze (Tourismusbüro Pottenstein)

Bauliches Erscheinungsbild der Städte: Altstadt von Hollfeld (Foto: Herbert Popp)

Süßkirschenanbaugebiet: Geerntete Süßkirschen im Landkreis Forchheim (Quelle: TZFS/Trykowski)

Nicht realisierte Verkehrsprojekte: Beginn des Antrags der Stadt Bayreuth an den bayerischen König „die Anlegung einer Eisenbahn von Nürnberg über Bayreuth und Hof an die nördliche Grenze des Reichs betreffend" (Quelle: Stadtarchiv Bayreuth, Akte Nr. 2482)

Stichbahnen: Gemächlich fährt die Museumsbahn mit ihrer Dampflok und den historischen Waggons durch das Wiesenttal. (Foto: Herbert Popp)

Bevölkerungsentwicklung 1840–2011: Die Bevölkerungsentwicklung von Wattendorf und Mistelgau 1840–2017 (BLSt 2018)

Windmaschinen, Fotovoltaikparks und Biogasanlagen: Windpark „Lindenhardter Forst" (Foto: Herbert Popp)

Gebietsausschuss und Tourismuszentrale: Logo der Tourismuszentrale Fränkische Schweiz (Quelle: TZFS)

Geschichte der Tourismuswerbung der Stadt Pottenstein: Ortsprospekt 1979 (Quelle: Archiv Tourismusbüro der Stadt Pottenstein)

Brauchtum in älteren und jüngeren Fotos: Pinzberger Trachten (Quelle: Herbert Popp, Archiv)

Klettern im Frankenjura: Kletterer am Zuckerhut bei Doos 1918 (Foto: Postkartenarchiv Christian Görl)

Anfänge des Fahrradtourismus: Titelseite des Vereinsblatts der Concordia zu Bamberg von 1911 (Quelle: Bayerische Staatsbibliothek München, Signatur: 2 Gymn. 900a)

Land der Brauereien: Zunftschild Brauerei Hufeisen (Foto: Herbert Popp)

Der Westen der Fränkischen Schweiz – ein Bierkellerland: Am Schweizerkeller in Forchheim-Reuth (Foto: Herbert Popp)

Kloster Langheim – Kolonisationskern und Kulturerbe: Uraufnahmekarte von 1851 (Quelle: BLV, Bayerische Uraufnahme, Ausschnitt aus Blatt NW.95.15, Geobasisdaten: Bayerische Vermessungsverwaltung 054/19)

Wasserversorgung auf der Hochfläche: Hydraulischer Widder in Leidingshof (Foto: Herbert Popp)

Therme und Feriensiedlung Obernsees: Blick auf die Therme (links) und die Ferienhaussiedlung (rechts) (Foto: Herbert Popp)

Aufseß und der Biertourismus: Brauerei Stadter (Foto: Herbert Popp)

Das Bild der Landschaft in Drucken und Zeichnungen: Scizzen aus der Fränkischen Schweiz (Quelle: Käppel, Rothbarth u. Schultheis 1840)

Rezeption der Moggaster Höhle im 18. Jahrhundert: Eingang der Moggaster Höhle (Quelle: Rosenmüller 1796; repr. nach Voit, Kaulich u. Rüfer 1992, S. 242)

Zeugenberge und ihre Vegetation: Blick auf das Walberla von Südosten (Foto: Herbert Popp)

Wallfahrten: Wallfahrer auf dem Weg zur Basilika in Gößweinstein zu Christi Himmelfahrt 2019 (Quelle: Herbert Popp)

Baumriesen mit historischer und symbolischer Bedeutung: Alte Eiche von Stücht (Foto: Herbert Popp)

Die Zeit des Nationalsozialismus: Oskar Vierlings Forschungslabor als getarnte Burg Feuerstein (Quelle: Postkartenarchiv Herbert Popp, Aufnahme von 1950)

Burgen und Schlösser: Luftaufnahme der Ruine Neideck. Im rechten Bildteil führt die Bahnlinie vorbei (Foto: Herbert Popp)

Aktuelle Nutzung von Mühlen: Gasthof-Pension Neumühle im Ailsbachtal mit der darüber thronenden Burg Rabenstein (Foto: Herbert Popp)

Exkursionen

Exkursionsskizze Kulturlandschaftliche Relikte jüdischen Lebens (Entwurf: Hartmut Heller u. Herbert Popp, Quelle: eigener Entwurf, Kartenredaktion: Birgit Hölzel, Kartographie: Anja Kurth)

Exkursionsskizze Biertourismus – ein zwiespältiger Trend (Entwurf: Thomas Bernard u. Herbert Popp, Quelle: eigener Entwurf, Kartenredaktion: Birgit Hölzel, Kartographie: Romana Schwarz)

Exkursionsskizze Von Weismain durchs Bärental zum Görauer Anger (Entwurf: Andrea Göldner, Quelle: eigener Entwurf, Kartenredaktion: Birgit Hölzel, Kartographie: Romana Schwarz)

Exkursionsskizze Die Stadt Weismain und der Kordigast (Entwurf: Andrea Göldner, Quelle: eigener Entwurf, Kartenredaktion: Birgit Hölzel, Kartographie: Anja Kurth)

Exkursionsskizze Barockkirchen (Entwurf: Klaus Raschzok, Quelle: eigener Entwurf, Kartenredaktion: Birgit Hölzel, Kartographie: Romana Schwarz)

Exkursionsskizze Karstformen und Ökotourismus (Entwurf: Klaus Bitzer, Eckhardt Jungfer und Herbert Popp, Quelle: eigener Entwurf, Kartenredaktion: Birgit Hölzel, Kartographie: Anja Kurth)

Exkursionsskizze Rund um die Giechburg (Entwurf: Andreas Dix, Quelle: eigener Entwurf, Kartenredaktion: Birgit Hölzel, Kartographie: Romana Schwarz)

Exkursionsskizze Natur- und Kulturlandschaft um die Neubürg (Entwurf: Klaus Bitzer und Herbert Popp, Quelle: eigener Entwurf, Kartenredaktion: Birgit Hölzel, Kartographie: Romana Schwarz)

Exkursionsskizze Unterwegs mit den Romantikern (Entwurf: Frank Piontek, Quelle: eigener Entwurf, Kartenredaktion: Birgit Hölzel, Kartographie: Romana Schwarz)

Exkursionsskizze Schönste Geotope und Naturdenkmale (Entwurf: Andreas Peterek, Quelle: eigener Entwurf, Kartenredaktion: Birgit Hölzel, Kartographie: Romana Schwarz)

Exkursionsskizze Auf den Spuren der Heiligen Elisabeth (Entwurf: Thomas Bernard, Quelle: eigener Entwurf, Kartenredaktion: Birgit Hölzel, Kartographie: Romana Schwarz)

Startbilder der Suchfelder

Satellitenbilder basierend auf Landsat-Daten entsprechend Abb. A (Entwurf: Bernd Fichtelmann u. Erik Borg, DLR; Quellen: NASA Landsat Program, 2018, Landsat 8 scene, USGS, Sioux Falls, 18/04/2018; Bearbeitung: Birgit Hölzel)

Quellen und Literatur

ACKERMANN, Hans (1973): Gräfenberg in Vergangenheit und Gegenwart. – Forchheim.

ALBUM (1840): Album der Fränkischen Schweiz. Neun Stahlstiche. Souvenir de la belle contrée de Franconie nommée la Suisse Franconienne. Neuf vues gravées en acier. – München, Erlangen.

AMMON, Ludwig von (1899): Kleiner geologischer Führer durch einige Theile der Fränkischen Alb. – München.

ARNDT, Ernst Moritz (1801): Bruchstücke einer Reise von Baireuth bis Wien im Sommer 1798. – Leipzig [Faksimile Erlangen 1985 (= Bibliotheca Franconica 11)].

Ernst Moritz ARNDTS Reisen durch einen Theil Teutschlands, Ungarns, Italiens und Frankreichs in den Jahren 1798 und 1799. Erster Theil, 2. Aufl. – Leipzig 1804.

AUFSESS, Hans Max von (1974): Briefe aus der Pilgerstube (Streitberg – Fränkische Schweiz). – Nürnberg.

BA, Statistik (Hg., 2007): Klassifikation der Wirtschaftszweige (WZ 2008), https://statistik.arbeitsagentur.de/Navigation/Statistik/Grundlagen/Klassifikation-der-Wirtschaftszweige/Klassifikation-der-Wirtschaftszweige-2008/Klassifikation-der-Wirtschaftszweige-2008-Nav.html [eingesehen 22.01.2019].

BA (Hg., 2016); Statistik. Gemeindedaten der sozialversicherungspflichtig Beschäftigten nach Wohn- und Arbeitsort, Stand 30. Juni 2016 (= https://statistik.arbeitsagentur.de/nn_31966/SiteGlobals/Forms/Rubrikensuche/Rubrikensuche_Suchergebnis_Form.html?view=processForm&resourceId=210358&input_=&pageLocale=de&topicId=746732&region=&year_month=201606&year_month.GROUP=1&search=Suchen; letzter Zugriff: 30.07.2019)

BACHMANN, Erich u. Lorenz SEELIG (1995): Felsengarten Sanspareil. Burg Zwernitz. – München.

BÄTZING, Werner (2000): Die Fränkische Schweiz – eigenständiger Lebensraum oder Pendler- und Ausflugsregion? Überlegungen zur Frage einer „nachhaltigen" Regionalentwicklung, in: Hans BECKER (Hg.): Beiträge zur Landeskunde Oberfrankens (= Bamberger Geographische Schriften, Sonderfolge 6). – Bamberg, S. 127–150.

BÄTZING, Werner (2008): Der Naturpark als zentraler Motor für Regionalentwicklung – hoffnungslose Überforderung oder sinnvolles Ziel?, in: Mitteilungen der Fränkischen Geographischen Gesellschaft 55, S. 1–14.

BAIER, Alfons (2007): Karsthydrogeologische Untersuchungen im Lillachtal östlich von Dorfhaus/Ldkr. Forchheim (Nördliche Frankenalb), in: Geologische Blätter für Nordost-Bayern 57, S. 173–208.

BAIER, Alfons (2008): Karstphänomene und Karsttektonik im Oberen Leinleitertal nördlich Markt Heiligenstadt/Lkr. Bamberger Land (Nördliche Frankenalb), in: Geologische Blätter für Nordost-Bayern 58, S. 117–184.

BAIER, Alfons (2013): Das Karstgebiet von Streitberg (Nördliche Frankenalb). Eine Untersuchung der Karsttektonik und der Grundwasserverhältnisse im seichten Karst, in: Geologische Blätter für Nordost-Bayern 63, S. 13–53.

BAIER, Alfons (2016): Das Karstgebirge von Seidmar/Ofr., in: Geologische Blätter für Nordost-Bayern 66, S. 49–73.

BAIER, Alfons u. Thomas HOCHSIEDER (1990): Der Druidenhain bei Wohlmannsgesees/Oberfranken – Eine vermutete Kultstätte unter dem Aspekt klufttektonischer und bodenkundlicher Untersuchungen, in: Geologische Blätter für Nordost-Bayern 40, S. 35–72.

Baier, Alfons, Florian Huber, Uli Kunz, Marijana Krahl u. Jana Ulrich (2014): Der „Tiefe Brunnen" von Birkenreuth/Ofr. Ein Beispiel für die Problematik der Trinkwasserversorgung auf der fränkischen Karsthochfläche in historischer und heutiger Zeit, in: Geologische Blätter für Nordost-Bayern 64, S. 13–41.

BayFORKLIM (Hg., 1996): Klimaatlas von Bayern. – München.

Becher, Angela (1995): Neubürg und Sophienberg – Zeugenberge der Nordalb (= Heimatbeilage zum Amtlichen Schulanzeiger des Regierungsbezirkes Oberfranken 218). – Bayreuth.

Bierland Oberfranken (Hg., 2019): Bierland Oberfranken. – Bayreuth (= https://www.bierland-oberfranken.de, letzter Zugriff: 19.03.2019).

BKG (Hg., 2014): Deutschland. Landschaften. Namen und Abgrenzungen. Maßstab 1:1.000.000. – Frankfurt/M., 6. Aufl. 2014.

BLSt (Hg., 2015): Statistik kommunal. Verschiedene Gemeinden (= www.statistik.bayern.de, letzter Zugriff: 22.01.2019).

BLSt (Hg., 2018): Meine Gemeinde/Stadt in Statistik kommunal. – Fürth/München/Schweinfurth (= www.statistik.bayern.de, letzter Zugriff: 19.03.2019).

BLV (Hg., 2004): Übersichtskarte Bayern 1:500.000. Landschaften. – München, 2. Aufl. 2004.

Bögli, Alfred (1964): Mischungskorrosion – ein Beitrag zum Verkarstungsproblem, in: Erdkunde 18, S. 83–92.

Bögli, Alfred (1978): Karsthydrographie und physische Speläologie. – Berlin.

Böhmer, Hans-Jürgen (1994): Die Halbtrockenrasen der Fränkischen Alb – Strukturen, Prozesse, Erhaltung, in: Mitteilungen der Fränkischen Geographischen Gesellschaft 41, S. 323–343.

Böhmer, Hans Jürgen u. Oliver Bender (2000): Die Entwicklung der Wacholderheiden auf der nördlichen Frankenalb, in: Hans Becker (Hg.): Beiträge zur Landeskunde Oberfrankens (= Bamberger Geographische Schriften, Sonderfolge 6). – Bamberg, S. 169–189.

Bonius, Johannes (1602): Zusammendruck mit Legende zum Werk von Petrus Zweidler: Gründlicher Abriß der Statt Bamberg. – Bamberg.

Bram, Günther u. Roman Koch (2011): Trubachweg. Geologie – Kultur – Klettern. 2. Aufl. – Forchheim.

Brandenstein, Freiherr von (1812): Getreu aufgenommene Gebirgsgegenden und Höhlen um und bei Muggendorf, Heft 2. – Nürnberg.

Brandenstein, Ernst Friedrich von (1814): Ritterburgen und Beiträge zur Geschichte des deutschen Adels älterer und neuerer Zeit, 1. Heft – Nürnberg.

Briegleb (1839): Molkenkur in Streitberg bei Muggendorf, in: Fürther Tagblatt Nr. 113, 17. Juli 1839, S. 589–590.

Brückner, Karl (1904): Führer durch die Fränkische und Hersbrucker Schweiz mit den Anhängen Radtouren und Geologie der Fränkischen Schweiz. – Wunsiedel.

Brückner, Karl (1906): Geschichte der Burg, Wallfahrt, Pfarrei und Marktgemeinde Gößweinstein. – Ebermannstadt.

BStL (Hg., 1933): Hundert Jahre Bayerisches Statistisches Landesamt (= Beiträge zur Statistik Bayerns 121). – München.

BStL (Hg., 1977): Der Fremdenverkehr in Bayern 1966 bis 1975 (= Beiträge zur Statistik Bayerns 3551). – München.

BSV (Hg., 2019): Bayerische Verwaltung der staatlichen Schlösser, Gärten und Seen. Gärten. Felsengarten Sanspareil. – München (= https://www.schloesser.bayern.de/deutsch/garten/objekte/bay_morg.htm, letzter Zugriff: 19.03.2019).

Buck, Joseph (1941a): Der Fremdenverkehr in Bayern im Sommerhalbjahr 1940 (1. April bis 30. September 1940), in: Zeitschrift des Bayerischen Statistischen Landesamts 73, S. 191–228.

Buck, Joseph (1941b): Der Fremdenverkehr in Bayern im Winterhalbjahr 1940/41 (1. Oktober 1940 bis 31. März 1941), in: Zeitschrift des Bayerischen Statistischen Landesamts 73, S. 374–411.

Buckland, William (1823): Reliquiae Diluvianae: or Observations on the organic Remains contained in Caves, Fissures and diluvial gravel and on other geological phenomena. – London.

Bundschuh, Johann Kaspar (1799–1804): Geographisches statistisch-topographisches Lexikon von Franken oder vollständige alphabetische Beschreibung aller im ganzen Fränkischen Kreis liegenden Städte, Klöster, Schlösser, Dörfer, Flekken, Höfe, Berge, Thäler, Flüsse, Seen, merkwürdiger Gegenden u.s.w. 6 Bände. – Ulm.

Burdinski, Jan (2018): Von der Gauklerbühne zur Landesbühne, in: Die Fränkische Schweiz, H. 3, S. 7–9.

Cammerer, Anselm Andreas Caspar (1832): Naturwunder, Orts- und Länder-Merkwürdigkeiten des Königreiches Bayern für Vaterlandsfreunde, so wie für kunst- und naturliebende Reisende. – Kempten.

Carlé, Walter (1951): Über den Charakter der Tektonik am Nordwest-Ende der Frankenalb bei Staffelstein, in: Geologische Blätter für Nordost-Bayern 1, S. 148–152

Cvijic, Jovan (1893): Das Karstphänomen – Versuch einer morphologischen Monographie (= Geographische Abhandlungen 5, H. 3). – Wien.

Dieterich, Ludwig (1835): Die fränkische Schweiz, in: Bayerische Annalen. Abtheilung: Vaterlandskunde Nr. 16 vom 14. April 1835, S. 207–213.

Dimpfl, Hans (1971): Intensivkulturen im Forchheimer Land. Eine agrargeographische Untersuchung. – Diss. Erlangen 1971.

Dorn, Paul (1958): Erläuterungen zur Geologischen Karte 1 : 25.000 Blatt Nr. 6333 Gräfenberg, hg. v. BGL. – München.

Düll, Ruprecht u. Herfried Kutzelnigg (2011): Taschenlexikon der Pflanzen Deutschlands und angrenzender Länder: die häufigsten mitteleuropäischen Arten im Porträt. – Wiebelsheim.

dwif-Consulting (Hg., 2012): Wirtschaftsfaktor Tourismus in Franken 2011. – München.

Ebenfeld, Stefan (2006): Reiseanimationen – Zwei Verkehrswerbefilme über die Fränkische Schweiz aus den Jahren 1927 und 1934, in: DB Museum Nürnberg (Hg.): Die Fränkische Schweiz. Der historische Film aus dem DB Museum. Begleitheft zur DVD. – Nürnberg, S. 26–49.

Eckert, Toni (1995a): Die Fischerei in der Fränkischen Schweiz in einer historischen Betrachtung, in: Fischereiverband Fränkische Schweiz (Hg.): Fischerei und Fischwasser in der Fränkischen Schweiz. Beiträge zum Jubiläum 100 Jahre Fischereiverband Fränkische Schweiz. – Streitberg, S. 23–34.

Eckert, Toni (1995b): Ignaz Bing – sein Leben in Streitberg. – Streitberg.

Eckert, Toni u. Manuela Kraus (2015): Die Burgen der Fränkischen Schweiz. Ein Kulturführer. 2. Aufl. – Forchheim.

Ellenberg, Heinz (1996): Vegetation Mitteleuropas mit den Alpen in ökologischer, dynamischer und historischer Sicht. 5. Aufl. – Stuttgart.

Emmerich, Werner (1966): Die „Entdeckung" der Fränkischen Schweiz, in: 102. Bericht des Historischen Vereins für die Pflege der Geschichte des ehemaligen Fürstbistumes Bamberg. – Bamberg, S. 551–586.

Esper, Johann Friederich (1774): Ausführliche Nachricht von neuentdeckten Zoolithen unbekannter vierfüsiger Thiere, und denen sie enthaltenden, so wie verschiedenen andern denkwürdigen Grüften der Obergebürgischen Lande des Marggrafthums Bayreuth. – Nürnberg.

Fénelon (François de Salignac de La Mothe-Fénelon, 1699): Les aventures de Télémaque. – Paris.

FFW Schwabthal (Hg., 2012): Chronik der Gemeinde Schwabthal. Erstellt anlässlich des 125jährigen Feuerwehrjubiläums im Jahr 2012. – Bad Staffelstein.

Fick, Johann Christian (1807): Meine neueste Reise zu Wasser und Land oder ein Bruchstück aus der Geschichte meines Lebens. – Erlangen.

Fick, Johann Christian (1812): Historisch-topographisch-statistische Beschreibung von Erlangen und dessen Gegend mit Anweisungen und Regeln für Studirende. Nebst einem Anhang, die neueste Organisation der Universität und die Schilderung ihres Zustandes enthaltend. – Erlangen (Nachdruck 1977).

Firbas, Franz (1952): Spät- und nacheiszeitliche Waldgeschichte Mitteleuropas nördlich der Alpen. Band 2: Waldgeschichte der einzelnen Landschaften. – Jena.

Fischer, Sabine F., Peter Poschlod u. Burkhard Beinlich (1996): Experimental studies on the dispersal of plants and animals on sheep in calcareous grasslands, in: Journal of Applied Ecology 33 (5), S. 1206–1222.

Förderkreis Fränkische Schweiz-Museum (Hg., 2014): Land und Leute im Wiesenttal (Fränkische Schweiz). Historischer Heimatfilm von W. Heinz, Muggendorf. DVD von 43 Minuten. – Pottenstein.

Fränkischer Theatersommer (Hg., 2019): Fränkscher Theatersommer e. V. – Landesbühne Oberfranken. – Hollfeld (= www.theatersommer.de, letzter Zugriff: 19.03.2019).

Frenzel, Wolfgang u. Herbert Rebhahn (2009): Reg. v. Oberfranken: Vom Konflikt zur Partnerschaft. Kletterkonzepte in Oberfranken, in: Blickpunkte 2, S. 30–31 (= https://www.regierung.oberfranken.bayern.de/imperia/md/content/regofr/umwelt/natur/erholung/kk_ofr_blickpunkte.pdf, letzter Zugriff: 22.01.2019).

Freyberg, Bruno von (1956): Die Massenkalk-Schwelle von Behringersmühle (Fränk. Alb), in: Geologische Blätter für Nordost-Bayern 6, S. 117–184.

Freyberg, Bruno von (1969): Tektonische Karten der Fränkischen Alb und ihrer Umgebung (= Erlanger Geologische Abhandlungen 77). – Erlangen.

FSV (Hg., 2019): Fränkische Schweiz Verein e. V. – Streitberg (= www.fsv-ev.de, letzter Zugriff: 19.03.2019).

Füssel, Johann Michael (1788): Unser Tagbuch oder Erfahrungen und Bemerkungen eines Hofmeisters und seiner Zöglinge auf einer Reise durch einen grossen Theil des Fränkischen Kreises nach Carlsbad und durch Bayern und Passau nach Linz. Zweyter Theil – Erlangen.

Gauckler, Konrad (1938): Steppenheide und Steppenheidewald der Fränkischen Alb in pflanzensoziologischer, ökologischer und geographischer Betrachtung, in: Berichte der Bayerischen Botanischen Gesellschaft 23, S. 5–134.

Geissner, Wolfgang (2003): Weidelandschaften in der Fränkischen Schweiz, in: Die Fränkische Schweiz, H. 3, S. 12–13.

Geissner, Wolfgang u. Gernot Huss (2000): Das Modellprojekt „Fels- und Hangfreistellungen" im Naturpark Fränkische Schweiz-Veldensteiner Forst, in: Die Fränkische Schweiz, H. 4, S. 5–9.

Genussregion Oberfranken (Hg., 2019): Genussregion Oberfranken. Wir sprechen kulinarisch. – Bayreuth (= www.genussregion.oberfranken.de, letzter Zugriff: 19.03.2019).

Gliemeroth, Anne Kathrin (1997): Holozäne Einwanderungsgeschichte der Baumgattungen *Picea* und *Quercus* unter paläoökologischen Aspekten nach Europa, in: Eiszeitalter und Gegenwart 47, S. 28–41.

Goethe, Johann Wolfgang von (1897): Götz von Berlichingen (= Goethes Werke. Weimarer Ausgabe 39). – Weimar.

Götz, Wilhelm (1898): Geographisch-Historisches Handbuch von Bayern. II. Band: Ober-, Mittel- und Unterfranken. Rheinpfalz. Schwaben und Neuburg. – München.

Goldfuss, Georg August (1810): Die Umgebungen von Muggendorf. Ein Taschenbuch für Freunde der Natur und Alterthumskunde. – Erlangen.

Gradmann, Robert (1931): Süddeutschland 2: Die einzelnen Landschaften. – Stuttgart (Nachdruck: Darmstadt 1956).

Graf, Norbert (2002): Die Esperhöhle (D105) bei Leutzdorf (Ldkr. Forchheim, Oberfranken), in: Kulthöhlen: Funde, Deutungen, Fakten. – Nürnberg, S. 5–20.

Greef, Jessica (2003): Nur die Teufelshöhle oder mehr? Zur Frage der Synergie der touristischen Attraktionen Pottensteins entlang der „Erlebnismeile", in: Herbert Popp (Hg.): Der Tourismus in Pottenstein (Fränkische Schweiz): Strukturmerkmale – Konflikte – künftige Strategien (= Universität Bayreuth. Arbeitsmaterialien zur Raumordnung und Raumplanung 216). – Bayreuth, S. 41–64.

Gümbel, Carl Wilhelm von (1879): Geognostische Beschreibung des Fichtelgebirges mit dem Frankenwald und dem westlichen Vorlande (= Geognostische Beschreibung des Königreichs Bayern 3). – Leipzig.

Habbe, Karl-Albert (1989): Der Karst der Fränkischen Alb. – Formen, Prozesse, Datierungsprobleme, in: Franz Tichy u. Rainer Gömmel (Hg.): Die Fränkische Alb (= Schriften des Zentralinstituts für Fränkische Landeskunde und Allgemeine Regionalforschung an der Universität Erlangen-Nürnberg 28). – Neustadt a. d. Aisch, S. 35–76.

Haversath, Johann-Bernhard (1987): Mühlen in der Fränkischen Schweiz (= Die Fränkische Schweiz – Landschaft und Kultur 4). – Erlangen.

Haversath, Johann-Bernhard (1993): Mühlen in der Fränkischen Schweiz (= Die Fränkische Schweiz – Landschaft und Kultur 4), 2. Aufl. – Erlangen.

Heeringen, Gustav von (1973): Wanderungen durch Franken. – Hildesheim [Nachdruck von Bd. III „Franken" der Reihe „Das malerische und romantische Deutschland". – Leipzig 1840].

HEGENBERGER, Wulf (1966): Fazieswechsel und Tektonik im Raume Burgkunstadt/Ofr., in: Geologische Blätter für Nordost-Bayern 16, S. 191–200.

HEGENBERGER, Wulf (1968): Erläuterungen zur Geologischen Karte von Bayern 1:25000, Blatt Nr. 5833 Burgkunstadt, hg. v. BGL. – München.

HEID, Günter (2002): Der Übernachtungstourismus in der Gemeinde Obertrubach – Situationsanalyse und Maßnahmen zur Verbesserung der Situation im Rahmen des Leitbildes umweltschonender Tourismus, in: Mitteilungen der Fränkischen Geographischen Gesellschaft 49, S. 17–37.

HELLDORFER, Ludwig (1974): Gößweinstein. Burg – Amt – Kirche – Gemeinde. – Gößweinstein.

HELLER, Joseph (1829): Muggendorf und seine Umgebungen oder die fränkische Schweiz. Ein Handbuch für Wanderer in diese Gegend; mit den Reiserouten und nothwendigen Notizen für Reisende. – Bamberg [Nachdruck Erlangen 1979 (= Bibliotheca Franconia 1)].

HELLER, Florian (Hg., 1972): Die Zoolithenhöhle bei Burggaillenreuth/Ofr. 200 Jahre wissenschaftliche Forschung 1771–1971 (= Erlanger Forschungen, Reihe B: Naturwissenschaften 5). – Erlangen.

HELLER, Hartmut (1997): Angst vor den Höhlen, in: Geologische Blätter für Nordost-Bayern 47, S. 191–215.

HEMP, Andreas (1995): Die Dolomitkiefernwälder der Nördlichen Frankenalb. Entstehung, synsystematische Stellung und Bedeutung für den Naturschutz (= Bayreuther Forum Ökologie 22). – Bayreuth.

HERTLE, Alfred (1959): Eine neue Basaltfundstelle bei Heiligenstadt, in: Geologische Blätter für Nordost-Bayern 9, S. 207–208.

HILPERT, Brigitte (2005): Ungewöhnliche Reduktionserscheinungen an Zähnen von Ursus spelaeusaus der Zoolithenhöhle bei Burggaillenreuth. – In: Festschrift für Prof. Gernot Rabeder (= Mitteilungen der Kommission für Quartärforschung der Österreichischen Akademie der Wissenschaften 14). – Wien, S. 53–57.

HIMMEL, Barbara (2003): Landschaftsformen und Lebensräume wiedergewonnen. Das traditionelle Bild der Fränkischen Schweiz wird durch Felsfreilegungen wieder sichtbar, in: Schönere Heimat 92 (H. 1), S. 13–14.

HOFBAUER, Gottfried (2008): Der Vulkan von Oberleinleiter. Zeugnisse eines Maars in der Nördlichen Frankenalb, in: Natur und Mensch. Jahresmitteilungen der Naturhistorischen Gesellschaft Nürnberg, S. 69–88.

HOFBAUER, Gottfried, Rudolf BIEMANN, Norgard MÜHLDÖRFER, Werner STRAUSSBERGER, Hans STUHLINGER u. Barbara THIES (2007): Die Ehrenbürg (das „Walberla"): Aspekte zur Entstehung eines Zeugenbergs vor der Nördlichen Frankenhalb (Fränkisches Schichtstufenland), in: Berichte der GDGH B 12 (= www.gdgh.de/berichte/b12/walberla.pdf, letzter Zugriff: 22.01.2019).

HOFMANN, Hanns Hubert (1954): Mittel- und Oberfranken am Ende des Alten Reiches (= Historischer Atlas von Bayern, Teil Franken, Reihe II, H. 1). – München

HOFMANN, Rainer (Hg., 2012): 200 Jahre Fränkische Schweiz. Erfindung einer Landschaft. Begleitband zur Sonderausstellung im Fränkische Schweiz-Museum Tüchersfeld vom 23. Juni– 04. November 2012. – Tüchersfeld.

HOLLE, Johann Wilhelm (1833): Die neu entdeckte Kochshöhle oder die Höhlenkönigin im königl. Landgerichte Hollfeld-Waischfeld, in: Bayerische Annalen 26, S. 197–198.

HÜBSCH, Johann G. (1842): Gesees und seine Umgebung. Ein historischer Versuch. – Bayreuth.

HÜTTEROTH, Wolf (1994): Bergrutsche an der nördlichen Fränkischen Alb, in: Mitteilungen der Fränkischen Geographischen Gesellschaft 41, S. 185–203.

HUSS, Gernot (1991): Wander-Markierungen in der Fränkischen Schweiz, in: Die Fränkische Schweiz, H. 3, S. 26–27 u. 30–31.

HWK FÜR OBERFRANKEN (2017): Datenauskunft (Dezember 2017). – Bayreuth.

IMMERMANN, Karl Leberecht (1843): Fränkische Reise. Herbst 1837, in: Karl Leberecht IMMERMANN (Hg.): Memorabilia. Dritter Theil (= Karl Immermann's Schriften 14). – Hamburg, S. 1–170.

IHK FÜR OBERFRANKEN (2017): Datenauskunft (Dezember 2017). – Bayreuth.

IAB (versch. Jahre): Gemeindedaten der sozialversicherungspflichtig Beschäftigten nach Wohn- und Arbeitsort [eingesehen Dezember 2017].

Jäger, Wolfgang (1811): Geographisch-historisch-statistisches Zeitungs-Lexikon, Dritter Teil: R-Z. – Landshut.

Käppel, Karl, Theodor Rothbarth u. Friedrich Schultheis (1840): Die Fränkische Schweiz. Cyclus der intereßantesten Punkte aus der Umgegend von Muggendorf und Streitberg. Sechzehn in Ton gedrukte Lithographien. – Nürnberg.

Kaulich, Brigitte & Hermann Schaaf (1980): Kleiner Führer zu Höhlen um Muggendorf. – Nürnberg.

Kaulich, Brigitte u. Hermann Schaaf (2002): Kleiner Führer zu Höhlen um Muggendorf. 3. Aufl. – Nürnberg.

Kellermann, Kai (2008): Herrschaftliche Gärten in der Fränkischen Schweiz. Eine Spurensuche (= Die Fränkische Schweiz – Landschaft und Kultur 14). – Erlangen, Jena.

Kiepert, Heinrich (1857): Die fränkische Schweiz, nebst Umgegend bis Baireuth, Forchheim und Erlangen. – Berlin (Kart. L 13271/6209, Karte im Format 51 × 44 cm).

Kleist, Heinrich von (1810): Das Käthchen von Heilbronn oder Die Feuerprobe/ein großes historisches Ritterschauspiel. Aufgeführt auf dem Theater an der Wien den 17., 18. und 19. März 1810. – Berlin.

Klima, Andreas (1989): Das Abbild der Raumvorstellung „Allgäu" als Facette des Regionalbewusstseins einer heimattragenden Elite, in: Berichte zur deutschen Landeskunde 63, S. 49–78.

Knebel, Karl Ludwig von (1835): Literarischer Nachlaß und Briefwechsel, hg. v. K. A. Varnhagen von Ense und Th. Mundt, Bd. 2. – Leipzig.

Knetsch, Georg (1963): Geologie von Deutschland und einigen Randgebieten. – Stuttgart.

Knoch, Karl (1952): Klima-Atlas von Bayern. – Bad Kissingen.

König, Sven (2018): Felsen in Hülle und Fülle – nachhaltig genutzt, in: Die Fränkische Schweiz, H. 2, S. 30.

König, Sven (Hg., 2019): frankenjura.com. – Eckental (= www.frankenjura.com, letzter Zugriff: 19.03.2019).

Köppel, Johann Gottfried (1793): Die Eremitage zu Sanspareil. Nach der Natur gezeichnet und beschrieben. – Erlangen.

Köppel, Johann Gottfried (1794): Beschreibung einer historisch und statistischen Reise durch die fränkischen Fürstenthümer Bayreuth und Ansbach. Bd. 1: Briefe über die beiden fränkischen Fürstenthümer Bayreuth und Ansbach. Auf einer Sommerreise in den Jahren 1792 und 1793 geschrieben. – Erlangen.

Köppel, Johann Gottfried (1795): Beschreibung der neuentdeckten Rosenmüllershöhle bei Muggendorf in Franken. Nebst Nachrichten von den übrigen sehenswürdigen Höhlen in dortiger Gegend. – Erlangen.

Kohles, Mathias u. Gregor Aas (2011): Verbreitung, Häufigkeit und Verjüngung von *Sorbus cordigastensis* (Kordigast-Mehlbeere) in der nördlichen Frankenalb, in: Tuexenia 31, S. 59–71.

Konrad-Röder, Ruprecht (2012): Alladorf (= http://www.landschaftsmuseum.de/Seiten/Material/Alladorf.pdf, letzter Zugriff: 22.01.2019).

Kothieringer, Katja, Karsten Lambers, Timo Seregély u. Andreas Schäfer (2014): Settlement and landscape history of the Northern Franconian Jura during the Bronze and Iron Ages, in: Geophysical Research Abstracts 16, EGU2014–13941.

Kraussold, Lorenz u. Georg Brock (1837): Geschichte der fränkischen Schweiz oder Muggendorfs und seiner Umgebungen mit einem kurzgefaßten vollständigen Wegweiser für solche, die die Gegend besuchen – Nürnberg.

Krings, Wolfgang (2019): Pfade zum Landschaftsmodell Fränkische Schweiz und zu seiner Namensgebung, in: Archiv für Geschichte von Oberfranken 99 [im Druck].

Krischker, Gerhard C. (2007): Meine Fränkische Toskana. Das Ellertal (= Kleine Fränkische Bibliothek 17). – Bamberg.

Küspert, Jasmin u. Hans Becker (2003/2004): Theater im ländlichen Raum Frankens. Geographische Aspekte einer Kunstkategorie abseits ihrer kernstädtischen Traditonsstandorte, in: Mitteilungen der Fränkischen Geographischen Gesellschaft 50/51, S. 249–271.

Küttlinger, Adalbert (1856): Die Fränkische Schweiz und die Molkenkur-Anstalt zu Streitberg. Ein treuer Führer für Reisende und ärztlicher Ratgeber für Kurgäste nebst einem naturgeschichtlichen Anhange. – Erlangen.

Kulturamt des Landkreises Forchheim (Hg., 1994): Die Entdeckung der Fränkischen Schweiz durch die Romantiker. Festvorträge im Jubiläumsjahr 1993 zur 200. Wiederkehr der Pfingstwanderung von Ludwig Tieck und Wilhelm Heinrich Wackenroder in der Fränkischen Schweiz. – Forchheim.

Kunkel, Otto (1955): Die Jungfernhöhle bei Tiefenellern. Eine neolithische Kultstätte auf dem fränkischen Jura bei Bamberg (= Münchner Beiträge zur Vor- und Frühgeschichte 5). – München.

Kunstmann, Hellmut (1960): Der Osterbaum. Ein fränkischer Osterbrauch, in: BLH (Hg.): Schönere Heimat 49, S. 267–269.

Kunstmann, Hellmut (1965): Die Burgen der östlichen Fränkischen Schweiz. – Würzburg.

Kunstmann, Hellmut (1971): Die Burgen der südwestlichen Fränkischen Schweiz. 2. Aufl. – Würzburg.

Kunstmann, Hellmut (1972): Die Burgen der nordwestlichen und nördlichen Fränkischen Schweiz. – Würzburg.

Kus, Günter, Stephan Sieblitz, Tanja Wilferth u. Claudia Pukowietz (2007): Geowissenschaftliche Landesaufnahme in der Planungsregion 4 Oberfranken West, Erläuterungen zur Hydrogeologischen Karte 1 : 100 000, hg. v. BLU. – Augsburg.

Labuhn, Andrea (Hg., 2019): Weihnachtstöpfermarkt Schloss Thurnau. – Eckersdorf (= http://www.weihnachtstöpfermarkt-thurnau.com, letzter Zugriff: 19.03.2019).

Lang, Carl [C. L.] (1787): Ein Gegenstück zur Baumannshöhle (S. den Kupferstich zum 1 ten St. im J. v. u. f. D. 1784.), in: Journal von und für Deutschland 4, 2. Bd., 9. Stück, S. 261–264.

Lang, Joachim (1931): Statistik des bayerischen Fremdenverkehrs 1930 (1. Oktober 1929 mit 30. September 1930), in: Zeitschrift des Bayerischen Statistischen Landesamts 63, S. 177–212.

Lang, Joachim (1935a): Statistik des bayerischen Fremdenverkehrs für das Winterhalbjahr 1934/35 (1. Oktober 1934 bis 31. März 1935), in: Zeitschrift des Bayerischen Statistischen Landesamts 67, S. 322–339.

Lang, Joachim (1935b): Statistik des bayerischen Fremdenverkehrs für das Sommerhalbjahr 1935 (1. April bis 30. September 1935), in: Zeitschrift des Bayerischen Statistischen Landesamts 67, S. 515–545.

Leinthaler, Beate (1988/89): Der karolingisch-ottonische Ortsfriedhof von Alladorf. Die Grabungskampagne 1984, in: Zeitschrift für Archäologie des Mittelalters 16/17, S. 7–122.

Leja, Ferdinand (2006): Mensch und Höhle – Die vorgeschichtlichen und mittelalterlichen Funde aus der Binghöhle, in: Die Binghöhle. Auf den Spuren eines unterirdischen Flusses, hg. von Fabian Brand, Renate Illmann, Ferdinand Leja, Dieter Preu und Hardy Schabdach. – Wiesenttal 2006, S. 38–47.

LfU (Hg., 2004): Die historische Kulturlandschaft in der Region Oberfranken-West. – München.

LfU (Hg., 2012): Potentielle Natürliche Vegetation Bayerns. Übersichtskarte 1 : 500.000. – München (= https://www.lfu.bayern.de/natur/potentielle_natuerliche_vegetation/doc/pnv_500_bayern.pdf, letzter Zugriff: 19.03.2019).

Liedtke, Herbert (1994): Namen und Abgrenzungen von Landschaften in der Bundesrepublik Deutschland. Mit einer Kartenbeilage 1:1.000.000 (= Forschungen zur deutschen Landeskunde 239). – Trier. (3. Aufl. 2002).

Markt Buttenheim (Hg., 2019): Geburtshaus Levi Strauss Museum Buttenheim. – Buttenheim (= www.levi-strauss-museum.de, letzter Zugriff: 19.03.2019).

Martius, Ernst Wilhelm (1795): Wanderungen durch einen Theil von Franken und Thüringen. In Briefen an einen Freund. – Erlangen.

Mayer, Friedrich (1843): Die fränkische Schweiz. Ein kurzgefaßter Wegweiser für Reisende in diese Gegend. – Nürnberg.

Mayer, Friedrich (1857): Die Fränkische Schweiz. Ein praktischer Führer durch dieselbe. – Nürnberg.

Mayer, Friedrich (1858): Die Fränkische Schweiz in Stahlstichen nach neu aufgenommenen Originalzeichnungen, naturgeschichtlichen Schilderungen, historischen Erörterungen und Sagen. Ein Gedenk- und Erinnerungsbuch wie auch Führer für Naturfreunde. – Nürnberg.

Merkel, Alexander (Hg., 2018): Climate Data for Cities Worldwide. – Oedheim. (= https://climate-data.org, letzter Zugriff: 19.03.2019).

MEYER, Rolf K. F. (1996): Kreide, in: BGL (Hg.): Erläuterungen zur Geologischen Karte von Bayern 1 : 500.000. – München, S. 112–125.

MEYER, Rolf K. F. u. Hermann SCHMIDT-KALER (1992): Wanderungen in die Erdgeschichte (5): Durch die Fränkische Schweiz. – München.

MÜLLER, Edwin (1850): Die berühmten Muggendorfer Höhlen in der Fränkischen Schweiz. Der sichere und kundige Führer durch die lieblichen Gefilde der Fränkischen Schweiz, sowie zu den sehenswerthesten Tropfstein-Höhlen in Norddeutschland. – Leipzig.

MÜLLER, Wilhelm (1952): Der Hummelgau. Ein Beitrag zur geschichtlichen Landschaftskunde, in: Archiv für Geschichte von Oberfranken 36 (1), S. 81–128.

MÜLLER, Klaus Walter (1957): Der Bergrutsch bei Ebermannstadt (Fränk. Alb) vom 18.–19. Februar 1957, in: Geologische Blätter für Nordost-Bayern 7, S. 119–125.

NADLER, Alexander (Hg., 2019): Synagoge und Museum Ermreuth. – Neunkirchen am Brand (= http://www.synagoge-museum-ermreuth.de, letzter Zugriff: 19.03.2019)

NEISCHL, Adalbert (1904): Die Höhlen der Fränkischen Schweiz und ihre Bedeutung für die Entstehung der dortigen Täler. – Nürnberg.

NETZ AKTIV AG (Hg., 2019): Fränkische Schweiz. Bayern Online. – Bayreuth (= https://fraenkische-schweiz.bayern-online.de, letzter Zugriff: 19.03.2019)

NIGGEMEYER, Bernd und Dieter SCHUBERT (1972): Neuentdeckungen in der Zoolithenhöhle bei Burggaillenreuth, in: Die Zoolithenhöhle bei Burggaillenreuth/Ofr. 200 Jahre wissenschaftliche Forschung 1771–1971, hg. von Florian Heller (= Erlanger Forschungen 5). — Erlangen 1972, S. 57–62.

ORSCHIEDT, J. (1999): Manipulationen an menschlichen Skelettresten. Taphonomische Prozesse, Sekundärbestattungen oder Kannibalismus? (= Urgeschichtliche Materialhefte 13) – Tübingen.

ORSCHIEDT, Jörg (2002): Die Jungfernhöhle – eine Neuinterpretation, in: Bernd Mühldorfer (Hg.): Kulthöhlen. Funde – Deutungen – Fakten. – Nürnberg, S. 93–112.

O. V. (1796): Rezension zu „Briefe über eine Reise nach Sachsen von Prof. Will", in: Allgemeine deutsche Bibliothek 65, S. 470.

O. V. (1953a): Kannibalenhöhle bei Bamberg: Vorzeitfund noch genauer datiert, in: Tagesspiegel vom 15. November 1953.

O. V. (1953b): Menschenfresser hausten in der Jungfernhöhle – ein sensationelles Grabungsergebnis bei Bamberg. Vierzig Opfer mit dem Steinbeil geschlachtet, in: Münchner Merkur vom 18. September 1953.

O. V. (1955): Das malerische und romantische Franken. 30 Stahlstiche nach Zeichnungen von Ludwig Richter 1837. – Würzburg.

PACHELBL-GEHAG, Johann Christoph von (1716): Ausführliche Beschreibung Des Fichtel-Berges, In Norgau liegend In Dreyen Theilen abgefasset. – Leipzig.

PAUL, Jean (1796/97): Blumen-, Frucht- und Dornenstükke oder Ehestand, Tod und Hochzeit des Armenadvokaten F. St. Siebenkäs im Reichsmarktflecken Kuhschnappel, kurz Siebenkäs. 3 Bändchen. – Berlin.

PETEREK, Andreas u. Bernt SCHRÖDER (2010): Geomorphologic evolution of the cuesta landscapes around the Northern Franconian Alb – review and synthesis, in: Zeitschrift für Geomorphologie 54 (3), S. 305–345.

PETZOLDT, Ernst (1955): Verbreitung und Alter von Kalktuffen in der Wiesent-Alb und ihrer Nachbarschaft, in: Geologische Blätter für Nordost-Bayern 5 (1), S. 34–41.

PFAFFENBERGER, Helmut (1993): Unser Hummelgau. Teil 2: Landschaft und Geschichte(n). – Mistelgau.

PFAFFENBERGER, Helmut (1995): Unser Hummelgau. Teil 1: Sitte und Brauchtum. 2. Aufl. – Mistelgau.

PLÄNCKNER, Johann von (1841): Die Fränkische Schweiz. Taschenbuch für Reisende. – Coburg, Leipzig.

PLATEN-HALLERMÜNDE, August von (1822): Vermischte Schriften. – Erlangen.

POPP, Herbert u. Klaus BITZER (2007): Die Fränkische Schweiz – traditionsreiche Freizeitregion in einer Karstlandschaft, in: Jörg MAIER (Hg.): Exkursionsführer Oberfranken (= Das Geographische Seminar, spezial). – Braunschweig, S. 122–151.

Pückler-Muskau, Hermann Ludwig Heinrich von (1835): Vorletzter Weltgang von Semilasso. Teil 1, Abt. 1: Enthaltend das Tagebuch seiner Reise in Franken aus dem Jahr 1834. – Stuttgart [Nachdruck: Fürst Pückler reist in Franken (1982). – Erlangen (= Bibliotheca Franconica 8)].

Radunz, Elisabeth und Konrad Radunz (1971): Der Landkreis Staffelstein in Geschichte und Geschichten. – Staffelstein.

Rauscher, Peter (2018): Billige Baugrundstücke für Mitarbeiter, in: Nordbayerischer Kurier vom 13. Februar 2018, S. 8.

Rebmann, Johann Andreas Georg Friedrich (1791): Heinrich von Neideck. Ein romantisches Gemälde aus dem Mittelalter. – Erlangen.

Rebmann, Johann Andreas Georg Friedrich (1792): Briefe über Erlangen. 15 Briefe. – Frankfurt, Leipzig.

Regionale Entwicklungsgesellschaft „Rund um die Neubürg – Fränkische Schweiz" (Hg., 2003): NaturKunstRaum Neubürg. LandArt im Landkreis Bayreuth. – Bayreuth.

Richter, Detlev K., Martin Harder, Andrea Niedermayr und Denis Scholz (2014): Zopfsinter in der Zoolithenhöhle: Erstfunde kryogener Calcite in der Fränkischen Alb in: Mitteilungen des Verbandes der Höhlen- und Karstforscher 60 (2), S. 36–41

Rosenmüller, Johann Christian (1796): Abbildungen und Beschreibungen merkwürdiger Hölen um Muggendorf im Bayreuthischen Oberlande für Freunde der Natur und Kunst, 1. Heft: Beschreibung der Höle bei Mockas mit zwey bunten Kupfern. – Erlangen.

Rosenmüller, Johann Christian (1804): Die Merkwürdigkeiten der Gegend um Muggendorf. – Berlin.

Rühl, Eduard (1937): Die Effeltricher „Fasalecken". Ein Beitrag zur Volkskunde der Ostmark, in: Die Fränkische Alb. Zeitschrift des Fränkischen Albvereins, S. 21–24.

Sachs, Martin (1998): Untersuchung des Besucherrückgangs in der naturräumlich größten touristischen Attraktion der Fränkischen Schweiz – der Teufelshöhle/Pottenstein, in: Mitteilungen der Fränkischen Geographischen Gesellschaft 45, S. 221–233.

Schabdach, Hardy (1998): Die Sophienhöhle im Ailsbachtal. Wunderwelt unter Tage. – Ebermannstadt

Schabdach, Hardy (2000): Unterirdische Welten. Höhlen der Fränkischen und Hersbrucker Schweiz. – Ebermannstadt 2000.

Schabdach, Hardy (2006): Steter Tropfen höhlt den Stein. Wie die Binghöhle entstanden ist, in: Die Binghöhle bei Streitberg. Auf den Spuren eines unterirdischen Flusses. – Markt Wiesenttal, S. 18–20.

Schabdach, Hardy (2011): *Phagocatta vitta* (DUGES 1830). Ein seltener Strudelwurm in der Sophienhöhle (B 27) bei Burg Rabenstein (Ailsbachtal/Oberfranken), in: Der Fränkische Höhlenspiegel 58. – Nürnberg, S. 12–14.

Scheffel, Joseph Viktor von (1917): Wanderlied, in: Kritische Ausgabe in vier Bänden, Band 1. – Leipzig, Wien, S. 40–41.

Scherzer, Conrad (Hg., 1959): Franken. Land, Volk, Geschichte und Wirtschaft II. – Nürnberg.

Scherzer, Conrad (Hg., 1962): Franken. Land, Volk, Geschichte, Kunst und Wirtschaft I. 2. Aufl. – Nürnberg.

Scherzer, Hans (1922): Erd- und pflanzengeschichtliche Wanderungen durchs Frankenland. II. Teil: Die Juralandschaft 1. – Nürnberg.

Scherzer, Hans (Hrsg.) (1942): Gau Bayreuth. Land, Volk und Geschichte. – München, 2. Aufl. (Erstaufl. 1941).

Schick, Emil (1925): Statistik des bayerischen Fremdenverkehrs 1924 (1. Oktober 1923 mit 30. September 1924), in: Zeitschrift des Bayerischen Statistischen Landesamts 57, S. 91–116.

Schirmer, Wolfgang (1967): Stratigraphie, Tektonik und Quartärgeschichte des Gebietes um Lichtenfels/Ofr., in: Geologische Blätter für Nordost-Bayern 17, S. 57–70.

Schirmer, Wolfgang (2014): Drei Täler der Aufseß, in: Die Fränkische Schweiz, H. 1, S. 17–20.

Schirmer, Wolfgang (2017): Artesische Hülen/Hüllen bei Hiltpoltstein, in: Die Fränkische Schweiz, H. 3, S. 16–21.

Schlösser, Ernst (1991): Wandern in der Fränkischen Schweiz, in: Die Fränkische Schweiz, H. 3, S. 23–25.

Schnitzer, Walter Alexander (1974): Karsthydrologische Untersuchungen westlich von Gößweinstein (Fränkische Schweiz, Blatt Nr. 6233 Ebermannstadt), in: Geologische Blätter für Nordost-Bayern 24 (1/2), S. 140–147.

SCHNITZER, Walter Alexander, Harald PLACHTER u. Helmut KEUPP (1972): Eine Karstwassermarkierung der Fellner-Doline bei Gößweinstein, in: Geologische Blätter für Nordost-Bayern 22 (2/3), S. 128–129.

SCHNURRER, Achim u. Christiane RICHTER (2017): Schnapsführer Fränkische Schweiz. Geistreiche Touren zu den 44 besten Brennereien. – Cadolzburg.

SCHÖFFEL, Christian (2000): Die Rosenmüllershöhle bei Muggendorf (C5), in: Natur und Mensch 1999. Jahresmitteilungen der Naturhistorischen Gesellschaft Nürnberg. – Nürnberg, S. 67–78.

SEREGÉLY, Timo (2012): Neolithische Siedlungen und vergessene Funde. Neues zur Jungfernhöhle bei Tiefenellern, in: Frank FALKENSTEIN (Hg.): Hohler Stein, Rothensteine und Jungfernhöhle. Archäologische Forschungen zur prähistorischen Nutzung naturheiliger Plätze auf der Nördlichen Frankenalb. – Scheinfeld, S. 64–73.

SIEGHARDT, August (1931): Höhlenlehm als Heilfaktor, in: Die Fränkische Schweiz 8 (10), S. 10.

SPÄTLING, Peter (1997): Gößweinstein in alten Ansichten (= Die Damals-Reihe). – Zaltbommel.

SPÖCKER, Richard G. (1952): Zur Landschaftsentwicklung im Karst des oberen und mittleren Pegnitz-Gebietes (= Forschungen zur deutschen Landeskunde 58). – Remagen.

STADT WEISMAIN (Hg., 2019): Weismain. Bildung und Kultur. NordJURA-Museum. – Weismain (= https://www.stadt-weismain.de/bildung-kultur/nordjura-museum/, letzter Zugriff: 19.03.2019).

STEFAN, Hans (2004): Der Lochautalweg – Natur pur, in: Die Fränkische Schweiz, H. 3, S. 14–16.

STEINECKE, Albrecht (Hg., 2000): Erlebnis- und Konsumwelten. – München, Wien.

STERNBERG, Kaspar Maria Graf von (1835): Vortrag des Präsidenten Grafen Kaspar Sternberg in der allgemeinen Versammlung des böhm. Museums am 14. April 1835, in: Verhandlungen der Gesellschaft des vaterländischen Museums in Böhmen in der dreizehnten allgemeinen Versammlung am 14. April 1835.- Prag 1835, S. 12–30.

STOOB, Heinz (1956): Kartographische Möglichkeiten zur Darstellung der Stadtentstehung in Mitteleuropa, besonders zwischen 1450 und 1800 (= Forschungs- und Sitzungsberichte der Akademie für Raumforschung und Landesplanung 6). – Hannover, S. 21–76.

STOOB, Heinz (1959): Minderstädte. Formen der Stadtentstehung im Spätmittelalter, in: Vierteljahresschrift für Sozial- und Wirtschaftsgeschichte 46, S. 1–28.

STUHLFAUTH, Adam (1950): Der Schobertsberg bei Mistelgau. Eine urnenfelderzeitliche Höhensiedlung (1100–850 v. Chr.) – Bayreuth.

STUHLFAUTH, Adam (1953): Vorgeschichte Oberfrankens 1: Die Steinzeit. – Bayreuth, S. 28–32.

TICHY, Franz (1989): Landschaftsnamen und Naturräume der Fränkischen Alb, in: Die Fränkische Alb, hg. von Franz TICHY und Rainer GÖMMEL. – Neustadt/Aisch, S. 1–8.

TIECK, Ludwig u. Wilhelm Heinrich WACKENRODER (1970): Die Pfingstreise von 1793 durch die Fränkische Schweiz, den Frankenwald und das Fichtelgebirge. – Helmbrechts.

TILLMANN, Heinz u. Walter TREIBS (1967): Geologische Karte von Bayern 1:25.000. Erläuterungen zum Blatt Nr. 6335 Auerbach. – München.

TRÄGERVEREIN WALLFAHRTSMUSEUM GÖSSWEINSTEIN (Hg., 2014): Wallfahrtsmuseum Gößweinstein. – Gößweinstein (= www.wallfahrtsmuseum.info.de, letzter Zugriff: 19.03.2019).

TRUSHEIM, Ferdinand (1936): Die geologische Geschichte Südostdeutschlands während der Unterkreide und des Cenomans (= Neues Jahrbuch für Mineralogie, Geologie und Paläontologie B 75). – Stuttgart.

TÜXEN, Reinhold (1956): Die heutige potentielle natürliche Vegetation als Gegenstand der Vegetationskartierung, in: Angewandte Pflanzensoziologie 13, S. 5–42.

TZFS (Hg., 2015): Kirchweihführer. Immerwährender Kirchweihkalender – Sortierung nach Monaten und Wochen. – Ebermannstadt.

TZFS (Hg., 2017a): Brennereien, Brauereien, Bierkeller. – Ebermannstadt.

TZFS (Hg., 2017b): Osterbrunnen 2018. Pauschalen, Veranstaltungen und eine Karte mit allen geschmückten Osterbrunnen-Orten. – Ebermannstadt.

TZFS (Hg., 2019a): Fränkische Schweiz. 300 familiengeführte Brennereien. – Ebermannstadt

(= https://www.fraenkische-schweiz.com/de/schmecken/brennereien/2, letzter Zugriff: 19.03.2019).

TZFS (Hg., 2019b): Fränkische Schweiz. Scharfe Wochen. – Ebermannstadt (= https://www.fraenkische-schweiz.com/de/schmecken/scharfe-wochen/scharfe-wochen-info.html, letzter Zugriff: 19.03.2019).

TZFS (Hg., 2019c): Fränkische Schweiz. Tourenplaner für Wanderer. – Ebermannstadt (= https://www.fraenkische-schweiz.com/de/tourenplaner, letzter Zugriff: 19.03.2019).

TZFS (Hg., 2019d): Fränkische Schweiz. Tourenplaner für Fahrradfahrer. – Ebermannstadt (= https://www.fraenkische-schweiz.com/de/erleben/aktiv/radfahren-e-biken/, letzter Zugriff: 19.03.2019).

ULM, Hermann (2008): Kunreuth. Vergangenheit, Gegenwart und Zukunft eines Dorfes im stadtnahen ländlichen Raum. Wandlungsprozesse und Perspektiven für eine nachhaltige dörfliche Entwicklung zwischen Suburbanisierung und sozioökonomischer Entwertung (= Erlanger Geographische Arbeiten 37). – Erlangen.

VARNHAGEN VON ENSE, Karl August u. Theodor MUNDT (Hgg., 1835): K. L. von Knebel's literarischer Nachlaß und Briefwechsel. 2. Band. – Leipzig.

VERSCHÖNERUNGSVEREIN ZU GÖSWEINSTEIN (Hg., 1865): Gösweinstein und die fränkische Schweiz. Ein treuer und verlässiger Führer nach den schönsten Punkten dortselbst – Bamberg.

VIOHL, Günter (1963): Die Störungszonen von Weismain/Ofr., in: Geologische Blätter für Nordost-Bayern 13, S. 177–185.

VOIT, Gustav, Brigitte KAULICH u. Walter RÜFER (1983): Rund um die Neideck. Markt Wiesenttal, Muggendorf, Streitberg (= Die Fränkische Schweiz – Landschaft und Kultur 1). – Erlangen.

VOIT, Gustav, Brigitte KAULICH u. Walter RÜFER (1992): Vom Land im Gebirg zur Fränkischen Schweiz. Eine Landschaft wird entdeckt (= Die Fränkische Schweiz – Landschaft und Kultur 8). – Erlangen.

VOIT, Gustav u. Walter RÜFER (1984): Eine Burgenreise durch die Fränkische Schweiz. Auf den Spuren des Zeichners A. F. Thomas Ostertag. – Erlangen.

WAGNER, Eberhard (1970): Hexenglaube in Franken heute, in: Jahrbuch für fränkische Landesforschung 30, S. 343–356.

WAGNER, Bernhard, Günter KUS, Barbara KAINZMAIER, Timo SPÖRLEIN, Tanja WILFERTH, W. VEIT, Peter FRITSCH, Michael WROBEL, Walter LINDENTHAL, J. NEUMANN u. Wolfgang SPRENGER (2009): Erläuterungen zur Hydrogeologischen Karte von Bayern 1 : 500.000, hg. v. LfU. – Augsburg.

WALENTOWSKI, Helge und S. WINTER (2007): Naturnähe im Wirtschaftswald – was ist das?, in: Tuexenia 27, S. 421–424.

WEID, Siegfried (1995): Wacholderheiden, Schäferei und Landschaftspflege in der Fränkischen Schweiz (= Heimatbeilage zum Amtlichen Schulanzeiger des Regierungsbezirkes Oberfranken 222). – Bayreuth.

WEINACHT, Helmut (1994): Die Fränkische Schweiz und andere Schweizen im Fränkischen. Eine raumnamenkundliche Betrachtung, in: LANDKREIS FORCHHEIM (Hg.): Die Entdeckung der Fränkischen Schweiz durch die Romantiker. – Forchheim, S. 79–108.

WEISEL, Hans (1971): Die Bewaldung der nördlichen Frankenalb. Ihre Veränderungen seit der Mitte des 19. Jahrhunderts (= Erlanger Geographische Arbeiten 28). – Erlangen.

ZENSUSDATENBANK DES ZENSUS (2011): Ergebnisse dynamisch und individuell (= https://ergebnisse.zensus2011.de/#dynTable:, letzter Zugriff: 22.01.2019).

ZIMMERMANN, Gottlieb (1843): Das Juragebirg in Franken und Oberpfalz, vornehmlich Muggendorf und seine Umgebungen. – Erlangen.

ZÜCHNER, Christian (1990): Altsteinzeit und Mittelsteinzeit, in: Führer zu archäologischen Denkmälern in Deutschland, Band 20. Fränkische Schweiz. – Stuttgart, S. 23–32.

ZÜRLICK, Franz (1959): Felsentore und Dolinen bei Betzenstein, in: Der Aufschluss 10 (1), S. 8–15.

ZVFSM (Hg., 2019): Das Fränkische Schweiz Museum. – Pottenstein (= www.fraenkische-schweiz-museum.de, letzter Zugriff: 19.03.2019).

REGISTER

Personenregister

A

Adam Friedrich von Seinsheim, Fürstbischof von Bamberg 133, 203
Affalter, Otto von 300
Agostino, Lazaro 223
Ahorn, Edelfreie von, Familie 332
Albert, Familie 98
Albrecht von Wertheim, Bischof von Bamberg 175
Albrecht II. Alcibiades, Markgraf von Brandenburg-Kulmbach 221, 302, 303, 330, 352
Ammon, Georg 183
Ammon, Ludwig von 29
Andechs-Meranier (Grafen von Andechs, Herzöge von Meranien), Dynastie 167, 168, 174, 188, 189, 196, 204, 220, 221, 235, 236, 250, 254, 261
Ansberc, Gozin de 166
Anso 165
Anton von Rotenhan, Fürstbischof von Bamberg 223
Appelt, Familie 130
Ariarathes IV., König von Kappadokien 164
Arndt, Ernst Moritz 79, 80, 81, 82, 85, 272, 330
Asam, Quirin 310
Aufseß, Christof Daniel von 257
Aufseß, Friedrich von 257, 258, 264
Aufseß, Hans Max von 264, 284
Aufseß, Hans von 257, 284
Aufseß, Jodokus Bernhard Freiherr von 208
Aufseß, Johann Friedrich von 281
Aufseß, Karl Heinrich von 257, 258, 264
Aufseß, Konrad von 349
Aufseß, Otto von 249
Aufseß, Reichsritter, Herren, Barone von, Familie 200, 253, 257, 258, 264, 281, 336
Azendorf, Ritter von, Familie 231

B

Baier, Alfons 51, 273
Bärnreuther, Familie 98, 309
Barth, Familie 341, 342
Barth, Georg 341
Barth, Johann 341
Bätzing, Werner 105, 161
Baumgart, Hille 343
Baumgart, Reinhard 343
Baur, Familie 177
Behaim, Familie 308
Behringer, Karl Ferdinand 168
Bergmann, Familie 231
Bergmann, Johann 98, 231
Berthold IV., Graf von Andechs, Herzog von Meranien 188
Bezold, Familie 344
Bezold, Johann 343
Bing, Ignaz 86, 124, 268, 284
Birkner, Ferdinand 325
Bismarck, Otto Fürst von 159, 247
Bloedner, Claus-Dieter 173
Bonalino, Giovanni (Johann) 176, 223, 252, 294
Bonius, Johannes 274
Boß, Familie 88

Botho, Graf von Pottenstein 337
Botwinnik, Michail 344
Brandenstein, Edle von, Familie 281
Brandenstein, Friedrich von 79, 84
Brand, Hans 124, 125, 326
Bretevelt, Hademar de 291
Breu, Hans 322
Brinz, Familie 329
Brock, Georg 15, 16
Brück, Familie 88
Brückner, Johann Jakob 189
Buckland, William 79, 275
Bühler, Oskar 141
Burdinski, Jan 152
Burkhard, Bischof von Würzburg 332

C

Camper, Peter 78
Christian Ernst, Martkgraf von Brandenburg-Bayreuth 247
Christian Friedrich Karl Alexander, Markgraf von Brandenburg-Ansbach und Brandenburg-Bayreuth 13
Cohn, Joseph 291
Cole, Lord William 79
Crogelstein, Herren von, Familie 248
Cuniza, Gräfin von Andechs-Plassenburg 168
Cuvier, Georges 78, 275
Cvijic, Jovan 36

D

Dachstetten, Herren von, Familie 295

Darwin, Charles 277
Dauner, Familie 234
Davis, Jacob 213
Dechant, Alois 175
Dechant, Familie 88, 100, 175, 177
Dechant, Michael 175
Delius, Friedrich Christian 343
Denzinger, Franz Joseph Ritter von 298
Deuerlein, Familie 98, 309
Dientzenhofer, Johann 202
Dientzenhofer, Johann Leonhard 166, 169, 176, 227, 250, 330
Dientzenhofer, Wolfgang 310
Dieterich, Ludwig 86
Dietz, Bernhard 189
Dietz, Familie 175, 176
Dietz, Kaspar 175
Dorn, Johann 308
Doser, Johann Michael 294

E

Ebner, Familie 311
Egbert von Andechs-Meranien, Bischof von Bamberg 337
Egloffstein, Albrecht von 321
Egloffstein, Albrecht II. von 299
Egloffstein, Carl Maximilian von und zu 303
Egloffstein, Götz von 350
Egloffstein, Hans von und zu 295
Egloffstein, Herren, Freiherren von, Familie 295, 296, 299, 300, 301, 302, 306, 320, 350, 351
Egloffstein, Hieronymus von und zu 300
Egloffstein, Johann Philipp von 296
Egloffstein, Philipp von 321
Egloffstein, Siboto von 320
Elisabeth von Ungarn, Landgräfin von Thüringen 337
Emmerich, Werner 15
Endress, Familie 309
Endress, Wolfgang 98
Engert, Georg 190

Erdmute Sophie von Sachsen, Markgräfin von Brandenburg-Bayreuth 247
Erl, Josef Richard 276
Esper, Johann Friedrich 12, 13, 14, 15, 78, 274, 276, 277
Eulenspiegel, Till 236

F

Faust, Familie 85
Ferdinand II., römisch-deutscher Kaiser 305
Ferdinand III. Joseph Johann Baptist, Erzherzog von Österreich, Großherzog der Toskana, zeitweise von Würzburg 296
Fick, Johann Christian 15, 82
Fink, Johann Lorenz 169
Finsterwalder, Dionys 174
Fischer, Robert James (Bobby) 344
Fleischmann, Babette 258
Förster, Familie 84
Förtsch von Thurnau, Eberhard 174
Förtsch von Thurnau, Familie 231, 232
Freyberg, Bruno von 29
Fried, Erich 343
Friedrich III., Burggraf von Nürnberg 236
Friedrich III., Markgraf von Brandenburg-Bayreuth 228, 230, 236
Friedrich V., Burggraf von Nürnberg 295
Friedrich V., genannt der Ältere, Markgraf von Brandenburg-Ansbach und Brandenburg-Kulmbach 247
Friedrich, Johann 214
Friedrich Karl von Schönborn, Fürstbischof von Bamberg 135
Friedrich Wilhelm III., König von Preußen 247
Fritsch, Familie 130

Füssel, Johann Michael 14, 85

G

Gailingen, Eppelein von 316
Gaillenreuth, Familie von 295, 296
Gareis, Heinrich 335
Gareis, Veronica 335
Geiger, Familie 99
Georg Friedrich I., Markgraf von Brandenburg-Ansbach, Herzog von Jägerndorf, Markgraf von Brandenburg-Kulmbach und Administrator des Herzogtums Preußen 253, 295
Georg Friedrich Karl, Markgraf von Brandenburg-Bayreuth 236
Gerber, Familie 99
Gerhäuser, Heinz 331
Geuder, Familie 308
Giech, Chunemund von 204
Giech, Friedrich Karl Graf von 222
Giech, Hermann Graf von 222
Giech, Herren, Grafen von, Familie 71, 195, 204, 232, 233, 234, 248, 249
Giech, Wilhelm von 220
Goethe, Johann Wolfgang von 82, 303
Goldfuß, Georg August 79, 80, 85, 154, 272, 273, 276
Gotzmann, Edle von, Familie 353
Götz, Wilhelm 253
Gradmann, Robert 15
Grass, Günter 343
Grebner, Thomas 123
Grey-Egerton, Sir Philip de Malpas 79
Groppweis, Albertine 231
Groppweis, Familie 232
Groppweis, Hans 231
Groppweis, Hans Dieter 231
Groß, Eberhard 335
Groß von Trockau, Freiherren, Familie 329, 336, 349

Gruber, Joseph 178
Gufle, Valentin Juliot von 214
Guinness, Familie 134, 256, 257, 259, 296
Güllich, Wolfgang 141, 302
Gümbel, Carl Wilhelm von 31
Günter, Moses 258
Günther XXI. von Schwarzburg-Blankenburg, römisch-deutscher Gegenkönig 295
Guttenberg, Otto Philipp Freiherr von 336

H

Haas, Familie 88, 156, 292
Habsburger, Dynastie 67, 296, 301
Hainold, Edle von, Familie 255
Haller, Familie 307, 308, 311
Harsdorfer, Familie, später Harsdorf von Enderndorf, Edle, Freiherren 311, 353
Härtling, Peter 343
Hartung, Harald 343
Haufs, Rolf 343
Heinrich I. von Bilversheim, Bischof von Bamberg 189
Heinrich II., römisch-deutscher Kaiser 200, 250, 301, 307, 332
Heinzmann, Gustav 318
Heitgen, Carl 325
Held, Familie 332
Heller, Florian 78
Heller, Joseph 14, 15, 16, 84, 154, 258, 281
Herbst, Familie 88
Herdegen, Familie 305
Herdegen, Nikol von 247
Hermann, Graf von Weimar-Orlamünde 236
Herrmann, Engelhardt 332
Hertlein, Familie 88
Hetzelsdorf, Herren von, Familie 291
Heubsch, Edle von, Familie 255
Hiltpoltstein-Rothenberg, Herren von, Familie 304
Hochsieder, Thomas 51, 273

Hofmann, Familie 98, 304
Hohenhausen, Ferdinand Freiherr von 222
Höllerer, Walter 343
Hölzlein, Familie 203
Homann, Johann Baptist 262, 263
Hönig, Familie 204
Horneck zu Thurn, Freiherren von, Familie 297
Hörsch, Familie 209
Hösch, Familie 154
Hösch, Hans 325
Hübner, Familie 199
Hübner, Johann 183
Hübsch, Johann G. 247, 263

I

Imhof, Familie 308
Immermann, Karl Leberecht 84, 241, 270
Isenflamm, Jacob Friedrich 79

J

Johann III., Herzog von Bayern 352
Johann Gottfried I. von Aschhausen, Fürstbischof von Bamberg 223
Johann Philipp von Gebsattel, Fürstbischof von Bamberg 221
Jung, Georg 134

K

Kaiser, Familie 80
Käppel, Karl 84
Karg, Familie 290, 291
Karl der Große, fränkischer König, römischer Kaiser 171, 197
Karl IV., römisch-deutscher Kaiser 202, 235, 305, 307, 341, 350, 352
Karl V., römisch-deutscher Kaiser 342
Karolinger, Dynastie 200, 213, 220, 237, 241, 301, 319

Kaudler, Abt 259
Kentenich, Josef 195
Kerppen, Margarethe von 349
Kiepert, Heinrich 18
Kleinziegenfeld, Familie von 183
Kleist, Heinrich von 82
Klubert, Familie 99
Knauer, Mauritius 176, 186
Knebel, Karl Ludwig 83
Koch, Michael 322
Kock, Winston E. 318
König, Barbara 343
König, Johann 171
Konradin, Herzog von Schwaben, König von Jerusalem und Sizilien 305
Köppel, Johann Gottfried 14, 80, 81, 83, 270, 271
Kramer, Conrad 308
Kratzer, Friedrich 298
Kraus, Anton 182
Kraus, Familie 182
Kraus, Johann 182
Kraußold, Lorenz 15, 16
Krebs, Wolfgang 153
Kreß, Familie 308
Krings, Wolfgang 15
Krögelstein, Adelold 248. *Siehe auch* Crogelstein, Herren von
Krohne, Gottfried Heinrich 169, 187
Küchel, Johann Jakob Michael 199
Küngsfeld, Familie von 253
Kunigunde von Luxemburg, Gemahlin Kaiser Heinrichs II. 332
Kunkel, Otto 190
Künsberg (Künßberg), Herren von, Familie 71, 198, 232, 233, 234, 306
Kunstmann, Hellmut 133
Küttlinger, Adalbert 16, 17

L

Lahner, Johann Georg 132, 284

Lamprecht von Brunn, Fürstbischof von Bamberg 202, 221, 223
Lang, Carl 79, 81
Layritz, Familie 289
Leicht (Leigh), Familie 80
Leo XIII., Papst 188
Leuchtenberg, Landgrafen von, Dynastie 341, 352
Leuchtenberg, Ulrich von 352
Leutenbach, Familie von 298
Leutzsch, Annemarie 244
Liedtke, Herbert 18
Linde, Carl von 234
Lochner von Hüttenbach, Familie 353
Lodes, Hans 98
Löffelholz, Familie 308
Lothar Franz von Schönborn, Fürstbischof von Bamberg 176
Ludendorff, Erich 306
Ludwig I., König von Bayern 188, 223, 305, 350
Ludwig II., genannt der Deutsche, ostfränkischer König 294
Ludwig II., genannt der Strenge, Herzog von Bayern 305
Ludwig II., König von Bayern 227
Ludwig III., König von Bayern 268
Ludwig IV., genannt der Bayer, römisch-deutscher Kaiser 70, 282, 305, 319, 330
Luise von Mecklenburg-Strelitz, Königin von Preußen 247
Lüschwitz, Heinrich-Gerhard Freiherr von 261
Lüschwitz, von Familie 261
Lynar, Johann Kasimir Graf von 295

M

Mader, Familie 80, 84
Maisel, Familie 253
Marquard Sebastian Schenk von Stauffenberg, Fürstbischof von Bamberg 221, 227, 329
Martius, Ernst Wilhelm 78, 79
Mathis, Familie 231
Maximilian I., römisch-deutscher Kaiser 352
Mayer, Friedrich 132
Mayer, Paulus 178
Meißner, Erhard 179
Meistermann, Georg 318
Meyer, Kathi 140, 257, 258, 259
Meyer, Rolf K. F. 25
Montgelas, Maximilian Graf von 73
Moser, Johann Philipp 227
Mösinger, Stephan 187
Muffel, Familie von 306
Mühlhäuser, Familie 84
Mühlhofer, Franz 325
Müller, Familie 321
Müller, Friedrich von 303
Münnich, Horst 343
Mustaph (getauft auf den Namen Georg Stephan) 306
Mutschele, Familie 293

N

Näbe, Max 325
Nadolny, Burkhard 343
Napoleon I., Bonaparte, Kaiser der Franzosen 302, 342
Neideck, Heinrich von 319
Neischl, Adalbert 37, 269, 324
Neumann, Balthasar 169, 170, 171, 172, 178, 187, 289
Neupert, Albert sen. 173
Neydecker, Familie 176
Niesten, Friedrich von 188
Niesten, Otto von 188
Niggemeyer, Bernd 275
Nikl, Familie 292
Nißler, Johann Thomas 171, 172, 187

O

Oberngesazze, Heinrich von 253
Ollet, Familie 98
Orlamünde, Grafen von, Dynastie 168, 236
Orschiedt, Jörg 190
Oßmann, Johann 306
Ott, Familie 206
Otto, Graf von Weimar-Orlamünde 236
Otto I., Bischof von Bamberg 168, 302
Otto II. von Andechs, Bischof von Bamberg 188
Otto VIII., Graf von Andechs, Herzog von Meranien 167, 174, 188
Ottonen, Dynastie 213, 220, 237, 284

P

Pachelbl-Gehag, Johann Christoph von 12
Paul, Jean 83, 84, 236, 240, 247, 285
Penning-Zeissler, Familie 294
Petrosjan, Tigran 344
Peulendorf, Familie von 199
Pfaffenberger, Helmut 246
Pfinzing, Familie 311
Pietschmann, Wolfgang 152
Pius XII., Papst 289
Plänckner, Johann von 15
Plankenstein, Ritter von, Familie 260
Plassenberg (Blassenberg), Grafen von, Familie 247
Platen-Hallermünde, August von 83, 84
Plontke, Paul 171
Pölnitz, Familie von 298
Pölnitz, Gudila Freifrau von 298
Pölzel, Simon 227
Poppel, Johannes 84
Poppo, Graf von Andechs-Plassenburg 168
Pozlinger, Familie 253
Pozlinger, Hanns 253
Prokop, Andreas 221
Ptolemäus, Claudius 164

Pückler, Hermann Ludwig Heinrich Fürst von 84, 85

Q
Quaglio, Domenico 84

R
Rabeneck, Familie von 349
Rabenstein, Daniel von 349, 350
Rabenstein, Eschwin de 349
Rabenstein, Herren von, Familie 324, 331, 332, 348, 349
Rabenstein, Peter Johann Albrecht von 332, 350
Rabenstein, Wolf von 331, 350
Räntz, Johann David 236
Rašek, Werner G. 102
Rauschner, Familie 178
Rebmann, Johann Andreas Georg Friedrich von 271, 277
Redwitz, Familie von 168, 264
Regus, Familie 109, 122
Reh, Familie 203
Reich, Familie 88
Reichold, Familie 257, 259
Reich-Ranicki, Marcel 343
Reifenberg, Familie von 291
Reimer, Dietrich 18
Reinhard, Johann Christoph 202
Reissinger, Hans 262
Richter, Hans Werner 343
Richter, Ludwig 84, 272
Richter, Werner 275
Roppelt, Johann Baptist 298
Rosenmüller, Johann Christian 13, 15, 79, 80, 81, 85, 270, 272, 273, 274, 275
Rotenstein, Ritter von 329
Rothbarth, Theodor 84
Rothenbuch, Familie 257
Rühl, Eduard 132, 133
Rühmkorf, Peter 343
Ruprecht I. genannt der Rote, Pfalzgraf und Kurfürst von der Pfalz 305

S
Sachsenhausen, Familie von 261
Saint-Pierre, Joseph 230
Salier, Dynastie 319
Salzbrenner, Familie 102
Samuel, Löw 336
Schädel, Hans 318
Schatz, Lorenz 342
Schaumberg, Herren, Freiherren von, Familie 168, 183
Scheffel, Joseph Victor von 84, 132, 166
Scherzer, Familie 88
Scheurl, Jacob Gottfried 309
Scheurl von Defersdorf, Familie 309
Schilling, Familie 88
Schirmer, Wolfgang 42
Schleunig, Conrad 340
Schlosser, Max 326
Schlott, Franz Joachim 171
Schlüsselberg, Edelfreie von, Familie 209, 213, 225, 226, 282, 295, 319, 320, 329, 330, 341, 349
Schlüsselberg, Gottfried von 352
Schlüsselberg, Konrad II. von 226, 295, 319, 329, 349
Schmidt, Familie 99
Schmidt-Kaler, Hermann 25
Schmitt, Josef 258
Schneider, Franz Josef 343
Schneider, Josef (Jupp) 318
Schneider, Minka 343
Schönborn, Erwein Graf von 322
Schönborn, Grafen von, Familie 296, 322, 349, 350
Schönborn, Sophie Gräfin von, geb. zu Eltz 123, 322
Schönborn-Wiesentheid, Franz Erwein Graf von 322
Schöner, Johann 293
Schönfeld, Edelfreie von, Familie 252
Schönfeld-Gößweinstein, Familie von 320
Schönfelder, Peter II. 179
Schreber, Christian Daniel 12

Schubert, Dieter 275
Schultheis, Friedrich 84
Schwarzhaupt, Familie 306
Schwegel, Familie 281
Schwihau, Puta von 305
Seckendorf, Ernfrid von 262, 263
Seckendorff, Familie von 305
Seckendorff, Friedrich von 305
Seckendorff-Aberdar, Reichsfreiherren von, Familie 280
Seefried, Freiherren von, Familie 212
Seefried, Wilhelm Christian Friedrich von 212
Seidlein, Familie 252
Seinsheim, Grafen von, Familie 291
Siegmund, Carl 250
Sohlern, Freiherren von, Familie 289
Spöcker, Richard G. 30, 37
Sponsel, Familie 88, 109, 122, 293
Stadter, Familie 257
Stähr, Familie 98
Staufer, Dynastie 305, 319
Stauffenberg, Familie von 206, 207, 209, 210, 227
Stauffenberg, Franz Ludwig Philipp Schenk von 227
Stauffenberg, Johann Franz Romanus Schenk von 227
Stauffenberg, Marie Elisabeth Schenk von 209
Steingruber, Johann David 299
Stein, Herren von, Familie 320
Stephan, Georg (Mustaph) 306
Stiebar, Endres 291
Stiebar, Familie von 212, 306, 349
Stiebar, Johann Georg Christoph Wilhelm Reichsfreiherr von 212
Stierberg, Familie von 352
Stöckel, Familie 334
Storath, Familie 88
Strauß, Löb (Strauss, Levi) 151, 152, 213
Streicher, Julius 306

Streitberg, Herren von, Familie 206, 209, 210, 226, 227, 329
Strobel, Familie 98
Stuhlfauth, Adam 325

T

Tanndorf, Familie von 253
Taubmann, Friedrich 236
Tichy, Franz 15
Tieck, Ludwig 14, 81, 82, 320
Tittman, Claus 234
Tittmann, Brigitte 234
Tremel, Johannes 329
Trockau, Herren von, Familie 333
Truhendingen, Grafen von, Familie 168, 221, 223
Türriegel von Riegelstein, Familie 353

U

Ufsaze, Herolt de 256

V

Valzner, Familie 305
Valzner, Peter 305
Valzner, Regina 305
Varell, Familie von 353
Vetter, Theodor 249
Vierling, Familie 99, 318
Vierling, Oskar 317, 318
Volsbach, Edelfreie von, Familie 328, 329

W

Wackenroder, Wilhelm Heinrich 14, 81, 82, 320
Wagner, Eberhard 135
Wagner, Karl Willy 318
Wagner, Pankraz 177
Wagner, Richard 285
Wagner, Rudolf 79
Waischenfeld, Edelfreie von, Familie 349
Walpoten, Familie 235, 236, 239
Walser, Martin 343
Walther, Martin 178
Waschka, Adelheid 173
Weber, Familie 285
Weinacht, Helmut 15
Weineck, Ludwig 168
Weiß, Karl Gustav 168
Wichsenstein, Ernst von 295
Wichsenstein, Familie von 294, 295, 329
Wichsenstein, Georg von 294
Wichsenstein, Hermann von 295
Wichsenstein, Liborius von 295
Wichsenstein, Udo von 325
Wiegenstein, Roland H. 343
Wiesenthau, Bero von 296
Wiesenthau zu Reckendorf, Hans von 297
Wiesenthau, Herren, Freiherren von, Familie 199, 291, 293, 296, 297

Wiesenthau, Volland von 296
Wiesenthau, Wilhelm von 321
Wiesenthau, Wolf Dietrich von 296
Wildenstein, Familie von 306
Wilhelmine von Preußen, Markgräfin von Brandenburg-Bayreuth 152, 255
Will-Burt, Familie 99
Wilmersdorf, Familie von 353
Wirsberg, Familie von 261
Wirsberg, Konz von 349
Wittelsbacher, Dynastie 247, 305, 310
Wolfsberg, Edelfreie von, Familie 320
Wolfskeel, Hans 335
Wonsees, Edelfreie von, Familie 235
Wontingisazi, Sigiboto von 235
Wunder, Familie 84
Wunder, Johann Georg 270, 285

Z

Ziegler, Erich 98
Zimmermann, Gottlieb 15
Zollern (Hohenzollern), Dynastie 351, 353
Zollner, Familie 311

Ortsregister

A

Adamsfelshöhle 346
Adlitz 331
Adlitz, Burg, Schloss 71, 331
Affalterthal 299, 300
Ahornloch 322
Ahorntal 16, 17, 33, 100, 103, 104, 117, 118, 261, 324, 328, 331
Ailsbach, -tal 16, 17, 124, 127, 139, 143, 288, 322, 331, 332, 344
Ailsbacher Sattel 33, 45, 48
Aischgrund 208
Albhochfläche 25, 31, 33, 34, 36, 45, 48, 49, 51, 64, 65, 76, 106, 107, 108, 145, 194, 196, 199, 204, 208, 219, 220, 228, 232, 241, 258, 284, 288, 304, 316, 325, 327, 341
Albrand 45, 50, 56
Albtrauf 25, 29, 50, 58, 166, 195, 199, 207, 208, 235, 307, 311
Alemannisches Land 25, 26
Alladorf 234, 237, 238, 239
Alpen 14, 15, 55, 59
Altenberg (bei Burggrub) 209

Altenberg (bei Heiligenstadt) 144
Altenburg (bei Bamberg) 220
Altendorf 200, 212, 213
Altenhimmel 261
Altenkunstadt 95, 97, 104, 170, 183
Altenthal 294
Alter Fritz (Felsen) 249
Altes Schloss (Flur) 300
Altmühl, -tal 178, 311
Altwirthshaus 264
Amerika 151, 168, 304. *Siehe auch* Vereinigte Staaten von Amerika (USA)
Ansberg 165, 166. *Siehe auch* Veitsberg
Apfelbach 316
Arnstein 178, 179, 184
Arzberg 201
Atlantik 26
Aubach 232
Auerbach 294, 307
Auerbacher Linie 32
Aufseß, Burg, Schloss 256, 257
Aufseß, Ort, Gemeinde 16, 17, 21, 22, 50, 73, 80, 87, 93, 95, 98, 100, 117, 133, 140, 155, 252, 256, 257, 258, 259, 264, 287
Aufseß, Patrimonialgericht 327
Aufseß, -tal 16, 17, 42, 50, 59, 83, 87, 106, 180, 200, 201, 207, 216, 225, 256, 258, 259, 264, 281, 282, 312, 334, 335
Aufseß, Verwaltungsgemeinschaft 260
Aufseßer Gebirg 207
Augsburg 68
Australien 242
Azendorf 37, 50, 88, 98, 109, 228, 231, 232, 239, 263
Azendorfer Trockental 59, 228, 263

B

B 22 91, 194, 199, 216, 249, 252
BAB 9 24, 42, 89, 91, 123, 127, 333, 340, 353
BAB 70 88, 91, 177, 183, 192, 194, 198, 234, 236, 239, 263
BAB 73 91, 212
Bad Staffelstein 60, 93, 95, 97, 118, 120, 166, 171, 172, 173, 188
Baiersdorf 23, 133, 158
Bamberg 18, 60, 68, 69, 85, 88, 89, 91, 99, 104, 136, 145, 174, 176, 177, 189, 190, 194, 195, 198, 199, 200, 201, 202, 203, 208, 209, 211, 213, 220, 221, 223, 227, 231, 252, 254, 256, 257, 264, 274, 291, 293, 294, 297, 299, 301, 304, 330, 337, 339, 340
Bamberg, Aegidienspital 302
Bamberg, Amt 339
Bamberg, Benediktinerkloster 206
Bamberg, Diözesanverband 174
Bamberg, Dom 199, 223, 340
Bamberg, Domkapitel 67, 202, 248, 250, 336
Bamberg, Erzbistum, Erzbischöfe von 188, 195, 226, 318
Bamberg, (Fürst-)Bistum, (Fürst-)Bischöfe von 56, 67, 68, 69, 72, 133, 166, 168, 187, 188, 189, 195, 197, 198, 199, 200, 201, 202, 203, 204, 205, 206, 207, 220, 221, 222, 223, 225, 227, 231, 248, 250, 252, 253, 254, 260, 289, 295, 299, 301, 307, 311, 320, 329, 332, 335, 337, 339, 351
Bamberg, Hochstift 75, 174, 186, 189, 204, 209, 226, 227, 250, 254, 261, 282, 289, 290, 291, 294, 296, 298, 300, 320, 337, 349, 352. *Siehe auch* Bamberg, (Fürst-)Bistum, (Fürst-)Bischöfe von
Bamberg, Karmeliterkloster 259
Bamberg, Kollegiatstift St. Stephan 201
Bamberg, Landkreis 92, 107, 121, 123, 128, 190, 194, 196, 198, 211, 222
Bamberg, Oberamt 207, 213
Bamberg, Universität 233
Bamberg-Ehrenbacher Linie 32
Banz, Benediktinerabtei 67, 186, 227
Barbarossadom 326
Bärenknock 183
Bärenloch 185
Bärenschlucht 120, 345, 346
Bärental 167, 177, 185. *Siehe auch* Krassach, -tal
Bärnfels 225, 301
Basaltloch 207
Baunach 221
Bayerische Rhön 140
Bayern 18, 19, 29, 69, 70, 96, 98, 100, 110, 112, 115, 127, 152, 153, 171, 173, 174, 175, 178, 190, 201, 213, 214, 221, 230, 231, 236, 238, 251, 252, 261, 280, 289, 296, 331, 335
Bayern, Königreich 69, 230, 236, 257, 296, 297, 302, 305, 308, 321, 351
Bayern, Kurfürstentum 175, 188, 305
Bayreuth 18, 22, 60, 69, 88, 89, 91, 104, 109, 118, 123, 124, 131, 136, 146, 153, 168, 174, 194, 198, 203, 220, 221, 231, 233, 234, 247, 251, 252, 253, 254, 255, 256, 260, 262, 263, 281, 282, 285, 310, 322, 328, 331, 337, 341, 351
Bayreuth, Amt 262, 263
Bayreuth, Landkreis 92, 105, 107, 115, 121, 128, 228, 251, 322, 329, 340
Bayreuth, Universität 31, 233
Bayreuther Becken 247
Bebensburg 290, 291
Behringersmühle 16, 29, 43, 51, 72, 89, 91, 111, 112, 113, 139, 144, 146, 154, 198, 272, 282, 283, 288, 290, 311, 312, 313, 331, 344, 345, 346

Bergstraße 202
Berlin 89, 102, 170, 173, 317, 318, 331, 333, 353
Berndorf 234
Bernsbach 168
Betzenstein 30, 32, 42, 46, 50, 68, 69, 71, 89, 100, 108, 113, 117, 121, 145, 148, 153, 302, 326, 327, 340, 341, 342, 351, 352
Betzenstein, Amt, Pflegamt 301, 305
Betzenstein-Spies 145
Betzensteinerhüll 341
Bieberbach 88, 134, 295, 296, 299, 300
Bieberbach, Schloss 296
Bierwanderweg 155
Binghöhle 123, 124, 127, 268, 269, 284, 285
Birkenreuth 38, 49, 50, 52, 134, 135, 288
Bischofsheim 199
Bittmannstein 174
Blaues Meer 216
Böhmen 186
Böhmen, Königreich 12, 188, 202, 221, 305, 341
Böhmische Masse, Böhmisches Massiv 25, 27
Böhmische Schwelle 193
Bohnberg 31
Bojendorf 196
Bonn 79
Brabant 192
Brandenburg-Bayreuth, Markgraftum, Markgrafen von 13, 67, 68, 69, 72, 79, 225, 231, 247, 253, 254, 257, 260, 261, 281, 284, 285, 294, 301, 340, 353
Brandenburg-Kulmbach, Markgraftum, Markgrafen von 182, 231, 236, 260, 304
Breitenlesau 84, 327, 328, 331
Bremerhaven 168
Bronn 301, 340, 346
Brunn 207, 210, 321

Brunnbach 184
Brunnleitenthal 300
Brunnsteinhöhle 269
Büchenbach 87
Buckenreuth 283
Burgellern 257
Burgenstraße 225
Burggaillenreuth 14, 38, 108, 274, 283
Burggrub 31, 84, 208, 209, 210
Burgkunstadt 177
Burglesau 71, 197
Burkheim 165
Busbach 109, 245, 253
Buttenheim 32, 71, 73, 95, 97, 99, 100, 102, 104, 117, 118, 136, 151, 211, 212, 213

C

Chemnitz 102
China 42
Christanz 331
Coburg 174, 193, 294
Coburg, Veste 165
Creez 108, 241
Creußen 23, 33
Creußener Gewölbe 33, 324

D

Defersdorf 309
Deichselbach 213
Den Haag 78
Dettelbach 223
Deutschland, Bundesrepublik 18, 19, 44, 56, 70, 76, 79, 81, 99, 102, 112, 115, 124, 127, 134, 135, 136, 137, 141, 142, 168, 169, 186, 189, 195, 196, 201, 213, 231, 273, 285, 290, 308, 324, 326, 347
Diebeshöhle 184
Dietzhof 297
Dingersfeld 336
Dobenreuth 109
Döberten 50, 171
Dohlenlochhöhle 346
Dohlenstein 249
Doline, Große 276

Donau 60, 91, 129, 212, 213
Donnerkeil, Zum (Geotop) 255
Doos (Toos) 16, 53, 72, 141, 143, 144, 272, 282, 312, 334, 335
Dörfles 301, 321
Döritz 172
Dörnhof 259
Dörrnwasserlos 195, 197
Dresden 257
Dreuschendorf 212, 213
Dr.-Kellermann-Grotte 124
Drosendorf 50, 109, 214, 252, 265
Drügendorf 98
Druidenhain 57, 272, 273
Dürrbach 280
Dürrbrunn 280

E

Ebensfeld 97, 118
Eberhardstein 294
Ebermannstadt 19, 21, 22, 31, 33, 38, 44, 46, 47, 69, 70, 81, 84, 86, 88, 89, 91, 93, 97, 98, 99, 100, 102, 103, 108, 113, 115, 117, 118, 120, 134, 141, 145, 146, 209, 211, 265, 280, 281, 282, 283, 284, 286, 288, 296, 312, 313, 317, 318, 319, 320
Ebermannstadt, Amt 206
Ebermannstadt, Landkreis 251, 280, 329
Ebermannstadt-Kanndorf 145
Eckenreuth 342
Eckersdorf 93, 95, 109, 254, 255
Effeltrich 132, 133, 134, 135, 156, 214, 244
Eger 221
Egerland 186
Eggolsheim 97, 98, 99, 100, 102, 136, 145, 213
Eggolsheim, Amt 212
Egloffstein 17, 21, 22, 38, 71, 84, 92, 98, 100, 113, 114, 115, 117, 118, 225, 287, 295, 298, 299, 300, 308, 316
Egloffstein, Burg 64, 71, 153, 299

Ehrenbach, -tal 293, 297
Ehrenbürg 98, 278, 279, 291, 293, 296, 297, 298
Ehrlersheim 290
Eibenwald im Wiesenttal, NSG 56
Eichenhüll 107
Eichenmühle 260
Eichstätt 311
Eitting 213
Elbersberg 113, 339, 340
Elisabethweg 129
Ellerberg 203, 204
Ellernbach, -tal 197, 201, 202, 203, 204, 205, 216, 217
Ellernbachschlucht 217, 218
Ellertal 140, 201, 202
Emsland 133
End 173
Engelhardsberg 82, 133, 288
England 83, 124, 227, 233, 275, 277
Erding, Landkreis 213
Erfurt 168
Erlangen 12, 13, 14, 22, 60, 79, 81, 82, 91, 104, 123, 132, 135, 136, 260, 270, 271, 273, 274, 277, 279, 280, 282, 288, 293, 303, 308, 310, 313, 331, 337
Erlangen, Landkreis 128
Erlangen, Universität 12, 14, 80, 274, 277
Erlastruth 304
Erlebnismeile 122, 126, 346, 347
Ermreuth 73, 87, 151, 306
Erzgebirge 168
Eschenau 311
Eschenbach 263
Eschlipp 109, 283
Esperhöhle 80, 276, 277. *Siehe auch* Klingloch
Etza-Hüll 42
Etzdorf 38
Europa 62, 85, 98, 102, 166, 173, 193, 275, 298
Europäische Union (EU) 107, 131, 135, 152, 311

F

Felkendorf 235
Fellnerdoline 40, 278
Felsenburg 204, 217
Felsengarten 83, 152, 153, 228
Felsensteig 131
Fernreuth 252
Fesselsdorf 88
Feuerbach, -tal 206
Feuerstein, Burg 265, 283, 317, 318
Feuerstein, Flugplatz 145
Feulersdorf 88, 236, 263
Fichtelgebirge 12, 31, 46, 165, 166, 235, 245
Flossenbürg 125, 339
Föhrenteich 258
Forchheim 19, 60, 89, 91, 92, 93, 95, 96, 100, 104, 109, 123, 129, 130, 135, 136, 146, 161, 211, 265, 282, 288, 291, 292, 294, 296, 303, 311
Forchheim, Amt 297
Forchheim, Landkreis 86, 87, 92, 97, 110, 115, 121, 128, 265, 280, 298, 304, 307, 320
Forchheim, Pfalz 319
Forchheimer Land 56, 86, 87, 156, 158, 292
Forchheim-Reuth 91
Forkendorf 244
Försterhöhle 16, 79, 80, 123, 330
Franken 62, 69, 88, 98, 120, 132, 133, 135, 136, 152, 158, 182, 186, 202, 204, 221, 223, 231, 235, 237, 247, 248, 255, 264, 268, 270, 271, 274, 276, 278, 293, 294, 298, 306, 311, 314, 326, 329, 342
Frankenalb, Fränkische Alb 12, 22, 31, 33, 38, 40, 43, 53, 54, 57, 62, 68, 132, 151, 159, 162, 164, 166, 168, 186, 193, 194, 197, 199, 201, 203, 204, 208, 214, 215, 235, 240, 245, 250, 261, 267, 272, 277, 278, 294, 313, 324, 327, 335

Frankenalb, Nördliche 24, 25, 51, 53, 235
Frankenalbfurche 48
Frankenalbmulde 33, 245, 263, 311
Frankenberg 178
Frankendorf 44, 212
Frankenjura 141, 159
Frankenschnellweg 91
Frankenthal 186, 187, 188
Franken, Tourismusregion 122
Franken, Tourismusverband 19, 22, 115
Frankenwald 31, 166
Frankenweg 129, 189
Frankfurt am Main 89
Fränkische Schweiz 12, 14, 15, 16, 17, 18, 19, 20, 21, 22, 23, 24, 25, 26, 27, 28, 29, 30, 31, 32, 33, 34, 36, 37, 39, 41, 42, 43, 44, 45, 46, 47, 49, 51, 52, 53, 55, 56, 57, 58, 59, 60, 61, 62, 63, 64, 65, 66, 68, 69, 70, 71, 72, 73, 75, 76, 78, 82, 83, 84, 85, 86, 87, 88, 89, 90, 91, 92, 93, 95, 96, 97, 98, 99, 100, 102, 103, 104, 105, 106, 107, 108, 109, 110, 111, 112, 113, 114, 115, 116, 117, 118, 119, 120, 121, 122, 123, 126, 127, 128, 129, 130, 131, 132, 133, 134, 135, 136, 137, 138, 139, 140, 141, 142, 143, 144, 145, 146, 147, 148, 149, 150, 151, 152, 153, 154, 155, 156, 157, 158, 159, 160, 161, 167, 174, 175, 180, 181, 185, 187, 193, 196, 198, 201, 203, 205, 215, 216, 218, 219, 225, 226, 227, 228, 234, 237, 240, 242, 245, 247, 249, 250, 251, 252, 253, 259, 260, 268, 269, 270, 271, 273, 275, 276, 277, 278, 280, 282, 283, 284, 285, 286, 287, 288, 289, 290, 294, 295, 302, 303, 306, 307, 311, 313, 314, 315, 316, 317, 318, 319, 320, 324, 325, 326, 329, 330,

332, 335, 337, 339, 344, 345, 346, 347, 348
Fränkische Schweiz-Frankenjura, Naturpark 24, 128
Fränkische Schweiz-Veldensteiner Forst, Naturpark 23, 24, 44, 128, 130
Fränkische Straße der Skulpturen 152
Fränkische Toskana 147, 201
Fränkischer Gebirgsweg 129, 131, 249
Fränkischer Reichskreis 68
Fränkischer Ritterkreis, Fränkische Reichsritterschaft 68, 303
Frankreich 13, 75, 168, 226, 227, 230, 232, 247, 261, 275, 277, 321
Franz-Josef-Kaiser-Weg 129
Frauendorf 172
Freiahorn 331
Freiburg im Breisgau 231
Freienfels 72, 88, 249, 250, 252
Freienfels, Burg, Schloss 71, 249
Friesenbach 50
Friesenmühle 53, 239
Friesenquelle 239
Fulda 202
Fürth 91, 104, 123, 136, 247, 303

G

Gaillenreuther Höhle 80, 274, 277. *Siehe auch* Zoolithenhöhle
Gänsebach 235
Gasseldorf 16, 44, 88, 89, 91, 132, 146, 219, 283, 284
Gebürg, Kanton 68
Geisberg 144, 145, 201, 207
Geisberger Forst 208
Geisdorf 204, 210
Geisknock 183
Germanisches Becken 25, 26, 27, 192
Gernerfels 86
Geschwand 301, 321

Gesees 241, 244, 254, 263
Giechburg 199, 220, 221, 222, 225, 226
Giech, Pflegamt 221. *Siehe auch* Scheßlitz, Oberamt
Glashütten 71, 93, 95, 97, 103, 139, 241, 256, 261, 262
Glashüttener Forst, Wald 328, 344
Görau 166, 167, 177, 189
Görauer Anger 145, 166, 167, 177
Gosberg 83, 296
Gösseldorf 331
Gößmitz 171
Gößweinstein 16, 21, 22, 40, 46, 47, 75, 84, 85, 86, 92, 100, 104, 110, 111, 112, 113, 114, 115, 117, 118, 121, 122, 130, 133, 135, 136, 145, 152, 159, 226, 278, 288, 289, 290, 294, 295, 316, 335, 351
Gößweinstein, Basilika 152, 153, 332
Göttingen 79, 157, 298
Grabfeldgau 241
Gräfenberg 21, 22, 32, 46, 68, 69, 86, 87, 89, 91, 93, 97, 98, 102, 103, 108, 129, 145, 146, 304, 307, 308, 309, 310
Gräfenberg, Verwaltungsgemeinschaft 304, 307
Gräfenhäusling 196, 197, 198
Graubünden 223, 252, 294
Great Barrier Reef 29
Greifenstein 16, 71, 80, 210, 225
Greifenstein, Burg, Schloss 16, 71, 221, 226, 227, 329
Großbritannien 75
Großenhül 237
Großenohe 42
Großenoher Bach 316
Großziegenfeld 184
Grundfeld 111, 113
Gügel 222, 223, 226
Gunzendorf 212, 213, 214
Güßgraben 207

H

Hagenbach 73, 87, 292, 316
Hallerndorf 23
Hallstadt 201, 202, 209, 211, 216
Halmerstein 33, 197
Hamburg 113, 168
Hannberg 331
Hannover 318
Hardt 294
Haselbrunner Tal 345
Haselstauden 301
Hasenloch, Großes 325
Häsigknock 31
Haßberge 193
Haßfurt 332
Haßlach 339
Hauptmoorwald 60
Heckenhof 140, 257, 258, 259
Heideknock 178
Heidelknock 109
Heiligenstadt 16, 36, 73, 80, 84, 89, 95, 99, 100, 103, 113, 114, 115, 117, 118, 134, 144, 146, 154, 204, 205, 206, 207, 208, 209, 210, 211, 218, 219, 226, 258, 281, 282, 284
Heiliges Römisches Reich deutscher Nation (Altes Reich) 65, 66, 67, 68, 197, 198, 200, 202, 206, 207, 208, 213, 258, 297, 300, 333, 337
Heldburger Gangschar 31
Herbstmühle 177
Heroldsmühle 206, 210, 218
Heroldsstein 205
Herpersdorf 109
Hersbrucker Alb 311
Herzogenreuth 203, 204, 205, 206, 210, 217
Hesselberg 278
Hetzelsbach 292
Hetzelsdorf 294
Hetzendorf 145
Hetzles 109
Hetzleser Berg 302
Hiltpoltstein 42, 68, 84, 87, 93, 121, 301, 304, 305, 307, 339

Hiltpoltstein, Burg 305
Hirschaid 97, 200
Hochstadt am Main 109
Höchstadt an der Aisch 89
Hochstahl 140, 256, 257, 259, 260
Hochstall 212
Höchstaufseß 256, 258
Hof 89, 221
Högelstein 267
Hohenellern 203
Hohenmirsberg 17, 98, 108, 109, 332, 333
Hohenmirsberger Platte 17, 324, 325, 345
Hohenpölz 31, 205, 210
Hohes Kreuz 131
Hohe Straße 254
Hohlberg 273
Hohler Berg 271
Hohler Stein 174
Holland 168, 257
Hollfeld 32, 46, 47, 69, 70, 72, 89, 95, 97, 100, 102, 103, 108, 109, 110, 113, 117, 118, 139, 145, 146, 152, 153, 171, 198, 203, 207, 248, 249, 250, 251, 252, 255, 256, 259, 260, 263, 281, 312
Hollfeld-Aufseß-Plankenfels, Verwaltungsgemeinschaft 260
Hollfelder Mulde 30, 32, 33, 37, 40, 45, 52, 245, 250, 312
Hollfelder Störung 32, 250
Hopfenmühle 87, 311
Höschhöhle 324
Hühnerloh 335
Hüll 340, 341
Hummelgau 33, 240, 241, 244, 245, 254, 261
Hummeltal 95, 138, 241, 244, 262, 263
Hummerstein 284
Hundsdorf 301
Hundshaupten 294, 296, 298, 299
Hundshaupten, Burg 298

Huppendorf 140, 201
Hutschdorf 234

I

Igensdorf 87, 97, 310, 311
Iphofen 226, 295, 349
Irland 79, 112
Isling 109, 170, 171, 182
Ittling 109

J

Jakobsweg 339
Jamaika 42
Jerusalem 186
Jungfernhöhle 190, 194, 203, 273

K

Kaider 173
Kainach 252, 263
Kainach, -tal 250, 251, 263, 312
Kainachtaler Pfeiler 249
Kainachtaler Riesenüberhang 249
Kaiserbach, -tal 248, 263
Kälberberg 212
Kalifornien 151, 213
Kalkach 307
Kalkberg 189
Kalte Elsen 195
Kalteneggolsfeld 31, 209, 210
Kalypsogrotte 230
Kanndorf 145, 283
Kappel 304
Kärnten 67, 294
Kasberg 46, 307
Kasendorf 53, 98, 104, 113, 177, 231, 235, 236, 239
Kasendorf, Verwaltungsgemeinschaft 236
Käthele-Steinhöhle 263
Katzenberg 207
Kauernhofen 265
Kelheim 164
Kelten 56, 164, 165, 205, 246, 247, 272, 294, 342
Kemmathen 304
Kemmern 197
Kersbach 296

Kerzensaal 124, 325
Ketschendorf 212
Kirchahorn 16, 139, 331, 332, 344, 350
Kirchehrenbach 22, 88, 93, 103, 135, 210, 280, 290, 291, 293, 296, 297
Kirchehrenbach, Verwaltungsgemeinschaft 290
Kirchenbirkig 121, 339
Kirchrüsselbach 311
Kirschenlehrpfad 129
Klauskirche 326, 327
Klauskirchenberg 326
Klaussteinkapelle 322, 324, 332, 350
Kleetz 109
Kleetzhöfe 235
Kleine Doline 276
Kleiner Tummler 218
Kleingesee 290
Kleinhül 65, 237
Kleinlesau 344
Kleinziegenfeld 53, 182, 183, 184, 185
Kleinziegenfeld, Schloss 182
Kleinziegenfelder Tal 92, 106, 132, 147, 177, 178, 182, 183, 184, 216, 218, 242
Klingelloch 228, 239
Klingental 200
Klingloch 38, 276, 277. Siehe auch Esperhöhle
Klosterlangheim 67, 153, 167, 168, 169, 170, 176, 179, 185, 186, 187, 188, 196, 227
Klumpermühle 346
Klumpertal 346
Knoblauchsland 88
Knochenhöhle 322
Koblenz 195
Kohlstein 131, 335
Kohlstein, Burg 336
Kolmreuth 296
König-Otto-Höhle 127
Königsfeld 42, 84, 95, 98, 104, 109, 140, 153, 198, 199, 200, 201, 205

Königstein 43
Kordigast 62, 164, 165, 175, 177
Kordigast, Großer 165
Kordigast, Kleiner 165
Körzendorf 331
Köttel 71
Kötteler Graben 196
Kotzendorf 43, 201
Krassach, -tal 167, 175, 177, 185. *Siehe auch* Bärental
Kreuzberg 86
Kreuzstein 182, 207
Krögelstein 88, 248, 252, 263
Krögelsteiner Wand 249
Krottensee 127
Krummes Tal 42
Kübelstein 195, 199
Kühlenfels 16, 17, 71, 145, 339
Kühlenfels, Schloss 153
Kuhleutner Wand 249
Kühlich, Im 210
Kühloch 345
Kulmbach 89, 91, 123, 166, 189, 198, 221, 234, 237, 277
Kulmbach, Landkreis 65, 92, 121, 128, 228, 238
Kulmbacher Bruchschollenland 231
Kümmersreuth 30, 33, 109, 173, 197
Kunigundenruh 202
Kunreuth 95, 97, 103, 104, 300, 302, 303, 304
Kunreuth, Schloss 71, 302
Künsberg 232
Kutzenberg 152

L

Lahm 109, 174
Laibarös 48, 201, 203, 218
Land oberhalb des Gebirgs oder Oberland 68
Land unterhalb des Gebirgs oder Unterland 68
Langberg 171
Lange Leite 346
Lange Meile 145, 214, 265, 267, 317
Langenloh 331
Langheim. *Siehe* Klosterlangheim
Lauf 89
Lauter 168
Lauter-Bernsbach 168
Lautergrund 118, 173, 214
Lautertal 87
Leesten 207
Leidingshof 210, 219, 220
Leienfels 145, 321, 339, 351
Leienfels, Amt 321, 351
Leienfels, Burg, Schloss 350, 351
Leinleiterquelle 218
Leinleiter, -tal 16, 17, 25, 31, 36, 44, 45, 50, 63, 106, 109, 114, 205, 206, 207, 208, 209, 210, 211, 216, 218, 219, 225, 226, 280, 283, 284
Leipzig 79, 89, 247, 273, 351
Leitenbach 50, 196, 197, 216
Leo-Jobst-Weg 129, 130
Lessau 234
Leuchnitz, Burg 178
Leuchsenbach, -tal 167, 168, 169, 187
Leupoldstein 84, 296, 342
Leutenbach 21, 22, 23, 117, 297, 298
Leutenbach, Verwaltungsgemeinschaft 290
Leutzdorf 38, 276, 290
Lichtenfels 31, 33, 60, 92, 93, 95, 96, 104, 109, 118, 123, 167, 168, 170, 174, 188, 205
Lichtenfels, Landkreis 58, 71, 92, 97, 121, 132, 162, 171, 172, 173, 176
Lichtenfels-Oberlangheim 109
Lichtenfelser Linie, Störungslinie 32, 162
Lichtensteinhöhle 278
Lillach, -tal 44, 316, 317
Lilling 86, 316, 317
Limmersdorf 136, 234, 235, 306
Limmersdorfer Forst 60
Lindach 204, 206, 210
Lindenhardter Forst 60, 109
Lindersberg 317
Litzendorf 21, 22, 97, 117, 118, 147, 152, 201, 202, 203
Loch 312
Lochau 239
Lochau, -tal 237, 238, 252, 260
Löhlitz 260
Lohndorf 152, 201, 202, 203
Lohr am Main 133
London 78, 79, 275
Lourdes 179, 226
Löwenfelsen 249
Ludwag 50, 199, 200, 245
Ludwager Bucht 200
Ludwig-Donau-Main-Kanal 91
Ludwigsbahn 89
Ludwigshöhle 350
Lützelsdorf 292, 316

M

Mährenhüll 196
Mährenhüll-Eichig-Linie 183
Mailand, Am (Gewerbegebiet) 262
Mailand, Viertel 263
Main 91, 109, 181, 183, 196, 197, 213, 216, 220, 223
Main-Donau-Kanal 60, 212, 213
Main-Donau-Weg 129
Mainebene 169
Maintal 59, 165, 186, 188, 231
Mannheim 225
Marienberg 195, 196
Mariental 243
Marienweiher 226, 294
Markfels 81
Markgräflerland 202
Martinswand (Bellevue) 86
Mathelbach 219
Mathelquelle 220
Matzenstein 144
Maximiliansgrotte 14, 127
Mehlbeersteig 62
Melkendorf 201, 204
Memmelsdorf 95, 97, 201, 203, 221
Memmelsdorf, Amt 206, 207, 208
Menchau 234
Mengersdorf 261, 282

Mentorsgrotte 230
Merdingen 231
Mergners 42, 342
Messel, Weltnaturerbestätte 256
Meuschlitz 252
Michaelsberg 309
Michelfeld, Kloster 328
Michelsberg bei Kelheim 164
Michelsberg, Kloster 67, 195, 197, 209, 252
Mistelbach 95, 244, 262, 263
Mistelbach, Verwaltungsgemeinschaft 262, 263
Mistelbachtal 263
Mistelfeld 167, 168, 170
Mistelgau 27, 71, 95, 99, 104, 117, 241, 244, 245, 253, 254, 255, 256, 261, 262
Mistelgau, Schloss 255
Mistelgauer Spiegelleite 241
Mistendorf 207, 208
Mitteldeutsche Schwelle 27
Mittelehrenbach 87, 287, 297
Mitteleuropa 46, 86, 87, 156, 304, 314
Mittelfranken, Regierungsbezirk 24, 68, 221, 259
Mittelfränkisches Becken 46
Mittelmeerraum 279
Mittelrüsselbach 311
Mittlerweilersbach 290
Mitwitz 177
Möchs 301
Modschiedel 170, 171, 177, 179, 182
Moggast 16, 42, 102, 134, 273, 283
Moggaster Höhle 273, 275, 277
Monte 223
Moritzbach, -tal 297
Morschreuth 108, 290
Mosenberg 178
Mostvieler Tal 300
Muggendorf 12, 13, 14, 15, 16, 17, 18, 32, 36, 37, 43, 45, 62, 74, 75, 78, 79, 80, 81, 84, 85, 86, 91, 111, 112, 113, 114, 115, 131, 133, 136, 141, 143, 145, 154, 159, 180, 269, 270, 271, 273, 275, 281, 282, 285, 287, 288, 311, 312, 313, 334
Muggendorfer Gebirg 13, 81, 82, 84, 277, 285
Mühlbach 189, 210
Mühldorf am Inn 319
Mühlenweg 129
München 89, 112, 124, 325
Muthmannsreuth 138, 345

N

Naisa 201, 202
Nankendorf 16, 72, 84, 133, 139, 143, 261, 302, 328, 329, 331
Nasenlöcherfelsen 216
NaturKulturRaum (Neubürg) 245
Neideck 16, 225, 271, 320
Neideck, Burg 80, 81, 82, 106, 224, 225, 226, 284, 295, 316, 318, 319, 320, 329
Neuböhmen 305
Neubürg (Leimburg, Wonnebürg, Sauhügel) 17, 152, 241, 245, 246, 247, 260, 262, 279
Neudorf 109, 177, 178, 188, 200, 203, 210, 231, 269
Neudrossenfeld 19, 23, 277
Neuhaus 84, 127, 171, 256, 351
Neuhauser Wand 142
Neukirchen 127
Neumühlbach 226
Neumühle 210, 226, 344
Neunkirchen am Brand 95, 97, 109, 133, 306
Neunkirchen am Sand 89, 146
Neuses 283
Neuwirthshaus 260, 264
Niedermirsberg 265, 267, 283
Niesten 167, 177, 188, 189
Niesten, Burg 71, 174, 188, 189
Nixengrotte 124
Nordeuropa 55
Nordgau 305, 307
Nürnberg 13, 18, 22, 40, 50, 52, 67, 88, 89, 91, 102, 104, 112, 123, 124, 133, 136, 141, 146, 195, 211, 212, 227, 234, 241, 257, 268, 269, 276, 280, 284, 291, 293, 297, 299, 301, 302, 303, 304, 305, 307, 308, 309, 310, 311, 317, 321, 333, 341, 342, 351, 353
Nürnberg, Burggrafschaft, Burggrafen von 221, 225, 235, 253, 254, 256, 261, 305, 319, 329, 341, 349
Nürnberg, Freie Reichsstadt 67, 68, 69, 72, 248, 301, 305, 307, 308, 311, 341, 342, 352
Nürnberg, Landkreis 24

O

Oberailsbach 33, 133
Oberailsfeld 84, 140, 331, 332, 344
Oberaufseß 71, 225, 258, 264
Oberaufseß, Schloss 153, 256, 257, 258, 264
Oberehrenbach 297
Oberfellendorf 133, 288
Oberfranken, Genussregion 156, 158
Oberfranken, Regierungsbezirk 24, 62, 87, 96, 109, 152, 153, 158, 239, 258, 259
Oberlangenstadt 136
Oberleinleiter 31, 84, 206, 207, 209, 210, 218
Obermain, -tal 19, 24, 46, 60, 104, 120, 129, 165, 166, 172, 173, 186, 201, 221, 245
Obermaingebiet 12, 60, 97, 170
Obermainisches Hügelland 46
Oberndorf 290
Oberngrub 209, 210
Obernsees 109, 122, 149, 161, 253, 254, 263
Oberntüchersfeld, Burg 335
Oberpfalz 134
Oberrüsselbach 311
Obertrubach 100, 102, 113, 114, 115, 117, 118, 133, 145, 153, 242, 300, 301, 302, 316, 351

Oberweilersbach 290
Oberzaunsbach 292, 316
Ortspitz 297
Osterhöhle 127
Osternohe 145
Osterode 278
Österreich 112
Osteuropa 59
Ostsee 79
Oswaldhöhle 79, 80, 271
Ottenberg 342
Otterbach 201
Oxford 79

P

Paradiestal 196, 198, 216, 312
Paradiestalwächter 216
Parasol 216
Paris 75, 78, 148, 275, 296
Pavia 305
Peesten 136
Pegnitz 19, 22, 32, 38, 50, 86, 87, 89, 91, 93, 95, 97, 104, 123, 127, 128, 129, 130, 145, 288, 329, 334, 339, 340, 346
Pegnitz, -tal 50, 351
Pegnitzalb 57
Pettendorf 241, 262, 263
Peulendorf 199, 222
Peunt 70
Pfaffenloh 294
Pfalz 202
Pfalz, Kurfürstentum (Pfalzgrafschaft bei Rhein) 305, 310, 353
Phillippenloch 184
Pilgerndorf 29, 252
Pinzberg 23, 296
Pittersdorf 241, 244, 262, 263
Plankenfels 21, 22, 71, 72, 84, 93, 95, 97, 100, 103, 104, 139, 146, 245, 250, 252, 256, 260, 263, 264, 312, 331
Plankenstein 260
Plankenstein, Schloss 260
Plassenburg, Burg 166, 236
Plech 42, 351
Plessenbach, -tal 208, 209

Pödeldorf 201, 202
Pommersfelden 202
Poppendorf 133, 331
Pottenstein 16, 21, 22, 37, 38, 46, 47, 69, 70, 84, 86, 97, 98, 99, 100, 108, 110, 111, 112, 113, 114, 115, 117, 118, 120, 121, 122, 124, 125, 128, 130, 133, 134, 137, 138, 139, 145, 146, 148, 160, 225, 242, 243, 256, 288, 302, 321, 325, 326, 329, 333, 335, 337, 338, 339, 340, 345, 346, 347
Pottenstein, Amt 351
Pottenstein, Burg 225, 346, 351
Pottenstein-Formation 326
Pottenstein-Weidenloh 145, 148
Poxdorf 200, 201, 218
Poxstall 283
Prag 202, 225, 322
Pretzfeld 17, 22, 47, 71, 73, 87, 88, 98, 99, 108, 156, 282, 291, 292, 294, 296, 301, 316
Pretzfelder Keller, -berg 136, 155, 292
Preußen 261, 308
Prinz-Ludwig-Grotte (Kristallgrotte) 124, 268
Promenadenweg 344
Prophetenbrunnen, -quellen 228, 239, 240
Pulvermühle 141, 181, 342, 343, 344
Pünzenbach 199
Püttlach 339, 345, 346
Püttlach, -tal 16, 17, 49, 50, 59, 87, 106, 120, 139, 145, 147, 225, 288, 325, 335, 337, 344, 345, 346

Q

Quackenschloss 82

R

Rabeneck 16, 17, 72, 331, 332, 349
Rabeneck, Burg 77, 83, 153, 331, 332, 348

Rabenecker Tal 83
Rabenstein 16, 17, 225, 350
Rabenstein, Burg 83, 136, 153, 331, 344, 349, 350
Radenzgau 241
Ranga 167. *Siehe auch* Görauer Anger
Rangau 241
Ranna 40, 50
Rauhenberg 327
Rauher Kulm 31
Reckendorf 207, 210, 226
Redwitz an der Rodach 109
Regensberg 303, 304
Regensburger Bucht 30
Regenthal 122, 339
Regnitz, -tal 59, 60, 104, 135, 207, 211, 212, 213, 220, 279, 311, 337
Regnitzautobahn 91. *Siehe auch* BAB 73
Regnitzbecken 46, 194
Regnitzgrund 208
Reifenberg 83, 265, 290, 291, 296
Reifenberger Keller 135, 155
Reizendorf 331
Reno 213
Rettern 265
Retterner Kanzel 267
Reuth 91, 231, 296
Rhein 181, 188, 213
Rheinland 136, 249
Riegelstein 353
Riesenburg 83, 272
Riesensaal 326
Rodenstein 278, 280, 294
Rom 186
Romansthaler Steige 164
Roschlaub 44, 197, 214
Rosenmüllershöhle 80, 83, 85, 123, 270, 285
Roßdorf am Berg 50, 197, 198
Rotenberg 265
Roth am Bohnberg 31, 170, 205
Rothenbühl 120
Rothenburg ob der Tauber 69, 342

Rothenstein 209
Rothmannsthal 37, 52, 107, 109, 134, 174, 196
Rotmaingebiet 133
Roveredo 223
Rügen 75, 79
Rumpelsquelle 48
Rüsselbachtal 311
Rüssenbach 267, 283, 296

S
Sachsen 113
Sachsen-Coburg, Herzogtum 294
Sachsen-Weimar(-Eisenach), Herzogtum, Großherzogtum 294, 303
Sachsendorf 256, 257
Sachsenmühlquelle 38
Salzburg 269
San Francisco 213
Sanspareil, Felsengarten, Park von 83, 84, 113, 152, 153, 228, 230, 231, 234, 236, 237, 282
Sanspareil, Ort 236
Santiago de Compostela 186
Sattelmannsburg 294
Säukirchner Turm 249
Schafsee 42
Schallenberg 195
Schammelsberg 203
Schammelsdorf 201
Schammendorf 178, 183, 185
Schederndorf 198
Schederndorfer Tal 196, 216
Scherleithen 52
Scheßlitz 33, 44, 88, 89, 97, 98, 176, 194, 195, 196, 197, 199, 200, 204, 206, 209, 214, 220, 221, 257, 294
Scheßlitz, Amt 195, 197, 201, 221
Scheßlitzer Ellernbach 195, 197
Schießberg 308
Schirradorf 37, 182, 228, 239, 240, 263
Schlaifhausen 278, 296
Schlesien 186

Schleswig-Holstein 238
Schlossberg (Bettelbründl) 217
Schlossberg (Giechburg) 220
Schlüsselburg 342
Schlüsselfeld 294, 319
Schmidberg 342
Schmiedsberg 237
Schnackenwöhr 248
Schnaittach 109
Schnaittach, Pflegamt 336
Schneeberg (bei Wattendorf) 196
Schneeberg (Fichtelgebirge) 245
Schobertsberg (Schagersberg, Schächberg) 240, 241, 246, 247
Schönfeld 237, 238, 252
Schöngrundsee 91, 122, 125, 338, 339, 346, 347
Schönstatt-Zentrum 195
Schönsteinhöhle 83, 269, 270
Schotttersmühle im Wiesenttal (= Schaudermühle) 81, 83
Schüttersmühle 17, 113, 346, 347
Schütterstal. Siehe Weihersbach, -tal
Schützenberg 265, 267
Schwabach 307
Schwabachgrund 311
Schwaben 223, 248
Schwabthal 118, 122, 172, 173, 214
Schwalbach, -tal 228, 235, 239, 240, 263
Schwalbachquellen 239
Schwanberg 193
Schwarzmannsmühle 184
Schwarzmühle 182, 184
Schweden 175, 179, 189, 249, 301, 321
Schwedenfelsen 249
Schwedenschanze 207
Schweinsberg 353
Schweinsmühle 331
Schweinthal 299, 316
Schweiz 14, 15, 18, 133, 168
Schweizerkeller 136

Sebaldmühle 328
Seelig 329, 331
Seidmar 38, 297
Seigelstein 206
Seigendorf 212
Senftenberg 213, 214
Senftenberg, Ort 134, 135, 212
Senftenberger Keller 155
Serkendorf 171
Seubersdorf 177
Siegritz 210, 219
Siegritzberg 327
Siegritzer Brunnen 219
Signalquelle 38
Silberecke 304
Silberwand 216
Simmelsdorf 24, 89, 146
Slawen 179, 237
Slowenien 125
Sollenberg 108
Sophienberg (Culmberg, Luisenberg) 24, 241, 244, 247, 248
Sophienburg 247
Sophienhöhle 123, 126, 127, 136, 322, 324
Sorg 301, 321
Spies 50, 145, 342
Stackendorf 212, 213
Stadelhofen 19, 50, 92, 93, 97, 98, 103, 104, 182, 198, 199, 201, 216, 290
Stadelhofen, Verwaltungsgemeinschaft 198
Stadelhofen-Ost, Gewerbegebiet 198
Staffelberg 57, 162, 164, 165, 166, 171, 278, 279
Staffelsteiner Graben 32
Staffelsteiner Linie, Störungslinie 32, 162
Stammberg 201
St. Colomann 127
Stechendorf 72, 109, 145, 252
Steigerwald 60, 133
Steinberg 290
Steinerne Frau 278
Steinerner Beutel 120, 330
Steinerne Rinne 214

393

Steinfeld 42, 72, 84, 139, 198, 199, 200, 216, 311
Steinfeld, Verwaltungsgemeinschaft 198, 199, 201
Stempfermühle 53, 144, 278, 312, 313
Stempfermühlquelle 38, 40, 43, 52, 278, 289
Stierberg 342, 351, 352
Stierberg, Amt 301
Stierberg, Burg 351, 352
Stockach 332
Stoffelsmühle 53, 183
Straubing 317
Streitberg 14, 15, 16, 17, 48, 74, 75, 78, 79, 80, 81, 82, 83, 84, 86, 88, 111, 112, 113, 114, 115, 123, 124, 127, 130, 159, 161, 268, 269, 282, 284, 285, 288, 312
Streitberg, Amt 295
Streitberg (Streitburg), Burg 16, 81, 82, 225, 284
Strössendorf 71
Strullendorf 97, 200, 201, 207, 208
Strullendorfer Bach 207
Stübig 88, 195, 197
Stublang 171
Stücht 210
Süddeutsches Schichtstufenland 33, 192, 193
Südosteuropa 59
Suhl 91, 212
Sulzbach 221
Sulzbach-Rosenberg in der Oberpfalz 127, 134, 296

T

Talbrunnental 199
Tannfeld 50, 234, 239, 245
Tanzlindenweg 129
Teichgrund 42, 43
Teisenberg 183
Tessin, Kanton 223
Tethys, -meer, -ozean 26, 27, 286
Teuchatz 145, 204, 206, 208, 209, 210

Teuchatzer Schlittenberg 208
Teuchatzer Steig 206
Teufelshöhle 14, 91, 122, 123, 124, 125, 126, 127, 136, 153, 285, 325, 326, 338, 339, 345, 347
Teufelsloch 124, 347
Teunitz 201
Thoosmühlbach 87
Tho(o)smühle 87, 283
Thuisbrunn 109, 301, 304, 309
Thüringer Wald 165, 166
Thurnau 32, 69, 71, 84, 95, 113, 129, 136, 145, 153, 167, 231, 232, 233, 234, 235, 237, 238
Thurnau, Schloss 153
Tiefenellern 109, 140, 190, 201, 202, 203, 204, 217, 245, 273
Tiefenellerner Berg 204
Tiefenhöchstadt 44, 212, 213
Tiefenlesau 252, 259
Tiefenpölz 109, 206, 210
Tiefentalbach 50, 172
Tiefenthal 173
Tiefer Grund 344
Toos, Wasserfall 83. *Siehe auch* Doos
Totental 345. *Siehe auch* Haselbrunner Tal
Trägweis 105, 107
Traindorf 210, 219
Trainmeusel 49, 316
Trainmeuseler Brunnen 316
Traunstein 214
Treppendorf 72, 252
Treunitz 216
Trier, Erzbistum, Erzbischöfe von 133, 352
Tröbersdorf 254
Trockau 71, 282, 329, 333, 334, 336
Trockenhänge um Pottenstein, NSG 243
Trondorf 127
Trubach, -tal 17, 44, 50, 63, 106, 278, 291, 294, 298, 300, 301, 302, 316, 320, 321
Trumsdorf 238, 239

Truppach, -tal 63, 253, 260, 263, 264
Tschechien 142, 158
Tschechoslowakei 112
Tüchersfeld 16, 64, 73, 83, 85, 113, 122, 131, 150, 225, 290, 325, 335, 336, 339, 344, 345
Tummler, Großer 218

U

Uetzing 171, 172
Ühleinshof 294
Ungarn 326
Unterailsfeld 134, 290, 344
Unteraufseß 84, 224, 225, 256, 257, 264
Unterleinleiter 16, 21, 22, 71, 93, 95, 97, 102, 104, 113, 219, 280, 281
Unterrüsselbach 311
Untertrubach 294, 301, 316, 320, 321
Unterweilersbach 290, 291
Unterzaunsbach 292, 316
Unterzell 223
Ursprung 292, 294, 345
Uttenreuth 12, 274, 276, 277

V

Vallendar 195
Veilbronn 16, 109, 122, 148, 181, 210, 219, 220
Veitsberg. *Siehe* Ansberg
Velburg 127
Veldensteiner Forst 22, 24, 44, 60, 128, 130, 201
Veldensteiner Mulde 30, 32, 40, 42, 50, 52
Velten 341
Venetien 125
Venusgrotte 124
Vereinigte Staaten von Amerika (USA) 73, 99, 112, 135, 213
Via Imperialis 129, 262
Vierzehnheiligen 111, 113, 169, 170, 172, 185, 186, 188, 226, 289
Vindelizische Schwelle 25, 26

394

Vindelizisches Land 192, 193, 286
Vogelsbach 328
Voitmannsdorf 201
Volkmannsreuth 210
Volsbach 133, 139, 328, 329, 331
Vorderkleebach 339

W

Wachknock 265
Wacholdertal 240
Wadendorf 312
Waischenfeld 16, 21, 22, 33, 53, 69, 72, 79, 80, 84, 99, 100, 108, 113, 114, 117, 118, 120, 123, 136, 141, 144, 180, 225, 250, 261, 312, 319, 327, 328, 329, 330, 331, 334, 342, 343, 350
Walberla 46, 86, 87, 98, 135, 156, 278, 279, 280, 282, 293, 296. *Siehe auch* Ehrenbürg
Waldkopf 141
Walkersbrunn 307, 311
Wallersberg 178, 179, 184
Wannbach 292, 316
Waßmannsmühle 87, 178, 184
Wattendorf 30, 52, 93, 95, 96, 97, 103, 104, 109, 174, 196, 197, 198, 199, 201, 216
Weichenwasserlos 196, 197
Weidensees 340, 342
Weides 263
Weigelshofen 265
Weihersbach, -tal 17, 87, 91, 110, 124, 125, 126, 148, 161, 225, 346, 347, 348
Weihersbacher Männchen 346
Weihersmühle 178, 179, 184
Weiherstal. *Siehe* Weihersbach, -tal
Weilersbach 21, 22, 23, 93, 97, 103, 109, 135, 265, 290, 291, 296
Weimar 294, 303
Weimarer Republik 114, 130
Weingarts 88, 303

Weinhügel 174
Weisbrem 171
Weismain 19, 21, 22, 27, 32, 33, 46, 49, 69, 86, 88, 92, 97, 99, 100, 103, 113, 117, 118, 147, 151, 165, 167, 172, 174, 175, 176, 177, 178, 179, 182, 183, 184, 185, 188, 189, 294
Weismain, -tal 46, 50, 87, 175, 179, 182, 183, 184, 185, 196
Weismain, Amt 175, 188
Weismain-Linie 32
Weißenohe 56, 93, 95, 97, 103, 305, 307, 309, 317
Weißenstein, Schloss 202
Welschenkahl 239
Werntal 181, 219
Wesermünde 168
Westfalen 67, 168
Wichsenstein 16, 17, 133, 290, 294, 295
Wichsensteiner Fels 294
Wien 102
Wiesent, -tal 13, 14, 16, 17, 18, 21, 22, 25, 29, 34, 35, 36, 37, 38, 42, 43, 45, 46, 49, 50, 51, 53, 56, 59, 60, 63, 72, 74, 75, 77, 79, 80, 81, 82, 83, 85, 87, 91, 93, 95, 100, 106, 111, 114, 115, 117, 118, 120, 124, 139, 141, 143, 144, 146, 147, 154, 159, 161, 180, 184, 196, 198, 199, 210, 214, 216, 219, 224, 225, 249, 250, 260, 263, 269, 272, 278, 281, 282, 283, 284, 285, 286, 288, 289, 290, 291, 293, 294, 296, 297, 301, 311, 312, 313, 314, 315, 316, 319, 328, 329, 330, 334, 342, 345, 348
Wiesentalb 277
Wiesentfels 72, 84, 153, 251, 252, 312
Wiesent-Riff 29, 286, 287
Wiesenthau 23, 95, 117, 118, 296, 297
Wiesenthau, Schloss 296
Wiesenthauer Nadel 278

Willenreuth 345
Windischgaillenreuth 283
Witzenhöhle 80, 271
Woffendorf 33, 184, 185
Wohlmannsgesees 51, 135, 272
Wohlmuthshüll 120, 135, 283
Wohnsdorf 252
Wohnsgehaig 48, 245, 260, 261
Wohnsig 177, 179
Wolfsberg 301, 316, 320, 321
Wolfsberg, Amt, Vogtei 321
Wolfsberg, Burg 320, 321, 351
Wolfsberg in Kärnten 294
Wolfsschlucht 285
Wolfsteinhöhle 184
Wölkendorf 198, 216
Wolkenstein 87, 283
Wonsees 88, 93, 95, 97, 98, 110, 235, 236, 237, 240
Wonseeser Wacholdertal 240
Worms, Bistum, Bischöfe von 133
Wundershöhle 79, 271
Wunkendorf 177, 179
Wunsiedel 277
Würgau 91, 109, 192, 194, 199
Würgauer Bach 192, 194, 216
Würgauer Berg 138, 139, 192, 194, 195, 204
Würzburg 190
Würzburg, Bistum, Bischöfe von 213, 223, 239, 248, 250, 301, 329, 332, 336
Würzburg, Großherzogtum 296
Würzburg, Kiliansdom 223
Wüstenstein 16, 79, 80, 84, 216, 281, 282, 335

Z

Zaunsbach 299
Zeckendorf 72, 73
Zeckendorfer Bach 199
Zeegenbach 207
Zeegendorf 207, 208
Zeil am Main 199
Zeubachtal 245
Ziegenbach, -tal 207
Ziegenberg 237
Zigeunerstube 216

Zillertal 189
Zirndorf 302
Zochenreuth 256, 259
Zoggendorf 209, 210

Zoolithenhöhle 79, 123, 274, 275, 276, 277, 322. *Siehe auch* Gaillenreuther Höhle
Zultenberg 145, 166, 167, 177

Zwernitz 230, 236, 239
Zwillingsfelsen 278

Sachregister

A

Ablagerung, fluviatile 25
Ablagerung, terrestrisch 25
Abwanderung 73, 92, 93, 105, 107
Ackerbürgerstadt 71, 283, 331, 346
Ackerterrassen 267
Alleinstellungsmerkmal 137, 160, 161
Altenquotient 95
Altsiedellandschaft 241, 261
Ammonit 26, 27, 256, 287
Aquifer 35, 40, 45, 48, 49, 50, 52
Autobahn 24, 38, 60, 89, 90, 91, 137, 158, 194, 198, 234, 239, 240, 333

B

Bahn, Dampf- 89, 146, 283
Bahn, Eisen- 89, 144, 160, 255, 313
Bahn, Museums- 146
Bahn, Reichsbahn, Deutsche 130, 146
Bahnlinie 219, 251, 280, 284, 308
Balme 59, 228, 239
Bandkeramik 279
Barock 169, 179, 186, 187, 211, 227, 250, 252, 253, 254, 264, 303, 340
Basalt 31, 32, 38, 205, 207
Beckensediment 29
Belemnit 27, 255
Bettenauslastung 111
Bewaldung 106, 242, 243, 245, 246, 247, 272, 345

Bier 80, 85, 120, 140, 147, 154, 155, 156, 157, 175, 186, 203, 234, 259, 280, 304, 308, 309, 327, 332, 343
Biergarten 138, 140, 155
Bierkeller 155, 156, 157, 214, 271
Biker, -treff 137, 138, 139, 140, 195, 204, 280
Bildungsreise 14
Biogasanlage 97, 107, 110
Bockwindmühle 344
Bodendenkmal 276, 279
Boot, Bootsfahrt 132, 141, 143, 144, 313
Brachiopode 27, 29
Brauchtum 132, 133, 134, 136, 137, 149, 160, 244, 295, 328
Brauerei, Brauhaus 88, 100, 120, 128, 140, 147, 149, 154, 155, 156, 158, 160, 170, 175, 199, 203, 204, 206, 234, 251, 253, 257, 258, 259, 281, 292, 293, 304, 309, 327, 328, 330, 332, 339
Brauereidichte 154, 155, 256, 257, 259
Brauereigaststätte 154, 259, 294
Brennerei 88, 98, 156, 157, 160
Bronzezeit 53, 56, 57, 164, 237, 241, 252, 268, 279, 325
Bruchtektonik 33
Brunnen 48, 49, 50, 52, 65, 107, 108, 133, 134, 171, 172, 174, 177, 182, 219, 227, 230, 250, 304, 316, 342
Buchenwaldlandschaft 152
Burg 14, 16, 63, 64, 68, 71, 77,
80, 81, 82, 83, 123, 128, 150, 153, 156, 159, 160, 165, 166, 174, 178, 188, 189, 209, 211, 213, 214, 220, 221, 222, 223, 224, 225, 226, 227, 230, 231, 236, 237, 238, 247, 248, 249, 250, 256, 257, 260, 265, 281, 283, 284, 287, 289, 291, 294, 295, 296, 298, 299, 301, 304, 305, 316, 317, 318, 319, 320, 321, 324, 328, 329, 330, 331, 332, 333, 335, 336, 337, 338, 341, 344, 346, 348, 349, 350, 351, 352, 353
Burgenlandschaft 317, 320
Burgstall 68, 224, 238, 245, 295, 335, 336, 344, 353
Butte 174, 182, 220, 289, 316

C

Camping, -platz 115, 118, 119, 120, 121, 122, 249, 330, 342, 345, 346

D

Denkmalschutz 108, 239, 258, 259
Dogger 25, 26, 27, 29, 32, 33, 45, 48, 162, 165, 184, 193, 194, 217, 232, 240, 245, 246, 247, 255, 265, 267, 278, 311
Doline 25, 30, 31, 37, 38, 39, 40, 42, 43, 149, 161, 167, 198, 205, 215, 272, 276, 278
Dolinenbildung 34, 38, 42, 200
Dolomit, Franken- 29, 313, 327
Dolomit, Kleinziegenfelder 183
Dolomitfels 57, 59, 63, 64, 76,

106, 109, 110, 141, 166, 225, 228, 249, 284, 286, 289, 304, 318, 319, 320, 330, 337, 345, 346, 351
Drei-Felder-Wirtschaft 73

E

Egertenwirtschaft 73, 74, 76, 77, 87, 106, 159
Eisenzeit 279
Eiszeit 55, 57, 59, 62, 217, 237, 276
Endemit 62, 142
Erlebniswelt, künstliche 147, 148, 149
Erntedank 136, 288
Erosion, Erosionsprozess 27, 29, 30, 31, 34, 35, 37, 42, 45, 110, 162, 265, 278, 324
Event 133, 134, 135, 145, 146, 147, 153, 156, 237, 288, 338, 350

F

Fachwerkgebäude 250
Fahrrad, -weg 142, 143, 144, 145, 146, 147, 160, 183, 219, 281, 288, 331
Fasalecken 133
Felsenkeller 85, 252
Felsfreilegung 76, 106
Felslandschaft 273, 347
Felsturm 43, 59, 141, 161, 185, 278, 302, 345, 346
Ferien auf dem Bauernhof, auf dem Lande 118, 119, 120, 121
Feriensiedlung 253
Ferienwohnung 114, 118, 160, 338
Ferienzentrum 122
Fertilitätsrate 93
Fischerei 87, 98, 154, 314, 315
Fischteich 125, 169, 346
Fliegenfischen 87, 144, 288, 314, 315, 330, 343
Flugabwehrstellung 195, 196
Fossilien 27, 29, 37, 164, 165, 197, 255, 273, 277, 287, 325

Fotovoltaik, -flächen 88, 97, 110, 261
Frankenlied 84, 132, 166
Fränkische-Schweiz-Verein 22, 23, 127, 128, 129, 130, 132, 269, 298, 329
Freilichtmuseum 150, 152
Freilichttheater 152, 153
Friedhof 72, 151, 171, 179, 208, 212, 239, 254, 258, 262, 328

G

Garten, Schloss- 232, 233, 281
Gästewohnung 115
Gasthof, -stätte, -wirtschaft 120, 140, 154, 155, 181, 315
Gemarkung 21, 200, 203, 208, 209, 210, 291
Gemeindegebietsreform 70, 112, 114, 171, 173, 176, 201, 203, 206, 207, 208, 212, 234, 241, 252, 280, 283, 290, 297, 299, 331, 339
Gemeindehutung 75
Geoelektrik, tomographische 31, 32
Georgiritt 134, 214
Gleitschirmfliegen 167, 205, 294
Glockenbecherkultur 279
Golf, -platz 122, 145, 160, 234, 338, 339
Gotik 201, 254, 259, 293, 306, 309, 332
Gotik, Neu- 168, 208, 227, 281, 294, 298
Gotik, Spät- 236, 239, 252, 254, 302, 324, 329, 349
Gradient, hydraulischer 35
Graslandschaft 75
Grenzertragsfläche 73
Grundherrschaft 195, 202, 206, 292, 307
Grundwasserleiter 36, 40, 42, 45, 48, 50, 51, 316
Grundwasserscheide 50
Gruppe 47 343

H

Hallstattzeit 246, 248, 276, 279, 300
Handwerk 88, 151, 168, 175, 330
Heilstollentherapie 126
Hexenausblasen 135
Historismus 264
Hochfläche 16, 25, 31, 34, 37, 43, 44, 46, 50, 63, 64, 65, 73, 87, 108, 109, 121, 137, 141, 148, 166, 167, 174, 183, 184, 194, 197, 198, 201, 203, 204, 205, 207, 217, 219, 220, 237, 264, 265, 267, 272, 283, 289, 294, 295, 304, 307, 311, 312, 313, 317, 320, 339, 347, 348
Höhensiedlung 279
Höhle 13, 14, 16, 17, 25, 36, 37, 38, 39, 40, 51, 78, 79, 80, 81, 83, 84, 85, 111, 123, 124, 125, 126, 127, 128, 140, 149, 153, 156, 159, 160, 184, 189, 190, 194, 199, 224, 228, 230, 249, 268, 269, 270, 271, 272, 273, 274, 275, 276, 277, 278, 302, 320, 322, 324, 325, 326, 327, 329, 344, 345, 352
Höhlenforscher 12, 13, 14, 79, 124, 140, 269, 272, 274, 276, 277, 324, 330, 337
Höhlensystem 269, 271, 272, 276, 324
Hotel 86, 109, 120, 122, 140, 173, 177, 225, 233, 251, 285, 288, 297, 303, 308, 338, 339, 342, 343, 344, 347, 350
Hüle, Hülweiher 42, 63, 64, 65, 105, 107, 167, 182, 196, 197, 198, 200, 201, 205, 207, 220, 237, 250, 298, 339, 340
Hüllfest 107
Hungerbrunnen 52, 53, 133, 149, 215, 228, 239, 345
Hussiten 221, 223, 256, 296, 335, 336
Hutung 74, 75

J

Juden 67, 68, 72, 73, 107, 108, 124, 151, 167, 168, 210, 212, 257, 258, 268, 290, 291, 292, 296, 303, 306, 336
Judenhof 151, 290, 336, 337
Jugendquotient 95
Jura 19, 23, 24, 25, 27, 34, 36, 37, 42, 44, 45, 48, 49, 51, 91, 129, 161, 177, 183, 184, 193, 196, 198, 205, 207, 219, 235, 239, 245, 263, 264, 268, 286, 288, 303, 316, 324, 333, 345, 352
Jura, Brauner (Dogger) 24, 25, 44, 165, 193, 246
Jura, Schwarzer (Lias) 24, 25, 246
Jura, Weißer (Malm) 24, 25, 44, 193, 200, 216, 265, 278, 307, 314, 331
Juralinie 129
Jurasedimentpaket 166

K

Kajak, -fahren 141, 142, 143, 144, 160, 334
Kalkmagerrasen 75
Kalksediment, Kalksteinschichten 27, 30, 43
Kalksintertreppe 160
Kalkstein 27, 29, 34, 35, 36, 37, 42, 44, 88, 164, 165, 173, 183, 196, 199, 232, 239, 245, 264, 267, 286, 287, 324, 327, 333
Kalkstein, dolomitisierter 29
Kalksteinboden 57, 185
Kalksteinbraunlehm 267
Kalksteinbruch 108, 200, 325
Kalksteinfelsen 174, 228
Kalksteinfelskegel 42
Kalksteintafel 344
Kalktuff 44, 214, 215, 218, 284
Kallmünzer 30, 31, 304
Kannibalismus 190
Kanu 143, 144, 334
Karbonatsedimentation 27
Karst 33, 37, 40, 42, 43, 51, 65, 159, 220, 230, 326
Karst, bedeckter 36
Karst, Dinarischer 36, 43
Karst, nackter 36, 38
Karst, seichter 35, 36, 37, 42, 43, 45, 183, 184, 215, 217, 219, 311, 312, 316, 325
Karst, tiefer 35, 36, 311
Karst, unterirdischer 40
Karstaquifer 40, 45, 311
Karstformenschatz 149
Karstgestein 51, 64
Karstgrundwasser 31, 38, 40, 42, 43, 45, 48, 49, 50, 51, 52, 239, 245, 260, 278
Karst(-schau-)höhle 35, 36, 38, 48, 78, 79, 123, 124, 127, 159, 185, 239, 277, 316
Karsthydrologie 313
Karstkegel 30, 42, 50, 272, 335
Karstlandschaft, -gebiet 25, 34, 38, 42, 44, 45, 133, 141, 161, 228, 345
Karstoberfläche 43
Karstprozess 43
Karstquelle 36, 42, 48, 52, 53, 63, 160, 185, 198, 216, 235, 239, 300, 304, 311, 313
Karstrelief 30, 50, 272
Karstreservoir 228
Karstschulungsstätte 125
Karsttal 42, 348
Karstwasser 36, 38, 64, 215, 217, 313
Karstwehr 125, 339, 347
Katholik, katholisch 69, 72, 133, 134, 136, 171, 172, 179, 187, 195, 204, 207, 208, 209, 210, 221, 223, 225, 250, 251, 252, 253, 261, 281, 289, 293, 294, 298, 304, 308, 332, 333
Kerbtal 194
Kern-Rand-Gefälle 21
Kirche 69, 83, 134, 164, 168, 169, 170, 171, 172, 174, 176, 177, 178, 179, 182, 186, 187, 188, 189, 197, 199, 201, 202, 205, 208, 211, 214, 222, 223, 226, 235, 236, 237, 238, 239, 248, 250, 252, 253, 254, 259, 261, 262, 263, 283, 284, 291, 292, 293, 294, 295, 297, 300, 302, 305, 306, 307, 308, 309, 318, 328, 329, 332, 333, 334, 339, 340, 341
Kirche, Filial- 198, 205, 208, 214, 238, 254, 261, 282, 297, 341
Kirche, Markgrafen- 72, 233, 236, 253, 255, 324, 341
Kirche, Pfarr- 170, 171, 176, 179, 182, 197, 198, 199, 200, 202, 204, 206, 207, 209, 211, 231, 233, 234, 236, 238, 239, 250, 252, 253, 254, 255, 259, 281, 282, 292, 297, 298, 299, 300, 304, 305, 307, 332, 333, 337, 339, 340, 341
Kirche, Wehr- 197, 231, 282, 311, 328
Kirchweih (Kerwa) 135, 136, 149, 158, 176, 214, 235
Klassizismus 281
Kletterfelsen 43, 64, 141, 142, 184
Klettern 59, 64, 110, 140, 141, 142, 143, 148, 160, 249, 280, 294, 302, 331
Kletterwald 148, 339
Kluftgrundwasserleiter 45, 48
Klufttektonik 270
Kondominatsherrschaft 65
Konzentrationslager (KZ) 125, 339
Kren, -fleisch 132, 158
Krieg, Bauern- 186, 212, 221, 250, 252, 256, 281, 289, 294, 295, 298, 299, 320, 321, 330, 336, 349, 350, 351
Krieg, Deutsch-Französischer 247
Krieg, Dreißigjähriger 68, 151, 164, 167, 170, 171, 174, 175, 186, 189, 225, 236, 249, 254, 256, 261, 271, 282, 291, 294, 295, 297, 299, 301, 303, 305,

321, 330, 335, 336, 349, 350, 351, 352, 353
Krieg, Erster Markgrafen- 299
Krieg, Erster Welt- 114, 141, 145, 168, 212, 306, 329
Krieg, Spanischer Erbfolge- 257, 299
Krieg, Zweiter Markgrafen- 236, 282, 284, 289, 304, 320, 351
Krieg, Zweiter Welt- 113, 115, 122, 144, 167, 170, 202, 231, 242, 251, 255, 276, 297, 318, 326, 329, 330, 339, 343, 346
Kruste, ozeanische (seafloor spreading) 26
Kulturdenkmal 107
Kulturerbe 69, 72, 108, 136, 170, 235
Kulturerbe, immaterielles 136
Kulturlandschaft 24, 53, 56, 59, 62, 75, 76, 78, 105, 106, 107, 108, 109, 130, 159, 185, 188, 210, 241, 245, 291
Kulturzentrum 250
Kümmerstadt 70, 71
Kunst 102, 151, 152, 153
Kunst- und Skulpturenwege 152
Kurort 112

L

Land-Art 152, 245, 246
Landeskunde 12, 22, 80, 81, 210
Landjuden 73, 107, 292. *Siehe auch* Juden
Landschaft 12, 13, 14, 16, 17, 18, 24, 25, 33, 51, 60, 63, 64, 75, 76, 77, 81, 82, 83, 92, 106, 109, 120, 123, 128, 130, 133, 137, 139, 144, 145, 147, 148, 152, 153, 155, 159, 161, 165, 174, 185, 187, 195, 221, 226, 228, 232, 239, 240, 241, 245, 249, 250, 254, 260, 262, 269, 271, 279, 293, 303, 311, 313, 333, 337, 346
Landschaftsbau 249
Landschaftsbeeinträchtigung 348
Landschaftsbestandteil 105

Landschaftsbild 64, 76, 106, 109, 110, 159, 193, 242, 281, 287
Landschaftscharakter 34, 106, 107
Landschaftsdegradierung 309
Landschaftseindruck 106
Landschaftselement, -merkmal 14, 208
Landschaftsform 278
Landschaftsgarten, -park 227, 281, 349
Landschaftsgeschichte 325
Landschaftsname 18, 19, 21, 24, 159, 201
Landschaftsprägung 68, 72, 193
Landschaftsschaden 108
Landschaftsschutzgebiet (LSG) 44, 105
Landschaftsteil 240
Landschaftstyp 63, 75, 240
Landwirtschaft 40, 56, 57, 76, 86, 98, 150, 169, 175, 180, 196, 212, 227, 231, 238, 239, 242, 260, 261, 340
Latènezeit 268, 276, 325
Lias 25, 26, 33, 184, 193, 232, 240, 241, 246, 254
Limonitanreicherung 27
Linde 58, 107, 166, 254, 306, 321
Lindenkranz 165, 166
Lungenheilstätte 173
Luthertum, lutherisch 69, 136, 207, 231, 238, 239, 261, 284, 300, 302, 310, 311. *Siehe auch* Protestant, protestantisch, evangelisch

M

Magerrasen 78, 166, 179, 185, 218, 228, 240, 242, 243, 246
Malm 25, 27, 29, 30, 32, 33, 36, 45, 48, 52, 164, 166, 185, 193, 194, 196, 198, 205, 216, 217, 245, 246, 265, 267, 268, 278, 286, 287, 311, 316, 324, 326, 333

Marathon 146, 147, 283
Massenkalk 29, 185, 269, 286, 287
Mesolithikum 248
Michelsberger Kultur 164, 279
Mikwe 108, 212, 292
Minderstadt 70, 71
Mischungskorrosion 35
Mittelgebirgslandschaft 24
Mittelzentrum 252, 283
Molkekur 75, 159
Mountainbiker 143, 144, 160
Mühle 14, 53, 63, 81, 123, 151, 159, 169, 180, 181, 183, 189, 197, 206, 210, 224, 235, 239, 250, 253, 281, 288, 313, 316, 330, 333, 337, 342, 344, 345, 348
Mühlenlandschaft 175
Münzfund 178
Museum 122, 149, 150, 151, 152, 160, 170, 176, 189, 213, 225, 244, 251, 253, 257, 275, 306, 325, 336, 337

N

Naherholung 84, 87, 89, 105, 122, 123, 130, 149, 154, 159, 160, 161, 247, 338
Nationalsozialismus 73, 107, 113, 124, 125, 133, 134, 159, 172, 181, 212, 268, 306, 317, 331, 346
Naturdenkmal 79, 128, 249
Naturlandschaft 53, 76, 128, 135, 140, 147, 159, 204
Naturpark 22, 23, 24, 44, 78, 128, 130, 148, 161, 174, 201, 339
Naturschutz 110, 141, 144, 242
Naturschutzgebiet 56, 135, 240
Neolithikum 190, 237, 248, 279
Niederwald 58, 59, 62

O

Oberflöz-Horizont 27
Offenhaltung der Kulturlandschaft 76, 78, 106, 185
Olivinmelilithnephelinit 31

Olivinnephelinite 31
Osterbrunnen 107, 133, 134, 295, 296, 338
Outdoor-Aktivität 47

P

Paläorelief 30
Patronatsfest 279, 295
Pendler 89, 91, 102, 103, 104, 105, 198, 202, 234, 262, 263, 306, 307, 311, 331, 340
Pensala 133
Pension, Pensionsbetrieb 114, 115, 118, 160, 338
Permafrost 34, 276
Peuplierung 68, 72, 107, 292
Pfarrei 171, 179, 200, 201, 202, 206, 239, 252, 254, 259, 263, 281, 282, 329, 332, 339
Pflanzenart 57, 59, 179, 240, 242, 246, 317
Pilgern, Pilgerübernachtung 111, 152
Polje 42, 43, 272
Ponore 38
Ponyhof 120
Porengrundwasserleiter 40, 51
Potentielle Natürliche Vegetation 54, 55, 56
Prädikatsgemeinde 100, 115, 116, 117, 118, 120
Private-Equity-Gesellschaft 97
Protestant, protestantisch, evangelisch 68, 69, 72, 182, 206, 207, 211, 225, 231, 234, 238, 239, 249, 250, 251, 253, 254, 258, 261, 263, 281, 284, 294, 300, 302, 304, 306, 310, 324, 329, 339, 340, 341

Q

Quelle, Quellaustritt, Quellbereich 35, 38, 40, 42, 43, 44, 45, 48, 49, 50, 52, 53 53, 64, 79, 84, 133, 171, 179, 183, 184, 197, 198, 200, 205, 206, 214, 215, 217, 218, 219, 228, 235, 237, 239, 240, 245, 246, 253, 260, 267, 278, 299, 300, 301, 307, 311, 312, 313, 314, 316, 317, 333, 341, 346

R

Rathaus 68, 153, 176, 211, 236, 250, 288, 303, 307, 308
Regionsbildung 14
Rehabilitationsklinik 118, 122, 173, 174
Reichsarbeitsdienst (RAD) 172
Reichsautobahn 89, 333
Reichsritter, -schaft 67, 68, 71, 72, 73, 107, 198, 199, 207, 208, 210, 212, 234, 258, 280, 290, 291, 303, 333
Reichsstadt 67, 68, 69, 72, 248, 257, 301, 305, 307, 308, 311, 341, 342, 352
Reichsunmittelbarkeit 67, 68, 69, 250, 257, 308, 333
Reiseführer 14, 15, 16, 17, 80, 84, 85, 145, 154, 285, 347
Religionsfrieden 68
Reliktendemit 62
Reliktkiefernwald 57
Rentierfossilien 324
Residenz, -ort, -stadt 68, 69, 71, 202, 221, 226, 227, 232
Riff 29, 164, 216, 278, 286, 287
Riffbarriere 29
Riffbereiche 29, 269
Riffbewohner 29
Riffbildner 29
Riffdolomite 29
Rifffazies 29
Riffkalk 29, 48, 162, 164, 198, 345, 346
Riffkomplex 200, 278
Riffkörper 29, 44
Riffkuppe 268
Riffschutt 29
Riffstotzen 204
Riffstruktur 216
Rokoko 252
Romanik 201, 254, 309, 324
Romantik 14, 24, 53, 64, 75, 76, 80, 81, 82, 83, 84, 87, 106, 110, 114, 123, 130, 140, 154, 158, 159, 180, 204, 218, 219, 224, 225, 226, 227, 271, 281, 282, 285, 288, 289, 313, 315, 319, 320, 330, 337, 344, 346, 347
Rumpffläche 33
Rundangerdorf 197
Rundwanderweg 86, 129, 130, 216, 278, 325
Rutsche, Rutschung 43, 44, 219, 267

S

Säkularisation 67, 167, 169, 170, 175, 176, 188, 221, 226, 257, 300, 302, 310, 321
Sandstein 25, 27, 30, 45, 48, 135, 162, 177, 182, 184, 193, 223, 232, 233, 235, 244, 245, 253, 254, 265, 267, 291, 302, 304, 311
Sandstein, Dogger- 27, 45, 135, 184, 234, 245
Sandstein, Eisen- 26, 162, 165, 187, 247, 278
Schachthöhlenforschung 276
Schaf, -haltung, -hutung, -weide, Schäferei 57, 75, 76, 85, 106, 166, 186, 238, 240, 242, 243, 246
Schäuferle 132, 158
Schauhöhle 123, 125, 126, 127, 268, 270, 326
Scherbenacker 31, 65, 198
Scheunenviertel 70, 71, 108, 283, 342
Schichtfazies 27, 29, 48
Schichtstufe 25, 27, 29, 30, 34, 44, 48, 60, 91, 161, 166, 167, 193, 194, 203, 244, 245, 264, 303, 307, 324
Schichtstufenlandschaft 25, 31, 33, 34, 109, 192, 193, 247
Schloss 68, 71, 82, 127, 130, 150, 152, 153, 182, 202, 212, 221, 226, 227, 230, 232, 233, 236, 247, 249, 250, 251, 252, 255, 256, 257, 258, 260, 264,

281, 290, 291, 296, 297, 303, 307, 319, 333, 334, 336, 351
Schullandheim 122
Schutzstaffel (SS) 125, 331, 339, 347
Schwartenhorizont 27
Sediment, Sedimentation 25, 26, 27, 29, 30, 31, 33, 34, 37, 42, 44, 162, 190, 192, 193, 269, 286, 287, 342
Sintertreppe 217
Solarpark 260
Solifluktion 31
Sommerkeller 135, 155, 157
Sommerrodelbahn 91, 122, 148, 161, 338, 346, 347, 348
Sonderkultur 86, 341
Spankorbflechter, -macherei 167, 168
Stadtprivileg 71
Stalagmit 37, 124, 125, 126, 140, 324, 326
Stalaktit 37, 125, 126
Süßkirschenanbau 87, 156, 292, 298, 311
Sukzession 57
Synagoge 73, 151, 168, 212, 258, 290, 292, 306, 336, 337

T

Talverlauf, konsequenter 34
Talverlauf, obsequenter 34
Talverlauf, resequenter 34
Talverlauf, subsequenter 34
Talwanderweg 130
Tanzlinde 171, 235, 295, 306, 307
Teich 250, 333
Tektonik 33
Theatersommer 152, 153, 251
Therme 109, 149, 161, 173, 253, 254
Tierart 59, 179, 246, 317
Tourismus 21, 22, 24, 36, 38, 43, 44, 59, 78, 81, 84, 85, 89, 91, 97, 105, 106, 108, 109, 110, 111, 112, 113, 114, 115, 116, 118, 121, 122, 123, 124,

125, 126, 128, 130, 132, 133, 136, 137, 139, 140, 141, 142, 145, 146, 147, 149, 153, 156, 158, 159, 160, 161, 165, 184, 198, 220, 225, 227, 246, 249, 251, 254, 262, 275, 282, 283, 288, 289, 292, 309, 313, 326, 330, 331, 334, 337, 339, 342, 344, 346, 347, 348
Tourismus, Aktiv- 142
Tourismus, Besichtigungs- 123, 127
Tourismus, Bier- 147, 257
Tourismus, Boots- 313
Tourismus, Fahrrad- 145
Tourismus, Höhlen- 110
Tourismus, Kletter- 302
Tourismus, Kur- 85, 110, 111, 112
Tourismus, Massen- 126
Tourismus, Motorrad- 137, 138, 139
Tourismus, Öko- 215
Tourismus, Tages- 122
Tourismus, Übernachtungs- 115, 118, 121, 160
Tourismus, Wallfahrts- 290
Tourismus, Wander- 128, 131
Tourismus, Wissenschafts- 79
Tourismusakteur, -aktivität 131, 142
Tourismusangebot 86, 126, 149, 161
Tourismusattraktivität 142
Tourismusbranche 224
Tourismusbüro 128, 130, 137, 342
Tourismusdestination 127
Tourismusentwicklung 112
Tourismusgemeinschaft Fränkische Toskana 201
Tourismushochburg 173
Tourismusintensität 115
Tourismuskomponente 120
Tourismusmanagement 288
Tourismusplaner 347
Tourismusplattform 141
Tourismuspolitik 122, 161

Tourismusprospekt 154
Tourismusregion 19, 22, 109, 110, 115, 118, 122, 142, 161
Tourismusstatistik 115
Tourismusverband 19, 22, 23, 115
Tourismuszentrale Fränkische Schweiz 19, 115, 130, 131, 134, 144, 156
Tracht 132, 134, 135, 150, 241, 244, 255
Trockenschlucht 185
Trockental 25, 33, 34, 37, 41, 42, 43, 59, 149, 161, 185, 196, 198, 200, 205, 215, 216, 218, 228, 239, 240, 249, 263, 312, 344, 345, 346
Tropfstein, -höhle 37, 123, 124, 125, 126, 127, 268, 269, 271, 273, 285, 322, 326, 345, 347
Trüpfhaus 72, 73
Tuffkissen 161
Tummler 218, 345
Turmhügel 238

U

Uraufnahme, -katasterkarte 197, 198, 207, 222, 247, 261
Urlauber 149, 161
Urnenfelderzeit 237, 279, 320

V

Verbindungsweg 129, 130
Verkarstung 25, 30, 34, 35, 36, 37, 38, 42, 43, 44, 45, 48, 52, 273
Versturzhöhle 272
Vogtei 202, 321, 352
Völkerschlacht 247

W

Wacholderheide 56, 57, 73, 75, 76, 106, 166, 179, 240, 242, 243
Walberlafest 135, 279, 280, 293
Wallfahrt 135, 169, 170, 177, 179, 186, 187, 188, 208, 214, 279, 289, 290, 291

Wallfahrtskapelle 166, 178, 179, 208
Wallfahrtsmuseum 135, 152, 290
Wanderlandschaft 127
Wandern, Wandertouren 47, 86, 127, 128, 131, 143, 144, 160, 225, 269, 288, 331
Wanderweg, Wanderwegenetz 127, 128, 129, 130, 131, 132, 147, 249, 267, 284
Wasserburg 302
Wasserscheide 42, 50, 196, 216
Weidelandschaft 87

Weiher 64, 71, 252, 331
Weihnachtstöpfermarkt 153, 233
Werksandstein 27
Widder, hydraulischer 65, 108, 182, 219, 220
Windkraftanlage, -rad, -park 97, 109, 110, 166, 199, 200, 238, 245, 249
Windmühle 344
Wintersport 47, 145, 208
Woche der Ewigen Anbetung (Fest) 133, 301, 302, 328, 338

Wohnmobil, -wagen 120, 259
Wölbacker 75

Z

Zeugenberg 24, 135, 162, 164, 165, 240, 245, 246, 247, 260, 278, 279, 297
Ziebalaskees 157
Ziegelei 169, 255, 288
Zoolith 13, 78, 274, 275, 277
Zwergstadt 69, 70, 71
Zwetschgabaames 132, 157